西海漁業史と長崎県

片岡 千賀之

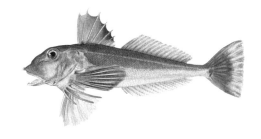

長崎文献社

はじめに

　書名の西海(さいかい)は、西海市、西海捕鯨、西海道から連想されるように北部九州地方を指すが、本書では水産総合研究センター西海区水産研究所が対象域とする東シナ海、日本海西部、九州西海岸を想定している。西海漁業を代表する捕鯨、まき網、底曳網はいずれも長崎県が中心であったことから長崎県の名を加えた。

　本書は西海漁業の近現代史に関する8編の論文から成っている。それぞれについて、初出雑誌と若干のコメントを記す。既発表分については加筆修正をした。

　「第1章　明治期の長崎県の捕鯨業－網取り式からノルウェー式へ－」は、同様の題名で亀田和彦氏との共著として『長崎大学水産学部研究報告　第93号』(2012年3月)に掲載された。従来、捕鯨史の研究は近世の網取り式と近代のノルウェー式に向けられていて、過渡期の実情などはよく分かっていない。西海捕鯨の中心地であった長崎県は、明治期に網取り式の衰退、鯨大敷網や銃殺法の試行、そしてノルウェー式の導入と発展がみられた。本章では、捕獲高、経営体の動向、技術と操業、組織と経営内容、漁場や経営権をめぐる争い、捕鯨法相互の関係などを考察した。資料は主に長崎歴史文化博物館に所蔵されている行政文書を利用した。対象時期は、網取り式捕鯨が急速に衰退する明治初期から全国のノルウェー式捕鯨会社が合併して東洋捕鯨(株)が誕生する明治末期までとした。

　「第2章　漁船動力化後の沿岸まき網漁業の展開」は、同様の題名で亀田和彦氏との共著として『長崎大学水産学部研究報告　第95号』(2014年3月)に掲載された。沿岸まき網とまき網漁獲物の加工は地域漁業の中核をなすが、中小資本であることから関係資料は少なく、発達史の研究は少ない。関係資料が比較的残っていた野母崎地区(現長崎市)を事例とした。野母崎地区は長崎県の中でもイワシ漁業が盛んな地域として有名だが、戦後最盛期に漁民労働組合が結成されたこと、歩合制賃金をめぐって裁判が行われたことでも知られる。対象時期は、漁船動力化が始まる大正末から昭和20年代の全盛期、イワシの不漁で衰退した30年代を経て、小康を保つようになった昭和50年代までとし、まき網の種類と制度、技術、漁業労働、経営体と経営、まき網と水産加工との結びつきを考察した。なお、戦前における野母崎地区のカツオ釣りとイワシ漁業の歴史は、拙著『近代における地域漁業の形成と展開』(2010年、九州大学出版会)に掲載している。

　「第3章　長崎県におけるイワシ缶詰製造の変転」は書き下ろしである。長崎県のまき網漁業の歴史を調べているとしばしばイワシ缶詰の記事に出会う。長崎県は缶詰製造の発祥地であり、イワシトマト漬け缶詰(イワシ缶詰の大部分を占め、全量が輸出された)についても長崎県が開発し、長崎県が最大の生産地であった。イワシ缶詰はイワシの漁獲動向に左右されると同時に、トマト漬けは輸出向けなので海外市場の変動にも大きく影響される。繁栄の期間が短く、断続的であったことから経年的な研究はなされなかった。本章では、缶詰製造が始まる明治初期からイワシの不漁でイワシ缶詰の製造が消えた昭和40年代半ばまでを、製造技術、経営体と経営、イワシ漁業との関連、缶詰の販売市場、生産と販売の統制の側面から考察した。

　第4章～第8章は、東シナ海・黄海の底曳網漁業を対象とした。長崎県は有力な漁業地であるが、長崎県に限らず、底曳網漁業全体を視野に入れている。

　「第4章　戦前における汽船トロール漁業の発達と経営」は、同様の題名で亀田和彦氏との共著

として『長崎大学水産学部研究報告　第94号』（2013年3月）に掲載された。汽船トロールは、今から100年前、長崎市の倉場富三郎がイギリスから導入した漁法で、東シナ海・黄海を漁場とした近代的漁業として発達した。捕鯨資本や北洋漁業資本も参入し、次第に共同漁業(株)による独占化が進む。企業史データベースで各社の営業報告書を利用することができ、経営体の動向、経営内容を明らかにすることができた。対象時期は創業の明治末から第二次大戦までとした。

「第5章　戦前における以西底曳網漁業の発達と経営」は、同一題名で『神奈川大学国際常民文化研究機構　年報4』（2013年9月）に掲載された。東シナ海・黄海を漁場とする以西底曳網は汽船トロールの一時的衰退の間隙を縫って大正末に勃興した。長崎、下関、福岡などを根拠地として急速に発達し、台湾、中国にも拡大している。在来漁業の延長線上に発達した中小漁業で、先発の汽船トロールと漁場、対象魚種が同一であったことから両者は激しく競合した。汽船トロールとの兼業もある。水産講習所の学生漁業調査実習によってしばしば調査されており（調査報告書は東京海洋大学附属図書館に所蔵）、不明箇所を埋めるのに大いに役だった。

「第6章　戦前の東シナ海・黄海における底魚漁業の発達と政策対応」は、同一題名で『国際常民文化研究叢書　2』（2013年3月）に掲載された。戦前における東シナ海・黄海の漁業は汽船トロール、レンコダイ延縄、以西底曳網という底魚を対象とした漁業であり、長崎、下関、福岡を主要根拠地とし、台湾、中国にも根拠地を拡げた。同一漁場で同一魚種の漁獲をめぐって漁業間（あるいは沿岸漁業との間で）、地域間、日本人と現地人との競合と対立が生じ、政策によってその調整や資源保護が図られ、海域全体の統合管理に向けた動きもあった。底魚漁業の発達を概観しながら、漁業許可、漁業調整、統合管理政策をまとめた。

「第7章　戦後の以西漁業の秩序形成－日本遠洋底曳網漁業協会の活動を中心に－」は書き下ろしである。きっかけは以西底曳網企業の山田水産(株)の山田浩一朗取締役より日本遠洋底曳網漁業協会の資料の寄贈を受けたことであった。協会は以西底曳網・トロール漁業者の団体で、昭和23年に創立され、平成13年に解散している。業界誌を始め、総会・理事会資料などが揃っており、業界の置かれた様子、活動状況がよくわかる。創立当初から昭和40年の日韓漁業協定締結までの漁場問題に焦点をあてた。主なものはマッカーサー・ライン、李承晩ライン、日韓漁業協議、日中民間漁業協定とそれらにまつわる減船事業、漁船の拿捕・抑留への対応、資源管理の取り組みである。業界がそれぞれの案件をどのように受け止め、取り組んだのか、その成果はどうであったのかを考察した。

なお、戦後の以西底曳網・トロール漁業の発達史は拙著『長崎県漁業の近現代史』（2011年、長崎文献社）に収録している。

「第8章　北東アジアにおける漁業秩序の変遷と今日」は、「日中韓漁業関係史　Ⅰ、Ⅱ」として『長崎大学水産学部研究報告　第87号、第88号』（平成18年3月、19年3月）に掲載されたものを合一したものである。Ⅱは大学院生・西田明梨さんとの共著。筆者が長崎大学へ赴任した（1992年）後に、国連海洋法条約の発効、日中韓3ヵ国の同条約批准と200カイリ宣言、日中、日韓、中韓の漁業協議が行われて、1999～2001年に新漁業協定が発効、その後数年間の過渡的措置を経て200カイリ体制が定着するという北東アジアの漁業秩序が大転換を遂げた。この間、中国、韓国からの大学院留学生、科学研究費の採択「新漁業秩序の形成と漁業管理に関する研究」（2002～04年度、代表筆者）、中国、台湾、韓国での調査機会などに恵まれて、新漁業秩序の形成過程を追った。新漁業秩序が定着した段階で、国際関係史の整理に向かったのが上記の論文である。したがっ

て、文末は新漁業秩序の到達点、その意義と課題という極めて今日的なテーマに及んでいる。

執筆後、このテーマに関して多くの資料、論文が出されており、それらを踏まえて加筆修正した。また、日台漁業取極めなど最近の動きもいくらか追記した。

以上、8編はそれぞれ個別の論文だが、内容的には部分的に重複している（記述も重複）。第4～8章の東シナ海・黄海の底魚漁業が相互に関連していることはいうまでもないが、汽船トロール企業がノルウェー式捕鯨や以西底曳網を兼業したり、以西底曳網企業がまき網やイワシ缶詰製造に関与したりしている。

また、本書で取り上げた漁業は共通して国際関係がある。ノルウェー式捕鯨は朝鮮を根拠に日本海で操業することによって確立し、東シナ海・黄海の漁業は戦前においては植民地・半植民地をも根拠とし、戦後は近隣国との折衝によって漁業秩序が形成されている。イワシ缶詰も輸出向け商品であって、国際関係に大きく左右された。漁業の国際関係は北東アジアにおいては漁業単独の問題としてではなく、戦前においては日本の植民地支配とかかわり、戦後にあっては国交回復の外交手段として扱われたという特徴をもつ。

本書の方法論（視角）は以下の3点である。

①第1～5章は業種別であり、地域も限定している。事業主体ごとに分析することで、各業種の経営体数、生産高の推移だけでなく、経営体の構成、立地、事業の継続性、操業と技術、経営内容、漁業・水産加工業の条件・環境の変化とその対応を示すことができる。すなわち、業界の構造と経営変化を見ようとしたことである。

②漁業政策に関する第6～8章では、漁業の実態と対応させつつ漁業政策、交渉を見たことである。漁業政策、協定の結果を見ただけでは、その背景、経過、政策効果が見えてこない。漁業政策、協定は漁業利害の調整、妥協、資源対応に他ならないので、政策決定に至る背景と経過、協議内容が重要という観点に立っている。

③以西底曳網・トロール漁業にかかわる第4～8章では、東シナ海・黄海における資源利用、漁業秩序を海域全体、あるいは関係国（植民地や占領支配地根拠を含めて）全てを取り上げたことである。言うまでもなく相互に規定的だからであり、日本だけ、長崎県だけでは全体の構図、個別の位置づけが見えないからである。漁業資源が回遊し、広域に分布すること、有限であることから、その利用と保全を考える場合、必須の視点であるといえる。

所収論文の多くは、毎年1回開かれる水産史研究会（代表は伊藤康宏島根大学教授、小岩信竹東京国際大学教授）で発表し、検討していただいた。研究会では他の発表に示唆や刺激を受けている。神奈川大学国際常民文化研究機構のプロジェクト研究「日本列島周辺海域における水産史に関する総合的研究」（2009～13年度、代表は伊藤康宏氏）では、メンバーとしての参加と資料収集の機会を与えていただいた。『新長崎市史　第3巻近代編、第4巻現代編』では水産業を担当したが、自分の研究のとりまとめと点検に役だった。長崎大学大学院水産・環境科学研究科の亀田和彦教授、山本尚俊准教授には毎度、資料閲覧などで便宜を図っていただいた。ともに深く感謝する次第です。

本書は、前掲『近代における地域漁業の形成と展開』、『長崎県漁業の近現代史』の姉妹編ともいうべきもので、ともに参照いただければ幸いである。

目　次

はじめに ……………………………………………………………………………………… 3

第1章　明治期の長崎県の捕鯨業 －網取り式からノルウェー式へ－

　第1節　目的 ……………………………………………………………………………… 11
　第2節　網取り式捕鯨の衰退 …………………………………………………………… 12
　第3節　過渡期－鯨大敷網、銃殺法の登場－ ………………………………………… 19
　第4節　ノルウェー式捕鯨の導入 ……………………………………………………… 32
　第5節　日露戦後の盛況と企業合同 …………………………………………………… 39
　第6節　まとめと考察 …………………………………………………………………… 44

第2章　漁船動力化後の沿岸まき網漁業の展開

　第1節　目的と背景 ……………………………………………………………………… 57
　第2節　イワシ巾着網・揚繰網漁業の普及と動力化 ………………………………… 61
　第3節　昭和戦前期の野母崎地区のまき網漁業 ……………………………………… 62
　第4節　戦時統制下の長崎県のまき網漁業 …………………………………………… 65
　第5節　戦後のまき網漁業の復興と不漁 ……………………………………………… 66
　第6節　昭和30年代のまき網漁業の衰退と再編成 …………………………………… 84
　第7節　昭和40年代・50年代のまき網漁業の小康 …………………………………… 87
　第8節　まき網の漁獲変動と要約 ……………………………………………………… 90

第3章　長崎県におけるイワシ缶詰製造の変転

　第1節　イワシ缶詰と長崎県 …………………………………………………………… 101
　第2節　明治前期－缶詰製造の創業期－ ……………………………………………… 103
　第3節　日清・日露戦争と缶詰製造業の発達 ………………………………………… 106
　第4節　大正期－缶詰製造の停滞とトマト漬け缶詰の開発－ ……………………… 112
　第5節　昭和初期～11年－トマト漬け缶詰製造業の勃興－ ………………………… 116
　第6節　戦時体制下におけるイワシ缶詰の統制と終息 ……………………………… 123
　第7節　昭和20年代－イワシ缶詰の急速復興－ ……………………………………… 128
　第8節　昭和30年代・40年代前半－長崎県のイワシ缶詰の消滅－ ………………… 134
　第9節　要約 ……………………………………………………………………………… 136

第4章　戦前における汽船トロール漁業の発達と経営

　第1節　目的 …………………………………………………………………………145
　第2節　統計でみる汽船トロール漁業の発展過程 ………………………………146
　第3節　創業から第一次大戦期まで ………………………………………………149
　第4節　第一次大戦後から昭和初期まで …………………………………………159
　第5節　昭和恐慌期から日中戦争まで ……………………………………………166
　第6節　日中戦争から大平洋戦争まで ……………………………………………172
　第7節　要約 …………………………………………………………………………176

第5章　戦前における以西底曳網漁業の発達と経営

　第1節　目的 …………………………………………………………………………185
　第2節　統計でみる以西底曳網漁業の発展過程 …………………………………186
　第3節　機船底曳網漁業の誕生と西漸 ……………………………………………191
　第4節　以西底曳網漁業の発展 ……………………………………………………195
　第5節　昭和恐慌期以降の以西底曳網漁業 ………………………………………199
　第6節　戦時体制下の以西底曳網漁業 ……………………………………………204
　第7節　台湾・中国根拠の機船底曳網漁業 ………………………………………208
　第8節　結びに代えて－以西底曳網漁業の位置と構成－ ………………………216

第6章　戦前の東シナ海・黄海における底魚漁業の発達と政策対応

　第1節　目的と視点 …………………………………………………………………225
　第2節　汽船トロール漁業の発達と政策対応 ……………………………………226
　第3節　レンコダイ延縄漁業の展開 ………………………………………………230
　第4節　以西底曳網漁業の発達と政策対応 ………………………………………233
　第5節　植民地・半植民地の底魚漁業と政策対応 ………………………………236
　第6節　東シナ海・黄海の底魚漁業の構図と統合管理 …………………………241
　第7節　結びに代えて－漁業政策の評価－ ………………………………………249

第7章　戦後の以西漁業の秩序形成 −日本遠洋底曳網漁業協会の活動を中心に−

第1節　目的及び以西底曳網・トロール漁業の発展概観 …………………………………255
第2節　マッカーサー・ラインと漁区拡張運動 ……………………………………………258
第3節　減船整理及び中間漁区問題 …………………………………………………………262
第4節　日中漁業問題と民間協定 ……………………………………………………………267
第5節　李承晩ラインの設定と日韓漁業協議 ………………………………………………272
第6節　拿捕と保険及び減免 …………………………………………………………………279
第7節　資源保護気運の高まりと網目規制 …………………………………………………281
第8節　以西漁業の許認可方針と漁船の大型化 ……………………………………………285
第9節　結びに代えて−日本遠洋底曳網漁業協会と政治− ………………………………287

第8章　北東アジアにおける漁業秩序の変遷と今日

第1節　課題と視点 ……………………………………………………………………………295
第2節　マッカーサー・ラインと李承晩ライン ……………………………………………297
第3節　日韓漁業交渉と日韓漁業協定 ………………………………………………………299
第4節　日台、中朝の漁業関係と日中民間漁業協定 ………………………………………303
第5節　日中国交回復と政府間漁業協定 ……………………………………………………309
第6節　日本、北朝鮮の200カイリ水域の設定と対外関係 ………………………………314
第7節　200カイリ時代の日韓漁業協議と自主規制 ………………………………………320
第8節　国連海洋法条約の批准と新漁業秩序の形成 ………………………………………323
第9節　新漁業秩序と日中韓3ヵ国の漁業再編 ……………………………………………342
第10節　新漁業秩序の到達点と課題及び展望 ……………………………………………346

第1章
明治期の長崎県の捕鯨業
― 網取り式からノルウェー式へ ―

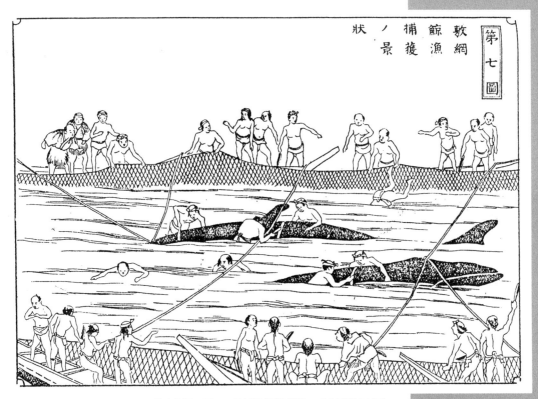

鯨大敷網の図　　長崎県編『漁業誌　全』(明治29年)

第1章

明治期の長崎県の捕鯨業
― 網取り式からノルウェー式へ ―

第1節　目的

　捕鯨近代化の過程は、幕末期から鯨の回遊が減少して網取り式（網掛け突き取り法。網掛け式ともいう）が衰退し、明治期に入ると網取り式に比べると少人数、少資本で操業できるアメリカ式銃殺法（銃殺法）や鯨大敷網が模索され、明治30年代になると沖合で操業し、生産性が著しく高いノルウェー式（ノルウェー式砲殺法）が台頭し、網取り式や銃殺法、大敷網が消滅していく過程である。明治期に捕鯨法が大転換をとげ、漁村を基盤とした網組が解体し、新しく資本制企業、事業地、従事者が誕生し、経営の近代化が進展する。

　長崎県（肥前）は近世以来、網取り式捕鯨の中心地で、西海捕鯨と呼ばれ、県北部や離島で営まれた。長崎県の位置を確認しておくと、全国の主要な捕鯨地である長崎、佐賀、山口、高知県の捕獲高（明治26～30年の5年間平均）は114頭、230千円であるが、うち長崎県は頭数で41％、金額で45％を占める最大の捕鯨地であった。[1]

　明治期に入ると網取り式、銃殺法、大敷網という3つの捕鯨法がとられた。3方法はともに鯨の沿岸来遊を待って獲る漁法で、鯨の来遊を見張る山見、銛や剣で鯨を仕留め、頭に穴をあけ綱を通して鯨体を確保する波座士（羽指、羽刺、羽差、波坐士とも書く）、捕獲した鯨を解体（解剖ともいう）する事業場（納屋）が必要である。銃殺法、大敷網は網取り式の巨大な組織と捕獲頭数の減少、経営難を補完するものとして取り入れられた。ノルウェー式は汽船を利用して沖合に出ることで漁場探索力、捕獲頭数が飛躍的に向上した。長崎市に捕鯨会社を設立し、従来の鯨網組とは異なる操業・経営形態をとった。ただし、ノルウェー式といっても日本の場合、欧米諸国と違って鯨肉も目的とすることから、独特の解体、血抜き、保蔵など旧来の解体処理方法は引き継いだ。

　明治30年代に始まるノルウェー式捕鯨はロシアのそれに刺激されて朝鮮海（韓海ともいう。朝鮮近海の意）へ出漁することで成立し、日露戦争でロシアの捕鯨船隊が駆逐されると日本が朝鮮海捕鯨を独占するようになり、さらに太平洋側に漁場を拡大して周年操業体制を築いた。生産性が一段と高まると新規参入が相次ぎ、乱獲、乱売の弊害が顕著となって明治42年には企業合同が促され、独占的捕鯨会社の東洋捕鯨（㈱）が誕生した。同時に鯨漁取締規則が制定され、ノルウェー式捕鯨は大臣許可漁業となり、隻数が制限された。長崎県の捕鯨会社もこの企業合同に参加している。この独占的捕鯨会社のもとで、長崎県下の事業場も再編成された。

　明治期の捕鯨業については相当な研究蓄積があり、西海捕鯨の変遷をたどった鳥巣京一氏、平戸の銃殺法は中園成生氏、朝鮮の捕鯨業は朴クビョン氏、ノルウェー式捕鯨は東洋捕鯨の社史ともいえる『本邦の諾威式捕鯨誌』が詳しい。[2]だが、捕鯨頭数の推移、網取り式が銃殺法や大敷網を

取り入れながらも衰退していく過程、ノルウェー式捕鯨の発祥経過、網取り式、銃殺法、大敷網、ノルウェー式それぞれの操業、組織、経営、朝鮮海捕鯨の出漁状況など不明な点も多い。網取り式とノルウェー式との関係(連続性と断続性)についての検証も不足している。捕鯨業が一大産業であるだけに漁業、漁村経済に占める比重は大きく、転換期の実相を明らかにすることは重要である。

本論は、既存の研究に依拠しつつ、当時の文献資料、行政文書などを使って長崎県下の捕鯨方法の展開、捕獲数や経営体の変遷、捕鯨の立地、組織および経営の実態、漁場や経営権をめぐる紛争を明らかにする。とくに長崎歴史文化博物館に所蔵されている捕鯨の免許・許可にかかわる行政文書を多用した。

以下、第2節では幕末期以来の網取り式捕鯨の衰退、第3節では網取り式を補完する鯨大敷網、銃殺法の登場、第4節ではノルウェー式捕鯨の導入と朝鮮海出漁、第5節では日露戦後の盛況と企業合同、東洋捕鯨による捕鯨再編、第6節では全体のまとめとともにノルウェー式捕鯨に関して遠洋漁業奨励法、捕鯨の技術と企業、ロシアや日本の朝鮮支配、企業合同と鯨漁取締規則、沿岸漁業や汽船トロール漁業との関係について考察する。

第2節　網取り式捕鯨の衰退

1　網捕り式捕鯨の衰退

網取り式捕鯨の最盛期は文政年間(1818〜29年)から嘉永年間(1848〜53年)にかけてで、その後、次第に衰退した。明治に入って新規起業や漁具の改良もあったが、大勢は衰退に向かう。その原因は、アメリカを中心とする捕鯨母船(銃殺式)が日本近海で盛んに渉猟したことで、沿岸に来遊する鯨、とくにセミ鯨が激減したためと考えられる。セミ鯨は皮下脂肪が多く、鯨油の採取に適しており、また銃殺しても海底に沈まず鯨体を回収しやすいので特に狙われた。その他、明治以降、捕鯨業に対する藩の保護がなくなったこと、利権をめぐる紛争と対立、網組主が旧式漁法を墨守したことが衰退に拍車をかけた。

事業の興亡が著しく、幕末期の捕獲頭数を記録したものは少ないが、弘化2(1845)年〜万延元(1860)年の16年間、壱岐の勝本と前目漁場の捕獲頭数がわかる。嘉永元(1848)年度(漁期は冬から翌年の春まで)までは両漁場とも30〜40頭以上の捕獲があったのに、その後はほぼ20頭未満に減少した。

表1-1は、近世後期と明治20年代の長崎県下の捕鯨漁場(網代)を示したものである。鯨は通り鯨で、冬に東から西に向かう下り鯨を対象とする冬浦と春に対馬海流に乗って西から東に向かう上り鯨を対象とする春浦とがある。同じ漁期に複数の漁場で操業する網組主もいれば、同じ漁場でも冬浦と春浦で網組主が違うこともある。

文化8(1811)年では、全国29ヵ所の網代のうち西海道は肥前国14ヵ所(唐津領の2ヵ所以外は長崎県内)、壱岐国2ヵ所、対馬国2ヵ所としている。明治21年では、網代は6ヵ所に減少し、明浦(操業していない網代)も6ヵ所となっている。網代の減少は、県下各地で生じている。明治29年では網代は10ヵ所、明浦は6ヵ所としている。明治21年に明浦とされた網代のいくつかが復活している。漁期は冬浦に偏り(黄島は春浦)、期間が短くなっている。複数の漁場を経営する大網組主もいなくなった。

表1-1　長崎県下の捕鯨組の変遷

	文化8(1811)年	明治21年	明治29年	借区人
県北部	津吉 生月島 的山大島 蛎ノ浦 江島 平島	御崎 (明浦) (松島村明浦)	生月村御崎(冬) (明浦) (松島村明浦) 平戸村植松(冬)	大日本帝国水産会社 大日本帝国水産会社
五島	魚目・有川 小値賀 宇久島 柏崎 板部ノ大島	有川 (明浦) (明浦) (黒瀬明浦) 黄島	有川村・魚目村(冬) (明浦) 平村(冬) 三井楽村柏(冬) (明浦) 黄島村黄島(春) (富江村明浦)	五島捕鯨会社 宇久島捕鯨会社 柏浦捕鯨会社 黄島捕鯨会社
壱岐	前目 勝本	箱崎村前目 (明浦)	前目(冬) 香椎村勝本	壱岐捕鯨会社 今西音四郎他1人
対馬	鰐浦 廻浦	伊奈 横島村オロシカ浦	伊奈村伊奈 横島村オロシカ浦	梅野弾右衛門 佐伯嘉兵衛
計	16ヵ所	6ヵ所 (明浦6ヵ所)	10ヵ所 (明浦6ヵ所)	

資料：文化8年は『江戸科学古典叢書2　鯨史稿』(1976年、恒和出版)307～319ページ、明治21年は服部徹編著『日本捕鯨彙報　後編上巻』(明治21年、鳥海書房平成12年復刻)14～17ページ、明治29年は長崎県編『漁業誌　全』(明治29年)1、2ページによる。
注：明浦は利用していない網代、冬と春は漁期。

漁場借区人(網組主)は個人というより合資会社、株式会社が多くなった。このうち大日本帝国水産会社は生月村御崎と平戸村植松(平戸瀬戸ともいう)の2つの網代を借りており、五島捕鯨会社は有川村と魚目村の漁場(有川湾)を統合して経営している(図1-1地図参照)。

　明治21年に調査された『水産調査予察報告』では、古来、五島の捕鯨場は三井楽・柏島、富江・黒島、大濱・黄島、魚目、有川、宇久島、小値賀・野崎の7ヵ所が著名であったが、近年、鯨の回遊が大幅に減少して多くは廃業した。現在、業を営むのは有川湾、黄島の2ヵ所としている。[6]

　明治26年刊の『水産業諸組合要領』によると、長崎県下の捕鯨会社はいずれも五島列島にある宇久島捕鯨会社(北松浦郡平村、明治22年創業、資本金3万円、株主28人)、五島捕鯨会社(南松浦郡有川村、明治17年創業、資本金5万円、株主31人)、柏浦捕鯨会社(南松浦郡三井楽村、明治24年創業、資本金2万円、株主8人)である。[7]会社形態をとるのが明治20年前後で、資本金は2～5万円、株主は8人から31人にまたがっている。

　図1-2は長崎県における明治中後期の地域別の捕鯨頭数を示したものである。明治中期は、県全体で50～70頭、捕鯨地別では南松浦郡有川村が最も多く、次いで北松浦郡生月村・平戸村である(生月村の網取り式によるものと平戸村の銃殺法によるものとを合算)。壱岐・箱崎村(前目)は年間数頭の

図1-1 長崎県下の捕鯨場

捕獲に過ぎない。その他、対馬、五島・黄島、西彼杵郡平島村、崎戸村にも捕鯨組があったが、捕獲は散発的であった。この統計には寄り鯨、流れ鯨も含まれるので捕鯨の成果とはいえない場合もある。一方、捕獲実績のない捕鯨組もある。

鯨種はナガス鯨が大多数を占め、ザトウ鯨がそれに次ぐ。セミ鯨は非常に少ない。鯨種がセミ鯨、ザトウ鯨からナガス鯨に変わったことは網取り式に変革を求めた。セミ鯨は遊泳速度が遅く、絶命しても海底に沈まない、採取できる鯨油の量が多いのに対

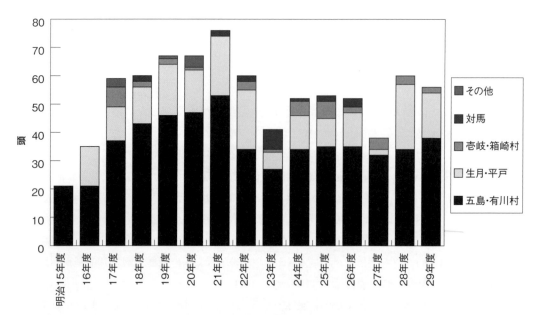

図1-2 明治中期の地域別捕鯨数の推移

資料:「捕鯨頭数調　明治十八、十九、二十年　農務係」、「捕鯨頭数調　明治二十三年　農商課」(長崎歴史文化博物館所蔵)、「長崎県捕鯨数」
『大日本水産会報告　第192号』(明治30年6月)、大日本水産会『捕鯨志』(1896年、嵩山堂)。
注　：資料によって捕獲頭数が多少異なることがある。明治26年度までは年度(当年秋から翌年春まで)、27年以降は年度と年次が混在する。

し、ナガス鯨は遊泳速度が速く、潜水も深く、網代への追い込みは容易でなく、以前は捕獲していなかった。この捕獲のためには、網を張るための船を増強し、包囲網から脱出しないように「口張船」を設けたりした。捕鯨場が減少したのは鯨種の変化も大いに影響している。

　明治30年代後半の捕獲数は、南松浦郡が14、15頭、北松浦郡が10頭前後、壱岐郡が2、3頭、計25、26頭となった。これは網取り式、大敷網、銃殺法による捕獲であって、ノルウェー式は含まない。明治20年代は50〜70頭であったことからすると半減した。

2　漁場別の変遷

　主な漁場ごとに明治20年頃までの網取り式捕鯨の変遷をみていこう。捕鯨が不振で、網組主が度々入れ替わり、来歴が不明なこともある。

1）生月

　生月島の漁場を開発した益富家は、生月島の御崎(冬春1組)を本拠に、壱岐の前目と勝本、大村領の江島、五島領の板部に網組を出して、繁栄を極めていた。弘化・嘉永年間(1844〜53年)から鯨の回遊が減少し、安政4(1857)年に捕鯨を中止した。

　その後、壱岐の倉光藤太(後に名前が出てくる者には名も記す)と永取(後、山内)の両人が隔年で壱岐と生月で営業した。明治2年に益富又之助が再興するが、8年に廃業した。明治2〜6年の年平均捕獲高は7.3頭、7,400円に留まった。その後、小濱精次(平戸町)が事業を継いだが、資金が欠乏して衰退した。明治12年には小関亨、牟田部佃が平戸捕鯨社を起こして本業を再興した。附属生月村本[8]

図1-3　生月の捕鯨
出典：農商務省水産局『日本水産史』(明治33年)50ページ。

浦のマグロ網代(マグロ定置網、捕鯨と兼営されることも多い)も同じく継続している。図1−3は生月漁場での操業図。明治15年から平戸村で銃殺法が始まり、平戸瀬戸漁場が開発される(後述)。

2) 五島・有川

　幕末から網組主が頻繁に入れ替わった。有川湾を挟んで有川村と魚目村の対立が続いたことが衰退の一因で、魚目村の網組主は、明治元年は柴田、2年は福江領の増田、3、4年は大村領蛎の浦の綿木、5〜8年は綿谷、9〜12年は西村房次郎(魚目村出身)・小野、13年は休業、14〜17年は西村・川崎と変わった。年間の捕鯨頭数は4〜11頭であった。村に免許されたが、営業は上記の者に下請けさせた。明治11年に満期が来て、村内から4組の出願があり、県が合同を促したが不調に終わっている。有川村との対立ばかりでなく、村内でも対立があった。西村は五島・黄島へも進出している。[9]

　対立していた有川村と魚目村が明治6年に共同で網組を結成し、網取り式と鯨大敷網を組み合わせた。この共同網は明治11年まで続いたが、12〜16年は各浦持ちに戻り、両村は自分の浦へ鯨を追い込むために通り鯨を逸したり、捕獲した鯨の帰属争いで漁期を逸したりした。[10]明治15年の新聞は、有川村の網組は魚目村との紛争が絶えず、不漁を極め、村民が窮乏したと伝えている。[11]両村の共同網を望む者は少なくなかったが、魚目村は人員、設備が有川村より少ないのに捕獲の折半を望み、有川村は人員、設備に応じた配分を主張して、協議がまとまらなかった。捕鯨組には「先納主」(出資者)が多数いて、漁期中の捕獲を予想し、その代価を網組主に拠出していた。明治14年は不漁のため網組主が先納金の増額を要求したところ「先納主」がこれを拒んだので、網組主は鯨を捕獲してもこれを渡さず、以後、契約が成り立たなくなった。網組は金融の道を閉ざされて設備が整わず、衰退を早めた。[12]

　両村の捕鯨業を統合し、競争の弊害を改めるため明治17年に五島捕鯨会社が組織された。社長は唐津(小川島捕鯨)の川原又蔵で、資本金3万円を有川村4、魚目村4、川原2の割合で出資した。網代は旧藩時代からの網代で、有川村3ヵ所、魚目村1ヵ所、計4ヵ所であった。川原は漁具漁法、経営を改良した。①鯨の逃散防止のため鯨の後方、側面にも網入れをする。②網の材質を上等な苧に換え、網が破れるのを防いだ。網の改良点は、苧縄の材料を精選し、細く製して重量を軽くする、網1反の幅を広くし、反数は1反減らして17反とすることで双海船(網を展開する船)は軽捷となった。その代わり双海船を12隻に増やし、網も204反に増やした。③捕獲直後に解体し、赤肉は塩漬けにして鮮度を保った。④販売先を拡充し、大漁となっても価格低下を招かないようにした。その結果、明治21年度までの年平均捕獲数は45頭となった。[13]

　なお、網(掛け網ともいう)の大きさは、九州では双海船1隻に網18反を積み、2隻分の網を結んで1結とし、これが3結で108反の網を用いるのが一般であった。網は縦横18尋のものを横につないで使用する。セミ鯨の潜水の限界が18尋なので、セミ鯨は沖合で網を張っても有効だが、ザトウ鯨やナガス鯨はそれより深く潜るので、水深18尋より浅い所を網代とし、三方に網を張り、網代まで追い立てる。

　網組の規模は、勢子船(鯨を追い込み仕留める水夫、波座士が乗る)17隻、双海船14隻、網付船(網を積む船)6隻、持双船(捕獲した鯨を2隻の船の間に固定して納屋へ運ぶ)8隻、納屋船1隻の構成で、船は46隻、水夫(漁夫、加子、水主ともいう)は532人、そのうち波座士は33人であった。[14]

3) 五島・黄島

　南松浦郡大濱村黄島は、平戸、あるいは魚目村の捕鯨組の春浦(補完)であった。明治9年、平戸町の小濱精次に1年間免許され、11～16年は小濱と魚目村の西村房次郎との共同漁場(隔年毎の利用)となった。この時、西村は1期分の営業権を小川島捕鯨組(東松浦郡)に譲渡し、小濱は平戸村の小関亨、牟田部佃に営業させている。また、小濱は生月の漁場(御崎)も譲渡している。満期となるや島民が出願するが、資力がなく明治17年は休業し、18年から平戸捕鯨社(小関、牟田部)と合同で営業したが、平戸捕鯨社も資力がなく、器械は不十分で捕獲も僅かであった[15]。時代が降って、明治29年に山口(士族、有川村寄留)が銃殺法で出願し、島民は大敷網を計画して出願している。どちらに免許されたか不明だが、網取り式に代わる捕鯨法が模索されている[16]。

4) 壱岐

　壱岐の勝本、前目漁場を本拠とする土肥組は、一時隆盛を誇ったが、嘉永・安政年間(1848～59年)以降、通り鯨が著しく減少して衰退し、ついには解散した。安政2(1855)年～慶応3(1867)年は倉光藤太と永取が継続し、五島の黄島、宇久島、大村領・蛎の浦などに網組を出した。永取が明治2年に中止すると、8年まで倉光藤太が事業を継続した[17]。

　明治5年に箱崎村村長の長谷川は同村前目網代と2ヵ所のマグロ網代(大敷網)を借区した(上記倉光との関係は不明)。両者は互いに妨害になるのでマグロ大敷網の漁期をずらすとともに、マグロの利益で捕鯨事業を補うようにした。マグロ網代はこの頃から捕鯨網代の附属になったようだ[18]。漁場の借区出願の際、漁場図面を添付し、地元や同業者の同意をとりつけることが義務とされた。

　明治7年の前目の捕鯨組の規模は、勢子船13隻、双海船6隻(網は3結、108反)、網付船6隻、持双船4隻、納屋船1隻の計30隻。従事者は水夫361人に納屋方55人、波座士30人を含めた446人であった[19]。網は3結とするが小型化した。有川・魚目村のように鯨大敷網を敷設したが、鯨の来遊が少なく、不漁に終わった[20]。

　前目漁場は明治7、8年は通り鯨が少なく、明浦になった。明治9年に対馬・厳原の亀谷が3年間の許可を得、11年には16年までの継続許可を得た。過去7年間に約4,290円の「網代歩割金」(地代)を地元に支払った。勢子船12隻、双海船6隻(網は3結、108反)で出願したが、実際に配備したのは双海船4隻(2結、1隻に網13、14反)で、勢子船、網付船、人員とも少なかった。また、春組も他所へ移動させた。そのため鯨の回遊が増えたのに年間3、4頭しか捕獲できなかった[21]。

　満期となる明治16年には4者が競願した。亀谷は継続者の立場であったが、資力がなく漁具が不完全で、捕獲も少なく斯業を隆盛に導く力がないこと、県の4者共同の呼びかけに応じなかったことで外され(亀谷は許可を得られず、捕鯨を廃業)、共同経営に応じた今西音四郎(壱岐郡武生水村)ら3者に許可された[22]。明治17年、18年は営業したが、以来、幾多の紛争を経て、出願者は度々変更された。明治21年の捕獲数はナガス鯨1頭に過ぎなかった。前目網代と附属マグロ網代は明治22年に村民(今西ら)の共同経営となった。明治23年に平戸村の稲垣雄太郎らが前目網代を譲り受け、そこでノルウェー式捕鯨を計画したが、許可されなかった(後述)。この時、捕鯨網代とマグロ網代を分け、稲垣らは前目捕鯨網代だけを譲り受けようとした[23]。

　明治25年に前目網代に捕鯨組が復活した。その定款によると、下関に事務所を置き、漁期になれば現地(前目)に出張する、資本金は2万円、代表者は今西音四郎となっている。明治25年度の予算は、収入はセミ鯨2頭、ザトウ鯨とナガス鯨3頭、計5頭で2万円、支出も約2万円とした。従事者は

波座士34人、水夫325人、納屋方32人、計391人(役員を除く)[24](その後については後述)。

　一方、明治15年、長谷川善助(立石村)から勝本網代(可須村)の借区願いが出て、許可された。勝本漁場は不漁で10年来の明浦で納屋もなくなり、村も疲弊していた。通り鯨が増加傾向だったので、長谷川は対馬・厳原の伊奈組から漁具の半分を譲り受け、再興を図った。資金は3万円で、網3結(108反)、船32隻の計画であった。操業されたかどうか不明[25]。その後、勝本網代は再び明浦となった。

5) 対馬

　対馬には伊奈崎(上県郡伊奈村)と廻村(下県郡)の2ヵ所に網代があった。嘉永・安政年間(1848～59年)以降、通り鯨が減少し、亀谷(明治初期、壱岐に出漁)は廃業した。明治7年に島民が伊奈崎で再興したが、網の規模が小さく、多額の損失を出して14年に廃業。伊奈組は、上述したように明治15年に漁船漁具の半分を壱岐・勝本浦に売り、前目網代を借りていた亀谷と合併している。明治19年に大村の者が営業したが、設備が不完全でほどなく廃業した。表1-1では、伊奈崎は梅野、下県郡横浦村字ヲロシカ浦は佐伯が借区している。佐伯は少なくとも明治11～16年の許可を得、23～27年にも免許されたが、途中、同人が死亡して相続が認められている[26]。

　明治27年に下県郡今屋敷町の畑島ら5人が借区する網代で銃器使用の許可願いが出た。県は外国人・外国船と関係がなく、かつ他漁業に支障がなければ許可されると伝えている[27]。明治29年、下県郡今屋敷町と廻村の2人が網取り式を出願し、許可された。冬季の3ヵ月、船10隻、網25反、水夫63人、波座士7人、山見2人、事務員2人と小規模である。捕鯨銃も備えた[28]。営業は断続的であった。明治32年は西彼杵郡矢上村の者に対馬2ヵ所での銃殺法が許可されている[29]。

6) 五島・宇久島

　北松浦郡平村(宇久島)では、幕末期と明治20年代に網組が入れ替わり立ち替わり現れる。網組は浦方で組合を作る場合もあれば、島外の有力者が主導する場合もあった。慶応元(1865)年に五島・福江の者が営業したが、その後、長い中断があって、明治21年に捕鯨組合が結成された。鯨大敷網の許可を得、各浦から船2隻を出し、他に突き船をもって操業したが、全く成績が上がらなかった。明治22年に宇久島捕鯨会社となり、捕鯨場を5ヵ所追加して借区した。明治23年には佐賀県の者が出漁、24年は平戸の者が銃殺法を併用しつつ操業、25年は別の平戸の者が銃殺法を交えて操業した。明治26年に継続許可を得たが、許可条件に鉄砲を用いれば許可を取り消すという条項が入った[30]。

　明治27年、渡邊らが捕鯨場のうちの1ヵ所で銃殺法の願いを出して許可され[31]、32年に福岡県柳河町の旧士族・松本らがそれを引き継いだ[32]が、漁具が不完全で失敗に終わった。この許可は明治34年に他の捕鯨場の障害になるとして取り消されたので、村民が漁場を縮小して出願した。この漁場は鯨の通り道であり、有川、小値賀、平島などの捕鯨場とも近く、同業者の承諾が得られず、県は許可をしていない[33]。明治33年には廃業届けが出ている[34]。

　このように宇久島では明治20年代に鯨大敷網、銃殺法が導入されている。銃殺法は発祥地の平戸から持ち込まれた。宇久島での捕鯨は明治33年に終っている。

第3節　過渡期－鯨大敷網、銃殺法の登場－

1　鯨大敷網、銃殺法の登場

　明治16年の水産博覧会に高知、長崎、和歌山、石川県から捕鯨装置(網取り式)の出品があり、褒賞もされた。だが、それは技術進歩に対してではなく、経営難のなかで大規模漁業を継続していること、あるいは衰退を挽回していることに対して褒賞されたもので、捕鯨技術は停滞していた[35]。

　網捕り式が衰退するなかで、生き残りをかけてよりスリムな捕鯨法が模索された。その1つが鯨大敷網(定置網)で、起源は近世中期にまで遡るが、少ない人数で運用できるため明治に入って盛んに導入された。もう1つは明治に入って導入されるボンブランス(Bomb-lance、火矢、石火矢、火箭、爆裂銃、爆裂矢、破裂箭ともいう)を用いた銃殺法、各種の砲殺法である。長崎県では主に銃殺法が用いられた。これら銃殺法や砲殺法の多くは短期間の試用で終わっている。各種の捕鯨法が併存する状況は明治30年代まで続く。

　長崎県編『漁業誌　全』(明治29年)には、「鯨掛け網猟法」、「鯨敷網猟法」、「鯨銃殺法」の3方法が以下のように記されている[36]。

「鯨掛け網猟法」：漁期は冬組と春組があり、鯨の種類はザトウ鯨とナガス鯨。総人員は523人(納屋54人、海上469人)、船数は38隻(勢子船18隻、双海船6隻、双海付漕船6隻、持双船4隻、納屋船2隻、納屋天馬船2隻)で、網はすべて苧製。

「鯨敷網猟法」：北松浦郡平村の宇久島捕鯨会社、南松浦郡有川村の五島捕鯨会社には掛け網の他に大敷網がある。マグロ大敷網と比べ、引子船4隻、格子網を積む船2隻、水夫12人を増やすだけでよい。大敷網は網口の幅が62尋、身網の長さが100尋の規模で、すべて藁縄製。

「鯨銃殺法」：北松浦郡平戸村に銃殺法がある。網取り式より費用はかからないが、捕獲もまた少なく、明治15年以来、この方法で捕獲した鯨は毎期数頭に過ぎない。総人員は55人、船数は5隻。ザトウ鯨、ナガス鯨は絶命すると海底に沈むので、海底が深いと引き揚げることが困難になるので海底の浅い平戸瀬戸で成功した。銃殺法の立地条件は極めて限られており、他地域では網取り式、大敷網で鯨を仕留めるために手投げ銛の代わりか、手投げ銛と併用して使われた。

　鯨大敷網、銃殺法は鯨の来遊を待って獲る網代と最終的に鯨を仕留めるのに波座士が必要なことは網取り式と同じである。捕獲頭数が増えるわけではなく、捕鯨業を挽回することはできなかった。銃殺法は銛ではなく破裂弾であるため、鯨を殺傷しても鯨体を確保できない。そのため、鯨に綱をつける波座士と鯨体を運ぶ持双船が必要であった。つまり、勢子船と双海船が銃手を乗せたボートに置き代わり、その分規模が小さくなったものといえる。

2　鯨大敷網

　鯨大敷網は幕末期から明治初期にかけて五島に導入された。『明治十五年作成　五島列島漁業図解』に魚目村の鯨大敷網の図が載っている(図1-4)。大敷網は藁縄製の鐘形で、身網の長さは敷網部分が100間、格子網(苧製)を敷く部分が30尋としている[37]。勢子船が鯨を大敷網へ追い込むと、網口に待機していた4隻の引子船が口網を繰りあげて鯨の退路を断ち、同時に納屋に合図し、格子網を積んだ船2隻を呼ぶ。網奥部に格子網を敷き、網を繰りあげてその格子網に追い込む。波座士が海中に飛び込み、包丁で切るか、銛や剣で突いて仕留め、頭部に穴をあけ、綱を通して捕獲す

る。

　鯨大敷網はマグロ大敷網と漁具の構造は同じだが規模は大きく、また鯨を仕留めるのに網、船、人員が余計にいる。網取り式の網代は附属としてマグロ大敷網の網代を持つことが多い。クジラは冬から春にかけて、マグロはその時期を外して春から夏を漁期として、両者が競合しないようにした。明治35年制定の長崎県漁業取締規則では鯨大敷網の周囲(魚道にあたる部分)5カイリを保護区としている。

　以下、南松浦郡岐宿村、壱岐・箱崎村前目、南松浦郡有川村、北松浦郡前津吉村の事例をみる。

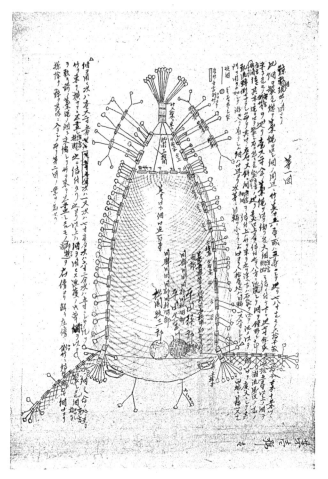

図1-4　鯨大敷網(南松浦郡魚目村)
出典：立平進編『明治十五年作成五島列島漁業図解』
　　　(平成4年、長崎県漁業史研究会)1ページ。

1)五島・岐宿村

　明治23年にマグロ大敷網で名を馳せた岐宿村の西村団右衛門らが有川村・魚目村の7つの捕鯨場の借区を出願した。県下の捕鯨場を一括管理する会社の設立を計画しており、前年に明浦となっていた三井楽村柏浦漁場を借区し、今回、有川湾の漁場が満期となり、その継続をめぐって四分五裂の状態にあるので出願した。これに対し、県は旧借区人との共同出願ではないため審査の対象外としている[38]。

　柏浦漁場は明治23年から3年間、柏浦捕鯨会社が掛け網と大敷網で営業したが、同社が解散してからは西村らが大敷網のみで営業してきた。明治29年に西村らは大敷網と掛け網で捕鯨をするために借区願いを出している。掛け網の規模は小さい[39]。継続許可されたが、その後営業しておらず、明治34年に失効した[40]。

2)壱岐・箱崎村前目漁場

　明治25年、前目漁場は箱崎村と今西銀弥(渡良村、イワシ地曳網などを経営)らによって営まれたが、ザトウ鯨の来遊がまれとなり、網取り式では捕獲が少ないため銃殺法を加えたいとの願いを出した。近くの同業者(今西音四郎を含む)の承諾書、郡長の支障がないとの報告もあって許可された。ボート3隻、小蒸気船1隻、ライフル銃5挺、大砲2門、銛40本を備える予定で、汽船と捕鯨砲を使用する点が注目される[41]。うまくいかなかったようである。

　明治27年に使用期限が満期となるので5者が出願した。出願者の多くは旧来の網取り式を予定

したが、五島で使われている鯨大敷網が簡便であることから合同で大敷網を営業することに賛成した。しかし、今西銀弥らは捕鯨は合同でもマグロ網代は共同にしないと主張、旧来の網取り式で出願し、許可を得た。許可を得たものの鯨大敷網を営むことができず、内訌を生じた。この時、出願された大敷網は、網口100間、長さ150間(半分は藁網、奥の半分は苧網)の大きさ、船は口船8隻、持双船2隻を含めて18隻であった[42]。

　県は鯨網代とマグロ網代は関連するので、マグロ網代を鯨網代の附属として扱ってきたが、今回は別々に出願させた。両者の区別がつかないことから捕鯨名義でマグロ大敷網を目的とした出願があったからである。競願者のなかに今西音四郎もいた。今西音四郎は、明治11年から15年間、捕鯨を営んだが、漁具が不完全なため大きな損失を出したとして、今回は電気捕鯨法を採用するとした。今西は明治24年に長崎市の者と組んで勝本捕鯨場で汽船を使い、アメリカ式銃殺法を計画する(実現しなかった)など、捕鯨法の改良に熱心であった。電気捕鯨法とは、電灯(光)と鐘(音)がついた電線で鯨を網代に追い込み、鯨に近づいたら網を張り、網にかかると波座士が電気銛を打ち、蓄電池から電気を流す。鯨が海面に浮上したら銃を発射するというものであった[43]。

　明治28年に箱崎村の村上らが前目漁場の借区を出願した。今西らの事業は不完全であるとして、大敷網と銃殺法を併用するとした。マグロ網代についても出願した。この出願は、目下、今西銀弥らに許可されている、マグロ網代は前年の競願以来許可していないという理由で却下された[44]。

　明治32年の出願にあたって、今西音四郎らは前目漁場で副次的に銃殺法を用いるとしている。捕鯨の規模は、網3結90反、船42隻、従事者は波座士33人、銃士5人、水夫337人、納屋方30人、計405人を予定した[45]。しかし、2年間営業しなかったため、明治34年に許可を取り消された[46]。セミ鯨は全く来遊せず、ナガス鯨も有川や生月に比べると数分の一に過ぎない。好漁場が廃絶となったので、倉光藤太(明治初期の営業人)が出願した。鯨大敷網から逃逸する鯨を捕獲するために銃殺法を使うとした。県はこの漁場はすでに20年も廃業しており、慣行も成立しない。出願した区域には他漁業(ブリ大敷網)も多く、許可する場合は区域を狭くし、相当の制限をするとしている[47]。免許されたのか、捕鯨がいつまで行われたかは不明。

　以上、2ヵ村の事例からすると、網取り式が不振で、それに代わるか補完するものとして明治20年代後半に大敷網、銃殺法、前目漁場では電気捕鯨法が導入されている。大敷網は単独、または網取り式と併用、銃殺法や電気捕鯨法は大敷網または網取り式の補助手段とされている。マグロ網代が捕鯨網代の附属としてついており、併願された。

3）五島・有川村

　明治17年に設立された五島捕鯨会社は20年度に鯨大敷網で51頭を捕獲している。うち4頭は黄島(出張所)で捕獲した[48]。明治23年の満期に際し県は共同出願を指示したが、協議がまとまらず、2件の競願となった。両者の違いは有川村・魚目村・北魚目村の3ヵ村共同では一致しているが、よそ者の川原又蔵を排除するか否かであった。川原は明治17年以来の社長で、捕鯨を隆盛に導いたが、納屋場を有川村と魚目村に隔年に設置するという創業時の規定が守られていないとして魚目村から異議が出た。借区願いは川原を含めた3ヵ村共同が圧倒的な支持を得てそちらに許可された。網代は有川・魚目両村前海の「捕鯨懸網漁場」、有川村前海の「捕鯨敷網網代」と「捕鯨跡掛敷網網代」、魚目村前海の「捕鯨敷網網代」と「捕鯨跡掛敷網網代」、北魚目村前海の「捕鯨小島網

代」の6ヵ所である。「懸網」(掛け網)、「掛敷網」、「敷網」の3方法がとられている。総株数は1,000株で、400株が有川村、240株が魚目村、160株が北魚目村、200株が川原又蔵に割り振られた。明治17年の創業時と比べると、魚目村の持ち分が北魚目村と分割されている(明治22年の町村制施行で両村が成立したため)。明治23年3月の「有限責任五島捕鯨会社会則」によると、本社を有川村、支社を魚目村に置く、資本金は5万円とし、1,000株に分かつとある。[49]

　明治28年の継続借区願いも許可された。内容は明治23年の時と同じ[50]。明治32年の許可では、漁場を3ヵ村の掛け網漁場、有川村の大敷網漁場、魚目村の大敷網漁場の3ヵ所に絞り、「掛敷網網代」2ヵ所、「捕鯨小島網代」は営業に適さないとして廃止した。また、掛け網が主要漁法で、この網代で銃殺法を試みるとしている。[51]

　明治33年に五島捕鯨会社からノルウェー式汽船捕鯨の兼業願いが出た。その目的は、前年に銃殺法で許可を得たが、潮流、風波の激しい時には操業できず、網取り式も取り逃がす、汽船なら沖合から鯨を追い込むことができる、汽船で船を曳航することにより販路を拡大したり、網取り式で獲れない鯨を追撃することができる、宇久島や小値賀の捕鯨組が鯨の通り道や当社の漁場内で銃撃し、鯨を駆逐させているのを防止できる、ことにあった。汽船は長崎捕鯨(株)から初鷹丸を購入した(後述)。これに対し、小値賀の捕鯨組が汽船使用は支障になるとして反対したが、水産巡回教師は汽船利用は時代の趨勢だとして支持した。すなわち、網取り式は多くの人数と船を使い、費用も多額で、収支が合わない。明治32年度は捕獲頭数は前年度より多かったのに外国からの鯨肉輸入で価格が下落して赤字となった。捕鯨の隆盛を図るには汽船利用によって人員を減らし、捕獲数を増やすしかない、というのである[52]。しかし、ノルウェー式捕鯨は成績を残せず、翌34年には山野邊組に汽船を貸し出している(後述)。

　その後、捕鯨は次第に衰退し、明治40年頃、魚目村のブリ大敷網が好成績なのを見て、五島捕鯨会社も鯨大敷網に代ってブリ大敷網を希望したが、許可されなかった。明治42年に東洋捕鯨(株)へ漁場を譲渡した(後述)。

　有川湾の鯨大敷網は明治初期には導入されており、五島捕鯨会社の時代には網取り式と大敷網が併用された。なお、明治32年に銃殺式、33年にノルウェー式が導入されたが、どちらも不首尾に終わった。

　有川・魚目の捕鯨は、両村の共同事業として明治17年に五島捕鯨会社を設立し、川原又蔵という優れた経営者を得て、好成績を収めている。立地条件に恵まれ、その立地の優位性を守るために周辺捕鯨場の新しい試みに対してことごとく支障を申し立てた。好成績と資本・捕鯨体制の充実、それに優れた経営者が相乗作用を発揮して衰退著しい網取り式捕鯨にあって最後まで経営体を持続させた。それでも、川原又蔵の死(明治33年)後、衰退に傾き、明治42年にはノルウェー式捕鯨会社に漁場を貸与して終止している。

4) 平戸・津吉浦

　北松浦郡前津吉村(明治22年津吉村)の津吉浦網代は数十年来の明浦であったが、明治12年から平戸捕鯨会社が生月捕鯨場の補完(春浦)とした。しかし、一度も出漁しなかったとして地元住民が明治16年に大敷網と鯨大敷網の出願をした。これは平戸捕鯨会社に貸与中であるという理由で却下されたが、その計画書には鯨大敷網の概要が記されている。船は購入と借用で31隻、常雇いは62人としている。網取り式に比べると船数は少なく、人数は10分の1程度である。資本金は3万

円で、住民70戸で割り振るとしていた。[53]

3 銃殺法
1）平戸瀬戸組

　アメリカ式捕鯨（ボンブランス）の先駆者は藤川三溪で、明治6年に千葉県近海で実施したが、技術的な欠陥から普及しなかった。その後、農商務省官僚であった関澤明清は明治20年に千葉県捕鯨業者によるアメリカ式捕鯨の試験を監督し、さらに27年、陸前・金華山沖において試験を行った。これらは対象が砲殺しても沈まないツチ鯨、マッコウ鯨に限定されることから次第に顧みられなくなり、ノルウェー式捕鯨の導入によって姿を消していく。

　この間、長崎県北松浦郡平戸村では、死ぬと海底に沈む鯨種を対象とした銃殺法が導入され、定着する。試験操業は、平戸捕鯨会社によって行なわれた。平戸捕鯨会社は平戸村の小濱精次から平戸村の小関亭・牟田部佃へ営業権が譲渡され、明治12年に資本金3万円で設立された。漁場は生月村字御崎（生月捕鯨場）、生月村字本浦の附属マグロ網代、南松浦郡黄島網代の3ヵ所である。明治15年に開発された平戸瀬戸網代（植松沖）が加わる。[54]

　一方、明治15年にアメリカから帰朝した橘成彦（平戸出身、東京在住、旧士族）が捕鯨会社「開国社」を設立した。平戸松浦藩の支藩・今福松浦の藩主であった松浦脩（華族）を社長とする在京下士団と関東の有力者による捕鯨会社である。会社を設立したが、松浦と有志の意見が合わず、有志が退社して松浦の会社となった。[55]東京府に本社を置き、支社を平戸に、出張所を壱岐に置いた。平戸捕鯨会社に雇われ、橘は東京から来て、生月島で水夫を雇った。生月島周辺で無闇に鉄砲を撃つのは網取り捕鯨に支障があるとされて、平戸村に本部を置いた。壱岐では箱崎村前目網代の亀谷と示談の上、共同で営業することにした。[56]

　明治15年春の試験は、まず銛を突き、次に銃を発射する予定であったが、器具が揃わず、銛綱が足りないので銃殺のみとなった。ボート2隻、1隻に銃1挺、ポスカン銃（手投げ銛の柄の部分に短銃を装着し、銛を打ち込むと短銃からボンブランスが発射される）1挺、火矢50本、銛2本、マニラ綱300尋、乗組員は銃手1人、波座士1人、舵取り1人、水夫5人の計8人。他に伝当船（網漁に使う和船で勢子船・持双船を兼ねる。1隻5人乗り）2隻がある。その方法は、「生島鯨島ニ山見ヲ据エ鯨遊泳ノ合図ニ依リボート及伝当ヲ乗出シ、鯨ニ接近シ、先銛ヲ突キ、同時ニ火矢ヲ装填セシ銃ヲ発シ、或ハポスカン銃ヲ発射シ、之ヲ殺ス」ものであった。[57]結果は、ナガス鯨6頭を仕留めたが、鯨はすべて海底に沈み、流出してしまった。3日後に拾い主が戸長役場に届け出た。会社と拾い主でその帰属をめぐって争いになった（拾い主のものになった）ことから、次からは警察署と戸長役場に死鯨流出の届けを出している。[58]

　平戸捕鯨会社による橘の雇い入れは、途中で打ち切られた。それで、橘は壱岐・前目網代で試みたが、「壱期内ニテ漸ク小鯨壱頭ヲ砲殺セシ位ニテ別段該業ノ隆盛ヲ期スベキ漁法ニ無之」とみなされた。[59]平戸捕鯨会社はナガス鯨が増えており、平戸瀬戸が有望とみて平戸村字植松に納屋を設け、明治15年冬から専ら同所で営業することにした。[60]平戸瀬戸では、銛と銃が併用され、ポスカン銃は間もなく使われなくなった。また、捕鯨銃と火矢についても当初は高価な外国製を使ったが、その割には性能が劣っていたため、佐賀県旧士族・副島清三郎を雇い、改良を行った結果、明治20年頃から捕獲はある程度向上した。[61]

　明治18年の報告では、過去3年間、捕鯨銃を試みたが、広い海面で銃撃すると鯨が逃げたり、沈んだりして効果がなく、従来の網取り式を補完する形が有効だとしている。また、新網代（平戸瀬

戸)を発見したので、欧米で開発されている種々の捕鯨銃も試みたいとしている[62]。

　銃殺法の試験と併せて、橘らは県内外に捕鯨場の確保、捕鯨会社の設立を行っている。明治16年に長年明浦となっていた西彼杵郡平島村の網代の借区願いを出した。同年に橘の代理人が宇久島と小値賀の借区を出願したが、銃殺法の効果は高くない、近くの有川捕鯨場にとって要路にあたることから許可されなかった[63]。明治17年に設立された福岡県の大島捕鯨商社の発起人に社長・松浦と橘が加わっている。大島捕鯨商社は開国社から捕鯨用具、従事者を雇い入れたが、漁獲がなく3年後に倒産した[64]。

　平戸捕鯨会社は橘から捕鯨銃3挺を譲り受け、明治16年冬から試用したいと願い出た。県は鉄砲取締規則に抵触するかどうかで審査が長引き、17年2月にようやく許可が出た[65]。早速、鉄砲を試み5、6頭を仕留めたが、多くは海底に沈み、捕獲したのはわずか3頭であった。だが、平戸瀬戸の漁場は鯨の回遊が多く、地形や海底の状況を知り、資本を整えれば有望とみて、納屋場は平戸村に設け、時期により津吉浦(前津吉村)に移転したいとした[66]。従来は津吉浦に納屋場を設けていたが、鯨の回遊減少で数年来廃止されていた。

　明治17年に平戸捕鯨会社は経営難のため資金助成を願い出たが、「平戸士族就産方ニ売却」する内約を得たので取り下げた。その際、明治12〜16年度の収支決算が添えられている。その内容をみると、創業時の資本金(2万円)は主に機器、納屋場の費用に充てられた。毎年10〜16頭の捕獲があった(1.6〜3.8万円)が、経費を賄うことができず、不足分は借入金に依っている。売上げ高が最も高かった年のみ株主配当があった[67]。

　こうして平戸捕鯨会社は、生月網代の経営が不振をきわめ、4万円余の負債を残して倒産したので、平戸村の蒲生林作ら4人が株式、負債を引き受けて借区を出願し、明治20年に許可された。蒲生らは旧士族であり、債権者や株主も旧士族が主で、捕鯨事業は士族授産事業となっていた。経営は不調で、さらに営業権は明治22年に東京の大日本帝国水産会社の手に移った。同社は、千島海域におけるラッコ・オットセイ猟を主業とする会社で、外国猟船による乱獲で経営が悪化し、西海捕鯨に進出してきた。その経緯が入り組んでいる。係争の焦点は生月捕鯨場及び附属マグロ網代であった。

　明治22年4月、大日本帝国水産会社は蒲生らが抱えていた負債4万円と納屋場敷地、建家、捕鯨器具の代金として4万円を支払うことを約束し、生月捕鯨場と平戸瀬戸捕鯨場およびマグロ網代の借区を願い出た。6月に借区許可を得た(5年間)ので、同社支配人・平田武雄と蒲生らの間で「仮約定証」が調印された[68]。ところが譲渡期限の7月を過ぎて平田は、会社はこんな高い価格で引き受けられないと言いだし、その裏で有川村の五島捕鯨会社の社長・川原又蔵らと連名で借区願いを出した。それに対抗して蒲生らも継続借区願いを出した(9月)。蒲生らは自分達に許可されない場合は大日本帝国水産会社を損害賠償で訴えると息巻き、川原は大日本帝国水産会社から営業権譲渡の約定が整ったとして営業者名義の変更願を出した(9月)。蒲生らの捕鯨機器を引き受け、負債は弁済するという内容である。これに対し、同社副支配人・橋詰武から支配人・平田の行動は会社の方針から逸脱したものであるとの異議申し立てがあり、訴訟に及んでいる(12月)[69]。

　一方、紛争で提出期限を過ぎたが、平戸村、生月村の両方から借区願いが出た(10月)。生月網代と平戸瀬戸網代は関連していないとして、別々に出願した。平戸瀬戸の網代はよそ者に占有されるのは遺憾で、多額の資本を要する場所ではないとして、蒲生らの出願とは別に平戸村の6人(全員が旧士族)が出願したものである。他方、生月網代は川原と蒲生らが競願しているが、よそ者に権

利が移らないよう村民有志で営業したいというもの。いずれも村全体にかかる事業なのでよそ者の排除を趣旨にしているが、却下された。

　大日本帝国水産会社は、支配人の平田が越権行為で川原への借区の譲渡願いを出したが、蒲生らと川原の紛争が収拾できないことから川原への借区譲渡願いを取り下げ、蒲生らと営業することにした(10月、社長代理は橋爪に交替)。

　半年後の明治23年3月、大日本帝国水産会社へ貸与中の3つの網代に対して借区願いが福田猪太郎らから出された。それは大日本帝国水産会社が捕鯨に従事せず、同社の名義で橋爪らが近隣の資産家から資金を募集して事業をしている。それは許可条件違反で、許可を取り消し、自分らに許可して欲しいと願い出たのである。福田らは、自分達は元の平戸捕鯨会社で従事していたり、佐賀県小川島捕鯨会社の創業者もいて、経験と資本は十分であるとしている。これに対し、橋爪は、以前の捕鯨事業は一攫千金を狙う体質で、株主、債権主の不満も高かったため当社が引き受けたのであり、それまで営業していた福田らには手切れ金を払っている、会社は、前支配人の平田は失策と紛擾を招いたので橋爪に交替させた、と反駁した。[70]

　明治24年12月に木田長十郎より平戸瀬戸網代の借区願いが出た。この網代は大日本帝国水産会社に許可されたが、同社の経営難で業務を橋爪らに下請けさせ、今また川原に転売し、川原は1年だけ同社名義で営業している。この行為は県条例違反である。この網代は明治15年に平戸捕鯨会社が発見し銃殺法で営業したが漁獲が少なく、19年に業務を木田に委任した。6年間、漁獲ごとに定額の網代料を支払う約束のところ明治22年に満期となり、借区願いを出したが、許可を得たのは大日本帝国水産会社であった。しかし、大日本帝国水産会社は木田に業務の一部を委託してきた。会社は今回、この網代を川原に売り渡した。木田が業務を引き受けた年は銃殺法は未熟でわずか1頭を捕獲したのみで大きな損失を招いたが、その後の改良により明治22年から4〜6頭を捕獲するようになった。名義上の借区権で利益を壟断することは許されず、自分に許可してほしい、というのである。木田の借区願いは却下された。

　同じ頃、大日本帝国水産会社が上記借区を川原に売却する契約をしたことに対し、中島らから譲渡差し止めの告発書が提出された。川原は借区名義変更を解約し、会社に加人して営業したので、告発書は差し戻された。[71]

　明治26年7月に借区人の川原から平戸瀬戸網代に平戸村56人の加名が[72]、27年3月に生月捕鯨網代および本浦マグロ網代へ蒲生ら3人の加名が上申され、許可された。明治27年の許可更新にあたって競願者が出たことに対してこのような対応をしたのである。[73]明治27年4月、小関亨(平戸村)、木山庄作(平戸町)が生月御崎及び平戸瀬戸の捕鯨場(11〜6月、10年間)及び本浦のマグロ網代(捕鯨出漁中を除く周年、5年間)の借区願いを提出した。これは先般提出したものの許可されなかった案件である。再願した理由は、川原に与えた免許は不当というにあった。すなわち、すでに廃業した水産会社を存続していると偽り、その手代と称し、後に加名営業届けを出し、明治24年に買い受けた借区を26年に初めて譲り受けたかのような願書を出し、許可を得た。3年間、廃業した会社の名義を騙って欺いた。それなのに県は川原の申し立て通りに許可を与え、今回は営業継続を認めた、というのである。この再願に対し、地元町村は認められないとし、知事も認めないとした。[74]

　明治28年1月、小関亨らから本浦マグロ網代の借区願いが出た。生月捕鯨は船、網がことごとく債権者に差し押さえられ、また紛争も生じて出漁どころかその準備もできていない。負債は8万円にのぼる。出漁できないので、生月島民は職を失って苦しんでいる。許可されれば直ちに営業

を始めるとした。生月捕鯨は破綻したので、附属のマグロ網代だけでも立て直しを図ったものだが、不許可になったと思われる。

明治28年に川原と蒲生林作、貞方文作らとの間で約定書が結ばれた。川原が生月捕鯨場及び附属本浦マグロ網代の営業をなすにつき、平戸各債主に対する負債約18,000円は川原が引き受け、網代附属の敷地、納屋、船舶、器械一式は蒲生らの所有名義のまま川原が借用し、年賦返済する。年賦が皆済したら上記の諸物件、営業免許権を川原に譲渡する、という内容である。[75]

明治33年に川原又蔵が死去すると、子の春雄(佐賀市松原町、有川村寄留)が相続した。[76]明治34年、生月捕鯨及び本浦マグロ漁業の共同経営について、川原春雄(甲)と貞方文作ら(乙)との間で契約が結ばれ、蒲生他3人が所有する納屋、敷地、器械一式を毎年借り受け、甲と乙が共同で経営する、捕鯨、マグロ網の年季は明治37年5月までの3年間とする、純益配当は甲が10分の3、器具・施設所有者が10分の3、他の出資者4人は10分の4とする、とした。[77]

明治35年、営業許可人は川原、蒲生、貞方、高橋、森市郎左衛門の5人で、うち蒲生、貞方、高橋の3人は漁具その他代償金の年賦を皆済すれば除かれる者で、実際は森と川原が営業してきた。先般、春雄が死亡したことで弟の川原磐根が許可継続願いを出したが、磐根には資力、経験がなく、共同経営の意志もないので許可されないよう、森が知事に訴えた。[78]

また、明治35年、生月捕鯨場の鯨の回遊路にマグロ大敷網が張り出して障害になっているとの訴えがあった。往年、鯨が回遊してくると大敷網の垣網を切り落とすか、盛漁期には休業していた。近年、大敷網はマグロの不漁で網を沖合に出し、鯨も捕獲しようとしている。明治16～32年は生月捕鯨場では平均12、13頭以上の捕獲があったが、最近ではわずか4、5頭になってしまった。原因は捕鯨組の内紛にあるが、これを機にマグロ大敷網が捕鯨を妨害し、自ら捕獲するようになったことも原因としている。願人は益富又之助(明治初期の営業人)である。[79]

他方、平戸瀬戸漁場(植松組ともいう)の銃殺捕鯨の総人員は55人、その内訳は支配人1人、沖支配人1人、銃手5人、波座士6人、水夫41人、賄い1人であった。船はボート3隻と持双船2隻、漁具は捕鯨銃と火矢で、捕鯨銃は平戸で製造した(副島清三郎)。[80]後には、ボート3隻、銃手3人、波座士3人、水夫18人、船頭3人、計27人と和船(持双船兼納屋船)2隻とその水夫15人に規模を縮小している。[81]

明治30年開催の第二回水産博覧会に植松組から捕鯨銃、火矢、銛が出品された。明治24年から旧平戸藩の鉄砲鍛冶によって器械改良が進められた(旧佐賀藩士・副島の指導)。外国製の鉄砲は重量が重く使用に不便で、反動力が強く銃手が倒れる危険性があったので、重量を軽く、しかも安全性を高めた。火矢もアメリカ製であったが、発火装置を内臓式にしたり、材質を鋳鉄製から鋼鉄製にして爆発力を強化した。捕獲頭数は年5～8頭に増加したとしている。[82]図1-5は、明治28年開催の第4回内国勧業博覧会に副島清三郎が出品した捕鯨銃器類である。アメリカ捕鯨銃を模倣したものだが、幾多の改良が加えられている。当人は明治8年から機械製造に携わったが、19年に植松組から捕鯨銃の製造委託を受けた。当初は好結果が得られなかったが、改良を加えて年間7、8頭を捕獲するようになった、としている。[83]

アメリカ式銃殺捕鯨は、平戸瀬戸のような極めて狭く水深の浅い海峡を鯨が回遊するという特殊な地形で成立し、他地域に普及したのは網取り式や大敷網の補助手段としてであった。銃殺法は、山見や銃撃した鯨を仕留め、回収するために波座士、持双船といった網取り式と同一の工程が必要であった。網取り式に比べれば組織規模、経営費は10分の1と少ないが、捕獲数は年平均5頭以下と少ない。また、その担い手は旧士族であったり、技術的基盤は旧鉄砲鍛冶にあるなど、

外来漁法とはいえ、漁具漁法、技術の日本化が進行した。銃殺法は士族授産事業として位置づけられた。

銃殺捕鯨組の成立条件は、地形条件の他、旧藩士の鉄砲関係者から銃手を雇用したこと、近くに網捕り式捕鯨の生月村があり、波座士や納屋方などの熟練した従事者を雇用できたことがあげられる。[84]

2) 五島・小値賀

銃殺法は平戸だけでなく、各捕鯨地でも取り入れられた。明治23年に北松浦郡小値賀島・笛吹村の尼崎らから大敷網と「西洋式の器械」をもって捕鯨を行うとして借区願いが出たが、有川捕鯨場の魚道にあたるとして許可されなかった。[85] 明治30年に笛吹村の田口ら2人が銃殺捕鯨を出願し、許可された。柳村と笛吹村の海面で行なう。この海面は明浦となっていたが、近年、鯨の回遊がみられるので出願したものである。[86]

一方、前方村野崎島の網代は長い間明浦となっていたが、明治26年頃から通り鯨がみられるようになり、それで29年に笛吹村の木村ら6人(うち藤松宇佐美は祖先が鯨網組主であったし、本人は宇久島捕鯨会社の創立メンバー)が

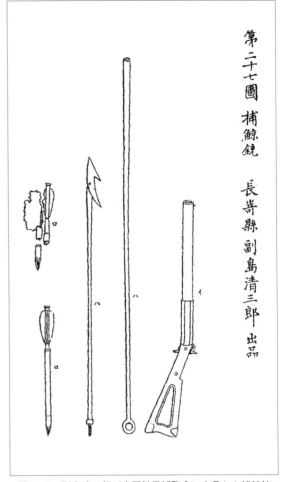

図1-5 副島清三郎が内国勧業博覧会に出品した捕鯨銃
出典:『明治廿八年第四回内国勧業博覧会審査報告』
(明治29年、同博覧会事務局)393ページ。

鯨大敷網の借区願いを出した。[87] これには五島捕鯨会社、宇久島捕鯨会社の承諾が得られず、許可されなかった。有望な網代を明浦のままにしておくのはもったいないとして、翌30年に木村らが網取り式の出願をした。今回も五島捕鯨会社が支障を申し立てたが、水産巡回教師による臨検では支障はないとされた。同じ明治30年に田口らによる銃殺捕鯨と木村らによる網取り式の出願が出たが、両漁場は接近しており、対立することがないよう許可されたら両組が連合するとした。[88]

明治32年になると、木村らから前年に許可された野崎島網代の一画で銃殺捕鯨を営みたいとして「網代分画漁具変更願」が出された。当初、網取り式で捕獲できると思っていたが、潮流が急で掛け網が使用できない。それで銃殺法を用いることにした。この区画は許可水面の一部で他に障害はないとして許可された。[89]

明治33年に小値賀の捕鯨組から野崎島網代(全域)での銃器使用願いが出た。小値賀の捕鯨組は資金が乏しく、漁具が整わず、これまで1頭も捕獲できなかったので、組織を変更し、資金を増額して漁具漁法の改良を図ることにした。[90] この漁場は宇久島捕鯨場、有川捕鯨場に近接しており、支障になることから認められなかった。

明治30年代初頭に小値賀でも銃殺捕鯨が許可されたが、成果が上がらなかった。銃殺法の出願に対し、捕鯨場が近い宇久島、有川捕鯨場から反対されている。小値賀での捕鯨は、島内とくに漁業が盛んな笛吹村の有力者が企画している。明浦の期間は長いが、再開できるように捕鯨組と同じ編成の沿岸漁業が組織されていた[91]。

3) その他地域の銃殺法

　その他地域の銃殺捕鯨の事例を拾っておこう。宇久島の事例はすでに述べたので省く。
(1) 明治18年に銃を砲台に据え付けて発射する砲殺法の出願が2件あった。1つは「烏銃」を使って火矢を放つもの、他は綱のついた銛を発射する方式である。実効性への疑問、他の漁場からの支障申し立てによって許可されなかった[92]。
(2) 明治28年に平戸瀬戸組から崎戸組（西彼杵郡）に前年に許可された銃殺法に対して停止願いが出た。崎戸組の銃殺捕鯨によって鯨の通路が変わり、平戸瀬戸組は例年5～8頭の捕獲があるのに昨年は2頭のみとなった。この願いは、実情調査のうえ崎戸組が営業を継続しても平戸瀬戸組の妨害にならないと判定されて却下された[93]。
(3) 西彼杵郡平島村の漁場は、明治16～20年に橘に貸与したが、営業しなかった漁場で、その後は明浦となっていた。明治27年、同村の宮崎と元平戸捕鯨会社の本山金作ら4人から借区願い（銃殺法）が出て、有川捕鯨場の故障申し立てがあったものの、許可された[94]。

　明治28年に銃殺捕鯨の季節延長願いが出た。前年の許可では漁期を11～3月としていたが、春浦が可能な6月まで延長することを願い出たのである。これは有川捕鯨場の支障になるとして許可されなかった[95]。

　平島銃殺捕鯨組の出資者は、本山金作、木田長十郎、小関亨、副島清三郎ら8人で、全員が平戸町か平戸村居住で、旧平戸捕鯨会社の関係者である。人数は役員4人、銃手6人、波座士6人、水夫42人、計58人とした。明治29年に、操業中は平戸町に仮事務所を設ける、平島には「浦落金」（一種の地代）を支払うことで地元と協定を結んでいる。この時の銃手の操業記録によると（明治25～44年度）、銃手は4～6人でチームを組み、平戸瀬戸組と兼ねながら、各地の捕鯨組を移り変わっている。前半の10年間は平島が中心であったが、後半の10年間は宇久島、五島・樺島、朝鮮、愛媛県などに変わっている。捕獲数もナガス鯨を中心に1～4頭であったが、後半はサンカクナガス鯨（ニタリ鯨）やコ鯨1、2頭で、操業期間も概して短い。同時期（明治24～41年度）の平戸瀬戸組は銃手が6人、捕獲頭数が5～7頭と安定的で、しかもナガス鯨中心で、他はザトウ鯨やサンカクナガス鯨であった[96]。
(4) 明治32年には数件の銃殺捕鯨の出願があるが、南松浦郡北魚目村、西彼杵郡崎戸村、西彼杵郡江島村のものは他の捕鯨場の支障になるとして許可されず、対馬を漁場とするものについては許可された。また、五島捕鯨会社が免許された区域内で銃殺法を併用することも認められている[97]。

　西海捕鯨で銃殺法は、平戸瀬戸、佐賀・小川島の2ヵ所で昭和期まで使われた[98]。

4　網取り式、銃殺法の組織と経営

　表1-2は明治12～16年度の平戸捕鯨会社の捕鯨頭数と経営収支をみたものである。生月と平戸瀬戸の2ヵ所で、網取り式と銃殺法が併用されている。鯨種はザトウ鯨が最も多く、次いでナガ

ス鯨となっている。頭数は10頭から24頭へと増加している。だが、金額は伸びていない。捕獲金額は捕獲頭数、鯨種、価格変動によって大きく異なるが、16〜38千円、対する経費は16〜30千円となっている。

表1-2　平戸捕鯨会社の捕鯨頭数と経営収支

明治	12年度	13年度	14年度	15年度	16年度
捕獲頭数	10頭	15頭	16頭	16頭	24頭
ザトウ鯨	5頭	7頭	10頭	10頭	14頭
ナガス鯨	3頭	6頭	5頭	5頭	9頭
その他	2頭	2頭	1頭	1頭	1頭
同金額	16,822円	38,259円	25,815円	16,241円	18,336円
船数	30隻	30隻	31隻	43隻	30隻
うち新造船	7隻	7隻	8隻	7隻	−
同代金	420円	480円	703円	387円	−
網数	88反	108反	108反	120反	120反
うち新網苧代	2,650円	5,006円	5,182円	4,462円	799円
従事者	435人	447人	453人	620人	405人
人件費	5,714円	7,760円	8,418円	8,336円	5,914円
米	6,005円	7,642円	7,243円	5,683円	3,576円
税金	346円	591円	503円	287円	632円
諸雑費	4,706円	6,548円	7,525円	7,565円	5,205円
経費　計	19,841円	28,027円	29,574円	26,720円	16,126円
損益	△3,020円	10,232円	△3,759円	△10,479円	2,210円

資料：「平戸捕鯨会社　明治十二－十六年度捕鯨記録」（明治18年2月、東京海洋大学図書館所蔵羽原文庫）。
注：金額は円未満を四捨五入した。鯨種のその他はセミ鯨及びコ鯨。

　船数は30隻余で、毎年7、8隻が更新され、その費用が400円前後、掛け網は徐々に規模を大きくしており、新網用の苧代が5,000円を上まわることもある。従事者は430〜450人で、その賃金は経費中最大で8,000円を超すこともある。米代も多額にのぼり、労賃と食費で経費の半分を占めている。損益は5年間のうち3年間は赤字で、しかも損益の振幅が非常に大きい。明治16年度は捕獲頭数が最多であった反面、船、網への投資、人数を減らして（翌年には資産の売却）黒字となっている。

　表1-3は、五島捕鯨会社、生月捕鯨組、平戸瀬戸組の明治25〜30年度の捕獲高と30年度の固定資本額、経費、漁船・漁夫数などを示したものである。鯨種はいずれの場合もナガス鯨が大半で、次いでザトウ鯨が多い。五島捕鯨会社と生月捕鯨組は網取り式、平戸瀬戸組は銃殺法で、生月と平戸は分けられている。捕鯨頭数は、五島捕鯨会社が27〜33頭、生月捕鯨組が10〜12頭、平戸瀬戸組が数頭と大きな差がある。1頭あたりの価格は上昇し、どの捕鯨組も売上げ高が増加している。

　生月捕鯨組の固定資本額は30,000円、うち網具が過半を占める。漁船・漁夫数は32隻、368人で、表1-2と比べると漁夫数が大幅に少ない。捕獲高は39,000円であるのに対し、経費は31,000円で利益が出ている。表1-2の明治10年代と比べて、捕獲頭数は少なめなのに捕獲高、経費はともに高い。生月捕鯨組は五島捕鯨会社と比べると漁船・漁夫数及び経費は2分の1である。平戸瀬戸組と比べると5倍ほどの規模である。したがって、五島捕鯨会社と平戸瀬戸組では10倍の差がある。

表1−3　長崎県下の捕鯨組の捕獲高および明治30年度の捕鯨組の概要

		五島捕鯨会社	生月捕鯨組	平戸瀬戸組
捕獲高	明治25年度	−	9頭, 20,001円	−
	明治26年度	27頭, 51,048円	8頭, 12,002円	8頭, 8,907円
	明治27年度	33頭, 58,830円	−	2頭, 2,055円
	明治28年度	31頭, 74,680円	12頭, 32,735円	11頭, 18,538円
	明治29年度	32頭, 67,753円	12頭, 31,495円	5頭, 8,315円
	明治30年度	33頭, 104,070円	13頭, 38,996円	4頭, 11,358円
明治30年度	固定資本額	22,356円	30,000円	3,119円
	土地	2,899円	3,150円	借地 400円
	建物		1,670円	1,200円
	漁船	19,100円	4,860円	990円
	漁具(網,銃器)		16,800円	529円
	その他	356円	3,520円	
	経費	61,138円	31,426円	6,557円
	漁船費	3,933円	1,080円	
	網費	11,001円	8,000円	
	漁具費	2,486円	2,808円	400円
	給料と賞与	12,550円	6,898円	2,284円
	食費・酒代	15,333円	9,115円	1,080円
	その他経費	15,836円	3,525円	2,793円
	損益	42,932円	7,570円	4,801円
	漁船・漁夫数	65隻, 648人	32隻, 368人	6隻, 54人
	勢子船・ボート	17隻, 213人	13隻, 156人	ボート 3隻, 27人
	双海船	14隻, 140人	6隻, 60人	−
	網付船	6隻, 68人	6隻, 72人	−
	張切船	14隻, 91人	1隻, 8人	−
	持双船	8隻, 104人	4隻, 48人	2隻, 18人
	納屋船	1隻, 12人	2隻, 24人	1隻, 9人
	引子船	5隻, 20人	−	
	漁夫の内数	波座士 44人	−	銃士 6人
	麻苧網反数	53反	112反	
	藁網反数	880反	25反	

資料：「第五課事務簿　漁業ノ部　明治三十一年自七月至十二月」（長崎歴史文化博物館所蔵）。
注：双海船は網を積む船、網付船は双海船を曳く船、張切船は藁網を積む船。

経費の内訳、漁船・漁具数を比較すると、網取り式と銃殺法の特徴、端的には銃殺法は固定資本額、従事者、経常費が少ないが、漁獲もまた少ないという特徴がよくわかる。損益はいずれの捕鯨組も利益がでている。

表1−4は、明治37年の五島捕鯨会社の網取り式（大敷網を含む）と平戸瀬戸組の銃殺法の営業資本額と経営収支を示したものである（表1−3にあった生月捕鯨組は休止状態）。営業資本額、収入、支出とも両者は10倍ほどの差がある。営業資本額は全額自己資本である（五島捕鯨会社は負債が多いにもかかわらず）。五島捕鯨会社の捕鯨器械が非常に高いが、網の他にノルウェー式捕鯨船を所有していたためと思われる。両経営体とも流通資本（現金）が大きな割合を占めている。

収入は、五島捕鯨会社が約50頭の捕獲で65,800円、平戸瀬戸組が5頭で6,600円で、両者には10倍ほどの差がある。従事者をみると、五島捕鯨は漁夫だけで483人、役員、本務員、手代を含めると515人、それに臨時雇いの職工や解体人夫が加わる大組織である。一方、平戸瀬戸組は銃手、漁夫、事務員を合わせて52人である。支出のうち人件費と食料費が大きな割合を占める。人件費は五島捕鯨会社が11,300円で支出全体の20％、平戸瀬戸組が2,000円で同40％となっている。五島捕鯨会社は網などの修繕費と借入金の利子、元本償還も大きな負担となっている。両経営体ともこの年は相当な利益を計上した。なお、沿岸漁業との比較でいうと、有川村のマグロ大敷網(1統)の営業資本額が580円、収入が850円、漁夫が16人なので、その規模が推測できよう[99]。また、五島捕鯨会社

表1-4 捕鯨業の営業資本額と経営収支(明治37年)

南松浦郡有川村・五島捕鯨会社		北松浦郡平戸村・平戸瀬戸組	
50,000	営業資本額(全額自己資本)	4,161	営業資本額(全額自己資本)
3,856	船舶	1,350	ボート3隻,和船3隻新装
27,300	捕鯨器械	571	櫂,櫓,苧綱,銛
4,399	土地建物什器	240	銃6丁
14,445	流通資本(現金)	2,000	流通資本(現金)
65,772	収入	6,563	収入
63,307	鯨捕獲高	6,563	鯨捕獲高5頭
2,464	イルカ,その他収入		
56,497	支出	4,976	支出
2,901	役員6人,本務員6人,手代21人給料手当	500	銃手6人,1人83円
6,323	沖場雇用賃・賞与483人	645	漁夫45人,1人14円
1,418	大工,石工,木挽,左官賃延べ2,514人	150	事務員1人
679	鯨解体日雇い人夫賃延べ1,525人	677	銃手,漁夫,事務員賞与
9,412	網漁船器械建物修繕費	250	修繕費
14,601	米943石,酒50石	1,020	食料(米と副食物)
1,122	塩7,481俵	120	塩800俵
2,900	竹,縄,椎皮	248	火矢,火薬
707	燃料	125	薪炭油費
2,409	諸税納付金	821	公費負担
1,403	鯨積運送費		
9,660	借入金利息,年賦借用金償還		
2,944	その他	220	その他
9,275	利益金	1,587	利益金

資料:「水産課事務簿 水産経済調査 明治三十八年」(長崎歴史文化博物館所蔵)。
注:円未満は四捨五入した。五島捕鯨会社のその他支出は浦益金,マグロ・ブリ網休業契約金,小学校校舎建築寄付金など。

は地元に地代に相当する「浦益金」、漁期中は休漁させるマグロ・ブリ大敷網への補償金、村への寄付金を出している点は、捕鯨が村落ぐるみであることを示すものとして注目に値する。

　表1-3と表1-4で同じ五島捕鯨と平戸瀬戸組を比較すると、明治30年度に比べ37年の方が捕獲頭数が多いにも関わらず、収入はかなり少ない。経費も明治37年の方が低いが、その差は小さく、したがって利益率も低くなっている。

　明治30年を過ぎると、長崎県の捕鯨場は有川、平戸の2ヵ所となり、他の捕鯨場は明浦となった。捕獲し易く、大抵の網代で捕れたセミ鯨は見かけなくなり、条件の良い漁場でないと獲れないナガス鯨(セミ鯨が獲れていた頃は度外視されていた)中心になったことが影響している。上記2ヵ所はナガス鯨を獲ることができる捕鯨場である。2ヵ所でも漁法の改良が行われた。①網に入った鯨が網を破って逃げるのを防ぐために麻糸を精選した。②ナガス鯨は尖っている喙を網目に突っ込んで網を破るのでそれを防ぐために網目を小さくした。また、網目の結び目を小さな網で括り、網目が緩んで大きくならないようにした。③網の反数、船の数を増やした。④鉄砲でボンブランスを撃ち網代の方へ鯨を追いやる。また、電気捕鯨法を試みた。

　電気捕鯨法については、壱岐・前目漁場で今西音四郎が試みたのと同じ年の明治29年に宇久島を基地として無許可のまま「電気作用ノ銃殺法」をもって、五島捕鯨会社の免許区域で狙撃しているとして五島捕鯨会社が県に取締りを要請している。この漁法は、他に障害を与えるとして許可されなかったもので、和船に7、8人が乗り、鯨を発見すると近づき、「電気作用ノ鉄砲」で狙

撃するもので、一般の銃殺法と似ている。近年、外国人によって発明された方法で、費用が少なく便利である。一般の銃殺法は弾が当たっても急所でなければ捕獲できないのに対し、この方法は命中すれば鯨は電気に打たれて捕獲しやすい。ただ、実際には発明以来、日が浅く、漁法が拙劣なため1頭も捕獲していない[100]。

　明治32年頃、川原又蔵(五島捕鯨会社の社長)が電気捕鯨会社を興した。川原は電気捕鯨にもノルウェー式捕鯨にも関心を示した。「電線ヲ付セル鉄矢ヲ銃ニ装ヒ之ヲ発射命中スルトキハ電気ヲ通シテ捕獲スル」もので、兵庫造船所で電気丸を新造し、朝鮮海に出漁する予定であった。この計画は明治33年に川原が死去したこともあって実現していない[101]。

　条件に恵まれている漁場でも明治30年代初期に経営悪化が進行した。①食料、酒、麻、人件費などすべての経常費が4、5割高まった。②通り鯨の減少。③鯨肉の価格低下。とくに白肉は半額となった。原因は朝鮮海捕鯨の発達で、ロシアの捕鯨船が長崎へ鯨肉を大量に輸出するようになったことである。金額は五島捕鯨会社の捕獲高と同程度だが、頭数にすると九州の捕鯨頭数の2倍に相当した[102]。

第4節　ノルウェー式捕鯨の導入

1　ノルウェー式捕鯨法

　初期のノルウェー式捕鯨は事業場(根拠地)を拠点に操業する「沖合捕鯨」(一般には沿岸捕鯨の範疇に入れるが、本論では実態に合わせて「沖合捕鯨」という)の形態をとった。捕獲した鯨を舷側に引き寄せ、抱きかかえる形で事業場に持ち帰る。事業場は、鯨網組が使っていた納屋を転用することもあったが、多くは新しく建設した。解体処理は事業場で行なう場合と根拠地に待機している解剖船で行う場合とがある。後者は朝鮮海捕鯨のうち事業場のない根拠地でとられた形態である。事業場には解体施設の他、肉冷却場、納屋、製油場、塩蔵場、貯炭場などが設けられた。欧米諸国と違って、鯨肉も目的とすることから事業場の設備、解体方法も異なる。

　網取り式とノルウェー式を比較すると、次のような違いがある。

　①網取り式は網代で通り鯨を待つ。過半は網代内に入らないだけでなく、網代付近を通過する鯨が減少した。網代に入った鯨でもそのほとんどが逃げる。ノルウェー式は鯨の群集している場所に回航し、発射するとその多くを捕獲できる。

　②網取り式は季節が過ぎると通り鯨、捕獲はなくなる。漁期が短く、漁期中も和船なので風浪いかんにより出漁できないことがある。ノルウェー式は漁場、根拠地を移動できるし、汽船を使うのでたいていの風浪には出漁することができ、出漁日数は長い。

　③網取り式は船や網の耐用年数が短く、毎年、それを補填する必要がある。ノルウェー式は汽船、砲とも耐用年数が長く、毎年の資産減少は少ない。また、網取り式は数百人の漁夫を使用するので多額の経費を要するが、ノルウェー式は少人数なので経費ははるかに少ない[103]。

　網取り式、大敷網、銃殺法は鯨の沿岸来遊を待つ漁法だけに、機動力があり、沖合で操業し、効率的なノルウェー式の登場で急速に衰退していく。ノルウェー式は旧来の漁法とは異なった地域で、異なる事業者によって始められた。

2　ノルウェー式捕鯨の導入

　ノルウェー式捕鯨は朝鮮海で発達した。漁期は11 〜 3月で、朝鮮半島東岸を南下してくる鯨を対象にする。

1) ロシアのノルウェー式捕鯨とその導入計画

　朝鮮海で最初(東アジアで最初)にノルウェー式捕鯨に着手したのはロシア・ウラジオストック在住のディディモフ(A.G.Dydymov)で、明治22年のこと。元山近くを根拠地とし、鯨肉などは長崎へ輸出した。翌明治23年、ウラジオストック在留で長崎県平戸村出身の稲垣雄太郎ら2人がディディモフとその捕鯨船を雇用し、壱岐・箱崎村前目網代を鯨網組から譲り受けてそこで操業することにした。日本の捕鯨は網取り式で遅れている、近年、銃殺法が導入されたが、好結果を出していないとしてノルウェー式の導入を企図したものである。ロシア捕鯨船の雇い入れは同年末から3ヵ月の予定で、仮約定書が取り交わされた。長崎県へ申請したが、不開港場での外国船の雇い入れに問題がある、借区内での操業は無理(区域外にはみ出て紛争を起こす)として却下された。県は政府の見解を質したところ、外国船の雇い入れ自体、法律で許可したもの以外は禁止という回答であった。稲垣らは広く有志を集め、長崎県下の捕鯨場を統合して捕鯨を営む捕鯨会社を構想していた。同時期に五島・岐宿村の西村団右衛門らが同じ構想を懐いたことは前述したが、両者が関係しているのかどうか、展望があってのことかどうかはわからない。

2) ロシアの捕鯨会社

　ディディモフとその捕鯨船は明治24年に遭難した。続いて明治27年に海軍出身のケイゼルリング(H.H.kejzerling)伯爵がロシア帝室や海軍省の後援を得て太平洋捕鯨会社(後に太平洋捕鯨及び漁業(株)に改組するが、本論では太平洋捕鯨会社、またはロシア捕鯨会社と呼ぶ)を設立し、ディディモフが建設したウラジオストック近郊に根拠地を設けた。同社の捕鯨船は食料、水などを補給するために長崎港へ寄港し始め、明治29年から鯨肉の輸出を始めた。鯨肉の大量輸入で価格が低落し、日本の捕鯨業界に大きな衝撃を与えた。長崎港の鯨肉輸入額は明治29年49千円、30年68千円、31年113千円と増えている。長崎港における輸入鯨肉の取り扱い業者は中国人以外では紀平合資会社と原真一である。

　紀平合資会社は、幕末から明治にかけてロシア人の「雑居地域」(ロシア艦隊士官などが休息目的で民家を借り日本人女性を雇い入れた地区)となった西彼杵郡淵村(長崎港西岸)の山野邊右左吉(貸し家をしていた)らが設立した貿易会社で、太平洋捕鯨会社の代理店となった。後に山野邊は長崎市で海産物問屋をしていた原真一らと捕鯨会社を興す。

　太平洋捕鯨会社は、明治31年に業務を拡大し、解剖・運搬船を汽船とし、日本人塩蔵手を雇って日本への鯨肉輸出を本格化した。捕鯨船2隻、解剖船2隻、運搬船3隻、計7隻、109人で船隊を構成したが、鯨肉などを日本へ輸出するために日本からの傭船、日本人の雇用もあった。すなわち、解剖船2隻のうち一方には塩蔵手として五島出身の5人が乗り、他方の解剖船は紀平合資会社からの傭船で、船長の吉田増太郎以下7人は全員日本人である。また、運搬船のうち汽船の1隻は日本からの傭船で、乗組員19人も日本人であった。

　明治32年に在朝鮮ロシア公使が強請して朝鮮政府から捕鯨特許と3ヵ所の租借地、すなわち従来使っていた咸鏡道・馬養島(新浦の前面の島)、江原道・長箭津、慶尚道・蔚山湾内の長生浦を

獲得した(図1-6参照)。それまでは捕鯨会社は朝鮮政府の特許もなく、朝鮮近海で操業し、鯨の解体を行っていた。この特許取得で太平洋捕鯨会社の活動は朝鮮政府公認となり、他の競争者から一歩抜け出して有利な立場に立った。3ヵ所の租借地、特に長箭津とウラジオストック郊外の根拠地を鯨の回遊に合わせて移動して周年操業体制を築いた[109]。

その後、太平洋捕鯨会社は日露開戦によって日本海軍に船舶を拿捕・没収されて捕鯨部門を廃業した。その結果、以後、朝鮮海捕鯨は日本人が独占するようになった。

3) 英露人捕鯨組合

明治30年、ロシアの漁業家・デンビー(G.P.Denbigh)を主とし、長崎市在住のイギリス人貿易商・リンガー(F.Ringer)、ロシア極東の貿易商・セミョーノフ(Y.L.Semenov)の3人で捕鯨組合(通称、英露人捕鯨組合という)を設立し、ホーム・リンガー商会(上記リンガーらの商会)が代理店となった[110]。明

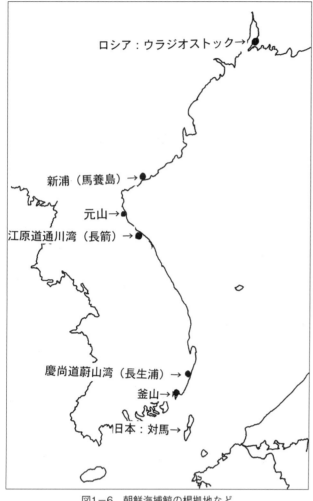

図1-6 朝鮮海捕鯨の根拠地など

治31年11月にノルウェーで建造した捕鯨船・オルガ号、解剖船、運搬船の3隻、乗組員50人で朝鮮海に出漁した。捕鯨船の船長はロシア人、砲手はノルウェー人、航海士・機関士はイギリス人、水夫・火夫は日本人、解剖船は日本人、運搬船は船長ロシア人、船員はロシア人と中国人と多国籍である。ロシア捕鯨会社と同じ漁場で漁獲を競ったが、同組合は何度となく捕鯨特許を請求したが得られず、根拠地もなかったので、元山、釜山の両税関と交渉して港内の一角で解体する許可を得た。明治32年度、33年度が不漁であったため、捕鯨船と解剖船を日本遠洋漁業(後述)に賃貸し、明治34年に捕鯨業から撤退した(捕鯨船の売却は38年)。ロシアの捕鯨船に比べて捕鯨特許がなく生産性が劣ること、日本遠洋漁業に比べて朝鮮、日本の両方で関税を課されるので収益性が低いことが撤退理由だと思われる。英露人捕鯨組合の捕鯨業は3年弱と短い[111]。

4) 長崎市の遠洋捕鯨(株)

明治28年、ロシア捕鯨会社に雇われたことがある長崎県・島原の大工・高橋寿二郎が長崎市で秤屋を営む亀川多一郎にノルウェー式捕鯨が有望なことを説き、長崎近海で操業する計画を立てた。明治30年1月、汽船・弥生丸(45トン)は五島・鯛之浦を根拠地にして2日間出漁したが、一

頭も捕獲できなかったばかりか網取り式捕鯨者の苦情をかった。捕鯨船としては小型であり、またノルウェーに注文していた捕鯨砲が到着していなかったため、大阪鉄工所で鋳造した大砲を据え、高橋と元海軍砲手の2人がにわか砲手になった。

亀川は明治29年に大阪鉄工所(後の日立造船(株))に捕鯨汽船・烽火丸の建造を注文した。長崎新報社社長の城野威臣らを説いてその参加を得、県の営業許可が出て明治30年10月に遠洋捕鯨(株)を創設した。資本金は3.5万円で、本社を長崎市に置いた。営業許可には既存の捕鯨漁場から20カイリ以上、その他の漁場から10カイリ以上離れて操業すること、解体処理場を設置する場合は事前に許可を受けることなどの条件がついた。烽火丸は124トン、30馬力(速力は9ノット)の木造汽船で、乗組員は19人。砲手は元ロシア捕鯨会社の砲手であったノルウェー人、波座士2人も乗船した。ノルウェーから捕鯨砲、器具が到着して、明治31年4月に解剖兼運搬船2隻、大型漁船2隻とともに対馬近海へ出漁した。しかし、ナガス鯨3頭を捕獲しただけに終わった。夏は種子島方面へ出たが成績不良で11月に会社は解散し、数人の組合員の所有に変わった[112]。

明治32年2月から朝鮮の迎日(ヨンイル)湾、蔚山湾などで操業したが、同年12月、捕鯨特許がないため税関の説諭により釜山に戻った。3カイリ外で操業すること、捕獲した鯨を持ち込む場合は輸入税を課す条件で釜山港の一角で解体することになった。英露人捕鯨組合と同じ条件である。佐賀県・呼子に会社の出張所、納屋を建てた。種子島、呼子、釜山方面に出漁したが、収支が償わず、明治33年に廃業となった[113]。

その成績をみると、明治31年度と32年度の2年間で出漁が193日、鯨を見たのが90日、大砲を撃ったのが80発、当たったのが18発、捕獲したのが10頭であった。成績不振の原因は、烽火丸の速力が遅く撃つ機会が少ないこと、探鯨の方法、鯨に出会った時の舵の取り方が拙く、砲手が下手なこと、乗組員は仕事の分担と相互の連携がとれていないことであった。改善するには、捕鯨船は最初はノルウェーで建造し、後にそれを手本にして日本で建造すること、死にきれずもがいている鯨にとどめをさすにはボンブランスを撃つのが有効、石炭は良質なものを使用し、同一量で航続日数を延ばすこと、砲手は外国人を雇うなら月給制ではなく歩合制にすること、月給制であれば金額は高くても優れた砲手を雇用すること、食用肉を得るには血抜きのために波座士が必要、とされた[114]。

5) 長崎市の長崎捕鯨(株)

明治30年10月、西彼杵郡淵村の松森栄五郎(前述の山野邊と同郷だが、両者の関係は不明。淵村は明治31年に長崎市に編入される)ら7人が資本金3.5万円で長崎捕鯨(株)設立した。木造捕鯨汽船・初鷹丸は同地で建造され、105トン(登簿トン数は57トン)、25馬力、速力は10ノット以上である。乗組員は14人で、砲手兼船長はノルウェー人。壱岐、南北松浦郡の沿岸10カイリ内、対馬沿岸5カイリ内は禁漁という条件で営業許可が出た。同社は明治31年に壱岐郡箱崎村(1～3月、9～12月)と南松浦郡大濱村黄島(4～8月)に事業場の設置許可願いを出している。

黄島を根拠とし、五島沿海を探鯨したが、富江村のマグロ網代に入ったナガス鯨を網代主と利益配分を約束して発砲した。禁止区域で操業したとして告発された。同社は不漁でノルウェー人砲手が去り、内訌が絶えず、一年を経ずに解散した[115]。初鷹丸は有川の五島捕鯨会社が買収した。

遠洋捕鯨、長崎捕鯨とも明治30年に長崎市に設立され、北部九州沿海、朝鮮海、種子島などを漁場としたが、操業形態が確立しない(朝鮮海では捕鯨特許、解剖船や運搬船がない)うちに解散に追い込ま

れた。明治30年は遠洋漁業奨励法が制定された年であり、奨励金も起業の契機になったとみられる。

両社の資本金はともに3.5万円で、捕鯨船は国内で建造され、捕鯨器具はノルウェーから購入している。捕鯨船の建造技術、乗組員の熟練が低いことも失敗要因であった。ちなみに、明治32年頃の捕鯨汽船と捕鯨器具の購入見積りは、捕鯨汽船35,000円、銛綱(10筋)3,500円、銛(30本)1,200円、大砲500円、その他捕鯨器具450円、ノルウェーから長崎までの回航費3,930円、計44,580円であった。捕鯨船は国内建造の木造汽船で、124トン、30馬力と105トン、25馬力、乗組員の内訳は船長、砲手、機関士、運転士、油差し、火夫2、3人、舵取り、水夫2、3人、波座士3、4人、賄い夫の計19人と14人であった。[116]

6) 山口、福岡での事業計画

明治30年5月、山口県大津郡仙崎の佐藤甚吉、西村吉右衛門の2人は長崎市在住の中島栄三(同郷人で鯨肉販売をしていた)[117]とロシア捕鯨会社で解剖長をしていた合田栄吉からノルウェー式捕鯨が有望なことを確かめ、資本金5万円を募集、対馬を根拠にし、釜山近海の捕鯨を計画した。同地方の資産家で網取り式捕鯨に投資していた山田桃作(後に日本遠洋漁業の発起人及び社長)や網取り式捕鯨業者らが発起人会を作ったが、途中から網取り式捕鯨業者はノルウェー式の起業により多くの失業者が出るとして反対にまわって計画は挫折した(佐藤と西村は明治40年に網取り式捕鯨業者とノルウェー式捕鯨の長門捕鯨(株)を設立する)。

同年、中島栄三は福岡市の事業家・安達三右衛門らに捕鯨会社の設立を働きかけた。安達は長崎市で計画中の遠洋捕鯨と合同し、大阪で建造中の烽火丸を捕鯨船とし、砲手はノルウェー人を雇うことでまとまりかけたが、本社を長崎市に置くか福岡市に置くかで対立し、合同談は破綻した。

そこで安達らは単独で捕鯨会社を設立し、ノルウェー砲手を雇おうとしたが、その砲手はすでに遠洋捕鯨に雇われていて計画は挫折した。[118]明治32年にも安達を含む福岡市の有力者によりノルウェー式捕鯨会社の設立機運が高まったが、設立には至らなかった。大口出資者とみなされていた炭鉱経営者が炭鉱経営の不振と炭鉱事故のため資金不足に陥ったこと、同年に山口県に設立された日本遠洋漁業の成績不振が理由である。[119]

7) 日本遠洋漁業(株)の創立

明治32年7月、山口県大津郡三隅村で日本遠洋漁業(株)が、資本金10万円で誕生した。発起人は山田桃作(前述)、岡十郎(慶応大学卒)などの資産家・代議士7人である。設立の動機は、ロシアの捕鯨会社が日本海の実利を独占し、それが朝鮮支配の強化に資していることに対抗するためで、同じ長州出身の政府要人の鼓舞奨励、発起人に代議士が含まれているなど政治的動機が強い。背景には、明治30年の遠洋漁業奨励法の発布、山田桃作が投資を約束したこと、山口県の朝鮮海漁業調査でロシア捕鯨会社についても調査したことがあった。

砲手として元ロシア捕鯨会社のノルウェー人砲手を雇い、捕鯨船を石川島造船所(後の石川島播磨重工業(株))で建造し、捕鯨用具はノルウェーに発注し、岡らは農商務省の嘱託としてノルウェーへ実情視察に出かけた。本社を大津郡仙崎に、出張所を下関に置いた。在外公館を通じて朝鮮政府に要請して、明治33年2月に捕鯨特許を得た。内容は、ロシア捕鯨会社と同じく慶尚道、

江原道、咸鏡道の沿海3カイリ内の捕鯨を認める、期間は3年間、動力船への課税、関税の免除などである。ロシア捕鯨会社が得た捕鯨特許に比べ、租借地がなく、特許の期間も短くて条件は不利であった。山口県からは朝鮮3カイリ、日本10カイリ外での許可を得た[120]。捕鯨船隊は第1長周丸(122トン、速力12ノット、17人乗り)、運搬船2隻、運搬用大型漁船6隻の計9隻であった[121]。

初年度の明治32年度は諸種の災難が起こり、操業日数が短く、捕獲数も少なく、赤字となった。夏季に船を係留しておくのは不利とみて鹿児島県山川港を根拠に種子島周辺を探索した。明治33年度は捕鯨船の故障もあって朝鮮海での捕獲は少ないが、価格が高く利益がでた。明治34年度は捕鯨船2隻(1隻は英露人捕鯨組合から借りたオルガ号)で出漁し、好成績をあげたが、途中、第1長周丸が沈没して経営危機に陥った。そこでオルガ号の傭船契約を継続し、またノルウェーから捕鯨船を傭船して危機を脱した。

朝鮮海出漁では夏場の操業が課題であった。英露人捕鯨組合は明治32年度に北海道沖へ出漁するが、そこも不漁で結局、捕鯨業から撤退している。日本遠洋漁業は明治32年度に種子島方面に船を回したが成績が上がらず、中止して運搬業者に船を貸し出した。翌33年度も種子島方面に出漁したが、不漁で夏季捕鯨を断念している。

明治35年度以降の成績は頗る好調となった。明治36年度はノルウェーから捕鯨船1隻を傭船し、代わりにオルガ号は長崎捕鯨組(後述)へ転貸して2隻体制が続いた。自社船を失った日本遠洋漁業が再起できたのは、傭船でしのぎ、その傭船がいずれも好成績であったことによる。朝鮮海の捕鯨特許を得たため、傭船が他社と競合する場合、有利になった[123]。

8)五島捕鯨会社と山野邊組

明治33年、有川の五島捕鯨会社は長崎捕鯨から初鷹丸を購入(購入価額は3万円、捕鯨具などは8千円)し、日本遠洋漁業の第1長周丸の船長であった夏目市太郎(以前、ロシア捕鯨会社に雇用されていた)を船長兼砲手として雇い、五島、種子島、元山近海で操業した[124]。結果は惨めで、翌明治34年には西海漁場とともに朝鮮海出漁を予定し、遠洋捕鯨の許可も得た。捕鯨船・初鷹丸(19人乗り)以外の解剖船(65トンの帆船、22人乗り)と運搬船(71トンの汽船、7人乗り)は傭船である。朝鮮海出漁にあたってその条件を調べ、3カイリ内は特許を要すること、特許があれば漁獲物を開港場だけでなく許可を受けた港湾に出入りし、解体処理をすることができるが、特許がないと3カイリ外で操業し、開港場以外は出入りできない。開港場内で解体処理するか対馬まで持ち帰って処理するしかない。特許を得るのはすぐにはできないし困難が伴う、英露人捕鯨組合や遠洋捕鯨は特許がないばかりに不利不便をかこつこと、その他、食糧や石炭の積み込みなどを調査している。収支目論見は、8ヵ月で30頭の捕獲、収支はともに35,000円とした。

実際に出漁したのは前述した紀平合資会社の山野邊右左吉(山野邊組)で、五島捕鯨会社から初鷹丸を借り、また、日本遠洋漁業の捕鯨船が沈没してノルウェー人砲手が解雇状態にあったことからこれを雇い、明治34年10月から朝鮮海へ出漁した。紀平合資会社が直接捕鯨に乗り出したのは、代理店をしていたロシア太平洋捕鯨会社の長崎駐在員がケイゼルリング伯爵からその弟に代わると代理店を中国人に変更したことを契機にしている[125]。

だが、船の構造が不完全で成績があがらず、赤字となった。翌年は、前年の出漁は捕鯨特許がなかったことから、日本遠洋漁業と交渉してその特許の一部を使った。これでは不利不便なので、明治36年9月に山野邊組を改め、林包明[126]、原真一、吉田増太郎[127](ロシア捕鯨会社が紀平合資会社から傭船し

た解剖船の船長であった)、山野邊の4人で長崎捕鯨組を作り、日本遠洋漁業が傭船した英露人捕鯨組合所有のオルガ号を借りて出漁し、ようやく好成績をあげた。[128]

　以上、述べたようにノルウェー式捕鯨は明治30年に始まる。長崎市では英露人捕鯨組合、遠洋捕鯨、長崎捕鯨が設立され、山口県や福岡県でも起業の動きがあった。ロシア捕鯨会社と関係した人物が起業に係わっている。これらの事業は技術の未熟さと漁場が不確定なため短期間で挫折した。明治32年に山口県に設立された日本遠洋漁業、34年に捕鯨に乗り出す山野邊組(後の長崎捕鯨組)が上記捕鯨会社の捕鯨船を傭船しながら朝鮮海出漁を確立した。

3　朝鮮海でのノルウェー式捕鯨

　朝鮮海でロシア人によるノルウェー式捕鯨が始まるのと同じ明治22年に朝鮮で日本人による網取り式も始まった。これには長崎県関係者は係わっていないし、ノルウェー式捕鯨とも関係していないので、割愛する。

　朝鮮海での捕鯨は、ナガス鯨が主対象で、その他にイワシ鯨やコ鯨がいる。漁期は11〜5月で、12月は馬養島や長箭津を根拠に、1〜5月は蔚山を根拠とした。ロシア捕鯨会社も日本遠洋漁業も同じ根拠地(場所は離れている)を使う。蔚山を根拠にする期間が長いので、事業場としての整備が進んだ。明治35年末時点で、ロシア捕鯨会社は租借地内に鍛冶小屋、住居、石炭貯蔵庫などがあったが、日本遠洋漁業は租借地がないので畑地を借りて小屋と井戸を準備した程度である。

　鯨の処理手順は、鯨を持って根拠地に帰ると、解剖船に渡し、鯨を船腹の水面上に横たえ、ボートを降ろして解剖夫が脂肪部、次いで肉部を切り取り、蒸気ウィンチで甲板上に引き上げ、小切りにする。それを貯蔵船に運び、しばらく甲板上に並べて血抜きをし、塩を振って船の倉庫に入れる。それが貯まったら運搬船に移し、販売地に向けて輸送する。[129]

　表1-5は、明治33年度に朝鮮海で捕鯨をしたロシア捕鯨会社、日本遠洋漁業、英露人捕鯨組合の船隊と捕獲高を比較したものである。ロシア捕鯨会社は捕鯨船が2隻で、根拠地に事業場を持つが、日本遠洋漁業と英露人捕鯨組合は捕鯨船が1隻で、根拠地がないか、根拠地はあっても事業場がない。事業場がなければ解剖船、貯蔵船、運搬船を要するし、海上従事者数も多くなる。ロシア捕鯨会社が7隻、85、86人、捕獲頭数(朝鮮海のみ、以下同じ)は114頭、日本遠洋漁業が11隻、103人、42頭、英露人捕鯨組合は5隻、66人、34頭となっている。日本遠洋漁業、英露人捕鯨組合は経験が浅く、また、英露人捕鯨組合は特許がないことで事業が制約された。英露人捕鯨組合は明治33年度を最後に捕鯨業から撤退し、その捕鯨船と解剖船は日本遠洋漁業に、運搬船2隻(日本船籍の傭船)はロシア捕鯨会社に傭船された。日本遠洋漁業は、鯨肉の販売、事業仕込みでは最も有利な立場にあった。ロシア捕鯨会社は朝鮮において関税免除の特典があるが、鯨肉を日本へ輸出するには関税がかかるのに対し、日本遠洋漁業は日朝両国通漁規則(明治22年締結)により関税免除がある。英露人捕鯨組合は日本、朝鮮の双方において特典がなく営業上不利であった。

　これを明治31年度と比べると、英露人捕鯨組合は捕鯨船1隻、解剖兼運搬船2隻の計3隻、遠洋捕鯨はそれに大型漁船2隻を加えた5隻、日本遠洋漁業は運搬用大型漁船6隻を加えた9隻体制であったから、英露人捕鯨組合、日本遠洋漁業とも貯蔵・運搬関係が増強されている。それに対し、ロシア捕鯨会社は捕鯨船2隻、解剖船2隻、運搬船3隻、役員搭乗船1隻、計8隻・109人で、租借地を得て事業場は建設途上なので、明治31年度の方が解体処理、運搬用に船数、人員が多くなっている。

表1-5　朝鮮海の捕鯨船隊と捕獲高(明治33年度)

		ロシア太平洋捕鯨会社	日本遠洋漁業(株)	英露人捕鯨組合
捕鯨船(汽船)	隻数	2隻	1隻	1隻
	トン数	49.49トン	66トン	58トン
	乗組員数	26人	17人	14人
解剖船(帆船)	隻数	2隻	1隻	1隻
	トン数	60.87トン	144トン	132トン
	乗組員数	38人	13人	17人
貯蔵船(帆船)	隻数	1隻	1隻	
	トン数	144トン	32トン	
	乗組員数	8人	21人	
運搬船(帆船)	隻数	1隻	1隻	3隻
	トン数	57トン	237トン	68,130,215トン
	乗組員数	7、8人	24人	35人
その他船舶	隻数	1隻	7隻	
	乗組員数	5、6人	28人	
合計	隻数	7隻	11隻	5隻
	乗組員数	85、86人	103人	66人
根拠地・租借地		馬養島、長箭津、蔚山	租借地なし	根拠地なし
捕獲高	明治31年度	159頭 143千円	-	-
	明治32年度	116頭 116千円	15頭 23千円	27頭 27千円
	明治33年度	114頭 137千円	42頭 67千円	34頭 41千円

資料：岡庸一『最新韓国事情』(明治36年、嵩山堂)242～248、255、256ページ。
注：船のトン数は登簿トン数。捕獲高は朝鮮海のみ。

1頭あたりの価格は、日本遠洋漁業の方が他社より2、3割高い。捕獲後、波座士によって血抜きをして味と鮮度を保ったからである。ロシア捕鯨会社は鯨肉などを朝鮮人に安く売っていたし、釜山居留者及び長崎・五島からの買い付けに来た日本人鯨肉商20人位にも売っていたが、長崎へ本格輸出を始める明治29年から日本人には売らなくなった。明治32年から日本人塩蔵手を雇用し、鯨肉を塩蔵して長崎へ輸送し、紀平合資会社(34年まで、その後は中国人商)の手を経て販売するようになった。英露人捕鯨組合、日本遠洋漁業は捕獲物は現地で加工することなく、すべて本社に送り、本社で加工(主に製油)した。[130]

第5節　日露戦後の盛況と企業合同

1　日露戦争と捕鯨業の発達

1) 日露戦争と東洋漁業(株)の設立

　明治37年2月、日露開戦により日本に停泊中か朝鮮沿岸を航行中であったロシア太平洋捕鯨会社の船舶4隻を拿捕した。その取り扱いについて農商務省は新旧捕鯨業者(ノルウェー式、網取り式、アメリカ式帆船捕鯨)の合同団体に貸与することにした。日本遠洋漁業が合同を呼びかけ、他に払い下げを願い出た日韓捕鯨合資会社(代議士14人によって設立)と合同して明治37年9月に東洋漁業(株)(資本金50万円)となり、貸与を受けた。長崎県の平戸瀬戸組の篠崎惣吉(平戸村)、長崎市の稲垣雄太郎(ノルウェー式捕鯨の導入を最初に企画)らも合同に関心を寄せたが、結局加入しなかった。全体の合同を期待した農商務省にとって期待外れの結果になった。日露開戦で英露人捕鯨組合は交戦国・ロシア人経営の会社所有では不都合とみてオルガ号をノルウェー人砲手の所有名義に書き換

え、前年同様、長崎捕鯨組に貸与した。[131)]

　東洋漁業は、本店を仙崎から下関に移し、明治37年9月に朝鮮海に出漁した。制海権は日本側に移っていた。捕鯨特許が満期となったので改訂交渉を重ね、明治37年1月に蔚山、長箭、馬養島の3ヵ所の租借を含む捕鯨特許を得ていた。前回、明治33年に得たのは捕鯨特許だけで、租借地は得られなかった。そしてロシア捕鯨会社が戦争と船舶の拿捕によって捕鯨を中止し、租借地の税金が未納であるとみるやそれら租借地と事業場を没収し、東洋漁業へ貸与することを朝鮮政府に迫った。それが実現して前年に貸与された区域と併せて事業場を拡張した。これ以降、蔚山根拠地は日本の捕鯨業のモデル根拠地となる。[132)]

　日露戦後、朝鮮海捕鯨はロシア船隊がいなくなり、東洋漁業と長崎捕鯨合資会社(後述)が独占した。一方で東洋漁業は明治39年2月から内地漁場の探索のため、一部の捕鯨船を太平洋房総方面、さらに陸前・金華山沖に向かわせた。これまでのノルウェー式捕鯨は朝鮮海に限られていたが、太平洋方面には鯨の回遊があり、網取り式捕鯨、アメリカ式捕鯨も行われていることから事業場を設け、探索を行ったのである。その結果は大成功で、夏季の漁場を得て周年操業が可能になった。以後、朝鮮海と内地を合わせた捕鯨頭数は飛躍的に増加し、会社は拡大を続け、明治42年には東洋漁業は他の捕鯨会社と合同して東洋捕鯨(株)となる。[133)]

2) 長崎捕鯨合資会社の設立

　長崎市の山野邊組は明治36年9月に改組して長崎捕鯨組となり、朝鮮海出漁はとりあえず日本遠洋漁業が持つ捕鯨特許の下で操業した。同社は英露人捕鯨組合の所有船・オルガ号を借り(日本遠洋漁業からの転貸)、好成績をあげた。

　明治37年度に向けて朝鮮政府へ捕鯨特許を申請したがうまく運ばず、37年10月に朝鮮人が設立した「大韓水産会社ト結託シ、新ニ営業ヲ開始シタ」。[134)]根拠地については日本遠洋漁業の租借地の一部を譲り受けた(蔚山のロシア捕鯨会社の跡地)。こうして営業の基礎が固まり、明治37年11月、原、山野邊、吉田の3人(3人は無限責任、有限責任は支配人の渋谷辰三郎と合田栄吉ら4人)が5万円で長崎捕鯨合資会社を設立し、本店を長崎市、出張所を鯨肉の販売拠点であった福岡市に置いた。日露開戦の影響はほとんどなく、蔚山を根拠に捕鯨船オルガ号、運搬には汽船1隻、帆船4隻を使用し、予想外の大漁に恵まれた。[135)]

　しかし、明治38年8月にオルガ号はホーム・リンガー商会によって日本遠洋漁業へ売却されたため、ノルウェーに新船建造を注文し、それが回航するまでの間、ノルウェー式ボート砲殺捕鯨で朝鮮海に豊富なコ鯨を対象とすることにして、長崎市(市に編入された淵村)の造船所でボート2隻を建造した。また、五島捕鯨会社から初鷹丸を再度借り、これを母船とし(かつて烽火丸に据え付けてあった大砲と銃を譲り受けた)、吉田が砲手となって明治39年2月に朝鮮海に出漁した。しかし、ほとんど捕獲できなかった。[136)]

　明治39年度は、ノルウェーから捕鯨船が到着し、初鷹丸と2隻で蔚山方面に出漁した。また、東洋漁業が高知、和歌山方面に派遣した船隊が好成績をあげたのを知り、高知県・甲浦に事業場を設置し、朝鮮海と漁況に応じて太平洋側に転漁させた。資本金を20万円に増資して、ノルウェーの捕鯨船を購入した。こうして朝鮮海と内地(高知)で、捕鯨船3隻、ボート3隻により計262頭、約40万円を捕獲した。[137)]

　高知、和歌山方面はシロナガス鯨が多く、従来のノルウェー船では攻撃力が足りないため、大

阪の原田鉄工所に大型捕鯨船を発注した。明治40年9月に朝鮮政府は捕鯨業管理法を制定し、夏季の捕鯨を禁止したため、新たに対馬・比田勝と五島・黄島に根拠地を設け、5、6月の操業に対応した。明治40年度は、朝鮮海、高知、対馬、五島で捕鯨船5隻、ボート3隻で281頭を捕獲、売上げ高は55.6万円となった。利益で増資して資本金を50万円とした。明治41年度はさらに資本金を60万円にして合同した。[138]

2　日露戦後の捕鯨会社の乱立

1) 日露戦後の捕鯨業

　明治39、40年のノルウェー式捕鯨は上記の2社であったが、その営業成績が頗る良かったので、新規捕鯨会社が続出した。表1－6は明治41年のノルウェー式捕鯨会社の概要を示したものである。捕鯨会社は12社で、うち東洋漁業(株)と長崎捕鯨合資会社の2社が前身から数えて創業年も古いし、捕鯨船を5隻ずつ擁して規模も大きい。長崎捕鯨合資会社は、事業場は朝鮮・蔚山、対馬・比田勝、五島・黄島、高知・甲浦、捕鯨船は明治40年は4隻、41年と42年は5隻で、捕獲頭数も多かった。その他の10社は日露戦後、東洋漁業と長崎捕鯨合資会社が太平洋に漁場を拡大し、高収益をあげたことに刺激されて設立されたもので、東京、大阪、神戸といった都市の投資家によって設立された会社と高知、和歌山、山口といった伝統的な捕鯨地で網組を基盤とした捕鯨船1隻の会社である。

表1－6　明治41年のノルウェー式捕鯨会社

	本社所在地	資本金万円	払込額万円	捕鯨船数	捕獲頭数	創業年月	備考
東洋漁業(株)	山口県	200	60	5	507	32.7	前身の日本遠洋漁業の創業年
長崎捕鯨合資	長崎県	60	60	5	281	37.9	山野邊組が前身
大日本捕鯨(株)	東京都	300	75	4	186	40.4	
帝国水産(株)	兵庫県	200	50	3	220	40.1	
内外水産(株)	大阪府	100	25	2	190	40.3	大阪春日組が前身
大東漁業(株)	高知県	80	20	2	112	40.7	旧鯨組が基盤
太平洋漁業(株)	千葉県	100	25	2	－	40.1	後の岩谷商店捕鯨部
東海漁業(株)	千葉県	15	15	1	20	39.9	房総遠洋漁業が前身
土佐捕鯨合名	高知県	10.5	10.5	1	124	40.6	旧鯨組が基盤
丸三製材(株)	高知県	24	15	1	59	41.1	旧鯨組が基盤、後の藤村捕鯨
紀伊水産(株)	和歌山	50	12.5	1	57	40.10	旧鯨組が基盤
長門捕鯨(株)	山口県	20	10	1	28	40.9	旧鯨組が基盤
計　12社		1,159.5	378	28	1,784		

資料：東洋捕鯨株式会社編『本邦の諾威式捕鯨誌』(明治43年5月)241～280ページ，捕鯨頭数は農商務省水産局『水産統計年鑑』(明治43年3月)56、57ページ。
注：明治42年3月現在。この他に日韓捕鯨合資会社、大日本水産(株)がある。捕鯨頭数は明治40年度実績。

　特徴ある会社について触れておくと、東京の大日本捕鯨(株)、神戸の帝国水産(株)は大規模で、ほぼ同時期に設立された。捕鯨船の一部は国内で建造され(大阪鉄工所)、砲手の一部も日本人(五島捕鯨で砲手をしていた夏目市太郎)とするなど、ノルウェー式捕鯨の技術移転がみられる。千葉県の東海漁業(株)は、前身がアメリカ式銃殺法を導入した関澤明清の遺業を継承して創立された会社で、ノルウェー式捕鯨に切り替えた。

　高知県の3社は、明治39年に東洋漁業が高知県に事業場を設置したことで、網取り式捕鯨組2組が解散に追い込まれ、その関係者が中心になって興した。大東漁業(株)と土佐捕鯨合名会社は冬

季は地元で操業するが、夏季は金華山方面へ出漁した。網取り式捕鯨地でノルウェー式捕鯨に転換したのは、和歌山県・串本の紀伊水産㈱、山口県・仙崎の長門捕鯨㈱も同様で、これら捕鯨会社は地元を中心とした国内を漁場とし、朝鮮海出漁はない。

　表には出ていないが、この他ノルウェー式捕鯨に関係するのは、日韓捕鯨合資会社、東京の大日本水産㈱と呼子の小川島捕鯨会社の共同事業がある。後者は明治43年から始めたが、呼子方面は捕獲がなく和歌山方面に漁場を移動した。[139]

　日韓捕鯨は、ノルウェー式捕鯨が有望ということから長崎市の笹淵七生が明治38年に朝鮮の捕鯨特許および事業場設置の特許を得、実業家・浅野總一郎と共同して設立した。[140]明治39年に日諾捕鯨会社と共同して朝鮮海で捕鯨を開始したが、40年に日諾捕鯨会社が捕鯨船を土佐捕鯨合名会社へ売却したことから中止となった。笹淵は持ち株を唐津の人に譲り、朝鮮の捕鯨特許と事業場を有するだけとなった。明治43年に東洋捕鯨と共同契約を結んだ。これにより東洋捕鯨は朝鮮海捕鯨の特許を独占した。[141]

2）日露戦後の朝鮮海捕鯨

　日露戦後の朝鮮海捕鯨は、明治39年は、東洋漁業㈱が捕鯨船3隻、解剖船2隻、運搬船21隻、長崎捕鯨合資会社が捕鯨船1隻、ボート2隻、解剖船1隻、貯蔵船1隻、石炭貯蔵船1隻、運搬船13隻、日韓捕鯨合資会社が捕鯨船1隻、運搬船1隻の構成であった。解剖船、運搬船などはほとんどが帆船である。根拠地の蔚山は、長崎捕鯨はロシア捕鯨会社の事業地を引き継いだことから設備が最も完備し、肉冷却場、貯蔵場、油倉、油製造場、骨加工場、鉄工場、倉庫、桟橋、解剖場、人夫小屋などがあった。東洋漁業は大型船が接岸できるように海岸を埋め立てた。日韓捕鯨は海陸の施設を持っていない。[142]

　明治41年の状況は、東洋漁業と長崎捕鯨はロシア捕鯨会社の根拠地であった馬養島、長箭津、蔚山の3ヵ所を、日韓捕鯨は蔚山、巨済島・知世浦を根拠地としている。根拠地で解体処理したものは冬季は無塩、その他の時期は塩蔵して日本へ輸送した。明治36～40年の捕獲高は、東洋漁業は年平均240頭と多かったが、長崎捕鯨は明治37年から4年間で年平均94頭、日韓捕鯨は明治39年と40年の2年間で平均18頭と少ない。鯨種はナガス鯨とコ鯨が半数ずつであった。[143]全体の年間捕鯨金額は40～50万円と推定された。

　内地では、明治40年は捕鯨船20隻で1,224頭、41年（11月まで）は28隻で1,465頭の捕獲で、漁場別では宮城沖、高知沖、和歌山沖、千葉沖の順に多く、西海漁場は長崎・佐賀沖50頭、山口沖18頭と少なく、重要度が著しく低下している。朝鮮海捕鯨も相対的に地位が大きく低下した。盛漁期は6、7月に変わっている。

　朝鮮海捕鯨は、明治41年度は長崎捕鯨合資会社が捕鯨船6隻で189頭・27万円、東洋漁業が4隻で58頭・7万円、42年度は東洋捕鯨の9隻で415頭・48万円の好成績となった。明治43年度・44年度は210頭余である。[144]

3　捕鯨企業の合同と東洋捕鯨㈱
1）捕鯨企業の合同

　明治41年には捕鯨船28隻が高知、和歌山、夏季には千葉、宮城沖に集中し、乱獲、乱売をして経営不振に陥った。砲手や乗組員、あるいは事業場従事者の引き抜きが横行し、事業地では多額の

資金を住民に渡して先に入った会社の利権に割り込むようになった。

　政府は、資源保護のため明治40年に捕鯨法を制定し、漁期を8〜1月に制限する案を検討したが、西海捕鯨は10〜3月を漁期とするので反対の声が上がり、立ち消えになった。[145] 朝鮮では乱獲を防ぐために、明治40年に捕鯨業管理法を発布し、夏季の捕鯨禁止、特許のない者への罰金制度を定めている。

　明治41年になると全国捕鯨業者懇談会が開かれ、当面する経営課題を協議するとともに、農商務省から過当競争への対応を促されて捕鯨船を30隻に制限することを政府に要請した。また、同年12月に重要物産同業組合法に基づいてノルウェー式捕鯨業者全員が加入した日本捕鯨業水産組合が設立された。鯨の乱獲、乱売を止めるには企業合同による統制しかないとして東洋漁業、長崎捕鯨、農商務省水産局長らによって企業合同が組合設立総会で提起された。

　こうして、明治42年5月に大手の東洋漁業、長崎捕鯨、大日本捕鯨、帝国水産の4社が合併し、東海漁業、岩谷商店（太平洋漁業の継承者）の捕鯨事業を買収して東洋捕鯨㈱が誕生した。資本金は700万円。全社合併はならず、捕鯨船の削減は行わないなど合併の効果は半減したが、20隻の捕鯨船（うち2隻は傭船）、20ヵ所の事業場を擁する独占的捕鯨会社となった。合同前の6社の捕獲高は900〜1,200頭、150〜170万円で、全体の7割内外を占めた。

　この企業合同に高知、和歌山の会社は参加していない。その理由は、中央資本主導の統制に対する抵抗の他、漁場は地先であり、しかも網取り式の時と同様、解体処理に常雇いを置かず捕獲ごとに人夫を集める、鯨肉は地元で消費されるので運搬船で他地域へ運ぶ必要がないなど地場産業の性格があった。

　一方、農商務省は日本捕鯨業水産組合に諮問し、その答申を受けて明治42年10月、農商務省令をもって鯨漁取締規則を発布し、ノルウェー式捕鯨を大臣許可漁業とし、捕鯨船隻数を30隻以下に制限した。[146]

2）東洋捕鯨㈱の組織と長崎県

　東洋捕鯨初期の組織とそこにおける長崎県の位置をみよう。重役は、取締役7人（うち社長1人、常務3人）、監査役3人、顧問及び相談役各1人の計12人で、取締役社長は岡十郎（旧東洋漁業）、取締役に旧長崎捕鯨から原真一（常務取締役、関西営業部長）、山野邊右左吉（取締役）が入った。社員は90人、船員と事業夫は約500人、捕鯨船20隻（ほとんどが100〜130トン、30〜45馬力、13〜16人乗り）とノルウェー式ボート捕鯨の母船（80トン、30馬力）1隻、ボート5隻の陣容である。他に運搬用汽船（300〜500トン）12隻を傭船した。

　大阪に本店、東京と下関に支店、福岡に出張所を置いた。事業場は、鮫（青森）、鮎川、萩濱（宮城）、銚子（千葉）、二木島（三重）、太地、大島（和歌山）、宍喰（徳島）、甲浦、土佐清水（高知）、細島（宮崎）、能登（石川）、蔚山、長箭、新浦、巨済島（朝鮮）、甑島（鹿児島）、五島・黄島、五島・有川、対馬・比田勝（長崎）の20ヵ所である。[147]

　朝鮮海出漁で行われた解剖船による解体はなくなり、すべて事業場で解体処理した。網取り式以来の納屋を事業場として使う場合もあった。事業場は明治39年に太平洋方面へ進出して以来数多く設置された。海辺に蒸気機関、ウィンチ、起重機を備え、後背地に倉庫、肉冷却場、製油場、塩蔵場、貯炭場、宿舎、事務所が置かれた。[148]

3）東洋捕鯨㈱による捕鯨再編

　東洋捕鯨は大正5年に紀伊水産、長門捕鯨、大日本水産、内外水産の4社もその傘下に収めた。明治42～大正10年度の捕鯨頭数は年間900～1,500頭で、毎年、高収益、高配当を続けている。[149]

　大正元年のノルウェー式捕鯨の捕獲高は、1,330頭・127万円、鯨種別ではナガス鯨が742頭と過半を占める。朝鮮（蔚山、長箭）は157頭、長崎県（比田勝、泉、西泊、有川、黄島）は170頭であった。長崎県では対馬の比田勝と西泊が中心である。[150]

　対馬は、朝鮮海捕鯨の事業地として注目を浴びるようになった。捕鯨各社が設置した対馬の事業地をみると、最初に事業場を持ったのは長崎捕鯨で明治41年頃、豊崎村（後の上対馬町）比田勝に置いた。明治42年に東洋捕鯨に合同すると、事業場は東洋捕鯨が引き継いだ。明治40年に山口県仙崎に設立された長門捕鯨㈱は東洋漁業から捕鯨船を購入し、豊崎村西泊に事業場を設けた。翌年に捕鯨船を新造して事業を拡大したが、大正5年に東洋捕鯨に吸収合併された。[151]明治43年、大日本水産㈱と小川島捕鯨が共同して豊崎村西泊に事業場を置いた。事業は不振で対馬から撤退し、大正5年には資産全部を東洋捕鯨に譲渡して解散した。内外水産㈱は明治43年に豊崎村泉に事業場を設置したが、不漁で1年で引き揚げた。大正5年に事業一切を東洋捕鯨に譲渡した。高知県の藤村捕鯨㈱（前身が丸三製材の捕鯨部門。昭和3年に林兼商店系列の土佐捕鯨㈱と合併）も大正初期の短期間、西泊に事業場を開いた。

　東洋捕鯨は明治42年と大正5年の二次にわたる合併により日本、朝鮮の事業場を34ヵ所に増やし、対馬も掌握した。比田勝事業場はその1つで、大正7年現在、捕鯨船は3、4隻で、春と秋の両期で100頭以上処理した。事業場の従事者は30～40人で、他に臨時雇いがいる。この事業場の借用期限が大正10年に切れるので、操業海域の蔚山沖に近く、良湾で物資の補給に便利な豊崎村河内に移した。[152]

　五島・有川漁場について、五島捕鯨会社は立地条件が優れているにも関わらず、資金不足から存立が危ぶまれ、明治42年11月に東洋捕鯨へ漁場を貸し出している。五島捕鯨会社は漁場を東洋捕鯨に貸す一方、銃殺捕鯨の出願をしたが、魚目村と北魚目村は銃殺法はブリ、マグロ大敷網などの障害になるとして反対した。[153]

　有川湾でのノルウェー式捕鯨は成果が上がらず、明治44年には休業状態となり、大正元年に権利が放棄された。大正2年、大敷網による捕鯨の復活をめざして有川村・有川漁業組合が許可を申請したが、許可されなかった。[154]五島捕鯨会社の終息によって多数の失業者が出たし、有川・魚目両村の経済的打撃も甚だしいものがあった。東洋捕鯨の重役になった原真一（有川村出身）及びその子・原萬一郎によりノルウェー式捕鯨、あるいは南氷洋捕鯨の従事者として雇用されるようになる。

第6節　まとめと考察

1　捕鯨法の変遷
(1)網取り式

　近世末から網取り式の衰退傾向が現れ、明治期に入ってさらに顕著となった。明治15～24年の網組数は5、6組、捕鯨頭数は50～60頭である。網取り式は鯨の沿岸来遊を待って（特に冬場）捕

獲する方法だけに、アメリカを中心とする沖取り捕鯨により鯨の沿岸回遊が減少したことが影響した。とくに捕獲しやすいセミ鯨の減少が顕著で、明治期に入るとほとんどがナガス鯨かザトウ鯨となった。ナガス鯨は遊泳速度が速く、深く潜水するので捕獲が難しくなり、網取り式の衰退を加速した。捕獲の減少で、漁船50隻、乗組員500人、事業場50人といった漁村あげての大事業が支えきれなくなった。

　網捕り式の衰退は、網組主の著しい交代劇で示される。数年単位で網組主が変わり、村内外の有力者による再開、村請けという経営形態も現れている。網代のある漁村には地代が払われ、利益の一部が還元された。漁場区画の借区・利権をめぐって対立し、競願になることも度々であった。新規漁場の設定、銃殺法などを取り入れる際には近隣の町村、同業者が鯨の回遊路にあたる、鯨を駆逐してしまうという理由で反対した。許可にあたっては他の捕鯨場の支障となるものは却下し、借区の連続性、競願者同士の共同、資本と技術の有無を審査基準にしている。

　網取り式の衰退で、従事者は漁業専業に変わっている。生月村では網取り式の終息期にイワシの和船巾着網漁業が勃興している[155]。マグロ大敷網を附属として捕鯨事業を補完したり、小値賀では鯨網組と同じ編成の沿岸漁業を組織して捕鯨の裏作としたり、捕鯨が休業しても再開できる体制をとった。

(2) 鯨大敷網、銃殺法

　網取り式の衰退を前にしてより少資本、少人数で営める鯨大敷網やアメリカ式銃殺法が試みられた。網取り式に比べると、銃殺法は起業費、経費、従事者数ともに10分の1ですんだ。鯨大敷網は、起業費は網取り式の半分程度だが、従事者が少ないだけに経費ははるかに低い。

　鯨大敷網はブリやマグロの大敷網が発達した長崎県、とくに五島で採用され、従来の定置網の組織に鯨を殺したり、運搬・解体要員などを加えるだけで操業できることから網取り式と併行して、または網取り式に代わって営まれた。マグロ大敷網業者の捕鯨への参入もみられた。

　アメリカ式銃殺法は銃殺後、鯨体が海底に沈む鯨種には適用できず、長崎県では平戸瀬戸がその特殊な地形によって定着した。年間の捕獲高は数頭に過ぎないが、経費も少ないので、これでも利益が出た。銃殺捕鯨の担い手は旧士族で、鉄砲鍛冶、網取り式捕鯨の存在を基盤としていた。銃殺法は網取り式や大敷網による捕鯨を補完する技術として明治20年代後半から30年代初めにかけて各地で出願されるが、他の捕鯨場の反対で許可されなかったり、許可されても網取り式や鯨大敷網自体が衰退して活動の場を失った。ノルウェー式捕鯨の登場は、鯨の沿岸来遊を待つ旧来の捕鯨法の衰退を決定づけた。それは明治30年代前半、最後まで続いた有川捕鯨場でも40年頃には実質的に幕を下ろした。

(3) ノルウェー式

　明治20年代半ばにロシアの捕鯨会社が朝鮮海でノルウェー式捕鯨を始め、鯨肉などを大量に長崎へ輸出したことから日本の捕鯨業に衝撃を与えた。明治30年代にこの捕鯨法による捕鯨会社が長崎県や山口県で興った。ノルウェー式捕鯨は全く新しい技術であったことから汽船や捕鯨用具をノルウェーに注文し、砲手としてノルウェー人を雇用した。また、漁場である朝鮮海での捕鯨には朝鮮政府の特許（及び事業場の租借）が必要であった。初期には、捕鯨船建造や乗組員の技術的な未熟さのために捕鯨船の故障や座礁もあってリスクが高く、幾多の浮沈を経験している。それを傭船、捕鯨特許の借用、ノルウェー人砲手の雇用引き継ぎなどで克服した。

　ノルウェー式捕鯨は朝鮮での捕鯨特許と租借地が得られて確立し、太平洋へも出漁すること

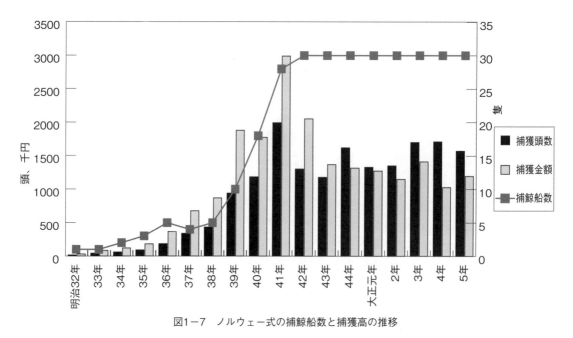

図1-7　ノルウェー式の捕鯨船数と捕獲高の推移

資料：農商務省水産局『遠洋漁業奨励事業成績』(大正7年)4、5ページ。

で発達した。明治42年に過当競争、濫獲防止のため、捕鯨企業が合同して独占的捕鯨会社の東洋捕鯨㈱が設立され、長崎県下の捕鯨基地も編入、再編された。

　図1-7はノルウェー式捕鯨の捕鯨船数、捕獲高の推移を示したものである。他の捕鯨法に比べ圧倒的な生産性の高さと日露戦後の飛躍的発展を確認できる。当初は朝鮮海で捕獲していたが、次第に朝鮮海の捕鯨特許と租借地の取得、ロシア捕鯨船隊の貸し下げ、太平洋側の漁場開発によって捕鯨船数、捕獲高が急増した。太平洋側の漁場が開発された明治39年以降は内地の捕獲数が朝鮮海のそれを大きく上まわるようになった。しかし、明治40年代には鯨漁取締規則による隻数制限で捕鯨船数や捕獲頭数は頭打ちとなり、1頭あたりの平均価格が下落(主に鯨種の変化が理由)して捕獲金額は下落した。

2　ノルウェー式捕鯨についての考察
(1)ノルウェー式捕鯨と遠洋漁業奨励法

　ノルウェー式捕鯨が現れた明治30年に遠洋漁業奨励法が制定された。焦点は外国船が日本近海で盛んに漁獲しているラッコ・オットセイ猟や遠洋捕鯨の奨励で、捕鯨の育成は富国強兵、殖産興業の一環であった。明治42年には奨励効果が上がったとして捕鯨が対象から外れた。それは鯨漁取締規則が制定され、該業が大臣許可漁業となり、隻数が制限された時でもある。

　捕鯨に対する漁業奨励金は帆船捕鯨を含めて、明治32〜44年度の期間、22件、56千円、漁労員に対する奨励金は495人、5千円であった。奨励金の交付は、毎年平均1件と意外と少なく、捕鯨会社が乱立する明治39年頃でも多くなっていない。それだけノルウェーからの捕鯨船の輸入に依存したともいえる。国内で建造された烽火丸、初鷹丸、第1長周丸は交付対象となっている。初鷹丸の場合(105トン、17人乗り)は、漁船トン数あたり15円、乗組員1人あたり10円なので、奨励金は

1,745円になる。この金額は、起業費や年間経費に比べると低いが、刺激にはなったであろう。

(2) ノルウェー式捕鯨の技術

　捕鯨汽船はほとんどがノルウェーから輸入された。初期にはノルウェーで建造して回航すると日数がかかることから国内で建造されたが、烽火丸や初鷹丸(木造船)は成績不振、第1長周丸(鋼船)は故障続きで、挙げ句の果てに座礁して沈没した。最初にノルウェー式捕鯨を行った弥生丸は捕鯨汽船ではなく、普通の汽船に捕鯨砲を積み込んだものであった。国内での本格的なノルウェー式捕鯨船の建造は明治末からのことになる。明治41年の捕鯨船28隻のうち国内建造は4、5隻で、他はすべてノルウェー製であった。[158]

　砲手もほとんどがノルウェー人で、明治末、砲手の8、9割はノルウェー人で占められている。[159]明治38年にノルウェー政府は資源保護のため10年間の捕鯨禁止を決めたことで、捕鯨船の輸入やノルウェー人の雇用がしやすくなったことも影響している。[160]砲手以外の乗組員は日本人だが、朝鮮海出漁では下級労働者として朝鮮人、中国人が雇用された。[161]捕鯨用具もノルウェーからの輸入である。これらが国産、日本人に置き換わるのは大正以降のことである。

　一方、日本のノルウェー式捕鯨は鯨肉も目的とするため、事業場の設備、解体方法などは欧米とは全く異なっており、この点では伝統的な方法を継承した。

(3) ノルウェー式捕鯨会社

　ノルウェー式捕鯨は、ロシア人、ロシア捕鯨会社と縁のある長崎市で始まる。ロシア捕鯨会社の鯨肉を輸入し、代理店となった紀平合資会社、海産物商の原真一、ロシア捕鯨会社に雇用された経験がある者の話から始まる長崎、福岡、山口での起業計画、ロシア人と貿易と漁業で結びついたホーム・リンガー商会などである。

　ノルウェー式捕鯨の奨励は国策でもあった。遠洋漁業奨励法の制定、日本遠洋漁業の設立に対する政府高官の督励は、帝国ロシアの南下政策に対抗し、朝鮮支配を進めることを意図していた。朝鮮海における捕鯨特許の獲得、日露戦争で捕獲したロシア捕鯨船隊の払い下げで政治家、政府の意向が強く働いた。とくに明治政府を担った長州を発祥とする日本遠洋漁業、東洋漁業、東洋捕鯨で政治とのつながりが強く、それが事業発展の原動力となった。

　ノルウェー式捕鯨は合資会社、株式会社という企業形態をとった。初期の捕鯨会社の資本金は捕鯨船の建造、捕鯨器具の購入などのため3.5万円であったが、朝鮮海出漁で解剖船、運搬船などの建造や傭船、事業場の設置などが重なり、さらに太平洋漁場の開発で捕鯨船の増加とともに増資が繰り返された。当初の出資者、株主は地方の少数の資産家、事業家であったが、捕鯨業が軌道にのると投資家が集中した。

　ノルウェー式捕鯨会社は網取り式と立地、資本、乗組員を異にするが、伝統的捕鯨地の高知、和歌山では、網取り式が挫折すると旧網組関係者も出資し、新たに地方の有力者を加えてノルウェー式に改編している。[162]長崎県では五島捕鯨会社が唯一、網取り式や鯨大敷網の傍らノルウェー式も試みたが、失敗した。このように網取り式からノルウェー式への転換は極限られている。

　ノルウェー式は鯨を求めて沖合へ出漁するもので、網取り式の先取りとなって網取り式の衰退を加速した。網取り式がノルウェー式で取り入れられたのはその解体、流通部門である。

(4) 朝鮮海の捕鯨権

　ノルウェー式捕鯨は朝鮮海で成立した。朝鮮海捕鯨の権利の獲得は、日本による朝鮮支配の進展によって変った。明治22年に結ばれた日朝両国通漁規則によれば、沿岸3カイリ内で捕鯨をするには特許が必要とされた。だが、特許を得る手続きが規定されておらず、特許の取得は容易に進まなかった。

　明治31、32年に長崎市の英露人捕鯨組合、遠洋捕鯨㈱が朝鮮海へ出漁したが、特許が得られず、不利不便をかこち捕鯨業から撤退する。日本遠洋漁業は、明治33年2月に捕鯨特許を得た。当時、ロシアの勢力は朝鮮政府内に浸透し、20ヵ条(3ヵ所の租借地を含む。期間は20年)の捕鯨特許を強要し、それを得ていた。日本公使が「機会均等主義」により熱心に日本遠洋漁業の出願を擁護した結果、6ヵ条の特許を得た(租借地はなし。期間は3年間)が、ロシアが得た内容よりはるかに劣っていた。明治36年2月に満期になるので、その継続及び租借地についてロシア捕鯨会社と同等の条件を求め、実際に獲得した。日本は朝鮮支配を強めており、捕鯨特許約款が調印されたのは日露戦争直前であった。日露開戦でロシア捕鯨会社の租借地が朝鮮政府に没収され、その没収地も日本遠洋漁業が獲得した。

　一方、明治36年、長崎捕鯨組は日本遠洋漁業の捕鯨特権の下で朝鮮海捕鯨に従事した。朝鮮政府に対し捕鯨特許の獲得運動をしたが、容易に獲得できず、朝鮮官吏によって設立された水産会社と契約を結び、許可料を払って操業した。事業場の獲得についても日本遠洋漁業から土地(旧ロシア捕鯨会社の租借地)を譲り受けた。政界、官界に太い人脈をもった日本遠洋漁業との差がここに現れている。

(5) ノルウェー式捕鯨と沿岸漁業

　ノルウェー式捕鯨は朝鮮海では朝鮮政府の許可、日本近海では知事(鯨漁取締規則以後は大臣)許可漁業で、沿岸での操業は禁止されている(朝鮮海では3カイリ、国内では5、10、30カイリ)。それは他の鯨網組の障害にならないため、同時に沿岸漁業との対立防止のためであった。日本で最初にノルウェー式捕鯨に従事した弥生丸は、五島・鯛之浦を根拠地にして2日間操業したが、1頭も捕獲できなかったばかりか、網取り捕鯨からの苦情で4ヵ月もの間、交渉に日時を費やした。長崎のノルウェー式捕鯨が沿岸漁場の侵犯事件を起こしたことはあるが、朝鮮海を主漁場としており、解剖船で解体処理するか、事業場を設ける場合も対馬や呼子の人里離れた場所を選び、沿岸漁業や住民とのトラブルを避けている。

　反対に、東洋漁業(東洋捕鯨)が明治39年以降、太平洋側に漁場を拡大し、新しく事業場を設定した地域では沿岸漁民の反対、苦情が相次いだ[163]。カツオ漁業、イワシ漁業、定置網漁業、あるいは人家が密集している地域の反対があった[164]。捕鯨会社側は、反対は事実誤認によるもので、事業によって漁村が繁栄する、捕鯨と他の漁業との対立は新旧漁業の衝突に類するもので、年月を経れば調和すると弁護している[165]。

　明治42年に制定された鯨漁取締規則では、捕鯨を許可する場合には、自治体側に地元住民や漁業組合の意見、衛生、水質汚染についての意見を求めている。

(6) ノルウェー式捕鯨の企業合同と鯨漁取締規則の制定

　日露戦後にノルウェー式捕鯨が朝鮮海出漁と太平洋操業を組み合わせ、周年操業体制を実現して、高い収益性を実証すると新規参入、網組からの転換が相次ぎ、明治41年には12社、捕鯨船28隻になるなど乱獲、乱売状況に陥った。経営の不振と資源保護の必要から企業合同が推し進めら

れ、明治42年5月、捕鯨の7割を占める東洋捕鯨㈱が誕生した。この東洋捕鯨が長崎県下では五島捕鯨会社の漁場、対馬の各捕鯨会社の事業場を買収、再編成を進めた。

同時期の明治42年10月に鯨漁取締規則が制定されて、大臣許可漁業になるとともに捕鯨船は30隻に制限された。企業合同と政府による統制が一体となって資源保護、経営の安定、漁業秩序の維持に向かった。

(7) ノルウェー式捕鯨と汽船トロール漁業

ノルウェー式捕鯨と汽船トロール漁業は似たような経過を辿ったし、長崎県の場合、同じ経営者がどちらにもかかわっている。汽船トロール漁業の発達過程は、明治41年には長崎市の倉場富三郎がイギリスから鋼製トロール漁船を購入したことで始まり、やや遅れて、神戸の田村市郎が国内で鋼製トロール船を建造した。これら汽船トロールの成績が良好で、遠洋漁業奨励法による補助もあって短期間のうちに急速に発展した。しかし、汽船トロールの発達は沿岸漁業者の猛烈な反対運動に直面し、政府は明治42年に汽船トロール漁業取締規則を制定し、大臣許可漁業にするとともに沿岸域を禁止区域とした。また、明治44年には遠洋漁業奨励法の対象から外した。こうして汽船トロールは隻数の増加で乱獲、魚価の低落、経営の悪化に陥り、大正3年に企業合同がなされる。第一次世界大戦でトロール漁船がヨーロッパへ売却されたのを機に取締規則を改正して資源保護と経営安定のために隻数を70隻に制限した。

隻数がほぼ最大となった明治44年の長崎県の汽船トロール漁業者の中に、汽船漁業㈱（ホーム・リンガー商会が設立、倉場が専務）、原真一、山野邊右左吉（紀平合資会社）、渋谷辰三郎（山野邊の甥で、長崎捕鯨合資会社の支配人）、東洋捕鯨㈱、吉田増太郎（長崎捕鯨合資会社の創設メンバー）ら捕鯨関係者がいる。また、長崎市の業者によって捕鯨船であった初鷹丸も使われている。¹⁶⁶⁾

捕鯨の企業合同、鯨漁取締規則による隻数制限を機に捕鯨と兼業、または捕鯨からの転換という形で汽船トロールが発展したのである。トロール漁船はイギリスに範をとったが、短期間のうちに国産化された。その時期は明治40年代であり、捕鯨船の国内建造の時期と重なる。

長崎市では汽船捕鯨と汽船トロールが同一業者によって営まれた例が多いが、福岡市では汽船トロールが勃興したものの、汽船捕鯨が発達していなかったことから両方に関わった者はいない。¹⁶⁷⁾

注

1) 農商務省水産局『日本水産史』（明治33年）54、55ページ。明治24年では、全国の捕獲高は4,050トンと10頭、247千円で、長崎県は1,725トン、108千円なので、量で43％（10頭分を除く）、金額で44％を占めた。農商務省農務局『水産事項特別調査 上巻』（明治27年）260、261ページ。

2) 鳥巣京一『西海捕鯨業史の研究』（1993年、九州大学出版会）、中園成生「平戸瀬戸の銃殺捕鯨」『平戸市史 民俗編』（平成10年、平戸市）、朴クビョン『韓半島沿海捕鯨史』（1987年、釜山・大和出版社、ハングル）が代表作である。鳥巣は『西海捕鯨の史的研究』（1999年、九州大学出版会）も出しているが、明治以降の西海捕鯨については前掲書と同じ内容である。

3) アメリカの北太平洋及び北氷洋捕鯨船は1835年に出現し、一時200隻を超えたが、その後、漸減して明治10年代には20〜40隻となった。柏原忠吉「九州鯨猟ノ盛衰ニ就テ」『大日本水産会報告 第116号』（明治24年12月）759〜763ページ。

4) 大日本水産会編『捕鯨志』（明治29年5月、嵩山房）122、123ページ。

5) 同上、142、143ページ。

6) 『水産調査予察報告 第一巻』（明治24年、農商務省農務局）76ページ。

7) 農商務省農務局『水産諸組合要領』（明治26年3月）

8）前掲『捕鯨志』131ページ。農商務省農務局『水産博覧会第一区第二類出品審査報告』（明治17年12月）57〜59ページ。大林雄也編『大日本産業事蹟 下巻』（明治24年、目黒伊三郎）62、63ページ。
9）『新魚目町郷土誌』（昭和63年、新魚目町・新魚目町教育委員会）407、408ページ、「勧業課農務掛事務簿 漁業之部 明治十年五月中」（長崎歴史文化博物館所蔵。長崎県行政文書は同館が所蔵している。以下、所蔵先を省略する）、「勧業課農務係事務簿 漁業ノ部 明治十一年一月中」、「同 明治十一年五月中」。
10）「勧業課農務掛事務簿 漁業ノ部 明治十一年一月中」
11）鎮西日報 明治15年12月13日。
12）西海新聞 明治15年7月9日、10日。
13）西村次彦『五島魚目郷土史』（昭和42年）253〜257ページ、下啓助「長崎県水産一班」『大日本水産会報告 第73号』（明治21年4月）21、22ページ。
14）吉田敬市「有明町捕鯨史」有明町郷土誌編纂委員会編『有川町郷土誌』（昭和47年）512〜519ページ、農商務省水産局『第二回水産博覧会審査報告 第一巻第二冊』（明治32年3月）61〜63ページ。
15）「勧業課農務掛事務簿 漁業ノ部 明治十一年自三月十日至三十一日」、「同 明治十二年自一月至八月」、「同 明治十三年自一月至六月」、「同 明治十五年自五月至八月」、「同 明治十六年九月自一日至十四日」
16）「第五課事務簿 漁業之部 明治二十九年自四月至七月」
17）前掲『捕鯨志』133ページ。『勝本町漁業史』（昭和55年、勝本町漁協勝本町漁業史作成委員会）50、51ページ。
18）「捕鯨網代分離譲与ニ付再願」（明治23年10月、アジア歴史資料センター所蔵）
19）「明治七年鯨組三結新仕出積」鳥巣京一編『壱岐捕鯨史料』（昭和54年5月）86〜89ページ。
20）長谷川忠蔵『捕鯨取調書』（明治13年1月、東京海洋大学図書館羽原文庫所蔵）
21）「勧業課農務係事務簿 漁業ノ部 明治十四年自一月至六月」
22）「勧業課農務掛事務簿 漁業ノ部 明治十六年六月自一日至十九日」
23）前掲「捕鯨網代分離譲与ニ付再願」
24）「明治二十五年壱岐国前目捕鯨組定款」前掲『壱岐捕鯨史料』94〜97ページ。
25）「勧業課農務係事務簿 漁業ノ部 明治十五年自五月至八月」
26）「第三課事務簿 漁業ノ部 明治二十六年自一月至五月」
27）「第五課事務簿 漁業ノ部 明治二十七年自三月二十一日至同月三十一日」
28）「第五課事務簿 漁業之部 明治二十九年自一月至四月」
29）「第五課事務簿 漁業ノ部 明治三十二年自十一月至十二月」
30）「第五課事務簿 漁業ノ部 明治二十七年自九月至十二月」
31）同上、「第五課事務簿 漁業ノ部 明治三十二年八月自一日至十日」
32）大久保周蔵『通俗五島紀要』（明治29年、大久保周蔵）64、65ページ、宇久郷土誌編纂委員会『宇久町郷土誌』（平成15年、宇久町教育委員会）448〜452ページ。
33）「第五課事務簿 漁業之部 明治三十四年自九月至十二月」
34）「第四課事務簿 漁業之部 明治三十三年自九月至十二月」
35）前掲『水産博覧会第一区第二類出品審査報告』9ページ。
36）長崎県編『漁業誌全』（明治29年）1〜22ページ。
37）立平進編『明治十五年作成 五島列島漁業図解』（平成4年、長崎県漁業史研究会）1〜3ページ。
38）「農商課事務簿 漁業之部 明治二十三年自七月至十月」
39）「第五課事務簿 漁業之部 明治二十九年自四月至七月」
40）「第四課事務簿 漁業之部 明治三十四年自五月至八月」
41）「第二課事務簿 漁業之部 明治二十五年自四月至五月」
42）「第五課事務簿 漁業之部 明治二十八年自十月至十二月」
43）「第五課事務簿 漁業之部 明治二十九年自八月至十二月」
44）「第五課事務簿 漁業之部 明治二十八年自十月至十二月」
45）「第五課事務簿 漁業之部 明治三十二年五月」
46）「第四課事務簿 漁業之部 明治三十四年自一月至四月」
47）「第四課事務簿 漁業之部 明治三十五年」
48）荒木文朗編『五島捕鯨会社日記』（平成17年、自費出版）。
49）「第二課事務簿 漁業之部 明治二十三年自一月至十二月」
50）「第五課事務簿 漁業之部 明治二十八年自五月至九月」
51）「第五課事務簿 漁業之部 明治三十二年四月」
52）「第四課事務簿 漁業之部 明治三十三年自一月至四月」
53）「勧業課農務係事務簿 漁業ノ部 明治十六年七月自十日至三十一日」

54）「勧業課農務係事務簿　漁業ノ部　明治十二年自一月至八月」
55）西海新聞　明治15年4月15日。
56）「勧業課農務係事務簿　漁業之部　明治十五年自九月至十二月」
57）「勧業課農務係事務簿　漁業ノ部　明治十六年自一月至六月」
58）西海新聞　明治15年4月16日。銃殺したのは9頭で、うち4頭が流失し、3頭は漂失した後、他人に拾われており、真に捕獲したのは2頭のみとした。原因は、技術の未熟、器械装置の不完全、鯨種を選ばないことにあった。前掲『水産博覧会第一区第二類出品審査報告』13ページ。
59）「勧業課農務係事務簿　漁業ノ部　明治十六年六月自一日至十九日」
60）「勧業課農務係事務簿　漁業ノ部　明治十六年七月自十日至三十一日」
61）中園成生「生月島民の捕鯨活動」『第1回日本伝統捕鯨地域サミット開催の記録』(2003年、長門市・日本鯨類研究所)161ページ。
62）「捕鯨の景況　平戸瀬戸捕鯨会社　明治十八年二月二十七日」(東京海洋大学図書館羽原文庫)、中園成生「平戸瀬戸の銃殺捕鯨」『民具マンスリー　第32巻4号』(1999年7月)9、10ページ。
63）「勧業課農務係事務簿　漁業ノ部　明治十六年六月自一日至十九日」
64）前掲『西海捕鯨業史の研究』297～310ページ。
65）「勧業課農務係事務簿　漁業之部　明治十七年自一月七日至四月」
66）「勧業課農務掛事務簿　漁業之部　明治十七年自五月到七月」
67）「勧業課農務係事務簿　漁業之部　明治十七年自八月至九月」
68）「農商課事務簿　漁業之部拾遺　明治二十二年」
69）「農商課事務簿　漁業之部　明治二十三年自四月至六月」
70）「明治二十三年　水産課事務簿　生月捕鯨ノ部」。明治23年度は大日本帝国水産会社の平戸瀬戸漁場(支配人・木田長十郎)は稼働している。「第二課事務簿　漁業之部　明治二十四年自十一月至十二月」
71）「第二課事務簿　漁業之部　明治二十五年自四月至五月」
72）「第三課事務簿　漁業之部　明治二十六年自七月至十月」
73）前掲「生月島民の捕鯨活動」160～161ページ。
74）「第五課事務簿　漁業ノ部　明治二十七年自七月至八月」
75）「第四課事務簿　漁業之部　明治三十五年」
76）「第四課事務簿　漁業之部　明治三十三年自五月至八月」
77）「第四課事務簿　漁業ノ部　明治三十五年」
78）「第四課事務簿　漁業之部　明治三十五年」
79）「第四課事務簿　漁業ノ部第弐　明治三十五年」
80）前掲『捕鯨志』133ページ。
81）森信義「平戸植松捕鯨組」『平戸史談　第2号』(昭和48年3月)65～71ページ。
82）前掲『第二回水産博覧会審査報告　第一巻第二冊』59～61ページ。
83）『明治二十八年　第四回内国勧業博覧会審査報告』(明治29年、第四回内国勧業博覧会事務局)389、390ページ。
84）前掲「平戸瀬戸の銃殺捕鯨」421～424、429～430ページ。
85）「農商課事務簿　漁業之部　明治二十三年自一月至三月」
86）「第五課事務簿　漁業之部　明治三十年自六月至九月」
87）「第五課事務簿　漁業之部　明治二十九年」前掲『西海捕鯨業史の研究』260～262ページ所収。
88）「第五課事務簿　漁業之部　明治三十一年自一月至三月」
89）「1784　小値賀町役場文書」(神奈川大学常民文化研究所所蔵)、「第五課事務簿　漁業之部　明治三十二年五月」
90）「第四課事務簿　漁業ノ部　明治三十三年自一月至四月」
91）小値賀ではカマス船曳網漁業が捕鯨の裏作として組織され、同じ船を使い、漁業団の編成、名称も捕鯨に準じている。捕鯨がいつでも再開できる体制をとった。小値賀町郷土誌編纂委員会編『小値賀郷土誌』(昭和53年)318～322ページ。
92）「勧業課農務掛事務簿　漁業之部　明治十八年従五月至六月」
93）「第五課事務簿　漁業ノ部　明治二十八年自一月至四月」
94）「第五課事務簿　漁業ノ部　明治二十七年自九月至十二月」
95）「第五課事務簿　漁業ノ部　明治二十八年自五月至九月」
96）安永浩「「銃殺捕鯨日誌」について－明治期における銃殺捕鯨組の活動－」『佐賀県立名護屋城博物館研究紀要　第13集』(2007年3月)41、47、48ページ。
97）「第五課事務簿　漁業之部　明治三十二年四月」、「同　明治三十二年　五月」、「同　明治三十二年自十一月至十二月」
98）前掲「「銃殺捕鯨日誌」について－明治期における銃殺捕鯨組の活動－」29ページ。
99）「水産課事務簿　水産経済調査　明治三十八年」
100）「第五課事務簿　漁業之部　明治二十九年自一月至四月」
101）前掲『韓海漁業視察復命書』51、52ページ。電気捕鯨は銛の先端部に火薬を詰め、電線を繋いで、鯨に突

き刺さったら通電して爆発させ、銛の先端部が開いて鯨肉に食い込み(抜けなくなる)、さらに感電して捕獲し得るものになる。明治21年に発明された。応用電気資料調査委員会編『水産と電気』(昭和18年、電気境界関東支部)113ページ。
102)	高橋新太郎「九州の捕鯨業」『大日本水産会報　第201号』(明治32年3月)1 ～ 8ページ。
103)	美島能夫『捕鯨新論』(明治32年、嵩山房)35 ～ 39ページ。
104)	「長崎県下ニ於テ外国人並ニ外国鯨猟船ヲ雇入レ捕鯨業営業ノ出願ニ対シ外務省ノ意見照会ノ件」(明治24年1月)、「外国漁猟船ヲ雇入れレ不開港場ニテ捕鯨業営業出願ノ許否ニ対スル黒川外務省取調局長意見書」(明治24年2月、ともに外務省外交史料館所蔵)
105)	神長英輔「北東アジアにおける近代捕鯨業の黎明」『スラブ研究　49号』(2002年)53 ～ 59ページ、「農商科事務簿　漁業之部　明治二十三年自七月至十月」
106)	農商務省水産局『遠洋漁業調査報告　第三冊』(明治37年11月)32 ～ 34ページ。
107)	宮崎千穂「不平等条約下における内地雑居問題の一考察－ロシア艦隊と稲佐における「居留地外雑居」問題－」『国際開発研究フォーラム　27』(2004年8月)79ページ、渋谷辰三郎『捕鯨回顧』(昭和42年)1、8ページ。著者は山野邊の甥で、後に山野邊の捕鯨事業に従事する。紀平合資会社の代表社員となる山野邊寅雄は(株)長崎銀行、長崎陶器(株)、(株)長崎新聞社、崎陽興業(株)、茂木鉄道(株)などの役員でもあった。倉嶋修司・坂根嘉弘「資料・戦前期長崎県資産家に関する基礎資料」『広島大学経済論叢　36巻3号』(2013年3月)80ページ。
108)	前掲『韓海漁業視察復命書』39 ～ 47ページ、朝鮮漁業協会「韓海捕鯨業之一班」『大日本水産会報　第212号』(明治33年2月)4 ～ 15 ページ。
109)	「露国捕鯨会社借地契約書ニ関スル件」(外務省外交史料館所蔵)、前掲『北東アジアにおける近代捕鯨業の黎明』59 ～ 64ページ、前掲『韓半島沿岸捕鯨史』181 ～ 218ページ、「日露両国人の韓海捕鯨情況」『大日本水産会報　第260号』(明治37年4月)34 ～ 36ページ。
110)	デンビーはイギリス生まれだが、ロシアに帰化して、ウラジオストックを根拠にセミョーノフと商会を設け、店舗を函館、別邸を長崎に置いた。リンガーはグラバー商会で働いた後、ホーム・リンガー商会を設立し貿易商として成功、捕鯨業にも着手した。グラバーの息子の倉場富三郎が同社の幹部になり、汽船トロール漁業を導入する。清水恵「函館におけるロシア人商会－セミョーノフ商会・デンビー商会の場合－」『地域史研究はこだて　第21号』(1995年3月)、渡辺武彦「長崎居留の外国人が吾国水産業界に功献した業績(其の二)」『海の光　No.183』(1967年8月)31 ～ 35ページ参照。
111)	前掲『本邦の諾威式捕鯨誌』191 ～ 192ページ、前掲『韓海漁業視察　復命書』39 ～ 47ページ、前掲「北東アジアにおける近代捕鯨業の黎明」70 ～ 72ページ。最近、出版されたブライアン・バークガフニ著・大海バークガフニ訳『リンガー家秘録　1868-1940』(2014年、長崎文献社)には、ホーム・リンガー商会の捕鯨業について興味深い記述がみられる。デンビーは中国において海産物貿易をしており、しばしば長崎を訪れていたこと、オルガ号の写真が掲載されており、トン数を18トンとしていること、ロシア太平洋捕鯨会社の砲手が日本遠洋漁業・第一長周丸の砲手となったが、その義兄がオルガ号の船長となったこと、両名は長崎に滞在したこと等である。139 ～ 146ページ。英露人捕鯨組合と日本遠洋漁業との人的なつながりも見えてくる。
112)	前掲『本邦の諾威式捕鯨誌』189 ～ 190ページ、「第五課事務簿　漁業ノ部　明治三十二年自十一月至十二月」
113)	前掲『韓海通漁指針』384 ～ 385ページ、前掲『韓海漁業視察復命書』49 ～ 50ページ、前掲『韓海捕鯨業之一班』16ページ、前掲『九州の捕鯨業』8 ～ 11ページ、「第五課事務簿　漁業之部　明治三十年自六月至九月」。烽火丸が呼子方面に出漁した折、小川島捕鯨会社の捕鯨場に入って鯨を追いかけたことで激高した同社の網取り式漁夫が襲撃する雲行きとなった。佐賀自由新聞　明治32年1月31日。
114)	松牧三郎「諾威式捕鯨実験談」『大日本水産会報　第226号』(明治34年4月)11 ～ 24ページ。同「同(承前)」『同　第228号』(明治34年6月)21、22ページ、同「同(承前)」『同　第229号』(明治34年7月)13 ～ 17ページ。
115)	「第五課事務簿　漁業ノ部　明治三十年自十月至十二月」、「同　明治三十一年自一月至三月」、「同　明治三十一年自七月至十二月」
116)	前掲『西海捕鯨業史の研究』325ページ。
117)	『長崎商工人録』(大正13年5月、長崎商業会議所)には海産物問屋・貿易商として中島栄三(大鶴商店、西濱町)、原真一(富田屋、築町)の名がある。46、168ページ。大鶴商店は福岡市にもあって、後に東洋捕鯨の鯨肉販売問屋になった。前掲『本邦の諾威式捕鯨誌』広告ページ。
118)	前掲『本邦の諾威式捕鯨誌』190、191ページ、渡辺武彦「長崎近代漁業発達誌(四)ノルウェー式捕鯨誌」『海の光　No.144』23、24ページ。
119)	前掲『西海捕鯨業史の研究』322 ～ 328ページ。
120)	前掲『本邦の諾威式捕鯨誌』192 ～ 208ページ、前掲『韓半島沿岸捕鯨史』240 ～ 244ページ。
121)	前掲『韓海漁業視察復命書』50、51ページ、前掲『韓海通漁指針』383ページ、前掲「韓海捕鯨業之一班」17、18ページ。

122）前掲『本邦の諾威式捕鯨誌』208〜216、225〜231ページ。
123）前掲『北東アジアにおける近代捕鯨業の黎明』72〜74ページ、前掲「日露両国人の韓海捕鯨情況」34〜36ページ。
124）明治35年に五島捕鯨会社は初鷹丸について遠洋漁業奨励金の下付願いを出している。初鷹丸は大砲1門、小銃2挺、銛30本を備えていた。明治30年に建造されたが、登録は33年、定繋場は長崎市である。「明治三十五年　第四課事務簿　漁業之部」
125）前掲『捕鯨回顧』8ページ。
126）原真一は、捕鯨地・有川の出身、長崎市で海産物商（鯨肉輸入の取り扱いもした）を営み、長崎捕鯨合資組合を設立した。捕鯨事業の合同のため東洋捕鯨（株）を興した。汽船トロール漁業も始めた。その後、大阪、東京に進出して、船舶製造、製氷、製鋼、製糖、紡績、採鉱などの事業を営んだ。五島捕鯨会社が解散して、村民の多くが失職すると東洋捕鯨で雇用した。前掲『有明町史』522ページ。息子の原萬一郎は東洋捕鯨の三代目社長。
127）吉田増太郎は香川県出身。ロシア捕鯨会社で12年間従事し、同社運搬船の船長となった。明治36年に長崎捕鯨組、37年に長崎捕鯨合資会社を設立した。明治42年に東洋捕鯨が設立された際、捕鯨から身を引き、汽船トロール漁業や朝鮮との鮮魚運搬業を行った。中井昭『香川県海外出漁史』（昭和42年、香川県・香川県海外漁業協力会）122〜125ページ。
128）前掲『本邦の諾威式捕鯨誌』228〜230ページ。
129）岡庸一『最新韓国事情』（明治36年、蒿山堂）236、237、240〜242、256ページ。
130）同上、256〜260ページ。明治31年度については、前掲『韓海漁業視察復命書』41〜43、49〜51ページ。
131）前掲『本邦の諾威式捕鯨誌』231〜240ページ。
132）前掲『韓半島沿岸捕鯨史』245〜249、256、257ページ。東洋漁業の蔚山出張所における捕鯨、解体の様子は、江見水蔭『実地探検捕鯨船』（明治40年、博文館）16〜67ページに活写されている。
133）前掲『本邦の諾威式捕鯨誌』241〜268ページ。
134）前掲『韓半島沿岸捕鯨史』258〜261ページ。
135）「韓海ニ於ケル捕鯨事情ノ情況ニ関シ在釜山領事ヨリ報告ノ件」（明治38年1月、アジア歴史資料センター所蔵）
136）前掲『本邦の諾威式捕鯨誌』239、240ページ。
137）東洋日の出新聞　明治39年12月17日。
138）前掲『本邦の諾威式捕鯨誌』251〜254ページ。
139）同上、268ページ。
140）前掲『韓半島沿岸捕鯨史』262、263ページ。
141）前掲『本邦の諾威式捕鯨誌』263ページ。日韓捕鯨合資会社は大正8年に解散したといわれる。
142）「韓海捕鯨業の近況」『大日本水産会報　第281号』（明治39年7月）26ページ。
143）農商工部水産局『韓国水産誌　第一輯』（隆熙2年、日韓印刷（株））217ページ。
144）農商務省水産局『水産統計年鑑』（大正2年3月）190ページ。
145）東洋日の出新聞　明治40年2月10日。
146）前掲『本邦の諾威式捕鯨誌』268〜280ページ。朝鮮では、明治44年6月に漁業令を公布し、捕鯨業を朝鮮総督府の許可漁業にした。
147）前掲『本邦の諾威式捕鯨誌』16〜23ページ。
148）近藤勲『日本沿岸捕鯨の興亡』（2001年、山洋社）220〜223ページ。
149）徳見光三『長州捕鯨考』（昭和32年、関門民芸会）252、255、256ページ。
150）前掲『水産統計年鑑』（大正2年3月）138ページ。
151）東洋日の出新聞　明治42年12月25日。
152）日野義彦「対馬における近代捕鯨について」『西南地域史研究　第2輯』（1978年、文献出版）386〜389ページ。
153）東洋日の出新聞　明治42年9月20日、同年11月28日。
154）前掲『有明町捕鯨史』519〜521ページ。
155）生月島では明治38年に和船巾着網が導入された。捕鯨業を興そうと生月島を訪れた平戸藩出身で東京在住の峯寛次郎がたまたまイワシの大群と遭遇して改良揚繰網を導入したのが最初。金子厚男編『日本遠洋旋網漁業協同組合三〇年史』（平成元年）69ページ。
156）農商務省水産局『遠洋漁業奨励事業報告』（明治36年4月）16〜25、30、31ページ、同『遠洋漁業奨励事業成績』（大正7年2月）1〜2、5ページ、同『遠洋漁業奨励成績』（大正7年）6〜12ページ、農林省水産局『遠洋漁業奨励成績』（大正15年3月）101ページ。
157）「第四課事務簿　漁業之部　明治三十五年」
158）明治40年に建造された大日本捕鯨（株）の捕鯨船（134トン）は大阪鉄工所で建造されたが、初めてにもかかわらず、ノルウェー製と比べて遜色がなかった。『府県連合水産共進会審査復命書』（明治41年3月、農商務大臣官房博覧会課）77〜80ページ。
159）前掲『本邦の諾威式捕鯨誌』103〜106ページ。
160）「諾威国ニ於テ当年（西暦一九〇五年）ヨリ向十ヶ年間捕鯨ヲ禁止セシ事取調方農商務大臣ヨリ依頼ノ件」（明治38年5月、アジア歴史資料センター所蔵）
161）前掲「韓海捕鯨業之一班」4〜15ページ。
162）伊豆川浅吉『土佐捕鯨史　下巻』（昭和18年5月）617、618ページ。
163）渡邊洋之『捕鯨問題の歴史社会学』（2006年、東信堂）57、58ページ。
164）前掲『本邦の諾威式捕鯨誌』242、243ページ、前掲『管内重要物沿革調査書附管内税務署轄一覧表』95ページ、綾部策雄「諾威式捕鯨に対する吾人の希望」『大日本水産会報　第335号』（明治43年8月）3、4ページ。
165）松崎正廣「諾威式捕鯨の非難を弁ず」『大日本水産

166)「長崎県汽船トロール漁業調」『水産時報　No.9』(明治44年5月)49ページ、「水産課事務簿　遠洋漁漁トロール漁業等　明治四十二年四十三年」会報　第337号』(明治43年3月)4ページ。

167)原康記「福博の企業家と水産業」迎田理男・永江眞夫編著『近代福岡博多の企業者活動』(2007年、九州大学出版会)159〜161ページ。

第2章
漁船動力化後の沿岸まき網漁業の展開

野母崎町の揚繰網漁船と煮干しの乾燥棚（昭和37年）

第2章

漁船動力化後の沿岸まき網漁業の展開

第1節　目的と背景

1　目的と対象

　まき網漁業(以下、まき網という)は、イワシ、アジ、サバなどを大量漁獲する漁業で、規模が大きく、従事者も多いうえ、水産加工と結びついて漁村経済を牽引する。

　本章は、長崎半島の先端に位置する野母崎地区における漁船動力化後のまき網の発展過程を考察するものである。野母崎地区は、かつては西彼杵郡野母村、脇岬村、樺島村、高浜村の4ヵ村であったが、昭和30年に4ヵ村は合併して野母崎町となり、現在は長崎市野母崎町となっている(図2-1は昭和34年当時の野母崎町の地図)。

　野母崎地区は、西は五島灘、南は天草灘、東は橘湾に面し、漁業を基幹産業としている。種々の漁業が交互に現れては消えたが、なかでもイワシまき網が昭和年代に発展した。本論の対象時期は、まき網漁船の動力化が始まる昭和初期から数度の好不漁を経て小康状態となった昭和40・50年代までとする。それは野母崎地区のイワシ漁業が主産地を形成した期間である。同地区のまき網は、野母崎周辺、五島灘で操業する沿岸漁業(以下、沿岸まき網という)として発展し、地元のイワシ加工と強く結びついている。

　長崎県のイワシまき網は、か

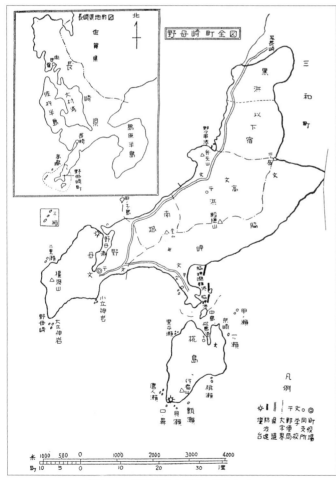

図2-1　野母崎町の地図　昭和34年
資料:『野母崎町勢要覧　昭和34年刊行』

つては県下全域で営まれ、全盛期の昭和20年代は「あぐり王国」と呼ばれた。昭和30年代に、イワシの不漁を契機に、五島(南松浦郡)・奈良尾や北松(北松浦郡)・生月地区などは地元加工との結びつきを断って東シナ海・黄海を主漁場とする遠洋まき網へと発展するが、野母崎地区などはまき網から撤退するか、沿岸漁業として留まった。このようにまき網は、同じ長崎県下であっても地域によって、漁法、操業、経営方法、発展方向が異なるので、個別に発展の系譜や地域性を見ていく必要がある。

　沿岸まき網に関する歴史研究は乏しい。遠洋まき網に比べると、漁業規模が小さく、操業海域は狭く、資源の状況、資本・労働に地域性が強いうえ、経営資料を欠くことなどが理由である。遠洋まき網については、遠洋化以前を含めて、金子厚男編『遠まき三〇年史』(平成元年、日本遠洋旋網漁業協同組合)、『遠まき五十年史』(平成22年、日本遠洋旋網漁業協同組合)、金子厚男『金子岩三伝』(昭和62年、金子岩三奨学財団)、金子厚男『舘浦漁業協同組合八十五年史』(昭和63年、舘浦漁業協同組合)、吉木武一編著『奈良尾漁業発達史』(1983年、九州大学出版会)などがあるが、沿岸まき網については、地域漁業の中核であるにも係わらず、まとまったものがない。野母崎地区は、まき網の主産地であり、全国的に注目された出来事もあって、関係資料が比較的多いことで対象とした。

　本論では、沿岸まき網の資本主義的発展を漁業技術、漁業規模、船団構成などの生産力の変化、資源変動、漁業政策や制度対応、経営体や生産高の変化、まき網の経営と労使関係、まき網と地元加工との関係、イワシ加工の変化といった側面から考察する。

2　用語の解説と動力化以前の野母崎地区の漁業

　本論に入る前に、簡単にイワシの漁期と漁法、まき網漁法に関する用語の解説と動力化以前の野母崎地区の漁業を概観しておこう。

1)用語の解説
(1)イワシの漁期と漁法
　長崎県のイワシ漁業の特徴は、漁場が県下全域に跨がっていて広いこと、漁場は産卵場を含むか産卵場と近接していること、漁期が周年にわたることである。イワシは五島灘、天草灘、鹿児島沖で産卵し、孵化・成長するに従い、五島、壱岐、対馬周辺を北上回遊して日本海に入り、成長後、産卵のために再び前記海域へ南下する。

　第二次大戦以前の漁期と漁法は、4月〜5月上旬はシラス、小イワシを船曳網、地曳網、縫切網などで、6月〜8月中旬は小羽イワシを地曳網、縫切網、揚繰網などで、8月下旬〜12月上旬は中羽イワシを縫切網、揚繰網などで、12月中旬〜4月中旬は大羽イワシを刺網、動力揚繰網などで漁獲した。[1)]

(2)まき網漁法
　縫切網、揚繰網(改良揚繰網を指す)、巾着網はともに漁具分類上はまき網(旋網、巻網)類に属する(縫切網は昭和20年代まで敷網類に分類されていた)。縫切網は有囊類(袋状の魚取部がついている)であるのに対し、揚繰網と巾着網は無囊類である。巾着網は明治中期にアメリカから導入された。網裾の環に通っている締綱(締結綱ともいう)を締めて巾着の形にして魚群が下方から逃げないようにする。その工夫を取り入れて改良したのが改良揚繰網で、長崎県への導入はともに明治30年代である。巾着網は網裾に環と締綱がついており、かつ揚網中、網が浮き上がるのを防ぐために分銅を用い

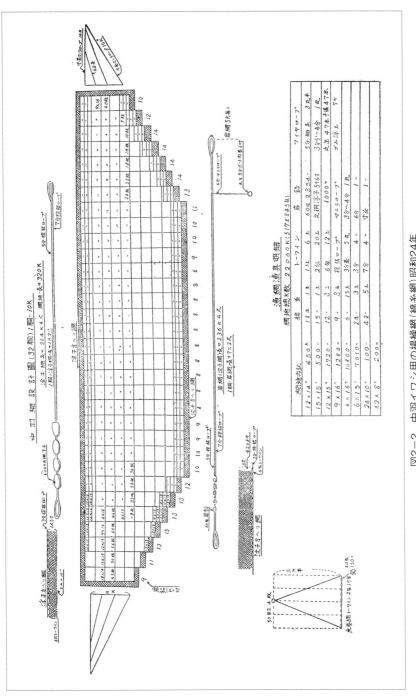

図2-2 中羽イワシ用の揚繰網（綿糸網）昭和24年

資料：「長崎県鯷揚繰網大観 昭和二十四年十月現在の現勢」（長崎水産新聞社）

た。揚繰網は網裾を締結することなく、直接、沈子綱(引手綱)を繰り上げたが、次第に締綱を用いるようになり、巾着網も機械で迅速に締綱を引き、分銅を省略するようになって、両者は区別し難くなった[2]。行政によって導入・推奨されたものを巾着網、在来漁法を改良したものを揚繰網と呼んだり、イワシを対象とする場合は揚繰網、サバを対象とする場合は巾着網と呼ぶこともあるが、厳格に区別しているわけではない。昭和27年制定の旋網漁業取締規則以降、縫切網を含めてこれらをまき網と呼ぶようになった。本論でも揚繰網、巾着網、まき網の用語を適宜、併用する。

第二次大戦前のイワシ網の大きさは、長さ250〜500m、幅40〜70mの長方形であり、網幅は両端の方が短い。図2−2は昭和24年当時の中羽イワシ用の揚繰網を示したものである。

　無動力の場合は和船、または手押しと呼ぶ。動力船(機船ともいう)といえば、網船が動力船であることを指すが、動力曳船(主に運搬船が使われる)によって無動力の網船が曳航されることがある。動力船を使えば、沖合、遠洋への出漁が可能になる。大正期に曳船方式が始まり、昭和初期に動力船まき網に代わっていく。1艘まきは片手廻し、2艘まきは両手(双手)廻しと呼ぶことがある。無動力の場合はほとんどが2艘まきだが、動力船では1艘まきと2艘まきの両方がある。両者の長短は、1艘まきは操作が簡単で、風浪の中でも作業し易く、沖合出漁に適している。網は長大になり、1回の操業時間も長い。2艘まきは敏速巧妙に操作でき、地形が複雑なところ、狭隘なところでも操業でき、1回の操業時間も短い。しかし、2隻は緊密な連携を保つ必要があるので、荒天下での操業は困難となる。[3]

　無動力のまき網は沿岸域で小羽・中羽イワシの漁獲に、動力1艘まきは中羽・大羽イワシ、アジ、サバの漁獲に、動力2艘まきはアジ、サバの漁獲に適している。魚種による漁場形成の違い、まき網の機動力の違いによる。

　歴史的には、八田網と称される敷網があり、明治に入ってそれに両袖(垣網)、袋網が付けられて縫切網(網船は2隻)に発達した。縫切網は巾着網や揚繰網が導入されるまで長崎県の代表的なイワシ漁法であった。また、明治後期から大羽イワシを漁獲するのに刺網が普及した。無動力のまき網では遊泳力が高い大羽イワシを漁獲できなかった。

　大正末に長崎県水産試験場が動力1艘まきの試験に成功したことから、昭和に入ると動力まき網、とくに1艘まきが普及するようになった。1艘まきで大羽イワシを漁獲するようになると刺網は衰退した。まき網の方が一度に大量に漁獲できるし、鮮度が高く、魚体を損傷しないことによる。

　1艘まきが普及した後でも縫切網は沿岸での操業、煮干し原料の採捕に適していたことから併行して用いられた。

　イワシまき網は集魚灯を用いることから他の沿岸漁業に影響するので、知事許可漁業(明治35年の長崎県漁業取締規則以来)であった。昭和20年代半ばに五島灘のイワシが不漁となって、イワシ、アジ、サバを求めて沖合、遠洋に出漁するようになると、昭和27年に旋網漁業取締規則が制定され、まき網(縫切網を含めて)は知事許可と大臣許可に分けられた。昭和38年には漁業法改正で網船40トンを境に中小型(知事許可)と大中型(大臣許可)に再編成され、現在に至っている。

2)動力化以前の野母崎地区の漁業

　野母崎地区のイワシ漁業は野母村と樺島村が中心で、脇岬村は少なく、高浜村は漁業自体がほとんどなかった。明治末から大正初期にかけて基幹漁業であった野母村と脇岬村のカツオ漁業とカツオ節製造が消滅し、それに代わってカツオ漁業者を中心に、脇岬村はサンゴ採取、野母村はイワシ漁業が発達した。イワシ漁法は、縫切網から揚繰網に転換し、従来よりは沖合で操業し、漁獲能率が向上した。中には動力曳船を使用する者も現れた。イワシ漁業の中心地は野母村で、脇岬村はサンゴ採取に失敗した打撃が大きく、まき網への転換は大正2年と遅れた。樺島村は地元外船の水揚げに依存したイワシ加工が発達した。この他、大羽イワシを対象とした刺網は明治30年代後半に盛んになった。刺網は家族経営として営まれ、漁獲物は目刺しなどに加工した。無

動力の縫切網、揚繰網は機動力が低く大羽イワシを漁獲することができなかった。

　水産加工はカツオ節製造が衰退した後はイワシ加工が中心となった。その内容も肥料（干鰯）向けが衰退し、食用向けの煮干し、目刺し、丸干し製造が急成長を遂げ、家庭内副業が普及し、専業の加工経営体も出現した。樺島村は目刺し加工が五島・奈良尾から伝わり、日露戦後、その製造が盛んになった。イワシ漁法が縫切網から巾着網に、集魚灯が篝火から石油へ代わる時期である。樺島村は目刺し加工に特化し、その積み出しのために阪神地方から汽船が回航された。

第2節　イワシ巾着網・揚繰網漁業の普及と動力化

　長崎県は、明治32年にイワシ巾着網（和船双手巾着網）を製作し、5年間、民間に貸し出して試験操業を行った。イワシ漁業の中心であった縫切網は、小羽イワシやカタクチイワシの漁獲に限られるのに対し、巾着網は中羽イワシ、ウルメイワシも漁獲することができるし、1統（複数の漁船を使用する場合の漁労体の単位、船団ともいう）あたりの船数、乗組員数も少なくて済む。縫切網が6、7隻、40〜45人であるのに対し、巾着網は5、6隻、36〜40人であることから、縫切網を巾着網に仕立て直すか、あるいは新規着業者が現れるようになった。明治期のイワシまき網は、網船2隻（各12〜14人乗り）、口船（曳網。運搬船を兼ねることが多い）2隻（各3人乗り）、灯船2隻（2人乗り）、運搬用小舟で構成されていた。なお、改良揚繰網が長崎県に導入されたのは明治38年の北松・生月が最初で、巾着網と併行して普及した。野母村に巾着網が導入されたのは明治41年のことで、元カツオ釣り漁業者によってである。明治42年10月の新聞は、樺島沖にイワシ巾着網漁船40統余が集結し、盛んに操業していると報道しており、巾着網の普及状況が推察できる。

　1艘まき（機船片手廻し巾着網）は朝鮮海のサバ漁で始まり、それが内地へ波及する。長崎県では明治43年からサバ巾着網の朝鮮海出漁が始まり、大正3、4年から動力曳船となった。大正7年に片手廻しが始まり、12年にイワシが来遊するようになってサバ巾着網はイワシ巾着網へと転換した。一方、長崎県のイワシ漁業は第一次大戦期の魚価高騰に刺激されて急増したが、戦後は一転、魚価の低落と乗組員が多いことから経営難となった。その対応として長崎県水産試験場は大正11〜15年度に片手廻し巾着網の試験操業を行った。巾着網の構成は網船1隻（31トン・60馬力）、灯船2隻、運搬船1隻、伝馬船1隻、乗組員32人で、網は長さ165尋、高さ42尋であった。試験操業では併せて電気集魚灯の使用、網染めの改良も行った。

　従来の巾着網、縫切網の漁期は7〜12月の半年間で、1〜4月に大羽イワシを漁獲するのには専ら刺網を使用した。刺網は操業が簡単で小資本で営むことができるが、鮮度、歩留まりで劣り、製品価値が低くなるという欠点があった。片手廻し巾着網で漁獲すれば鮮度、歩留まりは高くなるし、巾着網の周年操業化が可能となる。漁船の動力化は手漕ぎの重労働から解放し、漁場往復の時間も短縮する。漁場の拡大も可能となり、少々の時化でも出漁することができる。

　経営面では、従来の巾着網、縫切網の漁獲高を6,000円とすると漁労経費（大仲経費、沖経費、仲持経費ともいう。漁労の直接経費）2,000円を引いた残りを船主（網主ともいう）と乗組員（漁夫、船子、網子ともいう）で折半すると、船主は船主経費（減価償却費など船主が負担する経費）が2,000円かかるので利益はゼロ、乗組員は55人とすれば1人あたり配分は36円余となる。それが片手廻し巾着網であれば、同じ漁獲高でも漁労経費は1,750円で済み、船主は船主経費を引いても150円の利益が得られ、乗組員は

28人になるので1人あたり配分は60円余となる。実際の漁獲高は片手廻しは機動力があって、出漁日数が延びるし、漁場を選べるので増加し、船主、乗組員の配分はさらに高くなる、と見積もられた。

　試験操業は、壱岐、樺島村、五島を根拠地として、無動力船の場合より沖合の距岸20カイリ沖で実施された。まれにみる不漁であったが、乗組員の半減、漁獲能率の向上、漁労経費の削減を実証することができた[9]。

　県下の片手廻し巾着網の普及状況をみると、最初の起業者は樺島村の者で、県の造船奨励金を受けて大正14年に漁船を建造している。だが、船体が小さく、漁網は不完全で、乗組員も不慣れなことから2、3年で中止されてしまった[10]。同年、西彼杵郡式見村(現長崎市)でも着手する者が出た。式見村の船は翌年、大羽イワシを狙って好成績を収めた。これに刺激され、昭和2年度に起業者が続出し、十数隻となった。漁船は17トン・30～40馬力、乗組員は25人ほどである[11]。

　網染めの改良としてコールタール染めを行った。染料として一般に使用されているカッチ(タンニンを含んだ樹皮から抽出したエキス)は、海水に溶出するので度々染網しなければならないし、網干しの必要があって、手数と費用がかかる。コールタールは粘着性なので、カッチ染めのように簡単ではないし、設備などに相当の経費がかかる。それでも2年間は網染め、網干しが不要なので、それに要する経費、労力は大幅に削減できる。ただ、コールタール染めはイワシなどを目的とする細い糸、細い網目のものには不向きで、引き続きカッチなどが用いられた[12]。

　試験操業では集魚灯として電気集魚灯を使った。集魚灯としては石油集魚灯やアセチレンガス灯が普及していたが、電気集魚灯は取扱いが簡単で、光力は強く、一定であることから集魚効果が高いうえに(従来不可能であった大羽イワシも集魚できる)、経費は石油集魚灯に比べてはるかに安い。ただ、集魚灯1台の購入費は石油が100～150円なのに、電気は800円と高いことが難点であった[13]。

　電気集魚灯は昭和5年以降、動力巾着網の普及とともに使用されるようになった。昭和8年から電気集魚灯に対する規制が始まり、灯船は2隻以内、発電機は1.5馬力以内、光力は800燭光以内、沿岸から800間以内は操業禁止となった。昭和10年頃には全業者が電気集魚灯に切り換えている。昭和12年に光力規制は原動機4馬力、発電機1kw、1,000燭光に緩和された[14]。

第3節　昭和戦前期の野母崎地区のまき網漁業

1　動力まき網漁業の拡大

　まき網の漁船動力化は二段階があった。一段目は、動力曳船によって網船を曳航するもので、野母村に普及したのは大正3、4年のことである。二段目は網船の動力化で、野母崎地区では昭和5年に樺島村、野母村が始めている。

　昭和3年の野母村のまき網は揚繰網6統、巾着網7統、縫切網2統、縛り網1統で、全て無動力であった[15]。昭和5年に大羽イワシの漁獲で好成績をあげていた北松・生月から動力揚繰網を導入した。

　長崎県の動力まき網は昭和5年92統、10年120統、15年275統と急速に増加した。一方、無動力は昭和2年の270統から15年の105統に減少して、この期間にまき網の動力化が進展した[16]。

　表2－1は、昭和8、10、14年の野母崎地区の動力揚繰網(1艘まき)漁船一覧である。昭和8年は野

表2−1 昭和8、10、14年の野母崎地区の動力揚繰網漁船と船主

村名	昭和8年			昭和10年末			昭和14年		
	漁船名	トン・馬力	船主名	漁船名	トン・馬力	船主名	漁船名	トン・馬力	船主名
野母村	第2権現丸	12・20	岩永要七	第5権現丸	19・55	同左	同左	同左	同左
	第3 〃	7・15	岩永要八	第3熊野丸	17・50	同左	同左	同左	同左
	熊野丸	12・20	〃	倉栄丸	10・15	原田倉松	万盛丸	12・60	蔵本龍松
	第2熊野丸	9・15		神祐丸	15・50	松田仙市	大漁丸	17・60	濱田重松
	寅吉丸	9・15	河原康男	昭生丸	15・70	梅田喜平	第2昭生丸第2	17・80	同左
	千力丸	19・60	山本千吉	第2千力丸	同左	同左	千力丸同左	同左	同左
	神力丸	17・40	柴原力太郎	第5千力丸	17・60	同左	第3千力丸	同左	同左
	第2蛭子丸	9・20	岩永平治					15・50	柴原伝次
脇岬村	願幸丸	16・35	田畑久松	第1天祐丸	18・60	江濱末重			
	共栄丸	25・50	吉田久松						
	豊漁丸	19・50	高比良二郎						
樺島村				第1鳳洋丸	19・60	漁業組合	同左	同左	笹山小八
				第2 〃	〃	〃	同左	同左	松本常弥
				第3 〃	13・50	松本兄弟商会	同左	19・80	同左
				第5 〃	19・80	〃	第7鳳洋丸	14・60	笹山小八
				大鳳丸	19・60	峰光之助	同左	同左	同左
				敬神丸	15・50	小林商店	同左	同左	同左
				福盛丸	16・50	小川一雄	長生丸	13・70	田崎竹松
				光栄丸	17・60	黒川辰右エ門			
				光洋丸	13・8	岩崎光次			

資料：昭和8年は、『昭和八年版 動力附漁船々名録』(農林省水産局)416、417ページ。
　　　昭和10年末は、農林省水産局『動力附漁船々名録』(昭和12年、東京水産新聞社)564、565ページ。
　　　昭和14年は、『鰛揚繰網漁業ニ関スル調査書(一)』(昭和14年12月、農林省水産局)70、71ページ。

母村8隻、脇岬村3隻である。野母村は10トン前後・15〜20馬力が中心で、建造費は2,000〜3,000円であった。脇岬村は16〜25トン・35、50馬力と大きく、建造費も7,000〜8,000円と高い。脇岬村は動力揚繰網こそ3隻だが、機船底曳網は24隻あって、サンゴ採取からの再転換は機船底曳網に向かっている。樺島村は動力漁船がなく、大正14年、昭和5年に創業したものは破綻していた。[17]

昭和10年末は野母村7隻、脇岬村1隻、樺島村9隻となった(野母崎地区を根拠地とする地元外船を含まない)。野母村、脇岬村が減少したのに対し、樺島村は一挙に9隻となった。樺島村は昭和恐慌期に地元外船の水揚げ(近隣町村のまき網漁船による水揚げ。根拠地を置く地元外船とは別)が減少して、加工業者らによって原料確保のため、共同経営でまき網を興したのである。まき網の創業は、煮干し製造の興隆にもつながった。漁船規模は15〜19トン・50〜60馬力で、建造費は4,000〜7,000円であった。[18]

昭和14年は野母村8隻、樺島村7隻で、10年と統数はほぼ同じである。脇岬村は1隻から2隻に増えたが、根拠地を長崎市に置いたので、地元はゼロとなった。漁船規模もほとんど変わっていない。

野母村の状況をみると、動力片手廻しになって冬(大羽イワシ)も操業するようになった。また、動力運搬船でイワシを長崎魚市場まで運ぶようになった。長崎魚市場にイワシ専用の水揚げ場ができたのは昭和10年である。イワシの最盛期(10〜12月)には地元外船と合わせて24、25統が野母村を根拠とした。村の総勢がイワシ漁業かイワシ加工に従事し、盛漁期には五島や壱岐から漁夫160人が雇用された(彼らは船上で生活)。地元船は梅雨時を除いて周年操業するが、地元外船は盛漁期にのみやってきた。[19]船団は、網船1隻(19トン・70〜80馬力、20〜23人乗り)、母船1隻(運搬船、10トン

内外・15～20馬力、7、8人乗り)、灯船2隻(和船、各8～10人乗り)、計4隻、43人前後で構成された。

　樺島村は、大正14年以来、動力揚繰網を興す者が現れたり、外来船もあったが、昭和5年は不漁で途絶え、無動力揚繰網もなくなった。昭和6年に漁業組合が2統を創業し、続いて水産加工業者らが「共同船」を建造した。この「共同船」は昭和恐慌による打撃と不漁によって昭和8年には個人経営になった。

表2-2　昭和14年の長崎県のイワシ揚繰網漁業

市郡別	統数	主な漁業地，操業形態、網船の動力化
長崎市	23統	ほとんどが動力1艘まき。中部悦良9統、高田萬吉3統。
佐世保市	1統	
北高来郡	9統	1艘まき。無動力が多い。
南高来郡	19統	小浜町8統。1艘まき。無動力。
西彼杵郡	42統	瀬戸町7統、樺島村7統、野母村8統、式見村8統。1艘まき。樺島村と野母村は動力、瀬戸町と式見村は無動力。
北松浦郡	77統	生月村35統、大島村10統、平戸村10統。1艘まきと2艘まき、動力と無動力が混在。
南松浦郡	59統	奈良尾村31統、若松村13統、青方村6統。1艘まきが大部分。奈良尾村は動力、青方村は無動力。
壱岐郡	8統	無動力が多い。
対馬	15統	琴村11統。1艘まき。

資料：前掲『鰮揚繰網漁業ニ関スル調査書(一)』62～80ページ
注：動力か無動力かは網船についてで、網船が無動力でも附属船は動力船のことが多い。

　表2-2は、昭和14年の長崎県下のまき網を市郡別に示したものである。合計253統を数える。県下各地にあるが、北松浦郡、南松浦郡、西彼杵郡、長崎市が比較的多い。長崎市の中部悦良(林兼商店)、高田萬吉が多統経営者で、他はほとんどが1統経営である。両人は以西底曳網経営者であり、まき網の根拠地を野母村や式見村に置いた。1艘まきと2艘まき、網船の動力と無動力が混在しているが、ほとんどが1艘まきで、網船が無動力であっても附属船(とくに運搬船)は動力船となっている。動力船の場合、多くは15～19トン・50～80馬力、乗組員は32～43人で、漁獲高は1万円を超えることが多い。無動力船の場合、乗組員数は地域差が大きく、漁獲高は高くて数千円である。西彼杵郡の揚繰網は、五島灘に面した瀬戸町、式見村、野母崎地区に多いが、前2地区は無動力船、後者は動力船となっている。野母崎地区の乗組員は野母村が38～40人、樺島村が40～42人、漁獲高は野母村が3、4万円、樺島村が1、2万円であった。[20]

2　イワシ加工業の発展

　イワシ加工は野母村と樺島村が中心であった。野母村では、昭和初期は丸干しと目刺しの生産が主で、干鰯の生産は減少し、煮干し加工が急増した。家庭内副業生産から専業加工業者による生産へと進展し、加工組合も結成された。野母村漁業組合は昭和9年からイワシ製品の共同販売を始めた。従来、加工業者は仲買人(問屋)と取引きをしており、仲買人から仕込みを受けていたので、価格が一方的に決められた。そうした販売体制を漁業組合が集荷し、仲買人を集めて入札にかける方法に変えたのである。昭和10年代になると、煮干し加工が飛躍的な発展を遂げた。干鰯はほとんど作られず、代わりに〆粕製造が増加した。その他には丸干し、燻製品(削り節)、缶詰などがあった。[21]

樺島村のイワシ加工の最盛期は大正時代で、村内には目刺し製造の改良発展を目的とした2つの同業組合ができた。目刺し製造は全村民が副業とした。目刺しの輸送のため尼ケ崎、深川、大阪商船などの汽船会社の汽船が直接樺島港へ回航するようになった。煮干し製造も盛んとなった。イワシは船主と加工業者との直接取引きで、多くの場合、取引き相手は決まっていたが、少しでも多くのイワシを手に入れようと加工業者は船主の間を奔走した。煮干しは仲買人が買い上げ、大阪へ直送した。煮干し加工への出稼ぎは天草、西彼杵郡三和村（現長崎市）、五島の人が多く（工場に住み込み）、最盛期には島の人口は3倍に膨れあがった。3〜6月は水揚げが少ないので地元民だけで加工した。煮干し加工の他には干鰯や〆粕も製造した。[22]

第4節　戦時統制下の長崎県のまき網漁業

　太平洋戦争の開戦以降、長崎県ではまき網漁船が徴用され、大型船はその大半を失い、まき網は壊滅の危機に陥った。残った漁船も青壮年の徴用によって中心となる働き手を失い、操業の危険、漁業用資材の欠乏もあって休業、あるいは他の小漁業への転換を余儀なくされた。
　大戦下のまき網の動静を漁業用資材、水産物の出荷配給、賃金や操業統制の面からみよう。
　長崎県の揚繰網漁業者は昭和16年2、3月に県と農林省に対して漁業用燃油の増配を陳情した。100馬力漁船の1ヵ月の燃油消費量は54リットルなのに配給はその3分の1に過ぎない、そのため漁獲量が減少している、と訴えた。[23]昭和18年5月にも、長崎県水産会らが農林大臣に燃油の増配などを陳情した。それによると、揚繰網は漁業用資材の極度の規制、とくに燃油の規制強化で操業日数が月平均5日に激減した。また、資材、賃金などの諸経費が高騰しているとして、燃油の増配と公定魚価の引き上げを要請した。[24]
　水産加工品の統制については、昭和16年7月に長崎県水産物販売統制規則が制定され、各漁業組合は地区の水産加工品を全て集荷し、知事が指定した集荷機関＝長崎県漁業組合連合会（県漁連）へ出荷し、県漁連はそれを仲買人に対して入札または相対売りをすることになった。漁協の共同販売所での販売も認められた。[25]
　鮮魚介の統制は、昭和16年9月に長崎県鮮魚介配給統制規則が制定され、県が指定した陸揚げ地の集荷場（野母崎地区は野母村漁協、樺島村漁協、脇岬村漁協の各共同販売所）に水揚げし、指定陸揚げ地ごとに出荷計画を策定し、県が指定した消費地市場（長崎地区は長崎魚市場）へ出荷するようにされた。[26]
　水産物統制に対して長崎県水産会はイワシの公定価格に関する要望を出している。その内容は、煮干し価格はサイズによって差があるのに生イワシの価格は同一であるため不均衡が生じており、煮干し価格に合わせて生イワシの価格を引き上げること、ウルメイワシとマイワシの煮干し価格を同一としているが、実態はウルメイワシの方が原料、製品ともに高いので是正を求めたものであった。[27]
　まき網の統制団体として、昭和16年5月に長崎県揚繰網漁業組合が誕生した（翌17年5月に長崎県揚繰網漁業統制組合と改称）。漁業用資材、乗組員・労賃、操業、漁船漁具の統制、企業合同などを目的とした。この統制組合が申請した賃金協定を県は昭和18年6月に認可している。その内容は地域によって幾分異なるが、長崎市及び西彼杵郡に適用されるのは、動力揚繰網の場合、月ごとに漁獲高から漁労経費を引いた残りの4割を乗組員の配分とする。乗組員内では職階に応じて船頭（漁労

長)2.0人前以内、網船の船長1.8人前以内、網船機関長1.7人前以内、副船頭1.6人前以内、母船船長・副船長・漁夫長・母船機関士1.5人前以内、灯船機関長・本船見習い機関士・灯船とも押し(船尾での櫓漕ぎ)1.3人前以内、その他漁夫1.0人前として配分する。最低保証給を20円とする。無動力揚繰網と縫切網の場合、漁獲高から漁労経費を引いた残りの6割を乗組員の配分とし、船頭2.0人前以内とし、副船頭1.5人前以内、灯船とも押し・灯船機関士・曳船発動機船船頭1.3人前以内、その他漁夫1.0人前として配分する。最低保証給はないが、現物給与として1人1日あたりイワシ2升以内を支給、としている[28]。

　また、組合が決めた操業統制は、出漁区域を定め、灯火管制下にあって集魚灯は水中集魚灯を使う、光力は500燭光とする、ラジオ受信機を設備する、地域ごとに船団を組織し、相互扶助、警戒伝達、連絡に万全を期すことであった[29]。

　大戦下の野母崎地区のまき網漁業、イワシ加工の状況を示す資料は見つかっていない。野母崎地区の4漁業組合は昭和12～14年に協同組合となり、主に共同販売事業を行った。さらに水産業団体法によって昭和19年7月に漁業会となった。漁協・漁業会への水揚げ高は、脇岬村の揚繰網の漁獲高は昭和19年533トン、20年296トン、樺島村の漁獲高は昭和18年度7,331トン、19年度3,529トン、20年度3,390トンと、大戦末期に激減している[30]。

　野母村の水産加工は、〆粕製造に代わって丸干しが増えており、食用向けが重視された。昭和19年になると徴用で労働力が不足し、漁業も衰退して加工業も沈滞した[31]。

第5節　戦後のまき網漁業の復興と不漁

1　まき網漁業の変動
1)戦後の漁業統制

　戦後、漁業用資材や水産物の統制を受けながらも、長崎県のまき網は食糧増産政策とイワシの豊漁に支えられて急速な復興を遂げ、「あぐり王国」を形成した。昭和22年7月時点の長崎県のまき網は揚繰網99統、従業者4,950人、縫切網(無動力)168統、5,882人に及んだ[32]。昭和23年8月時点の野母崎地区の動力漁船(その多くはまき網漁船)は、高浜村2隻、野母村45隻、脇岬村23隻、樺島村30隻であり、動力運搬船(まき網に附属する運搬船とは別)も多数にのぼった[33]。昭和20年代後半は統制が撤廃されて、市場経済体制に戻るもののイワシの不漁で一転、崩壊し始め、一部は沖合出漁に活路を求めた。野母崎地区の各村漁業会は昭和24年に各村漁協に改組され、統制団体から共同販売、共同購買、漁業金融を担う民主的団体に変わった。

　戦後、政府の食糧増産政策によって漁船建造が促進され、漁業用資材の優先割当てなどにより、まき網は急速に復興した。漁業用資材について、県下揚繰網の重油の必要量と割当量は、昭和22年9月が962kl(キロリットル)と150kl、10月が552klと145klで、全く足りなかった。長崎県は昭和23年3月に長崎水産振興対策本部を設置し、重点的に漁業用資材対策をとった[34]。重油の配給はリンク制(出荷高に応じた配給)で出荷高3,000貫に1klの割合であったが、昭和23年11月から2,500貫に1klの割合に緩和された。このリンク制は昭和24年10月まで続き、その後は27年7月の統制解除まで基本割当て制となった。漁業用綿糸の配給は基本割当て制で、昭和26年7月まで続いた。

　物資の統制と同時に公定価格が定められたが、闇取引が横行した。闇魚価も高かったが、闇

資材はそれよりもはるかに高かった。例えば、昭和23年の闇価格は公定価格と比べて鮮魚は2.7倍、漁網は10.6倍であった。リンク制を通じて安い資材を入手しうる程度に漁獲物を出荷して、あとは闇に流して利益をあげた。だが、鮮魚の闇価格が公定価格を大きく上回ったのは昭和23年4、5月までで、6月からはいわゆる魚価の「公定割れ」も発生し、漁業者の闇利得はなくなった。[35]

　生鮮魚介の出荷割当てを昭和25年3月でみると、野母村50万貫(1,875トン)、樺島村30万貫(1,125トン)、脇岬村25万貫(938トン)で、出荷先は長崎、福岡、熊本、加工向けが全体の7、8割を占めた。その他も地理的に近い島原半島、佐賀などである。[36]翌月から水産物配給及び価格統制は全面解除となった。

　統制期は野母村と長崎魚市場との価格差が小さいため野母村水揚げが多かったが、統制撤廃後は価格差が広がり、長崎水揚げが大幅に伸長した。野母村の鮮魚運搬船は統制期には熊本、佐世保、鹿児島方面へ輸送したが、統制撤廃後は漁獲の減少もあってほとんど休業状態となった。[37]

2)まき網漁業の変動

　表2-3は、昭和20年代の野母崎地区のイワシ、アジ、サバ漁獲高の推移を示したものである。イワシの漁獲が圧倒していたが、昭和24年の5万トン、10億円をピークに、その後は激減した。代わってアジ、サバの漁獲が増加し、昭和29、30年は両魚種を合わせた漁獲高がイワシのそれを上回るようになった。昭和20年代後半のイワシ不漁で、一部の漁船が漁場を沖合化してアジ、サバを狙った結果である。また、価格はどの魚種も統制期には著しく高騰したが、統制解除とともに一時的に下落した。その後、イワシの価格は漁獲減少で高水準に戻り、アジ、サバの価格は反対に漁獲増加で低迷した。

表2-3　野母崎地区のイワシ、アジ、サバの漁獲高及び煮干し製造高の推移

	イワシ		アジ		サバ		煮干し	
	トン	百万	トン	百万	トン	百万	トン	百万
昭和22年	28,669	138	2,741	37	1,841	25	1,613	83
23年	30,266	410	1,301	44	964	33	1,628	92
24年	49,736	953	4,241	128	2,509	75	2,464	148
25年	22,020	390	791	21	596	16	1,118	81
26年	25,110	683	626	21	428	15	1,920	163
27年	17,373	368	4,144	88	2,576	56	649	45
28年	22,118	373	5,081	84	2,576	53	1,854	60
29年	18,559	477	13,523	349	6,938	176	1,035	98
30年	11,003	291	9,116	237	4,740	123	499	41

資料：『野母崎町町勢要覧　昭和31年』65～68ページ
注：数値は漁協調べによる。昭和22年、23年の脇岬村の漁獲高の数値を欠く。煮干しは野母村と樺島村(昭和22～26年)の数値。

　各村ごとにみると、野母村が最大で、昭和24年のイワシ漁獲高は29千トン、6億円をあげた。また、昭和20年代前半はアジ、サバの漁獲でも大半を占めた。脇岬村は、昭和24年のイワシ漁獲高は7千トン、1億円であったが、イワシ不漁後はアジ、サバの漁獲に向かうことなく急速に減少した。まき網から撤退し、沖合一本釣りへの転換を図った。樺島村はイワシの漁獲に固執していて、昭和20年代後半まで増えるが、30年には急落し、代わってアジ、サバが増えた。

まき網の統数は、昭和22年11月現在、甲種揚繰網(15トンを境に甲種と乙種に分けられた)は、野母村8統(地元船6統、地元外船2統)、脇岬村4統(3統と1統)、樺島村13統(11統と2統)、計25統(20統と5統)であった。戦後2年余で戦前水準を凌駕している。地元外船とは野母崎地区を根拠地とするものをいう(水揚げを野母崎地区にするかどうかとは別)。漁船規模は19トン・焼玉機関80～100馬力が多い。樺島村は数名からなる共同経営が多い。多統経営体は少なく、多くは1統経営である。乙種揚繰網と大型縫切網(5トンを境に大型と小型に分けられた)はないが、小型縫切網が脇岬村を中心に11統ある。揚繰網船主の縫切網兼営は少ない。[38]

　前述の昭和14年と比べると、統数は地元船も地元外船(昭和14年は示されていない)も増えた。漁船規模はいくらか大型化、高馬力化しており、戦後、建造、改造されたことを示している。船主名、漁船名を比較すると多くは一致し、継承していることは明らかである。

表2-4　長崎県と野母崎地区のイワシ揚繰網と縫切網の統数
(昭和24年6月現在)

市郡	動力1艘まき	動力2艘まき	無動力揚繰網	大型縫切網	小型縫切網	計
長崎市	2	1	0	7	4	14
諫早市	0	0	1	0	0	1
大村市	0	0	0	0	1	1
佐世保市	0	0	0	0	7	7
北高来郡	0	0	2	0	0	2
南高来郡	0	0	25	1	2	28
西彼杵郡	66	0	12	9	31	118
野母村	23	0	0	0	0	23
脇岬村	8	0	0	0	13	21
樺島村	12	0	0	0	2	14
北松浦郡	9	27	47	30	95	208
南松浦郡	79	0	10	21	11	121
壱岐	1	3	6	5	1	16
対馬	23	16	0	1	0	40
計	180	47	103	74	152	556

資料：『長崎県鰮揚繰網大観　昭和二十四年十月現在の現勢』(長崎水産新聞社)前18、19ページ。

　表2-4は、漁獲高がピークとなった昭和24年の長崎県のイワシ揚繰網と縫切網の統数を根拠地別に示したものである。昭和14年のイワシ揚繰網253統と比べると330統にまで増えたし、動力船が3分の2を占めている。縫切網は226統ある。地域によって動力1艘まき、2艘まき、無動力揚繰網、大小縫切網の統数に特徴があるが、西彼杵郡は揚繰網は動力1艘まきが大部分を占め、動力2艘まきはない。これら揚繰網統数は根拠地別であって、経営体の住所別(昭和14年)とは違う。そのため、昭和14年に長崎市に23統の揚繰網があったが、この表では西彼杵郡(野母村や式見村)を根拠としているため、少数となっている。

　野母崎地区をみると、動力1艘まきと小型縫切網の2種類である、長崎市などから根拠地を移していることもあって統数が多い、脇岬村にも揚繰網があり、小型縫切網が集中している、ことがわかる。

　表2-5は、昭和24年の野母崎地区の動力揚繰網漁船の一覧を示したものである。この他、脇岬村を中心に小型縫切網が15統あった。動力揚繰網はすべて1艘まきで、野母村24統(地元船6統、地元外船18統)、脇岬村9統(5統と4統)、樺島村13統(12統と1統)、計46統(23統と23統)である。昭和22年と比べると、統数は2倍近くに増え、なかでも地元外船の増加が著しく、地元船と同数になった。野母村が最も多いが、その大半は地元外船であるのに対し、樺島村はほとんどが地元船である。地元外船の大部分は長崎市からである。漁船規模は地元船、地元外船とも19トンと30トン級の2階層で、馬力は100馬力前後である。30トン級が半数を占めるようになった。[39]

表2-5 野母崎地区根拠の動力揚繰網漁業(昭和24年11月現在)

村	網船の船名	網船の トン・馬力	船主 住所	船主名
野母村 24統	魚生丸・7隻	19・100	長崎市	長崎漁業(株)
	興漁丸・2隻	37・96	〃	興洋漁業(株)
	万生丸・2隻	33・100	〃	高田萬吉
	第1元幸丸	55・130	〃	才川水産(株)
	第5大黒丸	32・100	〃	(株)藤中商店
	第51共和丸	19・100	〃	田口長治郎
	第1水星丸	19・100	〃	協同漁業(株)
	第1長洋丸	31・110	〃	山田吉太郎
	第7深堀丸	36・120	深堀村	古瀬国太郎
	第2熊野丸	35・100	〃	山崎安勝
	第5千力丸	35・120	野母村	柴原正己
	第1千力丸	40・100	〃	柴原俊郎
	第2千力丸	34・100	〃	山本千吉
	権現丸	19・100	〃	岩永要七
	第1昭生丸	19・100	〃	梅田喜平
	伊勢丸	19・100	〃	三浦喜八郎
脇岬村 9統	第31進漁丸	41・91	長崎市	長崎水産(株)
	第1天祐丸	34・100	〃	吉田商会
	大成丸	19・120	諫早市	長洋水産(株)
	長生丸	28・80	戸石村	海洋水産(株)
	第5長生丸	19・125	脇岬村	後藤吉次郎他4人
	第7天祐丸	19・102	〃	吉田兄弟商会
	第8天祐丸	24・114	〃	吉田善之助他4人
	第1冨栄丸	34・100	〃	山甚産業(株)
	第1新栄丸	19・100	〃	中一水産工業(株)
樺島村 13統	大洋丸	19・100	長崎市	山田吉太郎
	万盛丸	34・100	茂木町	蔵本龍一
	第7鳳洋丸	19・120	樺島村	森明治他
	第8鳳洋丸	19・100	〃	松本六郎
	第12鳳洋丸	19・100	〃	三浦力太郎他
	第17鳳洋丸	34・100	〃	荒木寅吉他5人
	第18鳳洋丸	19・100	〃	松本俊郎
	大鳳丸	34・125	〃	峰光之助
	宝漁丸	19・100	〃	荒木伊太郎他6人
	長生丸	28・100	〃	田崎竹松
	千代丸	45・115	〃	松下矢九郎他2人
	第5大鳥丸	36・120	〃	石垣万之助
	第1大生丸	37・100	〃	小川宗春他11人

資料:『長崎県水産業年鑑 1950』(1950年、時事通信社)119〜121ページ、前掲『長崎県鰮揚繰網大観 昭和二十四年十月現在の現勢』中78、94、114、115ページなど。
注:野母村の長崎漁業、興洋漁業、高田の揚繰網は複数で、網船は主となるものを掲げた。

地元外船、とくに長崎市のものには以西底曳網を主体とする経営体が多い。野母村に根拠を置く長崎漁業(株)、興洋漁業(株)、高田萬吉、才川水産(株)、藤中商店、山田吉太郎(山田屋)、田口長治郎、脇岬村に根拠を置く吉田商会がそれである。戦前においても以西底曳網企業が揚繰網の根拠地を野母崎地区に置いた例はあるが、戦後、揚繰網との兼業が拡がり、地元外船の急増となった。

このうち長崎漁業と興洋漁業は大洋漁業(株)の系列会社である。戦時中、西大洋漁業統制(株)(林兼商店を中心とする統制会社。戦後、大洋漁業となる)のまき網は、野母村を根拠に3統があったが、漁船員の徴用などで操業を中断することが多かった。終戦直後に操業を再開し、野母村根拠5統、式見村根拠2統とした。昭和21年に興洋漁業(下関市、以西底曳網中心)、23年に長崎漁業(長崎市、揚繰網中心)が設立された。高田萬吉は徳島県出身の以西底曳網業界の中心人物で、昭和9年に揚繰網に進出し、式見村を基地として操業した。片手廻し漁法や電気集魚灯の採用、ネットホーラーの考案など揚繰網の改良発展に大きく貢献した。また、興洋漁業(青島の山東漁業(株))、田口長治郎(上海の華中水産(株))、協同漁業(広島県人による朝鮮でのイワシ巾着網経営)は海外引き揚げ資本である。

脇岬村では吉田姓の3者は同族で、以西底曳網にも関わっている。吉田商会から自立した者もいる。樺島村の経営体は動力揚繰網で朝鮮海へ出漁した者、兄弟経営から分化した者、煮干し加工の傍ら共同経営の揚繰網に参加し、昭和16年から個別経営とした者、戦後、3人共同で揚繰網

を始めた者など、煮干し加工との兼業、共同経営が多い。
　この表にはないが、動力鮮魚運搬船は、野母村34隻、脇岬村3隻、樺島村23隻とこちらも急増している(昭和10年は2隻)。揚繰網と兼営する者もいるが、1隻での専業経営が多い。[41]
　その後のまき網統数をイワシ不漁が深刻となった昭和29年末でみると、野母村25統(地元船8統、地元外船17統)、脇岬村4統(2統と2統)、樺島村12統(9統と3統)、計41統(19統と22統)となっている。[42]昭和24年と比べると、地元船4統、地元外船1統が減っている。地元船では、野母村に生産組合経営が出現した、脇岬村は橘湾に面する諫早市有喜、北高来郡戸石町(現長崎市)からの来航がなくなり、吉田兄弟商会も事業を縮小した、樺島村はいくつかの共同経営が会社組織となったことが変わった。
　地元外船は1統の減少に過ぎないが、経営体はいくらか入れ替わっている。長崎市の興洋漁業、山田吉太郎、才川水産、協同漁業は統数を減らすか、姿を消した。協同漁業を除くと以西底曳網との兼営で、イワシ不漁によるまき網の縮小、撤退とともに、漁場を制限していたマッカーサー・ラインが撤廃され、以西底曳網に投資、経営を集中したことによる。
　漁船規模は、19トン型はなくなり、30トンクラスも9統だけで、昭和24年には3統に過ぎなかった40トン以上が32統と大多数を占めるようになった。馬力数は150～160馬力、あるいは200馬力が中心となった。うち13統がディーゼルエンジンとなった。漁船の大型化、高馬力化はイワシの不漁で沖合へ出漁したことを物語る。
　この頃のまき網経営を縫切網、鮮魚運搬船、水産加工との関係でみると、野母村のまき網は19経営体・32統で、鮮魚運搬船を兼業する経営体がある。脇岬村のまき網は2経営体・3統で、両経営体とも水産加工を兼業している。また、小型縫切網の9経営体は全て水産加工を兼業している。樺島村のまき網は10経営体・11統で、うち地元船全てが水産加工を兼業している。[43]

2　漁労技術の革新
(1) まき網漁船の大型化・近代化
　長崎県の揚繰網漁船は15～20トンであったが、昭和25年のイワシ不漁で、対馬出漁を行ったり、漁獲能力を高めるために集魚灯の光力アップ、漁船の大型化を行った。長崎県は専門家を招いて標準船型の設計をし、それに伴って昭和26年に45トン型、27年に60トン型が建造されている。[44]昭和29年には鋼船も出現した。エンジンは焼玉機関からディーゼル機関へ変わった。[45]対馬出漁で漁場と水揚げ地が遠く離れたことや鮮度を維持するために運搬船を2隻とする経営体が現れた。図2-3は、当時の標準木造網船(50トン・160馬力)を示したものである。
　昭和25年の野母村の船団構成は、網船1隻(30～45トン、25～30人乗り)、運搬船1、2隻(15～30トン、各8～10人乗り)、灯船2隻(3トン、各6～8人乗り)、計4、5隻、50～60人乗りであった。[46]
　網船はすべて木造船だが、鋼船の方が同一船型では木造船より容積が大きい、材質が均一で耐久性が大きい、防蝕防虫のための船底塗装の回数が少なくて済むなどで有利という声が出るようになった。運搬船も次第に大きくなり、漁場と根拠地との距離が遠くなるにつれ50、75馬力の焼玉機関を備えるようになった。灯船も発電機の馬力、光力増大につれ、船体も大きくなり、主機関は6～15馬力のディーゼルとなった。[47]
(2) 集魚灯
　集魚灯の規制は改正され、昭和23年から原動機6馬力、発電機3kw、2,000燭光以内、禁止区域は1,000燭光までは距岸800間(1.4km)、これを超すものは2,000間(3.6km)以内とした。禁止区域の拡

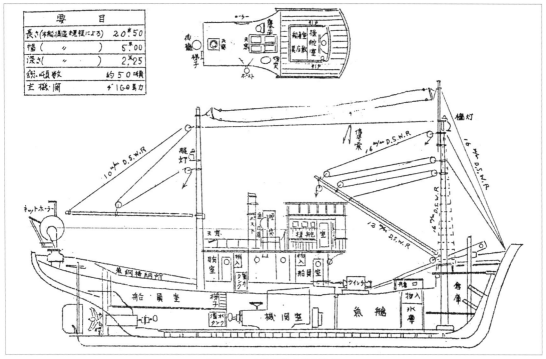

図2-3　木造標準巾着網漁船
資料：中央労働学園大学『長崎県西彼杵郡野母村に於ける鰮揚繰網漁業労働調査報告』(昭和27年1月、水産庁)168ページ

大は、揚繰網統数＝集魚灯の増加に対し沿岸漁業からクレームが出たことによる[48]。昭和27年には8馬力、5kw、3,000燭光以内、禁止区域6kmに拡大した。

(3) 魚群探知機

魚群探知機(魚探)は、昭和24年に長崎古野電機が脇岬村、樺島村、五島・奈良尾村のまき網船に装備したことに始まり、26年には県下の甲種揚繰網全船に普及した。漁場が対馬方面に拡大したことが急速な普及をもたらした。以前は船頭が適当な地点に灯船を配し、気泡や「あて山」(糸を海中に吊し、イワシが糸にあたる感度によって魚群の大きさや密度を推測する)で魚群を調べ網を入れていた。魚探は、魚群の位置、集魚状況がわかるので、操業の無駄がなくなり、漁獲能率が高まる。魚探が導入されると魚群探索の時間が長くなり、広い海域を探索するようになったし、網の投入回数も1日1回であったのが、2、3回に増えた[49]。魚探により中層以下の魚群の発見が可能となったことで、網丈は高くなり、漁船の大型化を促した。

(4) 合成繊維網

野母崎地区への合成繊維網の普及も昭和20年代後半である。その試みは、昭和24年に大栄水産(鹿児島県甑島の水産会社で、野母村に支所を開設)と前述の長崎漁業が行っている。大栄水産は東洋レーヨン(株)がアミラン網(ナイロン網)を長崎県に貸与したものを使った。結果は良かったが、会社が省力化した分を乗組員や賃金の削減に向けたため紛糾し、会社は野母村から撤退する羽目になった。長崎漁業は、仕立てたイワシ網が実用的ではなく失敗したが、サバ巾着網として仕立てたものは成功した。

合成繊維網は綿糸網に比べて、価格は3.5倍と高いが、軽いので作業がし易く、投網や揚網労働が軽減されるし、網の大型化が可能となる。網染めや網干しは不要で、補修費が軽減され、長い航

海、根拠地の移動がしやすい。綿糸網なら3張(大羽、中羽、小羽イワシ用)を準備する必要があるのに1張で済む(綿糸網の場合、小さい網目で大羽イワシを漁獲すると重くて揚網が難しく、網が破れる)。アミラン網は拡張力、摩擦強度が高く、耐久性が10年(綿糸網は3年)と長い、等の利点がある[50]。だが、化学繊維網は柔軟で比重が小さいため、潮流によって吹き上げられるという欠点があって、その矯正のため普及は昭和20年代末と遅れる。経営難で多額の資金が調達できないことも、普及が遅れた要因である。しかし、普及は一挙に進んだ。

(5)無線電信・電話

漁業用無線の設置は昭和23年が最初で、まき網への普及は26、27年である。昭和30年頃には網船だけでなく、運搬船にも設置された。まき網に対する漁況、気象の速報は香焼(現長崎市)無線局を中核として昭和24年から開始し、25年には野母村にも無線局が開設された。漁船相互、あるいは根拠地と通信を行い、各地の相場を伝えて出荷先を選択したり、事故があったときの連絡に有効で、方向探知機との併用が進んだ[51]。

3 まき網の操業と経営

1)まき網の操業

野母村の揚繰網の統数と従事者数は、昭和22年の19統、800人余から増え続けて27年には31統、1,600人余となった。その後は減少して昭和30年は19統、1,200人余となった(表2-6)。1統あたり乗組員は50人余であったが、漁場の沖合化で運搬船を増強したこともあって昭和29年から60人を上回るようになった。乗組員の出身地は村内6、村外4の割合で推移している。村外出身者は地元外船とともに来航することが多い[52]。

表2-6 昭和20年代の野母村の揚繰網経営

年度		22年	23年	24年	25年	26年	27年	28年	29年	30年	31年
揚繰網統数	統	19	23	27	28	28	31	27	25	19	17
揚繰網漁夫総数	人	834	1,253	1,372	1,416	1,436	1,624	1,427	1,485	1,231	1,024
1統平均漁夫数	人	43.9	54.5	50.8	50.6	51.3	52.4	55.4	59.4	64.8	60.2
1人あたり平均所得	千円	−	81	118	85	132	96	118	−	−	−
1ヵ月採算漁獲高	杯		5,500		5,200	6,000	6,700	6,600	7,200		
	千円		1,100		1,300	1,800	2,400	2,650	3,000		
1ヵ月平均漁獲高	杯		6,400		5,200	5,500	5,100	5,200	4,800		
	千円		1,280		1,300	1,640	1,850	2,080	1,950		

資料:野母崎町漁協
注:昭和28年度、29年度の採算漁獲高、平均漁獲高は中型と大型に分けているが、ここでは中型の場合を示した。
　　昭和23年度の欄にある採算漁獲高、平均漁獲高は昭和22、23、24年度の数値。

乗組員の年齢は20歳台が最も多く、次いで30歳台、10歳台、40歳台と続き、圧倒的に若者が多い。若者が多い理由の1つは、漁労作業が夜間であり、危険でハードな肉体労働であること。若者にとって揚繰網従事は貴重な就業機会であり、所得も高かった。他町村からの出稼ぎは、野母村は諫早市有喜からの約250人が中心で、その他に脇岬村や高浜村からの通勤者がいた。熊本・天草地方からの出稼ぎ者は約300人で、うち約200人は樺島村で働いた。その他、五島の三井楽町、崎山村、富江町(以上、現五島市)、西彼杵郡の茂木町、蚊焼村、川原村(以上、現長崎市)からも出稼ぎがあった。漁獲成績は船頭の技量いかんで、船主は優秀な船頭を雇用すれば、漁夫の雇用は船頭に任せる。雇用期間は定めがない(樺島村)か1年(野母村と脇岬村)で、前者では漁夫の移動は少ないが、後者

では不漁が続くと船頭以下総入れ替えもあった。[53]

　対馬へ出漁する昭和25年から野母村の揚繰網に魚探と無線が装備され、運搬船を2隻にした。漁場が遠くになると、網船の大型化、高馬力化とともに灯船も動力化した。

　水揚げ地は昭和24年は地元と長崎(魚市場)が半々であったが、26年は地元3分の1、長崎3分の2となって長崎水揚げが増えた。長崎の方が消化能力が高いうえに価格も高い。地元水揚げは煮干し原料向けが主体で漁期が限られているのに対し、長崎水揚げは鮮魚向けであって漁場の拡大、漁期の延長、魚種の変化に対応できた。野母村漁協は昭和28年に長崎出張所、29年に下関出張所を開設した(下関出張所は県外出漁の不振で1年で閉鎖)。

　昭和28年の揚繰網の操業事例をみると、年間出漁日数が195日、うち操業日数が85日であった。出漁しても半分以上は網を投入せずに帰るか、投入しても漁獲がなかった。午後3時頃に網干し場に集まり、網を船に取り込み、出港する。昭和25年以降、夏場3ヵ月ほどは対馬方面へ出漁する。それ以外は地先漁場で、3、4時間の距離である。漁場に着いたら魚探船(灯船と兼ねることが多い)に船頭が乗船し、魚群を探査する。灯船は5kwの電灯を灯して魚を集める。魚群を集めるのに約3時間かかるので網入れは夜中。網船は円を描いて網を入れていき、網の両端を結ぶと直ちに動力ローラーと手動ウィンチで網裾の締綱を締める。揚網はドラム(無動力)を滑らせるようにして引き上げる。投網回数は1晩1〜3回だが、1回が圧倒的に多い。1回に要する時間は1時間〜1時間半である。帰港は明け方で、それから網干しにかかる。運搬船は魚を長崎に水揚げして昼頃、野母港に帰港する。[54]

　長崎漁業(株)の場合、昭和27年の時点で揚繰網9統を所有し、うち6統が野母村を根拠地とした。漁期は周年で、小羽イワシは6〜8月、中羽イワシは8〜12月、大羽イワシは1〜5月である。漁場は五島灘が主であったが、昭和25年以降、長崎県下全域、さらには天草灘に及んだ。乗組員は野母崎地区の者を雇用した。漁獲したイワシは氷蔵し、野母港に帰港して後、箱詰めして運搬船で長崎魚市場へ水揚げした。[55]

2) まき網の経営

　昭和24年5月に長崎県揚繰網漁業組合が作成した動力揚繰網の経営収支をみると、統制期の経営を窺い知ることができる。漁獲高は215千貫(806トン)、925万円、漁業経費は2,026万円で1,112万円の大幅な赤字となる。収支を償わせるには魚価を貫あたり43円を95円に上げることが必要としている。赤字になるのは、漁業用資材が公定価格では入手できず、3、4倍高い闇価格で購入すると想定したためである(ただし、一方で魚価は公定価格で見積もっており、名目上の経営収支となっている)。漁業経費のうち最大の漁具費でいうと、網地は配給量が10％で、闇購入が90％、公定価格との価格差は4.5倍であった。長崎県全体の漁業用燃油、綿漁網の所要量に対する割当量の割合は、昭和24年度は49％と46％、25年度は33％と23％でしかない。昭和25年に漁業用資材に対する補給金が廃止され、資材価格は約2倍に跳ね上がった。それに対し魚価は統制撤廃後、上昇せず、経営が一層困難になった。[56]

　昭和20年代後半になると、1統あたり漁獲高は増加したが、漁業経費が急増して収益性が低下した。漁網代の高騰、漁船の大型化、魚探・無線の装備などで減価償却費、燃油消費量が急増したからである。収益性の低下は賃金の切り下げ、未払いという形で現れた。賃金の未払いは昭和27、28年から拡がりをみせた。

長崎県鰮網漁業振興対策委員会は昭和24〜26年における主産地の野母、五島の岩瀬浦と若松のまき網経営調査を行っている。それによると、魚価は野母が最も高く、五島の両地区と比べると大きな差がある。主に漁獲物の仕向け先の相違によるもので、野母の仕向け先が価格の高い順の長崎魚市、長崎の加工向け、地元水揚げ、地元加工向け、運搬船であるのに、五島の両地区は離島のため漁獲量の7割を運搬船に売り渡し、その他は地元の加工向けとして、長崎水揚げがほとんどないからである。3ヵ年のうち昭和25年は不漁のため漁業収入は著しく減少したのに、漁業経費が大幅に増加した結果、漁業損益は野母と若松は昭和24年と26年が黒字、25年が赤字、岩瀬浦は3ヵ年とも赤字になっている。[57]

　昭和30年、野母村漁協は部落懇談会を開き、揚繰網不況の実情を次のように説明している。昭和25年までは順調な漁獲で、船主、加工業者はもとより乗組員も豊かな生活を送ることができたが、25年秋から漁獲が減少した。不況の原因は不漁だけではなく、漁獲金額の増加以上に漁業経費が増えたためである。昭和24年度は月128万円の水揚げで利益が出たのに、28年度は大型(60トン以上)で336万円、中型(60トン未満)で265万円が採算ラインなのに、それを上回ったのは大型、中型ともに一部に過ぎなかった。その結果、乗組員の賃金遅配、資材会社への未払いとなり、漁協の不良債権が大きく膨らんだ。乗組員1人あたり所得は8〜13万円で停滞した。また、副業収入(農業、水産加工)が少なくなったことも大きな打撃となった。

　前掲表2-6で月平均の漁獲高と採算分岐点をみると、昭和22、23、24年度は各船とも利益があった。各船の装備はあまり差がなく、漁場も近いので、漁獲高の差も開いていない。昭和25年度は収支が合ったが、26年度以降は採算割れとなった。しかも、漁船による格差が拡がって、採算ラインを上回るのは一部で、他は漁労経費も賄えなかった。他町村の漁船は、昭和26、27年に済州島沖へ出漁して大きな利益をあげ、それを漁業投資に振り向け、漁獲能力を高めたのに、野母村はそれに遅れをとった。

　野母崎地区の揚繰網が沖合・遠洋出漁をしなかった(できなかった)理由は、①以西底曳網企業(地元外船)は揚繰網を兼業として捉えており、「あぐり不況」が現出するといち早く撤退したこと、②地元船は五島灘でのイワシ豊漁、魚価の高い長崎水揚げを前提とした高い水揚げ高と賃金水準に固執したこと、[58]③済州島沖出漁の不振、④樺島村は加工業者によるまき網の共同経営が多く、加工原料の確保が重視されたこと、があげられる。

3　漁業労働運動と漁業賃金
1) 漁民労働組合の結成と活動

　戦後の野母崎地区のまき網を特徴づけるのは、漁民労働組合の結成とその活動であろう。野母村漁民労働組合は労働基本法施行に先だつ昭和21年1月に結成され、その活動は先進的であって、脇岬村や樺島村の漁民労働組合に大きな影響を及ぼした。樺島村では昭和22年10月に日本漁民組合西彼樺島支部が発足し、翌年3月に樺島村漁民労働組合となった。[59]脇岬村漁民労働組合も昭和23年5月に結成された。

　野母村漁民労働組合の活動経過を年表で示す(表2-7)。組合は結成2ヵ月後の昭和21年3月に船主側との交渉を妥結した。戦後初のまき網の労使交渉であり、組合側の要求の多くが採用された。以後、組合は労働協約を改訂しながら、村の行政、漁業会、漁村の運営にかかわり、組合員の資格取得のための講習会の開催、組合員家族・引揚げ者のためにカマボコ販売の斡旋、公民館の建

表2-7　野母村漁民労働組合の結成と活動

21年1月	野母村漁民労働組合結成。揚繰網16統、組合員711人。
3月	交渉妥結。野母村における賃金制度の統一、権利義務の明確化、賃金の大幅改善、盗魚の廃止、漁民生活の安定に成功。
10月	船頭組合会議及び漁労研究会の確立。
22年4月	選挙で村長の推薦母体となり、また、村議の半数を選出。
6月	船舶職員法による資格取得のため講習会を主催。
9月	組合員家族、引き揚げ者にカマボコ製造を斡旋。
23年 -	漁船団と交渉し、漁獲物販売を漁業会に一元化した。
2月	組合事務所落成。
4月	初めて乗組員から漁業会の役員を選出。
4月	労働協約改訂、給与を組合が一括受領。揚繰網26統、組合員1,338人。
5月	貯金制度(給与の1割を天引き)を確立し、税金の滞納一掃に努める。
6月	船舶職員法による資格取得のため講習会を主催。
24年2月	第2種事業所得税を不当課税として県知事を告訴。
3月	労働協約改訂。最低保証給を500円から1,500円に引き上げ。
8月	長崎地区の鮮魚用氷の不足で、運動を起こす。
12月	第2種事業所得課税は勝訴となったが、県は高裁に控訴。
25年6月	船舶無線電話の講習会を開く。
6月	イワシ不漁の兆しがみえるので、漁協と共同で対馬を視察。
8月	魚探、無線の普及に伴い技術習得のため研究会を数回開催。
12月	労働協約改訂。最低保証給を2,500円に引き上げ、歩合を引き下げる。
26年4月	揚繰網を村営事業として発足(野母丸)。
4月	労働協約改訂。揚繰網27統、組合員1,693人。
7月	済州島漁場への出漁気運が高まる。
8月	賃金の遅配が顕著となり、対策を協議。
10月	労働協約改訂。
11月	不漁対策研究会を開催。
27年2月	第2種事業所得税問題の完全勝訴。
5月	労働協約改訂。最低保証給を6,000円に。揚繰網31統、組合員1,867人。
7月	船舶職員法による資格取得のため講習会を漁協と共催。
7月	済州島出漁はほとんどが失敗。
28年4月	カツオ・マグロ延縄への一部転換を決議し、漁協自営を働きかける。
4月	労働協約改訂。漁労経費引き上げ。揚繰網26統、組合員1,529人。
8月	野母丸を村営事業から引き継ぎ、生産組合を結成し、運営する。
29年4月	不漁挽回のため県外出漁に努力。
4月	労働協約改訂。
10月	賃金遅配解消のため船主と個別に協議する。
30年9月	野母丸の運営再建のため300万円の増資を決議。

資料：野母村漁民労働組合「野母村漁民労働組合の沿革」(長崎大学水産学部海洋社会科学研究室所蔵)

設や教育支援などを行っている。

一方、昭和24年2月には第2種事業所得税の課税を不当として県を告訴し、長崎地裁、福岡高裁とも勝訴している(後述)。その間、昭和25年からイワシ不漁の徴候が現れ、村、漁協、船主と不漁対策の検討、対馬・済州島沖出漁、生産組合経営を試みたが失敗し、賃金の遅配が拡がる中で操業を続けるために漁労経費の先取りと引き上げを受け入れるようになった。昭和30年に活動は終息する。組合の規模は、昭和27年の揚繰網31統、組合員1,867人が最大であった。

2) 労働協約と漁業賃金

　まき網の賃金形態は、同じ長崎県下でも地域や漁業規模によっていくらか異なる。地域別では、西彼地域は最低保証給付き歩合制、南松地域(五島)は固定給付き生産奨励金制、北松地域(県北部)は歩合制のみである。歩合制は、水揚げ高(販売手数料を引いた手取り額を指すことが多い)から漁労経費(大仲経費ともいう)を引いた残りを船主と乗組員の間で一定の割合で配分する大仲歩合制をとっている。大仲歩合制は状況変化に対する対応力が高く、内容はあまり変わらないものだが、昭和20年代のイワシまき網の場合、戦後の統制と解除、イワシ資源の激変によってその内容は頻繁にそして大きく変わっている。

労働条件は、各漁村毎の労使交渉で決められたが、昭和26年に樺島村漁民労働組合が地区労働委員会へ斡旋申請したのを機に、長西鰛網漁船団連合会と長崎県漁民労働組合連合会が基本的な条項を決め、各地区はそれに準じて労働協約や賃金協定を結ぶようになった。長西鰛網漁船団連合会は、長崎市及び西彼杵郡のまき網船主が地区ごと、業者ごとにバラバラであった雇用条件などを統一すべく、昭和22年10月に結成した。一方、式見村、野母村、脇岬村、樺島村の漁民労働組合は長崎県漁民労働組合連合会を上部団体として統一交渉にあたった。

　両者の結んだ賃金協定は、総水揚げ高－漁労経費＝純水揚げ高、純水揚げ高の1割を「落とし」(乗組員には厚生費、船主には積立金という名目で配分)とし、船主、乗組員で折半する。純水揚げ高から「落とし」を引いたものを船主55、乗組員45の割合で配分する。最低保証給は月1人前2,500円であった。現物支給を「菜(さい)」と呼び、漁獲量が1,000杯(杯は箱と同義、1杯は4貫＝15kg)以上の時は1人1杯(アジとサバは半杯)、100〜1,000杯の時は全員で15杯(アジとサバは10杯)、100杯未満の時は全員でイワシ、アジ、サバともに5杯とした。[61]

　「菜」の改善要求も統制期の漁民労働運動が力点を置いたものの1つであった。「菜」は元々、乗組員のおかず用であったが、統制期には生で小売りするかカマボコなどに加工して売り捌き(闇売り)、大きな副収入になった。統制解除後もこの慣行は残った。船主も闇で販売しながら低い価格(公定価格)で販売したとして実際の水揚げ高を偽った。[62]

3)野母村の場合

　昭和21年3月に妥結(労働協約は成文化していない)した内容は、①総水揚げ高から「菜」、漁労経費、5分の「落とし」を引いたものを船主55、乗組員45で配分する。「菜」は漁獲高100杯以上の時は各自1杯、100杯未満の時は半杯とした。従来は全員で5〜10杯だったので大幅な引き上げとなった。5分の「落とし」を得たこと、漁労経費を引いて6：4で配分していたのを55：45としたことは大きな成果であった。②その他、最低保証給を100円/月、持ち込み米代を2円/日(乗組員が持参する弁当代2食分。米は配給であった)、陸上の網作業(網繕いなど)は10杯/日を支給、となった。

　「落とし」の経過は、最初、組合側は歩合を4：6と主張、船主側は脇岬村、樺島村、式見村などと統一をとるため協議して、「菜」は半杯、最低保証給は100円、歩合は55：45と回答した。脇岬村、樺島村、式見村はまだ労働組合はなく、労働条件が引き上げられたのでそれで了承したが、野母村はそれを拒否し、5分の「落とし」をつけ、「菜」も引き上げた。[63]

　昭和21年8月には「菜」の分け方で対立が生じた。船主は「菜」は大羽イワシ(カマボコに製造する)だけと理解し、小羽イワシでは「菜」を与えないと言い出した。交渉の結果、組合の要求通りとなり、また、リンク米(出荷高に応じた米の配給)の公正な配分も実現した。

　昭和22年6月に、それまで獲れなかったアジ、サバが獲れるようになって再び「菜」の問題が生じた。交渉の結果、公定価格の比率に合わせイワシ50杯に対しアジ、サバは34杯の比率で配分することになった。また、最低保証給を月500円(半年間で5倍になるほどインフレが激しかった)に引き上げた。

　昭和23年1月に組合から漁業会に12ヵ条の「嘆願」(要求)がなされ、3月に漁業会との間で覚書が交わされた(成文化した初の協約)。漁獲物の闇売りともかかわるので、漁業会との覚書という形式をとった。「嘆願」の内容は、組合の経営参加と経理の公正化、雇用の安定、給与(賃金)の改善、漁獲物の半分の販売権を組合に渡すこと(闇売りが摘発されたことを契機)、災害補償規定の設置、労働協約

の締結であった。給与の改善では、網作業の給与を乗組員負担から船主負担に、船頭・船長・目付などの役職給の半分を船主負担に、持ち込み米代を1人1日10円に（1升の配給米が25円、4合を弁当にするとして）、最低保証給を月1,800円に（以西底曳網の最低保証給と同額に）、「上り祝」（漁の終わりの祝宴）、「人寄せ」経費を船頭負担から船主負担に、というものであった。

覚書では、網作業に「菜」を与える、持ち込み米代10円、最低保証給1,800円が実現した。漁獲物販売権の分与はならなかったが、「菜」を加工して販売するのを個々にやるのではなく、組合が販売を一括して仲介し（警察署に申し入れて闇摘発の対象外にさせた）、その売り上げを貯金させることにした。一方、組合は第2種事業所得税の半額負担に同意した（これが後に裁判沙汰となった）。

昭和24年3月の労働協約では、漁労経費を組合に明示する、乗組員全員を組合員とするユニオン・ショップ制の採用、労使による経営協議会を設置し、労働条件、待遇、生産効率、雇用と解雇などを協議するとした点が加わった。[64]

漁民労働運動が発展したのは、五島灘のイワシの豊漁と闇売りによって大きな利益が得られたことが背景にあるが、昭和25年になるとイワシが不漁となり、対馬へ出漁したものの成果をあげることができず、統制撤廃で闇利得もなくなった。他方では漁業規模の拡大、沖合出漁で漁業経費が増加して経営難となり、労働条件が後退し始めた。

昭和25年11月、船主側から改定案が出された。「菜」は全員で10杯、船主経費として月10万円を認める、代わりに歩合を52：48にする、持ち込み米代は130円、最低保証給は月2,000円とする、という内容である。組合側は、「菜」は1人1杯、最低保証給は3,000円を要求した。12月に労働協約が交わされ、「菜」は漁獲高1,000杯未満なら全員で10杯、1,000杯以上なら1人1杯、網作業は1日3杯、純水揚げ高の5分を「落とし」として組合に渡す、漁労経費に船主経費10万円を加算する、持ち込み米代は130円、最低保証給は2,500円となった。[65]

なお、乗組員間の配分は、平漁夫を1.0人前として船頭2.5人前、船長2.0人前、網船機関長1.9人前、灯船船頭1.7人前、運搬船船頭・網船舵代わり（副船頭）・運搬船機関士1.6人前、電気廻し（集魚灯発電係）・目付（現場監督）1.5人前、油差し（下級機関士）1.3人前、とも押し（灯船のとも櫓を操って船を一定の位置に保つ役）・船内書記1.2人前、見習い0.7～0.9人前であった。

その他、船主は水揚げ高、給与、漁労経費の計算を組合に明示し、組合の立会のもとで行なう。給与の支払いは船主の委託により組合が事務をとるようにした（給与計算の間違いが見つかったことを契機に組合が計算し、船主の確認を得て支給する）。これで船主による欺瞞、漁労経費のごまかしが封殺された。

昭和26年3月の改訂では、純水揚げ高の5分を船主積立金、5分を乗組員厚生費（「落とし」と呼んでいたもの）とする、漁労経費に集魚灯の修理費を含めることにしたうえ、網作業代の引き上げ、食料費の改訂を行った。最低保証給は3,000円に、「菜」は漁獲高1,000杯以上なら1人1杯（アジ、サバは半杯）、100～1,000杯は全員で15杯（アジ、サバは10杯）、100杯未満は全員で5杯（アジ、サバも）とした。[66]長西鰮網漁船団連合会と長崎県漁民労働組合連合会が結んだ賃金協定に則っているが、船主にも「落とし」を配分して漁労経費の確保を図った点が変っている。

労働協約は昭和27年3月に期間満了し、その後失効した。昭和28年4月に船主側より改定案が提示された。総水揚げ高の2割を船主積立金とする、運搬船2隻の場合、チャーター料を漁労経費に含める、全員の船員保険加入は資金的に困難、というものであった。組合側は、最低保証給を3,000円から6,000円に引き上げる、その代わり歩合を6：4にするという方針で臨んだが、窮迫し

第2章　漁船動力化後の沿岸まき網漁業の展開　77

た経営状態から以上に加えて、漁労経費を月80万円から140万円に引き上げることで妥結した。船主側は漁労経費の増額と先取りで操業の継続、組合側は最低保証給の引き上げで生活費の確保を優先した。

ただし、実情は最低保証給も確保できない状態で組合も期待していない。すなわち、昭和26年には多くが赤字経営に陥り、賃金未払い額は平均5ヵ月に達した。船主側は昭和28年8月から済州島沖へ出漁しようとしたが、特殊保険(韓国による拿捕の危険性に備えた保険)に入る資金もなく、食料も組合が米穀店から借り入れて調達する状態であった[67]。

昭和29年4月に船主側から示された改定案では、うち続く不漁の中にあって漁労経費を確保すべく、母船の償却費としてチャーター料の名目で年15万円、保険料一切、網のトワインや電池修繕費などを含める、最低保証は6,000円とする、とした[68]。

昭和30年9月の労働協約はさらに変わった。水揚げ高から4分を乗組員厚生費、8分を船主積立金として控除する。乗組員厚生費が減り、船主積立金がさらに増えた。また、歩合の配分比は6：4として、乗組員への歩合が下がった。「菜」については、2,000杯以上なら1人1.5杯という規定を加えた。最低保証給は水揚げ高が月100万円未満なら1人前3,000円、100万円以上なら4,000円に引き下げられた。また、経営危機対応が取り上げられ、①船主は出漁停止、休業、事業閉鎖、乗組員の重大な異動、根拠地の変更、名義変更など乗組員の地位に深くかかわる事項については事前に組合と協議する、②給与の支給が著しく遅れたり、未払い賃金が多額に及んだ場合には船主と組合が協議して水揚げ高から一定額を給与分として確約することができる、③双方は同数の委員からなる運営協議会(以前の経営協議会)を設置し、労働条件、給与支払い、人事、生産増強などを協議することができる、とした[69]。

4) 樺島村の場合

樺島村の揚繰網はほとんどが地元船であり、加工業者約30人が出資する共同経営が多い。昭和22年10月に11統の乗組員で漁民組合を結成した(翌年3月に漁民労働組合となった)。組合員の半数は地元、半数は村外からの出稼ぎである。組合の結束は強固ではなく、独自の協約を結ばず、野母村の労働協約を参照して船主側が提示する労働条件をそのまま受け入れた。水揚げ高から「菜」、「落とし」を引いて船主55、乗組員45に分ける点は野母村と同じだが、その他の条件はかなり劣る。「菜」は野母村では100杯を境に半杯と1杯としたのに、樺島村では500杯を境とした。最低保証給は野母村では昭和24年1,800円、25年2,500円であったのに樺島村は23年以降1,000円である。野母村では持ち込み米代が支給されるのに、樺島村では従来通り漁労経費に含まれている。水揚げ高、経費計算は公開されていない。船主側の結束は堅く、乗組員の半数が船内に住居する出稼ぎ者なので闘争を行い得ず、船主側の一方的決定による労働条件となった[70]。

昭和26年7月に組合から地区労働委員会に労働協約の締結などの斡旋申請と船主による不当労働行為(組合活動への介入・妨害、団体交渉に応じないこと、労働組合に加盟しないことを条件とした雇用)の申し立てを行った。そして、9月に合意が成立した。その内容は、長西鰮網漁船団連合会と長崎県漁民労働組合連合会との賃金協定に準じている。翌27年3月に労働協約に調印した[71]。

昭和29年3月に期間満了となることから事前に船主側から改定案が示された。主な変更点は、水揚げ高の1.2割を船主に配分する(従来は1割の「落とし」を船主と乗組員で折半)、網染め経費を漁労経費に含めたことである。船主負担の軽減または船主配分の引き上げによって操業を継続しようと

するものであった。組合側は最低保証給を3,000円から5,000円に引き上げることを要求した。9月に締結調印された。

　組合は協約締結とともに、全員の船員保険への加入、賃金の遅払いに備え毎月天引き貯金をする、組合が経営する漁民会館(昭和23年完成)の改装、社会党候補者の選挙協力、などを活動方針として決めている[72]。

　昭和30年7月の調べでは、純水揚げ高を船主55、乗組員45で分ける。船主経費として、総水揚げ高が200万円以下なら5万円、300万円以下なら10万円、300万円以上なら15万円を差し引く。「菜」は100〜1,000杯は全員で15杯(アジ、サバも同じ)、1,000杯以上は1人1杯(アジ、サバは半杯)、最低保証給は4,000円であった[73]。野母村と比べると、野母村は「落とし」1.2割は船主8分、乗組員4分で分け、歩合は6：4であったが、樺島村は「落とし」1.2割は全て船主に、歩合は55：45を維持し、水揚げ高から船主経費として10万円、ないし15万円を差し引く。「菜」の配分は100杯未満の場合はなく、1,000杯以上は一律としている点も野母村とは異なる。最低保証給は同額である。大きな違いは、労使双方からなる運営協議会が取り上げられていない点である。

5) 脇岬村の場合

　昭和23年5月に漁民労働組合を結成して、6月にまき網4統と労働協約を結んだ。その要点は以下の通り。①船主は組合を脇岬村唯一の労働組合と認め、組合と団体交渉を行う。乗組員はすべて組合員である。②分配方法は、水揚げ高−「菜」−漁労経費＝純水揚げ高とし、そこから4分を「落とし」として引き、残りを船主55、乗組員45で配分する。③船主は「増産奨励金」として月7,000杯を超えたら純水揚げ高の3分、10,000杯を超えたら5分を支給する。④「菜」は200杯以上なら船主5杯、乗組員1人1杯、50〜200杯なら船主3杯、乗組員は半杯づつ、50杯以下なら双方ともおかずだけとする。統制経済の下で闇物資となる「菜」は漁獲量が少なくても配分するようにしている。⑤網作業の給与は双方の共同負担とする。⑥水揚げ、配分の計算には組合の代表者が立ち会う。⑦最低保証給は梅雨時期(休漁期)を除き1,000円とする。

　この労働協約には、「増産奨励金」、「菜」を船主にも配分する等独自の内容も盛られた。統制期を反映して、両者は漁業会が行なうイワシの村内配給に協力する、労務特配物資のうち米と酒は船主1、乗組員9の割合で配分する、という条項もある[74]。

　だが、船主側は協約履行に誠意を欠き、地元外船は脇岬村民を雇用せず、昭和24年5月の交渉が暗礁に乗り上げると出稼ぎ者は出身地の五島に戻り、地元漁夫は船主の働きかけで半数が組合を脱退し、第二組合、さらには第三組合に分裂した[75]。

　昭和27年3月の労働協約では次のように変わっている。①分配方法は、純水揚げ高の1割を「落とし」とし、船主、乗組員が折半する。組合員への「落とし」は、本人名義で預金する。②「菜」は100杯未満の時は支給しない。③最低保証給は1人前3,000円とする。④乗組員の職務給は13人前を基準とする。⑤漁労経費は月30万円とする[76]。

　漁獲の減少に直面して漁労経費の確保、最低保証給と「落とし」の引き上げといった出漁と生活の保証が重視され、「菜」の配分が制限され、「増産奨励金」がなくなっている。昭和30年には脇岬村の揚繰網がなくなった(縫切網だけとなった)。

6) 労使関係の明確化

　揚繰網の乗組員は共同経営者なのか労働者なのか、具体的には乗組員が事業所得税を負担するのかどうかをめぐって県と裁判で争われ、全国漁業関係者の注目を集めた[77]。

　長崎県は揚繰網の乗組員に第2種事業所得税(昭和23年度177万円余)を課したが、乗組員(野母崎地区の3漁民労働組合)側は昭和24年2月、長崎地方裁判所にその取消しを求めて提訴した(原告は野母村775人、樺島村236人、脇岬村183人、計1,194人)。長崎地裁は同年12月、原告側の勝訴とした。判決では、①組合と船主側は労働協約を締結している。②生産手段は全て船主持ちであり、船主の代行者たる船頭の指揮で漁労をしている。③漁獲物の処分を船主が行い、船主55、乗組員45で配分している。④乗組員は最低保証給の支給を受ける。経営上の損失は船主負担である。こうした事実から漁業は船主の事業であり、原告の所得は労働の対価であることは明らかである。漁業は自然条件に左右されて特殊な賃金形態(歩合制)をとっている、とした。

　これに対して県は12月に福岡高裁に控訴した[78]。原告側は控訴取り下げを求め、県が事業所得税を課す根拠を次のように批判した。すなわち、県は本省に指示を仰ぎ、他県の実例を参考にした、県議会でも検討したというが、本省の指示、他県の実例には事業所得税を課す、あるいは課したという文言、事実はなく、県議会での検討も事業所得税と所得税の税額の多寡を比較したに過ぎず、事業所得税を課す理由とはなっていない、と。

　福岡高裁の審理は、事業の実態、事実関係についての争いはなく、争点は被控訴人(乗組員)は事業主であるか、給与所得者であるかの1点であった。控訴人(県)は、乗組員は船主との共同事業者であるとする理由として以下の点をあげた。①乗組員の所得は事業収益に比例しており、労働の量に比例していない。賃金は労働に比例した対価であるからこれは賃金ではない。②出来高払いや割り増し賃金でもない。出来高払いや割り増し賃金であれば基本給、固定給が定められているが、乗組員にはそれがない。最低保証給はあるが、額が少なく、出漁しないともらえないので、基本給、固定給とは違う。出来高払いや割り増し賃金は労働の成績によって算定するが、乗組員の収益は労働の質量に比例していない。③乗組員は労務を出資する共同事業者である。共同事業においては損失の負担はどのようにも定めることができ、最低保証給は損失分担の限定を定めたものに他ならない。④乗組員が業務上の指揮権を有しないからといって事業者ではないということはできない。また、事業の実権が船主にあるからといって雇用の関係であるとはいえない。本件の労働協約は漁民が団体を作り、労務提供の条件を定めたもので労働協約があるから雇用関係にあるというのは本末転倒である。⑤雇用関係であれば、労働基準法に基づく労働条件が適用されるべきなのに、本件では実行されておらず、本事業は賃金制度に馴染む程に発達していない。⑥被控訴人は昭和22年度の所得税申告に際し、事業所得として申告納税しているのに、今回は給与所得と主張するのは信義に反する。被控訴人が事業主として申告納税し、これが認められたから事業所得税を課したのである。

　これに対し被控訴人側は次のように反論した。①生産手段はすべて船主が負担し、乗組員は単に労働力のみを提供している。②漁獲物の所有権は船主にある。③経営上の損失は船主が負担する。④労働協約がなかった時は船主が解雇していた。⑤歩合制は漁業のように自然に左右される場合や監督が行き届かない場合に採用される賃金形態で、労働時間と成果は比例しない。不漁の場合は収入がないか最低保証給になり、それ以上の経営の損失までは負担しない。基本給、固定給は雇用賃金の常態であるが、不可欠というわけではない。⑥労働協約を条件カルテルだという

のは認めがたい。⑦申告納税が間違っていたから提訴したのであって、信義に反しない。

昭和27年1月、福岡高裁は被控訴人の主張を支持し、長崎地裁の原判決は相当で、控訴は理由がないとして棄却した[79]。

裁判では乗組員の地位、所得の性格が争われ、水産物統制下での特殊な事情(野母地区では闇売りの摘発を逃れるために組合側が漁獲物販売権を要求し、事業所得税の負担に同意した)には触れていない。当たり前のことが裁判にまでなった背景であろう。それにしても控訴側の主張の強引さには驚くばかりである。乗組員側勝訴の意義は非常に高いが、確定判決が出た時点で野母崎地区のイワシ漁業そのものが存亡の危機に立たされていた。

5　水産加工の発展

野母崎地区の水産加工経営体数を昭和20～33年の期間でみると、20～25年が増加、25～30年が横ばい、30～33年が激減、と大きく変化している。野母地区と樺島地区が多く、しかもほぼ同数で、昭和25年には63、64経営体に増えたが、33年には40経営体前後に減少した。脇岬地区は縫切網も多く、加工経営体は30余あった。昭和24年に煮干し、カマボコの価格が急騰すると、引揚げ者などが製造に着手して経営体がとくに増加した。それが昭和33年には揚繰網が消滅して7経営体にまで激減、業種はカマボコ製造のみとなった。高浜地区にはほとんど加工業者はいない。

前掲表2－3で野母崎地区の主要産品である煮干しの生産高をみると、昭和24年の2,500トン、1.5億円をピークに、その後はイワシ漁獲高の動向に準じて低迷している。

昭和20～24年の水産加工高をみると、各村とも煮干しが最大で、次いで塩蔵が多い。生産量は大幅に増加した。煮干し生産は樺島村、野母村、脇岬村の順に多い。その他、野母村は塩干品、ねり製品、魚粉が、脇岬村はねり製品が、樺島村は魚油・魚粕、削り節が多い。食糧難を反映して塩蔵、ねり製品が比較的多かった[80]。

昭和33年の状況は、カマボコ製造を除くと、主業と兼業が半々であった。最盛期の9～12月には日雇いで各経営体は数人の女性を雇った。自給用農業を兼業した。各種沿岸漁業との兼業も多く、樺島地区では加工原料を補給するためすくい網を兼業する者もいた[81]。

野母村の水産加工は、昭和21年になると揚繰網が戦前水準に回復して水産加工も復活し、煮干し加工施設の整備も進んだ。価格と出荷先は統制されていたが、食糧難であったので公定価格は守られず、闇価格で取引きされた。製品も粗悪であった。昭和22年には再び家内工業的なイワシ加工が興隆し、春には開き干し、丸干しにして「カツギ屋」(行商人)に売ったり、自ら長崎、佐世保へ行って販売した。冬になると大半の家でカマボコを製造するようになり、当初は個人で販売していたが、後に漁民労働組合が集荷販売を斡旋するようになった。また、加工業者のカマボコ製造、カマボコ専業者が出現するようになって「カマボコ景気」に湧いた。しかし、昭和24年春を過ぎると食糧事情の好転とともに売れ行きが鈍り、副業が消えて専業のカマボコ業者だけとなった。

統制期、煮干し原料は各漁船と直接取引きした(闇値)。煮干しの出荷は漁業会－指定荷受け機関を通していたが、価格はほとんど闇値であった。昭和25年4月に統制が撤廃されると漁協による入札制が始まり、大半の原料は入札にかけられるようになった。煮干しの販売も入札制に変わった。しかし、価格が暴落して仲買人の未払いが続出したので、昭和27年から長崎県漁業協同

組合連合会(県漁連)を札元とする地元入札に切り換えた(29年から県漁連での見本入札に変わる)。丸干しなどは統制撤廃後は関西方面の魚市場などへ直送するようになった。

　長崎県漁連の共同販売事業の経過をみると、戦時中の水産加工品の集荷統制機関は県水産業会であったが、戦後は独占禁止法に触れるとして継続できなくなり、代わりに長崎水産物集荷組合(県水産業会、県揚繰網漁業組合で組織)など複数の団体が設立され、公認を受けた。昭和24年に県水産業会が県漁連へと改組されたのを機に県漁連も集荷業務を始めた(買い取り制)。昭和26年度から共同販売事業を始め、27年度は県漁連を札元とする煮干しの入札が行われた。しかし、共同販売事業は低迷し、急成長するのは昭和32年頃からである。

6　地域外出漁とまき網漁業の制度改正

1) 長崎県のイワシ不漁対策

　昭和25年と27年のイワシ不漁に直面して、27年8月に県漁政課に長崎県鰮網漁業振興対策委員会が組織され、経営調査(前述)に基づいて振興計画が立てられた。その内容は2点からなり、①イワシ資源保護のため廃業、転業、遠洋への転出で沿岸での操業を252統から200統以下にするというもの。②漁業生産と魚価の安定のため運搬船の大型化、技術研修、漁場調整、経営資金の助成、魚市場の整備、イワシ加工業の振興を図ることであった。そして、イワシ資源の保護を中心とした対策を農林省に陳情した。政府はマッカーサー・ライン撤廃に伴う漁場拡大に対し、漁業転換促進要綱を定め、漁業許可や農林漁業金融公庫の融資で対応した。野母崎地区のまき網が対象になったかどうかは不明だが、脇岬村では揚繰網から沖合一本釣りに転換する者が続出した。

　昭和30年の不漁も著しく、同年6月、業界を糾合して長崎県揚繰網漁業緊急対策協議会が設立された。対策として、資源回復に見合う適正統数を残し、他を漁業転換か新漁場へ進出(大型船で東シナ海へ)させることにした。方向性は前回提出したものと同じである。

2) 長崎県まき網漁船の沖合出漁

　漁場沖合化の起点は対馬出漁であった。対馬漁場は山口、福岡県からアジ、サバの2艘まき(昼間操業)が多数出漁していたが、そこへ昭和25年から大羽イワシを対象とした1艘まき(夜間操業)が出漁するようになった。対馬出漁は、新漁場開発にとどまらず、沿岸操業であったまき網が前進基地を拠点として長期出漁することから、漁船の大型化、附属船の拡充に拍車をかけ、無線機及び網染め、網干しが不要な化学繊維網の普及を早めた。また、長期出漁は地元外へ漁獲物を水揚げすることになるので、地元水産加工に深刻な打撃を与えた。

　対馬漁場が過密操業に陥ると、サバ跳ね釣りで注目されていた済州島方面への出漁が始まり、そこが朝鮮戦争によって危険となり、李ライン(韓国・李承晩大統領による海洋囲い込み)による締め出しに遇うと、東漸して山陰沖か、さらに遠方の東シナ海に漁場を求めた。

　昭和27年頃から山陰沖への出漁(県外出漁と呼んだ)が始まった。この県外出漁は入漁先の各県から排斥の憂き目に遇い、長崎県は個別に交渉して入漁を確保したが、許可数は次第に削減され、禁止区域が拡大された。入漁に代わって共同経営、転籍という形をとって他県海域で操業することもあった。

　野母村漁協は、昭和25年に漁民労働組合と共催で各船の漁労長とともに壱岐、対馬漁場を視察している。その後、対馬東岸の佐賀を根拠地にして数年間出漁した。数年間で止めたのは、漁獲の

減少、経費の増加、済州島付近は拿捕の危険性が高いためである。昭和31年には許可を得て山陰沖へ進出したが、漁獲の減少などで倒産が相次いだ。県外出漁するようになって昭和29年に下関(水揚げ地)にも出張所を開設するが、1年で閉鎖している。

3) まき網制度の改正

　昭和27年3月、漁業法改正とともに旋網漁業取締規則が公布された。その契機は、長崎県船などがイワシ不漁対策として済州島沖、山陰沖へ出漁するようになったことである。この規則によってまき網は、小型(5トン未満)、中型(5〜60トン)、指定中型(15〜60トン)、大型(60トン以上)に区別された。同時に、3指定海区(北部太平洋、中部日本海、西部日本海)を設けて、指定中型と大型は大海区制へ移行した。西部日本海区は、鳥取県から長崎県対馬に至る海域である。

　従来、縫切網は5トンを境に大小に、揚繰網は15トンを境に甲乙に区分されていたが、取締規則の制定によって縫切網を小型と中型、揚繰網の乙を小型と中型、甲を指定中型と大型に分けた。小型は5トン未満で知事許可漁業、中型は5〜60トンのイワシを目的とするまき網(イワシ揚繰網と称された)で法定知事許可漁業(大臣枠がはめられている。これによって大臣が統一的に統数を調整することができる)である。漁場はともに各県沖合に制限されている。指定中型は西部日本海区ではアジ、サバを対象とする15〜60トンのまき網(サバ巾着網と呼ばれた)で、大臣許可漁業である。

　アジ、サバを対象とするまき網もそれまでは知事許可であったので、他県沖で操業するにはその県の許可を必要とした。回遊性魚種を対象とする漁業が知事許可であるのは不合理だとして、大海区制と指定中型制度ができたのである。

　西部日本海区は、イワシ揚繰網が多数あること、他の沿岸漁業との調整が必要なため、昼間操業を主体とするアジ・サバ巾着網を大臣許可として海区制を実施し、夜間集魚灯を利用するイワシ揚繰網は知事許可とする2本建てとなった。漁業者は、中型と指定中型の2つの許可を併有することが多い。

　施行後間もなく、アジ、サバの昼間浮上群が見られなくなり、主漁場の山陰沖、見島、対馬沖は夜間操業でないと漁獲できなくなった。それで、イワシを対象とした夜間操業との間でトラブルが発生した。李承晩ラインの設定により済州島漁場から閉め出された漁船が山陰沖に転出したことも原因で、漁業紛争が長引いた。当初、サバ巾着網の夜間操業は禁止されていたが、次第にその制限は解かれていき、昭和30年には全面解除となった。

　大型まき網は60トン以上の大臣許可漁業で、対馬出漁や済州島沖出漁が続くと、従来の40トン級では危険が伴い、冬期の出漁日数が限られるので遠洋漁業を60トン以上の大型船に限定した。水産庁は昭和33年から従来抑制していた漁船大型化(他の許可船の廃業が条件)を認めるようになった。この結果、減船と60トン以上の大型化が急速に進み、東シナ海への本格的進出となった。

　昭和38年2月の漁業法の改正で40トン以上を大臣許可の指定漁業(大中型まき網という)とし、5〜40トンを中型まき網、5トン未満を小型まき網(両者は知事許可漁業で、合わせて中・小型まき網という)とした。対象魚種は中・小型はイワシ、アジ、サバの3魚種、大中型は魚種制限なし、となった。昭和42年から3海区制が8海区制となり、西日本では九州西部、東海・黄海が加わった。

　長崎県のまき網の許可方針をみると、昭和27年は、新規許可はしない、漁場の遠隔化により漁船の大型化は総トン数の3割増しまでトン数無補充で認める、15トン以上の2艘まき、30トン以上の1艘まきは80トンまでの大型化を認める、とした。

昭和41年では、小型まき網は新規許可をしない、中型まき網は1艘まきは20トン未満、2艘まきは15トン未満とする、増トンにはトン数補充を要する、中・小型の操業区域は西彼杵郡・長崎市を根拠とするものは長崎県南部海域とする、共同漁業権内の操業は漁業権者の同意が必要、集魚灯は灯船1隻につきソケット3個までとした。昭和27年と違って、小型、中型とも隻数、トン数制限を加えた。昭和52年の許可方針もほとんど変わっていない[92]。

第6節　昭和30年代のまき網漁業の衰退と再編成

1　まき網漁業の衰退と再編成
1）まき網漁業の衰退

　野母崎地区（昭和30年4月に4ヵ村が合併して野母崎町となったことから漁協名も高浜、野母崎、脇岬、樺島漁協と改称した）では、主力のイワシ漁業が不漁で衰退を続け、就業者が大幅に減少し、漁協も経営が悪化し、再建団体に転落した（その後、高度経済成長で順調に再建整備が進み、40年には4漁協が合併して野母崎町漁協となった）。まき網に代わってまき網経営者やその乗組員によって沖合釣り（脇岬地区中心）や各種の

表2-8　昭和30年代の野母崎地区の漁業とまき網

	年次・単位	漁業種類	高浜	野母	脇岬	樺島
経営体数	昭和29年1月	計	18	58	74	15
		イワシ揚繰網	-	8	2	11
		イワシ縫切網	1	-	10	-
		その他まき網	-	7	-	2
		その他	17	43	62	2
	昭和33年12月	計	12	80	58	71
		揚繰網	-	5	-	5
		縫切網	-	1	5	3
		すくい網	-	-	-	20
		その他	12	74	53	43
	昭和35年12月	計	28	234	91	65
		揚繰網	-	8	-	4
		縫切網	-	4	3	4
		すくい網	-	31	2	23
		その他	28	191	86	34
漁獲高	昭和32年 トン	計	42	3,554	911	8,893
		1艘まき	-	2,416	-	8,219
		縫切網	-	-	331	527
		その他まき網	-	1,094	-	147
		その他	43	43	580	1
	昭和36年度 百万円	計	6	600	93	136
		大型まき網	-	455	-	-
		中型まき網	-	96	-	108
		小型まき網	-	15	4	17
		その他	6	35	89	10

資料：昭和29年は第二次漁業センサス、32年と33年は野母崎町・長崎県水産試験場『野母崎町沿岸漁業の現況と問題点』（昭和34年3月）43、50ページ、35年は『野母崎町勢要覧　昭和36年』23ページ、36年度は野母崎町漁協『野母崎町漁協統合信用部について』（昭和38年11月）

沿岸漁業が拡大した。

　一方、まき網の沖合・遠洋出漁は、西部日本海区の漁獲が不振になると、危険を冒して済州島沖へ出漁するようになった。さらに、昭和34年から東シナ海への本格的な出漁が始まった[93]。ただ、野母崎地区のまき網で東シナ海へ出漁したのは少数に限られる。

　表2－8は、昭和30年代の野母崎4地区の漁業経営体、まき網経営体と漁獲高を示したものである。漁業経営体数は短期間に大幅に増加した。まき網が減少して、その乗組員が自営漁業に転じたことによる。とくにまき網を基幹漁業としていた野母、樺島地区で著しい。まき網は昭和29年に比べ、33年と35年はイワシ揚繰網が21統から10統ほどに半減し、その他のまき網は全廃となった。縫切網の統数は10統前後で変わらないが、中心は脇岬地区から野母、樺島地区に移った。また、少人数で営めるすくい網が急増した。縫切網の維持やすくい網の増加は煮干し原料確保のためである。

　その後、昭和38年の知事許可は中型が6人・6統、小型が12人・13統となって、小型は維持されたが、中型はさらに減少した。中型の網船は5〜10トン・ディーゼル18馬力で、全て2艘まき、小型の網船は全て無動力[94]（多くは2トン未満）で、全て2艘まきである。中型といっても10トン未満となり、また、中型、小型とも2艘まき（実態は縫切網。許可上、縫切網の用語は使わなくなった）に変わって、完全に煮干し原料確保に重心が移った。中型と小型を併せ持つ者はいない。小型の4統ほどが昭和24年の船主名、漁船名と一致するだけで、彼らのまき網も小型となり、沿岸へ回帰した。その他は船主名、漁船名が入れ替わっている。

　表2－8に戻って、まき網の漁獲高（量）は、昭和32年は樺島地区が最大で、同地区には1艘まき、縫切網、その他まき網が揃っていた。次いで野母地区が高く、脇岬地区は縫切網があった。しかし、昭和36年度（漁獲金額）のまき網は大型がある野母地区が最大で、樺島地区は大型がなく、その地位は大きく後退し、脇岬地区は小型だけとなって極めて少なくなった。

2）大中型まき網の再編動向

　大中型まき網は昭和30年前後から大きく変貌する。網船は船型が59トン型から79トン型へ、エンジンは焼玉からディーゼルへ、船材は木造から木鉄交船へ変わった（昭和30年代後半からは鋼船へ）。運搬船も大型化・高速化して20〜30トンから50〜60トン、140〜180馬力に、灯船は20〜30トン、70〜90馬力となった。運搬船は、以西底曳網漁船が鋼船化した際の旧船を転用したもの、あるいはサバはね釣りの退潮によりそれから転用したものが大半を占めた[95]。

　大臣許可状況をみると、昭和34年は、地元船は樺島地区3統、野母地区2統、計5経営体・5統、地元外船は長崎市の大洋漁業3統、山田吉太郎1統である。漁船名は以前から引き継いだものが多い。網船1隻（59トン・200〜310馬力のディーゼル、31〜38人乗り）、運搬船3隻（20〜70トン・50〜120馬力、焼玉機関が多い。各7、8人乗り）、灯船2隻（10〜15トン・20〜50馬力のディーゼル、各7、8人乗り）で、計6隻、70人前後で構成されている[96]。

　昭和37年は地元船が2経営体・2統、地元外船が大洋漁業の1統、計3統となって、34年に比べて地元船、地元外船とも減少している。船団構成も、網船は79トン・310〜380馬力となり、魚探船1隻（30トン・100〜120馬力、7人乗り）、運搬船3隻（60〜70トン・115馬力の焼玉機関）、灯船2隻（15〜25トン・50〜60馬力）、計7隻、70〜80人となった。魚探船が加わり、運搬船以外はディーゼルとなった。翌38年は地元船2統のみとなり、大洋漁業は長崎市に根拠を移している。附属船が大型化、高馬力化

し、運搬船もディーゼルになった。

　大洋漁業の事例でみると、系列会社の長崎漁業(株)は昭和23年に長崎市に設立され、26年に共和水産(株)と合併する。まき網7～10統、以西底曳網2統を経営するとともにイワシ缶詰、カマボコ、煮干し製造を行った。西彼杵郡の野母村、式見村、五島の荒川村、有川町に出張所を置いた。昭和28年にはまき網は減少して4統となった。済州島沖のアジ・サバ漁は好漁であったが、韓国の取締りのため圧迫され、中羽イワシ漁に切り換えたものの、魚価が暴落したため赤字となった。昭和30年に大洋漁業(長崎支社)に吸収されたが、従来通り、野母地区に出張所を置き、操業を続けた。しかし、近海にイワシはおらず、他県の許可を得て北は青森、秋田、南は鹿児島へ出漁した。

　昭和31、32年度は、大羽イワシは全く見えず、五島西沖、対馬沖のアジ、サバは狭い漁場で資源を奪いあう形になった。済州島漁場は拿捕が続き、県外出漁も厳しく制限された。長崎支社のまき網は山形、秋田、鹿児島県から許可を得て出漁したが、赤字経営が続いた。

　昭和33年度は、東シナ海漁場が開発され、数年来沈滞していたまき網業界に希望が見えてきた。長崎支社は試験操業に成功したので、翌年から4統を出漁させた。昭和36年度は、網船、附属船の大型化、高馬力化を進め、東シナ海漁場を重点的に操業した。魚種構成は、アジ76％、サバ16％、ムロアジ8％の割合となった。

3）地区別の動向

　地区別にみると、資料によっては表2－8と多少異なる点もあるが、より詳しい情況を知ることができる。

(1) 野母地区

　昭和32年頃は11統(うち地元船3統)であったが、40年には大型2統、小型2統にまで減少したし、大型は大洋漁業の船で、地元船の大型船はなくなっている。

(2) 脇岬地区

　まき網は早くから消滅し、業種を沖合一本釣りに転換してその先進地となった。昭和32年の縫切網は7統に減った。前年の台風で加工場を無くした経営体が縫切網も廃業したためである。ほとんどが水産加工を兼営する。縫切網の漁期は5～10月で、操業は月に12、13日であった。無動力網船2隻、動力曳船2隻、動力灯船2隻、乗組員25～30人で操業する。乗組員はほとんどが地元民で、高齢者や新卒者が多く、また農業兼業が多い。イワシ、アジ、サバが主対象で、分配は漁獲高から漁労経費を引いて船主4、乗組員6の割合で分ける。昭和40年度のまき網はわずか1統になった。

(3) 樺島地区

　昭和32年は、大型まき網1統、中型まき網8統、縫切網3統、すくい網17隻、鮮魚運搬船8隻であった。水産加工は41人で、うち専業が4人、縫切網との兼業が7人、すくい網との兼業が14人、農業などとの兼業が16人であった。別の資料で昭和30年代初期の情況をみると、まき網は5統(うち地元船4統)になっている。網船は49～59トン・170～310馬力と大型化した。縫切網は同じ3統である。漁獲物は、以前はすべて加工にまわしていたが、一部を地元に水揚げするだけで大部分は長崎魚市場へ水揚げするようになった。乗組員はまき網が青壮年であるのに対し、縫切網は高齢者や新卒者が中心である。操業は月15～18日、網入れは一晩3、4回であった。水産加工との兼業が多く、また、戦後の創業が多い。すくい網は11隻あり、加工業者が原料確保のために新しく取り入れた。水産加工は37経営体で、最盛期の昭和26年に比べると半減した。

短期間のうちに、大型、中型まき網がその数を減らし、縫切網とすくい網が煮干し加工を支える体制に転換したことが窺える。

2　水産加工業の変化

　昭和31～33年の野母崎町の水産加工経営体(延べ)は、煮干し加工が99から60へ、塩干加工が57から8へ激減し、ねり製品加工は5から7へ横ばいとなった。生産量は、煮干しが700～900トン、ねり製品が200トン余で横ばいなのに対し、塩干品は300トン余からほとんどゼロへと急落して、昭和30年代初頭に大きな変化が生じた。[103]
　煮干し原料の仕入れは、野母崎漁協では地元買付けと長崎魚市場買付けがあり、地元買付けは加工業者による入札。樺島漁協では地元買付けと長崎魚市場買付けの他に、脇岬地区や天草に買付けに行くことがあった。加工業者がまき網を共同経営したり、まき網に出資して優先的に原料の配分を受けた。
　野母崎地区の煮干し販売高は、昭和30年代前半は800トン、6,000～7,000万円であったが、後半は1,000トン、1億円を超え、39年は1,300トン、1.9億円となった。高度経済成長のもとで、煮干し価格も大幅に高騰した。[104]

第7節　昭和40年代・50年代のまき網漁業の小康

1　まき網漁業の動向

1)昭和40年代

　昭和40年代は高度経済成長のもとで、漁業経営体と漁業就業者が大幅に減少したが、まき網や煮干し生産は復調傾向をみせた。表2-9は昭和40年代と50年代のまき網、すくい網の統数、野母崎町漁協(昭和40年3月に4漁協が合併して1町1漁協となった)の販売事業のうちまき網関連の取扱高を示したものである。昭和40年代のまき網統数は減少傾向が続き、大型が40年代半ばに姿を消し、中型だけとなるが、中型は5、6統で安定した。すくい網はやや回復して昭和40年代半ばには20隻となったが、その後、減少に向かう。まき網の漁獲高は4,000～8,000トンで変動したが、金額は1.2億円から上昇を続け、10年後には5億円に達した。
　漁協の販売取扱高では、地元まき網船は地元水揚げと地元外水揚げ(長崎魚市場)があり、昭和40年代後半に地元水揚げが増えている。その他、員外船(組合員以外=町外のまき網)の水揚げもあった。すくい網の漁獲物の取扱高は極めて少ない(自給採捕であるため漁協の取扱いにはならない)。煮干しの販売は全て漁協取扱いで、その金額はまき網の地元水揚げの増加と魚価の上昇によって10年間で2億円から8億円へと大幅に増えている。
　昭和40年の野母崎地区のまき網の許可は中型が6統、大中型が1統であるが、注目されるのは、船主が昭和20年代のそれと大きく変わったこと、中型は2艘まきであること、脇岬地区にまき網が復活したことである。[105]昭和30年代後半にまき網は2艘まきが主体となったことは前述した。煮干し原料が不足して、加工業者が中古船を購入して着業したのが3統、縫切網からの転換が2統、1艘まきの漁船を小型化して2艘まきとしたのが1統である。しかし、2艘まきも昭和42年頃には再び1艘まき(19トン型)に切り替わった。乗組員不足に対応し、また、より沖合へ出漁して漁獲をあ

表2-9　昭和40・50年代の野母崎地区のまき網漁業と水産加工

昭　　和			40年	42年	44年	46年	48年	50年	52年	54年	56年	58年
漁労体・経営体数	大中型まき網	統	3	1	−	−	−	−	−	−	−	−
	中型まき網	統	7	6	6	5	5	5	6	6	6	6
	すくい網	隻	15	20	20	12	10	5	5	5	9	10
	煮干し加工	経営体	64	64	54	50	43	38	37	36	36	38
	カマボコ製造	経営体	11	11	9	6	6	6	6	6	6	6
漁協販売額 百万円	地元船	地元水揚げ	86	97	89	122	240	341	307	454	405	320
		地区外水揚げ	34	38	99	103	136	161	547	945	1,244	846
	員外船水揚げ		55	51	14	42	55	31	7	19	8	5
	すくい網		1	6	5	4	6	2	16	21	51	21
	煮干し		215	346	251	333	646	809	588	1,011	926	653

資料：上段は『野母崎町水産業振興基本計画』(平成2年3月、野母崎町)9ページ、下段は野母崎町漁協資料。

げるためである[106]。

　大中型まき網は昭和40年代初期は1統で、網船を79トン・430馬力から90トン・540馬力に、灯船2隻、魚探船1隻は35トン・170馬力前後で変わらないが、運搬船は83トン・340馬力4隻から147～164トン・380～540馬力3隻に組み替え、乗組員は80人余から70人余に減らしている。この経営体は昭和45年に倒産した[107]。この経営者は戦後、野母村漁協の組合長になり、大洋漁業野母出張所の代表者でもあった。大洋漁業がまき網から撤退した(昭和44年)際、漁業を継承したが、長続きしなかった[108]。

　昭和40年代末の中型まき網は、網船1隻(19トン、17人乗り)、灯船2隻(4トン、各3人乗り)、運搬船4隻(7～10トン、各3人乗り)、計7隻、35人乗りとなった。昭和40年代半ばに比べ、運搬船が増強され、反対に乗組員は少なくなった。出荷先は、漁協入札が4割、加工業者への委託加工と鮮魚出荷(長崎魚市水揚げ)が各3割であった[109]。

　同期のまき網経営の事例をみると、漁業収入が9,000万円～1億円、漁業経費が8,000～9,000万円、漁業利益が1,000万円ほどである。分配は最低保証給付き大仲歩合制で、水揚げ高から漁労経費を引いて船主と乗組員で5：5、または6：4で配分する。乗組員1人あたり月平均5.8万円の配分であった。最低保証給は月2.5万円である。夏場は一晩に4回、網入れをする。乗組員の8割は地元雇用で、以前と比べて地元外からの雇用が大幅に減った。乗組員の半数が50歳以上で、若年労働力が少なくなった[110]。

2) 昭和50年代

　野母崎地区のまき網は昭和50年代半ばに漁獲高が増加するが、脇岬地区に多い沖合一本釣りは燃油の高騰、資源の減少、労働力不足で衰退し、沿岸小漁業に縮小した。前掲表2-9によって漁業種類別漁労体数をみると、中型まき網は5、6統で安定的に推移し、すくい網は昭和50年代後半に再び増加している。魚種は、昭和50年以降マイワシの資源回復が著しく、その漁獲割合が高まった[111]。

　漁協の販売事業でまき網関連をみると、地元船の地元水揚げは急増して4億円台に達したが、昭和50年代後半には減少に転じた。地元外水揚げも急増し、地元水揚げを超えて昭和56年には12億円に達した。魚価の高騰によるところが大きい。その後は減少する。員外船の水揚げは、昭和50

年代になると急減して低水準となったので、代わってすくい網による自給採捕が増加した。すくい網は11～6月に小イワシ、キビナゴを漁獲する。漁船は2～9トン、乗組員は4～6人、その漁獲高は200～300トン、2,000～3,000万円であった。[112]

　昭和50年代半ばの中型まき網は野母地区3統、脇岬地区2統、樺島地区1統の6統であった。網船(19トン・100～150馬力)はFRP船(強化プラスチック船)か鋼船になった。運搬船4隻(11～19トン・70～130馬力)、灯船2隻(4、5トン・30～50馬力)、計7隻、35～37人乗りで構成されている。運搬船と灯船もFRP船となった。昭和40年代末と比べ、運搬船が大きくなっている。漁場は西彼沖及び橘湾で、時には五島近海にも出漁した。乗組員の年齢は40歳台、50歳台、60歳台が中心で若年者が少ない。乗組員の中には農業や潜水漁業を兼ねる者もいた。

　漁網はアジ網、サバ網(9～12月)、中羽・大羽イワシ網(12～3月)、小イワシ網(4～11月、シラス、カエリ、小羽イワシ用の3種類がある)の6張を持ち、季節、対象魚によって使い分ける。魚種はイワシ、アジ、サバの他に高級魚も漁獲され、野母港か長崎漁港に水揚げした。

　長崎魚市場へ水揚げするのは鮮魚または養殖餌料向けで、地元水揚げは煮干し原料用である。地元水揚げも夜中に漁獲し、委託加工に出すものと、朝方漁獲して漁協で入札にかけるものとがある。1統の年間水揚げ高は2.0～2.5億円で、昭和40年代末に比べて倍増した。うち煮干し加工向けは3、4割である。漁労経費も上昇しているが、魚価が大幅に上昇して高い利益を生み出した。

　乗組員の賃金は、最低保証給付大仲歩合制で、最低保証給は7万円、または5万円+1日あたり航海手当1,000円である。平漁夫の月収は11万円前後で、昭和40年代末と比べると2倍余になった。それでも若年労働力を吸収できなかった。乗組員間の配分は平漁夫を1.0人前として網船の船長・漁労長が1.7人前ないし2.0人前、運搬船と灯船の船長が1.5人前、機関長は1.3人前としている。かつて船頭と呼ばれた漁労長の職務給が減り、役職も簡略化して乗組員間の格差が縮小した。また、船前として運搬船と灯船に各1.0人前がつくようになった。加工業者などからの用船を考慮して船前で処理するようになったのである。会社が所有する場合は会社が船前を取得する。この他、乗組員にはおかずとして高級魚、自家消費分を先取りする副収入があった。[113]「菜」の制度が続いていたともいえるが、全漁獲量に占める割合は極めて小さく、実態もおかずである。

2　水産加工業の動向
1)昭和40年代

　昭和40年代になると、水産加工に技術革新が押し寄せた。煮干し加工では燃料が石炭から重油へ、また乾燥機が導入されて天日乾燥から室内乾燥に変わった。その結果、大量加工、計画生産、乾燥時間の短縮、製品の均一化が進んだ。それは、女子従業者不足への対応でもあった。昭和40年代の野母崎地区の煮干し販売高は1,500～2,000トンで推移している。昭和30年代は1,300トン止まりであったから、一段と高いレベルに達した。金額は2億円余から8億円ほどに跳ね上がった。まき網の漁獲高を上回る増加ぶりである。[114]

　水産加工経営体数(表2-9参照)は、煮干し加工が昭和40年の64から50年の38へと大幅に減少し、カマボコ製造は昭和40年の11から46年の6に減ったが、その後は横ばいになった。

　水産加工業者の多くが漁業を兼業した。煮干し加工は野母と樺島地区で行われ、原料は地元水揚げの他、長崎魚市場からサバを仕入れて製造期間の延長を図ったり、丸干しや珍味加工を採り入れる経営体もあった。カマボコ製造は野母と脇岬地区で行われた。[115]

昭和40年代末のまき網と煮干し加工との関係、煮干し加工の経営についてみよう。まき網は野母地区1統、脇岬地区2統、樺島地区2統であるのに、煮干し加工は野母地区17経営体、樺島地区22経営体である。脇岬地区には煮干し加工がないので、同地区のまき網は野母、樺島地区などに原料を供給した。煮干し加工はカタクチイワシを主原料とするが、カタクチイワシが獲れない9～5月はサバ節を製造した。原料のサバは長崎魚市場から仕入れる(漁協が仕入れる)。煮干し原料は地元船の水揚げの他、5、6月の盛漁期には員外船も水揚げした。員外船は西彼杵郡大瀬戸町(現西海市)、長崎市三重、土井首、深堀といった近隣のまき網船で、野母地区に朝方、水揚げし、入札にかけられる。夜中の水揚げはすべて地元船で委託加工にまわされる。地元船で朝方に水揚げする分は入札となる。地元船は委託が4割、入札が6割、員外船は入札なので、全体の8割が入札となる。加工能力は野母地区が高く、それで員外船は野母地区に水揚げした。まき網は5人ほどの加工業者と契約している。ほとんどの加工業者が委託加工を行ったが、入札だけの業者もいた。委託加工の加工料は、昭和46年にそれまでの相対から製品価格に見合った協定価格に変わった。すなわち、製品価格に歩留まりを掛けたものをまき網6、加工4の割合で分ける。こうすることで歩留まりを高め、まき網側は鮮度の高い原料の供給、加工側は高価格の製品作りへのインセンティブが働く。

　原料魚の入札方法は昭和44年から変わり、樺島地区はそれまであった入札量の上限(全加工業者に均等に原料が行き亘るように決めていた)をはずした。入札量の上限撤廃にみられるように加工経営の格差が拡大した。

2）昭和50年代

　昭和50年代の水産加工経営体は、煮干し加工が36～38、カマボコ製造が6で安定している。水産加工は煮干しを主体としながらも削り節や塩干加工を取り入れる経営体が出てきたし、他地域からの原料調達、製造期間の延長、市場出荷、請負生産が始まった。煮干しの共同販売は、増加を続けて昭和54年には10億円を超えたが、その後は減少する。その動向は、原料の漁獲動向(地元船の地元水揚げと員外船の水揚げ)と軌を一つにしている。

　昭和50年代半ばの煮干し加工を階層別にみると、従業者が数名の小規模業者は多いが、春から夏にかけて煮干し加工をするだけで兼業種目がない。中位階層は、煮干しの他に秋から年末にかけて削り節を製造する。従業者は10人前後が多い。上位階層は、塩干加工と組み合わせており、15、16人が従事している。

　加工業者がいない脇岬地区から野母、樺島地区に多くが働きに出た。従業者が不足するようになって乾燥機が導入されるようになった。年間製造高は3,000万円～1億円で、金額が高いほど煮干し以外の加工もする。

第8節　まき網の漁獲変動と要約

1　長崎県のイワシ、アジ、サバの漁獲変動

　長期的視点で、長崎県のイワシ、アジ、サバ漁獲量、煮干し生産量の推移をみておこう。図2－4で、大正元年から昭和50年までの長崎県のイワシ、アジ、サバの漁獲量の推移を示す。これら魚種

の大部分がまき網(縫切網を含む)で漁獲されるので、まき網の漁獲変動を示すものといって良い。ただし、統計はイワシ類を一括した期間とマイワシ、ウルメイワシ、カタクチイワシに分けて表示している期間がある。また、昭和25年までは属人統計(長崎県人の漁獲)であるのに、26年以降は属地統計(長崎県への水揚げ)である(39年から属人統計もあるが、両方ある場合は属地統計を示した)。昭和30年代以降、県外・遠洋出漁が盛んになると県外水揚げが増え、属地統計と属人統計との差が急速に拡がる。沿岸漁業としてのまき網、地元水産加工との結びつきが強い野母崎地区を念頭に置くので、長崎県海域で漁獲したとみられる属地統計(県外船が長崎県に水揚げすることは少ない)を利用した。

　特徴は、昭和20年代までまき網漁獲量のほとんどがイワシ類、とりわけマイワシであった。そのマイワシの漁獲量は、大正中期、昭和10年代前半、昭和20年代半ばを頂点として周期的な増減を繰り返した。それは、漁船の動力化と大型化、魚探や化学繊維網の導入などの技術革新、経済の好不況、太平洋戦争の打撃、食糧事情によって変化する漁獲努力量の反映である以上に、資源変動の現れである。マイワシ資源は昭和30年代に入ると全く姿をみせなくなり、50年代に復活してくる。ウルメイワシの漁獲は少なく、変動も小さい。マイワシの減少に代わって昭和20年代末からカタクチイワシが急増し、イワシ類の中心をなした。煮干し原料は、この時からマイワシからカタクチイワシ主体に変化した(50年代には再びマイワシ主体になる)。昭和30年代の1艘まきから縫切網への回帰、すくい網の隆盛といった沿岸性の強い漁業が中心となった背景にはイワシ類の魚種交替があった。

　昭和20年代後半のマイワシ不漁を受けて、県外・遠洋出漁によって30年代はアジ類、40年代はアジ類とサバ類の漁獲が大幅に増える(30年代後半から東シナ海・黄海での漁場開発を進めながら、40年代前半に三陸沖のサバ漁に進出し、両者を組み合わせた操業形態がとられる)。ただ、この図は県内水揚げだけなので、総水揚げ高は頭打ちとなっている。

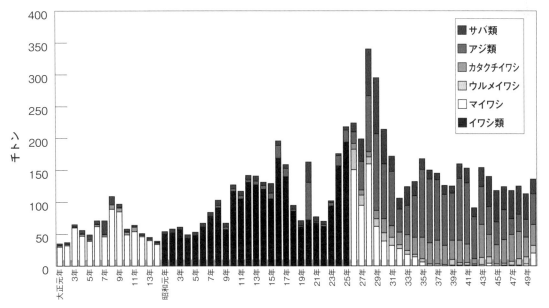

図2-4　長崎県のイワシ、アジ、サバ漁獲量の推移

資料:農林省統計情報部・農林統計研究会編『水産業累年統計　第3巻都道府県別統計』(昭和53年、農林統計協会)
注:昭和25年まで属人統計、26年以降属地統計

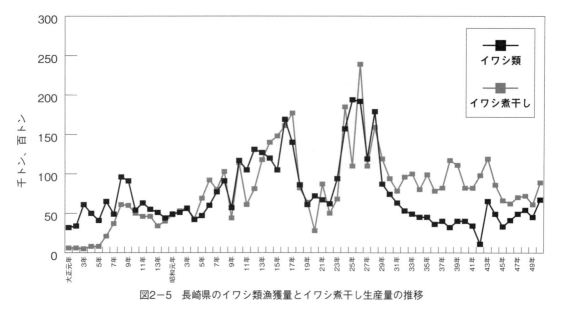

図2-5 長崎県のイワシ類漁獲量とイワシ煮干し生産量の推移

資料：農林省統計情報部・農林統計研究会編『水産業累年統計　第3巻都道府県別統計』（昭和53年、農林統計協会）
注：イワシ類漁獲量は昭和25年まで属人統計、26年以降は属地統計。イワシ類漁獲量の単位は千トン、イワシ煮干しは百トン。

　続いて図2-5で長崎県のイワシ類漁獲量(単位は千トン)とイワシ煮干し生産量(単位は百トン)の推移を示した。煮干し加工は大衆社会が出現した大正中期に始まったこと、経済が活況を呈する昭和10年代前半に急増したが、太平洋戦争中は漁獲の減少と食糧向けが優先して急減したこと、戦後は昭和20年代半ばにピークを形成し、30年代、40年代は比較的安定したこと、がわかる。イワシ類漁獲量との対比でいうと、煮干し生産量はイワシ漁獲量の約10分の1で並行して推移しており、生から煮干しになるまでの歩留まり(2割5分)を考えると、煮干し加工は常に重要なイワシの需要先であったといえる。マイワシの漁獲量が減少し、カタクチイワシが主体となる昭和30年代には煮干し生産の割合が高まっている。その理由として、カタクチイワシは煮干し原料に適しており、マイワシに比べてその他の利用が少ないこと、技術革新と規模拡大によって加工の生産性が向上したこと、何よりも煮干し価格が鮮魚価格を大幅に上回ったことがあげられる。煮干し価格の高騰によって、野母崎地区の煮干し加工が堅調に推移するようになり、それが沿岸まき網を支え、すくい網による原料補給を強めていったのである。

　イワシの資源変動に対して行政は、戦後の昭和20年代に集中的に対応した。すなわち、食糧難の時代にイワシ資源が増加すると、漁船建造資金の低利融資を始めとする増産奨励がとられ、イワシ資源が減少するとマッカーサー・ラインの撤廃もあって漁場の沖合・遠洋化や漁業転換を推進している。制度面では漁業調整が中心施策であった。光力規制は他の沿岸漁業との調整、旋網漁業取締規則では漁業間、地域間調整が図られた。一方、産卵期の禁漁などの措置もあったが、資源変動の激しい小型浮魚に対する資源管理意識は希薄であった。

2　要約

　かつて「あぐり王国」と称された長崎県のまき網漁業、とくに沿岸まき網漁業の展開過程を主産地の野母崎地区を事例に検証した。対象時期は、漁船動力化が本格化する昭和恐慌期から大き

な盛衰を経て小康状態に至る昭和40年代・50年代までとした。
(1) 動力化以前のまき網漁業
　野母崎地区にイワシ揚繰網、巾着網が導入されたのは明治30年代で、縫切網に代わってイワシ漁業の中心漁法となった。明治末から大正初期にかけてカツオ漁業及びカツオ節製造が衰退すると、イワシ漁業は同地区の主幹漁業となり、大正期に煮干しが大衆に広まってイワシ加工も盛んとなった。まき網は1艘まきである。同じ野母崎地区でも村によって対応が分かれ、野母村はカツオ漁業からイワシ漁業への転換があり、脇岬村はカツオ漁業からサンゴ採捕に転換してイワシ漁業の発達が遅れた。樺島村は外来船が水揚げするイワシを使った目刺し加工に特化し、製品は汽船で直接、大阪方面に販売された。イワシ加工は家庭内副業が多かったが、専業経営が台頭してきた。

　第一次大戦後にまき網経営が悪化すると、大正末に長崎県水産試験場が漁船の動力化、電気集魚灯の利用、網地のコールタール染めを試み、省力化、生産性の向上を図った。

(2) 昭和恐慌後から日中戦争まで
　まき網漁船の動力化は、昭和恐慌後の激しいインフレ下で急速に進み、昭和10年頃、まき網漁業は戦前のピークを形成した。漁船の動力化、電気集魚灯の採用によって生産力は飛躍的に高まり、大羽イワシを漁獲できるようになって漁期も延長した。脇岬村や樺島村もまき網を主幹漁業とするようになり、長崎市からの地元外船も野母崎地区を根拠とするようになった。無動力の縫切網は衰退した。樺島村のまき網はイワシ加工業者の共同経営が主力となった。まき網の隆盛はイワシ資源の増大期にあたっており、大羽イワシが量産されると動力運搬船、氷の使用により長崎魚市場への鮮魚出荷、地元での〆粕や魚油の製造も行われたが、水産加工では小イワシ、カタクチイワシを原料とした煮干し加工が中心になり、煮干しの共同販売体制が整備された。

(3) 戦時統制期
　日中戦争から太平洋戦争へと戦争が続くなか、漁船や乗組員の徴用、漁業用資材の不足と統制、鮮魚及び水産加工品の統制で、イワシ漁業、イワシ加工はともに縮小した。とくに燃油の不足と価格高騰が操業を困難にした。食糧不足のもとで、イワシの肥料向けが食用向けに切り替わった。

(4) 昭和20年代
　昭和20年代前半は、戦後統制と食糧増産政策の下でイワシ漁業は急速な復興を遂げ、戦前期のそれを凌駕して「あぐり王国」を形成した。しかし、昭和20年代後半はイワシ不漁が現れて反転、衰退に向かう。

　戦後の急速な復興は、戦前の船団が復活したことの他に長崎市からの地元外船が急増したことによる。戦後統制期中はリンク制で最小限の物資の入手と漁獲物の供出を果たしながら、それ以上は「闇市場」を利用して利益をあげた。漁獲物は鮮魚、煮干し、カマボコ用に向けられ、カマボコの製造・販売は重要な副収入源となった。昭和20年代後半に市場経済が復活すると、漁獲物の出荷先が選択され、魚市場ではセリ・入札制が復活した。イワシ加工品の出荷は、漁協及び県漁連の共同販売に乗るようになり、カマボコ製造は、大羽イワシの漁獲減と食糧事情の好転で衰退した。

　昭和20年代は漁労技術革新の時代でもあった。昭和20年代後半になると、イワシの不漁を契機に漁船の大型化・高馬力化、運搬船の増強、魚群探知機、合成繊維網、無線電信・電話の普及で生

産力が飛躍的に高まり、沖合・遠洋出漁を助長した。漁獲物はイワシに代わってアジ、サバの割合が増えた。操業形態も大きく変化した。

戦後の野母崎地区のまき網を特徴づけたのは漁民労働組合の結成とその活動であった。野母村漁民労働組合が先駆的、先進的で樺島村、脇岬村ばかりでなく、全国の漁民労働運動に大きな影響を及ぼした。労働組合の活動は、労働条件に関する事項だけでなく、行政、漁業会（漁協）の運営、漁村生活の整備にも関与した。労働協約では、分配方法は最低保証給付き大仲歩合制がとられたが、復興期には配分割合の引き上げ、「落とし」、「菜」といった補助的分配、最低保証給の引き上げ、経営の透明化が実現している。不漁期に入ると、労働条件は後退し、船主取り分の増加及び先取りで操業の確保と最低保証給の引き上げによる生計維持が優先し、さらに組合側が船主と経営協議をするようになった。賃金の未払いが常態化し、ついには経営倒産とともに労働組合も解体した。

また、漁業は歩合制賃金形態をとるために、乗組員は共同経営者なのか、労働者なのかをめぐって、具体的には事業税を課すことの是非をめぐって、裁判で争われた。地裁、高裁ともに乗組員は労働者であって、事業税の賦課は不当であると審判している。

昭和20年代後半のイワシ不漁で漁場の沖合化、県外出漁が始まると、漁業調整の必要から旋網漁業取締規則が制定され、知事許可漁業と広域漁場で操業する大臣許可漁業とに分けられた。長崎県の許可方針は、当初は増トンによる沖合化を認めたが、県外出漁が不振になるとトン数の抑制へ向かった。

(5) 昭和30年代

昭和30年代にまき網経営体の多くが倒産する中で、一方では沿岸性の縫切網が復活し、マイワシに代わって増加したカタクチイワシを漁獲するようになった。縫切網は2艘まきであり、従来のまき網船主とは入れ替わり、加工業者主体の経営となった。加工原料を補給するためすくい網も普及した。このように沿岸まき網は大きく構造変化した。他方、一部は漁船を鋼船とし、ディーゼルエンジンを備え、大型化・高馬力化し、運搬船を増強して山陰沖出漁、東シナ海出漁に活路を求めた。しかし、県外出漁もイワシの不漁、入漁規制の強化で終息し、東シナ海出漁は野母崎地区は大手水産会社の地元外船に限られた。

煮干し加工は経営体の淘汰が進む一方、価格の高騰、共同販売事業の確立で製造・販売高は急伸長した。原料確保に努める一方、原料のカタクチイワシは漁期が短いので、塩干加工を取り入れる経営体が増えた。

(6) 昭和40年代・50年代

昭和40年代、50年代のまき網は高度経済成長の下で、遠洋出漁は消滅したが、近海操業は経営体数が安定し、漁獲量は変動しながらも金額は上昇を続けた。まき網は、労働力不足の対応と生産力を高めるために再び縫切網から1艘まきに転化した。乗組員の不足、高齢化が顕在化した。漁船をFRP船とし、運搬船を増強して、長崎魚市場への鮮魚、餌料魚水揚げを強めた。漁獲物は長崎魚市水揚げと煮干し原料の地元水揚げに2分され、地元水揚げは委託加工と漁協入札に分かれ、委託加工の加工料は製品販売額に比例した歩合制になった。加工経営体は煮干し加工のみの経営体と塩干加工を組み合わせて周年稼働する経営体に分化した。乾燥機の導入で、生産性が高まった。

注

1) 山本三郎「長崎県に於ける鰮揚繰網漁業の概況」『長崎県鰮揚繰網大観　昭和二十四年十月現在の現勢』(長崎水産新聞社)前76、77ページ。
2) 実業教育振興中央会『漁労　三』(昭和19年、実業教科書)61ページ。『漁船動力化前におけるあぐり・巾着網漁業技術の発達』(昭和37年11月、水産庁水産資料館)45、46ページでは次のように説明している。揚繰網は魚群を包囲した後、網の両端から船内に繰り込むと同時に網裾についている引手綱を引いて網の下辺を素早く引き寄せるのに対し、巾着網は網裾の締綱を締めることで魚群が下方に逃げるのを防ぐ。漁法上の違いから揚繰網は漁網の形が長方形であるのに対し、巾着網は長方形の下辺部の両端の丈が短くなっている。だが、揚繰網も環、締綱、分銅を取り付けるようになって両者の区別が困難になった。
3) 前掲『漁労　三』73ページ。
4) 「鰮巾着網試験」『長崎県水産試験場事業成績紀要』(明治38年8月)4～6ページ、吉木武一編著『奈良尾漁業発達史』(1983年、九州大学出版会)54、55ページ。
5) 三宅忠治「西日本地区旋網漁船発達史」『漁船　第184号』(昭和48年4月)10ページ。
6) 山中要七『漁師の遺文　野母の漁業史』(昭和56年6月、自費出版)40ページ。
7) 東洋日の出新聞　明治42年10月19日。
8) 斉藤三郎「長崎県に於ける片手廻揚繰網漁業の起こりとその当時の情況について」前掲『長崎県鰮揚繰網大観　昭和二十四年十月現在の現勢』前52～56ページ。
9) 「片手廻巾着網漁業試験」『大正11年度　長崎県水産試験場事業報告』1～8ページ、「鰮片手廻巾着網漁業試験」『大正十二年度　長崎県水産試験場事業報告』14～16ページ、「大羽鰮片手廻巾着網漁業試験」『大正十三年度　長崎県水産試験場事業報告』31～34ページ、「鰮片手廻巾着網漁業試験」『大正十四年度　長崎県水産試験場事業報告』7～9ページ、「鰮片手廻巾着網漁業試験」『大正拾五年度　長崎県水産試験場事業報告』6～9、24～26ページ。
10) 前掲『漁師の遺文　野母の漁業史』41ページ。
11) 内野栄一郎「揚繰網漁業の行方－妄想の巻」『水産部報　第6号1951』(昭和26年6月、長崎県水産部)39ページ。
12) 長棟輝友『最新漁撈学』(昭和23年、厚生閣)194ページ。
13) 長崎県教育会『水産教科書　巻一』(昭和5年、六盟館)21～28ページ、長崎県『産業方針調査書』(大正15年)102ページ、前掲『鰮片手廻巾着網漁業試験』1～8ページ、睦満洋「長崎県鰮揚繰網漁業の経営(一)」『水産部報　第1号1954』(昭和29年1月)20、21ページ。
14) 『長崎県水産年鑑　1950』(1950年、時事通信社)116、117ページ。
15) 「現勢調査等」(野母崎町役場所蔵)
16) 志村賢男「根拠地市場における商人利潤－長崎、揚繰網漁業について－」『漁業経済研究　第6巻第4号』(1958年4月)19ページ。
17) 『昭和八年版　動力附漁船々名録』(農林省水産局)416、417ページ。
18) 農林省水産局『動力附漁船々名録』(昭和12年、東京水産新聞社)564、565ページ。
19) 長崎県自治調査センター編『長崎県年輪　県南編』(昭和54年、同センター)219ページ、「野母村漁業組合訪問記」『漁業組合栞　第20号』(昭和11年11月、長崎県水産課)
20) 農林省水産局『鰮揚繰網漁業ニ関スル調査書(一)』(昭和14年12月)62～82ページ。
21) 前掲「野母村漁業組合訪問記」、三浦郁夫「野母村水産加工業の変遷と現状(二)」『漁協　第56号』(昭和28年11月、長崎県漁連)7、8ページ。
22) 『西彼杵郡樺島村郷土誌』(大正7年9月、樺島尋常高等小学校)、前掲『長崎県年輪　県南編』234ページ。
23) 「揚繰漁業用燃油の増配」『長崎之水産　第37号』(昭和16年4月、長崎県水産会)13～15ページ。
24) 「燃油の増配を陳情す　揚繰網関係の団体組合より」『同　第62号』(昭和18年5月)10、11ページ。
25) 「水産物の販売統制規則」『同　第41号』(昭和16年8月)13～17ページ。
26) 「本県の鮮魚介配給統制規則」『同　第44号』(昭和16年11月)17～26ページ。
27) 『魚介類の生産出荷配給に関する実情調査』(昭和18年1月、帝国水産会)334、335ページ。
28) 「本県揚繰網組合力強く誕生す」『長崎之水産　第39号』(昭和16年6月)2～6ページ、「揚繰網漁業統制組合と改称」『同　第51号』(昭和17年6月)24、25ページ、「鰮網漁業労務者ノ賃金協定」『同　第65号』(昭和18年8月)12、13ページ。
29) 「集魚灯で意見交換」『同　第46号』(昭和17年1月)21ページ。
30) 前掲『長崎県鰮揚繰網大観　昭和二十四年十月現在の現勢』中95、116ページ。
31) 前掲「野母村水産加工業の変遷と現状(二)」7、8ページ。
32) 「本県水産業の概要」(昭和23年、長崎県水産部)
33) 「県下漁業現況調　昭和23年8月5日現在調」(長崎県水産部)
34) 『昭和23年版　長崎県水産年鑑』(昭和23年、九州民論社)46、47ページ、「長崎県漁業概要」(昭和24年、

35) 水産研究会『旋網漁業経営調査』(昭和33年3月、農林漁業金融公庫)12、13ページ。昭和22年1～11月の長崎市の小売価格は、生イワシ(100匁)の公定価格は1円90銭から5円25銭に引き上げたが、闇価格は10円から13円40銭に高騰した。煮干しの公定価格は10円30銭から21円80銭に上げたが、闇価格は15円から44円16銭に急騰している。前掲『昭和23年版　長崎県水産年鑑』78、79ページ。
36) 中央労働学園大学『長崎県西彼杵郡野母村に於ける鰮揚繰網労働調査報告』(昭和27年1月、水産庁)51、52ページ。
37) 同上、41ページ。
38) 前掲『昭和23年版　長崎県水産年鑑』28～35ページ。
39) 前掲『長崎県水産年鑑　1950』185、196ページ。
40) 岩田孝明編『高田萬吉伝』(昭和34年10月、高田萬吉伝刊行会)313～316ページ。
41) 前掲『長崎県鰮揚繰網大観　昭和二十四年十月現在の現勢』中76～132ページ。
42) 「まき網漁業許可名簿(昭和二十九年十二月)」『水産部報　第12号　1954』(昭和29年12月)313～316ページ。
43) 『水産名鑑　長崎山口山陰九州綜合版　最新版　昭和29年編集』104～113ページ。
44) 水産課「鰮揚繰網漁業の進歩」『水産部報　第10号　1951』(昭和26年10月)26ページ。
45) 焼玉は昭和23年は92％を占めたが、27年は50％、29年は44％と急速にその割合を低下させた。代わってディーゼルは昭和23年は1％に過ぎなかったが、27年には38％となり、29年は焼玉を上回る45％となった(その他は電気着火など)。前掲『長崎県水産年鑑』1950』33、35ページ。
46) 前掲『長崎県西彼杵郡野母村に於ける鰮揚繰網労働調査報告』163、164ページ。
47) 三菱重工業(株)長崎造船所　竹沢五十衛・渡辺恭二・高山茂俊「造船学的に見た片手巾着網漁船に就て」前掲『長崎県鰮揚繰網大観　昭和二十四年十月現在の現勢』前191～193ページ。
48) 前掲『長崎県水産年鑑　1950』117、118ページ。
49) 『漁具漁法近代化の研究　第1部　漁労工程に近代技術導入の及ぼせる影響とその問題点』(昭和28年3月、水産研究会)62～66ページ、前掲『旋網漁業経営調査』18～20ページ。
50) 前掲『漁具漁法近代化の研究　第1部　漁労工程に近代技術導入の及ぼせる影響とその問題点』52～62ページ。
51) 前掲『長崎県水産年鑑　1950』351、351ページ。昭和30年の長崎県のまき網の機器装備率は、網船は魚探74％、方探54％、無線電信47％、無線電話53％、運搬船は36％、3％、35％、29％、灯船は13％、0％、2％、

2％であった。前掲『旋網漁業経営調査』100ページ。
52) 増田忠彦「長崎県における揚繰網漁業経営の現状とその振興策」(昭和27年度長崎大学水産学部卒業論文)
53) 前掲『漁具漁法近代化の研究　第1部　漁労工程に近代技術導入の及ぼせる影響とその問題点』28～51ページ、野母崎町・長崎県水産試験場『野母崎町沿岸漁業調査　第一冊漁村調査(樺島を主とした調査)』(昭和32年3月)47、48、52ページ。
54) 前掲『漁具漁法近代化の研究　第1部　漁労工程に近代技術導入の及ぼせる影響とその問題点』28～51ページ。
55) 川島志郎・山本泰彦・樫山和夫・村瀬恒男「東京水産大学漁業実習報告書　鰮揚繰網漁業　長崎漁業(株)」(昭和27年12月)東京海洋大学図書館所蔵。
56) 前掲『長崎県西彼杵郡野母村に於ける鰮揚繰網労働調査報告』8～16ページ。
57) 長崎県鰮網漁業振興対策委員会「長崎県に於けるイワシ揚繰網漁業経営の現況」『水産部報　第5号　1953』(昭和28年5月)1～10ページ。
58) 前掲『奈良尾漁業発達史』156、157ページ。
59) 前掲『長崎県鰮揚繰網大観　昭和二十四年十月現在の現勢』中89～91、131ページ。
60) 前掲『長崎県水産年鑑　1950』272ページ。
61) 長崎県労働基準局給与課『野母半島における漁業労働者の属性調査』(昭和27年3月)
62) 前掲『奈良尾漁業発達史』152、153ページ。
63) 前掲『長崎県西彼杵郡野母村に於ける鰮揚繰網労働調査報告』103～106ページ。
64) 同上、106～114ページ。
65) 同上、145～147ページ。
66) 「旋網漁業とその経営(Ⅲ)」『水産調査月報　No.18』(1954年2月、水産庁調査研究部)17～19ページ。
67) 「野母村漁民労働組合の労働協約締結」長崎県労働部労政課編『労働情勢　1954』124、125ページ。
68) 浜崎礼三「第六章　北九州－長崎港の実態調査」『戦后日本漁業の構造変化　第七編　戦后構造変化の実態－』(1955年11月、水産研究会)255、256ページ。
69) 「労働協約」(鹿児島大学水産学部海洋社会科学専攻中楯文庫)
70) 前掲『長崎県西彼杵郡野母村に於ける鰮揚繰網労働調査報告』151～154ページ。
71) 長崎地方労働委員会編『長崎労働組合運動史(続)』(昭和29年4月)16～20ページ。
72) 「樺島漁民労働組合」前掲『労働情勢　1954』123、124ページ。
73) 長崎水産商工部・長崎県揚繰網漁業緊急対策協議会『長崎県あぐり経済の現況』(昭和32年4月)22、23ページ。
74) 「労働協約書と覚書」(長崎大学水産学部海洋社会科学研究室所蔵)。同協約は前掲『長崎県水産年鑑

75）前掲『長崎県年輪　県南編』224ページ。
76）前掲『野母半島における漁業労働者の属性調査』
77）「第二種事業税賦課処分取消請求事件の控訴取下げに関する請願書」前掲『長崎県西彼杵郡野母村に於ける鰮揚繰網漁業労働調査報告』所収。
78）前掲『長崎県水産年鑑　1950』375、376ページ。
79）「漁業における歩合制に関し網主と網子は共同経営なりとの見解により網子に事業税を課したることに付ての訴訟の判決例」（福岡高等裁判所、昭和27年1月19日）長崎大学水産学部海洋社会科学研究室所蔵。
80）前掲『長崎県水産年鑑　1950』223、224ページ。
81）長崎県水産試験場『沿岸漁業集約経営調査　野母崎町水産加工業の現況と問題点』（昭和34年8月）9、10ページ。
82）前掲「野母村水産加工業の変遷と現状（二）」7、8ページ
83）長崎県漁業協同組合連合会「30年のあゆみ」編集委員会『30年のあゆみ』（昭和55年、長崎県漁連）257～260ページ。
84）長崎県鰮網漁業振興対策委員会「鰮網漁業振興計画」『水産部報　第6号　1953』（昭和28年6月）4～17ページ、長崎県「長崎県鰮網漁業振興第一次実施計画」『同　第8号1953』（昭和28年8月）3～10ページ。
85）『長崎県揚繰網漁業振興対策　第1編』（昭和31年3月、長崎県水産商工部）1、2ページ、『長崎県水産要覧　1955』（長崎県水産商工部）38、39ページ、前掲『長崎県あぐり網漁業の現況』137～147ページ。
86）浜島謙太郎「長崎県揚繰網漁業発達史」『水産ながさき』（昭和33年2月、長崎県水産振興会）52～59ページ。
87）渡辺武彦「長崎県近代漁業発達誌（十六）機船片手廻し揚繰網漁業」『海の光　No.158』（1965年7月、長崎市水産振興協会）32、33ページ、水産庁編『旋網漁業』（昭和31年、水産週報社）77～80、115、116ページ、前掲『長崎県あぐり網漁業の現況』136ページ、前掲『旋網漁業経営調査』115、116ページ、水産事情調査所『山陰沖サバ巾着網漁業入会紛争調査』（1955年6月、水産庁）24、25ページ。
88）前掲『漁師の遺文　野母の漁業史』42、43ページ。
89）前掲『旋網漁業』17～21、28、29ページ、水産庁編『漁業関係法令集　1960年版』（昭和35年、水産週報社）278、279、365ページ、森田勝人「戦後の復興からまき網漁業取締り規則の制定に至るまで」前掲『全国まき網漁業協会拾年史』221～227ページ、『水産年鑑　昭和29年版』（水産週報社）186～194ページ、『同　昭和30年版』174～180ページ、『同　昭和31年版』181～188ページ。
90）本荘正「指定漁業制度の創設」前掲『全国まき網漁業協会拾年史』236ページ、水産庁監修『水産庁50年史』（平成10年、同刊行委員会）136～139ページ
91）「西部日本海々区特殊まき網漁業調整方針」『水産部報　第9・10号合併号　1952』（昭和27年10月）28ページ。
92）『西日本の沿岸漁業Ⅱ　まき網漁業・縫切網漁業・地びき漁業・船びき漁業・敷網漁業』（昭和43年1月、水産庁福岡漁業調整事務所）9～12ページ、「漁業許可及び認可方針」（昭和52年3月、長崎県水産部）
93）前掲「長崎県近代漁業発達誌（十六）機船片手廻し揚繰網漁業」33、34ページ。
94）「長崎県中・小型まき網漁業許可名簿（昭和38年4月1日現在）」（長崎県揚繰網漁業協同組合）。なお、高度経済成長に伴う漁村人口の減少、労働力不足でまき網の省力化が求められ、長崎県水産試験場は小型まき網の機械化、とくに揚網と網の整理作業の機械化を検討している。『縫切網省力試験』（昭和39年12月、長崎県水産試験場）9、10ページ。
95）前掲『西日本地区旋網漁船発達史』14～16ページ。
96）「昭和34年8月　五島西方海域漁場出漁旋網漁船名簿」（日本遠洋旋網漁業協会）。昭和32年末の大型まき網は2統で、漁場は東経130度以西、指定中型は2統で、漁場は西部日本海及び九州西部となっている。『昭和32年12月31日現在　特殊まき網漁業許可名簿』（水産庁漁政部漁業調整第一課）
97）各年「西日本地区旋網漁船名簿」（日本遠洋旋網漁業協同組合）
98）徳山宣也編著『大洋漁業長崎支社の歴史』（平成7年、自費出版）157、172、188～190、205～206、261～264、277～281、291～295ページ。
99）高橋信也「野母崎町野母・脇岬両地区の漁業の考察」（昭和41年度長崎大学水産学部卒業論文）
100）達利昭氏談、野母崎町・長崎県水産試験場『野母崎町沿岸漁業の現況と問題点』（昭和34年3月）57ページ。
101）前掲『野母崎町沿岸漁業調査　第一冊漁村調査（樺島を主とした調査）』33、34ページ。
102）前掲『野母崎町沿岸漁業の現況と問題点』59ページ、長崎県水産試験場『対馬暖流漁村実態調査報告書　長崎県西彼杵郡野母崎町樺島』（昭和32年3月）
103）長崎県水産試験場『野母崎町沿岸漁業の構造改善資料－沿岸漁業集約経営調査経営分析第2号－』（昭和36年2月）40、42ページ。
104）各年版『野母崎町町勢要覧』
105）長崎県漁政課『長崎県中小型まき網漁業許可名簿』、『大中型まき網漁業許可名簿』いずれも昭和40年11月現在。
106）岡部修二氏談。
107）昭和41～44年「西日本地区旋網漁船名簿」（日本遠洋旋網漁業協同組合）
108）西本福男「まき網の漁況について」『東海・黄海のアジ、サバ漁業とその資源』（1968年1月、長崎県水産試

109) 田中芳行『長崎県高等学校教育研究会水産部会研究報告 第12号 長崎市周辺における一般知事許可まき網漁業の実態について』(昭和50年12月)15、16、22ページ。
110) 田畑喜代男「旋網漁業再生産構造と雇用労働力の存在形態に関する考察」(昭和52年度長崎大学大学院水産学研究科修士論文)
111) 浅見忠彦・岸田周三「東シナ海および九州周辺漁場」日本水産学会編『イワシ・アジ・サバまき網漁業』(1977年、恒星社厚生閣)104ページ。
112) 各年版『野母崎町町勢要覧』
113) 末永実「野母崎町まき網漁業の経営形態」(昭和55年度長崎大学水産学部卒業論文)、岡部浩一「煮干し加工業の原料需給構造-野母崎町を事例として-」(昭和57年度長崎大学水産学部卒業論文)
114) 各年版『野母崎町町勢要覧』
115) 藤岡稔氏談、長崎県水産部『市町村別加工種類別水産加工経営体表(昭和40年10月1日現在)』、前掲『自然の魅力そして人の和-野母崎町町勢診断報告書-』63ページ。
116) 青塚繁志「特殊商品市場の動向(沿岸鮮魚貝市場の実態5)」『長崎大学水産学部研究報告 第40号』(昭和50年12月)103～106ページ、吉木武一「長崎県におけるまき網漁業経営」『まき網漁業の経済構造-多獲性魚を中心とした-』(昭和59年3月、大日本水産会)154～157ページ。
117) 前掲「煮干し加工業の原料需給構造-野母崎町を事例として-」

第3章
長崎県における
イワシ缶詰製造の変転

現代のイワシ缶詰（トマト漬けと油漬け）、シンガポールで亀田和彦氏購入

第3章

長崎県における
イワシ缶詰製造の変転

第1節　イワシ缶詰と長崎県

1　イワシ缶詰と長崎県

　缶詰製造には3つの特性があり、その中で水産缶詰、イワシ缶詰が位置づけられる。①缶詰製造は近代的食品工業の典型で、機械制工場生産に適する。缶詰製造は明治初期に欧米からの技術導入で始まり、30年代以降、各府県水産試験場の製造試験を経て普及していくが、機械制工場生産となると原料が大量に漁獲され、自動製缶機が導入された北洋のサケ・マス、カニ缶詰が先行し、イワシ缶詰はトマト漬け(トマトサージン、トマトソース漬けともいう)の輸出が急増した昭和恐慌以降のことになる。②水産缶詰の中心であるサケ・マス、カニ、マグロ、イワシの4品目は主要な輸出品でもあった。サケ・マス、カニ缶詰は大正期に、マグロ、イワシ缶詰は昭和恐慌後に輸出が急増する。第二次大戦後も水産缶詰は重要な輸出品として外貨獲得に大きな役割を果たした。イワシ缶詰の中心はトマト漬けであり、トマト漬けのほとんどは輸出された。③缶詰は長期保存がきき、調理せずにそのまま食べられるし、携帯に適していることから軍糧食、あるいは非常食として重視された。缶詰は欧米において軍糧食として開発されたし、日本でも戦争の度に需要が突出した。
　イワシ缶詰の特徴は、①原料の大羽又は中羽イワシの漁獲変動が大きく、製造量はそれに左右される。原料が貯蔵できない(急速冷凍技術が普及していない時代)ので缶詰の生産地は原料産地に近く、その発展は大羽イワシ(一般にトマト漬けは大羽イワシを用いる)が大量に漁獲される昭和恐慌後となった。②イワシの漁獲時期が限られることとイワシが不漁な場合、他の農産缶詰(ミカン、タケノコなど)、水産缶詰(サザエ、サバなど)の製造と組み合わせるか、交替することが多い。③トマト漬け、油漬け(オイルサージンともいう)、水煮は輸出向け、味付けは国内向けにされることが多く、輸出向けは特に世界の政治、経済、軍事情勢に大きく影響される。
　長崎県は原料のイワシ(マイワシ)の漁業地であるだけでなく、缶詰製造の発祥地でもあった。また、大正末に県水産試験場がトマト漬けを開発してから長崎県はその生産で圧倒的なシェアを占めた。戦後の昭和20年代にイワシ缶詰が再び隆盛に赴くと、長崎県がその先頭を走った。そうしたことから長崎県のイワシ缶詰の歴史は全国のイワシ缶詰の歴史や長崎県のイワシ漁業や水産物貿易とも深くかかわっている。
　長崎県のイワシ、アジ、サバの漁獲量の長期推移については前章で示した。要点は、大正初期から昭和50年までの期間、イワシ(とくにマイワシ)の漁獲量は4～19万トンの範囲で周期的に変動した。そのうち大正8, 9年、昭和8～17年、第二次大戦後の23～28年の漁獲量が多い。アジはイワ

シの漁獲減少を補うように昭和28〜41年の期間、漁獲量が多い。サバの漁獲量もイワシの漁獲が減少して以降の昭和28〜30年、44〜49年に多い(いずれも属地統計)。

漁獲変動は、資源変動だけでなく、漁獲能力の高さにもよる。大羽イワシは、無動力のまき網では漁獲は難しく、大量に漁獲されるようになったのは漁船の動力化が進行する昭和恐慌後のことである。大羽イワシを原料とするトマト漬け缶詰の勃興期と重なる。

イワシの漁獲変動は缶詰生産の大きな制約要因で、イワシ缶詰が大量に製造されたのはイワシが大量に漁獲された期間のうちの昭和8〜15年と23〜28年である。長崎県はイワシが獲れなくなって後、アジ、サバの缶詰製造に向かう期間は短く、多くの製造業者は缶詰製造そのものから撤退した。

本論の対象時期は、イワシ缶詰が初めて作られた明治初期からイワシ不漁によって衰退する昭和40年代半ばまでとする。時期区分もイワシ缶詰の生産動向と特徴を踏まえて、明治前期、日清・日露戦争期、大正期、昭和初期、戦時体制期、昭和20年代、昭和30年代・40年代半ばとした。イワシ缶詰製造が本格化する大正期以前については他の水産缶詰にも言及する。以下、各時期ごとにイワシ缶詰に関する技術の発展、原材料の入手、生産体制、製法、生産動向、経営体と経営、販売・需要・市場動向、業界・行政対応をみていく。とくに生産体制、経営体の動向、経営に注目して産業構造の把握に努める。

2 イワシ缶詰の生産統計

イワシ缶詰の生産統計がとられるのは大正13年以降である。明治初期にイワシ缶詰が製作されたとはいえ、試作段階であった。日露戦争、第一次世界大戦で一時的にイワシ缶詰製造も活況をみせたが、戦争が終わると再び沈滞した。イワシ缶詰は大正末に輸出向けトマト漬け生産として発展の緒につく。

図3-1は、全国のイワシ缶詰種類別生産量の推移を示したものである(昭和4〜30年)。昭和初期

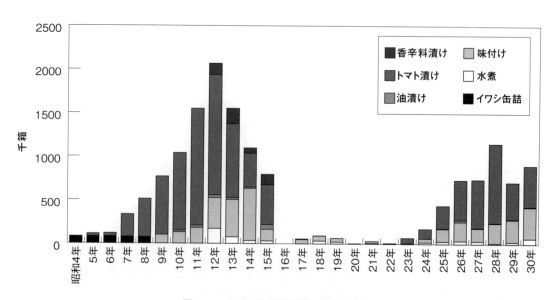

図3-1　イワシ缶詰生産量の推移(全国)

資料:『缶詰時報　第34巻第5号』(昭和30年5月)、『缶詰時報　臨時増刊号』(昭和29年4月)

は10万箱(標準は1箱4ダース入り)未満であったのに7年から急増し、12年には戦前のピークとなる200万箱を突破した。短期間で飛躍的な伸びをみせたが、その後は急落し、太平洋戦争中と戦後しばらくは生産中絶状態であった。昭和24年から復興が始まり、28年には120万箱を記録したが、その後は減少に転じた(昭和30年以降は後掲)。このようにイワシ缶詰の生産は原料イワシの漁獲状況、輸出市場の伸縮、戦時中・戦後の資材統制に規制されて非常に大きく変動した。

　イワシ缶詰の種類はトマト漬け(輸出向け)が大部分を占めた。昭和11年からトマト漬けの生産統制が始まり、輸出が制約されると国内向けの味付けが増えた。戦後は輸出向けのトマト漬けと国内向けの味付けが生産を2分した。

　図3-2は、全国と長崎県のイワシトマト漬け缶詰の生産量の推移を示したものである(大正13年～昭和23年)。トマト漬けが現れた大正13年から昭和5年までは長崎県の1社が生産するのみであったが、輸出条件が有利に傾く昭和7年以降、製造業者、生産高が急増した。昭和11、12年のピーク時には朝鮮を含めて130万箱を超えた。その過半数は長崎県が占めた。昭和12年に長崎県のシェアが低下したのは、生産統制で長崎県への生産割当てが削減されたことによる。太平洋戦争中と戦後、貿易が再開される昭和23年までトマト漬けの生産は完全にストップした。

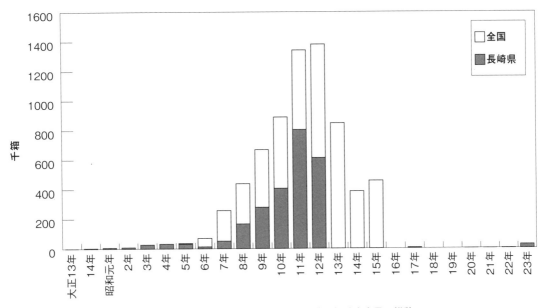

図3-2　全国と長崎県のイワシトマト漬け缶詰生産量の推移

資料：『長崎県水産年鑑　1950』(1950年、時事通信社)252、253ページ。
注：全国には戦前の朝鮮を含む。

第2節　明治前期－缶詰製造の創業期－

1　缶詰製造技術の導入と扶植

　缶詰の歴史は、19世紀に入ってフランスで加熱と密封容器によって食品の貯蔵が可能になることが発見され、英国でブリキ缶詰工場が設立された。缶詰製造が産業として開花したのは米国であった。日本へは明治初期にフランス、米国から製造技術が導入された。

明治4年、長崎市の松田雅典がフランス人から缶詰製法を習い、イワシ油漬け缶詰を試作した。これがわが国缶詰製造の嚆矢である(明治2年に伝習を受けたとする説もある)。松田の功績については後述する。

　それとは別に明治政府は勧業政策として組織的、計画的に缶詰技術の導入と缶詰業の扶植を行った。すなわち、内務省勧業寮事務官・関澤明清(後の水産伝習所長)は明治10年、米国・フィラデルフィアで開かれた万国博覧会に出席し、缶詰製造の研修を受け、缶詰製造機、製缶機一式を購入し、帰国して内務卿・大久保利通に缶詰製造が近代的産業であり、将来有望であることを建議した。内務卿は、北海道開拓使をして道内5ヵ所に缶詰工場を設立させ、米国から伝習教師を招いて指導させた。サケ缶詰が主体である。明治14年に開拓使が廃止されると、缶詰工場は農商務省に移管され、20～22年に民間へ払い下げられた。一方、内務省勧農局内藤新宿試験場は購入した機械を模して製缶機を作り、民間に配布した。明治14年にはその製缶機を使った民間の製缶工場が現れた。

　これとは別に、明治11年にフランス・パリで開かれた万国博覧会に勧農局長・松方正義が列席し、事務官2人にイワシ油漬け缶詰の製造を習わせ、諸機械を購入した。翌12年に内藤新宿試験場でイワシ油漬け缶詰が試作された。缶詰製造の研修を受けた2人は千葉県銚子、館山でイワシ缶詰を製造している。

　このように缶詰製造は、明治政府によって、近代的産業を育てる意図から先進地の米国やフランスから万国博覧会を機に技術導入され、官から民へ移されていった。

　明治14年に開かれた第二回内国勧業博覧会には缶詰の出品があった。缶詰製造は、文明開化を象徴するものとして新しく、将来性のある事業とされた。缶詰の種類は水産、畜肉、農産と多様で、出品者は北海道(開拓使)が最も多く、次いで東京が続いている(長崎県からの出品はない)。千葉県、福島県、北海道からイワシ油漬け缶詰の出品もあった。

　明治政府の指導奨励で始まった缶詰製造は、日本独特の味付け(大和煮など)、輸出目的の水煮などを創作したが、輸出は全く振るわず、国内販売も「物好き」が買うにとどまった。不換紙幣の増発でインフレが高進し、輸出が完全に止まったこと、貿易は外国商館が独占しており、品質が悪く、数量がまとまらない缶詰を輸出する者が現れなかったこと、缶詰の価格が非常に高価で、明治15年頃、北海道で作った1缶が白米7～8斗分に相当したことが原因である。[1]

　缶詰製造に乗り出す者は増えたが、長続きする者は少なかった。明治20年の製造業者は36人だが、この中に明治14年の第二回内国勧業博覧会に出品した者はいない。36人のうち最も古い創業は明治10年である。この中に長崎市の松田雅典(明治14年起業)が含まれている。[2]

　明治23年に開かれた第三回内国勧業博覧会に出品された缶詰は、進歩の跡がみえるが、すでに中味が腐敗しているものもあった。サケ、エビ、アワビ缶詰などは製法も良く、輸出が有望とみなされたが、その他は販路がなく、「徒労」とまで言われた。

　明治16年の水産博覧会の時に比べて缶詰の種類は選抜が進み、北海道産のサケ・マス缶詰は欧州に、長崎産のアワビ缶詰は中国へ輸出されるなど、製法は進歩した。イワシ缶詰は松田雅典の出品が優等であるが、その価格は高くて輸出できず、「外国艦船等ノ入津ニ際シ僅カニ一時ノ需用ニ充ツルニ過キ」ない状態であった。なお、松田はアワビの缶詰でも高い評価を受けている。[3]

2　松田雅典による缶詰製造

　松田雅典は天保3(1832)年に長崎会所(長崎税関)吟味役の次男として生まれ、松田家の養子となり、長じて長崎会所に勤めた。[4] 明治維新後、外国語学校・広運館の司長(事務長に相当)となり、そこでフランス人医師で、広運館でフランス語教師をしていたレオン・デュリー (Leon Dury)に出会う。デュリーが食べていた缶詰に深い関心をもち、その製法を習い、試行錯誤の末、明治4年、日本で最初の缶詰の試作に成功した。最初に作ったのはイワシ油漬け缶詰で、欧米では油はオリーブ油を使うが、日本にはそれがないので、在来の菜種油、ごま油などを試し、行き着いたのが椿油であった。缶は長崎居留の華商の手を経て香港、上海方面から取り寄せた。このように日本最初の缶詰製作は、西欧文化に触れることができる長崎の地にあって、缶詰製造が盛んなフランスの人から指導を受け、外国製品、特に食品に深い関心をもち、手先が器用で研究熱心な松田の気質から生まれた。

　その後、松田は広運館が閉校となるや長崎県勧業課に転じ、産業としての缶詰製造を構想するようになる。明治9年に県の勧業政策が始まり、その一環として博覧会の開催が計画された。このため松田は、明治10年に東京で開催中の第一回内国勧業博覧会を視察した。勧農局や北海道開拓使には専門のお雇い教師がおり、実業家もいるので、彼らから缶詰やブドウ酒の製法を学ぶためである。この時、千葉県銚子や館山で缶詰製造の実況を見聞した。視察から帰ると、県令に缶詰製造業の必要性を説き、博覧会場に缶詰試験場の設置を願い出た。長崎県は海産物が豊富で、缶詰にして貯蔵性を持たせれば、食料品の安定供給、価格安定につながるし、海軍へ納入もできると申し立てた。海軍では輸入缶詰が多用されており、それに代わろうというのである。

　長崎博覧会は明治12年3～6月に長崎公園(諏訪公園ともいう)で開かれ、その一角の機械館に勧業課は製缶機を陳列した。博覧会が終わると、そこが缶詰試験場となり、松田はその主任に任命された。これは、府県試験場の嚆矢ともいえるもので、勧農局の支援を得て東京から蒸気機関、缶詰機械を購入し、伝習生6名を採用して試験製造を始めた。缶詰の売り捌きは大海商社(西濱町の金融業者)に委託した。

　缶詰試験場の運営のため県勧業費のなかに缶詰製造費として明治12年200円、13年500円、14年1,000円が計上された。明治12年の内訳は、原料、ブリキ、ハンダ、ラベル、薪炭、職工賃金などである。予算獲得にあたって、缶詰を知る人が少ないことから、缶詰とは何か、長崎県における缶詰製造の意義を説明している。すなわち、缶詰は「永ク貯蔵ニ耐ルノ製法ニシテ、海外輸出ニ最モ適当ノ物品ナリ。殊ニ本県管内ハ沿海漁猟ノ地多キヲ以テ、此製造法ヲ実物ニ試験シ、漸次管内ニ伝搬セシメ、専ラ山海ノ収利ヲ謀ル為メ其試験ニ要スル所ノ諸物品ヲ購求スル等ノ費用金ナリ」[5]。

　明治13年の缶詰製造費500円は、「昨11年度下半期ノ費用ニテ器械ヲ購入シ試製セシニ其製品頗ル佳ニシテ声価ヲ発揮シ、海陸軍其ノ他東京辺ノ士民ニヨリ追々注文ヲ受クルニ及ヘリ。因テ自今更ニ器械ヲ増置シ益々拡張スルノ積」りの予算である。[6]

　明治14年7月から製造終了となる15年2月までの8ヵ月間売り上げた缶詰は約1万缶で、種類はイワシ、牛肉を中心にタイ、マツタケ等であった。[7] しかし、イワシの漁獲が減少し、需要を満たすことができず、缶詰試験場は明治15年に廃止となった。

　松田は官職を辞して、その払い下げを受け、松田缶詰所として自営に乗り出した。イワシ油漬けは明治16年に香港に試売したり、長崎港に入港するフランス軍艦に納入したりして発展の気

運を見せたが、イワシの不漁で挫折した。

　イワシが不足するとアワビ水煮缶詰を製造し(明治16年)、中国へ輸出するようになった。本邦初の缶詰輸出である。その成功と注文が増えたことに刺激されて、県内に8、9人の同業者が現れたが、1、2年で同業者は失敗している。その後、アワビの漁獲が少なくなり、価格が上昇して採算が合わなくなると、代わってヒメジ(明治18年)、クルマエビ(明治22年)の缶詰も手がけた。また、各種缶詰をロシア艦隊に納入して、同艦隊が赤道を通過しても品質が落ちなかったことで、信用は増した。しかし、国内での普及はならず、苦しい経営が続いた。明治20年の海軍への缶詰納入契約では、定価の5%引きで納入する、余れば引き取る、不良品は弁償することを謳っている。

　明治19年の松田の日誌から当時の製造状況を窺うと、①原料としてナス、トマト、モモ、アワビ、イワシ、牛肉、タケノコなどが使われ、原料は少量づつ断続的に持ち込まれたり、買い付けられている。屠殺場へ行き、牛の解体を検分して仕入れることもあった。②従業者は職工が2、3人で、他に臨時雇いがいる。1日数十缶の製造である。③納入先は貿易商(軍艦などへ納入)が主で、居留華商に売ったり、大阪へ送ることもあった。注文もあれば、販売委託もある。つまり、内外の艦船が立ち寄る長崎港を販売の基盤とし、多種類の原料を使って周年的に職人加工を行なうもので、生産、販売、経営は不安定であった。

　日清戦争が始まると、陸海軍に缶詰を納入するために東奔西走するうち病を得て明治28年、64歳で没した。松田の死後もその子らにより事業は継続され、サバ、ナマコ缶詰も製造した。明治29年には商法の規程によって7人の合資会社とした。さらに、明治33年には工場は他の2人に移譲され、長崎市夫婦川町へ移転している。当時の工場設備は、蒸気機関1、蒸釜2、チンプレス1、切断器1、切返器1、ハンダ付け器15、蓋付け器11、油煤(油で素揚げして原料の水分を減らす)鍋2、二重釜1、油煤籠250、温室1で、設備からして空缶を自ら製作したこと、ハンダ付けで密封したこと、蒸気で蒸煮、殺菌したことがわかる。缶詰の種類はイワシの油漬け、水煮、大和煮、アワビ水煮、牛肉大和煮、豚角煮、腸詰め、タケノコ水煮などである。日露戦争時には広島県に分工場を設けるなど規模を拡大したが、戦後は需要先を失って、工場は後藤義一郎が継承したが、経営難で大正初期に閉鎖された。後藤は、かつて京都府水産講習所でイワシ缶詰の製造試験を行い、後に長崎県水産試験場の委託でトマト漬けを試験製造する。

第3節　日清・日露戦争と缶詰製造業の発達

1　戦争と缶詰業の発達

　日清戦争は缶詰業の発達を促した。野戦食料として取扱いが簡便で、腐敗せず、長期間の貯蔵と輸送に向いていることが認識されたことによる。しかし、機械設備で特筆すべき進歩はみられず、製造業者のうち蒸煮、殺菌に蒸気機関を用いる者は10指に満たず、多くは普通の煮釜を用いていた。

　日清戦争当初、陸海軍は国産缶詰は貯蔵中に多数の不良缶を生じたこと、期間保証がないため、サケ缶詰以外は使わなかった。それで米国産牛肉缶詰を使用したが、嗜好に合わず、途中から国産(大和煮)に切り換えた。大和煮(醤油での味付け)は日本人の嗜好に合うし、調理せずに食べられるが、製造経験者が少なく、一時に大量製造したので粗製濫造となった。明治27年の缶詰製造業

者は87人、製造高は4,443トンであったが、戦後の30年は199人、1,550トンとなった。製造業者は倍増したが、製造高は需要先を失って3分の1に落ちた。このように戦争の前後で缶詰需要、製造が激変した。

日露戦争時の軍需缶詰は2,310万円で、日清戦争時の252万円と比べて9倍になった。缶詰生産は明治37年9,337トン、38年17,298トンと飛躍的に増加した。日清戦争時には水産缶詰は非常に少なかったが、日露戦争時には畜肉缶詰に匹敵する量が納入された。

日露戦争時には軍糧食は国内で自給する、缶詰は日清戦争時は牛肉缶詰に頼ったが、需要の一時的急増に対応できず、他方、魚類は常食で生産量も多いのでこれを缶詰にする方針とした。陸軍は海軍と違って直接生産をしていないし、指定工場制度をとっていないので、生産と購入を農商務省に依頼した。農商務省は、①水産局が供給上の監督、水産講習所が技術上の指導・研究を担当して保証することにした。②製造工場の指定は、日清戦争時の教訓から奇利目的の粗製乱造を排除するため地方水産試験場、水産講習所、既存工場に限定した。

36道府県と朝鮮で指定116工場が12種目（イワシ、カツオ、サバ、マグロなど）、9,334トン、537万円を納入した。長崎県は302トン、17万円でイワシ、サバ缶詰が大部分を占めている。長崎県の納入量は全体の3％と少ない。海軍は水産缶詰の供給を週1回から2回に増やし、サケ缶詰の他にイワシ缶詰も購入するようになった（指定工場または商人から）。

日清戦争前の缶詰輸出は、長崎県のアワビ水煮缶詰が中国へ輸出されたのを除くと微々たるものであった。日露戦争後は、サケ、カニ缶詰の欧米向け輸出が始まって急増した。しかし、イワシ缶詰の輸出は低迷したままであった。

2　博覧会と水産缶詰

各地で開かれた博覧会、共進会に多くの水産缶詰が出品され、その審査報告書から当時の生産と技術を窺うことができる。日清戦争以降の状況をみていこう。

明治28年開催の第4回内国勧業博覧会に長崎県から数人が缶詰を出品した。大半がアワビ缶詰であるが、松田雅典はアワビ缶詰の他にイワシ油漬も出品している。

明治30年の第2回水産博覧会には全国から多数の水産缶詰が出品された。長崎県からの出品はアワビ水煮を主体とした9人で、うち合名会社松田缶詰製造所のイワシ油漬けとアワビ水煮が有功1等となった。褒賞理由は、「故松田雅典夙ニ缶詰ノ製法ヲ研究シ苦心惨憺漸ク其志ヲ達シ、孜々経営シテ大ニ声価ヲ内外ニ博取セシカ、同人没後該社其遺業ヲ継承シテ益々之ヲ恢弘セリ。本品ノ如キ缶装調味共ニ完全ナリ。殊ニ油漬鰮ハ一種独得ノ製品タリ。蓋シ亦雅典ノ遺業ニ依ル」（句読点、ふりがなは引用者）であった。有功3等には南松浦郡福江村・石本亀吉、長崎市江戸町・永野弥四郎、長崎市本籠町・安達八三郎のアワビ水煮などが受賞している。

明治33年の第1回関西九州連合水産共進会では缶詰の出品は150人、413点に及んだ。味付けが最も多く、水煮がそれに次ぐ。品質は外観、食味とも改善、進歩しているが、中には容量不足のものがあった。缶詰は新規の製品で注目度が高く、製造が比較的容易で、小資本で始められることから充分な研鑽もなく、自分勝手に作るので不良品が出てくると概評された。長崎県の出品はアワビ水煮が多いが、一見に値する出品はなかった。松田缶詰製造所の出品はない。

明治36年開催の第5回内国勧業博覧会における缶詰出品は、前回の勧業博覧会や第2回水産博覧会に比べて製品が精良となり、受賞者が増えた。審査方針も前回は製造が不完全なため保存性

を厳密に審査したが、今回はそうした出品はなくなったので、専ら商品としての優劣(市場性)を審査するようになった。特徴的な指摘をあげると、①製缶は不完全なものが多い。欧米では製缶と缶詰は分業していて特殊な発展を遂げているのに、日本では未分離であることが主な原因とされた。②充填にあたっては体裁が乱雑で、容量が不足したものが甚だ多い。③製造場の設備、とくに製缶機械、煮熟装置は不完全で小規模なものがほとんどであった。それで「油漬製ニハ只鰮油漬ノ一種アルノミ。製品ハ概シテ不良ニシテ外人ノ嗜好ニ適スルモノナシ。然レトモ愛知県及長崎県ノ出品ニハ一、二佳良ノモノヲ見タリ」という情況であった。長崎県はアワビ、タイ、マグロ、ブリの水煮、イワシ油漬けなどを出品したが、とくにアワビ水煮は概ね良好で、石本亀吉、松田缶詰製造所のものは最も優れていると評価された。[17]

　明治40年の第2回関西九州連合水産共進会では缶詰の出品は160人、398点で、味付けが最も多く、次いで水煮、油漬けの順であった。長崎県の出品は20人、37点でアワビ、サザエの水煮が最も多く、イワシは松田缶詰製造所の油漬けのみであった。そのうち味付け、水煮缶詰は同じ1ポンド缶なのに、缶の大きさ、容量がバラバラで、大抵は価格を下げるために缶は小さく、容量が足りなかった。[18]

　長崎県で受賞したのはすべてアワビ水煮で、1等が松田缶詰製造所、2等が石本亀吉(五島・福江村)、3等が渡良缶詰製造所(壱岐・渡良村)、熊谷伊三郎(対馬・佐須奈村)、江口卯吉(対馬・厳原)の3人、4等が5人であった。[19]

　明治43年の第13回九州沖縄八県連合共進会に93人から252点の缶詰が出品された。長崎県からは19人、30点で、うち2社のイワシ缶詰(味付け、水煮)が表彰されている。「松田缶詰製造所出品ノ鰮缶詰ハ製法ニ於テ殆ント外国産ニ譲ラサルモ惜ムラクハ魚形大ニ失スルノ感アリ。同所出品ノ四封度(ポンド)入丸缶鰮味付及二基角缶鰮水煮ハ専ラ工場向トシテ工男工女ノ賄向トシテ製セルモノニシテ工業ノ発達ニ伴ヒ必ス需用ヲ喚起スヘキモノト思ハル。着想斬新、一新機軸ヲ出セルモノト謂ハサルヲ得ス。高須缶詰合資会社瀬戸分工場出品鰮水煮缶詰ハ軍食用ノ製品ニシテ原料ノ選択及製法共ニ優良ナリ」。[20]

　以上、見てきたように缶詰の出品は多いが、資本、技術基盤が脆弱で不良品が少なくなかったこと、日清戦後にようやく衛生問題のレベルから脱して商品性のレベルで評価されるようになったこと、缶詰の規格はバラバラで量目不足が目立った。種類は他府県のものは味付けが最も多いが、長崎県は中国向け輸出用のアワビ水煮の出品数が多く、イワシ缶詰は少ない。明治43年に出品されたイワシ缶詰は味付けと水煮で、工場給食や軍糧品であった。長崎市の松田缶詰製造所の出品は常に優良品として表彰されている。

3　長崎県における缶詰の軍納入と製造経営

　表3-1は、明治30年と36年の長崎県の水産缶詰製造業者と製造高を示したものである。業者数は7人(少なくとも2人が抜けている)と8人であまり変わらないが、同一業者は2、3人しかおらず浮沈が著しいこと、缶詰種類はほとんどがアワビ水煮で、他はイワシ、カツオ、タイ、ブリ、マグロといった魚類缶詰である。アワビ水煮は中国へ、イワシ油漬けはロシアへ輸出されている。その他の魚類缶詰は味付けと思われるが、国内及び海外の日本人向けである。明治30年では長崎市の2業者は製缶機械を持っているが、離島の5業者は道具を使用しているし、アワビ缶詰製造だけで製造高も少ない。明治30年と36年で製造高を比べると、数量で2倍、金額は2.5倍に増えている。ち

表3-1　明治30年、36年の長崎県の水産缶詰工場と製造高

	製造業者	住所	缶詰種	製缶器	製造トン	製造千円	販路
明治30年	河野源吉	長崎市勝山町	アワビ	機械	16.3	7.5	中国
	安達八三郎	長崎市本籠町	カツオデンブ他	機械	8.3	5.2	内地、台湾
	〃	〃	アワビ	〃	11.3	1.0	中国、台湾
	〃	〃	イワシ油漬け	〃	2.3	5.1	ロシア
	梶野英盛	北松・笛吹村(小値賀)	アワビ	道具	2.7	1.2	長崎
	石本亀吉	南松・福江村(五島)	アワビ	道具	2.4	1.2	中国
	中山延二郎	壱岐・渡良村(壱岐)	アワビ	道具	9.2	3.9	中国
	立石友吉	壱岐・武生水村(壱岐)	アワビ	道具	10.9	4.3	中国
	前川済之	下県・芦浦村(対馬)	アワビ、サザエ	道具	0.3	0.1	中国、厳原、長崎
	計				63.8	29.4	

	製造業者	缶詰種類			トン	千円	
明治36年	吉岡利太郎	アワビ水煮			27.8	15.0	
	松田缶詰製造所	アワビ、イワシ、エビ、マグロ、ブリ			28.7	16.5	
	川向勘十郎	アワビ水煮			4.5	3.5	
	石本亀吉	アワビ水煮、タイ、カツオ味付け			9.0	4.1	
	酒川三十郎	アワビ水煮			4.5	2.6	
	松永安左右衛門	アワビ水煮			16.3	9.0	
	大島兵蔵・中山延二郎	アワビ水煮			12.0	5.5	
	小島厳	アワビ水煮、タイ、ブリ、マグロ水煮			31.5	15.9	
	計				134.5	72.1	

資料：明治30年は農商務省水産局『第二回水産博覧会審査報告　第二巻第一冊』(明治32年4月)540、541ページ。
　　　明治36年は第五回内国勧業博覧会事務局編『第五回内国勧業博覧会審査報告　第三部』(明治37年5月)332、333ページ。
注：明治30年には受賞した松田缶詰製造所(西彼杵郡上長崎村)、永野弥四郎(長崎市江戸町)の名前がない。

なみに、明治35年の全国に占める長崎県の割合は量は2%、金額は3%で非常に低い。

　長崎県水産試験場(明治33年西彼・深堀村に設置、36年北松・平戸村に移転、44年長崎市に移転)は、明治36年からイワシ油漬け缶詰の製造試験を始めようとした。その状況認識と方針は、①日清戦争後、缶詰製造は長足の進歩を遂げたが、多くは日本人の嗜好に合わせた製品のみで、アワビ缶詰を除くと輸出品は極めて少ない。長崎県では至る所でイワシが漁獲されており、これで油漬けを作れば必ず欧米人の嗜好に合う。②油漬け缶詰を作るなら欧米のように機械と蒸気機関を設備し、生産性を高め、生産費を下げないと競争力を持ち得ない、というものであった。明治36年度には蒸気機関、缶詰機械を設備し、37年度から製造を始める予定であったところ、日露戦争が勃発して試験場も軍糧食の製造指定を受けた。それで油漬け缶詰の製造を中止し、イワシ、サバの味付け缶詰の製造に切り換えた。缶詰見習生を募集して、実習の傍ら、軍需缶詰を製造した。[21]

　日露戦争時に軍納入缶詰製造の指定を受けたのは長崎県は水産試験場と5業者であった。水産試験場は製造の傍ら、全体の監督、検査にあたった。表3-2は、指定水産缶詰製造業者の概要と製造高を示したものである。5業者の中には松田缶詰製造所は入っていない。指定製造所は動力源に蒸気機関を備えている。従業者はハンダ付け工、人夫(運搬、製造に係わる男工)がそれぞれ10人前後、調理や肉詰め作業をする女工が50〜60人である。原料魚はイワシ、サバ、キビナゴ、マグロなどで(貝類はなし)、製造高は業者によって数トンから100トンを超えるものまで、金額にして数千円から8万円まである(なぜか製造高は資料によって大きく食い違う)。納付先は門司、兵庫、宇品であった。[22]

　明治37年10月13日の東洋日の出新聞は「平戸鰯缶詰の盛況」と題して、平戸の水産試験場では

表3-2　明治37年度の長崎県軍納缶詰指定製造業者の概要と製造高

	平戸缶詰所	江口缶詰所	石本缶詰所	渡良缶詰所	高須缶詰所	水産試験場
代表者	高橋善左衛門	江口卯吉	石本亀吉	中山延二郎	尾崎孫三	
住所	北松・平戸町	上県・厳原	南松・福江村	壱岐・渡良村	西彼・瀬戸村	北松平戸町
敷地	1,802㎡	574㎡	545㎡	558㎡	710㎡	
建物	3棟376㎡	389㎡	2棟145㎡	6棟264㎡	4棟304㎡	
蒸気機関	1直立円筒型	1直立円筒型	1直立円筒型	1直立円筒型	1直立円筒型	
蒸釜	2個	1個	2個	2個	2個	
職工	92人	66人	62人	51人	75人	
ハンダ付け工	12人	9人	12人	7人	12人	
その他	6人	7人	－	4人	－	
女工	74人	50人	50人	40人	63人	
人夫	4人	4人	6人	10人	14人	
製造高	8.7トン	27.9トン	24.9トン	4.5トン	39.8トン	123.4トン
種類	イワシ,サバ,キビナゴ	サバ,マグロ,ブリ	イワシ,サバ,キビナゴ	イワシ,マグロ	イワシ	イワシ,サバ,キビナゴ
軍納付高	131.7トン	139.0トン	18.8トン	4.8トン	48.8トン	12.5トン
	35,119円	80,308円	10,776円	2,836円	27,081円	5,031円

資料：上段は『明治三十七年度　長崎県水産試験場事業報告』22〜28ページ、下段は『大日本洋酒缶詰製造沿革史』(大正4年、日本和洋酒缶詰新聞社) 199、200ページ。
注：一部修正した。

　数十人を使って1日500缶を作り、来月には軍納入契約約2万缶に達する見込み、高橋善左衛門他4名組合は1日1,500缶を作り、納入すべき45,000缶はすでに製造し、今は余分の売品を製造している、と報じている。

　明治37年における長崎県下の缶詰製造業者は11人で、東彼杵郡と対馬が各3人、長崎市、西彼杵郡瀬戸村、北松浦郡平戸町、南松浦郡福江村、壱岐郡渡良村は各1人である。東松浦郡はともにクジラ缶詰、壱岐郡はアワビ缶詰である他は大なり小なりイワシ缶詰も製造している。経営体あたりの営業資本額(起業費に相当)は品目によって差が大きいが、平均は5,819円で、同時代の他の製造業に比べて高い。営業資本額のほとんどは自己資本である。[23]

　表3-3は、同じく明治37年のイワシ・サバ缶詰を作っている4経営体(北松浦郡1、対馬3)の営業資本額、経営収支を示したものである。①経営体によって営業資本額、経営収支に大きな格差がある。②缶詰種類は複数(イワシ、サバ、キビナゴ、サザエなど)で、製造期間の延長を図っている。経営規模の小さい対馬の2経営体はサザエの缶詰製造と組み合わせており、アワビの減少(価格高騰)で、サザエに代わったものとみえる。③営業資本額のうち現金(流通資本)の割合が高いことが特徴で、主に原料・資材(ブリキ板、油など)の購入資金とみられる。④製造機器設備(製缶機、巻締機、蒸気機関、殺菌釜など)費は500〜2,200円で、他の水産加工(カツオ節製造100〜300円、スルメ製造100円未満)と比べれば明らかに高く、機械生産による近代的食品工業としての性格を示している。⑤収入は缶詰収入がほとんどを占める。支出では全体に占める原料費や缶・調味料費はそれぞれ3割台である。缶詰の種類が味付けや水煮ではなく、油漬けで、しかもオリーブ油を使用したら、缶・調味料費が原料費を大幅に上回ったとみられる。各工場の粗利益率は10〜20%となっている。[24]

　明治44年の内地の缶詰製造業者は785人、職工男女5,760人、製造高497万円(約半分が水産缶詰)、長崎県は10人、職工87人、製造高5万円(ほとんどが水産缶詰)であった。[25]全国的にみて、長崎県の割合は高くないし、経営体あたりの規模は全国平均並であるが、長崎県は水産缶詰に偏っている点が特徴である。長崎県の製造業者も増えていない。[26]

表3−3　長崎県のイワシ缶詰製造業の営業資本額と経営収支(明治37年)

企業名 所在地		平戸缶詰所 北松浦郡平戸町	熊谷缶詰所 上県郡佐須奈村	安増缶詰所 下県郡大船越村	江口缶詰所 上県郡厳原町
缶詰の種類		イワシ、キビナゴ、サバ、他	サバ、イワシ、サザエ	イワシ、サザエ	マグロ、サバ
製造量		39.9トン	29,000個	9,000個	22.7トン
営業資本額	円	10,000	3,545	8,000	10,493
土地		819	220	87	1,775
建物		1,710	425	547	2,500
製造機器		2,000	500	950	2,218
現金		5,471	2,500	6,417	5,000
収入	円	23,322	4,880	5,475	13,458
缶詰		23,110	4,800	5,395	13,378
その他		212	80	80	80
支出	円	22,989	4,446	4,420	11,534
原料		8,206	1,390	1,390	3,889
職工賃		4,013	750	750	2,601
缶・調味料		6,975	1,450	1,450	2,775
荷造・運賃		1,626	490	650	1,729
燃料		239	150	80	140
その他		1,929	216	100	400
利益	円	334	434	1,055	1,924

資料：「明治三十八年　水産課事務簿　水産経済調査」(長崎歴史文化博物館所蔵)
注：円未満は四捨五入、一部を修正した。

4　イワシ缶詰生産の停滞と製造技術

1) イワシ缶詰生産の停滞

　イワシ油漬け缶詰の製造、輸出は停滞していた。理由は、技術が未熟で製品にバラツキが大きく、信用が得られず、先進国の製品と競争ができなかった。とくに、油煤(油で揚げる)や注加するオリーブ油は高価で全て輸入に頼ったことから代用品として椿油、ゴマ油などを試したが、これが頗る不評で、精製品を作っても採算が合わず、あるいはイワシの不漁が重なって事業として発展しなかった。輸出は貿易商ではなく手数料商人の委託販売に頼ったことも失敗の原因であった。[27]

　イワシ油漬け缶詰は松田缶詰製造所以外、全く製造中止状態にあった。日露戦争中は軍需品の製造に追われて試験事業は中断した。戦後、海外輸出の気運が高まって愛知県や三重県で缶詰会社ができ、京都府や長崎県などは試験事業を拡張した。

　そのきっかけになったのは、イワシ油漬け缶詰の主産地であるフランスが原料不足で生産量が低下した折、明治37年に米国・セントルイスで開催された万国博覧会に出品した日本の油漬け缶詰が好評で注文が殺到したことである。これを好機として長崎県水産試験場は製造試験を行い、その結果によっては県下数ヵ所に缶詰製造所の設置を勧奨することにした。[28]民間でも米国向けイワシ油漬け缶詰を製造するために設立された大日本水産(株)は、明治40年に南高来郡小浜村に工場を建設した(その後、イワシの不漁が原因で倒産した)。[29]この結果、明治41年の輸出高は25千箱、51千円となったが、その後は価格競争力を持ち得ず、衰退した。[30]

2) イワシ油漬け缶詰の製造技術

　明治末の缶詰製法は、製缶と密封がハンダ付けから二重巻締めに転換する時期にあたる。米国では1880〜90年代に缶胴の接合に自動ハンダ付け機が発明され、さらに蓋底の密封助剤としてゴムパッキングを使う二重巻締機が開発されて（ハンダ付けをしないことでサニタリー缶と呼ばれた）、生産性が大幅に上昇し、製缶業が缶詰業から分離するきっかけになった。20世紀に入ると、製缶会社として日本の缶詰業界に大きな影響を及ぼすAmerican Can Co.（ACC社）が設立された。

　しかし、日本ではハンダ付け封鑞（ふうろう）が一般的であった。機械製造業が未発達で、缶詰需要も小さいことから機械製缶が遅れた。ハンダ付けも蓋、底を胴の内側で封鑞する方法（内嵌め）から外側で封鑞する方法（外嵌め）へと変わりつつあった。外嵌めにするとハンダの量が節約でき、缶内にハンダが流入することが少なく（衛生問題がなくなる）、作業が容易になる。二重巻締機（最初は手動式）の使用は増加したが、機械は未だ不完全のものが多く、ハンダ付けによる補修を必要とした。何よりも零細業者には高価格で購入が難しかった。

　イワシ油漬けには中羽イワシを使うが、油煤は直接火力を用いる（鍋）か、蒸気の管を通した釜（槽）を使う。その油は主に綿実油を用いた。注加する油はオリーブ油が高価なため、代用品として貯蔵性があり、食味も良い綿実油、落花生油を使うようになった。一般に缶内の空気を排除するために脱気加熱を施す（加熱して蓋に空いている小さな孔から空気を抜いてから密封し、再び加熱する）が、イワシ油漬けは油や香味が流出するので行わない（缶を密封してから高熱を加える含気法をとる）。加熱殺菌では煮釜を用いる場合（沸騰した湯の中で煮熟）と殺菌力が強く、温度調整も容易な蒸釜を用いる場合がある。蒸気を用いるには蒸気機関が必要で、零細企業では整備できなかった。煮釜法は価格が安く、運搬にも便利だが、高圧にするには時間がかかる。イワシ油漬けは4分の1キロ角缶、楕円缶、2分の1キロ角缶が普通で、1箱100個で荷造りした。[31]

第4節　大正期—缶詰製造の停滞とトマト漬け缶詰の開発—

1　缶詰製造をめぐる状況の変化

　大正期に入ると缶詰製造をめぐる状況が大きく変化した。大正2年、カムチャッカでサケ缶詰製造に着手した堤商会（後の日魯漁業（株））がACC社から自動製缶機、自動缶詰製造機を購入して好成績をあげた。これが製缶業が缶詰業から分離する発端となった。第一次世界大戦で缶詰の大量需要が起こると、大規模な製缶業が望まれ、大正6年に缶詰業者の共同出資で東洋製缶（株）が設立された。[32]

　東洋製缶の設立は、密封方法をハンダ付けから二重巻締機に変えただけでなく、缶型を世界標準に統一したし、缶詰業者は製缶工程を外部化することで、缶詰製造の生産性を高めることができた。ただし、イワシ缶詰にハンダ付けによる補修が不要な改良二重巻締機が導入され、製缶工程が分離する（東洋製缶から空缶を購入する）のは大正末以降のことになる。

　大正年間、長崎港からの缶詰輸出はアワビ水煮が主体で、仕向け地は中国及び華僑在住の南洋方面が多い。大正4〜6年は2〜3万箱、10万円前後の輸出をみた。産地は朝鮮産が9割を占め、内地では壱岐、対馬、五島などである。[33]

　イワシ缶詰の生産、輸出は不振が続いた。大正初期の長崎県の缶詰製造業者は6人（水産試験場を

含まない)に減り、うち五島・福江村と壱岐・渡良村の2人はアワビ缶詰を製造し、他の4人はイワシ缶詰製造に係わった。1人は西彼・瀬戸村(高須缶詰)、3人は長崎市で、その中に松田缶詰製造所の名前はなく、京都府水産講習所でイワシ缶詰の製造試験をした後藤義一郎が含まれている。[34]そうした状況の下、長崎県水産試験場はイワシトマト漬け缶詰の製造試験を行なう。

2　長崎県水産試験場のイワシトマト漬け缶詰製造試験

　長崎県水産試験場(大正3年に長崎市諏訪公園から長崎市丸尾町へ移転した)は大正3年度からイワシトマト漬けの製造を始め、輸出の先駆をなした。その経過は、長崎市の貿易商・澤山商会の澤山精七郎からロシア傷病兵慰問のためにそれに適した缶詰の選定を申し込まれたことに始まる。[35]場長の渡会絹三郎は、製造部職員、イワシ油漬け缶詰製造業者・後藤義一郎らと協議し、イワシ水煮とトマト漬けをそれぞれ1,200缶製造することにした。当時、中羽イワシは油漬け缶詰に利用するが、大羽イワシは〆粕、塩蔵向けとされ、缶詰としては味付けとして少量利用するだけであった。これをトマト漬け缶詰にして輸出すれば長崎県の利益になるとして取り上げられた。製造部職員はトマトソースの製造、海外市場の視察を行った上、水産講習所の実習を兼ねて1キロ角形2ポンド缶(1ポンドは454g)水煮1,177缶、トマト漬け1,060缶を製造した(イワシは12〜14尾)。[36]1缶あたりの生産費(直接費のみ)は水煮が18銭、トマト漬けが21銭であった。トマト漬けの原価構成は、イワシ24％、ブリキ板24％、ハンダ13％、トマトソース10％、労賃(職工、人夫)14％で、原価に占める原料費、材料費の割合が高い。[37]

　澤山は慰問として贈った残りを海外各地へ見本として送ったところ、好評を博したことから増産を依頼したが、大正4年度はまれにみる不漁で、油漬けとトマト漬けを31箱製造するにとどまった。イワシは刺網で漁獲した大羽イワシを用い、魚体の小さいものは油漬けに、大きいものはトマト漬けにした。油漬けの油はフランス産のオリーブ油、トマトソースは東京府中野農事試験場製のものを使った。仕向け地はロンドン。[38]

　大正5年度は93箱の製造を依頼し、英国に送って相当の利益をあげた。生産費は1缶(1ポンド缶)23銭、1箱10円92銭であった。[39]

　大正6年度、澤山商会は英国での売れ行きを確かめ、中羽イワシ4分1キロ缶20箱(100個入り)、大羽イワシ楕円缶100箱(4ダース入り)の製造を依頼した。中羽イワシは長崎港に水揚げされたものを使い、油燥して肉詰めする。1箱の生産費は17円99銭であった。大羽イワシは1〜3月に刺網で漁獲されたもので、油燥はしない。トマトソースはトマトピューレに食塩、砂糖、バター、小麦粉、醋酸、香辛料、着色料を加えて作る。生産費は1缶32銭、1箱15円59銭となった。[40]前年度に比べて生産費が大幅に増加したのは、原料費、資材費、労賃の高騰によるものと思われる。同年度、山口県水産試験場はイワシトマト漬けを予備試験として600缶製造し、うち5箱(4ダース入り)を澤山商会に1箱19円で売っている。[41]

　大正7年度はさらに水産試験場への製造依頼数を増やした。米国・カルフォルニア州で勃興したトマト漬けの売れ行きを考慮してのことである。水産試験場は生産性の向上、生産費削減のため巻締機の製作を計画したが、それが間に合わず、従来の方法で大羽イワシ楕円1ポンド缶(打抜缶では楕円1号缶と呼ばれる。イワシ缶詰では最も多い缶型)65箱、中羽イワシ4分1キロ缶(打抜缶では楕円3号缶と呼ばれる)25箱を製造した。トマトソースは神奈川、愛知、千葉、東京から取り寄せた。製法の改良、販路開拓のため国庫補助を得て、楕円缶改良巻締機を製作し、大羽イワシ楕円1ポンド缶35箱を

試作し、豪州へ試売した。その生産費は1缶48銭、1箱18円25銭であった[42]。

当時の製品はニシン用の楕円缶を利用し、トマトソースも極めて幼稚であったにも拘わらず、第一次大戦中のことで需要側も缶形や品質には深く拘泥しなかった。新しく場長となった和智熊太は販路調査のため香港、シンガポール、豪州へ出張した。途中、講和会議が成立して販売がストップし、澤山商会は大きな損失を蒙り、事業を中止した。和智は南洋では欧州からの缶詰輸入が途絶し、代わった米国産のトマト漬けが中流以下の庶民に拡がっていることを知って、大正10年度までトマト漬けの製造試験、調査を続ける。

大正8年度に楕円1ポンド缶巻締機(半自動式)と4分1キロ缶巻締機(自動式)及び附属具を東京の鉄工所から購入した。附属具とはブリキ板の打抜機、折曲機、隅切機で、空缶は引き続き自家製造された。楕円1ポンド缶巻締機は1時間あたり300缶を密封することができ、ハンダ漬け職工5～8人分の能率であった。パッキングのゴムもハンダの3分の1の経費ですみ、生産費は大幅に節減できた。トマトソースは千葉県のトマトソース製造所に注文して品質の改善を図った。ただ、試売品をフィリピンに送ったところ、米国産の価格が下がっており、輸出の見通しが立たず、他の国へ送るのも見合わせた。第一次大戦後の不況で、海外市場への進出は再び困難となった[43]。

3　その他のイワシ缶詰試験
1)その他のイワシ缶詰試験

第一次大戦はイワシ缶詰(油漬け)輸出の絶好の機会となって、長崎県内でも製造所が10ヵ所に増え、生産高も1万箱に達した[44]。

長崎県水産試験場によるトマト漬けの製造試験は大正3～10年度の8年間続けられ、完成に域に達したが、第一次大戦の終結で欧米では物価が下落したのに日本は逆に高騰して国際競争力を失ってしまった。それでトマト漬けの製造試験を中止し、大正11年度から外国産に対抗できる大羽イワシゼリーソース缶詰の製造試験を行い、国内の一流食料品店で試売した。ゼリーソースはタマネギ、ニンジンの煮出し汁にゼラチンを加えたもので、生産費は1缶19銭にまで下げられた[45]。製品に対する評価は良かったが、輸出に適するかどうかはわからなかった。

大正13～15年度は中国向け大羽イワシの野菜ソース漬けと大豆油漬けの製造試験をした。野菜ソース漬けは水産試験場が考案したもので、ショウガ、ネギ、ニラなどからソースを作る。大豆油漬けは農林省から比較的安価な満州大豆の使用を勧められ、補助金も交付された。生産費は野菜ソース漬けは1缶25銭、大豆油漬けは29銭であった。両製品は農林省指定の中国各地取扱店で販売された。その結果、米国産トマト漬けとの対抗上、価格をできるだけ下げないと輸出は難しいこと、中国でも地域によって嗜好が異なるので、それに合わせた改良が求められていることがわかった[46]。

大正14年度は水産試験場で製作した両側(蓋底)巻締めの楕円缶の代わりに東洋製缶製の楕円打抜缶(1枚のブリキ板から絞り加工で作られたツーピース缶で、胴と底が一体になっている)を使用した。打抜缶の使用は生産費の軽減、生産性の向上、缶装の優美さの向上につながった。生産費は1缶21銭に下がった。それでも米国はアジアに向けてトマト漬けを大量輸出したので、価格は低下しており、一層の生産費の削減が必要とされた[47]。

大正15年度は中国での販売箇所を奉天に絞り、種類も大豆油漬けを中心とした。大豆油漬けは中国人の嗜好に合い、内容、缶装とも米国産トマト漬けに対抗できるようになったが、中国内部

での動乱(北伐の再開、奉天では通貨が暴騰した)で売れ残った。[48]

　大正期の長崎県のイワシ缶詰に関する情報は少なく、大正14年頃、佐世保市に笹野、大串という2つの缶詰工場があり、ともにイワシ缶詰(1ポンド丸缶)を製造していたことがわかるだけである(その後、両工場の名前を見ない)。前者の工場は30坪、従業員は男3人、女15人、後者は15坪、男2人、女1人と規模は小さい。[49]

2) 水産試験場とイワシ缶詰製造試験

　缶詰製造は新業種だけに政府の支援、試験場による試験研究、市場調査がその発達に大きな役割を果たした。明治30年代に設置される各府県の水産試験場(以下、水試という)にとって、当初から缶詰製造は地域の農水産物に付加価値をつけ、産業を興すために主要な試験研究課題であった。民間で独自に試験研究を行なうには、材料や機械の取り寄せ、製法の習熟、海外の市場調査、販路開拓は困難なので、国や府県の支援は必須であった。

　その結果、製造技術や品質の向上に貢献したが、原料イワシの好不漁に翻弄され、生産費が高くて販路が開拓できず、企業はなかなか定着しなかった。イワシ缶詰製造の興隆には、イワシの豊漁、円安による輸出拡大か戦争特需といった条件を必要とした。

　多くの水試がイワシ缶詰の製造試験に取り組んだ。マイワシは全国各地で漁獲され、肥料向けになるなどその価格が低いことから付加価値を高めることが共通の課題であったし、缶詰は適用範囲が広かったからである。

　そのきっかけとなったのは、明治30年に水産調査所がイワシ油漬け缶詰の製造試験と海外での需給調査を行い、その結果に基づいて水産局が輸出計画を立て、34年度から愛知県水試に試験させたことである。[50]それに長崎県、千葉県、島根県水試などが続いた。

　水煮や味付けも愛知県水試が明治34年度から取り組み、新潟県、長崎県水試などが続いた。トマト漬けの試験研究は大正期、昭和初期に多く、新潟県、長崎県、山口県、北海道水試などが取り組んだ。[51]

　長崎県水試の缶詰製造試験は、種類、名目を変えながら、長期にわたって続けられた。種類は主にイワシ缶詰で、トマト漬けと油漬け、軍用と輸出向け、注加するソースや油の種類を変えて行われた。トマト漬けについては前述したので、イワシ油漬け缶詰製造試験を振り返っておくと、明治33〜40年度、昭和3年度に中羽イワシを使用して試験した。大羽イワシを使用した試験は、大正2〜10年度は主にオリーブ油、大正13〜昭和3年度は主に大豆油を使って行われた。オリーブ油が高価であり、入手しがたいことから、生産原価を引き下げ、国内で自給できる油を使うことを目標に各種植物油を試している。[52]

　昭和13年に長崎県水試内に缶詰工場が設立された。長崎県輸出鰮缶詰協会から建築費の寄付を受け、東洋製缶(株)からは機械の購入と設置に便宜が供与された。全国に先駆けてイワシトマト漬け缶詰の製造試験を行い、その隆盛に貢献したことに対する報奨と今後の支援を期待してのことであろう。水試と缶詰工場は原爆によって灰燼に帰したが、昭和24年に統制下にあってかき集めた資材によって再建された。

第5節　昭和初期～11年－トマト漬け缶詰製造業の勃興－

　本節は、大正末にイワシトマト漬け缶詰の商業生産が始まり、昭和恐慌期の金輸出再禁止で生じた円安を背景に輸出が急拡大し、戦前の最高水準に近づいたが、一方では粗製濫造に流れたことから生産と販売の統制が始まる昭和11年までを対象とする。
　昭和10年の国内缶詰生産における位置づけを見ておこう。全体(畜産品、水産品、果実類、蔬菜類)は1億1,893万円、うち水産品は7,811万円で全体の66％を占める。水産缶詰の主力はサケとカニで、イワシトマト漬けは560万円で、全体の5％である。各種缶詰のうちイワシトマト漬けが一番増加率が高かった。[53]

1　缶詰製造技術の発展とイワシ缶詰の全国動向

　図3-1でみたように、全国のイワシ缶詰生産量は昭和7年頃から急激に増え始め、12年は200万箱を突破した。イワシ缶詰はトマト漬けが最も多く、次いで国内向けの味付けであった。トマト漬けは、香辛料漬け、水煮、油漬けもそうだが、その9割余が輸出された。
　昭和7、8年から15、16年にかけてイワシ缶詰、とくにトマト漬けが急増したのは、金輸出再禁止で円安となり[54]、輸出が急拡大したこと、揚繰網・巾着網が動力化し、大羽イワシの大量漁獲が可能となったこと、イワシ資源の増大期であったこと、競合相手の米国がイワシの不漁で生産を落としたこと、による。
　米国では1903年からトマト漬けが作られるようになり、価格の安さと魚体の大きさを武器に南洋を始め世界各地に輸出され、油漬けを圧倒した。主産地・カルフォルニア州のトマト漬け缶詰生産のピークは1929年の309万箱で、うち南洋に80万箱を輸出した。[55]
　製造技術でのトピックは、1928年に米国で自動真空巻締機が発明されたことである。真空巻締機は真空ポンプで缶内の空気を排除するので、脱気箱(exhaust box、蒸煮脱気箱ともいう)が不要となる。脱気箱は缶の蓋を仮締めした状態で蒸気が充満している箱に入れ、缶内の空気を蒸気に置き換え、箱を出ると直ちに本巻締めを行なうためのもので、真空巻締機ならこの工程が省かれる。長崎県では昭和10年代に一部の工場に導入される。
　トマト漬け生産の急増に伴って昭和7年からイタリアからトマトピューレが輸入されるようになり、他方、トマトの品種改良も進んだ。国産トマトは水分が多く、そのために加工コストが高く、歩留まりも色も悪かった。トマトの種子が持ち込まれ、水産試験場、園芸試験場、日本輸出鰮缶詰業水産組合などによって缶詰用に品種改良され、産地も愛知県に限られていたのが各地に拡がった。昭和9年頃にはイワシ缶詰用トマトピューレは国産で間に合うようになった。また、台湾では昭和10年頃から加工用トマトの栽培が興隆し、年中栽培が可能で、品種も優れていたので、加工品が内地に輸入された。[56]
　長崎県水産試験場が行ってきたトマト漬け缶詰製造試験は大正10年度には完成の域に達していた。大正13年、長崎市近郊に立地する日本練炭(株)が同社の構内に缶詰試験工場を設けた。製造数量は少なかったが、これを三井物産(株)の手を経て輸出したところ、案外、好評であった。それで、会社は翌14年に試験工場を独立させて合資会社・長崎食品製造所とし、次いで昭和2年に内外食品(株)と改め、社業を整えていった。それでも、昭和5年までトマト漬け缶詰は同社が製造

するのみであった。内外食品は徐々に生産を伸ばし、南洋方面に輸出し、カルフォルニア産の堅塁に食い込まんとしたが、反対に昭和4年はカルフォルニアのイワシが空前の大漁となり、トマト漬け缶詰生産も新記録となって、南洋でも投げ売りを始めたために内外食品、三井物産の地盤が崩された。日本は大量生産ではないのでイワシ、トマト、空缶、工場経費のどれをとっても高かった。シンガポールでは米国産は1箱3ドル60セント（シンガポールドル）であるのに対し、日本産は4ドル80セント（5円50銭）、値引きしても4ドル22セントと高かった。品質もトマトソースの量が少ない、魚の脂肪分が少ないことで不評であった。[57]

　トマト漬けの生産は、昭和元年と2年は1万箱未満、3〜5年は3万箱前後、6年は朝鮮に5工場が新設されたりして7万箱に近づいた。トマト漬けの輸出は昭和3〜6年は2万箱余であったが、輸出先は大きく変化して、中国、南米、インドシナは減少し、南洋が増加した。

　南洋で米国産に圧倒された内外食品は販路を各方面に拡げていき、フランスから受注を得た。フランスに売り込んだのは貿易商の野沢組で、昭和4年のことである。昭和6年に本格化する。[58]フランスはイワシ油漬けの本場であるが、そこへ米国産のトマト漬けが大量に入り込んで、安くてうまいということから大衆の人気を博した。その時、世界大恐慌が発生し、貿易が縮小して各国は自国産業の保護に走った。フランスは米国産トマト漬けの大量輸入に脅威を感じて昭和6年8月、米国産に重関税を課してフランスから閉め出した。それは日本産進出の好機となった。品質についてもトマトの色沢が悪いので、イタリア製を使うようにした。[59]

　だが、フランスは次いで昭和6年11月に魚類缶詰輸入制限令を公布し、7年から日本産魚類缶詰の輸入を制限した。当時、日本からの缶詰輸入は主にカニ、サケ、イワシトマト漬けであったが、うち最も競合の甚だしいイワシ缶詰が閉め出された。[60]

　この輸入制限と時を同じくして、昭和6年12月に日本は金輸出再禁止を断行した。その結果、円貨が平価の半分以下となり、日本商品が怒濤の勢いで海外に進出し始めた。南洋で苦杯をなめ、フランス市場から閉め出されたトマト漬けは再び南洋を中心に躍進するようになった。[61]

　昭和7年半ばを過ぎると、輸出は活況を帯び、南洋を始め、欧州、アフリカと販売市場を拡げ、同年には19万箱を輸出した。イワシ缶詰の生産量は33万箱で、輸出割合も高まった。南洋では円貨の下落後、米国産の独占市場を蚕食するようになった。

　これに伴いトマト漬け缶詰工場が各地に増設された。とくに、昭和7、8年に北海道に12工場が新設された。生産数量も飛躍的に伸長した。しかし、粗製濫造、乱売をしたため各地からクレームが絶えなかった。購買力が低下しているところへ乱売したため、輸出数量が伸びた割には収益は改善されなかった。[62]

　昭和10年、トマト漬け缶詰の生産量は89万箱、輸出は69万箱となった。世界各地に輸出されたが、南洋方面が多い。フィリピン、海峡植民地、ビルマ、蘭領東インド、中華民国及び香港、インド、豪州、ベルギー、英国、西インド諸島への輸出が1万箱を越え、アフリカ、南米がそれに続いた。米国産もニューデール政策によって回復に向かったが、その植民地フィリピンを除いて、南洋市場は日本産が席巻した。フィリピンでも日本産が攻勢であった。[63]

2　イワシ缶詰業界の組織

　昭和7年1月にトマト漬け缶詰を製造する6社が日本輸出鰮缶詰業水産組合の設立に動いた。フランスへの輸出の道が開けた時期で、同業者間の過当競争を避け、統制を図ることを目的とし

た。

　昭和6年末の金輸出再禁止以降、日本商品が奔流のように海外へ流出したのに対し、各国は関税の引上げや輸入制限によって自国産業の保護に向かった。日本は輸出奨励と生産及び販売の統制に向かった。

　昭和7年、政府は水産物輸出奨励規則を制定し、水産組合等が行う輸出増進事業に奨励金を交付するようになった。日本輸出鰮缶詰業水産組合もトマト漬けの販路・市場調査のため、調査員を派遣している。昭和8年6月の全国缶詰業大会において、当局に生産統制に関する法律制定を要請することを決議した。農林省は昭和9年5月に輸出水産物取締法と輸出水産物検査規則を制定し、輸出水産物は大臣が指定した検査に合格すること、製造業者は大臣の許可を得ることを定めた。

　輸出検査は民間の指定機関に代行させた。イワシ缶詰については上記水産組合が指定され、函館、青森、東京、横浜、清水、神戸、下関、長崎に検査所を設置、検査を実施した。

　生産販売の統制に関して水産組合は、許可制度を要望したが、農林省はトマト漬けには適用すべき特段の事情がない、許可制度は既存業者の保護につながり、産業の自由を犯すとして認めなかった。このため、生産統制は水産組合が自主的に行うことにした。

　生産販売統制、工場許可制度については水産組合内でもその実施時期を巡って意見は割れた。既存業者は生産過剰を予防するために早期統制を唱えたのに対し、新規業者は統制は生産過剰の弊害が顕著になった段階で行えばよいと主張した。一方、朝鮮は工場許可制度を採っており、朝鮮缶詰業水産組合は販売統制を実施しているとして、内地でも統制の実施を求めた。

　販売統制のため昭和11年11月に日本鰮缶詰共販㈱を設立した。資本金は200万円で本社を東京に置き、輸出検査所がある場所の倉庫を指定倉庫とした。このように缶詰業では国家統制の前に、統制体制が築かれた。これらの統制は輸出に関するもので、国内販売に対する統制はない。

　日本輸出鰮缶詰業水産組合の組合員は、発足した昭和7年は13人であったが、その後急速に増え、9年は25人、10年は43人、12年は96人、13年は142人、15年は192人となった。水産組合は、フランスの輸入制限への対応、販路開拓調査員の派遣などを行ってきたが、昭和11年になると缶マークの統一、生産統制、生産割当て、販売統制、販売機関の設立を進めた。

3　長崎県のイワシ缶詰業

　長崎県におけるイワシトマト漬け缶詰の誕生と発展経過をみると、大正13年、西彼杵郡土井首村の日本練炭㈱は海軍用の燃料を製造していたが、海軍の燃料転換で後継事業を探すことになった。その時、思い当たったのが関東大震災の際、米国から見舞い品として届いた食品の中にあったイワシトマト漬け缶詰で、その生産や輸出状況を調べたうえ、長崎県は原料となる大羽イワシが豊富なこと、県水産試験場がトマト漬け缶詰の製造実績があることから、その缶詰生産と輸出を後継事業とした。缶詰製造に造詣の深い水産試験場長の和智を聘し、当初は構内に試験工場を創設して着手した(12月)。同年中に250箱、翌14年は合資会社長崎食品製造所として2,887箱を製造し、三井物産東京本店の手によってビルマなどへ送られた。品質は米国産に劣らなかったが、収支は1箱約1円の損失であった。これは、製造の不慣れで工賃が高くついた、トマトソースを遠方から運んで高くなった、少量生産なのでコストが高いことが原因とされ、トマトソースについては長崎市の深堀食品加工所に投資してトマトソースの研究をさせ、同時に長崎市近郊でト

マト栽培を奨励した。また、大量生産のため、昭和2年7月に資本金50万円の内外食品(株)に再編した。東洋製缶社員の採用(和智は退職)、米国から自動巻締機の導入、販路調査のため社員を南洋へ派遣などを行った。それでも昭和6年までは損失が続き、漸く7年から採算がとれるようになった。そうなると、他の起業者が続出し、昭和10年頃からトマト漬け缶詰製造は殷賑を極めるようになった。[69]

創業当時、原料イワシは刺網で漁獲したものを使うが、不足すると長崎魚市場から買い入れる方針であった。実際には、漁獲、価格変動が激しく、魚市場仕入れが中心になることもあった。昭和2年に内外食品となって工場を拡張すると、原料の所要量も多くなり、原料を集めるために魚市場の相場(魚市場へ水揚げするよりは口銭分高い)で現金で買い入れるようにした結果、工場の岸壁には多くの漁船が集まるようになった。当初の工場は112坪、倉庫などを合わせても170坪と規模は小さく、設備もボイラー1台、蒸気機関1台、アドリアン巻締機(半自動)2台、殺菌釜(レトルト)2台、油煤鍋2個、釜2個などと少ない。不良缶は出来るし、トマトソースの色も悪く、多くの損失を出した。それで社員を米国に派遣して乾燥機、製造方法などを研究させ、工場の設備、配置などを米国式に改め、自動巻締機が出現すると率先してそれを採用した。トマト栽培はほとんど愛知県に限られていたため、価格は高く、数量も少なかったので輸入ソースと国産ソースを混用した。空缶も高価であり、製造工賃も不慣れなため著しく割高となって楕円1ポンド缶1箱(4ダース入り)の生産費が11円近かった。販売は国内販売を主力に、中国輸出を目指した。国内販売は東京、大阪の商店に、輸出は三井物産に委託した。その結果、国内販売は全く振るわず、諦めて輸出に全力を注いだ。しかし、相場は下降の一途を辿って昭和5、6年頃には1箱4円35銭にまで下落して大きな損失を蒙り、経営存亡の危機に陥った。米国産が南洋方面へダンピング輸出したことも影響している。そのため、昭和6年の生産量はイワシの漁獲が順調であったにもかかわらず、前年の3万箱余から1.2万箱に激減した。原価引き下げのため、製造工程の多くを請負制にした。例えば日給50、60銭で雇用した者が桶20、30杯の処理をしていたのを1杯1銭の請負に出すと、1日80、100杯を処理するようになった。為替安で昭和7年から生産、輸出が急増した。[70]

昭和8年時点の全国に占める長崎県の位置と特徴をみておくと、水産缶詰工場は内地が325、生産高は160万箱(生産高は昭和7年)、このうち長崎県は16工場、9万箱で全体に占める割合は5%前後で決して高くない。長崎県の特徴であるイワシトマト漬けでみると、内地が33工場、20万箱であるのに対し、長崎県は5工場、7万箱で、北海道に次いでいるが、未だ突出した存在にはなっていない。

長崎県の水産缶詰16工場のうち、9工場は対馬にあって、年間1,000箱程度を製造する零細規模である。壱岐に1工場あるが、休業中。他の6工場は県本土にあって多かれ少なかれイワシ缶詰を製造している。[71]

昭和9年になるとイワシ缶詰生産高は内地が51万箱余、うちトマト漬けが50万箱となった(他は油漬け)。さらに長崎県の内外食品(株)、(株)林兼商店、川南工業所、平戸水産相互(株)の4社で全体の50％を占めた。また、朝鮮では14万箱弱が生産され、うち林兼商店、川南工業所が4分の3を占めた。[72] この時点で長崎県のイワシ缶詰、トマト漬け缶詰製造は冠たるものとなった。

長崎県のイワシ缶詰業の強みは、①トマト漬け用の大羽イワシが安定的に供給されること。各地で漁獲されるので運搬船を用いれば、漁期中(1～5月)、原料が途切れることがない。②大羽イワシの大量処理として〆粕を製造すると価格は1貫あたり6銭であるのに缶詰原料では10銭になる

ので供給が安定した。③勤勉で安価な労働力、とくに漁村女性が豊富であった。漁村にとって缶詰工場は貴重な就業機会であった。④燃料の石炭が安価であることで、成長潜在力は高かった。[73]

　表3-4は、昭和11年現在の長崎県イワシトマト漬け缶詰工場の立地、設立年次、生産高を示したもので、9社、11工場がある。立地は長崎市・西彼杵郡、北松浦郡平戸町、南松浦郡(五島)に集中している。設立時期が古い工場もあるが、トマト漬け缶詰製造は内外食品を除くと昭和8年以降が多く、11年には4工場が立ち上がっている。各工場の生産量は内外食品、林兼商店2工場、平戸水産相互、川南工業所2工場が多く、他とは大きな差がある。県内に2工場を持つ林兼商店、川南工業所は内外食品の生産高を超えた。もっとも内外食品は北海道に2工場を持つ。

表3-4　長崎県イワシトマト漬け缶詰製造工場と生産高(昭和11年現在)

工場名	所在地	設立年月	イワシトマト漬け缶詰製造着手年月	生産量　千箱					
				昭6	昭7	昭8	昭9	昭10	昭11
内外食品(株)	西彼杵郡土井首村	大正13年5月	大正13年12月	12	50	70	113	136	151
高須缶詰合資会社	西彼杵郡瀬戸町	明治41年12月	昭和6年12月	1	2	4	12	6	6
林兼商店相浦工場	北松浦郡相浦町	昭和8年1月	昭和8年1月			51	6	118	160
同　　土井首工場	西彼杵郡土井首村	昭和10年12月	昭和10年12月				2	0	137
深堀食品加工所	長崎市浜口町	昭和10年11月	昭和11年1月						4
平戸水産相互(株)	北松浦郡平戸町	大正10年10月	昭和8年1月			0	18	65	126
川南工業所平戸工場	同	昭和7年12月	昭和8年1月			40	72	82	117
同　　五島工場	南松浦郡若松村	昭和11年1月	昭和11年1月						62
五島水産工業(株)	南松浦郡奈良尾村	昭和10年12月	昭和11年2月						34
浜口興業(株)	西彼杵郡野母村	昭和11年4月	昭和11年5月						5
月川缶詰工業(株)	南松浦郡福江町	昭和11年6月	昭和11年12月						

資料：「鰮トマトソース漬缶詰業ノ概況」長崎県水産会編『長崎県水産誌』(昭和11年)328、329ページ
注1：生産量は四捨五入。大正13年〜昭和5年は内外食品のみ生産。
注2：表には根市兼次郎の工場(西彼杵郡深堀村)の名前がない。

　大正13年〜昭和5年は内外食品のみの生産であったが、昭和8年から製造工場も増え、生産高は10万箱を超え、11年には一挙に80万箱に達した。このうち林兼商店、川南工業所は朝鮮に2工場、平戸水産相互は1工場を持っていて、同じくイワシトマト漬け缶詰を製造している。長崎と朝鮮ではイワシ漁期が異なるので、従業員は季節によって両地を移動し、ほとんど周年操業となった。このことが斯業発展の大きな要因でもあった。朝鮮でトマト漬け缶詰の生産が始まったのは昭和6年からで、イワシの豊漁とともに工場数、生産量が急増した。[74]

4　イワシトマト漬け缶詰の製法と企業
1)イワシトマト漬け缶詰の製法

　イワシトマト漬けの製法は、時代、地域、経営体によって異なる。以下は昭和10年頃の長崎県の例である。長崎県は大羽イワシを原料とする。工場数の割には生産高が多い。製法には油煠法、生詰め法、乾燥法があり、油煠法は創業当初からの製法で、長崎県では内外食品がこの方法を採っているが、他は生詰め法に変わった。生詰め法は処理が迅速で大量生産に適していることから大羽イワシが多い朝鮮、九州、山陰地方で盛んに用いられた。他方、生詰め法は血液や汚物が缶底に溜まったり、肉質が柔軟で輸送によって肉崩れ、液汁が混濁しやすいという欠点がある。油煠法は魚体表皮が強くなるので、生詰め法の欠点はないが、時間と費用が嵩むこと、油を繰り返し使

うと魚体の色沢、香りを損なうという欠点がある。乾燥法は中羽イワシを原料とする北海道、三陸、関東、東海地方などに多い。[75]

　イワシの漁期は、長崎県は1～6月だが、4、5月は産卵期で身質が低下するので休業する。原料イワシは大部分が定置網から供給され、その他には巾着網と刺網からも供給される。運搬船で直接、工場に水揚げされる。定置網のものは鮮度が高いが、魚体が不揃い、反対に刺網のものは魚体は一定しているが鮮度が劣る。トマトソースは内外食品は内地産と地元産を併用するが、林兼商店、川南工業所は内地産と外国産（イタリア、ギリシャ）を併用する。外国産を使う場合は、保税工場製品として取扱いを別にする。内地産は品質にバラツキがあり、色沢が劣る。

　調理は請負制をとった。請負制だと粗雑になりやすい。塩漬けは川南工業所平戸工場では撒き塩漬けとして時間の短縮、コスト削減を図ったが、品質は一般に行われている立塩漬けに劣る。乾燥・油煤は内外食品のみが行っている。他は生詰めで、楕円1ポンド缶（楕円1号缶）にイワシ8～13尾を詰める（楕円3号缶はその半分）。肉詰めも請負制がある。肉詰め時の秤量は大量生産では困難で林兼商店、川南工業所は秤量せず、目分量で肉詰めする。生産能率は高くなるが、肉詰め過量となりやすく、巻締めの際、トマトソースが溢れ出して製品の外観を損なう懼れがある。内外食品は秤量している。

　蒸煮は水分除去が目的で、長崎県では脱気箱（山陰地方では真空式巻締機を使用しているので脱気箱は使わない）を用いる。脱気箱は細長い箱で98度で約40分、蒸煮する。蒸煮脱気後、液汁を棄てるが、棄て方にも1缶づつ棄てる、箱ごと傾けて棄てる、回転枠に箱を取り付けて回転させて棄てる方法がある。川南工業所平戸工場では回転枠を設備している。廃液と同時に熱しておいたトマトソース（64～68g）を注加する。冷めないうちに巻締機にかけて密封する。

　巻締機は足踏み式かアドリアン巻締機（円以外の缶の半自動式巻締機、1日80箱内外）が普通だが、内外食品はマキサム巻締機（自動式1日700箱内外）を装備している。次に殺菌釜（加圧釜、高温殺菌釜、レトルトともいう）に入れて高温で殺菌（113度で90分）する。殺菌後は水で急冷してトマトソースの色沢を保ち、缶の締まりを良くする。

　缶に仕向け地に合わせたラベルを貼り、木箱1箱4ダース入りとし、釘で蓋をして、バンドをかけて箱マークを刷り込む。輸出検査を受けて、発送する。楕円1号缶の1箱あたりの生産費は平均6円50銭で、その内訳は空缶が3円40銭で半分を占め、イワシが1円30銭、トマトソース55銭、工賃35銭、燃料15銭、その他75銭であった。

　内外食品の製法をみると、原料のイワシはベルトコンベアで貯蔵タンクに運ばれ、上からは海水を流し、下部の排出口から海水と一緒にイワシを調理台に流出させ、両側に並んだ女工によって調理される。調理されたものは塩水タンクの中で25分漬け、タンクの排出口から流出して自動乾燥機に送られ、40～45度で45～75分、乾燥させる。その後、油煤籠に移され、油煤槽に入れる。油煤槽は底部に蒸気管が数本通っており、これで加熱する。用油は精製イワシ油または植物油を混ぜたものを使用する。大型のものは8、9尾を2段詰めにする。ベルトコンベアで脱気箱に送り、99度で8分間脱気し、過剰液汁は缶を傾けて棄てる。その後は常法と同じ。

　香辛料漬けはトマトソースの代わりに唐辛子の粉末を水で練ったものを差す。南洋では辛いものが好まれる。水煮は塩水を差すもので、好みに応じて味付けをして調理する。長崎県はトマト漬けを主とし、香辛料漬け、水煮、油漬けも製造した。長崎県には1日1,000箱以上の生産能力をもつ工場が多く、2、3ラインの製造設備を有する。したがって、巻締機もマキサム巻締機3台以

上を有するもの3工場、他はアドリアン巻締機5〜12台を備えている。[76]

2）主なイワシ缶詰企業
長崎県下の主要イワシ缶詰企業をみていこう。
①内外食品㈱
　内外食品となった昭和2年に米国へ技師を派遣し、3年から工業的生産を開始した。昭和6年の従事者は、1日500箱を製造する場合、以下のようになる。調理に一時期ヘッドカッターを使用したが、人手の方が速く、経済的なので使わなくなった。請負制で女工が20人、他に頭や内臓を処分するために3人が必要。1日500箱だと天日乾燥というわけにはいかず、乾燥機を導入した。担当は1人。油煠には籠立てを含め約20人が従事する。肉詰めは請負制で、その後、脱気箱を通過し、液汁を棄て、トマトソースを注加する。トマトソースの注加に3人が従事。巻締機での密封は4人が行う。殺菌釜に入れて殺菌するのに3人、空缶洗滌に4人、ラベル貼りは人手でやっている。以前、自動ラベリング機を購入したが、特許料が高くて人手に戻した。この他、原料運搬に12人、原料受け取りに1人が必要。
　昭和10年頃の資本金は100万円で、本社は東京。缶詰工場は長崎県土井首の他、北海道に2工場あり、千葉県銚子にイワシトマト漬けを製造する系列会社がある。土井首工場は、巻締機9台（アドリアン6台、マキサム3台）、乾燥機5台、油煠槽2台、脱気箱2台、殺菌釜5台、蒸気機関5台、原動機6台を設備している。[77]

②㈱林兼商店の缶詰工場
　林兼商店の缶詰事業は、昭和3年に山口県萩の缶詰工場を買収してイワシ、サバ缶詰を製造したのが最初である。昭和7年度に缶詰事業の拡張を行い、神奈川県にマグロ油漬け缶詰、北海道にカニ缶詰、長崎県相浦にイワシトマト漬け缶詰工場を新設し、朝鮮の長箭と清津の両缶詰工場を増設している。この時期、缶詰事業を増強したのは、「輸出向製品ハ特ニ好採算勘定トナリタルタメ」である。[78]林兼商店長崎支店（長崎市旭町）の缶詰工場は2ヵ所で、相浦工場を立ち上げる際、内外食品、川南工業所がアドリアン巻締機であるのに、真空巻締機を備えた。従業者は150〜160人で、女工は町内や黒島から募集した。大きな寮を備えている。取引き先は三菱商事と野村産業。もう一つの工場は昭和10年に長崎市郊外の土井首村に建設された。イワシのトマト漬け、水煮、油漬け、豚肉缶詰などを製造する。季節によりミカンやビワの缶詰も製造した。
　両缶詰工場の規模はほぼ同じで、製造ラインはともに3ライン、日産1,300箱の製造能力があり、生産高は昭和11年には16万箱を記録し、日本一となった。他に、附属のフィッシュミール工場がある。[79]

③川南工業㈱の缶詰工場
　創業者の川南豊作は富山県の水産講習所を卒業して、大正8年、東洋製缶に入社した。昭和6年に退社し、それまでに貯めた資金で朝鮮咸鏡南道でトマト漬け缶詰の製造を始めた。しかし、大失敗したことから製造法を見直して油煠法をやめ、生詰め法に切り換えた。所要時間が大幅に短縮され、品質は向上するし、油を使わずに済む。他社の製品と比べると、僻地にあるため、原料代、労賃は安く、競争力があった。昭和7年に北松・平戸町にも工場を建設した。好成績をあげたので、昭和8年には五島・福江町、西彼・野母村にも同じ缶詰工場を建設し、大分県にはミカン缶詰工場を作った。会社は、昭和9年からガラス、ソーダ事業に進出して合名会社川南工業所、11年から

造船事業に進出して川南工業㈱となった。缶詰工場は内地、朝鮮で5ヵ所となった。川南工業の缶詰製造については後述する。

④平戸水産相互㈱、深堀食品加工所、月川缶詰工業㈱

　平戸水産相互は大正10年に水産業に熱心であった松浦厚伯の主導により平戸の漁業者が出資して創業した。イワシトマト漬け勃興の波にのって復活した。イワシ缶詰の製造時期は12～4月で、ブリやイカの味付け缶詰も製造して製造期間を延ばしている。

　深堀食品加工所(後の深堀食品工場)は大正8年、長崎市浜口町にトマト加工所として創業され、大正14年から缶詰製造に乗り出した(表3-4では昭和10年設立、11年からトマト漬けを製造としている)。昭和11年に工場を西彼杵郡日見村に移し、イワシトマト漬けを始めとして水産、農産缶詰を製造した。

　月川缶詰工業の創業者・月川蘇七郎は、五島・奥浦村の出身で、満州、朝鮮で事業をした後、昭和11年に五島・福江町に缶詰工場を建設、12年8月に月川缶詰工業㈱に改組した。資本金は100万円で地元で募集した。本社は長崎市に置いた。社員は本社に7人、工場に10人、職工は男70人、女150人、製造時期は周年で、日産製造能力は600箱であった。工場設備は、乾燥機1台、肉詰め機2台、脱気箱3台、アドリアン巻締機12台、セミトロ巻締機(円缶用の半自動式)4台、自動真空式巻締機1台、洗缶機1台、殺菌釜3台、他に蒸気機関、原動機があった。特徴的なことは、動力巾着網1統(本船は19トン)、動力運搬船1隻(19トン)を有し、原料確保に努めたことである。昭和15年現在、月川は月川産業㈱の他に、長崎市樺島町で南海漁業缶詰㈱を経営した。

第6節　戦時体制下におけるイワシ缶詰の統制と終息

1　イワシ缶詰の統制と生産動向

1)イワシ缶詰の統制と生産

　昭和12、13年のイワシ缶詰生産は、内需向けは日中戦争に伴う資材の制限で落ち込んだものの、輸出が活発で生産量、輸出量とも増加した。昭和14年になると欧州大戦が勃発し、輸送ルートが混乱に陥ったこと、為替決済の不安が高まって輸出が停滞し、イワシの不漁も重なって生産は減少に転じた。昭和15年も低下した。金額は増加傾向にあり、単価は昭和11年に比べ15年は倍増している。

　昭和12～14年のイワシ缶詰輸出高は117万箱から55万箱、48万箱へと激減した。昭和12年の種類別は、トマト漬けが98万箱で圧倒的、次いで香辛料漬け10万箱、水煮9万箱が続き、油漬けは3千箱に過ぎない。輸出先は南方ではフィリピン、東インド諸島、マレー半島、ビルマ、タイ、豪州が多い。

　日本輸出鰮缶詰業水産組合は、昭和11年度に過当競争による乱売と価格の下落、粗悪品の流布を抑えるために生産販売統制を始めた。生産統制は総生産量を172万箱と決め、工場または生産実績に基づいて組合員に割当てることにした。だが、イワシ缶詰は内地と朝鮮で生産しており、一体的に統制しないと効果がない。内地172万箱に対し、朝鮮側は50万箱程度を求めたので、これでは過剰生産になるとして、両組合が折衝した結果、内地142万箱、朝鮮33万箱になった。内地減産分30万箱は九州の4社が負担することになった。販売統制のための共販会社として同年11月に

日本鰮缶詰共販(株)を設立した。[86]

　共販会社は、日本輸出鰮缶詰業水産組合と朝鮮缶詰業水産組合の組合員が製造したイワシ缶詰(当分はトマト漬けのみ)の受託または買い取り販売を行う。その数量は生産割当て数量以内とする。缶詰は全て当社の名義で販売する。組合員は製品を当社が指定した倉庫に入庫し、その販売については当社に一任する。当社は販売手数料を得る。[87]

　昭和12年1月に組合は「鰮類トマト漬缶詰生産割当規程」を決定した。昭和11年度(年度は7月から翌年6月まで)から3年間適用される。全国を10区に分け(九州・沖縄は第10区だが、全て長崎県)、各工場ごとに割当てる。各工場への割当ては、検査数量実績(生産実績)割当てと工場設備(巻締機の台数)割当てのうち大きな数量とし、生産実績のない工場は需給状況をみながら巻締機の台数に応じて割当てる、とした。[88]既存の工場はほとんどが検査数量実績によった。

　内地総割当て量142万箱を135工場に割り振った。工場数は朝鮮を含めても67であったが、昭和11年に統制必須とみて駆け込みで122となり、12年末には142と急増した。地域別には北海道の26工場が最多で、長崎県は12工場であった。

　長崎県は10社、12工場に54万箱の割当て(30万箱を控除した数量。うち15万箱は保留)で、これは全体の38％に該当する(30万箱の控除前であれば49％)。九州・沖縄地区の4社、6工場に対する30万箱の控除は、内外食品50千箱(以下、四捨五入)、林兼商店土井首工場44千箱、同相浦工場83千箱、平戸水産相互51千箱、川南工業所平戸工場64千箱、同五島工場9千箱である。[89]4社に割り振った理由は、内外食品は北海道、林兼商店、川南工業所、平戸相互水産は朝鮮に同様の缶詰工場を有しているからだと思われる。大手企業から減産割当てをしたので、企業間格差は縮小したものの長崎県は引き続き全国上位4位を独占した。例えば、内外食品の場合、巻締機21台と計算され、1台2,500箱が割当てられて設備割りは52,500箱となるが、検査数量実績が163千箱と多いので検査数量実績がとられる。そこから30万箱削減分の割当て、全体が2万箱超過したので、その削減割当てを引いて111千箱が実際の割当てとなった。

　昭和12年度の総割当ては内地、朝鮮合わせて138万箱、うち九州・沖縄＝長崎県は前年度の69万箱から54万箱に大幅に削減された。他の地区の割当てが工場の増加で増えたのに、九州・沖縄の割当ては保留分をなくしたのでその分減った。一方、統制対象外のイワシ水煮、香辛料漬けの生産が増えた。同年度のイワシ缶詰生産高は171万箱(うちトマト漬け138万箱)で前年度比3割増し、輸出は162万箱(うちトマト漬け134万箱)で4割増しとなって、史上最高を記録した。輸出は急増したが、それでも華僑による排日貨運動の影響は大きなものがあった。[90]

　昭和13年度は生産、輸出とも大幅に減少した。最大の要因は南洋華僑の排日貨運動であり、国内の労働力不足、イワシの不漁、原料、資材及び労賃の高騰で生産意欲が低下したことも響いた。昭和13年度からイワシ香辛料漬け、水煮、14年度から油漬けの生産統制が始まり、これで輸出缶詰全てが生産統制の対象となった。また、この年から空缶の配給統制が始まった。[91]それは缶詰の需給に合わせた生産割当て(自主統制)から資材配給による統制(国家強制)への移行であった。

　昭和14年度のイワシ缶詰の生産は激減し、空缶の配給量をも下回った。前年度が112万箱(うちトマト漬け85万箱)であったのに、その半分以下の50万箱(うちトマト漬け39万箱)となった。水煮、香辛料漬け、油漬けの生産も減少した。原因は、イワシの不漁及び〆粕・油脂の市況が活発で、缶詰用の原料が入手難になったこと、労働力不足と労賃、資材、原料の高騰であった。輸出も前年度を下回った。[92]

2) 統制の強化

　昭和14年以降、統制に向けて組織改編が急速に進んだ。昭和13年12月、輸出水産物缶詰製造業許可規則が制定され、イワシ缶詰も許可制となった。工場施設を一定水準以上に引き上げて輸出を確保すること、工場の乱立を防ぎ、経営の安定を図るためであった。自由主義経済の終焉、戦時国家統制の始まりである。昭和14年7月には全国輸出缶詰業水産組合連合会（日本輸出鰮類缶詰業水産組合を含む。組合の名称は鰮類に変更された）が組織され、連合会は所属組合の缶詰検査機関を統合して検査事業を行った。同年9月にはマグロ、イワシ、サバ、魚介の4共販機関が合併して水産缶詰販売（株）が誕生した。目的は水産缶詰全てを同社に集め、当局の方針に基づいて輸出、円ブロック圏輸出、軍需向けに配分し、それに合わせて資材を配給することにあった。内需は認めていない（空缶の配給方針）ので、内需向けの製造は停止された。

　昭和15年3月に4組合によって日本水産缶詰製造業水産組合が設立された（日本輸出鰮類缶詰業水産組合は解散）。業務は、水産缶詰の生産と販売の統制、資材の購入と配給、販路拡張、輸出増進、調査研究・指導である[93]。

　昭和14年9月に欧州大戦が始まるとイワシ油漬け缶詰の産地が戦場となり、生産は不能に陥った。これを機に日本では油漬け缶詰の増産計画が立てられたが、昭和15年9月に日独伊軍事同盟が結ばれると輸出先はドイツ、イタリアに変更され、さらに独ソ開戦（16年6月）によってそれも不可能となった。輸出が困難になると軍需用、国内非常食用に切り換えられた。昭和16年10月、農林省は、油漬け、トマト漬け、香辛料漬けなど輸出品全てを製造中止とした[94]。

　昭和17年2月、農林省の指導監督下で食料品缶壜詰の生産販売を一元的に統制する日本缶詰統制（株）が設立された。水産、農畜産、ミカン缶詰などに分かれていた統制機関を一元化し、生産者利益の擁護から戦時統制下の食糧生産、供給という目標に変わった。

　図3-1、図3-2でみた通り、昭和12年をピークにイワシ缶詰、トマト漬けの生産が激減し、16年からは1万箱未満となった。トマト漬け缶詰の生産は中止となり、わずかに味付けが残った。

3) 缶詰企業の統合

　昭和13年末から輸出水産缶詰製造業の許可制度が始まったが、昭和15年7月に水産局長からその整理統合に関する通牒が発せられた。そこでは、空缶、その他資材の無駄を排し、国家が最も必要とする部門で消費すること、国策たる輸出振興に沿った輸出品の生産拡充のため、府県単位に合同すること、合同会社には原料の取得、品目の追加許可で配慮する、資本金は現物評価額と生産実績の利益率が8％になるように算出した額との中間とする（8％未満となる場合は8％になるまで資本金を圧縮する）、とした。この企業合同の勧奨は水産缶詰だけ。しかも輸出用だけで、農畜産缶詰を対象としていない。昭和16年10月に農畜産缶詰、水産缶詰を一括して扱うことになった食品局の局長から農林畜産缶詰製造業の整理統合に関する依命通牒が出された。原則として1府県1社、群小不能率工場の整理、原料は同じ府県から調達する、合同会社の資本金は現物評価額と計画生産量の利益率が12％になるように算出した額との中間とする（12％未満なら12％になるまで資本金を圧縮する）、とした[95]。

　水産缶詰企業はサケ、カニ缶詰のような一貫作業による大企業とイワシ、マグロのように買魚による中小企業とに大きく分かれるが、後者は戦時統制下で物資の不足、物価高で経営困難とな

り、その対策として府県単位の企業合同が進められた。[96]

　缶詰企業の合同は、ブリキ、空缶の需給統制のためにも必要であった。対米関係の悪化により米国から輸入していたブリキ、資材が入らなくなり、昭和13年6月の物資動員計画でブリキ板も配給統制された。空缶は輸出用（円ブロック圏のみ）、軍需用、練粉乳用の3種類に限定され、生産割当てが始まった。それと合わせて7月には製缶会社9社が合同して、新しく東洋製缶(株)が誕生した。合同会社は製缶供給の9割を占める独占体である。太平洋戦争に突入すると製缶用物資の割当ても減少し、軍用と育児用ミルク缶のみの生産となった。[97]

2　長崎県の缶詰生産と企業合同
1) 長崎県の缶詰生産の動向

　表3-5は、長崎県下のイワシ缶詰企業とその生産高の推移をトマト漬けとその他缶詰に分け

表3-5　長崎県のイワシ缶詰製造企業と製造量　　　　　　　　　　　　　　　　　　単位：千箱

企業名と所在地	種類	昭和9年	10年	11年	12年	13年	14年
内外食品(株)長崎工場	トマト漬け	31	164	205	177	90	58
西彼杵郡土井首村	その他	-	6	10	41	39	5
根市兼次郎(根市缶詰工場)	トマト漬け	2	3	3	13	11	5
西彼杵郡深堀村	その他	0	0	1	14	2	7
高須缶詰(合)西彼・瀬戸町	トマト漬け	-	10	7	11	8	6
(株)林兼商店	トマト漬け	-	117	256	247	125	34
相浦工場、土井首工場	その他	-	-	-	10	29	17
深堀食品工場	トマト漬け	-	-	0	5	4	2
西彼・日見村	その他	-	-	-	-	6	2
平戸水産相互(株)	トマト漬け	-	74	118	98	57	21
北松浦郡平戸町	その他	-	-	-	10	0	0
川南工業(株)	トマト漬け	-	63	169	121	98	26
平戸工場、五島工場	その他	-	-	-	10	-	-
五島水産工業(株)	トマト漬け	-	-	31	36	33	2
南松浦郡奈良尾村	その他	-	-	-	17	11	4
濱口興業(株)	トマト漬け	-	-	3	31	19	9
西彼杵郡野母村	その他	-	-	-	2	-	1
月川缶詰工業(株)	トマト漬け	-	-	-	1	1	0
南松・福江町	その他	-	-	-	25	35	6
(合)長崎洋行西彼・深堀村	その他	-	-	-	13	28	15
長崎水産(株)北松・津吉村	その他	-	-	-	-	30	3
南松漁業(株)南松・奈良尾村	その他	-	-	-	-	1	1
肥前水産(株)北松・南田平村	その他	-	-	-	-	20	6
高串缶詰工場	その他	-	-	-	2	0	3
長崎県合計	トマト漬け	33	431	792	740	446	163
	その他	0	6	11	144	201	75
全国合計	トマト漬け	193	727	1292	1335	722	297
	その他	4	19	27	233	473	108

資料：星野佐紀・木村金太郎編『日本鰮類缶詰業水産組合沿革誌及鰮に関する文献集』(昭和15年)26～36ページ、山田永雄「トマトサージンTomato Sardineニ就キテ」『長崎之水産　第3号』(昭和13年6月)36～40ページ。
注：その他とは水煮、香辛料漬け、油漬け缶詰。

て示したものである。昭和9年は2社、3万箱に過ぎなかったが、その後、企業数、生産高とも急増し、12年には12社、88万箱(うちトマト漬け74万箱)となった。全国生産の56％、トマト漬けは55％を占めた。以後、トマト漬けの生産制限、原料イワシの不漁、資材と労働力不足で企業数は増えたが、生産量は急減して、昭和14年は15社、24万箱(うちトマト漬け16万箱)となった。昭和13、14年度はイワシが不漁で、そのため原料価格が高騰し、期間途中で製造をストップするものが多く、割当量を完遂したのは4工場だけであった。[98]

　後発組にはトマト漬けの生産割当てはない。企業間格差は大きく、内外食品、林兼商店、平戸水産相互、川南工業の4社は、昭和10年までに開業しており、生産量も多く、生産割当てでは割当てを削減されている。

2) 川南工業(株)の缶詰事業

　戦時体制下における川南工業の缶詰事業をみてみよう。川南工業所を川南工業に改組した昭和11年9月から缶詰企業の合同が行われた16年7月までの(半年ごとの)営業報告書の中から水産業部門を引き抜いて示す。[99]

- 第1期(昭和11年9月～翌年1月)：川南工業所を株式会社(資本金500万円)とし、本社を長崎市に置いた。ソーダ工業、ガラス工業、造船所、水産業の4部門があった。水産業は創業9年目で、5工場がある。そのうち平戸工業所、朝鮮工業所が魚油、イワシトマト漬け缶詰を製造している(他の3工場の名称、立地、業種については記述がない)。水産業部門は上記2工場のイワシ漁業と缶詰事業だけが記載されている。水産業は、「既ニ確固タル基礎ノ上ニ在ル五ヶ工場ヲ最モ合理的ニ経営シ、日本鰮缶詰共販株式会社ノ成立ト相俟ッテ本社営業中第一位ノ利益ヲ挙ゲタリ」。

- 第2期(昭和12年2～7月)：資本金を1,500万円に引き上げ、本店を大阪市に移し、事業として鉱業を追加した。水産業は、「当期ハ豊漁ニ恵マレ、トマトサーヂンハ漁期半バニシテ既ニ割当量ノ生産ヲ終リタルヲ以テ共販以外ノ缶詰ヲ製造シ、予期以上ノ成績ヲ見ルニ至レリ。原料鰮ノコスト低下ヲ計ルタメ、自家漁獲ヲ企テ朝鮮工業所ニハ漁労部ヲ附属セシメ巾着網二隻運搬船七隻ヲ以テ一層業績ノ向上ヲ計ラントス」。

- 第3期(昭和12年8月～翌年1月)：水産業は、「朝鮮工業所漁労部ハ巾着網船二隻ニ依リ漁獲高予定以上ニ達シ、トマトサーディンモ割当ノ通リ製造シ、尚ペパーサーディン、味付缶詰等約二万五千函ヲ製造シ」た。日中戦争の勃発によって缶詰の軍需要が高まった。

- 第4期(昭和13年2～7月)：水産業は、「原料自給ノ長所ヲ遺憾ナク発揮シ、原料高ナリシモ当社ノ何等ノ影響ナクトマトサーヂン、ペパーサーヂンノ外、特ニ味付缶詰ヲ製造シ、些カ皇軍ヘ奉公」した。

- 第5回(昭和13年8月～翌年1月)：「鰮缶詰ニ於テハ従来ノ販路ノ外、北支、南支方面ノ市場開拓中ニシテ軍需品増加ト共ニ成績モ又向上ノ一途ヲ辿レリ。猶、新ニ清津ニ工場ヲ設ケ同地ヲ拠点トシテ北満方面ニ一大進出ヲ試ミタリ」。

- 第6回(昭和14年2～7月)：「鰮缶詰ハ輸出好転ニ向ヒ魚油、肥料等副産物収益モ増加シ、缶詰製造モ順調ニ推移シタリ」。

- 第7期(昭和14年8月～翌年1月)：「欧州動乱ハ輸出品タル鰮缶詰業ノ一大飛躍ヲ与ヘタリ。即チ市況ノ国際性ハ従来ノ姑息ナル割当制度ニ動揺ヲ来タシ、外貨獲得ノ見地ヨリ早晩統制ノ圏外ニ置カルル重要産業ノトシテ益々活況ヲ呈スルノ情勢ナリ。又漁労部ハ豊漁ニ恵マレ好成

績ヲ収メタ」。欧州戦乱はイワシ缶詰生産の飛躍をもたらすチャンスであり、外貨獲得手段なので統制をはずすべきだとしている。

- 第8回（昭和15年2月～7月）：「輸出品タル鰯缶詰ハ資材ノ配給円滑ニシテ、而モ当局ノ積極的慫慂ニ依ル増産奨励ノタメ今期モ頗ル好成績ヲ挙ゲタリ。漁労部ニ於テハ豊漁ニ次ク市価ノ昂騰ニ依リ益々繁忙好況ヲ持続シタリ」。
- 第9回（昭和15年8月～翌年1月）：「水産業、鉱業其他モ亦運営ヲ誤タズ且按配宜シキヲ得、予期ノ成績ヲ挙ゲテ今期ヲ了シタリ」。記述に具体性がなくなっている。
- 第10回（昭和16年2月～7月）：「鉱業、水産業在支投資ノ各事業又統制一段ト強化セラレタルニモ拘ラズ、経営ノ合理化ヲ図リ産業報国ヲ念トシテ増産ニ真摯努力シタル結果、其ノ按配宜キヲ得テ孰レモ順調ニ推移シ、前期ヨリ以上ノ成績ヲ収メタリ」

これ以降の営業報告書は水産業に触れていない。長崎県下の缶詰企業の大合同に川南工業の缶詰工場も参加したためとみられる。

3）長崎県の缶詰企業の合同

　缶詰企業は、日中戦争後、輸出の激減、資材の不足と価格の高騰、労働力不足、工場乱立による過当競争のため経営は困難となり、一元的合同が必要となった。政府は1府1県1社という合同方針を立てたので、昭和16年9月に長崎県合同缶詰㈱が設立された。同社は県本土と五島のイワシ缶詰15社、18工場が合同したもので、資本金は220万円（現物評価額200.7万円、営業権評価額19.4万円）、生産実績は51万箱であった。本社を長崎市五島町に置き、取締役社長は林兼商店の中部悦良が就いた。すでに輸出が途絶していたので、内需向けに転換した。また、合同した工場のうち6工場だけを運転し、原料、資材の重点集荷、労働力の有効配置をした。しかし、原料イワシの不漁に禍されて35万箱の生産目標の半ばにも達しなかった[100]。

　対馬のサザエ、サバを主とする8工場（全て個人経営、実績9千箱）が合同し、対馬合同缶詰㈱が設立された。資本金は138千円（現物評価額81千円、営業権評価額9千円、運転資金48千円）であった[101]。その後、長崎県合同缶詰は、対馬合同缶詰を吸収したうえで、旧林兼商店土井首工場を長崎工場、旧平戸水産相互の工場を平戸工場、旧対馬合同缶詰の厳原工場を対馬工場として、僅かの内需缶詰と軍需缶詰を生産して事業を続けた。

　缶詰事業を提供した各企業の動向をみると、長崎洋行（合）は昭和12年から缶詰製造を始めるが、企業合同で缶詰の製造権を合同缶詰に移譲し、魚粉、煮干しなどの製造を行った。深堀食品加工所も企業合同後は壜詰に転換し、兼業としてトマトソース、佃煮、魚粉の製造を行った。昭和19年に㈱深堀食品工場となった。長崎県水産試験場の缶詰製造や対馬のアワビ、サザエの缶詰製造は企業合同を境に休止した[102]。

第7節　昭和20年代－イワシ缶詰の急速復興－

1　戦後の缶詰統制とイワシ缶詰の生産動向

　前掲図3-1で昭和20年代の全国のイワシ缶詰生産量をみると、23年まではせいぜい数万箱であった。戦後、数年間は食糧難だったので、イワシも生鮮消費向けが優先し、缶詰原料向けは後回

しになった。昭和24年から生産量が急増し、以後80～100万箱にまで復活した。戦前の最高水準には達していないが、イワシ缶詰製造は再び黄金期を迎えた。缶詰の種類はトマト漬けが最も多く、味付けが続く。水煮や油漬けは少なく、香辛料漬けはなくなっている。

　缶詰生産の回復にとって資材の確保、とくにブリキ、空缶の供給問題は深刻であった。戦時中は軍需省の物資動員計画に基づいてブリキが割当てられたが、戦後は昭和21年になって東洋製缶㈱の空缶製造がようやく回復に向かう。ブリキや空缶の配給、価格統制が解除された昭和25年に大洋漁業副社長・中部悦良らが提唱して長崎市に九州製缶㈱が設立された。従来、長崎県のイワシ缶詰の空缶は東洋製缶戸畑工場から輸送されていた。輸送事情や労働争議などで納期がしばしば遅れたことから、中部は東洋製缶に対し長崎市への工場進出を要請したが受け入れられず、そのため地元商工業者、缶詰業者の協賛を得て製缶会社を設立したのである。以来、九州製缶の空缶生産は飛躍的に伸長したが、昭和28年になると長崎県のイワシ不漁＝缶詰工場の倒産で経営危機に見舞われた。それを八幡製鉄などから増資を受けて製造する缶種を拡げ、製缶技術を高度化して乗り越えた。[103]

　敗戦2年目の8月にGHQが民間貿易の再開を認めたことから食糧貿易公団が設立され、缶詰の輸出業務も担当した（日本缶詰貿易㈱が代行した）。昭和24年には貿易公団の縮小整理、単一為替レートの設定（1ドル360円）、為替管理法の制定などにより全面的に民間貿易に移行した。この貿易の自由化と昭和25年の朝鮮戦争による特需、各国との貿易協定（戦時賠償貿易を含む）などによって缶詰輸出は急増した。

　昭和20年代末から30年代初頭にかけてイワシ、サンマ、アジ、サバの缶詰工業組合、共販組織、缶詰輸出組合が結成された。イワシ缶詰に関しては、昭和28年に鰮缶詰工業協同組合、29年に鰮缶詰販売㈱、30年に鰮缶詰輸出水産業組合が設立された。このうち鰮缶詰販売は市場が競合するサンマ組合と合併して、昭和31年に魚介缶詰販売㈱となった。アジ缶詰が伸びてくるとその販売も扱った。鰮缶詰輸出水産業組合はアジ、次いでサンマの組合と合併して昭和43年に日本水産缶詰輸出水産業組合となる。サバについては漁獲と缶詰工場が全国に拡がっていることから共販組織も輸出組合もできなかった。[104]

　イワシ缶詰の輸出は急増するが、輸出先は毎年のように大きく変わった。昭和23年と24年は大部分が英国向けであったが、25年からアフリカ向けが急増した。ビルマ、タイなどの東南アジア、ベルギー、英国、オランダなども市場が拡大した。昭和26年はマラヤ、シンガポール、27年は香港、28年は米国（イワシが不漁であった）へ大量輸出された。[105]ところが、米国向けはウルメイワシの混入問題で急落し、フィリピンが経済回復と日比両国の関係正常化で浮上した。トマト漬けは戦前は東南アジア向けが76％を占めたが、戦後は43％に低下した。代わってアフリカが9％から31％に増加した。

　イワシ缶詰の生産は、昭和27年、28年に大幅に増えた。主力は輸出向けトマト漬けで、米国向け輸出は好調であった。国内向けの味付けも伸長した。しかし、昭和28年にウルメイワシが混入していたことが問題となって（米国はsardineとウルメイワシを区別する）、米国向け輸出が一転不振となり、29年にはイワシの不漁、とくに長崎県が不漁で、缶詰生産が激減するなど激動した。[106]戦後の黄金期も短期間であった。

2　長崎県のイワシ缶詰生産の動向

　昭和22～28年の期間、長崎県ではイワシの大漁が続いた。長崎県のイワシ缶詰は、昭和23年3月に初輸出された。第一物産(株)（旧三井物産）の手を経て門司港(当時、長崎港は浮遊機雷で危険であった)から約1万箱をタイへ送った。貿易再開の機運に乗って長崎県合同缶詰(株)と(株)深堀食品工場が手がけた。続いて各缶詰工場が一斉に操業を開始している。貿易業者は輸出する商品がなく、イワシ缶詰は何よりの貿易品であったことから、長崎に駐在員を置き、現金を持って工場へ買いに来た。

　イワシトマト漬けの輸出は増加して昭和25年度は20万箱となった(ほとんどが楕円1号缶と楕円3号缶)。これは戦前の最高水準の約15％にあたる。長崎県は14.7万箱で全体の7割余を占めた。原料の大羽イワシは全国的には不漁だが、長崎県は豊漁であったことによる。[107]

　表3-6は、昭和25～33年の長崎県の水産缶詰の生産高の推移を示したものである。昭和25年の31万箱から28年の80万箱余へと大幅に増加するが、29年は24万箱に急落し、その後10万箱前後に落ちた。イワシ缶詰、とくにトマト漬けが大部分を占めるが、昭和29年にその生産量が急減すると、代わってアジ、サバ(とくにサバ)の缶詰が増えた。イワシの不漁で、戦後、「あぐり王国」を形成したまき網漁業の多くは倒産し、残った経営体の中には漁船を大型化して沖合・遠洋漁場に進出し、イワシからアジ、サバへと漁獲対象を変えたことを反映している。

表3-6　長崎県の水産缶詰製造高の推移　　　　　　　　　　　　　　　　単位：千箱

	25年	26年	27年	28年		28年	29年	30年	31年	32年	33年
イワシ缶詰	286	455	589	714	イワシ缶詰	692	130	88	46	18	47
トマト漬け	228	374	515	630	トマト漬け	606	92	46	24	13	36
その他イワシ	58	92	74	84	味付け	78	33	25	15	5	10
					水煮・油漬け	8	5	16	7	-	1
アジ・サバ缶詰	8	15	25	87	サバ缶詰	104	92	48	9	23	77
貝類缶詰	5	4	2	4	貝類缶詰	6	6	23	45	27	3
その他	9	4	46	1	その他	35	10	37	18	8	2
計	309	489	662	806		838	239	196	118	80	129

資料：昭和25～28年は『長崎県水産要覧　1955』(昭和31年3月、長崎県水産商工課)68、69ページ、
　　　昭和28～33年は『長崎県水産加工業の現況』(昭和34年12月、長崎県水産試験場)3ページ

　昭和29年頃、イワシ不漁対策として長門漁業(長崎市。缶詰部門を持っていた)が工船を鳥取県境港(山陰沖はイワシの豊漁が続いていた)に回航してイワシ缶詰を製造したが、工船が小さく、電源を陸上に求めたこと、水の入手問題などで十分な活動ができなかった。[108]イワシの不漁で缶詰生産が激減するとイワシに代わる原料を模索してミカン缶詰に行き着く。[109]

　トマト漬け楕円1号缶1箱を作るのにイワシは約10貫必要なので、昭和28年の60万箱のためにイワシ600万貫が使われたことになる。同年のイワシの漁獲高は約6,200万貫なので、長崎県全体では約10％余が缶詰用に向けられた計算になる。もちろん缶詰工場の多い地域ではこの比率はさらに高くなる。[110]黄金期のイワシ缶詰製造業は、イワシ漁業、漁村経済にかくも大きな活力を与えた。

3　長崎県の缶詰企業と経営

　県下の缶詰企業を合同した長崎県合同缶詰(株)は昭和24年5月に解体された。表3-7は、太平

表3-7　長崎県合同缶詰(株)の損益収支　　　　　　　　　　　　　　　　　　　　　単位：千円

		第4期 S19.8～20.7	第5期 S20.8～21.7	第6期 S21.8～22.7	第7期 S22.8～23.7	第7期の部署別収入と資産・資本構成	
収入	製品売上高	1,174	5,998	19,692	54,592	本社	114
	副産物売上高	172	542	163	184	長崎工場	33,889
	商品売上高	2	51	－	68	平戸工場	12,558
	その他収入	325	307	1,447	2,039	相浦工場	5,861
	計	1,672	6,898	21,302	56,884	小浜製塩工場	1,128
支出	製品売上原価	1,143	2,561	16,700	54,041	対馬支社	3,335
	副産物売上原価	148	398	170	153		
	商品仕入れ高	1	41	－	63	固定資産	1,866
	原価外経費	27	720	102	486	流動資産	39,516
	事務・販売費	93	－	145	－	繰り延べ資産	131
	租税公課	－	－	1,235	725	資産計	41,513
	その他支出	91	556	1,023	892	資本	3,285
	計	1,503	5,277	19,375	55,362	負債	37,706
当期利益金		169	1,621	1,926	522	当期利益金	522
						資本・負債計	41,513

資料：長崎県合同缶詰(株)の各期決算報告書
注：第7期の部署別収支は、長崎工場、平戸工場が黒字、他は赤字。

洋戦争末期から戦後にかけた4年間の同社の損益収支を示したものである。事業規模(収入)からすると大戦末(第4期)は167万円にまで縮小していたが、戦後は第5期が690万円、第6期が2,130万円、第7期が5,688万円と急増した。インフレの影響が大きいが、生産は急速に回復しつつあった。第7期(昭和22年8月～翌年7月)の部署別の貸借、損益収支をみると、①部署は本社(長崎市五島町)、長崎工場、平戸工場、相浦工場(佐世保)、小浜製塩工場(南高来郡)、対馬支社(旧対馬合同缶詰)に分かれている。②資材、原料の不足から工場の稼働を対馬を含めて4ヵ所に集約している。このうち長崎工場と平戸工場は利益が出ているが、その他の部署は赤字である。③資産は4,151万円で圧倒的に流動資産で占めたれている。資本・負債では負債(とくに短期)が高く、缶詰製造業の財務体質を示している。なお、取締役社長は第6期から中部悦良から三浦仙三(後、長崎缶詰専務、鯣缶詰工業協同組合理事長)に代わった。

　各工場は原料、資材が統制下にあって充分な活動ができなかった。イワシは大漁に恵まれたが、資材の不足は深刻で、砂糖、醤油といった調味料は割当てがなく、人工甘味料を使用し、塩は小浜町の温泉熱で作った塩を使った。[111]

　表3-8は、昭和24年3月現在の長崎県のイワシ缶詰工場を示したものである。缶詰工場は4社、5工場で、長崎缶詰(株)の長崎工場と平戸工場は長崎県合同缶詰から引き継いだ工場で、(株)日本食品工業(長崎市)、佐世保缶詰(株)(佐世保市)は昭和23年に設立されている。

　各工場の建物、施設のうち、長崎缶詰平戸工場は船舶を保有し、原料確保を図っている点が特異である。従業員数は平時と最盛期とでは事務員は多少増えるだけだが、工具は数倍に増える。男女比は女子が3、4倍多い。調理や肉詰めなどが労働集約的で、しかも鮮度を重視するために短時間で処理する必要があることから多くの女子が雇用された。製造設備で注目されるのは各工場とも打栓機を備えており、瓶詰め製造も行ったことである。巻締機は常圧(形式はアドリアン、マキサム、セミトロ、キャンコ)が多いが、真空式も各工場1～3台取り入れられている。したがって、脱気箱

表3-8　長崎県イワシ缶詰工場の概況（昭和24年3月）

工場名	工場	従業員			工場内設備
			事務員	工員	
長崎缶詰(株) 長崎工場 長崎市土井首町	敷地1,027坪、建物473坪、作業場、倉庫、荷造室、汽罐室、事務所、宿舎など	平時 最盛期	6人 7人	100人 345人	二重釜10台、冷蔵庫、燻製室、乾燥室、脱気箱、巻締機15台、打栓機9台、殺菌釜4台
長崎缶詰(株)平戸工場　北松・平戸町	作業場420坪、倉庫、荷造室、汽罐室、事務室、船舶5隻	平時 最盛期	5人 5人	62人 310人	脱気箱7台、巻締機13台、打栓機5台、殺菌釜7台
(株)深堀食品工場 西彼・日見村	敷地948坪、建物756坪、作業場、倉庫など	平時 最盛期	5人 7人	65人 150人	脱気箱2台、巻締機9台、打栓機12台、殺菌釜6台
(株)日本食品工業 長崎市土井首町	敷地7,544坪、建物9,840坪、作業場など	平時 最盛期	22人 25人	80人 260人	脱気箱6台、巻締機11台、打栓機1台、殺菌釜2台
佐世保缶詰(株) 佐世保市大黒町	敷地1,055坪、建物348坪、作業場など	平時 最盛期	10人 13人	71人 113人	打栓機2台、殺菌釜7台

資料：『長崎県水産年鑑　1950』(1950年、時事通信社)254〜257ページ。
注：従業員の男女別、巻締機と殺菌釜の種類別は省略した。

も使われている。全て国産メーカー製。殺菌釜は高温タイプのもの。主に楕円1号缶を製造。1箱の製造原価は2,400円前後で、うち原料イワシは900円前後であった。

　表3-9は、昭和25年末現在の長崎県の缶詰工場一覧である。13社、16工場に増えている。統制の解除、イワシの豊漁、資材の入手が容易となり、輸出市場も開けてきたことによる。

　長崎缶詰㈱は4工場を持つが、他社は1工場(長崎県内)である。うち日新缶詰㈱(下関市)、㈱大進洋行(大阪市)、興産㈱(福岡・柳河町)、朝日物産㈱(福岡市)は県外からの進出である。工場所在地は長崎市及びその近郊(西彼杵郡日見村、深堀村)が多く、他は対馬(上下県郡)、佐世保市、平戸町、五島(南松)である。対馬はアワビ・サザエの缶詰が主で、生産量は少なく、資本金も少ない。職員は男子、工員は女子が中心。平時の工員数は操業期間が周年か季節的かで大きく異なる。昭和24年は半数の工場が稼働しただけであったが、25年はほとんどの工場が操業するようになり、生産量も増えている。最大は7万箱強、最少は1千箱と工場による差が大きい。巻締機の台数は生産量にほぼ見合っているが、真空巻締機が相当普及している(常圧巻締機も備えている)。殺菌釜は多い工場で5台を備えている。

　対馬の企業を除く各企業の経歴を示しておく。長崎缶詰㈱は長崎県合同缶詰㈱の後身で、昭和24年に大村工場を新設して、長崎工場、平戸工場、対馬工場と合わせて4工場となり、25年に社名を変更し、増資を行った。昭和25年末の長崎工場の見学記によると、工場と直結して桟橋があり、漁船からイワシが水揚げされ、エレベーターで工場内に運ばれる。従業員は平時は150人、最盛期は350人位。日産能力は1,000箱で、イワシトマト漬け缶詰工場としては最大級である。工場に併設してフィッシュミール工場があった。目立つ設備・機械は、ベルトコンベア3ライン、脱気箱4台、M7オーバル巻締機(自動、1分間の巻締め能力60缶)3台、マキサム巻締機が設備され、半自動のアドリアン巻締機は時代遅れで片隅に追いやられている。殺菌釜も全て加圧冷却装置付き(殺菌後に冷却する)であった。[112]

　㈱深堀食品工場は、昭和23年に増資して製氷・冷蔵事業を手がけるとともに缶詰製造を再開した。長崎洋行合資会社は昭和24年に株式会社となり、缶詰生産を再開した。才川食品工場は

表3-9　長崎県下の缶詰工場一覧(昭和25年12月現在)

会社・工場名	工場所在地 ※本社所在地は別	資本金 万円	職員平時 男	職員平時 女	工具平時 男	工具平時 女	生産量 千箱 24年	生産量 千箱 25年	巻締 機台	殺菌 釜台
長崎缶詰(株)　長崎工場	長崎市土井首町※	700	28	0	35	37	12	33	10	5
平戸工場	北松・平戸町		4	1	6	56	32	15	2	5
大村工場	大村市		9	0	5	50	-	-	8	5
対馬工場	上県郡豊崎町		10	0	5	25	2	5	5	2
日本食品工業(株)	長崎市平瀬町※	500	7	5	59	3	27	61	14	5
(株)深堀食品工場	西彼・日見村	250	17	4	12	40	36	54	13	4
(株)長崎洋行	西彼・深堀村	1,000	13	0	0	0	-	38	12	4
佐世保缶詰(株)	佐世保市大黒町	800	15	6	16	0	12	74	15	5
才川食品工場	西彼・香焼村		15	6	16	0	-	30	8	4
日新缶詰(株)五島工場	南松・久賀島村※	1,000	4	0	3	3	-	1	6	3
(株)大進洋行対馬工場	上県郡豊崎町※	100	4	2	4	6	-	1	2	1
対州缶詰(株)	下県郡鶏知町	200	4	0	0	0	-	1	1	1
長崎漁業(株)長崎工場	長崎市戸町※	1,000	4	0	14	70	-	4	3	2
興産(株)長崎工場	長崎市簗瀬町※	150	4	2	6	12	-	1	4	3
朝日物産(株)相浦工場	佐世保市川下免※	250	12	3	10	140	-	-	3	2
長崎県水産試験場	長崎市丸尾町			3	1	15	35	-	4	5	0

資料:『長崎県に於ける缶詰工場調査書(昭和25年12月調査)』(長崎県水産部水産課)より作成
注1:本社が県外にある場合、県外に工場を持つ場合がある。缶詰以外を製造する場合もある。
注2:巻締機の種類別(真空、常圧)は省略した。

戦後間もなく才川水産(以西底曳網経営)の加工部門として塩干、塩蔵、ねり製品、煮干しを製造してきたが、昭和25年から缶詰製造に着手した。日新缶詰(株)は昭和25年に山口県缶詰(株)から社名を変更し、五島にイワシ、サザエ缶詰工場を建設した。大洋漁業(株)(戦前の林兼商店)の子会社である。長崎漁業(株)はまき網漁業を中心とする企業で、昭和23年に大洋漁業長崎支社の食品工場(塩干、塩蔵加工)を受け継ぎ、25年から缶詰を製造するようになった。興産(株)は福岡県・柳河町で缶詰製造を行ったが、輸出用イワシ、エビ缶詰のため昭和25年に長崎市へ進出した。朝日物産(株)は長崎缶詰の福岡販売代理店をしていたが、自社製造を計画し、昭和24年末から休業していた長崎缶詰から相浦工場を借り、佃煮などを作った。昭和26年からイワシトマト漬け缶詰を製造するようになり、社名を相浦缶詰(株)に変更した。昭和27年末にイワシ不漁に遇い、28年末からミカン缶詰の製造を手がけた。[113] 長崎県水産試験場は、終戦後、施設の普及に努め、昭和25年から缶詰製造を再開した。[114]

表3-9には(株)長崎水産食品の名前がない。同社は昭和23年6月に設立されて、缶詰、デンプン、飼肥料の製造販売を行う大洋漁業系の会社である。本店は長崎市簗瀬町(現稲佐町)、缶詰工場は簗瀬町と戸町の2ヵ所。資本金は1,000万円で、従業員は常雇35人、臨時雇い250人(昭和28年)の体制で、取締役社長は三浦仙三がなった。三浦は大戦中は林兼商店長崎支店長、西大洋漁業統制(株)支社長を務め、戦後は長崎県合同缶詰、長崎缶詰を経て長崎水産食品に移った。表では戸町工場は長崎漁業、簗瀬町工場は興産の名義になっている。イワシの不漁で赤字が続き、昭和29年に長崎缶詰に合併した。[115]

第8節　昭和30年代・40年代前半－長崎県のイワシ缶詰の消滅－

1　イワシ缶詰生産の激減と種類の転換

　本節では、イワシの不漁で缶詰の中心がイワシ缶詰からアジ、サバ缶詰に移行する昭和30年から40年代半ばまでを対象とする。長崎県はイワシの不漁が他府県より早く現れ、アジ、サバ缶詰への移行は一部で、多くはミカン缶詰に移行した。それとともに缶詰企業の倒産と大手資本による系列化と再編成が進行した。

　昭和30年代は高度経済成長を迎えたとはいえ、冷蔵庫は各家庭に普及しておらず、缶詰は保存食品としてなお重要な地位を占めていた。輸出は好調であった。

　図3－3は、昭和30年から40年代前半にかけて全国のイワシ、アジ、サバ缶詰の生産量を示したものである。イワシ缶詰は昭和33年の183万箱をピークに急速に低下し、40年代半ばにはわずか13万箱となった。輸出向けの割合も低下した。アジの缶詰生産は、イワシ缶詰の減少を補うように昭和34年頃から急増して、しばしば100万箱を超えた。しかし、昭和40年代に入るとアジの仕向け先が価格の高い生鮮やカマボコ原料に向かったため、缶詰生産は停止状態になった。

　サバ缶詰はイワシ缶詰に次いで多く、イワシ缶詰が減少する昭和30年代半ばにはイワシ缶詰を追い抜き、その後も急増を続けて40年は500万箱、43年は1,000万箱を記録した。従来の缶詰生産とは次元を異にする数量である。サバ缶詰も大部分が輸出に向けられた[116]。サバ缶詰がこのように伸びたのはサバの水揚げが年間を通じて全国どこにでもあり、コールドチェーン体系の形成、輸送方法の発達によって原料の周年供給が可能になったこと、小型サバも原料とするようになったこと、缶詰加工技術の発達に負うところが大きい[117]。

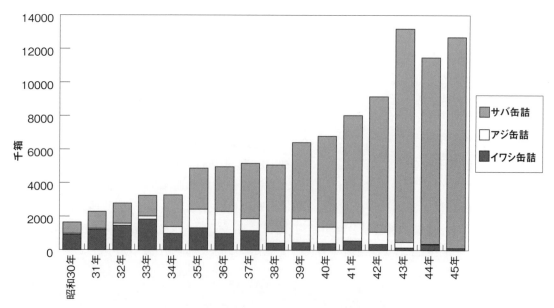

図3－3　全国のイワシ、アジ、サバ缶詰生産量の推移

資料：『日本缶詰検査協会十五年史』（昭和46年、同協会）186、187ページ。

イワシ、アジ、サバ缶詰の生産動向は地域によって異なる。表3-6に戻って昭和28～33年の長崎県の水産缶詰の品目別生産量をみると、29年以降はイワシ缶詰が激減するが、イワシの不漁は他府県よりも早く来た。しかもイワシ缶詰に代わる品目は、全国的にはアジ、サバ缶詰であるのに、長崎県ではその動きは弱い。

　昭和29年、深堀食品工場はイワシの代わりにアジが獲れ、価格も低下したことからアジの缶詰(トマト漬け)を初めて製造した。馴染みがなかったので、採算を度外視して㈱東食(三井グループの食品専門商社、現カーギルジャパン)に販売を委託した。その結果、フィリピンでアジ缶詰が定着し、全国各地でアジ缶詰を製造するようになった[118]。しかし、長崎県ではアジ缶詰の製造は拡がらなかった。

　長崎県の水産缶詰の地位は、昭和27、28年はマグロ缶詰の多い静岡県に次いで全国第2位、全国生産量の13、14％を占めていたが、33年は第15位、生産量は0.7％へと凋落した。長崎県では昭和29年からミカン缶詰の製造も行うようになった[119]。

　昭和29年のミカン缶詰は7社、24万箱、水産缶詰は10社、40万箱であったが、30年は前者が9社、60万箱、後者が7社、22万箱と逆転した[120]。

　昭和38年現在の全国に占める長崎県の生産割合は、サバ缶詰は369万箱と5万箱(1％)、イワシ缶詰は41万箱とゼロ(0％)、アジ缶詰は78万箱と5万箱(7％)で、かろうじてアジ缶詰で存在を示すに留まっている。

2　イワシ缶詰企業の動向

　表3-10は、イワシ缶詰最盛期の面影を残す昭和31年の長崎県の缶詰工場を示したもので、19社、25工場があった。製造種目は大きく変わりつつあって、イワシ缶詰だけを製造する工場はなくなり、アジ、サバ缶詰またはミカン缶詰を加えるか、ミカン缶詰主体に転換するか、あるいは休業している。対馬はもともとイワシ缶詰はほとんどなく、アワビ、サザエ缶詰主体である。表3-9の昭和25年末と比べて、企業数も工場数も相当増えて、過去最多水準となっている。対馬は倍増した。また、数社が新しく入れ替わっている。長崎缶詰㈱は6工場となったが、そのうち大村工場の廃止と稲佐工場の新設(興産が運営)、戸町工場は同じ大洋漁業系の長崎漁業(昭和30年に大洋漁業に吸収された)から移籍したものである[121]。

　岩切氏は、昭和40年の九州・山口の缶詰産業について、①イワシの激減、アジ、サバの漁獲低迷によって企業倒産が続いた反面、青果物缶詰の展開によって新規企業が立ち上がるなど興亡が著しい。②国内市場の拡大につれ、従来の問屋＝商社の他に大手水産企業、食品企業が進出し、缶詰企業を系列化している。系列化は自社ブランドの委託加工という形をとっている、と指摘している[122]。

　昭和38年の長崎県の缶詰企業は8社に減少しており、長崎缶詰、対馬の企業、水産試験場の名前もない。それぞれの系列化は、長崎農産加工㈱と相浦缶詰㈱は大洋漁業㈱、㈱長崎洋行は日本冷蔵㈱、㈱深堀食品工場は商社・野崎産業㈱、大洋食品㈱は宝幸水産㈱の系列下にあった。大洋漁業の場合は系列化というより、イワシの不漁に伴い、系列企業を本社に統合し、縮小再編(集約化)した。

　缶詰企業を吸収合併した代表は林兼産業㈱で、同社は昭和16年に山口県の缶詰企業が大合同した山口県合同缶詰㈱を前身とし、戦後、山口県缶詰㈱、日新缶詰㈱と改称し、昭和31年に

表3-10 昭和31年8月現在の長崎県下の缶詰工場

会社名と工場	所在地	製造品目
長崎缶詰(株) 長崎工場	長崎市土井首町	イワシ、アジ、サバ、クジラ、赤貝、ミカン、ビワ
同 平戸工場	平戸市平戸町	
同 稲佐工場	長崎市梁瀬町	
同 戸町工場	長崎市戸町	
同 対馬工場	上県郡上対馬町	イワシ、アジ、サバ
同 鰐浦工場	上県郡上対馬町	サザエ
(株)長崎洋行長崎工場	長崎市深堀町	イワシ、アジ、サバ、ミカン、他
長門漁業(株) 江川食品工場	長崎市平瀬町	イワシ、アジ、サバ
同 川工丸	長崎港	ミカン、中華料理、他
大和缶詰(株)	長崎市深堀町	イワシ、アジ、サバ、ミカン
(株)深堀食品工場 第一工場	長崎市日見町	イワシ、アジ、サバ
同 第二工場	同	ミカン、ビワ、他
相浦缶詰(株)	佐世保市川下免	イワシ、アジ、サバ、ミカン、他
対馬缶詰(株)鷄知工場	下県郡美津島町	サザエ、アワビ
中央缶詰(株)	同	サザエ、アワビ
(株)大進洋行対馬工場	上県郡上対馬町	サザエ、アワビ
高見缶詰所	上県郡上県町	サザエ、アワビ
牧野缶詰所	上県郡佐須村	サザエ、アワビ
林兼産業(株)五島工場	南松浦郡久賀島村	イワシ、アジ、サバ、他
丸一缶詰(株)	南松浦郡有川町	イワシ、アジ、サバ
大洋食品(株)	島原市高見町	魚貝、ミカン、他
大洋水産(合)	長崎市戸町	イワシ、アジ、サバ、ミカン、他
佐世保缶詰(株)	佐世保市大黒町	休業
日本缶詰(株)	西彼杵郡香焼村	休業
長崎県水産試験場缶詰工場	長崎市丸尾町	
計19社25工場		

資料:『輸出向中小工業叢書 第16輯缶詰業』(昭和31年10月、中小企業庁・大阪府商工経済研究所)114、115ページ。

林兼産業と合併した(本社は下関市)。林兼産業の有価証券報告書で缶詰工場をみると、昭和36年度は下関食品工場(下関市)、柳川工場(柳川市)、長崎工場(長崎市)、塩釜工場(塩釜市)の4工場があり(その他遊休工場が2ヵ所)、長崎工場はジュース缶詰と農産缶詰だけで、水産缶詰は製造していない。昭和37年度も4工場であるが、長崎工場は名前だけで、従業員はいない(休業中とみられる)。昭和38年度以降は柳川工場だけとなった。[123]

昭和30年代と40年代における長崎県の主な水産缶詰工場と主要缶詰品目をみると、深堀食品工場は30年代はミカン、タケノコ、40年代はミカン、サバ、相浦缶詰は30年代はミカンであったが、40年代はサバに代わり、ミカン缶詰は松浦工場(40年代設立)に移している。長崎洋行は30年代はミカン、40年代はミカン、サバとなったが、そこで姿を消す。長崎缶詰と林兼産業(ともに長崎市)は30年代はミカン缶詰、ジュースを製造したが、40年代には工場がなくなった。[124]深堀食品工場と相浦缶詰だけが、現在まで事業を継続している。

第9節 要約

長崎県のイワシ缶詰製造の発展過程について、明治初期から昭和40年代半ばまでを7期に分けて通観した。この間、缶詰製造技術の発展、原料イワシの好不漁、重要な輸出品であり、軍糧品であったことから、世界の政治、経済、軍事情勢に翻弄され、あるいはそれに便乗して非常に大きな変化を辿った。

(1)明治前期-缶詰製造の創業期-

日本の缶詰製造は、明治初期、米国、フランスからの技術導入によって2通りのルートで始まった。①明治政府の勧業政策の一環として万国博覧会を機に技術が導入され、北海道開拓使の手に

よって扶植され、後、民間に払い下げられる経過を辿ったもの。②長崎市の松田雅典がフランス人から製法を学び、日本で最初に缶詰を製作した。缶詰製造は殖産興業になるとして県営の缶詰試験場が作られ、その工場の払い下げを受けて自ら事業経営をした。機械、設備を政府や県に仰ぎながら製法技術の改良に尽力した松田個人の系譜である。

　当時の缶詰製造は、家内制手工業の段階にあって製缶の自製、道具による職人技能と女子の集約的労働、農畜産水産物を原料とした少量多品種生産を特徴とする。技術的には未熟なものが多く、生産量は少ない。国内需要は皆無に近く、輸出先も限られていた。企業の興亡が著しい。長崎県はアワビ水煮缶詰の中国向け輸出を中心とした。

(2) 日清・日露戦争と缶詰製造業の発達

　日清・日露戦争は軍糧食として大量の缶詰需要を呼び起こし、缶詰産業が俄に勃興した。日清戦争時は水産缶詰はほとんど使われなかった。日露戦争時には、日清戦争時をはるかに上回る量を国産で賄い、水産缶詰は畜肉缶詰に匹敵する量となった。陸軍への納入では農商務省に依頼して計画生産、品質保証のため指定工場制がとられた。長崎県の場合はイワシ、サバ缶詰が主体で、指定工場は6工場であった。戦争が終わると余った缶詰が市中に出回って、缶詰に対する認知度は高まったが、大きな需要先を失ない、海外市場も開けず、缶詰産業は再び停滞した。

(3) 大正期－缶詰製造の停滞とトマト漬け缶詰の開発－

　大正初期、缶詰産業は北洋サケ・マスを中心に大量漁獲、大量製造のため自動巻締機が導入され、また、製缶会社が設立されて缶詰部門と分離した。製品は欧米に輸出され、缶型も国際標準に統一された。しかし、イワシ缶詰は輸出は低調、少量生産、製缶部門の未分化、巻締機が不完全でハンダ付けによる補修を必要とする状態が続いた。そうした中、長崎県水産試験場は、大羽イワシの有効利用のため、貿易会社からの注文を契機にトマト漬け缶詰の製造試験に乗り出した。第一次世界大戦後に海外市場は再び縮小し、生産費の低減が求められたが、技術的には完成の域に到達した。

(4) 昭和初期～11年－トマト漬け缶詰製造業の勃興－

　大正末、長崎県水産試験場の製造試験を受けて、イワシトマト漬け缶詰の製造会社が現れたが、米国産とは価格競争力で劣り、輸出が振るわず、赤字続きであった。事態が大きく転換するのは世界恐慌の発生で、日本が金輸出再禁止措置をとったことで円安が進行して、南洋を始め、欧州、アフリカなどへの輸出が急拡大した。それに合わせて製造業者が急増、トマト漬け缶詰生産量も昭和12年に史上最高を記録した。長崎県はその半数を生産した。イワシの豊漁、二重巻締機の改良、生産性の向上、生産費の低下がそれを支えた。イワシを自ら漁獲する企業、朝鮮にも缶詰工場をもつ企業も登場した。缶詰製造は機械制工場生産の色合いを強めた。しかし、過当競争、粗製濫造の傾向も現れ、政府は輸出水産物取締法を制定し、業界は団体を結成して生産と販売の統制に乗り出した。

(5) 戦時体制下におけるイワシ缶詰の統制と終焉

　輸出向けイワシ缶詰は、昭和11年から生産は組合による生産割当て、販売は共販会社を設立し、そこが一手販売することで統制が進められた。日中戦争の勃発以来、イワシ缶詰は輸出市場から次々と閉め出され、円ブロック圏のみとなった。資材の不足から空缶が配給制となり、自主統制から国家統制へと移行した。缶詰は輸出による外貨獲得手段から軍糧食及び非常用に切り換えられ、缶詰会社は1府県1社とする大合同が推進された。長崎県では昭和16年に長崎県合同缶

詰(株)が設立されたが、原料及び資材の不足で、生産量は急速に低下した。

(6) 昭和20年代－イワシ缶詰の急速復興－

昭和22年から貿易は再開されたが、25年まで空缶と缶詰の配給統制もあって、缶詰の生産、輸出は制約を受けた。それでもイワシの豊漁によりイワシ缶詰の生産と輸出は急速に復活した。輸出先は東南アジア、アフリカ、欧米諸国が中心となった。主力のトマト漬けでは長崎県が主導的位置を占めた。合同缶詰会社は解体され、県内外からの新規参入もあって、缶詰業は再び花形産業となった。長崎県の缶詰業者らによって製缶会社が設立され、空缶の需給がスムースになった。しかし、昭和20年代末にはイワシの不漁、とくに長崎県の不漁が著しく、イワシ缶詰に代わる品目が模索された。

(7) 昭和30年代・40年代前半－長崎県のイワシ缶詰の消滅－

昭和30年代以降の高度経済成長に伴って、缶詰の国内需要が増加し、輸出市場も堅調であった。しかし、缶詰生産は再び大きく変動した。イワシの不漁に代わってアジ、サバの漁獲が急増し、缶詰もそれに代わっている。長崎県はイワシ缶詰への依存度が高かったため、イワシ不漁の打撃は深刻で、多くが廃業に追い込まれた。他府県のようにアジ、サバ缶詰への移行は限られ、生き残ったのはミカン缶詰への転換を果たした少数の工場だけとなった。大手水産会社による缶詰工場の系列化と再編成が進むが、原料が大きく変動するなかで大手企業といえども規模の縮小、さらには撤退を余儀なくされた。

注

1) 梶川温「鰮魚油漬の製法」『大日本水産会報　第12号』(明治16年2月)38～40ページ。
2) 発展経過は、上羽秀人「日本缶詰産業発達史　三」『缶詰時報　第26巻第4号』(昭和22年5月)24～28ページ、同「同　四」『同　第26巻第5号』(昭和22年6・7月)28～31ページ、農商務省水産局『第二回水産博覧会審査報告　第二巻第一冊』(明治32年4月)521ページ、『大日本洋酒缶詰沿革史』(大正4年、日本和洋酒缶詰新聞社)11～18、37～47ページを参照。
3) 『第三回内国勧業博覧会第四部審査概評』(明治23年、大日本水産会)28～30ページ、『第三回内国勧業博覧会第四部審査報告』(明治24年、第三回内国勧業博覧会事務局)248、259、262～264ページ。
4) 松田雅典については、山中四郎『日本缶詰史　第一巻』(昭和37年、日本缶詰協会)28～32、43～46ページ、真杉高之「ジュリーと奇縁の松田雅典」『缶詰時報　第64巻第12号』(1985年12月)72～80ページを参照。
5) 長崎県会事務係編『明治十二年　県会議案、同議決案、県会議事細則』(長崎歴史文化博物館所蔵)、日比野利信「長崎県における勧業政策の展開と博覧会－明治一二年の長崎博覧会をめぐって－」中村質編『開国と近代化』(1997年、吉川弘文堂)263～281ページ。

6) 長崎県議会史編纂委員会編『長崎県議会史　第一巻』(昭和38年、長崎県議会)762、763ページ。
7) 『長崎県第一回勧業年報』(明治15年)又14、15ページ。
8) ヒメジは小魚で体は全体に赤く、長崎ではベニサシと呼ぶ。フランス人も愛好する魚種であることから缶詰原料になったものと思われる。
9) D・K生「松田雅典翁の遺文」『缶詰時報　第16巻第1号』(昭和12年1月)133～137ページ、農商務省水産局『第二回水産博覧会審査報告　第2巻第1冊』(昭和32年4月)519～521ページ。
10) 日本缶詰協会編輯部「松田雅典翁の缶詰日誌」『缶詰時報　第15巻第8号』(昭和11年8月)69～74ページ。
11) 山田永雄「松田翁を偲ぶ」『水産部報　第12号』(1953年12月)3、4ページ。明治44年に農商務省の指定で長崎県水産試験場がカジキマグロの油漬け缶詰の製造試験を担当することになったが、試験場は移転中で、設備が使えないことから松田缶詰製造所(長崎市夫婦川)を借りて実施した。『明治44年度　長崎県水産試験場事業報告』52ページ。
12) 上羽秀人「日本缶詰産業発達史　五」『缶詰食料時報　第26巻第10号』(昭和22年12月)34、35、38ページ、前掲『大日本洋酒缶詰沿革史』134～137ページ。
13) 前掲『日本缶詰史　第一巻』307～312ページ、前掲

『大日本洋酒缶詰沿革史』66〜69ページ、前掲「日本缶詰産業発達史　五」36〜38ページ。『軍用水産物供給順序並心得』（明治37年10月、農商務省水産局）1〜54ページでは、缶詰製造に従事する地方の水産試験場及び水産講習所は11、民間工場は60としている。

14）第四回内国勧業博覧会事務局『第四回内国勧業博覧会出品部類目録』（明治28年3月）54ページ。

15）『第二回水産博覧会褒賞人名録』（明治31年、第二回水産博覧会事務局）108、111ページ。

16）『山口県主催開設第一回関西九州連合水産共進会審査復命書』（明治34年4月、農商務省総務局人事課）29ページ、福間哲太郎「各府県出品缶詰概評」『尾三水産会報告　第18号』（明治34年1月）20ページ。

17）第五回内国勧業博覧会事務局編『第五回内国勧業案会審査報告　第三部』（明治37年5月）314〜322ページ。

18）『府県連合水産共進会審査復命書』（明治41年3月、農商務省大臣官房博覧会課）238〜250ページ。

19）松浦厚『日西海琛−第二回関西九州水産共進会之私見−』（明治41年、水産書院）161ページ。著者・松浦伯爵の勧奨で後に平戸に缶詰会社・平戸水産相互が設立される。

20）『府県連合共進会審査復命書』（明治44年、農商務省大臣官房文書課）214ページ。高須缶詰は広島県呉市の缶詰会社で、明治21年から缶詰製造を始め、軍需要に応えるとともに缶詰の製法改良に尽力した。分工場を長崎県、朝鮮・鎮海湾に建てた。前掲『大日本洋酒缶詰沿革史』172〜175ページ。明治40年に瀬戸村に設立された缶詰工場が翌年、高須缶詰となった。原料の大羽イワシは刺網で漁獲されたが、昭和10年代に原料需要を充たすために定置網が敷設された。『大瀬戸町郷土誌』（平成8年、大瀬戸町）634、638、648ページ。

21）『長崎県水産試験場事業成績紀要』（明治38年8月）17〜19ページ。軍納缶詰について、陸軍省の委託を受けた農商務省水産局は明治37年4月に府県水産試験場長を集め、製造及び納付について訓示した。愛知県では民間業者2者を指定し、試験場はその監督の傍ら自ら製造の任にあたった。6月から空缶の製作を始め、8月から缶詰製造に着手し、11月下旬に完了した。この間、①空缶材料のブリキ板、ハンダの需要が急増して価格が跳ね上がり、入手が困難を極めた。②イワシを入手するために買廻船3隻を漁場に派遣した。③製造、缶飾、包装、梱包、検査の全てにわたって規定を厳格に守り、不良品を排除した。④品質は新鮮な原料に左右されるので、漁獲が多い時には徹夜作業が続いた。⑤多数の作業員を雇用した。⑥戦況や出征兵士の奮戦振りを伝えて士気を鼓舞した。試験場は38.6トン（86千缶）、23千円、民間2業者は141.1トン、79千円の納付。全てがイワシの味付け缶詰。『明治三十八年度　愛知県水産試験場事業報告』117〜127ページ。長崎県も同様な経過を辿ったとみられる。

22）『明治三十七年度　長崎県水産試験場事業報告』21〜28ページ。石本亀吉はその後、朝鮮でアワビ漁業に従事し、アワビは全て缶詰にして各地へ輸出した。東洋日の出新聞　明治44年4月10日。江口卯吉は大正、昭和戦前期に醤油醸造業を営むとともに対馬運輸（株）などを経営した実業家。倉嶋修司・坂根嘉弘「資料・戦前期長崎県資産家に関する基礎資料」『広島大学経済論叢　36巻3号』（2013年3月）68、77ページ。明治37年4月に軍糧缶詰製造請負を目的として長崎県缶詰組合が組織され、任務を全うして39年4月に解散するが、その際、水産試験場内に建てた共同倉庫は試験場に寄付した。そのメンバーは10人。「水産課事務簿　試験場雑之部　自明治三十七年至同四十三年」（長崎歴史文化博物館所蔵）

23）「明治三十八年　水産課事務簿　水産経済調査」（長崎歴史文化博物館所蔵）

24）愛知県の「水産業経済調査」では、イワシ缶詰企業が2社あり、うち1社は株式会社で2工場でイワシ油漬けを、他の1社は個人経営でイワシ味付けを製造している。両社の営業資本額は125千円と15千円で、長崎県の事例より大きい。営業資本額の約半分は現金である。油漬け缶詰の場合、原料費よりも油費やブリキ板代の方が高い。利益率は12%と20%であった。「水産業経済調査」『尾三水産会報告　第30号』（明治39年1月）70〜75ページ。

25）太田貞太郎『輸出缶詰論及製法』（1913年、博文館）2、3ページ。

26）明治末において、アワビ缶詰はカニ缶詰とともに重要輸出水産物で、中国、華僑の多い海峡植民地などへ輸出された。主な産地は三陸、茨城、三重、愛媛、大分、長崎、島根、朝鮮、輸出高は13万ダース（1斤缶）、30万円余であった。太田貞太郎『輸出海産貿易』（大正4年、水産書院）299〜304ページ。

27）前掲『輸出缶詰論及製法』154〜158ページ。

28）東洋日の出新聞　明治38年5月28日、明治40年5月21日。

29）東洋日の出新聞　明治40年8月19日、『長崎県実業案内』（明治42年、第十四回西南区実業大会事務所）58、59ページ。

30）前掲『大日本洋酒缶詰沿革史』70〜73ページ。

31）前掲『輸出缶詰論及製法』35〜39、56〜57、71〜76、159〜162ページ、星野佐記・南摩紀麿・鐘ケ江東作『水産要鑑　全』（明治43年、東京国民書院）609、612〜614、620〜631ページ。

32）前掲『日本缶詰史　第一巻』519〜528ページ。創業者の高碕達之助は水産講習所で缶詰製造を学び、三重県の缶詰会社、米国の缶詰会社を経て輸出食品（株）に就職し、大正6年、輸出食品を中心に製缶専門

33) 本山豊治『長崎における海産貿易』（大正7年2月、長崎商業会議所調査部）99、100ページ。
34) 『水産宝典　第二編』（大正5年、大日本水産会）138、139ページ。
35) トマト漬け製造試験の概要については、「鰮トマトソース漬缶詰業ノ概況」長崎県水産会『長崎県水産誌』（昭和11年、長崎県水産会）325、326ページを参照。澤山は長崎銀行頭取、澤山汽船社長ほか、多数の会社役員を兼任した事業家。前掲「資料・戦前期長崎県資産家に関する基礎資料」69、75、95ページ。澤山商会は明治21年の創業で、船舶代理店、貿易などを営んできた（現在、澤山グループの中核会社）。
36) トマトの果肉だけを詰めたものをトマトピューレ、またはトマトパルプといい、それに香辛料を加えたものをトマトソースという。本論では厳密に区別して使っているわけではない。
37) 「鰮水煮缶詰及鰮とまとそうす漬缶詰製造試験」『大正三年度　長崎県水産試験場事業報告』44、46ページ。
38) 「鰮油漬缶詰製造試験」『大正四年度　長崎県水産試験場事業報告』65、66ページ。
39) 内藤技士『鰮トマトソース漬缶詰製造試験』『大正五年度　長崎県水産試験場事業報告』76〜78ページ。
40) 内藤謹三郎「トマトソース漬缶詰製造試験」『大正六年度　長崎県水産試験場事業報告』14〜18ページ。
41) 『大正六年度　山口県水産試験場業務報告』35〜42ページ。
42) 「鰮トマトソース漬缶詰製造試験」『大正七年度　長崎県水産試験場事業報告』35〜38ページ。
43) 「輸出食品製造試験」『大正八年度　長崎県水産試験場事業報告』11〜13ページ。
44) 「鰮油漬用油試験」『大正七年度　長崎県水産試験場事業報告』38、39ページ。
45) 「大羽イワシゼリーソース漬缶詰」『大正11年度　長崎県水産試験場事業報告』59〜62ページ。
46) 「支那向輸出大羽鰮野菜ソース漬缶詰」「精製大豆漬け大羽鰮缶詰」『大正十三年度　長崎県水験場事業報告』41〜53ページ。同年度、広島から上海に送られた各種イワシ缶詰見本の評価は低い。トマト漬けについては、「外国人向ニハパンニツケテ食用サルルモ酸味ヲ加減シ、香味ニ注意スベシ。欧米品ハ黄金色ヲ呈シ光沢アリ。値段ノ点ニ於テモ大差ナシ。・・・未ダ外国品ニ比シ遜色大ナレバ尚相当ノ研究肝要ナリ」とされた。「貴所試製支那向鰮肉缶詰ノ件」（大正14年1月、国立公文書館アジア歴史資料センター所蔵）
47) 「支那向輸出大羽鰮精製大豆漬野菜ソース漬缶詰製造試験」『大正十三年度　長崎県水産試験場事業報告』29〜38ページ。
48) 「同」『大正拾五年度　長崎県水産試験場事業報告』

39、40ページ、「輸出向サラド油漬大羽鰮缶詰製造試験」『昭和三年度　長崎県水産試験場事業報告』59〜65ページ。
49) 『産業方針調査書』（昭和4年2月、佐世保市）水8ページ。
50) 前掲「鰮缶詰の既往と将来」21ページ。
51) 山中四郎『日本缶詰史　第二巻』（昭和37年、日本缶詰協会）387〜389ページ、前掲『水産ニ関スル試験調査項目総覧　昭和四年九月調』（昭和4年9月、水産試験場）420〜425ページ。
52) 白石嘉蔵「長崎県に関する鰮の文献」『長崎県鰮揚繰網大観　昭和二十四年十月現在の現勢』（長崎水産新聞社）前90〜92ページ。
53) 『大阪の缶詰工業』（昭和12年、大阪市役所産業部貿易課）23〜27ページ。
54) 日本は昭和5年1月に金本位制に復帰するが、その後、英国などが金本位制から離脱したことで、6年12月に金輸出再禁止措置をとり、金本位制から離脱した。これにより為替レートはそれまでの1ドル2円から昭和8年には5円にまで下がった。その後は政府の介入と恐慌の小康化により3円45銭前後で安定した。
55) 前掲『日本缶詰史　第二巻』335、336ページ。
56) 杉山直勝編『鰮缶詰業の現勢』（昭和12年、東京飲食料タイムス社）71、72ページ。江副元三「トマト・サーディンの生産とその統制」『水産公論　第23巻第5号』（昭和10年5月）26ページ。
57) 「トマトサーデンに対する外人の嗜好と其の輸出について」『水産界　第581号』（昭和6年4月）81〜83ページ。
58) 『トマトサーヂン缶詰製造法』（昭和7年8月、北海道水産試験場）2、3ページ。
59) 星野佐紀『海外缶詰市場調査報告』（昭和6年、日本缶詰協会）202、203ページ。
60) 星野佐紀「鰮缶詰の既往と将来」『水産公論　第23巻第5号』（昭和10年5月）22ページ。
61) 日本缶詰協会『昭和五年以後の本邦缶詰業』（昭和13年）12ページ。
62) 前掲『日本缶詰史　第二巻』336〜345、348、351、384、385ページ。
63) 前掲「鰮トマトソース漬缶詰業ノ概況」330、331ページ、角野七蔵「本邦トマトサージン缶詰の需給状況に就て」『缶詰時報　第16巻第6号』（昭和12年6月）8、9ページ。
64) 『海外鰮缶詰業視察報告書』（昭和9年3月、農林省水産局）1〜20ページ。
65) 『水産界　第608号』（昭和8年7月）40、41ページ。
66) 前掲『日本缶詰史　第二巻』353〜360ページ、『日本缶詰検査協会二十五年史』（昭和55年、日本缶詰検査協会）17ページ。
67) 「鰮缶詰企業の現況」『水産公論　第23巻第5号』（昭

68) 星野佐紀・木村金太郎編『日本鰮類缶詰業水産組合沿革誌及鰮に関する文献集』（昭和15年）4〜6ページ。
69) 前掲「鰮トマトソース漬缶詰業ノ概況」326〜328ページ。
70) 前掲「鰮缶詰業の現勢」15〜18ページ、鍋島態道「トマトサーディンに関する我社の苦心」『朝鮮之水産 第89号』（昭和6年8月）10〜12ページ。鍋島は内外食品の専務取締役。
71) 農林省水産局編『日本水産物缶詰製造業要覧』（昭和9年5月）274〜281ページ。
72) 前掲「鰮缶詰企業の現況」10ページ。
73) 橋爪友四郎「長崎地方の鰮缶詰に就て」『水産公論 第23巻第5号』（昭和10年5月）38、39ページ。
74) 吉田敬市『朝鮮水産開発史』（昭和29年、朝水会）400〜403ページ。
75) 前掲「鰮缶詰業の現勢」60、61、68、70ページ。
76) 小野弥一「山陰及長崎方面に於けるイワシ缶詰製造状況」『缶詰時報 第14巻第6号』（昭和10年6月）31〜34ページ、山田永雄「トマトサージンTomato Sardineニ就イテ」『長崎之水産 第3号』（昭和13年6月）46ページ、下井誠「長崎の鰯缶詰」『同 第51号』（昭和17年6月）3、4ページ、前掲「鰮缶詰業の現勢」65〜68、73、74ページ。
77) 「缶談会：サーディン缶詰の過去現在未来」『缶詰時報 第11巻第1号』（昭和7年1月）20〜22ページ、前掲『長崎県水産誌』216〜218ページ。
78) 「株式会社林兼商店 第十六期決算報告書」
79) 徳山宣也編著『大洋漁業・長崎支社の歴史』（平成7年、自費出版）45、46ページ、前掲『長崎県水産誌』220〜222ページ。『中部幾翁略伝』（昭和16年3月、明石市教育会）101ページでは、昭和15、16年の缶詰工場は朝鮮の清津、長箭、方魚津、内地の相浦、土井首の5工場で、カニ、サバ、イワシ缶詰を製造した。イワシ缶詰は方魚津を除く4工場で製造した、としている。
80) 『川南豊作自伝』（昭和49年、川南春江）75〜90ページ。他に「川南工業株式会社第一期営業報告書」（昭和11年9月〜12年1月）参照。
81) 『日本水産年報 第一輯 躍進水産業の全展望』（昭和12年、水産社）299ページ、農林省水産局編『日本水産物缶詰製造業要覧』（昭和9年5月）274〜281ページ。
82) 『長崎県に於ける缶詰工場調査書（昭和25年12月調査）』（長崎年水産部水産課）64ページ。
83) 『月川缶詰工業（株）式会社概要』（発行年不詳）1〜4ページ、『昭和十五年十二月現在 日本水産缶詰製造業水産組合員名簿』（同組合）31ページ。
84) 『水産経済資料 第18輯 鰮製品と其の統制』（昭和17年9月、水産経済研究所）54〜56ページ。
85) 『本邦缶詰南方諸地域輸出統計』（昭和17年10月、日本缶詰協会）23ページ。
86) 日本輸出鰮缶詰業水産組合「鰮トマト漬缶詰の沿革に就て」『缶詰時報 第16巻第7号』（昭和12年7月）34、35ページ。
87) 前掲『日本缶詰史 第二巻』362〜365ページ。
88) 鰮類トマト漬缶詰生産割当規程と各工場別の割当表は、前掲『イワシ缶詰業の現勢』126〜140ページに所収されている。箱数は楕円1号缶は4ダース、楕円3号缶は8ダース、4分の1キロ缶は100缶をもって1箱として計算。巻締機はアドリアン巻締機は1台分、自動アドリアン巻締機は2台分、マキサム巻締機は5台分として計算し、巻締機1台あたり2,500箱（既設工場）を割当てた。
89) 前掲『日本缶詰史 第二巻』367〜373ページ。
90) 同上、374、379〜381ページ、『日本水産年報 第二輯 戦時体制下の水産業』（昭和13年、水産社）372、373ページ。
91) 前掲『日本缶詰史 第二巻』381、382ページ。
92) 日本缶詰協会調査部編『本邦缶壜詰輸出年報 昭和十五年版』52〜54ページ。
93) 組織再編については、前掲『日本缶詰史 第二巻』382〜384ページ、前掲『本邦缶壜詰輸出年報 昭和十五年版』52〜54ページ、前掲『日本鰮類缶詰業水産組合沿革誌及鰮に関する文献集』23、24、46〜50ページ、『日本水産年報 第三輯 戦時水産業統制の発展』（昭和14年、水産社）45、46ページ、『同 第四輯 水産新秩序の諸問題』（昭和15年、水産社）271〜285ページ、『同 第五輯 水産新体制の展開』（昭和16年、水産社）190〜195ページ、『同 第六輯 大東亜戦と水産統制』（昭和17年、水産社）163〜167、191〜196ページを参照。
94) 前掲『日本缶詰史 第二巻』384、385ページ、日本缶詰協会編『缶詰産業年誌』（昭和16年、水産社）35〜37ページ。
95) 前掲『缶詰産業年誌』38〜42、51〜56ページ、水産社編輯部編『再編成途上の缶詰産業』（昭和17年、水産社）3〜14ページ。
96) 『水産経済資料 第四輯 缶詰共販機関の検討』（昭和16年7月、水産経済研究所）41、42ページ。
97) 同上、51〜53ページ、前掲『缶詰産業年誌』42〜46ページ、高碕達之助『缶詰』（昭和13年、ダイヤモンド社）189〜193ページ。
98) 前掲『本邦缶壜詰輸出年報 昭和十五年版』94ページ。
99) 「川南工業株式会社 第1期〜第10回営業報告書」
100) 下井誠「長崎の鰯缶詰」『長崎之水産 第51号』（昭和17年6月）4〜6ページ。
101) 前掲『再編成途上の缶詰産業』53、54ページ。
102) 前掲『長崎県に於ける缶詰工場調査書（昭和25年12月調査）』1、26、64、73、102、108ページ。

103) 九州製缶(株)は昭和30年代に躍進を続け、全国に5工場を展開した。本社を長崎市から東京に移し、ACC社の技術導入やビール缶やアルミプルトップ缶の開発、さらには食缶メーカーから総合容器メーカーへと裾野を拡げ、昭和40年に同じ八幡製鉄の系列会社で製缶企業の大和製缶(株)と合併した。『30年の歩み』(昭和44年5月、大和製缶株式会社)81～89ページ。
104) 前掲『日本缶詰史 第3巻』209～211ページ。
105) 同上、170ページ。
106) 水産研究会編『水産年鑑 昭和29年版』(水産週報社)234ページ、『同 昭和30年版』223ページ、『同 昭和31年版』256ページ。同一魚群から漁獲された場合でも大抵マイワシとウルメイワシが混じる。魚種により製法や品質に若干の差が生じるが、缶詰原料として混合自体を問題視していない。長竹貞行「トマトサーディン原料としての長崎県産鰮に就いて 二」『缶壜詰時報 第31巻第3号』(昭和27年3月)84ページ。
107) 長竹貞行「同 (一)」『缶壜詰時報 第31巻第2号』(昭和27年2月)53ページ。
108) 前掲『日本缶詰史 第3巻』213～215ページ。
109) 『長崎県水産要覧 1955』(昭和31年、長崎県水産商工部)68ページ。
110) 『輸出向中小工業叢書 第16輯 缶詰業』(昭和31年10月、中小企業庁・大阪府立商工経済研究所)106、107ページ。
111) 前掲『大洋漁業・長崎支社の歴史』103、104ページ。
112) 「長崎缶詰訪問記」『缶壜詰時報 第30巻第2号』(昭和26年2月)34、35ページ。
113) 同社は、昭和44年に松浦市にミカン缶詰工場を建設した。その後、松浦魚市場が建設され、大中型まき網がサバを水揚げするようになってサバ缶詰も製造するようになった。また、海外に事業展開し、マレーシア、インドネシア、メキシコで水産加工や缶詰加工を行っている。加納洋二郎氏談及び同社資料による。
114) 以上、企業の経歴については、前掲『長崎県に於ける缶詰工場調査書(昭和25年12月調査)』26、57、64、73、80、95、114、121、127、133ページ。
115) 『長崎経済名鑑 昭和28年版』33ページ、浜崎礼三「第六章 北九州－長崎港の実態調査」『戦後日本漁業の構造変化 第七編 戦後構造変化の実態－』(1955年11月、水産研究会)214ページ。
116) 谷川英一『缶詰の製法』(昭和37年、紀元社出版)440、441ページ、谷川英一『缶詰論各論』(昭和15年、自費出版)124、125ページ。サバ缶詰は昭和初期から製造され始めた。昭和9～15年が戦前の最高で、その多くは輸出用の水煮であった。戦後、復活して昭和33年度は120万箱余の生産があり、国内向けが増えた。橋本常隆『缶詰商品学』(昭和35年、橋本缶詰研究所)137ページ。
117) 『日本缶詰検査協会二十五年史』(昭和55年、日本缶詰検査協会)59～62ページ。
118) 前掲『日本缶詰史 第3巻』216、217ページ。
119) 『長崎県水産加工業の現況』(昭和34年12月、長崎県水産試験場)5ページ、『長崎県水産要覧 1955』(昭和31年、長崎県水産商工部)68ページ。
120) 前掲『輸出向中小工業叢書 第16輯 缶詰業』111～113ページ。
121) 昭和20年代末の大洋漁業の缶詰製造は、直営は横須賀と東京の2ヵ所で、他は関連会社の長崎缶詰、長崎水産食品(休業後は施設を興産に貸与)、相浦缶詰(休業中の施設が譲渡されて独立)、青森県缶詰(28年から青森缶詰)、山口県缶詰(25年から日新缶詰、30年から林兼産業)、興産(31年から林兼産業)、林兼水産工業などがイワシ、サバ、サケ、貝類、マグロ、ミカン缶詰などを製造した。前掲『大洋漁業・長崎支社の歴史』105ページ。
122) 岩切成郎「青果、魚介缶詰工業の現状と課題」『九州水産・加工業の現況と課題』(1966年2月、西日本水産研究会)82～85ページ。
123) 「昭和36～40年度、45年度 林兼産業(株)有価証券報告書」
124) 前掲『日本缶詰検査協会二十五年史』232、233ページ。

第4章

戦前における
汽船トロール漁業の発達と経営

わが国最初の鋼製トロール漁船・深江丸（長崎歴史文化博物館所蔵）

第4章

戦前における
汽船トロール漁業の発達と経営

第1節　目的

　本章は、東シナ海・黄海を漁場とした汽船トロール漁業の発祥から第二次大戦までの発展と経営を考察するものである。東シナ海・黄海は南シナ海を含めて大陸棚が発達し、汽船トロール（又はトロールという。オッタートロールを指す）、レンコダイ延縄、機船底曳網（又は以西底曳網という）といった底魚漁業が相次いで現れ、相互に競合しながら発展した。なかでも汽船トロールは輸入漁法で、在来漁業と隔絶した資本規模と技術であることから漁業外資本によって担われ、遠洋漁業、資本制経営の先駆けとなった。なお、昭和初期からディーゼル船が登場するが、本論では一般用語法に従って戦前期は汽船トロール（戦後は以西トロール）と呼ぶ。

　汽船トロールは勃興して間もなく大臣許可漁業となったことで、その発展過程に関する文献、統計、記述は比較的多い。代表的なものに、『本邦トロール漁業小史』（昭和6年、日本トロール水産組合）、『汽船トロール漁業ノ現況』（昭和9年、農林省水産局）、「汽船トロール漁業」『海洋漁業　第4巻第3号』（昭和14年3月）、汽船トロールを独占的に経営する共同漁業（後の日本水産）に関しては、桑田透一編『国司浩助論叢』（昭和14年、同刊行会）、『日本水産百年史』（2011年、同社）などがある。ほとんどが第二次大戦前にトロールと実際に向き合いながら発表されたもので、戦後は、汽船トロールが東シナ海・黄海から海外漁場へ転出したこともあって、その発達史をまとめたものは極めて少ない。

　上述の文献は主に発展の概要と発表時点の状況をまとめたもので、発展の裏付けとなる経営体ごとの動向、操業、経営についてはほとんど触れていない。本論は、経営資料を収集することができたので、それらを利用し、発展の概要に経営体レベルの操業と経営を重ねてその構造と産業特性を考察することを意図している。経営資料から個別経営体の動向や経営の状況をみることができる。個別経営の資料とは企業の営業報告書で、汽船トロールを営む全企業のものが揃っているわけではないし、欠落した年次も多い。たとえ、営業報告書があってもその企業が多数の事業を営んでいる場合は汽船トロールだけを取り出せないといった問題もある。そうした資料的制約があるにせよ、汽船トロールが典型的な資本制漁業であるだけに漁業会社の中では最も営業報告書を残しており、最も経営内容がわかる業種である。それを利用しない手はない。

　また、本論では汽船トロールは国内（内地）だけではなく、植民地・台湾や香港などを根拠として東シナ海・黄海・南シナ海で操業したので、それらを含めて考察する。

　時期区分は、木造船による試行を前史とし、①鋼船による本格操業が始まる明治41年から急速に膨張したものの第一次大戦でトロール船が売却されて消滅状態に陥るまでの期間、②第一次大戦後の復興から技術改良によって生産性を高めた昭和初期までの期間、③昭和恐慌による漁

業停滞から魚価の高騰により第二の黄金期を迎える昭和10年代初期までの期間、④日中戦争と太平洋戦争により徴用や統制が行われ、ついには戦災によって潰滅していく時期、とする。それぞれの時期につき、経営面に重心を置きつつ生産概況、資源、漁場、操業、漁船、経営、経営体について考察する。なお、汽船トロールに関する制度・政策については第6章で詳述する。

第2節　統計でみる汽船トロール漁業の発展過程

　最初に、農林統計を使って汽船トロールの発展を、許可隻数と漁獲高、根拠地別の隻数、魚種別漁獲量、1隻あたりの漁獲高と漁業経費をみておきたい。これらの統計は内地根拠のものだけを対象としている。

　図4-1は、汽船トロールの許可隻数と漁獲高の推移を示したものである。わが国の汽船トロール（鋼製）の創始は明治41年のことで、その好成績により希望者が殺到し、大正2年には最大となる139隻に達した。急激な漁業発展は漁場の荒廃、沿岸漁業との対立を招き、漁場は東シナ海・黄海に限定された。すると、漁場の遠隔化で経費が嵩んだうえ、不況による魚価の下落で経営は窮地に陥った。偶々、第一次大戦の勃発で貨物船や掃海船としてトロール船は欧州等に売却され、大正6年末には7隻を残すのみとなった。これを機に政府は資源保護と漁業の安定のため許可隻数を70隻に限定した。第一次大戦後、建造費が低落して再び漁船建造が活発となり、大正12年（図では大正10年）には制限隻数の70隻になった。その後、許可隻数は70隻を維持したが、日中戦争以後、漁船や乗組員の徴用、漁業用資材の欠乏で漁船数が急減するようになり、太平洋戦争終戦時には7隻を残すだけとなった。

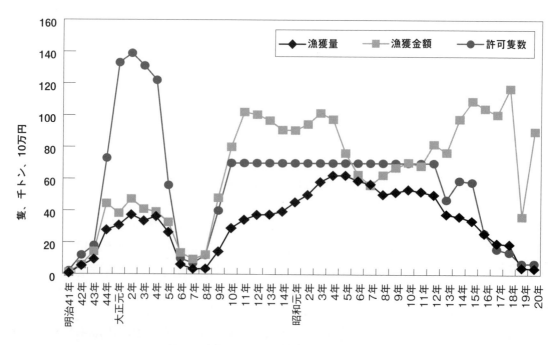

図4-1　汽船トロールの許可隻数と漁獲高の推移

資料：農林水産省統計情報部・農林統計研究会『水産業累年統計　2生産統計・流通統計』（昭54年3月,農林統計研究会）98～101ページ,他。

漁獲高は、創業から数年間で急上昇し、明治末・大正初期には3、4万トン、400万円前後となった。それでも漁船数ほどには伸びていない。第一次大戦期に漁獲高は激減したが、大正10年頃から漁獲量は3万トン台を回復し、漁獲金額は急激に伸びて1,000万円に達した。昭和に入ると漁獲量は新技術の導入で増大して最大6万トンを記録するが、漁獲金額は昭和恐慌期には600～700万円に低下した。日中戦争以後、漁船や乗組員の徴用で漁獲量は低下するものの、「軍事・財政インフレ」によって魚価が急騰して再び1,000万円台となった。太平洋戦争の深化とともに漁獲量、漁獲金額は急落した。このように第一次大戦後、漁獲量は増加から減少へ緩やかに変化するのに対し、漁獲金額は大きく振幅しており、魚価の変動が著しかった。とくに日中戦争後は漁獲量の減少と漁獲金額の急増という逆転現象を示した。こうした政治経済情勢の変動や許可隻数、漁獲高の推移から、汽船トロールの発展過程を前述にように4期に分けた。

　図4－2は、汽船トロールの根拠地別の隻数の推移を示したものである（大正12年まで）。根拠地の選択は、漁場との距離、港湾条件、漁獲物の販売・輸送条件、漁業用資材の調達、関連産業の立地などによって決められる。根拠地は、初期には木造船で北海道を根拠とするものがあったが、鋼船は漁場の東シナ海・黄海に近い下関港、長崎港、博多港などに限定されている。第一次大戦までは下関が最も多いが、長崎、福岡が増加傾向にあった。漁場が東シナ海・黄海に移動して下関より近くなったこと、長崎では魚市場が長崎駅の隣りに移転して漁獲物の販売条件が大きく改善したことによる。第一次大戦後は、漁場が拡大して根拠地との距離は問題にならなくなり、輸送条件に勝る下関港に一段と集中するようになった。とくに、汽船トロールを集積し、独占体制を築く共同漁業㈱が立地していることが大きい。図にはないが、この後、昭和5年に共同漁業が戸畑（福岡）に根拠地を移すと、戸畑根拠が大多数となる。

　図4－3は、汽船トロールの魚種別漁獲量の推移を示したものである。汽船トロールの漁獲種類は多いが、マダイ、チダイ、レンコダイといったタイ類は価格が高く、大阪、東京方面に送られる

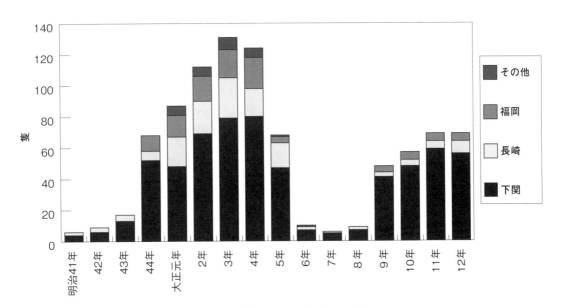

図4－2　汽船トロールの根拠地別隻数

資料：「漁業調査報告書　汽船トロール漁業ノ組織及ビ経済」（昭和2年10月）東京海洋大学図書館所蔵
注：その他は北海道、佐賀、静岡、鹿児島県。

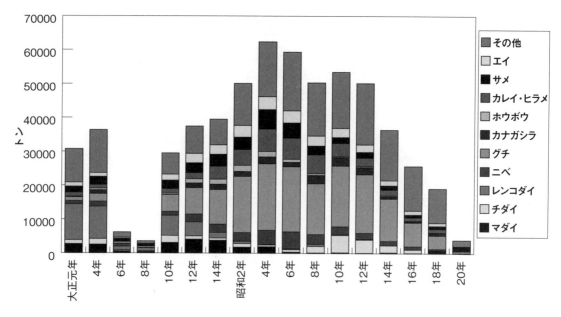

図4-3 汽船トロールの魚種別漁獲量の推移

資料：前掲『水産業累年統計 2生産統計・流通統計』98〜101ページ、他。

「上物」、エソ、グチなどねり製品原料となる価格の低い「潰し物」、それ以外の「鮮魚」とに大きく分かれる。第一次大戦前はタイ類が漁獲量の半数を占めていた。とりわけレンコダイが中心であった。第一次大戦後はタイ類の漁獲が大きく減少し、代わって「潰し物」が急増し、とくにグチの漁獲量が激増して首位を占めた。その他、カナガシラ、ホウボウ、ヒラメ・カレイ、サメ、エイなども漁獲が増えている。魚種構成の変化は、濫獲によるタイ類資源の減少、漁獲効率の高い漁法の導入、「潰し物」の多い漁場（大陸寄り）への移動、背景としてねり製品市場の拡大を反映している。

昭和恐慌後には、マダイ、レンコダイは稀となり、カレイ・ヒラメの漁獲も減少し、その他魚種の割合が高まった。日中戦争後に漁獲量は大きく減少するが、各魚種一律に減少している。太平洋戦争中にはグチ、ニベも減って、漁場が大陸寄りから日本近海に縮小後退する。

図4-4は、汽船トロール1隻あたりの漁獲量と経営収支を示したものである（大正3年〜昭和12年）。東シナ海・黄海で操業する汽船トロールは、漁船規模や操業形態に大きな差がないといえる。

漁獲量は大正期は500〜600トンで推移していたが、大正末から昭和初期にかけて急増し、その後は漸減しながらも800〜900トンを保った。漁獲量が急増したのは、漁業技術の発達、漁船規模の拡大、漁獲対象が「上物」中心から「潰し物」中心に変化したことによる。漁獲金額は、第一次大戦期間中に魚価が暴騰して5万円から20万円超へ急増した。第一次大戦後は減少傾向となり、大正末から昭和初期にかけては漁獲量が大幅に増えたのに金額は15万円前後でほとんど変わらなかった。昭和恐慌期には魚価が暴落して10万円を割り込み、その後の回復も緩慢であった。漁業収入と漁業経費と差（粗収益）の伸縮は大きく、大正初期の経営困難、第一大戦中の高収益が明瞭である。第一次大戦中はトロール船を売却して大儲けをしたか、トロール漁業を維持して高収益をあげたか、いづれかであった。第一次大戦後は一定の収益を維持したが、昭和恐慌期には欠損となった。その後、昭和8年頃から収益性は回復するが、収益幅は大きく変動している。このよ

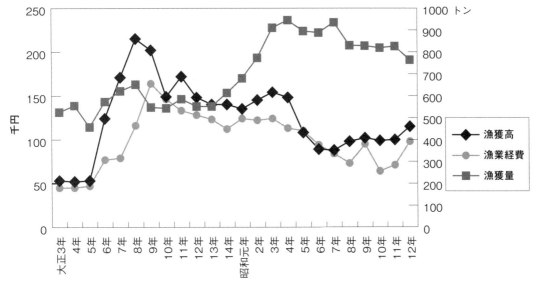

図4-4　汽船トロール1隻あたり漁獲高と漁業経費の推移

資料：大正9年までは海洋漁業協会『本邦海洋漁業の現勢』(昭和14年、水産社)143、144ページ、
　　　それ以後は『海外漁業資料整備書(下)』(昭和25年3月、水産研究会)389、390ページ。

うに収益性は物的生産性というより、魚価の変動に大きく左右された。図にはないが、昭和13～15年は魚価が暴騰して明治末に経験した「黄金期」を再現する。

第3節　創業から第一次大戦期まで

1　汽船トロール漁業の創始

1)木造船による試行

　明治37、38年頃、政府は英国で発達していた汽船トロールを紹介して宣伝に努め、遠洋漁業奨励法による奨励対象としたが、なかなか効果をみせなかった。多額の資本を要すること、操業に熟練を要すること、適当な漁場があるかどうか不明であったからである。[1]

　明治38年、鳥取県出身の奥田亀造が上記宣伝に刺激されて木造汽船・海光丸(152トン)を建造して操業を始めたが、漁船・漁具が不完全なこと、操業に不慣れなこと、沿岸漁民の反対で挫折した。

　翌39年に、北海道の瀧尾常蔵は木造運搬船(88トン)を改造してトロール船(北水丸)とし、室蘭港を根拠に操業して少々見るべき成績をあげた。そのため、同地方においてこれに倣う者が続出し、十余隻に及んだ。これらの船は木造船なので船体が脆弱でトロール船としては不適格であり、漁具漁法も不完全で充分な成績をあげられず、次第に衰退した。[2]

2)鋼船トロールの創始

　明治40年10月に長崎市のホーム・リンガー商会(貿易商。ノルウェー式捕鯨を試みたことがある)の倉場富三郎(英国出身のトーマス・グラバーの息子)らが資本金15万円をもって汽船漁業(株)を設立し、トロー

ル船を英国に注文した。翌41年5月、日本に回航されたトロール船を深江丸(169トン)と命名し、漁労長他2人の英国人も雇って就業した。これがわが国鋼船トロールの嚆矢である。

同年、やや遅れて山口県出身の岡十郎、田村市郎らは大阪鉄工所で鋼製トロール船を建造し、第一丸(199トン)と命名した(出願者は下関市の岡十郎、岡秋介)。わが国最初の鋼製トロール船の建造である。深江丸は169トンと小型だが、石炭積載量は80トン、1日あたり消費量は5トンであったのに対し、第一丸は石炭積載量が40トンと小さく、1日あたり消費量は6.5トンと多く、燃料経済ははるかに英国製に及ばなかった。第一丸は6日以上の航海はできないが、当時の1航海は2、3日なので支障はない。

ノルウェー式捕鯨の創業者である岡は、明治41年当時、過当競争を抑止するため捕鯨船の隻数制限に取り組んでいた。新たな投資先として同じ汽船を使う汽船トロールに着目したのである。岡と田村は親戚筋にあたり、田村率いる共同漁業は下関市の岡所有の土地(捕鯨会社の出張所)を購入して事務所を構える。第一丸の性能が深江丸に劣ることから2隻目は英国に発注し、漁労長も英国人とした。その到着とともに明治44年に下関市に田村汽船漁業部を設けた。

トロール漁業が良好な成績を収めたことから注目を集め、着業者が急増して、明治末には黄金期を迎える。創業期のトロール漁業について、漁船、取締規則、漁場の面からみていこう。

(1) トロール船

トロール船は初期には英国からの輸入(13隻)もあったが、明治45年以降はすべて国産となった。遠洋漁業奨励金は、明治42年10月にはその役割を終えたとして汽船トロールを対象から外している。海光丸、北水丸、第一丸を含め、遠洋漁業奨励金は23隻に、漁船奨励金は27隻に交付されている。

汽船トロールが興って、短期間のうちに国内で漁船建造がなされるようになった。トロール漁業が有望視されると大阪鉄工所は技師を英国に派遣して造船技術を研究し、第一丸を始めほぼ同型の船を相次いで建造した。日露戦争が終結して極度の不振に喘いでいた造船業界はこれで一時活況を呈した。

主な造船所は大阪鉄工所、神戸川崎造船所、長崎と神戸の三菱造船所、大阪の原田造船所、小野鉄工所などである。従来の漁船に比べてトロール船は規模が非常に大きく、しかも鋼製で蒸気機関を備えていることから、在村の造船所では建造できず、自ずと蒸気船の建造歴がある大型鉄工所・造船所によることになった。

漁船規模は、初期は150〜200トンであったが、漁場が遠隔化して、明治44年には200〜250トンが建造され、航続日数も10日間に延びた。明治45年には220〜260トンとさらに大型化する。

(2) 取締規則の制定と漁場

トロール漁業は当初、沿岸域で操業したために沿岸漁民の反対運動が激しくなり、政府は明治42年4月に汽船トロール漁業取締規則を制定し、該漁業を大臣許可漁業にするとともに沿岸域を禁漁区とした。それでも取締機関がなく、禁漁区への侵漁が頻発したので、反対運動が続いたし、海底ケーブルを破損することから取締規則を改正して、明治45・大正元年には新規に許可するトロール船の操業海域を東経130度以西(東シナ海・黄海)とする、朝鮮総督府の定めたトロール禁止区域を犯さないことと定められ、海底ケーブル保護のために禁止区域が拡大された。

創業期の漁場は2方面に分かれていた。一方は玄界灘を中心に対馬・五島並びに島根、山口県沖、他方は大阪を根拠とし、和歌山近海を漁場とした。前者は、長崎、博多、下関の3港から漁場に

近く、利便性の高い港を選んで入港した。また、古来、延縄漁場であったことから反対運動が強く、汽船トロール漁業取締規則により上記海域が禁止区域になると、朝鮮南東海域へ向かった。後者のものは魚価は高かったが、資源は少なく、海底条件も不向きなことから収益をあげることができず、朝鮮海漁場が開発されるとそちらに移動した。

　朝鮮南東海域はマダイの好漁場であったが、漁船が急増し、漁場が狭隘となったうえに、朝鮮総督府が禁漁区を拡大したため、明治45・大正元年には漁場は東シナ海・黄海に移った。そこは面積が広大で、海底質はトロール漁業に適し、資源が豊富であった。朝鮮近海と違って、周年、漁獲ができるが、漁場は遠くなり、1航海は10日以上に延び、漁業経費も嵩んで、当業者にとっては大きな打撃となった。[11]

2　漁業根拠地と漁獲物の流通

　根拠地は漁獲物の水揚げ地でもあり、下関、博多、伊万里、唐津、長崎の5港が指定された。明治44年までは漁場が玄界灘や朝鮮南東海であったことから下関港が最も便利であった。明治45・大正元年から漁場が東シナ海に移ると、下関港と長崎港では、漁場との距離が1航海25時間の差となり、1ヵ月にすると0.5航海、漁獲高にして約2,000円違うようになった。一方、販売面では漁獲物の7割を大阪へ輸送するとして1ヵ月の運賃の差額と関門海峡の渡航料を合わせると300円ほどの差なので、漁場、市場条件だけであれば、長崎港がはるかに有利であった。港の設備も長崎港の方が港内の安全、魚問屋の手数料・仲仕賃が安い点で有利であった。しかし、下関港根拠船は距離が近い朝鮮東南海域や黄海を主漁場とし、下関港の方が魚価がやや高く、需要地に近いし、大阪へ輸送する場合「関門接続」の煩わしさがないことから多くの漁船が出入りした。[12]

　長崎の魚市場は街の中央部にあり、長崎駅からも遠く、駅付近に陸揚げ施設がないため、汽船トロールは集まってこない。それで長崎市、汽船トロール漁業者(倉場富三郎ら)、一部の魚問屋(後に汽船トロールを経営する山田吉太郎ら)が働きかけて大正2、3年に魚類集散所(市営の貨物荷造り場)、魚類共同販売所(魚市場)を長崎港と長崎駅に隣接する地に移転した。魚類共同販売所を経営する長崎県水産組合連合会は当初、トロール漁業は沿岸漁業に打撃を与えるとしてその廃止を訴えていたが、トロール漁業が遠洋漁業となり、沿岸漁業と競合しなくなるとトロール漁獲物の取扱いに積極的となった。[13]

　下関では、明治44年に四十物組合の主立った者、市の有志がトロール漁獲物の販売を目的とする下関水産㈱を設立した。従来、四十物組合は沿岸漁獲物を扱ってきたことからトロール漁業に反対していた。トロール漁獲物を扱う者がいなかったので、トロール船主は自ら販売せざるを得なかったが、下関市の主な実業家は時勢に鑑み、トロール漁獲物の販売会社の設立に向かった。[14]

　下関における漁獲物の販路は、創業当初は7割が大阪、京都の「上送り」、3割は「地売り」とした。タイ類をはじめ高価格魚は「上送り」、その他の低価格品は「地売り」と截然と分かれた。汽車で京阪神は3日目、それ以遠は4日目に到着する。漁獲量が増加してくると販路が拡張し、大阪、京都の他に東京、名古屋(熱田)、姫路、岡山、広島などに販売されるようになった。長崎、博多は地元の消費が弱いので漁獲物のほとんどを「上送り」した。ただ、距離において不利なので熊本、佐賀、大牟田など九州内の販売に力を注いだ。それでも「上送り」は7割、残りの半ばは九州各地へ送られ、半ばは四国方面に船積みされた。[15]

3 黄金期から経営不振へ

　明治43、44年はトロール漁業の黄金期といえた。漁船数は急増したが、漁場が続々と発見されたし、魚価は漁獲量が増加したのにも係わらず維持されたので予期以上の利益をあげた。ただ、操業は無秩序で、禁漁区の侵犯が頻繁に起こった。大正2年にようやくトロール漁業の取締船が建造されたが、当時の操業は、「既往に於てトロール漁船中絶対に禁止区域に侵入せざりしものは実際極めて少数にして、其大多数は犯則の度数程度に差異こそあれ、到底潔白なるものと見做し得ざるは殆んど疑を容れず」、「吾人は現在トロール漁業の如く甚しく世間の同情を失せるものあるを聞かず、世人の言うが如くんばトロール業者は殆んど海賊の如く、馬賊の如し」と、乱脈を極めている。明治43年に設立された日本汽船トロール業水産組合は規約を何度か改め、業務についても幾度か決議されたが、実行されたことはなく、九州勢と阪神勢が対立し、水産組合は2つに分裂した。[17]

　トロール船の急増により鮮魚の供給が過剰となり、さらに不景気が重なって魚価が低落し、トロール経営は次第に苦しくなった。ただ、惰性で隻数が増えて大正2年には139隻に達した。悲境に落ちたトロール漁業を救うために2通りの方法がとられた。

　①漁船規模を大きくして速力、航続力を高めれば悲観する必要はないとするもので、田村汽船漁業部はこの積極派であった。トロール経営の実際は水産講習所を卒業して遠洋漁業練習生となり、英国に留学してトロール漁業を研究し、帰国後、田村汽船漁業部に入社した国司浩助が行った。国司は、田村汽船漁業部、共同漁業を通して一貫して汽船トロールの発展と近代化に尽くした。[18]

　②企業合同によって経営刷新を図ることであった。大正3年11月、5社、6人の18隻が合同し、資本金200万円で共同漁業(株)が創設された。[19]共同漁業は、大阪、神戸の業者が中心である。社長の星野錫は本業が印刷・製本業で、実際の経営は常務取締役の高津英馬がとった。[20]共同漁業も第一次大戦中に所有漁船を売り払った直後(大正6年)に田村市郎が株式の過半を掌握して経営の実権を握る。

　福岡では、大正3年に博多汽船漁業(株)と福博遠洋漁業(株)が合併して博多遠洋漁業(株)となった。福岡の漁業者は共同漁業には参加しなかった。企業合同の背景、必要性について、当時の新聞は次のように伝えている。漁船数が急増して漁獲・販売競争が激化したこと、禁漁区域の拡大で漁場が遠くなり、経費は著しく増加し、反対に帰港距離が長くなって鮮度が低下し、魚価が低落するという内憂外患に陥った、と。「普通トロール漁船の速力は一時間十浬より十一二浬を出でざるが故に動もすれば鮮魚も鮮魚として取扱われず、従って関門又は博多市場に於ける通称氷漬と呼べるトロール物は普通鮮魚の六掛け位の相場を例とし、豊漁の際は約半値に下る場合少からず」、「八月十三日博多港へ入り来りたるトロール汽船は三隻にして時恰も旧盆に際し斯く一時に入船を見たるが故に博多の魚市場に於ては所謂氷漬の相場に大暴落を告げたり。若し夫れ当業者を打って一団とし汽船の出入に緩急を図らば斯く一時に需給の均衡を失せしめず」とされた。また、大合同によって漁場の選択、漁獲物の売り捌き方法の改善、自家保険が掛けられる便益、漁具購入などにおける経費節約が期待された。[21]博多遠洋漁業は、第一次大戦中に所有船19隻を全てイタリアへ売却し、大正6年に解散した。[22]

　大正3年には許可船131隻中、実際に操業したのは40隻という衰退ぶりであった。第一次大戦の

勃発当初は不況の只中にあり、トロール漁業は生産過剰もあって魚価が低落して、経営は困難を極めていた。当初、6、7万円であった船価も一時2、3万円に下落した。大正5年に戦火が拡大すると、一転して海運界は活況を呈し、トロール船も運搬船に改造されたり、海防艦として英仏伊などへ売却された。船価の騰貴は留まるところを知らず、最高30万円の相場となった。ここにきて大多数のトロール業者は好機とばかりトロール船を売却し、予期せぬ巨利を博した。売却せずに残った6、7隻も空前の活況により莫大な利益をあげた。[23]

許可状況からみると、大正4年は新規許可6、廃業8、沈没4で年末には125隻となったが、廃業のうち2隻は台湾の汽船トロールの許可を受け、3隻は改造して一般商船となった。大正5年と6年は新規許可はゼロで、廃業は116隻にのぼった。沈没が2隻あり、6年末は7隻に減った。廃業のうち82隻は欧州諸国へ売却、34隻は改造して一般商船となった。大正7年には1隻が改造して一般商船となり、残りは6隻となった。[24]

4　トロール漁業の経営体

表4－1は、大正2年2月現在のトロール漁業の許可状況を示したものである。総数は135隻で、ほぼ最大隻数にあたる。トン数規模は、表にはないが、170トン以下が7隻、171～200トンが23隻、201～220トンが51隻、221～250トンが39隻、251～270トンが15隻であった。北海道に4隻（4経営体）あるが、いずれも170トン以下である。200～250トンが中心階層となり、250トンを超える大型船も登場している。乗組員は15～17人。

表4－1　トロール漁業の許可状況（大正2年2月現在）

経営体住所	経営体と隻数	主な経営体別
長崎市	6社20隻	原眞一7隻、汽船漁業(株)5隻、紀平合資会社3隻 長崎トロール(株)2隻、橋本辰二郎2隻
福岡市	4社18隻	福博遠洋漁業(株)8隻、博多汽船漁業(株)7隻
下関市	8社21隻	日東漁業(株)5隻、下関水産(株)4隻、岡秋介3隻、倉光吉郎3隻、西村惣四郎2隻、岡十郎1隻
神戸市	10社15隻	帝国水産(株)3隻、田村市郎2隻、高津柳太郎1隻
大阪市	26社42隻	日本トロール(株)13隻、東洋トロール(株)6隻、日栄漁業(株)3隻、東洋捕鯨(株)2隻、内外水産(株)1隻
東京市	4社4隻	日高靖1隻
北海道	4社4隻	
その他	9社11隻	山口県、兵庫県、和歌山県の郡部
計	71社135隻	

資料：農商務省水産局『水産統計年鑑』（大正2年3月）

許可所有者が多いのは、大阪市と神戸市、それに下関市、福岡市、長崎市の2地域である。前述したようにトロール業水産組合も阪神勢と九州勢とに分裂していた。所有隻数は1隻所有が大部分を占めるが、所有隻数が多いのは、大阪市の日本トロール(株)[25]、東洋トロール(株)、福岡市は福博遠洋漁業(株)、博多汽船漁業(株)、下関市の日東漁業(株)、長崎市の汽船漁業(株)であり、個人では長崎市の原眞一が多い。会社と個人が別々に所有している場合もある。

特徴は4点ある。①汽船トロールはその規模が大きく、汽船での操業なので、在来漁業とは隔絶しており、その担い手は在来漁業者以外から輩出され、会社組織での経営となった。漁船動力化がいち早く進展したカツオ釣り漁業では25トン、30馬力の石油発動機船の船価は7千円（明治42年度）なので、汽船トロールの起業費87千円は10倍ほど高い。一方、汽船捕鯨は捕鯨船1隻（100～130トン、30～45馬力）の会社の資本金は41万円（明治41年）であった。[26]捕鯨船はトロール船より小さいが、

捕鯨船の他に、運搬船や漁業基地を要し、雇用者も多いので資本額は高くなる。汽船捕鯨に対する過剰資金がトロール漁業に流れた。

②長崎県と山口県では汽船捕鯨(ノルウェー式)の関係者が多い。汽船捕鯨は第1章でみたように、明治42年に山口県で興った東洋漁業、長崎県で興った長崎捕鯨合資会社など4社が合併して東洋捕鯨(株)が設立され、同時に捕鯨船が30隻に制限されて、投資熱が同じ汽船漁業のトロール漁業に向かった。汽船漁業の母体であるホーム・リンガー商会は捕鯨に着手したことがあるし、長崎側は紀平合資会社(船具商)と原眞一(海産物商)らが長崎捕鯨合資会社を作り、山口側では岡十郎が東洋漁業、東洋捕鯨の代表者である。神戸市の帝国水産(株)も汽船捕鯨会社である。

③トロール漁業の高利益に幻惑されて漁業とは無縁の投機家も多い。大阪や神戸の米問屋や医者なども投資した。共同漁業の社長も本業は印刷・製本業であった。福岡でも役員の業種はまちまちで、海産物商や汽船捕鯨に従事したことがある人物も含まれているが、博多商工会議所の会頭、副会頭など福博財界の主要人物が名を連ねている[27]。

④魚問屋からの参入も認められる。下関では魚問屋有志で下関水産が設立されたし、魚問屋を開設した西村惣四郎は捕鯨にも関与したことがあり、機船底曳網も経営する[28]。

5 トロール漁業の経営

表4-2は、初期のトロール船隻数、1隻1ヵ月あたり漁獲高、魚価の動向を示したものである。明治43年から45年にかけて漁船数が急増して1隻あたり漁獲量が減少したこと、漁場を東シナ海・黄海に移動して生産性を回復する状況が読み取れる。漁獲金額は魚価が高水準に保たれた明治42、43年は高まったが、その後、魚価が低下して、漁獲金額も低下している。漁業経営上、明治44、45年が大きな転機になっている。

価格は、明治42年を100とすると、大正3年はトロール漁獲物は85に低下したのに対し、石炭は103に上昇して経営条件が悪化している。魚価低落の原因は、漁獲量の増加が需要を上回り、乱売競争が生じたこと、不況で購買力が低下したこと、氷蔵・運搬船の普及で朝鮮からの鮮魚移入が増加したことがあげられる[29]。

表4-2 トロール漁業初期の隻数、漁獲高、魚価

		明治41年	42年	43年	44年	45年	大正2年
トロール船隻数	隻	6	9	19	68	133	139
1隻1ヵ月漁獲高	貫	7,053	9,136	9,226	8,039	8,265	8,966
同	円	4,010	4,806	5,405	4,802	3,998	3,860
魚価	円/貫	0.569	0.526	0.585	0.597	0.484	0.430

資料：薩陽漁夫「本邦に於けるトロール漁業の変遷 其の三」『東京市水産会報 第8号』(昭和3年1月)14、15ページ。
注：大正2年は6月まで。

トロール経営の内容を示したのが表4-3である、黄金期の明治43年は、山野邊右左吉(長崎市の紀平合資会社の創業者で、汽船捕鯨を行った)の例では、起業費は8.7万円で、大部分が船舶(船体と機関)に費やされる。漁業収入は、漁獲量が7.2万貫(270トン)で43千円、漁業支出は33千円で、粗収益は10千円である。漁業支出のうち最大は石炭などの燃料費で漁業支出の3分の1を占める。次いで乗組員給料及び歩合給が高い。乗組員は13人で、配分額の4分の3が給料、4分の1が歩合給である。給料(月)

表4-3 トロール漁業経営　　　　　　　　　　　　　　　　　　　　　　　　　　　　　　　　　　　　　　単位：円

明治43年			大正	2年	3年	大正初期	
漁業収入	43,200	45,000	漁業収入		36,291	漁業収入	48,480
漁業経費	33,174	32,768	漁業支出	37,502	37,905	漁業支出	36,756
乗組員給料	3,480	4,740	船員給料他	5,900	5,960	給料	4,380
歩合給	1,200	4,500	石炭	9,318	11,533	食料	1,608
食料	1,344	1,836	氷	2,105	2,823	石炭・機械油	10,092
石炭・機械油	11,170	15,000	船舶修繕費	2,266	5,671	修繕費	8,268
氷	2,450	2,500	運賃	3,318	2,050	消耗品	1,068
修繕費	7,000	1,000	船体保険料	2,650	1,911	荷捌き手数料	4,200
事務員・網工給料	240	192	漁具修繕費他	7,019	5,276	運送費	3,120
事務所費	600		陸上事務費	4,926	2,672	保険料	3,240
その他	5,690	3,000				その他	780
粗収益	10,026	12,232	粗収益		△1,614	粗収益	11,724
起業費	86,500	87,500				乗組員数	18人
船舶	75,000	80,000					
船舶付属品	3,500	2,500					
漁具	4,500	4,500					
処理費	2,800	400					
雑費	700	100					
乗組員数	13人	18人					

資料：明治43年は山野邊右左吉と橋本辰二郎が提出した業務目論見書で、「明治四十二年四十三年水産課事務簿　遠洋漁業トロール漁業」
　　　（長崎歴史文化博物館所蔵）、大正2、3年は菱湖生「汽船トロール漁業の現状及救済策（上）」『水産界　第399号』（大正4年12月）
　　　17ページ、大正初期は、薩陽漁夫「本邦に於けるトロール漁業の変遷　其の七」『東京市水産会報　第12号』（昭和4年2月）16ページ。
注：大正初期は1ヵ月で示してあったのを12倍した。
　　数値が合わない場合は修正した。

は船長・漁労長は60円、機関長は40円、その他乗組員は平均13円である。同じく長崎市の橋本辰二郎（金物商）の目論見書では漁船は216トン、460馬力、三菱造船所で建造する点は山野邊と同じである。漁獲高は5万貫（188トン）、45千円を予定していて、山野邊の場合より量は少なく、金額は高い。乗組員は18人とし、給料も高くなっているが、歩合給として漁獲高の1割を充てている。

明治43年に比べて、大正2、3年は漁業支出が1割ほど増加している。全般的に高くなっているが、陸上事務費が高くなったのに対し、「船員給料他」（食料費を含む）が低下している。大正3年の漁業収入は減少しており、その結果、粗収益はマイナスとなった。別資料の大正初期の例では、漁業収入が高く、粗収益がプラスになっている。漁業収入に対する粗収益の割合は、明治43年が23％と27％、大正初期が24％と同水準にある。

漁獲は船によって大きな差があり、季節によっても大きく異なった。当業者は予算も立てず、投機性を帯びていた。経営も甚だ粗略で、漁労のみに力を注ぎ、経営方法、経費の節約は顧みず、乗組員も漁場探索に汲々としていたし、事務も万事秘密にして研究心を持たなかった。[30]

以下、企業ごとの経営事例を示す。

(1) 東洋トロール㈱

表4-4は、東洋トロールの大正2～5年度の経営収支（1隻分）を示したものである。当社は、明治43年に資本金60万円で設立され、大阪市に本店、下関に出張所がある。株主は大阪人が多く、次いで和歌山県人が多い。トロール漁業専業で、トロール船6隻を所有している。漁業収入（ほとんどが売上高）は大正2、3年度は3万円台であったが、4年度は4万円台、5年度は5万円台と大幅に上昇

している。大正2年度の収益性は低く、その間の事情を上半期営業報告書では、「今期ハ不漁期ナルニ加ヘ官憲ノ過酷ナル取締リノ為ニ操業意ノ如クナラザリシト不景気ノ為魚価大ニ低落セシトニ拠ルモノナルガ、此間ニ於テ石炭ノ暴騰氷価ノ昂上セルアルモ、我社ハ此ノ両品ニ対シ最モ有利ナル契約ノ存セシ為、幸ニ欠陥ノ不幸ヲ見ザリシナリ」としている。大正3年度も同様な状況で赤字決算となった。大正4年度は6隻のうち4隻を夏季2、3ヵ月を鮮魚運搬船などとして賃貸した。漁業収入が増えたのは、夏季は漁獲が少なく休漁の影響が小さいこと、魚価が著しく上昇したことによる。大正5年度は夏季に2隻を賃貸、2隻を係船し、そして3隻を年度終盤にイタリアへ売却した。漁業収入が前年度より大幅に増えたのは、魚価の著しい上昇があっ

表4-4　東洋トロール㈱の経営収支　　1隻あたり円

期間	5、6回 T.2.2〜3.1	7回 T.3.2〜4.1	8回 T4.2〜5.1	9回 T.5.2〜6.1
トロール船数	6隻	6隻	6隻	6隻
漁業収入　円	37,665	36,237	43,689	51,241
漁業支出　円	36,495	38,130	38,749	38,706
営業費	1,870	1,423	1,633	2,291
船舶費	26,074	28,072	28,422	29,058
氷代	1,571	2,959	2,896	3,586
運搬費	3,820	3,037	3,665	2,616
税金	159	73	30	146
支払い利子	2,681	2,412	2,100	1,007
雑費	317	150	－	－
粗収益　円	1,173	△1,892	4,939	12,534
純利益　円	395		416	11,192
備考			4隻夏季賃貸	4隻夏季賃貸他3隻売却

資料：東洋トロール㈱第5回〜9回営業報告書。
注：第5回と6回は半年決算なので、合算して示した。

たことによる。漁業支出の方は、4年間ほとんど変化していない。支出費目は船舶費（海上での費用）が7割余を占める。大正4、5年度で支払い利子が低下して、経営が改善に向かっている。大正2、3、4年度の粗収益、純利益（粗収益から船舶の償却費などを除いたもの）は低水準（3年度はマイナス）であったが、5年度は非常に高くなっている。第一次大戦中の魚価高騰で経営が立ち直ったが、船価が暴騰したことからトロール船を売却するに至った。

(2) 明治漁業㈱

　表4-5は、明治漁業の大正2〜4年度の経営収支を示したものである。当社は、宮崎県のブリ定置網で著名な日高家の経営で、大正2年に資本金60万円で設立され、東京市に本店、長崎に出張所を置き、汽船トロール2隻でスタートした。大正3年度にブリ定置網が1ヵ所加わり、4年度は4ヵ所に増えているが、経営収支に占める割合は低い。大正2年度は、盛漁期の悪天候と石炭価格の暴騰で期待を大きく裏切る成績となり、3年度は夏季の不漁、漁場の遠隔化に伴う支出増、不況による魚価の低落で前年度以上の不振であった。大正4年度も成績不良で、漁獲が少なく、魚価が低下する夏季は1隻を休漁させた。とはいえ、この3年間、漁獲高は毎年増加している。
　漁業支出での特徴は、大正4年度は沈没船の引き揚げで支出が嵩んだが、反対に夏季休漁と途中で船を売却したことから支出が少なくなって粗収益が大幅に増加した。第一次大戦で海運業が活況となり、船価が暴騰したので、これを機に2隻とも売却し、それを定置漁場の増設に充てた。すなわち当社はトロール漁業で始まったが、定置網漁業の会社に変貌した（第一次大戦後については後述）。この点がトロール専業であった東洋トロールと異なる。

(3) 東洋捕鯨㈱

　表4-6は、東洋捕鯨のトロール経営を示したものである。トロール経営は明治44年〜大正12年

表4-5 明治漁業㈱の経営収支　1隻あたり円

期間	第1期 T.2.7-3.5	第2期 T.3.6-4.5	第3期 T.4.6-5.5
トロール船隻数	2隻	2隻	2隻
漁業収入　円	38,657	50,086	52,146
漁業支出　円	34,381	45,283	40,256
船舶費	20,578	25,784	23,735
営業費	2,758	4,222	3,716
魚箱	1,950	2,273	2,294
氷代	2,367	3,375	2,924
問屋手数料	2,572	2,927	2,776
運送費	357	324	-
漁具修繕費	2,041	4,126	1,892
船具修繕費	-	551	667
歩合	117	106	205
製網・網立て	18	252	94
漁場代	-	600	183
支払い利息	-	88	400
税・組合費	1,140	45	193
諸掛	478	604	530
粗収益　円	4,275	4,803	11,890
備考		定置 1ヵ所	1隻夏季 休漁、 定置4ヵ所

資料：明治漁業㈱第1期～3期営業報告。

の期間行われ（それ以前は岡十郎の個人名義で関与）、第一次大戦中もトロール船を保持した（企業合同を企画したが実現しなかった）。東洋捕鯨は、明治42年に大手のノルウェー式捕鯨会社4社が合併してできた独占的な捕鯨会社であるが、44年末に英国から購入した2隻でトロール漁業を始めている。操業成績は同業船に比べても優秀であった。漁獲物は支店がある下関へ水揚げした。

　大正元年度下半期には衝突や座礁事故があり、また漁場は朝鮮海禁止区域が拡大されて遠隔の東シナ海に移ったため航海数が減少した。魚価が低下して漁獲高が大きく減少したのに、漁業支出が嵩んで赤字となった。大正2年度上半期には1隻を沈没で失い、

表4-6 東洋捕鯨㈱のトロール経営

期	期間	航海数	タイ類箱	雑魚箱	漁獲計箱	魚価円/箱	魚類代金円	トロール経費円	販売手数料円	備考
3	M.44.5-45.1	8	1,087	936	2,023	6.08	12,300	4,176	431	2隻購入
4	M.45.2-T.1.7	47	6,455	7,537	13,992	3.77	52,695	24,979	2,918	
5	T.1.8-2.1	41	5,465	5,865	11,330	3.01	34,115	36,725	2,368	
6	T.2.2-2.7	16	1,642	2,437	4,079	3.13	12,762	17,980	712	1隻沈没
7	T.2.8-3.1	13	1,751	1,461	3,212	3.87	12,416	12,767	367	
8	T.3.2-3.7	12	51	2,953	3,470	3.22	11,165	13,099	870	
9	T.3.8-4.1	6	660	945	1,605	2.94	4,718	3,836	371	
10	T.4.2-5.1	10	573	2,011	2,584	3.31	8,549	13,091	680	
11	T.5.2-6.1							1,222		
12	T.6.2-7.1						5,711	2,316		
13	T.7.2-8.1	5	318	646	964	12.91	12,445	9,409		衝突賠償金
14	T.8.2-9.1						172,627	88,881		
15	T.9.2-10.1						130,623	97,323		
16	T.10.2-11.1				6,873	10.61	72,903	62,212		
17	T.11.2-12.1				5,315	9.91	52,681	83,034		巾着網経費を含む
18	T.12.2-13.1				3,392	7.58	25,682	58,004		〃

資料：東洋捕鯨㈱第3期～18期報告より作成。
注：第10期から年間、それ以前は半年。
　　航海数が少ない場合は，主に魚価が低落する夏季に休漁して鯨肉の運搬船に使用した。
　　第17，18期は巾着網を操業，その経費をトロール経費に含む（魚類代金には含まない）。
　　大正12年6月で汽船トロールを廃業。

他の1隻はその捜索、夏季は不漁期ということで休漁したので航海数、漁獲高が大きく低下した。魚価は、価格が低下する夏季を休漁したにもかかわらず上昇せず、この期も赤字となった。これに沈没にまつわる損失が加わる。大正3、4年は夏季を休漁して鯨肉の運搬船として利用することが多くなり、トロールの航海数、漁獲高は低水準にとどまった。また、魚種構成は、以前はタイ類と「雑魚」が箱数で拮抗していたのに、「雑魚」の割合が非常に高くなった。大正5、6年は第一次大戦で船価が暴騰し、運搬船の用船料が著しく高騰したため、トロール船は引き続き鯨肉運搬船として使い、トロールの実績はほとんどなくなった。大正7年も同様だが、魚価が急騰して収益が望めるようになり、8年は船価が低下したこともあって専らトロールに専念し、相当の漁獲をあげた。魚価もトロール船が激減して供給力が低下したため、タイ類は29.96円／箱、「雑魚」は11.45円／箱に高騰してかつてない高収益をもたらした。

　その後、機船底曳網が大挙、進出してきて供給過剰となったことと不況で魚価は下落し、採算がとれなくなって大正12年6月でトロール漁業は廃業した(共同漁業の投資会社である日正水産(株)に売却)。大正12年の魚価はタイ類が24.96円／箱、「雑魚」が6.87円／箱で、タイ類は漁獲量が減少して魚価の低下は小幅であったが、漁獲量が大幅に増えた「雑魚」の価格低下が著しい[33]。

6　台湾の汽船トロール

　内地に遅れて、大正元年12月に台湾漁業規則が公布され、汽船トロール漁業は総督府許可漁業となり、トロール禁漁区も設定された。同年に台湾漁業(株)（トロール漁業専業で、トロール船を一〇組から賃借した）と台湾海陸産業(株)がトロール漁業を各1隻創業した(台湾における汽船トロールの創業は大正2年とする説もある)。この時期、内地の汽船トロールは沿岸漁場から閉め出されて漁場が遠隔化し、また隻数が急増して過剰生産に陥り、経営不振が顕わになっており、漁場、市場を求めて台湾に転進してきたのである。台湾総督府は、当初、鮮魚の需給状況からトロール許可数を2隻に限定した。しかし、島内の鮮魚需要は低調で、魚価は低く辛うじて経営する状態であった。大正4年、経営不振のあげく、台湾漁業、台湾水産(株)、一〇組(第一丸の出願者である岡十郎、岡秋介が代表)が合併することになった。台湾漁業と台湾水産が出資し、一〇組がトロール船2隻を現物出資した。この合同会社は台湾海陸産業らと共同で魚市場を経営した。この企業合同も同期の内地における企業合同に連鎖している。

　上記の台湾水産はカツオ漁業、カツオ節製造、テングサの製造販売、塩干魚の帷幄販売、魚市場経営、牧畜及び運輸事業を営なむ会社で、企業合同にあたって岡秋介が取締役に就任した。大正6、8年にトロール船を売却すると、岡も取締役を退いた[34]。

　台湾総督府は、トロール船を新たに合同会社に1隻、台湾海陸産業に1隻を許可し、許可数は4隻とした。しかし、第一次大戦が勃発して3隻は外国に売却、大正6〜8年は老朽船1隻のみが従事し、そこで廃業となった[35]。創業期の台湾のトロール経営は難行の末、中絶した。

第4節　第一次大戦後から昭和初期まで

1　第一次大戦後の汽船トロール漁業の復興

　第一次大戦中、トロール船の大部分が売却されたのを機に、資源の保護とトロール漁業を安定させる趣旨で大正6年1月に汽船トロール漁業取締規則が大改正された。隻数を70隻に限定し、かつ新造船は200トン以上、速力11ノット以上、航続距離2,000カイリ以上であること、第一次大戦の経験に鑑み、一朝有事の際は海軍の予備艇として使用に堪えられる構造補強に関する規定を設けた。

　休戦条約が成立すると造船費用は低下の兆しをみせ、大正8年に共同漁業はトロール船4隻を建造した。当時、トロール漁業の許可の争奪が行われ、利権屋によって許可が握られたケース、造船高では採算がとれないとみて一旦得た許可を売却する者、政府の隻数制限を信頼して未だ船価が低落していない中で事業を推進する者もいた。

　大正9年36隻、10年9隻、11年14隻、12年4隻の新造をみて制限隻数に達した。1隻の建造費は約20万円であった。最大のトロール会社となる共同漁業は田村が経営支配する㈱大阪鉄工所で漁船を建造している。すなわち、大正8、9年に共同漁業及びその関係者の名義で大阪鉄工所に19隻の建造を発注し、11、12年にも数隻の注文を入れている。[36]

　トロール漁船に無線電信装置をつけたのは、大正10年の共同漁業の2隻が最初で、その効果が知れると各船が競って装備し、僚船間、営業所との通信に使い、漁獲の増進、商略のうえで多大の便益を得た。[37]

　大正12年のトロール船70隻の根拠地は、下関港が8社56隻、長崎港が3社8隻、博多港が2社6隻である。漁船規模は200〜230トンが33隻で最も多く、230〜250トンは12隻、250〜280トンは20隻、280〜300トンは2隻、300トン以上は3隻となっている。[38]前述の大正2年と比べると、中心階層は200〜250トンで変わらないが、200トン未満の小型船がなくなり、250トン以上が絶対数でも増加している。

2　汽船トロール漁業の操業
1）資源と漁場

　東シナ海・黄海のマダイ・レンコダイ資源は大きなものではなく、数年にして漁場が荒廃し始めたので勢い新漁場を求めて北方に進出するようになった。マダイの漁場は当初、済州島西が主であったが、大正9年頃から黄海中北部へ移った。黄海中北部のタイ資源も大正末には激減し始め、東シナ海のレンコダイ、チダイ漁場も著しく荒廃した。タイ類の漁獲減少につれて黄海ではグチ、ニベ、カレイ・ヒラメなどが主要漁獲物となり、東シナ海でも漁場が拡大してグチ、ニベ、ハモの漁獲が増えた。大正14年に英国からVD式漁法（後述）が取り入れられ、これが漁獲物の質から量への変化に拍車をかけた。昭和初期に山東半島沖合から渤海湾にかけてコウライエビ（大正エビ）の漁場が開拓されるに及んで東シナ海・黄海の全域がトロール船の操業水域となった。[39]

　漁獲量が増加したのは漁獲性能の向上の他に、対象魚種がタイ類などの高級魚中心からねり製品原料となる「潰し物」のグチ類やハモ、タチウオ中心に切り替ったことである。タイ類の割合は、大正10年には37％であったが、昭和4、5年頃には僅か4、5％に激減している。漁場もタイ類

が多い済州島南方の東シナ海中央部からグチ類が多獲される大陸沿岸沖合へと移行した[40]。

そこへ大量の機船底曳網が出漁してきたため、隻数制限のあるトロールは猛烈な反対運動を展開した。その結果、政府は大正13年に東経130度以西の東シナ海・黄海で操業する機船底曳網（以西底曳網）の新規許可を停止する、トロール漁業に対しては東シナ海・黄海以外で操業するなら70隻の制限枠の対象外として他海域への展開を促した。

2) 操業と漁船

第一次戦後のトロール船はその規模、堅牢さ、乗組員の訓練において大戦前と大きく変化した。1航海は平均14日、年間航海数は定期修繕で1ヵ月休業するとして23、24回である[41]。

乗組員は、甲板部8、9人、機関部4、5人、その他（無線技士、賄い夫、給仕）3人の計16、17人で、雇用、解雇は船長、機関長に一任されている[42]。

漁具での大きな改善はVD式(Vignolon-Duhl社発明)の導入である。以西底曳網が勃興し、汽船トロールとの競合が烈しくなると、共同漁業は大正14年に役員を英国へ派遣してこの新漁法を導入した。VD式は、オッターボードの取り付け位置を網口部から離し、宙吊りの形にして網口を拡げる方式である。しかし、VD式は高額の特許料を要したことから若干の改良を加えて調整式と称し、その負担から免れるようになった[43]。VD式や調整式は、旧来の直結式に比べ網口は一層開いて漁獲は2、3倍に増えた。この新方式は2、3年のうちに全船に普及した。

当時の汽船トロールと以西底曳網（二艘曳き1組）を比較すると、①底曳網はトロールより曳網面積が大きい。②トロールの方が曳網時間が長く、漁獲物がコットエンドに入ったまま甲板上に引き揚げるので漁獲物が損傷しやすい。底曳網は曳網時間が短く、漁獲物はタモで掬うので損傷は少ない。③漁網は底曳網は綿糸製だが、トロールはマニラ麻製でコールタールを塗布しているので、魚を傷つけやすく、魚価は3、4割低い。④漁場の点でも海底に岩礁などがあればトロールは曳けないが、底曳網は岩と岩との間を曳くことができる。⑤固定資本はトロール20万円に対し、底曳網は6万円で足りるし、漁業経費は底曳網はトロールの約半分で足りる。このため、以西底曳網は汽船トロールの恐るべき競合相手となった[44]。

汽船トロールはVD式（または調整式）を導入して曳網面積を拡大し、対象魚種を「潰し物」主体とし、漁場を大陸寄りに移したり、南シナ海漁場の開拓へと向かう。一方、以西底曳網は漁船の大型化を図って、漁場・漁獲競合が一層強まっていった[45]。

3 トロール漁業企業

表4-7は、経営体別のトロール漁業許可（農林省許可分）所有状況の変化（大正7年～昭和9年）を示したものである。合計隻数は、大正9年から急速に復興して12年には法定隻数に達している。第一次大戦前と比較して、①経営体数が少なくなり、その中で共同漁業による集積、独占化が進んだ。トロール漁業の不慣れや経営不振で共同漁業へ経営を委託したり、共同漁業にトロール船を売却、あるいは共同漁業と合併している。②漁業と無縁の経営者や捕鯨関係者のほとんどが姿を消し、代わって北洋漁業、造船・海運業者が進出してきた。第一次大戦前からの継続は少なく、経営体は大幅に入れ替わった。③経営体の変動が大きい。それは経営不振、とくに魚価の低落によるものといえる。第一次大戦後は、戦後恐慌、震災恐慌、金融恐慌が続き、魚価は大幅に低下して、厳しい経営が続いた。

表4-7　汽船トロールの所有状況

大正・昭和	T.7	8	9	10	11	12	13	14	15	S.2	3	4	5	6	7	8	9
紀平合資会社	1	1	1	1	1	1	1	1	1	1	1	1	1	1	1	1	1
共同漁業(株)	4	8	28	28	28	28	28	28	28	30	31	33	52	48	48	48	53
博多トロール(株)			4	4	5	5	5	5	5	5	5	5	5	5	5	5	
長崎海運(株)			2	2	4	4	4	4	4	4							
大海トロール漁業				1	1	1	1	1	1	1	1	1					
小森市太郎			1			1	1	1	1								
日正水産(株)				1		4	4	4	4								
日本トロール(株)				4	8	10	10	10	10	13	13	14					
奥田亀造他				2	2	2	2	2	2	2			2	2	2	2	2
第一水産(株)				2	3	4	4	4	4	4			4	4	4	4	4
明治漁業(株)				3		3											
(株)山田商店						3	3	3	3	3	3						
(株)林兼商店				2	2	2	2	2	2	2			5	5	5	5	5
樺太漁業(株)					3		5	5	5	3							
高砂漁業(株)															5	5	
国際工船漁業(株)													1	1	1		
その他	2	1	5	2	3											1	10
計	7	10	48	57	68	70	70	70	70	70	67	70	75	71	71	70	74

資料：今田清二『水産経済地理』(昭和11年、叢文閣)104～107ページ。
注：共同漁業には国司浩助名義、博多トロールには太田清蔵名義、林兼商店には中部幾次郎名義を含む。
　　日本トロールのスタート時は堤清六、輸出食品から、日正水産のスタート時は東洋捕鯨、大正水産、日本水産からトロール船を取得。

　この間、一貫してトロール船を所有しているのは共同漁業と紀平合資会社だけで、紀平合資会社は(第一次大戦前にも操業)1隻だけなのに対し、共同漁業は大正9年に大量建造を行って抜きんでた大手となり、昭和に入って次々と買収を行って全体の7割を占める独占的経営体となる。

　共同漁業の歴史を振り返ると、大正6年に非売却主義をとった田村汽船漁業部は共同漁業の株式の大半を手中に収めた。大正7年、共同漁業はトロール船を売却して資本金を30万円に減じ、星野は社長を辞任した。[46]

　一方、田村汽船漁業部は大正8年に日本トロール(株)と改称、さらに共同漁業に日本トロールを吸収させた。資本金を300万円、さらに500万円とし、本店を神戸、営業所を下関に置いた。経営陣も元農商務省水産局長を社長に、経験豊かな国司浩助らを常務取締役とした。田村汽船漁業部の7隻と旧共同漁業の18隻、計25隻の権利を確保して船舶を増強した。以前の共同漁業とはその性格を一変したのである。

　その後、以西底曳網の豊洋漁業(株)を合併し、台湾にトロール漁業会社・蓬莱水産(株)を設立して、以西底曳網に対する新規許可の停止とトロールの隻数制限に対応した。共同漁業によるトロールの集積は根拠地を下関から戸畑に移転する昭和4年以降、顕著になった。買収された経営体は、長崎海運(株)(大戦前の長崎トロール(株))、日本トロール(株)(大戦前の日本トロールとは別)、博多トロール(株)(前身は博多遠洋漁業)などがある。経営不振に陥っていた経営体から経営を受託し、さらには買収して規模を拡大している。[47]

　その他企業の系譜をみよう。汽船トロール創業者の奥田亀造は昭和恐慌期に打撃を受け、漁船を宝洋トロール(株)に売却したが、一年後には日之出漁業(株)に転売される。日之出漁業は第一水産(株)を改組した会社で、この後、日本水産の傘下に入った。

　明治漁業(株)は宮崎のブリ定置網で財をなした日高家の経営で、第一次大戦後もトロールを

復活させたが、その経営は不振で長崎市の㈱山田商店に売却する。山田商店は長崎魚市場の問屋で、機船底曳網、レンコダイ延縄を経営するなど漁業投資に熱心であったが、トロール経営は不振で、経営を共同漁業に委託し、さらにトロール船を㈱林兼商店へ売却している。林兼商店は機船底曳網での集積を進め、大正14年から汽船トロールに進出してきた。共同漁業が汽船トロールから機船底曳網にウィングを拡げたのと逆方向に拡大した。

　もう1つの系譜は北洋漁業関係者で、北洋漁業の再編成と並行してトロール漁業との係わりも変化している。北洋漁業でサケ・マス漁業を独占する日魯漁業㈱の関係では、創業者の堤清六や輸出食品㈱は大正9年か10年の1年だけトロール船1隻を所有し、すぐに日本トロールに売却している(大正10年に日魯漁業と輸出食品は合同した)。ベーリング海のミール工船事業に付属船としてトロール船や機船底曳網漁船が使われた。ミール工船事業は、昭和5年に国際工船漁業㈱が設立されて始まるが、事業に失敗すると日魯漁業系の太平洋漁業㈱に買収される。太平洋漁業はサケ・マス漁業と兼業でミール事業を引き継いだが、これも失敗した。共同漁業系の日本工船漁業㈱も昭和5年からカニ工船と兼業でミール事業に手を出し、共同漁業からトロール船などを用船している。同じく共同漁業系の新興漁業㈱もミール工船事業を始めたが、やはり成功しなかった。この他、朝鮮でミール事業を行っていた新興水産㈱も参入し、林兼商店からトロール船を用船したが、数年間で廃業した。このようにミール工船事業は昭和5年以来、大手水産会社が試みたが成功しないまま12年までに廃業している。上記企業のうち日本工船漁業を除いてトロール船を所有している。その期間は昭和恐慌でトロール漁業が不振を極めた時期で、トロール船の活用という意味合いもあった。

　一方、樺太や函館で海運業と漁業を興した佐々木平次郎は、大正9年にトロール漁業の許可を得て、それを自分のサケ・マス漁業会社の樺太漁業㈱に移す。昭和6年まで続けて高砂漁業㈱に譲渡した。高砂漁業は昭和9年までトロール漁業を兼業して、自社の母船式サケ・マス漁業を日魯漁業系の太平洋漁業と合同した時にトロール船も譲渡している。[48]

4　汽船トロールの経営

　大正9年のトロール漁業経営は、漁獲高146千円に対し漁業経費は125千円で、粗収益は21千円(粗収益率は14%)であった。表4-3の明治末・大正初期の経営と比べて漁業収入、漁業経費はそれぞれ3.5倍ほど高くなっており、第一次大戦中の著しい価格上昇を物語ると同時に、大戦終結後も2、3年間は魚価は高水準を保ったことを示す。粗利益率は低下し、再び経営が厳しくなっている。[49]

　次にトロール企業の経営事例を掲げる。

(1) 明治漁業㈱

　第一次大戦後、大正9～11年の短期間であるが、明治漁業は再びトロール漁業を兼業した。大正9年に起業認可を得て漁船3隻を建造し、下関を根拠(戦前は長崎根拠)に従業した。当時、明治漁業はブリ定置網を中心に北洋でタラ漁業、カニ缶詰、サケ・マス漁業を経営していた。大正10年度には新造船2隻を加えてトロール船5隻とした。戦後不況の折、あえて新造船建造に踏み切ったのは、従漁船の漁獲成績が良好なこと、許可期限が迫っているためであったが、「之カ為固定資金愈々増加シ而モ一般財界不況ニシテ金融梗塞ノ傾向益々甚シク為ニ資金ノ調達ヲシテ非常ナル困難ニ陥ラシメタ」。そのうえ、経費が過大なため本社の事業としては不適当として、大正11年度末に2隻は神戸市の鈴木商店へ、3隻は長崎市の山田商店へ売却して、トロール漁業から撤退した。[50]

(2) ㈱山田商店

　長崎魚問屋の山田商店(山田屋、山田屋商店ともいう)は長崎のレンコダイ延縄や機船底曳網を先導していたが、大正11年10月、トロール漁業を営むため㈱山田商店を設立(以前は個人商店)した。資本金100万円で、山田吉太郎・鷹治兄弟を中心とする同族会社である。翌12年2月に明治漁業から3隻を購入し、無線電信を装備して操業に入った。途中で社名を山田漁業㈱に改称している。だが、トロール経営は思わしくなく、昭和3年6月から共同漁業へ経営を委託するようになった。理由は、「同社(共同漁業を指す)ハ我国ニ於ケルトロール漁業界ノ経験深キ先覚者タルト共ニ全国的首位ヲ占メ、漁場ノ連絡漁具ノ進歩、販路ノ周到ナル凡テ吾ヨリ一日ノ長者タリ」というにあった。そして昭和4年にはトロール船を林兼商店に売却している。[51]

(3) 長崎海運㈱

　長崎海運は運送業と漁業を営む長崎市の会社で、資本金は50万円から100万円に増資されている。株主と経営陣は長崎市の運送業者が中心で、魚市場の問屋(山田吉太郎・鷹治兄弟)や仲買人、そして倉場冨三郎も加わっている。

　表4-8は、長崎海運のトロール経営をみたものである(大正14年下半期～昭和2年下半期)。長崎海運は、第一次大戦前は長崎トロール㈱としてトロール経営をしており(倉場の経営する汽船漁業と同じ住所なので一体のものか)、大戦後も大正9年に2隻で再開し、11年からは4隻(うち1隻は倉場冨三郎から。倉場は大戦後は1年間トロールの許可をとった)となったが、昭和3年には共同漁業へ売却している。表はトロール経営終盤の状況を半年間毎に示している。

　1隻あたりの航海数は年間にすると22回前後で、航海あたり漁獲量は昭和2年(上半期、下半期とも)に大幅に上昇した。前年に英国ヴィグネロンダール社代理店とVD式漁法の特許利用契約を結び、また、無線電信装置を設置しており、その効果とみられる。魚価は低迷を続けており、生産性が高まってようやく経営が安定する。

　1隻あたり損益収支をみると、収入(ほぼ全部が漁獲高)は6万円台であったのが、昭和2年には8万円台

表4-8　長崎海運㈱のトロール経営　　損益は1隻あたり

期間		15期 T.14.7-12	16期 T.15.1-6	17期 T.15.7-S.1.12	18期 S.2.1-6	19期 S.2.7-12
トロール隻数	隻	4	4	4	4	4
航海数	回	41	45	45	44	48
漁獲量　大箱数	千箱	27	30	30	35	37
航海あたり箱数	箱	622	659	665	799	778
漁獲金額	千円	246	267	257	337	321
魚価	円/箱	9.06	9.01	8.58	9.59	8.58
収入	円	61,576	66,898	64,242	84,306	80,861
漁獲		61,489	66,818	64,198	84,262	80,159
その他		87	80	64	44	703
支出	円	59,880	59,319	61,829	64,234	69,172
石炭		14,334	14,314	12,361	13,907	14,501
氷		3,270	3,318	3,912	2,991	4,106
漁具		4,375	5,837	7,232	6,070	6,824
魚箱		4,473	6,529	5,845	7,166	7,449
給食料		7,496	7,143	7,469	7,953	7,888
奨励金		1,434	1,283	1,167	3,005	2,069
運搬費		3,243	5,599	5,284	6,604	7,472
修繕費		6,535	3,476	7,138	3,562	7,586
需要品費		3,754	2,991	2,478	2,328	2,598
船舶雑費		2,074	1,935	2,082	2,842	2,442
雑給手当		939	793	900	825	1,034
営業費		2,117	705	673	1,158	675
保険料		1,391	1,075	1,050	2,789	946
利子		4,645	3,981	3,990	3,015	3,109
税金		49	339	148	18	473
粗収益	円	1,696	7,580	2,533	20,072	11,689
船舶等償却金		1,696	6,304	3,341	13,750	5,000
純利益		-	1,276	-	6,322	6,689

資料：長崎海運㈱第15期～19期営業報告書。
注：魚箱には大箱、小箱、改良小箱があるが、大箱に換算した。箱あたり内容重量は不明。
　　船舶等償却金には起業費償却金、無線電信設置償却金を含む。

に増加した。支出も昭和2年に高まったが、費目では魚箱、奨励金が増加している。修繕費は漁閑期の夏場に入渠することが多く、下半期に偏る。支払い利子は昭和2年に低下したが、それでも高水準にあった。粗収益は大正末は低く、船価等償却費を圧縮しても純利益が出ず、実質的な赤字が続いた。それで大正末まで起業費償却金が持ち越されている。昭和2年になって純利益が見込めるようになり、5%の株主配当が実現した。それでも昭和3年に共同漁業へ売却された[52]。

(4) 博多トロール(株)

大正9年3月に資本金200万円で設立された。大戦前の博多遠洋漁業(株)時代の福博の実業家が出資し、役員を務める。中心人物は各種事業に幅広くかかわった太田清蔵(当初のトロール船4隻は太田所有名義)と海産物商・津田家である。昭和3年から共同漁業へ経営委託するようになり、6年から共同漁業の関係者が役員となり、8年には株式の約半数は共同漁業社長の手に移った。そして昭和9年4月に60万円でトロール船を売却し、トロール漁業を廃業した[53]。

表4-9は、博多トロールの操業と経営を示したものである。トロール船は4隻でスタートしたが、大正12年から5隻となった。1隻あたり漁獲高は大正15年までは14、15万円であったが、その後は魚価の低下で減少し、昭和5年から魚価が暴落すると10万円を大きく割り込むようになった。支出のうち船舶費(海上経費)は支出の87〜89%であったが、昭和3年から90%を超えるようになって、共同漁業への経営委託で陸上経費が少なくなった。大正11年に沈没事故があり、多額の出費を余儀なくされたこと、昭和3年から共同漁業への委託手数料が計上されているのが目をひく。純利益は事故などがなければ10%台であったが、昭和期に入ると10%を割り込み、昭和恐慌期にはほとんどなくなった。

航海数は20回平均で、1航海あたり漁獲量は大幅に増えている。「潰し物」の割合が高まったこと、VD式漁法の導入によるものだと思われる[54]。

表4-9 博多トロール(株)の操業と経営

	大正9年	10年	11年	12年	13年	14年	15年	昭和2年	3年	4年	5年	6年	7年
トロール船隻数	4	4	4	4→5	5	5	5	5	5	5	5	5	5
収入　　千円	73	598	772	563	791	765	637	595	698	737	550	408	372
漁獲物	63	591	573	557	784	761	630	594	692	720	545	405	368
支出　　千円	52	406	615	421	601	599	510	532	624	632	534	384	362
営業費	30	49	42	60	69	73	63	55	48	34	32	17	15
船舶費	22	358	354	361	532	526	447	476	562	578	482	350	332
委託手数料他	−	−	219	−	−	−	2	2	14	20	21	16	15
粗収益　千円	21	171	33	141	190	166	127	63	74	105	16	24	10
純利益	20	132	△9	49	105	106	108	53	54	70	6	△2	0
総航海数　回				106	108	105	108	101	108	120	115	101	96
航海あたり漁獲箱数				538	655	723	708	719	818	874	872	865	903
〃 漁獲金額　円		5,141	5,736	5,411	7,255	7,245	6,111	5,879	6,405	5,998	4,742	4,005	3,831
価格　円/箱				10.05	11.06	10.02	8.63	8.17	7.83	6.86	5.43	4.63	4.24

資料：博多トロール(株)第1回〜23回事業報告書。
注：大正12〜15年度、昭和5年度以降は半期決算だが、年間で表示した。
　　大正9年度は年末に初出漁したので実績は少ない。大正11年に1隻沈没。昭和3年から共同漁業(株)へ経営委託した。

(5) 日本トロール(株)

大正10年10月に設立された(大戦前の同名会社とは別)。資本金は200万円で、(株)東京石川島造船所

と日魯漁業(株)の関係者が中心となった。社長は東京石川島造船所の社長が就いた。東京市に本社、下関に出張所を置いた。

　表4-10は、日本トロールのトロール船隻数と経営収支を示したものである。トロール船7隻を揃えてスタートする。多くは東京石川島造船所で建造した。1年後の大正11年には日魯漁業関係者の株式(露領漁業第一次合同の資金となった)は鮎川義介(日産コンツェルンの創立者)に渡り、トロール船は1隻を建造、明治漁業(株)から2隻を買収して(明治漁業は鈴木商店へ売却したという)10隻となった。以後、10隻体制が続く。各船の半年間の航海数は13、14回から10～13回へと漁場が遠隔化して減少している。魚価が低下、あるいは低迷するなかで、総収入は70～90万円(1隻あたりでは7～9万円)の範囲で低下気味に推移し、粗収益は10～13万円で推移している。大正14年から株主に共同漁業社長の松崎寿三が登場し、東京石川島造船所関係者に代わって株を買い増している。昭和2年に共同漁業の投資会社である日正水産(株)と合併し、トロール船は14隻(1隻が沈没して13隻)、資本金は300万円になった。以後、総収入は90～100万円、粗収益は20～23万円となった。株主は松崎が最大で、2位の鮎川の所有株を合わせると全体の3分の2を占める。第3位は台湾銀行頭取であった(同年、台湾に共同漁業系の蓬莱水産が設立された)。社長には共同漁業社長の田村啓三が就いた。昭和3年には鮎川の所有株が松崎に、台湾銀行頭取の株が長崎海運(株)関係者に移った。大型船が1隻建造されて14隻体制に戻った。昭和4年から所有船14隻全てが共同漁業に経営委託されている。同年末には共同漁業とともに根拠地を戸畑に移した。日正水産と合併して以降、漁獲効率が高まって(魚種構成は悪化したが)、粗収益率は15、16％から20～23％に高まった。昭和5年には共同漁業に吸収合併された。[55]

表4-10　日本トロール(株)の経営

回	期間	トロール隻数	航海数/隻	総収入千円	総支出千円	粗利益千円	粗収益率%	大株主
1	T.10.10-11.1	7		276	201	75	27	造船所,日魯漁業
2	T.11.2-7	7	13-14	763	558	205	27	造船所,鮎川義介
3	T.11.8-12.1	10	13-14	694	573	121	17	鮎川
4	T.12.2-7	10	12-13	927	747	180	19	鮎川
5	T.12.8-13.1	10	12-14	819	697	122	15	鮎川
6	T.13.2-7	10	12-14	776	673	104	13	鮎川
7	T.13.8-14.1	10	11-13	825	692	133	16	鮎川
8	T.14.2-7	10	10-13	719	613	107	15	鮎川
9	T.14.8-15.1	10	10-13	808	664	144	18	鮎川,共同漁業
10	T.15.2-7	10		713	606	107	15	鮎川,共同漁業
11	T.15.8-S2.1	10		702	569	133	19	鮎川,共同漁業
12	S.2.2-7	14		1,058	841	217	21	共同漁業,鮎川,台湾
13	S.2.8-3.1	13		948	743	205	22	共同漁業,鮎川,台湾
14	S.3.2-7	13		904	696	208	23	共同漁業,台湾銀行
15	S.3-8-4.1	14		1,037	825	213	20	共同漁業,長崎海運
16	S.4.2-7	14		1,139	921	228	20	共同漁業,長崎海運
17	S.4.8-5.1	14		1,043	804	239	23	共同漁業,長崎海運

資料：日本トロール(株)第1回～17回営業報告書。
注：資本金は200万円から第12回で日正水産(株)と合併して300万円に。
　　社長は、第1回～7回は東京石川島造船所社長、第8回～12回は某男爵、第13回以降は共同漁業社長が就任。

5　台湾の汽船トロール

　大正9年、内地のトロール漁業が復興して、輸出食品㈱（翌年、日魯漁業と合併）が基隆に支店を開設し、2隻を操業させた。台湾トロール㈱（第一次大戦前の一〇組が前身、大正8年7月創立）も2隻を営み、再び4隻体制となった。しかし、戦後不況に伴う購買力の低下で魚価が暴落し、経営難となって2隻は内地に回航（日本トロールへ売却）し、1隻は沈没し、他の1隻は大正14年末、新興の機船底曳網に圧倒されて廃業して再び中絶した。[56]

　台湾トロールの船は180トンで、乗組員は16人（機関部6人、甲板部8人、船長1人、給仕1人）と少なく、1航海約1週間で彭佳嶼沖合50～100カイリに出漁してレンコダイを中心にマダイ、キグチ、フカ、ニベなどを漁獲した。漁期は周年で（盛漁期は4～6月）、1航海は約1週間である。汽船トロールは、他の動力漁船に比べて海が荒れ魚価の高い冬季にも出漁できるし、漁夫の技能にまつことが少ないという特質があった。[57]

第5節　昭和恐慌期から日中戦争まで

1　生産動向とディーゼル船の登場

1) 生産動向

　昭和恐慌期の汽船トロールの漁獲量はわずかに減少しただけなのに、金額は大幅に低下した。主因は優良魚種の減少と不況による魚価の低落で、優良魚種の減少は汽船トロールの漁獲効率の向上と以西底曳網の漁船大型化と漁獲競争の激化による。当業者はいずれも採算困難となり気息奄奄の状態になった。この中で共同漁業はディーゼル船の建造、船内冷凍装備をして遠隔漁場へ進出する途を開いた。[58]

　昭和8年頃のトロール船は、東シナ海・黄海で操業するもの70隻（東シナ海・黄海を漁場とするもの56隻、それに南シナ海を加えたもの8隻、さらにベーリング海を加えたもの6隻）、ベーリング海へ出漁するもの（東シナ海・黄海では操業しない）4隻、それに台湾総督府許可の4隻、香港根拠の3隻、計81隻であった。うち最新鋭のディーゼル船は15隻である。1隻あたり乗組員は17人前後だが、ディーゼル船は24～27人であった。[59]

2) ディーゼル船の登場

　汽船トロールは石炭の積載容量が100トン、1日あたり消費量が6トンなので、16日の航海に耐える。明治末の汽船と比べて、積載容量は大きくなったが、燃料効率はさして変わっていない。漁獲物の氷蔵も漁獲後15日程度である。ディーゼル船は燃料・重油の積載容量が120トン、消費量が1日2トン強なので、50日航海、1万カイリを航走できる。

　昭和2年に共同漁業は世界初のディーゼルトロール船・釧路丸（311トン）を建造し、初めて南シナ海やベーリング海に進出した。[60] ディーゼル船が登場しても制度上、汽船トロールという用語が使われた。その後、毎年、ディーゼル船は増加して昭和9年には14隻となった。ディーゼル船は三菱造船所彦島工場や大阪鉄工所で建造された。ディーゼル機関は新潟鉄工所製である。

　初期のディーゼル船は300トン級で、建造費は22、23万円、航続日数は40日間であった。昭和5年以降、船内急速冷凍機を備えるようになると、その能力は55日以上、14,000カイリの航続力を

有するようになった。無線電信は優に1,000カイリの通信能力を有し、魚艙はスチーム船の約2倍の収容力を有する。そのかわり1隻の船価は約31万円と高い。冷却法も従来の空気冷却法だけでなく、予備冷却として先ず冷却した海水中に魚を浸し、これを空気冷却した魚艙で冷蔵する海水冷却法を併用した。

　ディーゼル船が誕生する背景をみておこう。ほとんどの漁業は内燃機関を利用するのに捕鯨とトロールは蒸気機関を利用した。トロールが蒸気機関であるのは根拠地の下関、長崎、博多は産炭地に近く、石炭価格が低廉であること、一方、重油価格は非常に高く、ディーゼル船の建造費もスチーム船に比べて高いこと、ディーゼル船の性能が未知数なためであった。そうした中、以西底曳網が異常な発達を遂げ、トロール漁場に進出してくると、トロール漁業は東シナ海・黄海のみでは狭隘となり、さらに南下して台湾以南まで進出する必要に迫られた。それにはスチーム船では航続力が不足する。そんな折、重油価格が大幅に低下し、農林省所属のディーゼル船に装備されている電動ウィンチも支障がないことが判明した。こうしてディーゼル船が建造されるようになった。

表4-11　スチーム船とディーゼル船との経済性比較（1ヵ月平均）

	スチーム船	ディーゼル船・釧路丸
漁船トン数	220トン	312トン
建造年	大正9年	昭和2年
1ヵ月航海数	2.15回	1.73回
1航海あたり日数	12日	19日
建造費　　　　円	180,000	330,000
漁獲高　　　　箱	1,763	1,893
円	14,770	17,550
漁業経費　　　円	11,365	12,729
運搬費	1,602	1,802
魚箱	1,432	1,597
石炭	2,475	－
重油・潤滑油	－	2,122
氷	696	498
水	54	13
漁具	1,020	123
甲板部消耗品	175	371
機関部消耗品	184	176
修繕費	92	122
給料・賃金	1,105	1,284
賞与（歩合）	439	562
雑費	114	562
保険料	203	375
償却費・利子	1,500	2,750
漁業利益　　　円	3,404	4,826

資料：田島達之輔「トロール漁船の原動機として蒸気機関とディーゼル機関の経済的比較」『水政　第7輯』（昭和5年4月）31～41ページ。
注：期間は昭和3年9月～4年1月の1ヵ月平均。
　　償却費および利子は建造費の10％を月割りとした。

　表4-11は、従来のスチーム船（220トン）とディーゼル船・釧路丸の経済性を比較したものである。ディーゼル船の建造費はスチーム船の1.8倍も高い（スチーム船の建造年が古いことも一因）。長期航海が可能で、漁場に長く留まることができるので漁獲高も多い。漁業経費はディーゼル船の方がやや高いが、それは建造費に見合って償却費・支払い利子を高く見積もったからで、燃料代はかえってディーゼル船の方が低い。このため、漁業利益もディーゼル船が上回っている。ディーゼル船の普及には、漁船建造費と燃料費いかんにかかっていた。また、石炭の供給が難しい場合はディーゼル船が優位となる。

3）南シナ海出漁

　昭和2年にディーゼル機関、電動ウィンチを装備した漁船、5年に船内冷凍装置を完備した漁船が建造され、東シナ海・黄海以外の海域へ進出する条件がクリアされた。

　南シナ海への進出は、昭和3年に日本トロール（共同漁業系）が探検出漁したのが最初で、4年には共同漁業の3隻が加わった。その後、共同漁業の11隻の他、10年には

(株)林兼商店の3隻、新興水産(株)の3隻が加わり、農林省許可で南シナ海を操業区域とするものは19隻となった。19隻のうち林兼商店の2隻は南シナ海のみ、新興水産の3隻は4〜9月はベーリング海へ出漁する。この5隻は東シナ海・黄海では操業せず、70隻の制限隻数の枠外である。この他に台湾総督府許可で南シナ海を操業区域とするものは蓬莱漁業公司(共同漁業系、香港根拠)の3隻がある。南シナ海の漁場は主にトンキン湾とその南方(仏印沖)である。漁船トン数は、当初は200トン級もあったが、昭和10年ではすべて300トン以上となり、350〜400トンが中心で、400トン台がそれに次いだ。林兼商店の3隻は660トン前後ととくに大きかった。昭和10年、汽船トロールの操業範囲は南シナ海から豪州北西沖公海に拡大された。共同漁業の新京丸にその操業区域が追加許可されて出漁した。[63]

2 トロール漁業の経営

表4-12は、昭和4年、7年、12年のトロール漁業の起業費と経営収支をみたものである。起業費は昭和4年が19万円、7年が21万円、12年が27万円と大幅に上昇した。うち漁船建造費が大部分を占めるが、漁船規模も順次拡大している。

漁業収入は、昭和4年に比べて、7年は魚価が低落して大きく落ち込み、12年にやや回復する。しかし、昭和4年に比べると漁船が大きくなったにもかかわらず、漁業収入・漁獲量とも低く、生

表4-12 昭和戦前期の汽船トロールの起業費と経営収支

昭和4年		昭和7年			昭和12年	
250トン汽船 乗組員17人		250トン汽船	360トン ディーゼル		320トン汽船 乗組員18人	
起業費 円	188,725	起業費 円	205,325		起業費 円	270,000
漁船	180,000	漁船	200,000	300,000	漁船	260,000
漁具	1,125	漁網	855		漁網	1,170
ボード	1,200	ボード	900		ボード	1,050
ワープ	1,540	ワープ	1,500		ワープ	3,000
ロープ	360	ロープ	260		ロープ	390
その他	4,500	その他	1,810		その他	4,490
漁業収入 円	141,836	漁業収入 円	94,589	101,717	漁業収入 円	114,200
漁業経費 円	114,660	漁業経費 円	81,134	98,741	漁業経費 円	47,808
乗組員給料	14,400	乗組員給料	12,239	18,622	乗組員給料	12,360
歩合給	4,800	歩合給	825	2,061	食料	3,648
食料	3,000	食料	2,500	4,214	石炭	17,280
石炭	24,600	燃料	17,042	17,676	氷	2,880
氷	6,720	氷	3,282	2,743	魚箱	3,600
消耗品	3,780	魚箱	6,646	10,569	副漁具	2,400
船舶修繕費	8,220	漁具費	5,136	7,908	消耗品	3,000
漁具修繕費	8,400	船舶修繕費	5,101	5,852	その他	2,640
運賃・魚箱	32,400	漁獲物運搬	12,474	9,498		
陸上事務費	6,000	陸上経費	6,281	6,000		
その他	2,340	その他	9,608	14,359		
粗収益 円	27,176	粗収益 円	13,456	22,976	粗収益 円	66,392
		純利益 円	8,114	10,976		

資料:昭和4年は日本トロール水産組合「汽船トロール漁業の経営費」『水産 第19巻第6号』(昭和6年6月)32、33ページ、、
　　　昭和7年は吉田秀一『楽水会誌 第30巻第2号別冊 トロール(Trawl)漁業』211〜214ページ、
　　　昭和12年は『海外漁業資料整備書(下)』(昭和25年3月、水産研究会)385〜387ページ。
注:ボードはオッターボードのこと。

産性が低下している。乗組員数は17、18人である。前述した大正9年と昭和4年を比べると、漁業収入、漁業経費がいくらか減少している。

漁業経費は、年次によって費目が異なっていて比較が難しいが、昭和4年に比べて7年は低下した。費目別でみても全般にわたり(陸上事務費を除く)低下している。粗収益率も19％から14％に低下した。昭和12年は以前と費目構成が大きく違う(陸上経費が計上されていない)が、同一費目では7年とほぼ同じか、やや低下している。つまり、昭和恐慌期の前と最中、後の経営状態がこの表に如実に示されている。

乗組員給料を1人平均でみると、昭和4年は1,129円、7年は768円(乗組員17人として)、12年は歩合給を含まない数字で687円である。

昭和7年のスチーム船とディーゼル船を比較すると、漁船の建造費は20万円と30万円の差があり、漁業収入、漁業経費ともディーゼル船が2割ほど高い。漁業経費のうちディーゼル船の方が船員給料・歩合給、食料、魚箱、漁具費は高いが、燃料費や船舶修繕費では差は小さく、漁獲物処理運搬費はかえって低い。粗収益はディーゼル船がはるかに高いが、船価償却費などが高いので、純利益はそれほど変わらないとみられる。ちなみに、船員給料(月)はスチーム船は船長が145円、運転士が77円、水夫長58円であるのに対し、ディーゼル船はそれぞれ150円、100円、80円と高い。

3　共同漁業の戸畑移転とトロール経営

下関市は下関漁港の改修計画を立案したが、改修費の利用者負担、工事中の陸揚げ地として指定された港に不満な漁業者と対立した。一方、鮎川義介は福岡県遠賀郡戸畑町(大正13年から市)に製鉄所を建設するため広大な土地と洞海湾の埋立て地(大正15年完工)を得た。共同漁業は埋立て地を漁港として利用する方針を立て、昭和4年にまず冷蔵会社を設立し、さらに臨海鉄道が完成して共同漁業、博多トロールなどのトロール船を下関から移転させた。翌5年には以西底曳網も戸畑港を本拠とするようになり、関連企業の移転、新設をみて、戸畑港は一大漁港となった。

戸畑港は、波が静かで水深は深く、船舶の出入りや停泊には安全で、漁場の東シナ海・黄海にも近い。背後に100万人の消費人口を擁し、交通機関の便、安価な石炭、電気、水の供給がある。[64]

共同漁業が汽船トロールを集積するようになったのは戸畑に移転してからで、長崎海運(株)、日本トロール(株)、博多トロール(株)などからトロールの経営を受託していたが、昭和3年に長崎海運(株)の4隻、5年に日本トロール(株)の14隻、9年に博多トロール(株)の5隻を取得した。この結果、昭和9年には74隻(4隻は法定隻数外)のうち53隻を集中、他に台湾総督府許可(東シナ海を操業海域とする)の4隻がある。その他、以西底曳網72隻を所有する。

戸畑移転は昭和恐慌が始まる時期であった。これを契機に、汽船トロールを集積したのは、「当期(昭和5年前期)ハ金解禁ノ断行ニヨリ予想外ノ打撃ヲ蒙リ、直接経営ノトロール漁業ハ勿論、投資関係ノ各種事業ニ於テモ概ネ業績不振ニ終レルヲ遺憾トス。・・・想フニ経済界ハ猶ホ前途暗澹トシテ当分好転ヲ望ミ難カルベク、此ノ秋ニ善処スルノ途ハ実ニ合理的経営ニヨリテ事業費ノ引下ゲヲ行フコトヲ以テ最モ緊要ナル事項ナリト信ズ」という経営方針に基づいている。戸畑移転によって事業費の引き下げ、漁獲物の付加価値の増進、漁獲能力の拡充、選択的投資、不採算部門の整理といった経営合理化の方針を立てている。[65]

共同漁業は、昭和9年に北洋部門、投資部門を切り離し、以西底曳網の豊洋漁業(株)と合併し、11年には日本合同工船(株)、日本捕鯨(株)と合併した。そして昭和12年には日本水産(株)、日本食

料工業㈱と合併し、日本水産㈱と改称した。日本水産は、鮎川義介率いる日産コンツェルンの傘下会社として、汽船トロール、機船底曳網、母船式カニ、捕鯨業、製氷・冷蔵・冷蔵事業、水産物販売、水産関係投資事業を擁する一大総合水産企業となった。翌13年にはミール工船事業の子会社・新興水産㈱を吸収する。

表4-13は、昭和初期から11年までの共同漁業のトロール部門を中心に漁船数と操業状況を示したものである。トロール船は昭和初期に28隻から35隻に増え、昭和恐慌期以降は日本トロール等からの買収で一挙に50隻台となった。トロール船員(予備船員を含む)はトロール船の隻数に応じて増加している。1隻あたり17、18人であったが、ディーゼル船が登場すると平均でも20人を超えるようになった。

1航海あたり漁獲箱数は、VD式漁法が導入された昭和初期に顕著に増加した。魚価は昭和4年から低下し、6年に急落している。収入はほとんど増えていない(このため共同漁業の経営はトロール部門が中心)。

漁船ではディーゼル船が昭和初に現れ、昭和恐慌期を経て13隻にまで増加している。その漁船規模は平均350トン以上で、スチーム船の230トン前後を大きく上回る。昭和9年から平均トン数が425トンへとさらに上昇した。

この間の操業、経営状況を1、2拾い上げてみよう。昭和恐慌を脱する昭和9年度上半期の営業

表4-13 共同漁業㈱のトロール漁業

回	期間	トロール船 隻	総トン		漁獲 箱/航海	魚価 円/箱	トロール船員数	収入 千円	備考 (隻数はトロール船)
22	S.2.7-12	31		戸畑:台湾 隻	700	8.50	594	1,408	トロール船2隻賃貸
23	S.3.1-6	35			848	8.10	666	1,482	長崎海運から4隻購入
24	S.3.7-12	35	8,163		778	8.20	676	1,536	台湾の蓬莱水産へ4隻賃貸
25	S.4.1-6	35	8,163	31:4	903	7.75		1,173	
26	S.4.7-12	37	8,813	33:4	785	7.13		1,693	戸畑への移転開始
27	S.5.1-6	37	8,813	33:4	907	6.26		1,562	
28	S.5.7-12	58	4,672	48:4	766	5.42		1,397	日本トロールから14隻購入
29	S.6.1-6	52	3,355	48:4	1,017	4.92	1,024	1,375	香港に蓬莱漁業公司設立
				戸畑 ディーゼル 隻(平均トン)	戸畑 汽船 隻(平均トン)	基隆 汽船 隻(平均トン)			
30	S.6.7-12	51	13,088	9(348)	38(243)	4(231)		1,302	
31	S.7.1-6	50	12,870	9(348)	37(238)	4(231)		1,329	
32	S.7.7-12	59	12,544	8(351)	37(238)	4(231)	1,215	1,388	
33	S.8.1-6	54	14,657	13(378)	35(239)	4(231)	1,110	1,510	
34	S.8.7-12	52	14,081	12(388)	36(236)	4(231)	1,160	1,613	
					汽船 隻(平均トン)	底曳網 隻(平均トン)			
15	S.8.12-9.7	57	15,412	12	45	35(71)	1,398	494	豊洋業から共同漁業となる
16	S.9.8-10.1	58	16,278	13(425)	45(239)	73(71)	1,334	1,397	蓬莱水産、西村漁業を買収
17	S.10.2-7	57	15,961	13(425)	44(237)	72(73)	1,448	1,582	
18	S.10.8-11.1	57	16,070	13(425)	44(237)	73(73)	1,418	1,686	
19	S.11.2-7	61	17,268	13(442)	48(240)	79(74)	1,618	1,898	日本合同工船、日本捕鯨と合併
20	S.11.8-12.1	61	17,257	13(442)	48(240)	71(74)		10,600	日本水産と改称

資料:共同漁業㈱各回営業報告書より。
注:漁船数・トン数は期末現在。

報告書は、「一般産業界ハ軍需工業並ニ重工業其他特殊産業ニ於テ頗ル好況ヲ呈シ商品相場ハ概シテ上騰ノ歩調ヲ辿リ商況相当活気ヲ帯ビタリシガ農村方面ハ未ダ更正ノ曙光ヲ見ル能ハズ・・・購買力ハ不振ノ状態ヲ脱セズ、為メニ魚価ノ騰貴ヲ見ルコト能ハザリシモ販売ノ合理化ヲ計ルト共ニ意ヲ漁獲ニ用ヒタル結果・・・大約予期ニ近キ業績ヲ収メ得タ」と、斑模様の景気回復の状況とその対応を著している。昭和9年度下半期の営業報告書では、コウライエビの豊漁を伝えている。「晩秋初冬ニ亘リ高麗蝦ノ漁獲近年稀ニ見ル豊漁ニ恵マレ、ディーゼル・トロール漁船ノ一隊ハ又該漁場ニ操業シツツ全能力ヲ挙ゲテ此ノ漁獲蝦ノ冷凍作業ニ従事シ、品質優良規格一定セル所謂船内冷凍蝦ヲ多量ニ生産シ有利ニ販売シ得タルコトハ特筆スヘキ事実ナリ」。

日本水産と改称した昭和12年には、収入が突出してトロールの相対的地位が低下した[67]。

漁獲物の販売方法は、戸畑漁港に陸揚げされた共同漁業及び関係会社の漁獲物や買付品の荷割発送は、従来は各社の販売部が担当していたが、昭和7年にこれら販売部を日本水産㈱（合併前の日本水産で、水産物流通を担当）に統合して、経営の合理化を図った。日本水産は全国主要都市に荷捌き所、小都市に出張所があり、そこで販売するか、中央卸売市場へ出荷した。トロール冷凍物は入港前々日位に共同漁業へ報告され、共同漁業から関連企業へ通知された[68]。

4　台湾と香港の汽船トロール漁業

1）台湾の汽船トロール漁業

大正15年以来、農林省や台湾総督府が台湾海峡及び南シナ海の調査を実施し、南シナ海漁場の有望性を実証した。昭和2年に共同漁業は基隆に蓬莱水産㈱を設立し、VD式漁法を用いて好成績を収め、同年末には許可を得てトロール船を4隻に増やした。三度目の再生でようやく台湾に汽船トロールが定着した。昭和11、12年に4隻が加わり、台湾総督府許可で東シナ海・南シナ海で操業するトロール船は8隻となった（後述の香港根拠は別）[69]。

蓬莱水産は、昭和2年2月、資本金100万円で設立された。本社を基隆に置き、高雄は支店で主に冷蔵事業を行なう。事業は機船底曳網、マグロ延縄、冷蔵事業でスタートし、昭和3年11月から共同漁業からトロール船4隻を用船し、共同経営としている。機船底曳網は順次隻数を増やして昭和5年には20隻になったが、魚価暴落で6組を休漁とし、4組のみが操業した。さらに基隆の西村漁業㈱（下関の魚問屋経営）の機船底曳網7組の経営を受託している。マグロ延縄は当初、大型船3隻、小型船3隻があったが、次第に規模を縮小し、昭和7年には所有船はなくなっている。また、同年、冷蔵事業も共同漁業系の冷蔵会社に譲渡している。トロール漁業だけは順調で、年23〜25航海（1航海は10日ほど）している。

経営収支は、不況が続いて収入が大きく落ち込み、昭和5、6年度は赤字となったが、7年度から経済の好転とともに経営も好転した。一方、昭和5年1月から香港を根拠として機船底曳網やトロールを操業したが、漁獲は良好でも、銀価が暴落して経営は不振であった。昭和6年6月に香港での事業を独立させるために共同漁業と共同出資で㈱蓬莱漁業公司を設立し、香港での事業を譲渡した[70]。蓬莱水産の経営、とくに機船底曳網漁業については次章で述べる。

2）香港の汽船トロール漁業

大正14年、15年に共同漁業や台湾総督府が南シナ海のトンキン湾を調査した。台湾から出漁

するには小型船(スチーム船)では採算がとれないので香港を根拠にすることにして、共同漁業、日本トロール、蓬莱水産、豊洋漁業などが香港政庁から許可を得て昭和5年からトロール5隻、機船底曳網2隻で操業を開始した。昭和6年に蓬莱漁業公司を設立したが、満州事変に対する排日運動が高まり、漁船、乗組員は台湾や内地に引き揚げて廃業状態となった。一年後に排日運動が収まってトロール船を入港させ、事業を再開した。その後、昭和9年に資本金を増強し、共同漁業への経営委託でディーゼル船15隻、当社所属のスチーム船4隻、計19隻で操業するようになった。ディーゼル船は漁獲物を日本郵船会社や大阪商船会社などの冷蔵室を利用して上海、フィリピン、内地に輸送した。しかし、トンキン湾も漁場荒廃の兆しがあり、また小型船(スチーム船)による操業は年々不利となり、大型船(ディーゼル船)の建造を計画して、昭和11年に蓬莱漁業公司を解散し、共同漁業がその事業一切を継承した。香港政庁は日本人トロール船を15隻に限定したため、ディーゼル船11隻、スチーム船4隻の計15隻とした[71]。

　蓬莱漁業公司の経営を営業報告書でみてみよう。第3回(昭和8年5月～9年4月の1年)では、トロール船は共同漁業から1隻を購入して4隻体制としたが、うち1隻は共同漁業に経営委託した。小型トロール(スチーム船)は漁獲良好であったが、販売が排日運動と経済恐慌で魚価が暴落した。ただ、円高で日本から必要物資を取り寄せて経費を軽減した。大型トロール(ディーゼル船)は共同漁業との共同経営で11隻を引き続きトンキン湾へ出漁させ、予期の成績をあげた。その漁獲物は香港陸揚げを原則としたが、香港の市況が沈滞していたため大半を日本の定期便を利用し、上海や日本へ積み送った。マニラその他への冷凍魚輸出は各地とも高関税の壁に阻まれて、苦戦した。

　第4回(昭和9年5月～11月の半年)では、資本金30万円を50万円に増資した。トロール船4隻のうち1隻を売却した。排日運動もようやく緩和し、販売額が増加した。小型トロール3隻で予期の成績を上げた。大型トロールはトンキン湾及びツーロン沖に出漁、漁獲物は日本向けの「赤物」以外はほとんど香港へ水揚げした。

　第5回(昭和9年12月～10年5月の半年)では、トロール船は共同漁業から購入した1隻を加えて4隻となった。不況が続き、魚価が低落したので、中国本土への輸出を拡大した。大型トロールは予期の成績をあげた。株主は共同漁業の社長が全株式の95％を占め、蓬莱水産の名前が消えている。

　第6回(昭和10年6月～11月の半年)では、トロール船4隻は途中で高雄に回航(香港の魚価が低落しているのに対し、高雄は好成績であった)した。不況が続き、中国本土も購買力が低下して魚価が低下した。大型トロールの記述はなく、香港での水揚げはなくなっている[72]。

　南シナ海での漁獲魚種は、昭和6年はレンコダイが首位で、グチ、フカ、エソ、チダイ、エイ、アマダイ、マダイが続いたが、13年はグチが最多、次いでエソ、チダイ、フカ、エイ、レンコダイ、マダイ、ニベとなった。東シナ海・黄海と同じ魚種構成の変化を経験した[73]。

第6節　日中戦争から太平洋戦争まで

1　トロール漁船と漁場

　昭和10～12年の汽船トロールは、漁船70余隻、合計トン数は2万トンを超え、乗組員も1,500人前後、漁獲高は5.5万トン余、700～800万円であったが、13～15年は大幅に縮小し、50隻余、1.5～1.6万トン、1,100人前後、3.5万トンに減った。ただし、金額は逆に跳ね上がって1,000万円に達

した。[74]

　昭和12年末の汽船トロールの許可は、東シナ海・黄海を漁場とするもの68隻(平均275トン)、南シナ海18隻(平均527トン)、ベーリング海3隻(平均405トン)、豪州沖3隻(平均473トン)、メキシコ沖2隻(平均531トン)、ベンガル湾・アラビア海1隻(472トン)である。農林省と台湾総督府の二重許可があるので、実数より多い。[75]

　昭和10年代前半に共同漁業によって海外出漁が行われた。ベーリング海でのミール工船事業は昭和5年に始まり、断続的に12年まで続くが、それが不成功に終わると、そこで用船されていた共同漁業のトロール船も南シナ海や海外出漁に加わった。海外出漁には豪州沖と中南米沖とがある。

　昭和10年に共同漁業のトロール船が豪州沖からベンガル湾、アラビア海まで探検、11年から豪州北西沖で本格操業に入った。漁獲物はシンガポールに水揚げしてそこで販売するか、日本郵船、大阪商船に積み替えて日本へ輸送した。昭和12年は5隻、13年は3隻が出漁許可を得た。

　中南米進出は、昭和11年に共同漁業の2隻がメキシコ沖へ出漁したことで始まり、13年は3隻がエビを主目的に出漁して、漁獲物の大半は日本へ直送した。アルゼンチン沖は昭和11年に南米水産(株)(共同漁業系)が現地と合弁会社を作り、就業許可と漁獲物の陸揚げ許可を得た。昭和13年度は2隻が出漁した。[76]

　トロール船の海外出漁は、戦争の足音が高まると、中止になった。

　昭和15年の農林省許可は67隻で、操業区域別では東シナ海・黄海だけが50隻、それに南シナ海やベーリング海が加わったもの10隻、東シナ海・黄海では操業しないもの7隻(70隻制限の対象外)である。うち、ディーゼル船は日本水産の10隻、共同漁業の3隻、林兼商店の3隻、計16隻である。漁獲高は、東シナ海・黄海が58隻で30千トン、南シナ海が15隻で4千トン、計73隻、34千トンであった。[77]戦時体制下にあって、生産力が大幅に低下し始めた。

　昭和17年5月に水産統制令が発令され、大企業ごとに統制会社が編成された。日本水産系は、昭和18年3月に日本水産の他、子会社の日之出漁業、共同漁業、北洋捕鯨、高砂漁業の5社が日本海洋漁業統制(株)を設立し、日本水産から母船式カニ、母船式捕鯨、汽船トロール、機船底曳網などの事業すべてを継承した。その他の会社からトロール船10隻、機船底曳網6隻、運搬船3隻などを引き継いだ。この時点で南氷洋捕鯨、母船式カニ漁業は中止されていたし、船舶のほとんどが海軍に徴用されており、実際の生産にあたったのはトロール船3隻、機船底曳網4隻のみであった。[78]

　一方、昭和18年3月に林兼商店を中心に大洋捕鯨、遠洋捕鯨は西大洋漁業統制(株)を設立し、母船式捕鯨、汽船捕鯨、汽船トロール、機船底曳網を経営した。また、満州の諸事業を満州林兼(株)としてまとめ、林兼商店は北中支(中国中部及び北部)、南洋、朝鮮、台湾の水産農畜産事業などに主力を注いだ。[79]

　昭和14年以降の許可隻数は67隻ないし69隻であったが、操業隻数は14年59隻、15年38隻、16年26隻、17年16隻、18年14隻、19年・20年7隻と激減した。経営体別では日本水産61隻、林兼商店8隻であったが、19年以降は3隻と4隻になって、日本水産のトロール船喪失が極めて大きかった。残ったトロール船も老朽船ばかりであった。[80]

　日中戦争で日本軍により占領された上海に国策水産会社が設立された。昭和13年11月、中国中部(中支)における漁業の統合調整、日本側の漁業権益の確立、水産物市場の整備、低廉な水産物の供給のために中支那振興(株)の子会社として華中水産(株)が設立された。華中水産は漁業では汽

船トロール、機船底曳網を経営したが、その事業展開については次章で述べる。

2 台湾のトロール漁業

昭和12年から南シナ海を漁場とする台湾根拠のトロール船は10隻となった。[81]農林省許可で香港を根拠にトンキン湾へ出漁していた船は、日中戦争で香港根拠が不可能となって台湾総督府許可で高雄根拠に変更した。昭和13年の台湾総督府許可は東シナ海と南シナ海を漁場とする8隻(実際には南シナ海では操業していない)と南シナ海のみ許可された7隻(トンキン湾で操業、うち6隻は農林省との二重許可)となった。[82]

台湾の汽船トロールは、230トン・490馬力のスチーム船で内地根拠のものを転用した。昭和10〜16年の間、航海数は22、23回から17、18回に減少した。[83]漁船の徴用や漁業用資材の不足などが影響したとみられる。

昭和17年7月に台湾水産統制令が公布され、これに基づき、19年2月に現地の主要企業が参加して南日本漁業統制(株)が設立された。この会社には日本水産系の蓬莱水産も含まれており、トロール船等を現物出資している。また林兼商店系の企業は機船底曳網やカツオ漁船を現物出資した。

3 トロール企業と経営
(1) 日之出漁業(株)

表4-14は、日之出漁業の損益収支を示したものである。日之出漁業の前身の第一水産(株)は大正9年にトロール経営を始めた。資本金50万円で、神戸市に本拠を置き、トロール船4隻の他、冷蔵汽船を所有していた。昭和恐慌期の価格の下落と中国の排日運動で冷蔵運搬が行き詰まり、冷

表4-14 日之出漁業(株)のトロール操業と損益収支

期間	1期 S.9.2-9.6	2期 S.9.7-10.6	3期 S.10.7-11.6	4期 S.11.7-12.6	5期 S.12.7-13.6	6期 S.13.7-14.6	7期 S.14.7-15.6	8期 S.15.7-16.6	9期 S.16.7-17.6
隻数 トロ・機船	4	6・2	9	8	12	11	5・6	5・6	5・6
合計トン数	958	1,554	1,440	1,596	1,874	1,653	1,636	1,636	1,636
航海数 トロール		89	121	120	130	97	101	66	44
機船底曳網		13	36	29	29	40	38	35	7
収入　　千円	25	105	171	134	164	324	502	761	820
漁業収益	3	101	153	127	148	287	486	746	792
利息収入	0	0	0	1	2	1	1	7	21
その他	22	4	17	6	14	36	14	8	6
支出　　千円	4	52	63	53	64	74	167	161	195
陸上経費	2	21	32	30	35	38	133	87	89
租税公課	0	7	2	3	9	19	32	73	106
支払い利息	2	21	26	17	20	13	1	0	-
その他		2	3	2	-	3	-	-	-
粗収益　千円	21	53	108	81	99	250	336	601	624
船舶等償却費		28	71	38	33	150	221	96	64
純利益		25	37	43	67	100	114	504	561

資料:日之出漁業(株)第1期〜9期報告書。
注:最上段のトロ・機船はトロールと機船底曳網の隻数。数字が1つの場合は内訳不明。

蔵船は売却、株主と経営陣が入れ替わり（下関の魚問屋も加わった）、所在地を下関に移した。

昭和9年に日之出漁業に改組した。魚価が上昇に転じたこともあって、事業を拡大し、トロール船を増やすとともに、トロールより有利だとして以西底曳網も経営するようになった。昭和10年に宝洋トロール合資会社（9年までは奥田亀造らの経営であった）から2隻のトロール船を購入した。トロール、以西底曳網ともに1航海は15、16日、航海数は年20回ほどであった。

昭和11年度から漁業用資材の価格高騰以上に魚価が急騰し、12年には資本金を倍増（100万円）し、所有漁船もトロール、機船底曳網合わせて12隻に増やした。増資分は日本水産社長が出資した（経営陣は変わらず）。昭和13年度から漁業用資材の入手が困難となり、トロール船が徴用されて、予定通りの操業ができなくなった。昭和14年度になると、物資不足と価格の高騰が顕著となり、その節減のために代用品の使用、古品の回収、操業の短縮を行った。漁具資材の品質低下で、予定通りの操業が困難になった。また、トロール船が徴用されて、航海数が減少した。

昭和15年度は漁船の徴用、燃料などの不足で係船を余儀なくされる一方、生鮮魚介類の公定価格制の実施、鮮魚介配給統制規則の発布で、市況は極めて堅調であった。経営陣が日本水産関係者と交替した。昭和16年度になると、航海数は著しく減少した。

表によると、昭和13年度から収入、漁業収益とも急増している。漁業用資材の欠乏で操業条件は悪化したが、魚価が急騰した結果である。陸上経費も昭和14年度から上昇しているが、漁業収益の増加がそれを上回った。その他、昭和13年度から粗収益が膨らんで、船価等償却費が急増し、それでも純利益、収入利息、租税公課が増え、反対に支払い利息がなくなっていった[84]。昭和13年から17年にかけて高収益を享受したのである。

(2) 日本水産㈱

日本水産のトロール船の操業隻数は昭和3～9年は50隻を超えたが、13年には40隻を割り、16年には20隻台、19年は一桁となった。航海数は、昭和13～16年はスチーム船が20回から16回へ、ディーゼル船は5回から4回へ減少した。徴用及び資材不足のためと思われる[85]。

表4－15は、日中戦争後の日本水産のトロール船と以西底曳網漁船の所有隻数と平均トン数、

表4－15　日中戦争後の日本水産㈱のトロールと機船底曳網漁業

期間	21,22期 S.12.2－13.1	23,24期 S.13.2－14.1	25,26期 S.14.2－15.1	27,28期 S.15.2－16.1	29,30期 S.16.2－17.1	31,32期 S.17.2－18.1
スチームトロール隻	48	49	45	44	44	43
（平均トン）	(240)	(241)	(238)	(239)	(239)	(238)
ディーゼル隻	13	18	17	17	19	16
（平均トン）	(441)	(475)	(475)	(475)	(478)	(519)
機船底曳網隻	58	68	72	72	71	74
（平均トン）	(80)	(90)	(90)	(90)	(91)	(90)
漁獲量　　千箱	2,546	2,241	2,474	2,245	1,882	912
トン	63,658	56,016	61,864	55,929	47,060	23,014
スチーム　内地根拠　隻	40	35	35	34	20	
スチーム　台湾根拠　隻	8	8	7	6	5	
ディーゼル隻	11	7	9	10	10	
底曳網　内地根拠　隻	32	28	24	32	31	
底曳網　台湾根拠　隻	26	32	32	26	28	

資料：上段は日本水産㈱第21期～32期営業報告書、下段は笠原昊『日本水産株式会社研究報告　第3号　支那東海黄海の底曳網漁業とその資源』（1948年12月）41，42ページ。

漁獲量を示したものである。これは内地(戸畑漁港)根拠だけでなく、台湾、香港根拠のものを含む。昭和15年頃は戸畑根拠(農林省許可)が54隻(うち東シナ海・黄海を漁場とするもの50隻)、台湾・基隆根拠8隻、高雄根拠2隻(台湾総督府許可)で、香港政庁が出入りと陸揚げを認めたのは上記のうちの15隻であった。

　トロール船はスチーム船(平均240トン前後)が多く、ディーゼル船(平均475トン前後)は少ないが、スチーム船がやや減り、その分ディーゼル船が増えている。以西底曳網漁船は70隻台にまで増え、平均トン数も80～90トンと大型化している。

　漁獲量は昭和12年が高く、その後は減少、とくに16年、17年の落ち込みは著しい。漁獲量の減少は、日中戦争の勃発により漁船の一部が徴用されたことから始まる。海外漁場調査は続けられ、昭和14年にはメキシコ出漁が本格化する(ディーゼル船と機船底曳網)が、翌年には国際関係の悪化で引き揚げ、それに代わって北洋出漁(機船底曳網)が始まった。[86]

　昭和16年は操業隻数が相当減少したが、漁獲は比較的順調であった。昭和17年は操業隻数が激減し、操業海域の危険性が高まった。漁獲量は前年に比べて半減した。水産統制令に基づき、日本海洋漁業統制(株)に再編される頃まで北洋出漁は続けられたが、昭和18年下半期になって休止した。[87]

　表の下段は、トロール船と機船底曳網船の隻数を内地根拠と台湾根拠に分けて示したもので、隻数は上段のそれよりかなり少ない。理由は不明だが、太平洋戦争が始まる昭和16年にトロール船が急減していることから、徴用された漁船を外したためと思われる。内地根拠のスチーム船は所有船の半分しか示されていないこと、機船底曳網船は約半数が台湾根拠となっていることが注目される。このことは内地根拠のトロール船が先に徴用され、逆に台湾根拠のトロール船、機船底曳網船は「南方攻略」上、重視されて重点配備されたとみることができる。

　昭和19年になると戦局が熾烈化して操業上の制約が極度に高まり、20年には満州の子会社・日満漁業(株)を吸収合併し、本社社屋が被災して終戦に至る。[88]

第7節　要約

　汽船トロールは、その発祥から第二次大戦までの約40年間を、政治経済情勢や許可隻数と漁獲高の推移から4期に分けることができる。

(1)明治41年から第一次大戦まで

　明治41年に汽船トロールが英国から導入されて確立する。漁獲成績が良かったことから漁船数が急増し、国産技術として確立するのも早かった。参入してきたのは、漁業と無縁な投機家や造船所、汽船捕鯨の関係者などであった。造船所は日露戦後の沈滞を打破する業種として、汽船捕鯨は隻数が制限されて新たな投資先として同じ汽船漁業のトロールに注目したのである。投資規模、漁業技術ともに在来漁業とは隔絶しており、経営方法も会社組織による資本制経営がとられた。トロール漁業者は大きく九州勢と阪神勢に分かれ、互いに反目し、統一行動が出来なかった。トロールの経営法は漁労中心主義で粗略なものが多かった。

　初期の汽船トロールは規制がなく、沿岸域で操業したことから沿岸漁民・団体の猛反対を受け、政府も該漁業を大臣許可漁業とし、沿岸域を禁止区域にするとともに遠洋漁業奨励法による

奨励を廃止した。禁止区域の設定で漁場は朝鮮近海に移るが、新漁場が次々発見されて漁獲量が増大し、魚価も維持されて明治43年には早くも黄金期を迎えた。トロール漁業の根拠地は、漁場に近く、漁港施設、漁獲物の鉄道出荷に便利な下関港を中心に、長崎港、博多港に収斂した。トロール漁業誘致のため、漁港施設・魚市場の整備が進められ、魚問屋の中からトロール漁獲物を扱う業者が現れた。

　トロール船の急増で漁場が狭くなり、禁止漁区の侵犯が頻発すると禁止区域が拡大され、漁場は東シナ海・黄海へ移った。漁場が遠くなって経費が嵩む一方、魚価は低下してトロール経営は一転、不振となった。ただ、漁船は惰性で増加を続け、大正2年には最大となる139隻に達した。苦境を脱する方法として、多くの経営体は合同して経営刷新を目指した。その代表が阪神勢を中心とした共同漁業㈱である。これら業者は第一次大戦が勃発して船価が急騰すると欧州などへ漁船を売却してトロール漁業から撤退する。一方、生産力を高めてトロール漁業に留まった田村市郎率いる田村汽船漁業部は第一次大戦中の魚価の暴騰による利益を享受しつつ共同漁業を掌中に収める。

　台湾にも内地より数年遅れで内地のトロール船を用船する形で導入された。だが、島内の鮮魚需要は弱く、定着しないまま、第一次大戦によって漁船が売却されて中断した。機船底曳網とは違い、汽船トロールは現地の他漁業の反対により台湾・香港以外を根拠地とすることは認められなかった。

(2) 第一次大戦後から昭和初期まで

　第一次大戦でほとんどのトロール船が売却されたのを機に、政府は隻数制限と一定の航走能力を求めた。戦後、船価が下がってトロール船の建造が始まり、大正12年に70隻の制限隻数に達した。戦前と戦後ではトロール漁業は一変した。船主は、投機家や捕鯨関係者が姿を消し、共同漁業が最大手として浮上した。その他に造船所や北洋漁業関係者の参入があった。北洋漁業関係者は、北洋漁業の再編成と絡んでトロール漁業と関係した。

　汽船トロールが制限隻数に達した頃から以西底曳網が台頭し、東シナ海・黄海に進出してトロールとの漁獲競合が始まった。以西底曳網の大量進出もあって、漁獲物はタイ類が急激に減少し、ねり製品原料の「潰し物」が中心となった。資源の維持と漁業調整のため、以西底曳網に対しては新規許可の停止、汽船トロールに対しては東シナ海・黄海で操業しない場合は隻数制限の対象外とした。これを機に以西底曳網を集積した林兼商店などが汽船トロールに参入し、反対に共同漁業は以西底曳網を取り込むようになった。

　共同漁業はVD式漁法の導入、漁船のディーゼル化、無線電信の装備を先導し、生産性を高め、魚価と販売状況を見ながら生産、出荷するようになった。第一次大戦後は不況が続き、魚価が低迷する中で、他社からトロール経営を委託されるようになった。

　台湾では、第一次大戦後、トロール漁業が再興したが、需要が停滞して再び中断した。昭和2年に共同漁業が蓬莱水産㈱を設立し、VD式漁法を持ち込んで、3度目にしてようやく定着した。

(3) 昭和恐慌期から日中戦争まで

　昭和恐慌により生産量はやや減少したが、魚価が暴落して金額は急落した。トロール経営は厳しさを増し、共同漁業への経営委託、さらには共同漁業へのトロール船の売却が進み、トロール漁業では共同漁業が独占的な地位を築いた。

　その共同漁業は、ディーゼルトロール船を建造し、船内急速冷凍機をつけて南シナ海、ベーリ

ング海へ出漁するようになった。ディーゼル船はスチーム船に比べ、漁船の建造費は高いが、漁業収入、漁業経費、漁業粗利益とも高い。ベーリング海ではミール工船事業が始まり、その付属船としてトロール船が使われたが、事業は成功しなかった。この期間、ミール工船の事業者がトロール船の船主として顔を出す。

また、共同漁業は昭和4年末から根拠地を下関から戸畑に移し、関連企業を集積して一大総合水産基地を構築した。漁業用資材、トロールや以西底曳網、流通・加工部門を統合して、経費の節減と付加価値の向上を図った。

台湾の蓬莱水産は、昭和6年に共同漁業と共同で香港を根拠地として南シナ海で操業する会社を設立する。香港での販売と同時に、郵船・商船を利用して内地、台湾などを結んだ販売ネットワークを構築した。しかし、世界恐慌による不況と満州事変を契機とした排日運動により、一時的に香港以外での販売、トロール船の台湾への退避を余儀なくされた。

(4) 日中戦争から太平洋戦争まで

日中戦争の勃発によりトロール船及び乗組員の徴用が始まり、また漁業用物資の欠乏が顕著となって、トロール漁業の漁獲量は低下から急落へと向かった。魚価が財政・軍事インフレのために暴騰し、第2の黄金期を現出したが、その後、戦争の深化とともにトロール漁業は崩壊した。

共同漁業は関連水産企業を統合し、日産コンツェルンの傘下で日本水産㈱となった。

共同漁業は南シナ海の他に、昭和10年代初めに豪州沖、中南米沖出漁を始めたが、いずれも戦争の足音が高くなると中止となった。南シナ海へは林兼商店も出漁している。

台湾でのトロール漁業は、香港から退避したトロール船を加えて、南シナ海への出漁が一時、興隆したが、徴用によって規模が縮小し、終戦を迎えた。他に昭和13年に占領地・上海に国策水産会社が設立された。日本水産や林兼商店などがトロール船や機船底曳網漁船を現物出資した。

水産統制令によって昭和18、19年に日本水産、林兼商店、そして台湾のトロール会社はいずれも統制会社に再編された。ただし、その頃にはトロール船は壊滅状態であった。

注

1) 『本邦トロール漁業小史』(昭和6年、日本トロール水産組合)1、2ページ。

2) 前掲『本邦トロール漁業小史』2、3ページ、吉田秀一「トロール漁業 第二回」『楽水会誌 第29巻第8号別冊・水産学論叢 第一輯』31～34ページ、『遠洋漁業奨励成績』(昭和2年9月、農林省水産局)2ページ。渡部義顕『室蘭大観』(明治42年、博文社)94、95ページは、瀧尾常蔵は明治39年に遠洋漁業奨励金及び北海道の補助金を得て北水丸を建造し、40年から操業を始め好成績を収めた、としている。

3) 明治30年代、ホーム・リンガー商会は、捕鯨中止に代わって英国で盛んなトロール漁業の導入を計画した。倉場が資料収集や魚市場調査を行ったが、世間は氷蔵魚を受け入れないとみて断念した。その後も英国で調査をしていた。「トロール漁業ニ関スル調査(大正二年七月調)」『長崎県産業施設調査』(大正3年、長崎県)280、281ページ、ブライアン・バークガフニ著・大海バークガフニ訳『リンガー家秘録 1868-1940』(2014年、長崎文献社)147～152ページ。ちなみに倉場の父・トーマス・グラバーはトロール漁業が盛んなスコットランド・アバディーン出身。船長兼漁労長はかつてホーム・リンガー商会が代理店を務めた捕鯨会社の船員であった。「トロール漁業深江丸」(馬関毎日新聞 明治41年5月22日)『山口県史 史料編近代4』(平成15年、山口県)432、433ページ。

4) 田村は久原庄三郎の次男として山口県萩に生まれ、母方の田村家を継いだ。伯父は実業家の藤田伝三郎、弟は日立製作所や久原鉱業所を設立した久原房之助。田村は水産畑を進み、釜山で海産物仲買や水産加工を営みつつ、明治41年に岡らと汽船トロール漁業に乗り出す。

5) 前掲『本邦トロール漁業小史』4ページ。「トロール漁業許可」(馬関毎日新聞　明治42年12月17日)前掲『山口県史　史料編近代4』435、436ページ。出願者に田村の名前はない。
6) 『日本水産百年史』(2011年、同社)43～47ページ。
7) YO生「汽船トロール漁業を顧みて(三)」『水産　第9巻第5号』(大正10年3月)8ページ。
8) 大阪鉄工所は大正4年3月までに「漁労用汽船」を52隻建造した。捕鯨船も含まれるが、ほとんどがトロール船とみられる。「株式会社大阪鉄工所概要」
9) 桑田透一『トロール漁業問題に就て－非トロール漁業論を排す－』(明治43年11月、自費出版小冊子)附録1～5ページ。
10) 「汽船トロール漁業概観」『関門地方経済調査　第一輯』(昭和3年3月、市立下関商業学校)95、96ページ。
11) 前掲「汽船トロール漁業大観」98～104ページ。
12) 同上、111～117ページ。
13) 「長崎港とトロール漁業」『長崎水産時報　第23号』(明治45年7月)1～4ページ。長崎魚市場については、拙稿「第9章　長崎市における漁業の発達と魚市場」『近代における地域漁業の形成と展開』(2010年、九州大学出版会)所収、が詳しい。
14) 「水産会社設立」(馬関毎日新聞　明治44年9月19日)、「トロール船沖売廃止」(馬関毎日新聞　明治45年1月18日)、ともに前掲『山口県史　史料編近代4』445、446ページ。
15) 前掲「汽船トロール漁業大観」107、108、117～119ページ。
16) 「トロール漁業取締船の建造成る」『大日本水産会報第367号』(大正2年4月)1～3ページ。
17) 『日本遠洋底曳網漁業協会創立十周年記念誌』(昭和33年、同協会)27ページ。大正6年に両者が合同して日本トロール水産組合となり、昭和18年まで続く。
18) 国司は、日産コンツェルンの総帥・鮎川義介とは従兄弟同士で、水産部門では鮎川の片腕、鮎川と一心同体と評された。岩井良太郎『日本商品王』(昭和10年、千倉書房)91～95ページ。
19) 前掲『日本水産百年史』49ページ、前掲『本邦トロール漁業小史』18、19ページ。トロール漁業の大合同は大正元年末から東京の星野らによって企画されたが、なかなか進捗せず、神戸の高津らと通じてようやく具体化する。合同の規模、合同後の営業方針も次第に縮小した。資本金は主に東京側が提供し、阪神側は主にトロール船を提供した。当初の計画は、資本金300万円、トロール船30余隻とし、「合同成立後の営業方針は船隊漁業法と小根拠地法とを折衷して済州島或は支那沿岸の舟山列島を前進根拠地とし、運送船を以て内地との連絡を取る予定」としていた。神戸新聞　大正2年11月10日、福岡日日新聞　大正3年3月13日。
20) 高津は、明治43年に高津商店漁業部を創業し、4隻のトロール船を経営するとともに漁網工場を設けた。トロール船を共同漁業に譲渡した後も製網事業は継続し、第一次大戦後の大正8年に(株)高津商会とし、9年には日本漁網船具(株)と改称した。共同漁業の投資会社となった。
21) 大阪朝日新聞　大正2年8月19日、20日。
22) 原康記「福博の企業家と水産業」迎由理男・永江眞夫編著『近代福岡博多の企業者活動』(2007年、九州大学出版会)159～167ページ、『漁業基本調査　第1報福岡県漁村調査報告』(大正6年4月、福岡県水産試験場)65ページ。
23) 宮脇伊太郎「トロール漁業に就て」『大正十五年四月開催　支那東海黄海漁業ニ関スル協議会議事要録附たらば蟹ニ関スル件』(農林省水産局)89、90ページ。
24) 『汽船トロール漁業ノ現況』(昭和9年11月、農林省水産局)10ページ。
25) 大戦前に最大の隻数を誇った大阪市の日本トロール(株)(戦後に誕生する同名の会社とは別)の来歴は明らかではない。当時、大阪市におけるトロール船の所有者には原田竜太郎10隻、原田重二郎4隻があり、両人の所有隻数は、日本トロールの所有隻数とほぼ同じである。神戸新聞大正2年11月10日。また、トロール船を建造した大阪市の造船所に(株)原田造船所がある。両人はこの原田造船所の関係者ではなかったかと推測する。原田造船所は大正9年に工場の一部を田村が経営支配する大阪鉄工所に売却しているし、同8年に田村汽船漁業部は日本トロールを合併している。
26) カツオ動力船については、拙稿「第8章　長崎県野母崎のカツオ漁業とイワシ漁業の変遷」前掲『近代における地域漁業の形成と展開』222ページ、汽船捕鯨については、東洋捕鯨株式会社編『本邦の諾威式捕鯨誌』(明治43年)241～280ページ。
27) 前掲「福博の企業家と水産業」159～161ページ。
28) 西村は下関に魚問屋・西宗商店を開いて富を築き、ノルウェー式捕鯨にも、倉場富三郎の汽船トロールにも係わった。第一次大戦で日本の委任統治領となった南洋群島で製糖事業を興したが、それに失敗すると青島や台湾で機船底曳網漁業を経営した。
29) 菱湖生「汽船トロール漁業の現状及其救済策(上)」『水産界　第399号』(大正4年12月)17、18ページ。
30) 薩陽漁夫「本邦に於ける「トロール」漁業の変遷　其の六」『東京市水産会報　第11号』(昭和3年10月)12ページ。
31) 東洋トロール(株)第5回～9回営業報告書。
32) 明治漁業(株)第1期～3期営業報告。
33) 東洋捕鯨(株)第3期～18期報告。
34) 台湾水産(株)　第2～17回営業報告書。台湾水産は昭和2年から機船底曳網漁業にも乗り出している。
35) 台湾日々新報　1914年12月6日、前掲『本邦トロール

漁業小史』17、18ページ。

36) 大阪鉄工所は、田村が始めて建造した第一丸を始めとして初期トロール船の多くを建造して、大正3年には個人経営から株式会社となった。一方、田村は大正4年に船舶ブローカー会社のような日本汽船(株)を設立し、大戦中は盛んに貨物船建造を大阪鉄工所に発注するとともに大阪鉄工所の株式を買い集め、傘下に収めた。大戦後、船価が下がると日本汽船は解散し、共同漁業の名義で多数のトロール船を発注した。(株)大阪鉄工所各期営業報告書、前掲『日本水産百年史』54、55、63ページ。

37) 前掲『本邦トロール漁業小史』20〜23ページ。トロール漁業の無線通信については、加島篤「日本水産における漁業用無線通信の系譜 I遠洋トロール事業の発展と戸畑無線局の開局−」『北九州工業高騰専門学校研究報告 第47号』(2014年1月)11〜29ページが詳しい。

38) 「汽船トロール漁業一覧」(大正12年11月、日本トロール水産組合)。

39) 笠原昊『日本水産株式会社研究所報告 第3号 支那東海黄海の底曳網漁業とその資源』(1948年12月)8、9ページ。

40) 真道重明「戦前の以西漁業簡史−操業形態、漁場、漁獲量の変遷から見た歴史−」(2003年8月、http://home.att.ne.jp/grape/Shindo/)

41) 『共同漁業株式会社之事業』(昭和2年12月、同社)17ページ。

42) 「漁業調査報告書 汽船トロール漁業ノ組織及ビ経済」(昭和2年10月、学生名なし)東京海洋大学図書館所蔵。

43) 『海外漁業資料整備書 (下)』(昭和25年3月)354、355ページ。

44) 牧正爾「手繰網漁業調査報告書」(大正13年、漁業実習報告書)、「長崎県に於ける機械手繰網漁業」(大正12年11月、漁業実習報告書、学生名なし)ともに東京海洋大学図書館所蔵。

45) 昭和13年時点の以西底曳網(50トン)と汽船トロールを比較すると、起業費は160千円と260千円で、汽船トロールの方がかなり高いが、漁業収入と漁業支出は以西底曳網が80千円と72千円、汽船トロールが90千円と78千円で両者の差は小さい。生産性と収益性で両者は拮抗するようになった。水産食糧問題協議会『水産食糧問題参考資料 第2漁業・漁船』(昭和16年12月)54、55ページ。

46) 前掲『共同漁業株式会社之事業』11〜13ページ。

47) 同上、44、45ページ。

48) 北洋漁業の動向については、岡本信男『近代漁業発達史』(昭和40年、水産社)384〜387ページなどを参照した。

49) 『水産金融ニ関スル調査』(大正12年12月、日本勧業銀行調査課)176、177ページ。

50) 明治漁業(株)第7回〜10回営業報告。

51) (株)山田商店及び山田漁業(株)の第1期〜6期営業報告書。

52) 長崎海運(株)第15期〜19期営業報告書及び同社定款。

53) 博多トロールの経営については、前掲「福博の企業家と水産業」167、186ページが詳しい。

54) 博多トロール(株)第1回〜23回事業報告書。

55) 日本トロール(株)第1回〜17回営業報告書。

56) 前掲『本邦トロール漁業小史』17、18ページ。輸出食品(株)は北洋のサケ・マス漁業と缶詰製造を主とする企業で、大正9年度には内地、台湾、朝鮮でトロール漁業を開始する予定で、基隆に1隻、下関に2隻のトロール船を配置することにした。以上、輸出食品(株)第8、9回営業報告書。大正9年のトロール船は2隻で、翌年に日本トロールへ売却された。『殖産局出版第516号 台湾水産要覧』(昭和3年9月、台湾総督府殖産局)15ページ。宮上亀七・襴寝俊清『台北州水産試験調査報告 第3号 大型船ニ依ル手繰網漁業試験報告』(大正13年3月、台北州)3、4ページは、トロール船は母船式延縄の勃興や不況で収支がとれず、大正12年以降は1隻だけとなり、それも14年末に以西底曳網に圧倒されて廃業した、としている。

57) 『台湾之水産業』(大正10年2月、台湾銀行調査課)25〜27ページ。

58) 「トロール漁業講義草稿」(昭和8年4月)桑田透一編『国司浩助論叢』(昭和14年、丸善)542ページ。

59) 「我国に於けるトロール漁業の現況と其の将来」(昭和9年稿)前掲『国司浩助論叢』806、807ページ、前掲『汽船トロール漁業ノ現況』18ページ。

60) 釧路丸は三菱造船長崎造船所で建造された。新潟鉄工所製の75馬力のエンジンをもち、速力11ノット、航続力40日であった。従来の汽船に比べて積載魚箱数は2倍、燃料費は2割減、航続力は2倍以上であった。前掲『日本水産百年史』91〜93ページ。ディーゼル漁業は大正9年に現れ、カツオ・マグロ漁船を中心に普及し、14年から以西底曳網漁船にも現れた。トロール漁業では昭和2年の釧路丸が最初で、政府は補助金を交付した。初期のディーゼル機関は新潟鉄工所が独占した。『漁船発動機年鑑 昭和十六年度版』(中央水産新聞社)27〜33ページ。

61) 前掲『本邦トロール漁業小史』26、27ページ。

62) 田島達之輔「トロール漁船の原動機として蒸気機関とデイーゼル機関の経済的比較」『水政 第7輯』(昭和5年4月)30、31ページ。

63) 今田清二『水産経済地理』(昭和11年、叢文閣)107〜111ページ。

64) 紫原多聞他「実習報告書(トロール漁業)戸畑市共同漁業株式会社所属トロール船」(昭和9年2月)東京海洋大学図書館所蔵。

65) 共同漁業(株)第27回報告書。

66）前掲『水産経済地理』103、104ページ、「共同漁業株式会社、過去現在及ビ其ノ将来ト抱負ト事業計画」前掲『国司浩助論叢』448、449ページ。昭和9年時点での共同漁業の漁業関係投資先は、日本合同工船（カニ工船事業）、博多トロール（共同漁業へ委託経営）、南米水産（アルゼンチンでの漁業）、豊洋漁業（機船底曳網漁業）、蓬莱水産（台湾で機船底曳網、汽船トロール漁業）、蓬莱漁業（香港で汽船トロール漁業）であった。神戸新聞　昭和9年2月26日。
67）共同漁業（株）第22回～34回、第15回～20回営業報告書。
68）前掲「実習報告書（トロール漁業）戸畑市共同漁業株式会社所属トロール船」
69）『台湾水産要覧　昭和五年版』（台湾水産会）16、17ページ、『台湾の水産』（昭和10年9月、台湾水産会）15、16ページ、前掲『殖産局出版第516号　台湾水産要覧』15、16ページ、前掲『汽船トロール漁業ノ現況』27ページ。
70）蓬莱水産（株）第1回～8回営業報告書。
71）農林省水産局編『海外水産調査』（昭和13年3月、海洋漁業振興協会）66～70ページ、『台湾水産要覧』（昭和8年、台湾水産会）31ページ。
72）（株）蓬莱漁業公司第3回～6回営業報告書
73）『南シナ海汽船トロール並に機船底曳網漁業現勢調査　其2』（昭和16年6月、東亜研究所）38～42ページ。
74）『日本水産年報　第六輯　大東亜戦と水産統制』（昭和17年、水産社）326ページ。
75）海洋漁業協会編『本邦海洋漁業の現勢』（昭和14年6月、水産社）136ページ。
76）「汽船トロール漁業」『海洋漁業　第4巻第3号』（昭和14年3月）44～47ページ。
77）『一九四〇年の漁業実績－特別委員会報告書－』（昭和26年7月、日本海洋漁業協会）73～76ページ
78）前掲『日本水産百年史』170～172ページ。
79）（株）林兼商店第27期報告書。
80）前掲『近代漁業発達史』532、533ページ。
81）前掲『本邦海洋漁業の現勢』147ページ。
82）前掲『南シナ海汽船トロール並に機船底曳網漁業現勢調査　其2』9～14ページ。
83）前掲『日本水産株式会社研究所報告　第3号　支那東海黄海の底曳網漁業とその資源』14ページ。
84）日之出漁業（株）第1期～9期報告書。
85）前掲『日本水産株式会社研究所報告　第3号　支那東海黄海の底曳網漁業とその資源』12～14ページ。
86）田村啓三述「日本水産株式会社の事業と其将来」（昭和15年6月、日本水産株式会社）8～11ページ。
87）日本水産（株）第21期～32期営業報告書。
88）日本海洋漁業統制（株）第1期～4期営業報告書。所有漁船数、操業実績は示されていない。

第5章

戦前における
以西底曳網漁業の発達と経営

以西底曳網漁業の操業　　『阿波人開発支那海漁業誌』(昭和16年、同刊行会)

第5章

戦前における以西底曳網漁業の発達と経営

第1節　目的

　本章では第二次世界大戦前の東シナ海・黄海における機船底曳網漁業(以西底曳網と呼ぶ。底曳網は手繰網とも呼ばれる)の発展過程とその操業及び経営を考察する。東シナ海・黄海においては、汽船トロール漁業とレンコダイ(キダイ)延縄漁業が先行しており、互いに競合した。汽船トロールは大型漁船を使用する輸入漁法で、大手資本によって営まれたのに対し、以西底曳網は在来漁法(手繰網)の延長線上に、レンコダイ延縄からの転換を加えながら発展した。大手水産資本(問屋資本を含む)による経営もあるが、過半は中小漁業者の経営である。

　東シナ海・黄海におけるこれら底魚漁業の発展のうち汽船トロールについては前章で取り上げたので、本章はもう一方の基幹漁業である以西底曳網に焦点をあてる。以西底曳網は、大正13年以降、日本近海の底曳網(以東底曳網と称する)と区別され、東経130度以西の海域、すなわち東シナ海、黄海(渤海、南シナ海を含む)で操業する機船底曳網をさす。東シナ海・黄海を漁場としていても、内地以外(植民地・占領地)を根拠とする場合は機船底曳網と呼ぶ。

　第二次大戦前の以西底曳網については、吉木武一『以西底曳経営史論』(1980年、九州大学出版会)という優れた著作がある。自立的成長を遂げる中小漁業者の内発力を経営の視点から考察したものである。本論は、その著作で使用されなかった資料、例えば農林統計、水産講習所(現東京海洋大学)学生の漁業実習報告書、企業の営業報告書などを用いて、漁船数、生産動向、操業方法、経営内容、大手企業による以西底曳網の集積と経営、戦時体制下における国策会社などを考察し、また、十分触れられなかった内地以外を根拠とする機船底曳網を含めた全体像を把握することを目指す。内地根拠と外地根拠との関連、現地人経営との関連を含めた全体像を把握することは全海域にわたる漁業調整、資源管理の面から重要である。以西底曳網に関する制度、政策については次章で詳述する。汽船トロールについては大手水産資本が以西底曳網と兼営することもあり、必要な限りで触れる。両者は同じ漁法、同じ漁場で同じ魚種を対象とするので、根拠地、漁獲物の流通加工システム、関連産業も同じであることが多い。というよりは汽船トロールが築いた漁業基盤に立脚して以西底曳網が発達し、汽船トロールに比べれば小資本で営むことができ、小規模であることからより裾野が拡がった。

第2節　統計でみる以西底曳網漁業の発展過程

　以西底曳網を直接表す統計はないが、『農商務省統計表』、『農林省統計表』の中から沖曳網（数は少ないが無動力のものを含む。昭和16年から機船底曳網という項目に変わる）のうち東シナ海・黄海で操業しているとみられる山口、福岡、佐賀、長崎4県の数値で推定することができる。佐賀県は非常に少なく、実質3県である。4県以外でも以西底曳網はあったし（島根県人や徳島県人の以西底曳網はほとんどが上記4県のうちから許可を得た）、4県の分もその全てが以西底曳網とは限らず、東経130度以東の沖曳網（以東底曳網）や沿岸で操業する底曳網も相当数含まれる。したがって、数値は実態より高めに、生産性は低めに示される。

　県別の統計数値は、3県の以西底曳網の発展経過の違いと統計が沖曳網という項目であることに大きく影響を受ける。端的にいうと、長崎県はレンコダイ延縄から転換したものが多いだけに初期には漁船が大きいこと、福岡県は昭和5年以降、大手の先端経営・共同漁業（株）が加わって高い生産力を形成したこと、山口県は以西底曳網より漁船が小さい以東底曳網などを相当含むこと、である。

　機船底曳網が誕生するのは大正2年のことだが、沖曳網の統計が経年的に示されるのは10年頃からである。また、この統計数値は、内地を根拠としたものだけで、台湾、朝鮮、中国などを根拠とした分は含まれていない。そうした点に留意しながら、統計数値によってその発展を概観しておこう。

　図5-1は、4県の沖曳網（または機船底曳網）漁船数の推移を示したものである（全てが2艘曳きなので2

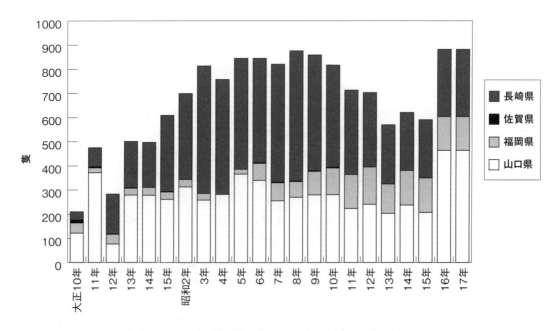

図5-1　山口、福岡、佐賀、長崎県の沖曳網（機船底曳網）漁船数の推移

資料：大正12年までは各年次『農商務省統計表』、その後は各年次『農林省統計表』
注：昭和15年まで沖曳網（ほとんどが動力船）、その後は機船底曳網。

隻で1組）。全体数は、大正10年の200隻余から始まって急激に増加し、昭和3年には800隻に達している。大正13年に以西底曳網の新規許可停止が通達されたにも拘わらず、許可の乱発や無許可操業があったことによる。その後は横ばいで推移し、昭和11年から減少して13～15年は600隻前後となった。昭和16、17年は突然、隻数が跳ね上がるが、これは統計項目が沖曳網から機船底曳網に変わったため沿岸の機船底曳網を含めるようになったためだと思われる。

　各県別にみると、当初は山口県が大半を占めていたが、漁場が北部九州から東シナ海・黄海へ移る大正12年から長崎県が急増し、全体の過半を占めるようになった。福岡県は最初は少数であり、昭和4年には一時中断するが、6年以降、山口県や長崎県からの移動で大幅に増加し、その結果、3県が鼎立するようになった。佐賀県にはほとんど沖曳網漁船はない。

　図5－2は、山口、福岡、長崎3県の沖曳網漁船の平均トン数を示したものである。当初は10トンクラスであったが、長崎県は先行して東シナ海全域に漁場を拡大したことから大正11年頃から漁船も40トン前後に大型化している。大正13年に以西底曳網の新規許可の停止と同時に漁船は50トン未満に制限されたが、昭和4、5年から漁船の大型化が認められるようになり（総許可トン数の範囲で認められるので大型船が増加すると隻数は減少する）、山口、福岡県の漁船も大型化し、40トン前後で停滞する長崎県を追い越し、50トンを上回るようになった。昭和恐慌期に漁船の大型化、ディーゼル化によって生産力を高める先進的な企業が台頭してきたことを物語る。

　なお、図にはないが、1隻あたりの乗組員数は、山口、福岡県では当初7、8人であったが、微増を続けて昭和10年代には10人を上回るようになった。これに対し、長崎県は当初の方が13、14人と多く、その後は減少して昭和初期には10人となった。長崎県はレンコダイ延縄から転換したものが多いだけに初期には漁船が大きく、乗組員も多かった。以西底曳網は2艘曳きなので1組の乗

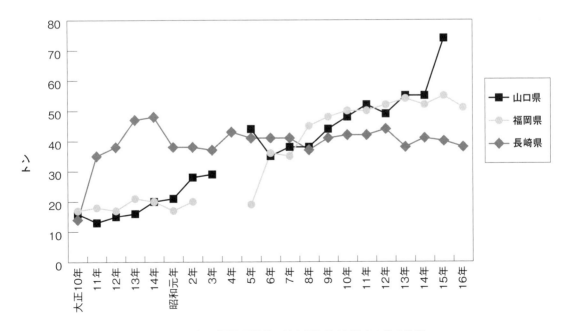

図5－2　山口、福岡、長崎県の沖曳網漁船の平均トン数の推移

資料：大正12年までは『農商務省統計表』、その後は『農林省統計表』
注：不自然な数値は省いた。昭和15年までは沖曳網、16年は機船底曳網漁船。

組員はこの倍である。

　農林省が調査した昭和5年5月現在の以西底曳網漁船数(操業実数)は973隻で、その半数強が20トン未満、平均は32トンである。根拠地は山口、福岡、佐賀、長崎、熊本、鹿児島県の6県にわたるが、長崎県(444隻)と山口県(415隻)が断然多く、福岡県(57隻)と佐賀県(37隻)がこれに次ぐ。熊本、鹿児島県は少数であるうえ、いずれも20トン未満と小さい。長崎県だけが20トン以上の漁船が多く、平均トン数も36トンと大きい。図5-1の昭和5年と比べると、図の方が100隻ほど少ない(理由は不明)。

　図5-3は、山口、福岡、長崎県の沖曳網(または機船底曳網)の漁獲量を示したものである。大正11年は2万トン弱であったが、その後急増して大正末・昭和初期には5万トン台となり、昭和恐慌期に停滞したが、その後は再び急伸して10～13年は15、16万トンのピークを記録した。漁船大型化と漁獲対象が多獲性のねり製品原料魚(潰し物という)に変わった結果といえる。昭和14年から下降し始め、16、17年は10万トンとなり、さらに戦争の深化とともに急減して終戦年は2万トンになった。

　県別でいうと、昭和3年までは長崎県が漁船の大型化を先行したことで最大であった。漁船数の多い山口県の漁獲量は停滞していたが、昭和4、5年から大きく伸びるようになった。福岡県の沖曳網は一時中断したが、生産力の高い企業が移籍したことで昭和6、7年から急増して10年には長崎県を上回るまでになった。3県鼎立状態になったとはいえ、漁船隻数の序列と漁獲量の序列とが一致しなくなった。戦時体制下になると、福岡、長崎県の減少率が高い。

　図5-4は山口、福岡、長崎県の沖曳網の漁獲金額を示したもので、漁獲量の変動とは連動せずに変動している。すなわち、大正12年には1,000万円に達するが、その後、漁獲量は増えても漁獲

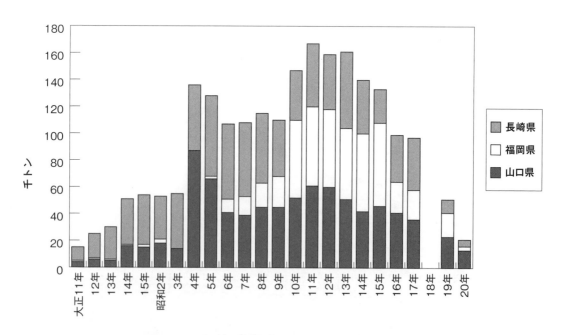

図5-3　山口、福岡、長崎県の沖曳網(機船底曳網)の漁獲量の推移

資料：大正12年までは『農商務省統計表』、その後は『農林省統計表』
注：昭和15年までは沖曳網、その後は機船底曳網。

金額は伸びず、昭和恐慌期には漁獲金額は全く低迷した。昭和恐慌を脱して金額は上昇に向かうが、漁獲量が減少傾向となる昭和13〜15年は突出して3,000万円前後となった。魚価が暴騰して漁獲金額は空前の水準となった。

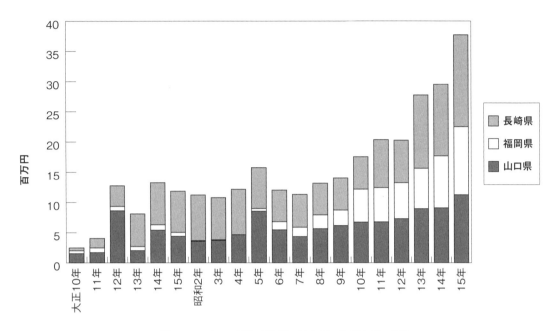

図5－4　山口、福岡、長崎県の沖曳網の漁獲金額の推移

資料：大正12年までは『農商務省統計表』、その後は『農林省統計表』

　県別でいうと、昭和恐慌期までは長崎県が最大で、山口県がそれに次ぎ、両県がほとんどを占めていたが、昭和恐慌を脱するとともに福岡県が大きく伸び、昭和10年代は3県が肩を並べるようになった。

　図5－5は、山口、福岡、長崎県の沖曳網1組(2隻)あたり漁獲量の推移を示したものである。当初、長崎県が最も多かったが、その後は停滞して、昭和4、5年から山口、福岡県が追い抜く。それは漁船大型化の過程と同じであり、また、飛躍的に生産性が高まった時期は対象魚種がタイ類から大量漁獲されるねり製品原料魚へと転換する時期と重なる。沖曳網漁獲量に占めるタイ類(赤物、上物と呼ばれる)の割合は、大正13年62％、14年38％と高かったのに、昭和3年21％、4年11％、5年8％と急落している。この間、1組(2隻)あたり漁獲量は100〜200トンから200トン以上に倍増していて、魚種構成の変化が明瞭である。昭和10年頃から福岡、山口県の漁獲量は急伸し、停滞する長崎県との差を拡げた。福岡県は800トン、山口県は500トン、長崎県は300トン前後である。漁業の生産性は、日中戦争以降、漁船・漁船員の徴用と漁業用資材の不足によって停滞し、太平洋戦争に突入すると急速に低下した。特に福岡、山口県で著しく、長崎県と同水準になった。

　図5－6は、山口、福岡、長崎県の沖曳網1組(2隻)あたりの漁獲金額を示したものである。大正10〜昭和5年は年次変化が大きいものの、20〜60千円の範囲で推移していたが、昭和5〜7年は魚価の下落で停滞し、県別格差も縮小した。昭和8年から増加傾向となり、12年から急上昇する。昭和12年の40〜80千円が15年には110〜160千円となっている。県別では、長崎県は初め漁獲量は

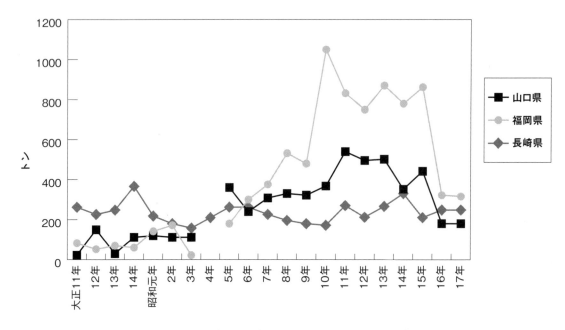

図5-5　山口、福岡、長崎県の沖曳網1組(2隻)あたりの漁獲量

資料：大正12年までは『農商務省統計表』、その後は『農林省統計表』
注：昭和15年までは沖曳網、その後は機船底曳網。

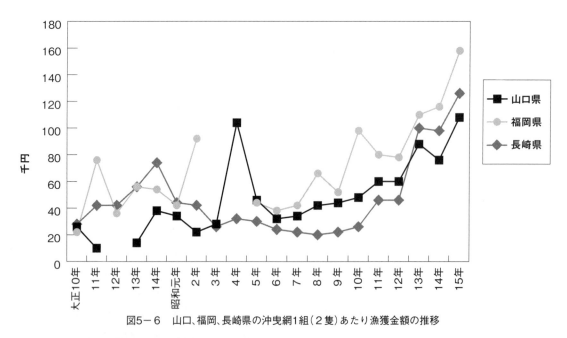

図5-6　山口、福岡、長崎県の沖曳網1組(2隻)あたり漁獲金額の推移

資料：大正12年までは『農商務省統計表』、その後は『農林省統計表』

突出したが、漁業金額は他県船よりやや高いという水準に留まる。つまり、他県より魚価が低い。その後、昭和元年頃から下降し、遅れて漁船を大型化してくる福岡、山口県の後塵を拝するようになる。福岡県は昭和初期まで漁獲量は低位であったが、漁獲金額は高い方で、変動も激しかった。昭和5年以降は漁獲量、漁獲金額とも最大となった。山口県は低い漁獲金額でスタートし、

徐々に増やしている。

　以西底曳網の魚種別漁獲量は汽船トロールとほぼ同様と考えられる。前章の図4－3で示したように、タイ類が減少してグチ、ニベが大半を占めるようになり、その他、カレイ・ヒラメ、サメ、エイなどが一定割合を占める構成変化である。沖曳網の平均魚価(図は略す)は、第一次大戦後、全体的に下降気味であった。県別の格差は大きく、福岡、山口県が高く、下落も著しかった。それは漁船の大型化が遅く、より長く北部九州漁場に留まったため価格の高いタイ類の漁獲が多かったこと、漁場を黄海・渤海に拡げてからもタイ類の漁獲を中心にしたことを意味する。一方、長崎県は漁船大型化で先行し、東シナ海を南下してタイ類の中では価格の低いレンコダイやねり製品原料魚を対象とするようになったことを示している。しかし、昭和5～8年の昭和恐慌期に魚価はそれまでの半額以下となり、しかも県による格差はなくなった(いずれも対象魚種はねり製品原料魚となった)。昭和9年頃から魚価は上昇傾向となり、13～16年は急騰している。

第3節　機船底曳網漁業の誕生と西漸

　本節は、機船底曳網が誕生する大正2年から漁法が2艘曳きへと進化し、漁船が急増する大正11、12年までを対象とする。

　以西底曳網に先行し、以西底曳網と関係する汽船トロールとレンコダイ延縄について簡単に述べておく。汽船トロールは明治41年に始まり、その高い効率性ゆえに各地にトロール会社が乱立した。沿岸漁業との対立から大臣許可漁業にされるとともに沿岸域から閉め出され、漁場は東シナ海・黄海に限定された。また、過当競争の結果、経営不振に陥ったが、第一次世界大戦で船価が暴騰するとトロール船のほとんどが売却されて、消滅状態となった。それを機に政府は資源保護と過当競争防止のために許可隻数を70隻に限定した。第一次大戦後、船価が下落してトロール漁業が復興し、大正12年には制限隻数の70隻に達した。大戦後のトロール漁業は共同漁業(株)が支配するようになった。漁業根拠地は下関(共同漁業は後に戸畑へ移動)を中心に長崎、福岡(博多)の3港である。その頃、機船底曳網が大挙して東シナ海・黄海に進出してくる。

　一方、明治中期に徳島県人がタイ釣りで玄界灘へ出漁するようになり、次第に漁場を西漸、南下して、レンコダイを対象とする延縄に変わった。明治42年頃に動力船による母船式操業が確立した。レンコダイ延縄の漁場は、五島列島の宇久島や福江島の西沖で、漁業根拠地も北松浦郡(北松)大島村的山(現平戸市大島町)から宇久島、小値賀島、福江島・南松浦郡(南松)玉之浦村(現五島市玉之浦町)へと南下している。第一次大戦中には、魚価の暴騰と汽船トロールが消滅状態であったことから全盛期を迎えた。母船は50～70トン・70～80馬力で、伝馬船を10隻ほど搭載し、乗組員は40人ほどであった。漁場は朝鮮沖から東シナ海全域に拡大した。玉之浦根拠は約80隻で、長崎の魚問屋から仕込みを受け、漁獲物を長崎へ水揚げした。第一次大戦後は魚価の低下と汽船トロールの復興で窮地に陥り、その頃、台頭してきた機船底曳網に転換する。

1　機船底曳網漁業の誕生と西海漁場への進出

　機船底曳網は大正2年に島根県と茨城県で発生し、島根県発祥のものが以西底曳網へと発展する(以下、島根県船という。漁船は出雲船、出雲型と呼ばれる)。大正2年、島根県八束郡片江村(現松江市美保関町)

の渋谷兼八ら[3]によって機船底曳網が創始された。渋谷は島根県水産試験場が明治45年に行った機船底曳網試験に従事しており、その有望性を悟って動力船(8トン・12馬力)を建造し、共同経営で着業したのである。大正4年には発動機関が電気着火式から注水式焼玉機関(スウェーデンのボリンダー社型)に代わった。注水式焼玉機関は、電気着火式に比べて、構造が簡単で、取扱いも容易であり、また、燃料が灯油より安い軽油を使い、燃料効率も高いことから機船底曳網の拡大を促進した。さらに大正6年に動力巻き揚げ機(ウィンチ)が考案され、揚網過程の動力化が実現した。

漁場は西漸し、大正8年には長崎県下に入った。その年の秋、五島沖で2艘曳きの試行に成功した。巻き揚げ機の考案と並んで画期的な出来事であった。2艘曳きは一定の間隔を保ちながら航走するので、網口が広がり、漁獲性能は格段に向上した。また、2艘曳きは曳網力が強く、遊泳力の高いヒレコダイ(地方名チコダイ)、レンコダイ、マダイなど上物が多く漁獲できるようになった。

大正9年には片江村の機船底曳網は29隻に増えて、根拠地を福岡市や下関市に移していた。渋谷も同志5人と合名会社・島根組を結成し、事務所を福岡市に置き、長崎県大島村的山港を根拠とし、漁船4隻(15トン・20馬力)、運搬船1隻を経営した。[4]島根県は大正8年に水産助成機関として島根県水産(株)を設立し、翌9年に福岡市に出張所を置き、島根県各地の機船底曳網漁船を的山港に集結させ、漁業指導と併せて的山港から博多への鮮魚運搬事業を行った。[5]島根県の出漁船は、大正10年には100隻を超える。

一方、大正9年には同じ海域で操業していた徳島県人の母船式レンコダイ延縄からこの底曳網に転換する者が現れた(以下、徳島県船という。阿波船、阿波型と呼ばれる)。2艘曳きの成功の噂を聞いた徳島県人が地元の機船底曳網を携えてこの海域に進出、レンコダイ延縄の拠点であった玉之浦を根拠地にして2艘曳きを開始した。同地のレンコダイ延縄漁業者も続々と2艘曳きに転換するようになった。

そうした中、長崎の魚問屋・山田商店(山田屋、山田漁業部ともいう。経営主は山田吉太郎)は、汽船トロールの漁獲物の販売を手がけ、大正6年からレンコダイ延縄への仕込みを行いながら、同漁業を経営した。大正11、12年にレンコダイ延縄漁船を機船底曳網漁船16組に改造して、レンコダイ延縄からの転換を率先すると同時に、一躍、大手機船底曳網経営体となった。[6]

また、鮮魚仲買で経営基盤を確立した下関の林兼商店は、大正5年から漁業生産に乗り出すとともに五島での鮮魚買付けのために小値賀(五島列島北端)に五島支部を置き、玉之浦、荒川、青方、宇久・寺島などに出張し、小値賀では機船底曳網(1艘曳き)の漁獲物、玉之浦ではレンコダイ延縄の漁獲物を買付け、下関へ運搬した。大正9年に宇久・寺島で島根県益田地方の漁業者と共同で機船底曳網漁船を建造(16トン・25馬力)し、初めてその経営に参画した。途中で、2艘曳きを試み好成績を収めている。翌年には寺島に集結する漁船が急増し、漁船の大型化が始まった。玉之浦ではレンコダイ延縄からの転換者が現れるようになり、本格的な仕込み融資(漁獲物の販売権を得ることを条件に漁業用の石油、氷、食料などの資金を融通する)を行なうようになった。その大正10年に林兼商店は長崎に事務所を構え、休業中の問屋株を借りて問屋業務を開始した。在地問屋より有利な条件を提示して短期間のうちに多数の契約船(漁船漁具を船頭に貸与し、その資金を皆済したら所有者名義を切り換える条件の船)を獲得した。大正11年、五島の買付け・集荷基地を宇久・寺島から五島列島南端の福江島・玉之浦村荒川に移した。寺島港が大型船が増えて狭隘になったこと、発動機関が注水式なので多量の清水を必要とするが、清水が豊富で漁場にも近いことからである。漁場はさらに南下して男女群島、東シナ海に拡大した。[7]

大正12年にはレンコダイ延縄からの転換が相次ぎ、長崎県下を根拠とする機船底曳網は500隻を超えるまでになった。

2　機船底曳網漁業取締規則の制定と操業
1）機船底曳網漁業取締規則の制定

　機船底曳網の目覚ましい発展で沿岸漁業との対立が深まり、各府県は取締規則を制定し、禁止区域を設定するなどしていたが、府県ごとの取締規則では限界があり、大正10年9月、全国統一した取締りのため機船底曳網漁業取締規則が制定された。この制定により該漁業を知事許可漁業とし（根拠地を置く府県の許可。他府県の海面においても操業ができる）、全国統一の禁止区域を設定した。出漁範囲が拡大したにもかかわらず各府県の許可に委ねたことで、幾多の不便と矛盾が生じることになった。ただ、トン数が50トン以上であれば府県から農商務省に許可の内意を伺う内規ができた（水産局長通牒）[8]。汽船トロールとの競合を避けることが目的であった。

　図5-7は、長崎県下の禁止区域と主な漁業根拠地を示したものである。禁止区域は島や岬を結んだ線の内側で、対馬は周辺6カイリとしている。しかし、取締機関がなく、効果は限られた。知事許可が乱発され、膨張を抑制することができなかった。

2）機船底曳網漁業の操業

　大正12年の長崎県下の機船底曳網に関する水産講習所（現東京海洋大学）学生の漁業実習報告書がいくつかある。それによると、機船底曳網は20トン未満・40馬力以下で近海操業するもの（多くは島根県船）と50トン・70馬力位で沖合に出漁するもの（多くは徳島県船）とに分かれる。後者にはレンコダイ延縄漁船を改造して50トン以下としたものが多い。

　長崎県の許可隻数は587隻で、根拠地別では、長崎港214隻、対馬の厳原港111隻、竹敷港23隻、浅藻港7隻、北松の的山港75隻、笛吹港21隻、寺島港18

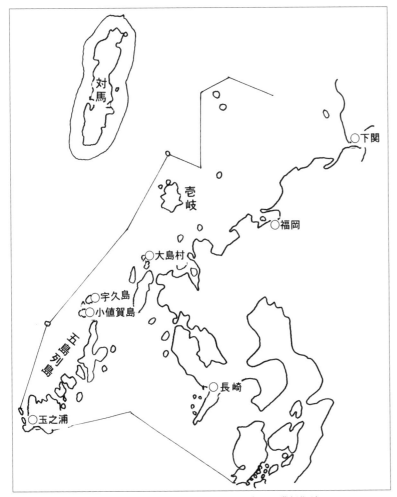

図5-7　機船底曳網漁業禁止区域と主な漁業根拠地

隻、神浦港13隻、平戸港10隻、柳村港10隻、南松の玉之浦港48隻、その他11港37隻となっている[9]。別の報告書では壱岐の勝本港、郷ノ浦港、芦辺港、南松・青方村の奈摩港、網上港も根拠地として挙げている。長崎県以外では下関約200隻、福岡40隻とする報告書もある。

　このように、漁業根拠地は漁場に近い長崎県が圧倒的に多く、しかも五島列島、対馬、壱岐、北松・平戸方面と各地に分散している。漁場近くに根拠地を置くのは漁船の航続力のせいでもあった。根拠地が各地に分散するのは、漁港の収容力に限りがあったことも理由である。漁獲物の販売や必要資材の調達のために運搬船を用いるか、流通業者に依存することが多い。一方、流通拠点である長崎、福岡、下関を根拠とするものも多い。漁業根拠地は、季節的出漁ということもあって流動的であった。漁船が大型化して周年操業が可能となると、定住化が進み、次第に漁場との距離よりは流通拠点となる大漁港へ集中するようになる。

　根拠地により漁場、航海日数が異なり、長崎港は30トン・40馬力で1航海が10日、主に東シナ海を漁場とする。佐世保港、的山港、寺島港、神浦港、小値賀港、厳原港、淺藻港、奈摩港は14〜16トン・25〜30馬力で近海操業、玉之浦港は19トン・35馬力でやや大型化している[10]。

　漁期は9〜5月の9ヵ月が普通で、6〜8月の3ヵ月は休漁し、漁船の修繕や乗組員の休養に充てる。的山港根拠（20トン未満、40馬力の島根県船）の場合、1航海は2〜3日、1日3〜4回投網する。漁獲物は的山港で運搬船に積み替え、福岡や下関へ運ぶ。運搬船は漁業者が所有する場合や漁業者が組合を作って組合が運搬船を建造し、これに委託する場合が多いが、流通業者が的山港で漁獲物を買うか委託を受ける場合もある。運搬船は石油、水、食料品などを福岡、下関から購入してくる[11]。

3）機船底曳網の発達理由と性格

　機船底曳網が急速に発展した理由、背景として、前述した技術革新の他に、次の点があげられる。①魚価が高水準にあったことと機船底曳網は生産性が高いことが発展の要件であった。第一次大戦中、汽船トロールが消滅状態となったことで鮮魚の供給力が低下し、その間隙を縫うようにレンコダイ延縄が隆盛し、機船底曳網の誕生と発展を支えた。大戦後、魚価は低下傾向となり、レンコダイ延縄は汽船トロールが復活して圧迫されたうえ、熟練労働力の不足、海難リスクが高いことから敬遠されて、生産性が高く、漁労作業も簡単な機船底曳網へ転換した。

　②先行した汽船トロールが構築した漁獲物の大量流通システムがあり、関連産業が集積する下関、福岡、長崎を流通拠点とすればよかったことである。漁獲物は氷蔵し、貨車で大消費地の京阪神方面へ出荷された。ただ、機船底曳網は汽船トロールと違って、漁業根拠地が漁場近くに分散しており、流通拠点の下関、福岡、長崎へは直航するか、運搬船に積み替えて運んだ。

　③漁船漁具、操業経費の調達には、大量流通を担った魚問屋による仕込み制度に依っていた。問屋の関与の仕方は、下関と長崎では違いがあった。下関は朝鮮や汽船トロールから大量の鮮魚が入荷していて、根拠地が西漸している機船底曳網（島根県船）への仕込みには消極的であった（ほとんどは漁業根拠地にまで買付けに行かなかった）。長崎はレンコダイ延縄に対して仕込みをしていたこともあり積極的であった。鮮魚仲買・問屋のうちでも下関の林兼商店は、各漁業根拠地から積極的に買付け・集荷を行うとともに、長崎に進出して問屋業務を営み、仕込みを本格化している。

　機船底曳網の発展には島根県船と徳島県船という2系譜があり、両者の性格も異なる。島根県船の多くは、資金不足もあって小型船であり、漁場は西海漁場、市場は下関、福岡への依存度が強

く、経営形態は共同出資、共同就労という共同経営体であった。他方、徳島県船はレンコダイ延縄からの転換が主流で、漁船は大きく（大型船の規制で、漁船を50トン以下に小型化して参入）、漁場は東シナ海、漁獲物は長崎に向けられた。個人経営で、長崎魚問屋からの仕込みも多い。

　問屋経営でも、そのほとんどが島根県人や徳島県人による操業であり、基本的な性格を受け継いでいる。

第4節　以西底曳網漁業の発展

　本節では、漁船が急増する大正11、12年から昭和恐慌期までの発展過程を扱う。出漁者の定住化が進み、魚問屋による以西底曳網の集積が進行した。

1　新規許可の停止と以西底曳網漁業の発展
1）新規許可の停止

　大正13年10月に水産局長通牒により東経130度以西で操業する機船底曳網の新規許可停止が伝えられた（この時から以西と以東が区別されるようになった）。東シナ海・黄海では汽船トロールには隻数制限があり、機船底曳網が激増して生産性が漸減傾向となった、タイ類の減少も顕著である、というのが理由である。汽船トロールの覇者となった共同漁業(株)がその権益を守るために政治的圧力をかけたともいわれる。ただ、局長通牒は島根、山口、九州・沖縄各県知事宛に出されたが、既に希望者には一通り許可が与えられた後であったし、また、許可権限が知事にあるため、抑制効果はなく、以西底曳網の許可はさらに増加して、大正末に600隻、昭和初期に800隻を超えた。[12]

2）以西底曳網漁業の発展

　大正10年当時の島根県船は平均15トン、乗組員6、7人、航海日数5～7日であった。その後、2、3年のうちに無注水式焼玉機関が普及し、40～45トンの船も建造されるようになり、乗組員も9人前後に増えた。また、大正13年には底曳網で初めて無線機を装備する船が現れた。網地はそれまでの綿糸から耐久力に優れているマニラトワインが使われ始め、2、3年後には全船に普及した。

　島根組は大正11、12年に漁船を40～50トン・50～60馬力に改造して以西漁場に進出した。しかし、コレラの流行による休業、漁船の座礁や渋谷の負傷があり、昭和3年に倒産してしまう。新興資本が戦後不況下で倒産した経営体から許可を買い入れて以西底曳網経営に乗り出した。

　一方、大正10～13年に徳島県のレンコダイ延縄船が大挙して以西底曳網に転換した。その技術的背景は、2艘曳きの成功と発動機関が注水式焼玉機関から無水式焼玉機関に転換したことである。従来の注水式は、焼玉の過熱を防ぐための注水が負担となってきた。高馬力化につれて清水の必要量が多くなり、清水の量で航海範囲が制約を受けるし、不純物によるシリンダーの摩耗が問題となった。また、燃料の消費量が増えたうえに軽油の価格が暴騰した（第一次大戦前の5倍）ことで、無水でかつ低価格の重油使用の発動機関が求められるようになった。大正10年に無水式のボリンダー型が輸入され、国内メーカーも競って製作するようになった（名称も無注水式ボリンダー型発動機、無水式発動機、セミディーゼルと称え、後には単に焼玉機関と呼ばれるようになった）。[13] 発動機の発

達は航続距離を延ばし、漁業根拠地を漁場に近い離島から流通拠点の長崎、福岡、下関へ移すことを可能とし、出漁者の定住化を促進した。

林兼商店は、大正13年には個人商店から株式会社となり、長崎の事務所を支店とした。同時に以西底曳網の新規許可停止を受けて、契約船を直営へと切り換えている。不況下で魚価が低下し、経営が困難になっていたので、この切り換えはスムーズに進行し、下関は昭和4年には契約船はなくなり、直営船だけとなった(長崎は契約船も多く残った)。契約船と直営との違いは、問屋から漁船を預かる船頭が将来独立することができる約定があるかないかである。

大型の機船底曳網は大正11、12年頃は五島・玉之浦港を根拠とする者が多かったが、13、14年頃より根拠地の中心は長崎へ移り、15年に徳島県九州出漁団組合が結成された。大正元年にレンコダイ延縄漁業によって結成された徳島県九州出漁団を再編成したのである。玉之浦と長崎に下部組織が作られた。

漁獲物は大正末から昭和初期にかけて、レンコダイ中心からねり製品原料魚中心に変わった。第一次大戦後の経済不況も重なって魚価は大幅に低下し、経営難となり、漁業者の階層分解が進行している。「昭和二年頃ヨリハ左シモ各地市場ヲ賑ハシメタル連子鯛モ漸ク其ノ数ヲ減ジ・・・盛時雑魚一、連子鯛二・六四ノ比ナリシモノガ、昭和二年ニハ雑魚一ニ対シ連子鯛〇・九四トナリ、昭和五年ニ至ッテハ実ニ雑魚一ニ対シ連子鯛〇・四一ニ低下シ、往時ノ割合ヲ転倒シ・・・之カ為事業ノ経営ハ非常ナル困難ニ陥リ転廃業続出シ、従来資本家ノ手ニ限ラレタル事業ノ許可ハ自カラ乗船シテ出漁スル個人業者ノ手ニ移ルニ至レリ」(句読点は引用者)。

2 以西底曳網漁業の操業と経営

大正12年頃の経営形態をみると、下関では機船底曳網に対してほとんど問屋が前貸し(漁船を担保として)するか、問屋が漁船漁具一式を揃え、信頼できる船頭(漁労長)に貸し、漁獲物の販売権を得、漁獲高の1割を金利として徴収した。それでもなお利益があればこれを積み立て完済すれば船頭名義に書き換える方法(契約船)をとった。長崎市の場合も信頼できる船頭に漁船漁具を貸し、かつ出漁ごとに燃料、食料など一切の仕込みをする。乗組員はすべて船頭が雇い入れる。漁獲物の販売権を得て水揚げ高の1割～1割5分を利子として徴収する。航海毎に清算し、船頭の利益があれば「内入金」として納入させ、皆済の場合に漁船所有名義を書き換える。これは下関と同じであった。

しかし、魚種構成の悪化、魚価の低下、経営不振で問屋の仕込み支配から自立する船主は少なかった。

表5-1は、大正11年頃の機船底曳網の起業費と漁業経費をみたものである。起業費は、19トン型(島根県船)と49トン型(徳島県船)では差が大きい。起業費の内訳では、船体、発動機関の購入費が高い。漁業経費は、19トン型が3万円、49トン型が5万円で、それだけで起業費を上回っている。どちらも石油・マシン油が最大費目で、49トン型は漁場距離が遠いので油代も氷代も高い。乗組員給料は、一般に19トン型は固定給と歩合給の併用で、月給は船長と機関長が50円、その他が20円ほどで、歩合給は漁獲高が3,000円を超えると漁獲高から漁業経費を引いた差額の2割を配分する(配分方法は船によって異なる)。49トン型は歩合給だけで航海毎に支払われる。漁獲高から漁業経費(大仲経費)を引いた差額を船主6、乗組員4の割合で配分(大仲歩合制という)し、乗組員間では漁労長、船長、機関長は1.5人分、油差し、水夫長は1.2人分、漁夫は1人分で配分する。月給と歩合給を

表5-1 大正11年頃の機船底曳網の起業費と漁業経費　　　1組、単位：円

	資料① 19トン 30馬力	資料② 49トン 60馬力
起業費　計	18,499	42,255
船体	9,000	20,000
石油発動機	7,800	12,600
巻き揚げ機	600	1,200
木製ワイヤー巻き	40	120
網	405	2,240
ロープ類	630	1,197
鉄鎖	24	54
その他		5,444
	資料③ 下関市	資料③ 長崎県 65馬力
漁業経費　計	30,096	49,773
石油・マシン油	12,294	28,356
氷	－	5,670
船体・機関修繕費	3,200	2,000
漁具費	2,010	5,500
乗組員給料	5,040	3,360
食料	1,848	2,880
消耗品、他	5,702	2,007

資料：資料①は、間中武男他5名「長崎県下手繰網漁業調査復命書」(大正12年11月)、資料②は、荒川寛・服部繁次「長崎県下弐艘曳機械手繰漁業調査報告書」(大正12年12月調べ)、ともに水産講習所学生の漁業実習報告書で、東京海洋大学図書館所蔵。資料③は、日本勧業銀行調査課『水産金融ニ関スル調査』(大正12年12月)159～161ページ。

注：合計が合わない場合もそのままとした。円未満は四捨五入した。

併用する場合もある。[17]

昭和4年当時の下関根拠の機船底曳網の賃金形態は、固定給のみが45％、固定金と歩合給併用が40％、歩合給のみが15％の割合であった。[18]

昭和4年頃の長崎市の以西底曳網の所有状況は、山田吉太郎(山田商店)60隻、林兼商店70隻、森田友吉(森田屋)30隻、高田万吉20隻、平漁組20隻、宮永卯三郎8隻、藤中新七8隻、計220隻弱、この他に20隻位は小経営者がいた。このうち、山田、林兼、森田、高田、宮永は問屋か問屋業務をしている。高田は徳島県人漁業者のリーダーの1人で、唯一、問屋業務も行った。大正11、12年以降、短期間のうちにこれだけの漁船を建造(倒産した経営体の船の買収を含め)し、徳島県人船頭に貸与し、契約船、直営船としている。

大正14年頃迄はかなりの漁獲があったが、次第に不漁となり、漁場も東シナ海を徐々に南下した。1航海は20日前後、年13航海であったが、昭和3、4年は1航海24、25日、年10航海となった。漁獲高から1割の問屋手数料と仕込み代金を引いて問屋6、船頭4の割合で配分する。1航海4,500円程度の漁獲があれば、仕込み金は2,000円内外なので配当はまずまずとみられるが、大正13、14年頃は漁獲が8,000円もあって高収益が得られたものの、昭和2年は3,500～3,600円で航海毎に欠損状態となり、独立の可能性が遠のいた。[19]

表5-2は、昭和2年と12、13年の機船底曳網の起業費と経営収支を示したものである。昭和2年の起業費をみると、同じ木造49トン・75～80馬力であっても、建造年などによって46～66千円と大きな差がある(表は林兼商店の例で66千円)。1航海あたりの漁業収入は、好況であった大正13、14年は13、14千円であったが、昭和2年には4、5千円に低下している(表では漁獲高4,600円から販売手数料500円を引いた4,100円)。漁業経費のうち燃料費が最も高いが、漁業経費に占める割合は24％で、表5-1の大正11年頃と比べると大きく低下している。重油使用の焼玉機関に転換したことによる。漁業収入から漁業経費を引いた差額を船主6、乗組員4の割合で配分し、乗組員の間では24.2人分を20人で配分する。1人あたり平均36円である。船主配分のうち8％を船頭に与える。

大正11年頃と比べると、起業費は全般的に増加し、漁業経費は航海日数が長くなっているのに、かえって低くなっている。昭和12、13年については次節で述べる。

表5-2　機船底曳網の起業費と経営

	資料① 昭和2年 49トン 75馬力	資料② 13年		資料③ 昭和13年 80トン 鋼船170馬力	資料③ 昭和12年 50トン 木造120馬力
起業費	66,000		起業費	220,000	64,480
船体	24,000		船体	120,000	30,000
発動機	28,000		機関	74,000	22,000
ウィンチ	1,200		漁具他	4,800	4,600
オイルタンク	1,400		船具他	1,200	1,200
船具代	2,400		その他	20,000	1,680
網具	7,000				
その他	2,000				
	1航海分	1航海分		年間	年13航海
漁業収入	4,100	12,000	漁業収入	112,900	79,163
（漁獲量）				582トン	494トン
漁業経費	2,300	3,486	漁業経費	59,230	32,370
燃料費	546	1,248	燃油・潤滑油	13,370	19,110
魚箱	220	367	魚箱	6,720	4,940
食料	220	138	漁具	6,860	−
氷	405	266	船具	1,610	1,300
修繕費	150	86	給料・食料	14,490	−
船漁具	600	576	歩合給他	5,720	−
ロープワイヤー	−	550	修繕費	4,080	−
その他	195	253	その他	2,530	2,080
差引	1,800	8,435	差引	53,670	46,793
船主	1,080	5,061	船主	53,670	28,076
乗組員	720	3,374	乗組員	−	18,717

資料：資料①は角南貞雄他13名「長崎県下ニ於テ各種漁業調査演習」（昭和3年4月）、資料②は吉田成美他3名「漁業調査報告書 機船底曳網漁業」（昭和14年4月）で、ともに漁業実習報告書。資料③は『海外漁業資料整備書（下）』（昭和25年3月、水産研究会）393〜395ページ。

3　林兼商店の以西底曳網漁業経営

　林兼商店はもともと経営リスクを分散させるために多角経営を行っており、昭和3年当時の資本金は1,000万円で、事業部門は鮮魚部、漁業部（曳網漁業、定置漁業、巾着網漁業他）、製氷冷蔵部、商事部（船具漁網部、製材製箱部、石油部を合併）があった。[20]大正後期における投資活動は運搬船の大型化や大型冷蔵庫の建設と並行して、漁業では定置網や底曳網に重点が置かれた。以西底曳網では、長崎に重点を置きつつ、下関でも経営し、大正14年には渤海のタイ漁に出漁したり、台湾に進出した。

　昭和3、4年の機船底曳網の経営状況は以下のようになっている。[21]昭和3年度上半期（2〜7月）の機船底曳網は長崎33組、下関10組、台湾4組であった。内地では49トン・90〜110馬力が中心であるのに対し、台湾では95トン・140〜150馬力の大型船である。「曳網漁業ノ漁獲物ハ漸次逓減ノ傾向アル為メ一般手繰網漁業者ハ収支相償ハサルモノアルニモ不拘、当社ニ於テハ漁業組織並ニ漁獲物処理法ノ改善、漁具、注油器ノ改良ヲナシ漁業能率ノ増大ヲ図ルト共ニ之レガ販売ヲ有利ニ導キ経費ノ節減ト相待チテ予期ノ成績ヲ収メ得タ」。

　昭和4年度上半期は、「機船底曳網漁業ハ其ノ漁獲物ニ於テ梢減収ノ傾向アリ。且ツ夏季ニ至リテ魚価ノ低落甚シカリシモ能率増進ノ手段トシテ漁具改良、碇泊時間ノ短縮、夜間操業ノ研究等ヲ励行スルト共ニ漁獲物ノ処理法ニ付テモ諸種ノ改善ヲ決行シタル結果ハ能ク前述ノ欠陥ヲ補

ヒ得タルノミナラス、寧ロ前年ノ同期ニ比シ利益ノ増収ヲ見タリ」。

昭和4年度下半期(8月～翌年1月)の機船底曳網は下関10組、長崎25組、台湾10組、朝鮮5組となった。「中古船ノ改造優秀経済船ノ建造、乗組員ノ練達トニテ魚価ノ下落ヲ超越シ、寧ロ前年以上ノ成績ヲ見(た)」。

このように機船底曳網は長崎が中心であるが、長崎根拠船の一部を割き、また新規許可を得て植民地(台湾、朝鮮)での隻数を増やしている。魚価の低落で、他の経営体が経営不振に陥っている中、林兼商店は多角経営の強みを発揮して漁船漁具、漁業組織、操業形態、流通方法の改善によって経営の安定を保っている。

第5節　昭和恐慌期以降の以西底曳網漁業

1　機船底曳網の規制

大正末からタイ類の漁獲が減少したので、漁船を大型化して漁場を拡大し、ねり製品原料魚の漁獲を増やすためにトン数制限の緩和・撤廃を求める声が高まった。以西底曳網漁船の大型化に反対していた共同漁業も以西底曳網を兼業するようになったことで立場も変わり、ディーゼル漁船の登場もあって、昭和4年12月の水産局長通牒で許可トン数の範囲内で50トン以上の大型化を認める方針を示した。そして翌5年9月に取締規則を改正した。複数の許可船を合併して大型船を建造するので、多くの許可船をもつ企業から漁船の大型化が進んだ。こうして昭和恐慌期に以西底曳網の大型化、高馬力化が進展することになった。

昭和7年3月、以西底曳網の許可に関して、これまでとは反対に沿岸域への侵犯防止、安全性の確保を理由に30トン未満の代船(漁船の更新)は許可しない、馬力は許可トン数の2.5倍以内に制限されることになった。さらに、昭和8年から機船底曳網の許可権限を知事から大臣に移した。機船底曳網による禁止区域侵犯などに対し、昭和恐慌で疲弊した沿岸漁業者との紛争が頻発し、地方長官による取締り強化も実績があがらなかったことによる。特に以東底曳網が焦点になった。

2　以西底曳網漁業の動向
1)以西底曳網漁業の動向

昭和4、5年に50トン以上の船の建造が許可されるようになったため、平均トン数はさらに増大し、鋼船も出現するようになった。一部には冷凍機や無線電話を備える船も登場した。ディーゼル機関を備えた底曳網船は大正末に登場し、漁船の大型化、高馬力化、鋼船化を牽引した。

鋼製ディーゼル漁船が登場したのは大正11年のことで、当初はほとんどがカツオ・マグロ漁船であり、発動機関は新潟鉄工所製であった。大正13年に台湾の蓬莱水産(株)の底曳網漁船に、14年に下関の豊洋漁業(株)の底曳網漁船にディーゼルエンジンが据え付けられた。ともに共同漁業の子会社である。その成績が良かったことからその後、林兼商店、日東漁業(株)の漁船にも普及し、200馬力のものも登場した。昭和2年に共同漁業が日本で最初のディーゼルトロール漁船を建造している。共同漁業による汽船トロールの技術革新が以西底曳網に応用されることが多いが、ディーゼル化については以西底曳網の方が先行した。

下関と長崎の機船底曳網の状況をみておこう。昭和6年の下関市の機船底曳網は66経営体、

196隻で、うち30トン以上は22経営体、92隻。50トン以上はわずか5隻で、半数は10～20トンであった。このうち所有隻数が多いのは、林兼商店28隻、平野商店(問屋)22隻、長井貫吾14隻、市河元次(造船鉄工所経営)14隻で、この他、奥田漁業部・角輪組3隻、扶桑漁業(株)(後、共同漁業が合併)6隻、西宗商店(問屋)4隻、櫛谷商店(問屋)5隻、古屋勇蔵7隻などである。問屋では、林兼商店に次いで平野商店が多いが、所有は名義上のことで、平野商店は経営にはタッチしていない。下関の魚問屋は以西底曳網の経営に消極的であったなかで、企業化に積極的な西宗商店(現地では西村商店、西村漁業、西村洋行を名乗った)は大正末に台湾と中国・青島に進出し、機船底曳網を始める。台湾では昭和恐慌期に共同漁業に経営を委託、さらには漁船を売却している。また、造船技師から造船鉄工所経営をしていた市河元次も大正13年に以西底曳網経営を手がけ、昭和6年には14隻(自社で建造)経営となった。青島でも鉄工、造船、漁業、商事を営なみ、西宗商店の機船底曳網の経営も請け負っている。[24]

昭和11年の山口県の機船底曳網漁船は95経営体、256隻、うち下関市は42経営体、167隻となっている。昭和6年に比べると下関市の経営体、隻数が大幅に減少している。山口県全体に占める下関市のウェイトは高いが、とくに以西漁場で操業する35トン以上の漁船187隻のうち138隻、50トン以上72隻のうち70隻が下関市に集中している。昭和6年に比べ、大型船が増え、なかでも50トン以上船が急増した。ちなみに、35トン以上の漁船が多い市郡は、下関市以外では都濃郡(瀬戸内海側)と萩市で、都濃郡から関東州や青島へ出漁したものがある。[25]

長崎市では、昭和10年頃は、林兼商店80隻(機船底曳網直営34組、契約船6組の他、アマダイ延縄直営3隻、契約船20隻、カジキ延縄直営1隻、契約船5隻)、山田吉太郎21隻、高田万吉20隻、森田友吉8隻、藤中新七8隻、宮永卯三郎4隻となっている。昭和恐慌期以前と比べて、林兼商店は隻数を増やし、アマダイ延縄(対象はレンコダイが減少してアマダイに転換)を独占するようになった。山田、森田、宮永の問屋は隻数を減らし、アマダイ延縄から撤退している。とくに山田、森田は大幅に縮小している。徳島県人の高田と藤中は隻数を維持した。

この期の長崎県の機船底曳網は358隻で、うち大型船(50トン・80馬力以上)は295隻、小型船(20～30トン・50馬力以下)は63隻であった。大型船は長崎港211隻、玉之浦約90隻、小型船は南松・青方村24隻、北松・大島村21隻に分かれ、北松・小値賀は大型船5隻、小型船7隻が同居していた。[26]

山田吉太郎の隻数が大幅に減少したのは、弟・鷹治と所有名義を分けたこと、隻数を減らして90トン級の鋼製ディーゼル船を建造したことによると思われる。鷹治の方も兄と同様、大型船に切り換え、下関の日東漁業(株)に経営を委託している。また、鷹治が社長を務める長崎合同運送(株)は、収益の低下を補うために昭和9、10年に96トンの鋼製漁船を建造し、これまた日東漁業に経営を委託し、会社の増収に寄与している。[27]なお、昭和10年頃の山田商店は、問屋の他に漁業部、石油部、船具部、製箱部、乾魚部、鉄工部があり、自給体制を整えている。[28]

2) 根拠地の移動と徳島県九州出漁団組合の再編

昭和9年から五島・玉之浦から福岡市への根拠地の移動があった。以前から福岡水揚げを行っていたこと、漁場が遠隔化して漁場との距離の重要性が薄れたこと、魚の販売出荷、漁船の修理、漁業用資材の調達に便利な都市漁港が注目されたからである。福岡市では福岡漁港の建設と徳島県九州出漁団の誘致が進められた。出漁団の誘致は福岡市だけでなく、伊万里市や佐世保市も運動し、長崎県は引き留め工作に動いた。福岡移転は昭和9～11年に、伊万里と下関への移転は

10、11年に行われた。伊万里港へは船主9人9組が移転した。製氷所は町と船主が折半して出資して設置した。漁獲物はたいてい福岡へ持っていった。[29]

　昭和10年に徳島県九州出漁団組合は徳島県九州出漁機船底曳網漁業水産組合に改組された。徳島県に本籍がある船主の組合で、組合員は75人、所属漁船は211隻である。長崎市に組合が置かれた。船籍地は根拠地の移動もあって長崎県100隻、福岡県88隻、佐賀県9隻、山口県14隻に分散している。長崎県遠洋底曳網水産組合(大正15年設立)は徳島県に本籍がある船主が抜けたので、組合員は65人が15人に、漁船数は300隻が125隻に減った。[30]

3）流通改革

　昭和恐慌期に鉄道運賃が重荷となって、船舶で漁場または根拠地から消費地市場へ直送することが増えた。共同漁業も水産物流通を日本水産(株)に集約し、その日本水産が全国流通ネットワークを形成し、鉄道輸送だけから運搬船、自動車輸送を加えた複合的な体系とした。こうして流通経費を抑え、有利な市場選択が可能になった。

　徳島県九州出漁団組合は昭和恐慌期に大阪へ直接出荷するとともに、昭和7年福岡に、8年下関と大阪に荷捌き所を設置した。出漁団組合は総合商社と提携して外資系資本による石油の地域独占を打破し、全国市価の3、4割で購入できる体制を築いた。燃油購買事業と前後して製氷の共同購入へ、さらに氷の自給へと向かった。昭和4年に玉之浦村(荒川)、6年に長崎市に製氷工場を創設し、それによって氷価を半分以下に引き下げた。出漁団組合の事業運営で中心的な役割を果たしたのは増田茂吉である。増田は郷里で町長、県会議員に選出される政治家であり、以西底曳網については会社の設立(固定給を基本としたため失敗)、都市銀行から漁船建造費の融資を引き出したり、製箱事業を始め、さらに製氷所の社長となった。また、三井物産と提携して石油商を手広く展開した。

　中小底曳経営層による漁業用資材の自給、価格の引き下げ努力は下関や福岡でも行われた。下関では生産者直営の製氷所ができた。福岡でも移転組が製箱会社を作り、鉄工所を設立した。[31]

3　操業と経営

　長崎の場合、周年操業するのは2割未満で、多くは7月中旬～9月中旬は休漁する。漁場は4～7月は揚子江河口沖、9～12月は揚子江河口南、12～3月は済州島付近及びその南で、1航海は平均3週間、年間11～13航海となった。[32]

　昭和4年頃、共同漁業が船内急速冷凍機を備えたトロール船で開発した黄海のコウライエビ漁場に昭和恐慌後、大型の以西底曳網船(無線と冷蔵魚艙をもつ)を建造した豊洋漁業、日東漁業が参入し、冷蔵運搬船を所有していた林兼商店も加わった。[33]

　表5−3は昭和7年度の以西底曳網漁業経営を県別に示したものである。漁獲高、経費、利益とも福岡県が高く、次いで山口県、長崎県の順で、しかも格差が大きい。魚価は福岡県が最も低いので漁獲能力の差はさらに著しい。福岡県は共同漁業が中心で、漁船のディーゼル化、大型化をいち早く推進した結果である。3県とも黒字で、昭和恐慌期の苦境を脱しつつあるが、この後(昭和8、9年度)、長崎県は漁獲高、利益を大きく伸ばしていくのに対し、福岡県と山口県は頭打ちとなった。

　魚種別構成は利用漁場の違いを反映するが、県によって特徴があり、長崎県はタイ類の漁獲割合が高く、次いでエソ、グチとなっている。福岡県と山口県は比較的似ており、グチの割合が高い

く、ニベやカレイの漁獲も相当ある。

労働分配は、長崎県はほとんどが歩合給であるのに対し、福岡県は固定給が歩合給を上回り、山口県は半々になっていて、長崎県は徳島県人の個人経営、福岡県の大手水産会社の雇用、山口県は出雲型の共同経営や下関の労働力の流動性の高さを反映している。

表5-3　昭和7年度の以西底曳網漁業経営
（1組あたり）

		長崎県	福岡県	山口県
漁獲高	円	27,876	67,680	43,540
経費	円	27,450	38,592	27,262
損益	円	626	29,088	16,274
魚種別漁獲高割合%	計	100	100	100
	タイ	23	8	9
	グチ	13	31	27
	エソ	16	6	6
	ニベ	0	11	7.1
	カレイ	2	3	7
経費に占める乗組員の配分割合	給料	3	14.6	11.5
	歩合	15	10	12

資料：農林省水産局『機船底曳網漁業関係統計』（昭和12年2月）24、59～62、100～103ページ。
注：昭和7年度は7年7月から8年6月まで。

4　経営事例
(1) 林兼商店

前節に続き、林兼商店の昭和恐慌期の経営状況を示す（昭和7年下半期以後の決算報告書は事業内容については触れていないので省略する）[34]。下関本店、長崎支店、基隆（台湾）支店の機船底曳網と本店の汽船トロールが一括して記載されている。

昭和5年度下半期(8月～翌年1月)：「本店、長崎支店、及基隆支店所属ノ手繰網ハ本店専属ノ汽船トロール漁船ト共ニ高級魚族ノ減少ト潰シ物ノ低落トニ伴ヒ従前ノ成績ハ之ヲ持続シ得サリシト雖、尚相当ノ利益ヲ上ケ、動モスレハ斯界不振ノ悲鳴ヲ耳ニスルノ折柄吾ハ或程度ノ自信ヲ得タ」。

昭和6年度上半期(2～7月)：「本店直属ノトロール漁業並手繰網漁業－利益ノ数字ヨリミレハ多少低下セリト雖モ・・・大約所期ノ成績ヲ収メタリ」、「長崎支店所属ノ手繰網漁業－中ニハ稀ニ見ル抜群ノ優秀船アリタルモ不良船モ相当アリ、其上海難事故発生ノタメ予定益金ノ七割程度ニテ終リシ」、「基隆支店所轄手繰網漁業－益金カ僅々千数百円ニ過キサリシハ・・・総督府ノ許可船数カ漸ク出揃フニ連レ、台湾島内消費ニ対スル生産過剰ノ結果」、としている。

昭和6年度下半期：「本店、長崎、台湾各所属ノ汽船トロール及ビ機船底曳網漁業ニ於テハ船舶ノ改良、無線ノ整備ニ努メ漁獲数量ハ相当増加シタルモ、大都市販売市場ノ制度変更ノ過渡期ニ際シ潰シ物ノ如キ特殊品ノ販売ハ殊ニ不利ニシテ予期ノ成績ヲ見ルヲ得サリシ」。

昭和7年度上半期：「本店直属ノトロール漁船及手繰漁業ハ従業員ノ努力ト無線装置ノ整備トニ連レ、漁獲ノ数ト質トニ向上ヲ示シ一般魚価安ノ時代ニ拘ラス昨年ノ上半期ニ対比スレハ・・・」漁獲量、漁獲金額、利益が大幅に増加した。「長崎支店及基隆支店所属ノ手繰船ハ魚価安ト事故発生ニ禍サレナカラ尚能ク六万余円ノ利益ヲ得タリ」。

長崎支店は、昭和10年頃には造船所、鉄工所、油槽所、水産加工場など関連事業を拡大し、自給体制を整備している。

(2) 豊洋漁業(株)・共同漁業(株)

共同漁業は大正後期、機船底曳網の以西漁場への進出を抑えようとしたが、それが不可能とみるや自らも機船底曳網経営に乗り出す。それは以西底曳網がトロールに劣らない収益性、生産性をあげるようになってきたからに他ならない。以西底曳網の企業化を牽引したのは七田末吉による豊洋漁業・日東漁業である。七田は大正8年、島根県船の西海出漁に触発されて機船底曳網を始め、大正14年、共同漁業と共同出資で豊洋漁業を設立した。創業時に機船底曳網では初とな

るディーゼル船(木造49トン・75馬力)を建造している。ディーゼル機関は無水式焼玉機関に比べると価格は著しく高いが、低燃費である。船型は50トン未満に制限されていたので、49トンとした。漁獲物販売は共同漁業に一任した。共同漁業が戸畑へ移転する時に共同漁業から離れて、日東漁業を創設する。[35]

　豊洋漁業は、昭和4年末に戸畑に移転し、9年に共同漁業に合併・吸収される。共同漁業は系列の関連会社を戸畑に集結、設立して、漁業から流通、冷蔵、加工、その他関連産業を集積する一大水産コンビナートとしたうえで、部門別に再編成し、経費の節減、付加価値の向上を図った。昭和12年に日本水産に統合される。

　表5－4は、豊洋漁業(株)・共同漁業(株)の以西底曳網・トロール漁船の所有状況を示したものである(外地の関連会社の分を含む)。期間は、昭和恐慌を脱しつつある時期から日中戦争までである。

表5－4　豊洋漁業(株)・共同漁業(株)の以西底曳網漁船と汽船トロール漁船の所有状況

	期間 昭和年月	第14回 8.6－11	第15回 8.12－9.7	第16回 9.8－10.1	第17回 10.2－7	第18回 10.8－11.1	第19回 11.2－7	第20回 11.8－12.1
以西底曳網	75馬力木造(49トン)	4	1	1	1	1	1	
	100馬力木造(50トン)	5	4	2	－	－	－	
	100馬力鋼製(50トン)	5	5	12	11	11	15	
	120馬力鋼製	－	－	13	13	13	12	
	150馬力鋼製(72－80トン)	18	17	23	23	22	21	
	185馬力鋼製(88トン)	8	8	22	24	26	30	
	合計隻数　　　　隻	40	35	73	72	73	79	71
	合計トン数　　　トン			5,213	5,240	5,356	5,828	5,274
	船員数　　　　　人		355	694	846	800	843	
トロール	汽船　　　　　　隻		45	45	44	44	48	48
	平均トン		239	237	237	240	240	
	ディーゼル　　　隻		12	13	13	13	13	13
	平均トン		425	425	433	442	441	
	合計隻数　　　　隻		57	58	57	57	61	61
	合計トン数　　　トン		15,412	16,278	15,961	16,070	17,258	17,258
	船員数　　　　　人		1,398	1,334	1,448	1,418	1,618	

資料：豊洋漁業(株)第14回営業報告書，共同漁業(株)第15回～20回営業報告書
注：第14回は豊洋漁業、第15回～20回は共同漁業(豊洋漁業を合併した)。第21回以降が日本水産(株)
　　船員数には予備船員を含む。

　合計隻数は、以西底曳網は昭和8年は40隻ほどであったが、9年には70隻余に急増し、以後70隻余を保っている。木造船が消え、全てが50トン・100馬力以上の鋼船となった。とくに185馬力の大型船が徐々に増えている。トロール船はスチームが45隻、ディーゼルが13隻でほとんど変っていない。漁船トン数も変わっていない。昭和恐慌を脱する時、以西底曳網に集中投資がなされ、とくに植民地での経営が強化されている。

　以西底曳網は、小型船(木造、鋼製)を廃し、大型船を建造して置き換えつつ増やしている。許可トン数の枠内で大型化するためにスクラップ用の漁船を購入することも行っている。昭和8年現在の40隻のうち、建造年の古い5隻(100馬力)だけが焼玉機関で、残りはすべてディーゼル機関(新潟鉄工所製)である。

　大型漁船への切り替えは、戸畑への移転に続き、関連会社との統合、事業部門ごとの再編とと

もに昭和8年下半期(6〜11月)から始まった。「従来、当社ニ於テ其ノ経営ヲ受託セル扶桑漁業株式会社所有船舶其ノ他ノ資産ヲ買収シ以テ統制ヲ図リ、機能不十分ナル船舶ノ之ヲ繋船シ他ニ更生ノ策ヲ講ジ、本来ノ漁業ハ優秀船第一主義ヲ以テ邁進セン・・・」とした。昭和9年下半期(8月〜翌年1月)でも「漁業能率ノ増進ト業績ノ向上ヲ計ルニハ優秀ナル漁船隊ヲ整備スルノ得策タルヲ認メ、手繰船中老齢ナル一〇〇馬力鋼船七隻ハ有利ニ処分スベク之ガ売船契約ヲ締結シ、一〇〇馬力木船二隻モ大連ニ転籍シ、汽船トロール船第三玉園丸ハ傍系会社蓬莱漁業公司(香港根拠)ニ貸船シテ漁業ニ従事セシメツツアリ」とした。老朽船の売却、大連、香港の子会社に転籍・貸与して再編成を図っている。

昭和11年上半期(2〜7月)では、「当期間建造セシ漁船ハ一八五馬力大型手繰船五隻ニシテ何レモ台湾ヲ根拠トシテ操業ニ従事シ居レリ。又、一〇〇馬力小型手繰船四隻ヲ購入シテ手繰船ノ改造噸数増加ニ引当ルコトトシテ、一五〇馬力手繰船八隻及ディーゼルトロール船三隻ノ船体ヲ引延シ、船艙拡張ノ工事ヲ行ヒ其能率ヲ増進セシムルコトトセリ」。

この間、昭和8年には下関の扶桑漁業㈱(機船底曳網経営)、9年には台湾の子会社・蓬莱水産㈱(機船底曳網経営が中心)、台湾の西村漁業㈱(下関の西宗商店の現地法人で機船底曳網の経営を請け負っていた)を買収し、10年には関東州・大連に日満漁業㈱(機船底曳網経営の羽月商店を増資して改称)を設立した。昭和11年には香港根拠の子会社・蓬莱漁業公司(トロール経営)を買収している。

このように共同漁業は、底曳部門を統合して事業の合理化を進めると同時に、漁船を大型化し、各根拠地への再配置を行った。

(3) 日東漁業㈱

共同漁業の戸畑移転を期して七田末吉は豊洋漁業を退き、大日本製氷㈱(共同漁業が転出して氷の需要先を失った)と提携して昭和6年5月、下関に日東漁業㈱を設立する。所有隻数は、昭和恐慌で倒産が続出し、許可価格や船価が低下していたことから、昭和6年度3組、7、8年度6組、9年度9組、10年度以降10組に増やしている。無線電信、冷蔵装置を備えた90トン級・185、225馬力(新潟鉄工所製)の最新鋭船である。ねり製品の需要が増大しており、それに向けた大衆魚を大量に漁獲する、船の安定性を増し、海難を防止する、漁場を拡大して経営を安定させるという経営方針に基づいている。日東漁業の「事業益金」(漁獲高から海上経費を引いたもの)は昭和6年度が7万円、7、8年度が20万円台、9年度が30万円台、10、11年度が50万円台、12年度が60万円台と飛躍的に伸長している。操業隻数の増加と魚価の回復・高騰による。日東漁業は、前述したように長崎市の山田商店、長崎合同運送の大型以西底曳網船の経営も請け負っている。

第6節　戦時体制下の以西底曳網漁業

1　戦時統制

1) 底曳網組合の戦時再編

昭和12年8月に沿岸漁業との対立、沿岸漁場の荒廃を理由に、機船底曳網漁業整理規則が発布された。全国の許可隻数約2,600隻を10年間で半減するというものであったが、以西底曳網は沿岸漁業との摩擦がないので、30トン未満船の整理にとどめられた。また、山口県のように以東と以西の両海面を操業区域とするものはどちらかの海面のみにする、とされた。

昭和13年4月の国家総動員法の制定以降、経済統制が進められ、以西底曳網についても、15年5月、山口県機船底曳網水産組合(所属船226隻)、福岡県遠洋底曳網水産組合(58隻)、長崎県遠洋底曳網水産組合(126隻)、徳島県九州出漁機船底曳網漁業水産組合(192隻)の4組合によって日本遠洋底曳網水産組合連合会が発足した。所属船は602隻。東京に出張所を設け、主として漁業用資材の配給に関する事務を管掌した。さらに、昭和19年9月に4水産組合及び連合会に代わって西日本機船底曳網漁業水産組合が設立された。組合員は137人で、実稼働漁船は193隻である。業務は機船底曳網の指導統制、漁業用資材の配給統制などであった。本部を東京市に、支部を下関、福岡、長崎に置いた。新組合は発足したが、戦局はますます悪化し、支部事務所の焼失、漁船の損壊、漁業用資材の焼失、空襲など苦難の日々が続いた。[38]

2) 物資統制

　日中戦争による漁船・乗組員の徴用とともに、昭和15年から漁業用燃油と漁網綱、16年から漁船や漁船機関が配給統制となった。石油は、従来は1組1ヵ月1,200缶を使ったが、昭和13年5月から切符制となり、15年には600缶の配給となった。1缶の価格は安い時は40銭位であったが、15年は1円47銭と跳ね上がった。[39]

　他方、昭和13年10月の価格等統制令で労賃、物価等が統制されたが、これには生鮮食料品は含まれていなかったので鮮魚価格はその後も異常な高騰を続けた。鮮魚に公定価格が設定されるのは昭和15年9月のことである。昭和16年4月に鮮魚介配給統制規則が公布され、出荷、配給が統制された。漁獲量は減少し、対象魚種も「赤物」が減少し、「潰し物」を主体とするようになった。価格高騰で「潰し物」が惣菜向けになった。

3) 企業統制

　昭和17年5月に水産統制令が公布され、汽船トロール、以西底曳網も統制の対象となった。翌年3月までに帝国水産統制(株)と4つの海洋漁業統制会社が設立された。以西底曳網に関係する統制会社は日本水産系の日本海洋漁業統制(株)、林兼商店系の西大洋漁業統制(株)である。

　以西底曳網については個人企業が多いので、統合は後回しになった。農林省は昭和19年4月までに山口、福岡、長崎に3つの株式会社を設立し(海洋漁業統制会社分を除く)、統合する方針であったが、戦局の悪化などで実現しなかった。

　昭和17年9月に島根県船の共同経営体として片江海洋漁船団と東亜漁業(株)の2つが編成された。2つに分かれたのは下関魚問屋との関係による。片江海洋漁船団は魚問屋に対して独立性があった40隻、後者は平野商店名義となっていた32隻で、名義を取り戻したグループである。両社の所属船はともに船主が多く、もともと共同経営であった。片江海洋漁船団は当初、経営の共同計算であったが、昭和19年4月に株式会社となった(船主は株主となった)。漁船は30～50トンが大部分を占め、以西底曳網の中では比較的小型であった。主漁場も済州島付近で近かった。[40]

　徳島県船(徳島県九州出漁機船底曳網漁業水産組合)は、昭和18年10月に任意組織の丸徳漁業団を組織し、本部を福岡市に、支部を長崎市に置いた。漁業団は漁業用資材の割当ての減少、漁船・乗組員の徴用、漁獲物の出荷統制などに対応したが、充分な効果を発揮できなかった。昭和20年7月、個人経営体を脱却すべく丸徳海洋漁業(株)に改組された。保有漁船は186隻が予定されたが、すでに大戦末期で制海、制空権を失い、漁場は対馬付近から五島・鳥島にかけての範囲内のみとなっ

た。そのうち123隻が沖縄戦に徴用され、出漁中に洋上で襲撃されたり、6月の福岡空襲で罹災して終戦時には16隻の老朽船のみとなった。[41]

2　以西底曳網漁業の動向

表5-5は、昭和15年頃の以西底曳網漁船の所有状況を示したものである。許可隻数600隻余のうち法人経営体としては㈱林兼商店(下関及び長崎)が断然の首位で、次いで日本水産㈱(戸畑市)、下関魚問屋の平野漁業㈱(平野商店)、合名会社櫛谷商店、合名会社船善商店、下関の日東漁業㈱、日之出漁業㈱、島根水産㈱、長崎市の㈱山田漁業部(山田商店)、グループとしては徳島県人の丸徳漁業団が多い。漁船規模は、日東漁業、日本水産、日之出漁業、林兼商店、山田漁業部が大型船を揃えているが、島根県船は最も規模が小さく、徳島県船は50トン・100馬力前後である。

表5-5　昭和15年頃の以西底曳網漁船の所有状況

資料①	昭和15年					昭和16年2月		昭和14年	
	許可隻数	平均		県別トン数別 資料②		丸徳漁業団 資料③		長崎県遠洋底曳網水産組合 資料④	
		トン	馬力						
㈱林兼商店	86	60	136	山口県	226	長崎市	29人98隻	林兼商店	68隻
日本水産㈱	32	85	209	福岡県	58	高田万吉	20隻	山田吉太郎	10隻
平野漁業㈱	26	48	127	長崎県	126	濱崎浅次郎	8隻	山田鷹治	6隻
島根水産㈱	26	37	105	長崎(徳島)	192	藤中新七	8隻	長崎合同運送	4隻
日東漁業㈱	28	94	240	計	602	豊崎佳一	6隻	森田友吉	8隻
日之出漁業㈱	6	71	175			福岡市	31人86隻	宮永卯三郎	4隻
合名・櫛谷商店	10	43	109	～20トン	73	富永恒太郎	9隻	山下傳四郎	6隻
合名・船善商店	8	44	117	20～30トン	5	徳島岩吉	6隻	その他8者	各2隻
㈱山田漁業部	10	50	115	30～50トン	456	伊万里市	8人12隻		
丸徳漁業団65人	202	48	105	50～70トン	83	下関市	5人12隻		
その他・個人85人	171	38		70～100トン	82	その他	3人6隻		
計	605			計	699	計76人、214隻		計16人、116隻	

資料：資料①は中川恣『底曳漁業制度沿革史』(昭和33年、日本機船底曳網漁業協会)209ページ、
　　　資料②は『水産経済資料　第九輯新情勢下の機船底曳網漁業』(昭和16年12月)10～11、42～43ページ、
　　　資料③は笠井藍水『阿波人開発支那海漁業誌』(昭和16年、同刊行会)208～220ページ、
　　　資料④は吉田成美他3名「漁業調査報告書　機船底曳網漁業」(昭和14年4月、漁業実習報告書)
注：昭和十四年の林兼商店のうち8隻を華中水産に出資、また、徴用船を含む。

県別では長崎県が全体の半数を占め、次いで山口県、福岡県の順となる。漁船トン数は30～50トンが3分の2を占めるが、50～70トン、70～100トンもそれぞれ11、12%を占め、階層として形成されている。

徳島県の出漁団は210隻余が長崎市、福岡市、伊万里市、下関市に根拠地を置いているが、長崎市や福岡市には多数の漁船を所有するリーダー層を輩出している。長崎市の高田万吉、福岡市の富永恒太郎、徳島岩吉などは、以西底曳網経営の他に、他漁業、鮮魚・貨物運搬、鉄工所、製箱所など関連事業を営んだ。[42]伊万里市や下関市には多数隻を所有する徳島県人はいない。長崎市で徳島県船以外は、林兼商店が最も多いが、次いで魚問屋・山田商店の山田吉太郎・鷹治兄弟が多い。長崎合同運送㈱は山田鷹治を取締役社長とする運送会社で、以西底曳網の経営を下関の日東漁業に委託している。森田、宮永は魚問屋。長崎市以外の長崎県では南松・青方村4隻、同郡玉之浦町2隻、北松・小値賀町4隻がある。漁船規模はほとんどが50トン前後・70～100馬力だが、山

田鷹治と長崎合同運送は90トン級、150馬力の大型船である。

下関の島根水産㈱は、島根県船の漁獲物の運搬業務にあたっていたが、昭和5年から以西底曳網を経営するようになり、所有漁船数を増やしていた。しかし、戦争の進行とともに18隻が徴用され、南方海域へ送られた。うち喪失船12隻、帰還したもの6隻という過酷な被害を受けた。[43]

林兼商店長崎支店では、太平洋戦争開戦時の30組前後が、開戦後は20組前後となり、航海数、漁獲量が大きく減少した。終戦時の隻数は9組となった。開戦時にも30組前後が稼働しており、その後の減少程度も低いのは、漁船が木造50トン級で性能も劣っていたため、徴用を免れたものが多かった（大型の鋼船から順に徴用された）こと、大戦中に他経営の休漁船を買収してその欠を補完したことによる。昭和18年3月、西大洋漁業統制に編成された時は、汽船トロール8隻、機船底曳網159隻であった。[44]

日本水産は、昭和13年には72隻を擁していたが、緒戦段階でほとんどが徴用され、全船が帰還することがなく、終戦時にはわずか8隻を残すだけとなった。

3　以西底曳網漁業の操業と経営

漁船は50トン内外・80馬力の木造船と80〜100トン・180〜200馬力の鋼船に大別される。前者は魚艙の収容力は中箱（6貫入り）1,000箱、航続日数は約25日、後者は無線機を備え、航続日数は40日以上、漁獲物収容力も1,800〜2,000箱で、冷蔵装置を装備したものもある。かつては昼間操業だけであったが、昼夜操業も行われるようになった。[45]

昭和13年頃の林兼商店長崎支店の49トン・100馬力船の操業形態をみると、漁期は9〜6月で、漁場は魚種によって異なり、レンコダイなら女島から南西400〜450カイリ、グチ、ハモなら女島から南西280カイリ、イカなら済州島付近である。1日あたり6回操業する。帰港後、根拠地に陸揚げし、陸上輸送するものと、大阪へ直航するものが半々であった。乗組員は1隻10人で、配分方法は漁獲高から販売・運搬手数料1割と漁業経費を控除して残りを船主6、乗組員4の割合で配分する大仲歩合制で、乗組員間では職階に応じて1〜3人分に配分する。船頭は3人分の他に、船主からその配分の8％を受ける。[46]

前掲表5－2で、昭和12、13年の80トン級鋼船と50トン級木造船を比較すると、起業費は船体及び機関は3倍の差がある。漁業収入は80トン級が漁獲量、漁獲金額とも2〜4割高い。魚種は80トン級はエソ、グチ、タイ類、ハモの順に多いが、50トン級はグチ、次いでレンコダイ、チダイといったタイ類が続き、その次にエソがくる。50トン級はタイ類への依存度が、80トン級はねり製品原料魚への依存度が相対的に高い。漁業経費は80トン級には乗組員給料と歩合給が含まれるので船主への配分額は54千円ほどになる。乗組員を22人とすると、1人あたり配分額は食料費を含めて919円である。これに対し50トン級は大仲歩合制で、船主の配分額は28千円、乗組員1人あたりは851円となる。

4　経営体の事例

(1) 日本水産㈱

昭和11年から12年にかけて共同漁業、日本合同工船、日本捕鯨、日本食料工業が合併して日本水産㈱となった。昭和10〜16年の共同漁業・日本水産の汽船トロールと機船底曳網漁船数は、機船底曳網漁船は58〜60隻で、内地根拠と台湾根拠が半数づつであり、内地根拠は80〜90ト

級であるのに、台湾根拠は50トン級と90トン級から90～100トン級に変っている。汽船トロールは、56、57隻を所有していたが、昭和13年は50隻に、16年は35隻に急減した。内地根拠のスチームトロールで減少が著しい[47]。

　日中戦争後の操業、経営について営業報告書は毎期、トロールと機船底曳網を一括して、同じような状況報告をしている[48]。昭和15年度上半期（2～7月）では、「当期ハ物価ノ昂騰ニヨル事業費ノ増加ニモ拘ラズ漁況並ニ一般市況良好ニシテ所期ノ成績ヲ収メ得タリ。即チ事変ニヨリ所属漁船ノ一部ハ前期ニ引続キ他ニ就航シ操業船ノ隻数減少セルモ支那東海、黄海及南支那海ノ各漁場ニ於ケル漁況極メテ順調」としている。

　トロールと底曳網の合計漁獲量は、昭和12～15年は半期2.5～3万トンであったが、その後は急落して17年は1.1万トンにまで低下した。

　日本水産では機船底曳網と汽船トロールは漁場をある程度使い分けている。機船底曳網は揚子江河口沖、済州島西方が中心で、台湾海峡（大陸寄り）にも出漁するが、黄海中央部から渤海にかけてのエビ漁場へは出漁していない。汽船トロールは台湾北方、済州島西方と南方を中心とする東シナ海中央部で操業し、黄海にも出漁した[49]。

(2) 日之出漁業㈱

　日之出漁業は、昭和9年、トロール漁業会社の第一水産㈱を改組し、本店を神戸市から下関市（魚問屋は平野商店）へ移して誕生した。昭和13年に日本水産社長が筆頭株主となり、漁船はトロール船5隻、底曳網6隻となった。昭和13年度（7月～翌年6月）は、「時局関係ニテ全国的ニ同種漁船ガ他ノ方面ニ就航シタルモノ多数ナリシ為魚類ノ供給不足ニ加エテ一般物価昂騰ノ刺激ヲ受ケ‥‥平均単価ハ相当高値ヲ見ルニ到レリ」となった[50]。昭和14年度は、「国策ニ順応セシコトヲ期シ漁獲高ノ増加ヲ企画シ、物資ノ節約ト活用方ニ意ヲ注ギ漁撈装置ノ改変、代用品ノ使用、古品ノ回収等総ユル方面ニ亘リ消費ノ節約ヲ強行シ随時操業ヲモ短縮シテ配給品トノ調整ヲ計リタルニ燃料、主要漁具材料ノ品質低下ノ為尚著シク予定操業ヲ阻ミタルヲ此難関ヲ突破スベク鋭意画策ノ結果予期ノ業績ヲ挙ゲ得タ」。昭和15年度は、「主要ナル漁業用資材ノ配給規正ノ強化ニ依リ入手量漸減シ、社船全部ノ周年操業ハ不可能ヲ予想サレタルヲ以テ、最少ノ資材ヲ用ヒテ最大ノ効果ヲ挙グベキ方針ノ下ニ社船ノ一部繋船ヲ断行シ、残余ノ船舶ニ依リ漁業能率ノ発揮ニ努メタ」。一方、市況は「業界全般ノ出漁船ノ激減ニ因リ著シク魚類ノ供給不足ヲ来シタルニ、加エテ公定価格ノ制定ニ依リテ鮮魚価特有ノ暴騰暴落ヲ見ズ、全期ヲ通ジテ順調」となった。昭和16年度になると、「航海度数ハ著シク減少セシモ漁況ハ至極良好ニシテ、市況モ亦堅調裡ニ終始シタ」と、抽象的で簡潔な記述に留まっている。この間、底曳網(3組)の航海数は40回、38回、35回と下がり、昭和16年度はわずか7回となった。にも拘わらず、収入及び収益は魚価の高騰で上昇を続けた。海洋漁業の統制で、昭和18年3月に日本海洋漁業統制㈱に統合された。

第7節　台湾・中国根拠の機船底曳網漁業

　台湾・中国根拠の機船底曳網を述べる前に本論の対象外とした朝鮮の機船底曳網について触れておく。朝鮮では、トロール漁業は沿岸漁業保護のため許可されず、機船底曳網は大正9年に初めて許可が出た。当初は成績不良であったが、東岸で漁場が発見されて発達に向かい、大正末に

は許可限度を200隻とし、また内地と同様、50トン以上は許可しない方針とした。昭和5年の許可限度は300隻に引き上げられた。実際の許可数は250隻で、うち105隻が西岸・黄海方面で従事しているが、多くは沿岸で操業し、黄海中央部に出漁するものは少ない。平均トン数も17トンと小さい。昭和15年の許可隻数は245隻でほとんど変わっていない。[51]

1 台湾の機船底曳網漁業
1）機船底曳網漁業の発展

　汽船トロールは大正元年以降、再三にわたり内地から導入されるが、定着せず、昭和2年に共同漁業が蓬莱水産㈱を設立し、漁獲効率の高い漁法を採用してようやく安定した。

　機船底曳網については、大正8年に台湾総督府が民間に委託して1艘曳きの試験操業を行ったが、小型船だったので充分な操業ができず、挫折した。大正12年に総督府及び台北州は大型船による試験操業（2艘曳き）を民間に委託し、その有望性が立証されて起業者が続出した。内地の機船底曳網が漁場を台湾近海にまで拡大したことも刺激となった。そこで総督府は取締規則を制定し、機船底曳網を許可漁業とし、禁止区域を設定するとともに船型は30〜100トン、隻数は20組40隻とした。台湾は地理的な関係で内地のように50トン以下に抑制できないし、かといって小型船は沿岸漁場を犯すので30トン以上を許可要件とした。許可隻数は実績に応じて30組60隻に増やし、さらに昭和4年には60組120隻に倍増した。[52] 主な漁場は北緯30度以南（東シナ海南部）、台湾海峡に至る海域で、漁獲物は当初はレンコダイのような高価格魚が主体であったが、次第にその漁獲が減少し、グチ、エソなどの低価格魚が主となった。

　昭和8年2月現在、世界不況による魚価の低落、経営困難で許可数は43組なのに、実際に稼働しているのは24組に過ぎなかった。許可所有者は蓬莱水産㈱と西村漁業㈱が各10組（西村漁業は経営を蓬莱水産に委託）、林兼商店4組、新高漁業㈱5組（倒産して林兼商店が経営）、中部幾次郎3組、その他6人、11組で、共同漁業系と林兼商店系が大多数を支配していた。[53]

　南シナ海出漁は汽船トロールは昭和3年が最初で、以後、出漁船が増加して10年頃は20隻内外となった。その後は減少する。機船底曳網では昭和8年に林兼商店が進出して以降急速に発達し、12、13年は16隻となった。機船底曳網は航続力が小さいので（大型船を投入したが）、南シナ海出漁は燃油の消費量が増えるし、操業日数も短くなる。それを補うために冷凍運搬船を利用した。主に内地へ輸送した。漁業許可は北緯25度以北（東シナ海・黄海）は6〜9月が禁止、北緯25度以南（南シナ海）は11〜4月が禁止なので、冬季は東シナ海・黄海で操業し、夏季は南シナ海で操業する。[54]

　昭和15年現在、トロールの許可は17隻で、すべて日本水産に許可されている。主に南シナ海で操業する。機船底曳網の許可は127隻（制限隻数は200隻に引き上げられた）で、日本水産65隻、林兼商店32隻が多い。平均トン数は89トン、うち日本水産は115トンと大きい。東シナ海南部及び南シナ海で操業する。[55] 日本水産（旧共同漁業）の台湾進出は昭和2年に蓬莱水産を設立した時であり、林兼商店も同時期に4組が進出し、昭和4年には10組になった。林兼商店の場合、内地は木造49トン型であったのに、台湾では95トン・140〜150馬力の大型船を投入した。内地では以西底曳網の新規許可が停止され、50トン以上の大型船が認められていないので、台湾へ進出したのである。

　昭和19年2月、企業統制令に基づき、日本水産系など十数社で南日本漁業統制㈱を設立し、機船底曳網、製氷・冷蔵、販売事業を展開した。[56]

2）蓬莱水産㈱の例

　蓬莱水産は、昭和2年7月、共同漁業によって資本金10万円で基隆に設立された。機船底曳網漁業を中心に汽船トロール(昭和4年から共同漁業との共同経営)、マグロ延縄(昭和3年のみ)、冷蔵事業を営んだ。以下、機船底曳網を中心にみていく。[57]

　昭和2年度下半期(7月〜11月)：機船底曳網漁業と冷蔵事業で開始。機船底曳網は6隻(鋼船49トン・120馬力2隻、木造53トン・100馬力2隻、木造63トン・120馬力2隻)で、漁獲状況は「期初ニ於テハ・・・一般ニ薄漁ナリキ。秋期ニ入リテ・・・各船ノ操業モ順調ナリキ。乍去漁獲種類ハ高価ナル赤物少ナクシテ安価ナル青物多シ」。

　昭和3年度(6月〜翌年5月)：機船底曳網は鋼製87トン・150馬力4隻の建造と下関の扶桑漁業㈱から買収して鋼製49トン・100馬力4隻が加わって16隻に増えた。「前半期ニ於テハ薄漁ナリシニ拘ハラズ魚価低落ノ為メ相当ノ打撃ヲ受ケ、後半期ニ至リ其ノ漁獲状況ハ比較的順調ニシテ・・・予期通リノ成績ヲ挙ゲ得タルモ、魚価依然トシテ引立タズ為メニ前半期ノ不況ヲ補フニ至ラザリキ」。

　昭和4年度：「当期ハ金解禁後引続キ財界不況ニシテ特ニ後半期ニ至リテハ其ノ極度ニ達シ国民一般消費節約ト相俟ッテ購買力激減シ鮮魚市況モ亦未曾有ノ不況裡ニ推移」した。機船底曳網は18隻で、「予期ノ漁獲成績ヲ挙ゲ得タルモ魚価安値ノ影響ヲ受ケ総収入ニ於テ減収ヲ示セリ」。

　昭和5年度：「当期初期ハ財界一般ニ前期ニ比シ一層不振ヲ極メ魚価モ亦諸物価同様低落ヲ続ケ後期ニ入リ財界梢々小康ヲ得(たものの)・・・就中農村不況ハ依然トシテ回復セズ購買力更ニ減退シ之ガ為メ農村ヲ顧客トスル鮮魚ハ売行益々不振従ッテ魚価モ猶ホ漸落ノ状態ヲ呈セリ」。機船底曳網は10組に増えたが、「本年四月ニ入リ魚価暴落ノタメ六組ヲ休漁セシメタリ・・・漁獲高増加セシモ魚価安価ノ影響ヲ受ケ収入著シク減少セリ」。

　昭和6年度：「当期ヲ通ジ財界依然トシテ不況裡ニ終始シ諸物価ハ概ネ落潮ヲ辿リシモ金輸出再禁止ニ遭遇シ外国為替暴落ノ為メ一部船用品ノ騰貴ヲ来シタルガ経費ノ節約ヲ断行シ(た)」。一方、「米価ノ漸騰モ未ダ農村ノ購買力ヲ恢復スルニ至ラズ僅カニ従漁船ノ減少ニヨリ漸ク魚価ノ下落ヲ防止スルヲ得タルノミナリ」。機船底曳網は小型船6組を引き続き係船し、うち2隻を豊洋漁業に売却した。従漁したのは大型船4組で、「前半期ハ主トシテ高雄ヲ根拠トシテ南方漁場ニ出漁セシメシニ天候不良ノ為メ操業意ノ如クナラズ不成績ニ終レリ。後半期ハ全部ヲ基隆根拠ニ移シ・・・成績ノ梢見ルベキモノアリシト雖、未ダ以テ前半期ノ不成績ヲ償フニ至ラズ」。今期より西村漁業㈱(下関の西宗商店)の機船底曳網の経営を受託し、そのうち3組を運用した。

　昭和7年度：「前半期ハ対外為替暴落ノ為メ諸物価ハ引続キ昂騰ノ大勢ニアリシモ財界ハ依然トシテ不振ヲ極メタルガ後半期ニ入リ・・・財界梢ヤ好転セルモノノ如ク・・・魚価モ亦約二割ノ騰貴トナリ当社ノ業績モ好転スルニ至レリ」。機船底曳網は、前期同様、大型船4組が操業。うち1組は「全期間ヲ北方漁場ニ就漁シ他ノ三組ハ八月ヨリ一月迄南方漁場ニ其後ヲ北方漁場ニ出漁セシメ・・・予期ノ成績ヲ挙ル事ヲ得タリ」。西村漁業から委託された機船底曳網は好成績なので就業船を増やし、期末には7組とした。

　昭和8年度：「財界ハ前期ヨリ引続キ好況ヲ呈シ・・・魚価モ亦前期ヨリ梢低下セルモ漁獲高ノ増加ニ依リ当社業績モ漸次良好トナレリ」。機船底曳網は大型船4組が従漁。「内三組ハ六月中旬ヨリ十二月中旬迄南方漁場ニ出漁セシメタリ」。

　蓬莱水産は、共同漁業によって設立され、共同漁業と共同で汽船トロールを経営し、香港に蓬

莱漁業公司を設立(昭和6年。主に汽船トロールを経営)した。機船底曳網は下関の扶桑漁業の買収と新船建造を通じて隻数を増やし、昭和恐慌期には小型船を係船・売却し、西村漁業からの経営委託を含め、大型船だけで操業、南シナ海にも出漁した。昭和恐慌脱出後の昭和9年に西村漁業の漁船を買収しながら共同漁業に統合されている(昭和10年は50トン級と90トン級の28隻)。冷蔵事業は共同漁業系の合同水産工業に売却(昭和7年)して、事業部門毎に再編成している。共同漁業は、昭和11年に香港の蓬莱漁業公司も買収している。

2　中国・関東州の機船底曳網漁業

関東州へは、日露戦争時の軍納魚を目的にタイ延縄が出漁したのが最初で、大連や旅順沖を漁場とした。定住漁業者の増加で、大正初期には近海漁場が荒廃して渤海一円に出漁するようになった(図5-8参照)。タイ延縄は、大正13年頃から機船底曳網が勃興するに及んで漁場が荒らされ、漁獲が激減して価格も低落したことから衰退した。

山東省・龍口沖(渤海)のタイを目指して、大正13年に内地から葛原冷蔵、氷室組、林兼商店などの機船底曳網約20隻、トロール船16隻、冷蔵運搬船5隻が出漁(通漁ともいう)してきた。葛原冷蔵は西宗商店の汽船底曳網20隻(2艘曳き)が漁獲したタイを冷蔵船で内地に運んで、一躍評判となった。翌14年の機船底曳網は120隻に増えたが、葛原冷蔵の社運が傾き、冷凍魚の価値が認められないこともあって内地輸送が頓挫した。その後、出漁船が増加して漁場が荒廃し、漁獲成績が低下すると、トロールは来航しなくなり、機船底曳網の来航も減少傾向となり、昭和5年は下関の林兼商店6隻、島根水産(株)4隻、市河元次4隻、山口県防府町他の7隻、計21隻と運搬船となった。大正15年に冬季操業もできるようになった(周年操業が可能となった)ことも置籍船に置き換わった理由である。

置籍船の機船底曳網は大正9年に初めて許可されたが(14、15トン、20馬力前後の小型船)、タイ延縄が全盛期でその妨害を受けたことや漁業に不慣れなこと、漁場不案内で失敗した。大正13年に龍口沖へ来航する内地漁船が激増したことに刺激されて州内の日本人起業も続出した。

関東庁はトロールの許可は出したが、着業者はいない。機船底曳網に対し大正14年は98隻に許可を出した。うち関東州在籍のものが約20隻で、他は龍口沖への通漁船である。許可隻数は実績から判断して200隻に制限された。

通漁船は昭和初期の80余隻から8年の25隻に減少し、代わって定住日本人は28隻から90隻に増加した。その中には昭和恐慌で疲弊し、内地から移動してきたものを含む。漁船の増加でタイの漁獲が減少し、漁場は遠洋へと拡がり、魚種もグチ、ニベ、ヒラメ・カレイが増加、またエビ漁場が発見された。

置籍船の規模は、大正13年までは20～40馬力であったが、昭和3年は40馬力と80馬力が相半ばし、7年になると80馬力が大多数を占めた。昭和8年当時は、春秋はほとんどが二艘曳き、冬期は二艘曳きと一艘曳きが半々となった。漁獲物は大連か旅順の魚市場へ水揚げする。魚価は、漁船の増加で供給過剰となり、下落した。

中国漁船との紛争の防止、需給調整、資源維持を目的に昭和5年、関東庁は通漁を不許可とした。ただ、満州事変後は銀価が暴騰し、再び異常な活況を呈して隻数が急増したので、昭和7年以降は在籍者にも新規許可は出さないこととした。しかし、満州国の建設で魚類需要が増加、魚価が高騰すると一艘曳き64隻のうち3分の1は3隻(3人共同出願)で2艘曳き2組とすることを認めた。

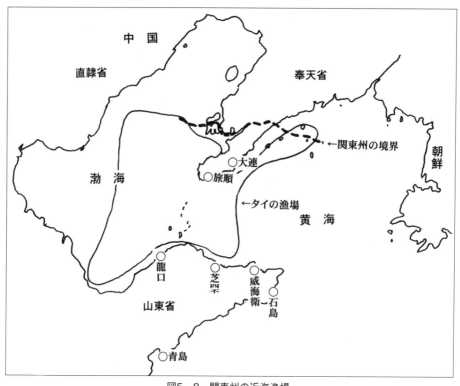

図5-8 関東州の近海漁場

　魚価の高騰は漁場の拡大、技術の向上をもたらした。特にコウライエビの漁獲が進捗した。内地では「大正エビ」の名称がつき、その豊凶は以西底曳網の成績を左右するまでになった。後発組の共同漁業は昭和10年、大連で多角経営をしていた企業と共同で日満漁業㈱を設立し、旅順にも関東水産㈱を設立した。

　漁期は周年だが、6〜9月は休漁するのが一般。漁場は、春は龍口沖、秋〜冬は長山列島から山東半島南、さらに龍口沖に移動する。[62]

　昭和15年の許可隻数は148隻。うち日満漁業20隻、関東水産16隻が大きく、他は個人経営67人、112隻であった。根拠地別では大連根拠124隻、旅順根拠16隻、他に中国人経営8隻がある。

　漁船は50〜60トン・90〜110馬力が中心。一艘曳きと二艘曳きがあるが、大部分は二艘曳きに転換している。乗組員は1隻に10〜12人、幹部は日本人で、他は朝鮮人と満州人であった。[63]

　機船底曳網の漁獲量は、昭和14、15年は50〜52千トンであったが、16、17年は37千トンに減少した。中国人はジャンク船(木造帆船)600隻で15千トンの漁獲であったから日本人の漁獲、機船底曳網の生産性の高さがわかる。漁業は満州への水産物供給という重要な任務を帯びていた。戦時統制でとくに重油規制が強化され、高級魚を追い求めるのではなく、「雑魚重点主義」(グチ、ヒラメ・カレイ、タチウオ、カナガシラなど)となり、また沿岸漁業が重視されるようになった。[64]

3　中国・青島の機船底曳網漁業

　第一次大戦で日本軍が青島を占領すると軍納魚を目的にタイ延縄が叢生した。大正11年には青島の返還とともに排日運動と漁場荒廃によりタイ延縄は経営不振に陥った。下関の西宗漁業部(西宗商店)の機船底曳網10組(他に3隻の運搬船、冷凍船1、2隻)は渤海へ出漁した翌年の大正14年に青

島へ進出した。青島水産組合（タイ延縄漁業者が中心。魚市場経営）と契約を結んだが、その中に機船底曳網10組のうち7組は組合名義とし、名義料を組合に支払う（タイ延縄が蒙る損害相当分）という条件がついた。昭和4年には水産物需要の増大や延縄からの転換もあって機船底曳網は16組となった。経営方法は、西宗漁業部や水産組合は直営ではなく、下請けさせた（漁獲物の販売権を有し、販売額の3％を取得した）。下請け業者は下関の市河元次（造船鉄工所を創業、機船底曳網を経営）や昭和5～8年に大連から移動した現周南市野島、防府市粭島（すくもじま）の出漁団である。背景に、この頃、大連では通漁者や在住者に新規許可を出さなくなったことがある。昭和6年の満州事変で排日運動が高まると、漁業者の多くは一時的に内地へ引き揚げた。[65]

満州事変に端を発した排日政策により既存の64隻は容認されたがそれ以外は許可しないことになった。昭和11年に許可限度の64隻に達した。[66]漁獲量は昭和11年の18千トンをピークに増加から減少に転じた。

昭和12年に日中戦争が勃発すると、青島に戦火の危機が迫り、大部分は下関を根拠に黄海に出漁するし、他は大連に根拠地を移すようにした。昭和17年1月に日本軍が青島に上陸し、治安が回復すると全船が青島に戻った。[67]

4　占領支配下、中国での国策水産会社の設立

昭和13年春、日中戦争による中国支配地・占領地において次のような水産政策をとった。①東シナ海・黄海・渤海の漁業資源の枯渇防止のために汽船トロール、機船底曳網の現状維持を目標とし、許可を増やさない。②水産物の安定供給のために中国北部（北支、華北といった）と中国中部（中支、華中といった）に各1つの国策会社を設立し、漁業を統合して統制する。

昭和13年9月に企画院立案の「対支水産方策実施要綱」が策定され、中国北部と中国中部の水産会社を各1つの国策会社とすることが定められた。この方針に基づいて中国中部では昭和13年11月、占領中の上海に華中水産㈱が設立された。中国北部では昭和17年9月、青島に山東漁業統制㈱が設立された。

漁業資源管理のため汽船トロール、機船底曳網の許可数の凍結については次章で述べるとして、ここでは2つの国策水産会社の設立経緯と経営について述べる。国策水産会社は日本の支配地・占領地での水産物の安定供給のため漁業（汽船トロールと機船底曳網）と魚市場の経営を行った。

1）中国北部（北支）の山東漁業統制㈱

中国北部では華北水産㈱の設立を企画したが、青島根拠の日本人底曳網と山東省の中国人底曳網が対立して流産し、昭和17年9月にようやく山東漁業統制㈱ができた。その経営主体は日中戦争を契機に積極的に北支事業に進出した林兼商店で、同地の日本人底曳網を強制編入し、さらに中国人底曳網を買収して中国北部の漁業、水産物流通を掌握・統制した。大連の底曳網は昭和19年夏に統制会社に編入された。[68]

設立経過をたどると、当初、昭和13年6月の時点では資本金1,000万円の北支水産㈱が構想されていた。黄海、東シナ海北部で機船底曳網を行う目的をもって山東に国策的合弁会社を設立する。①本会社は日本資本が過半数を占める。②青島、芝罘、威海衛、石島等に現存する機船及び営業権を買収し、その事業を継承する。③買収漁船より新たに政府が許可する数を残し、その他は処分する方針であった。これに対する青島特務部の意見は、①国策会社の資本金は1,000万円、払

い込みは600万円程度とし、日本側と中国側の出資比率は5:5とする。②本会社の出漁許可漁船数、関東州、山東及び内地より黄海に出漁させるべき数は中央が大局的に決定し、指示するが、暫定的に内地30隻、関東州140隻、山東190隻とする(現存及び新造中のもの計約300)、であった。

　設立要綱では、①中国北部における機船底曳網、汽船トロールの統合融和を図り、卸売市場事業を振興させるため北支水産(株)を設立する。②漁業根拠地の卸売市場を独占経営する。差しあたり秦皇島、塘沽、芝罘、威海衛、石島、青島に卸売市場を設置する。主要都市の鮮魚市場を必要に応じて本会社に優先的に経営せしめる。③本会社は中華民国臨時政府普通法人とし、本店を青島に置く。資本金は1,000万円とし、現物出資は日本側160万円、支那側160万円、現金は北支那開発(株)200万円、日本側150万円、中国側130万円、日中一般公募200万円とする。④臨時政府をして漁業取締規則を制定させ、機船底曳網、汽船トロールは許可制とし、本会社以外には許可しない方針をとる、となった。[69]

　それが暫くすると資本金500万円の山東水産(株)に変更となった。本社を青島市に置き、枢要の地に支店又は出張所を設置することができる。事業は漁業及び水産業並びに漁獲物の加工業、魚市場業並びに水産物売買業、製氷・冷蔵業、運搬業、その他とした。資本金は500万円、半額払い込みで、うち190万円は現物出資、60万円は現金出資(20万円は漁業者、40万円は山東起業(株))となった。[70]

　山東水産設立までの間、農林省は青島方面の日本人機船底曳網64隻全てを網羅して山東水産(株)を設立する方針であった。そして、本会社を国策会社に合併又は本会社が現物出資して解散することを検討した。この他、青島には22隻の中国人漁船があり、これを適正な条件で本会社に加入または買収させる必要があるとした。

　他方、芝罘、威海衛、石島方面には華北水産組合を組織することにした。国策会社の設立に関する意見は分かれた。①農林省は無条件に漁船数を整理する案で、相当数の漁民救済を要するものであった。②単に山東東北根拠の漁船を統制し、その下で各漁船は自由に出漁させ、漁獲物の販売を一手に行なう方法をとるとする意見。③青島の業者は最後に統制的持ち船会社に落ち着くと見て同地のみの持ち船会社設立に進んだ。④東北岸漁船は単なる統制会社とし、最終形態までには相当長期間かかるとする意見。[71]

　最終的に山東漁業統制(株)が出来たが、それは一元的に事業を行う国策会社ではなく、個々の漁業の統制機構であった。山東漁業統制に至るまでの経過、統制会社の組織、運営については不明である(資料を欠く)。

2)中国中部(中支)の華中水産(株)

　昭和13年10月の企画院の設立要綱案は、①中国中部における漁業の統合調整、水産物市場の整備によって低廉豊富な水産物の供給を図るため、華中水産(株)を設立する。②上海における鮮魚卸売市場を独占経営し、必要に応じてその他の水産物卸売市場の独占経営を行う。③中国中部沿岸を根拠とする汽船トロール、機船底曳網漁業を独占する。必要に応じて統制経営に支障がない範囲で内地の汽船トロール、機船底曳網の漁獲物の水揚げを認める、というものであった。

　具体的には、本店を上海に置く。業務は、鮮魚卸売市場の経営及び水産物の貿易、中国中部を根拠とする汽船トロール、機船底曳網漁業、製氷冷蔵冷凍、漁獲物の運搬、その他付帯事業。資本金は500万円で、現物出資は日本側100万円、中国側80万円、現金出資は中支那振興(株)150万円、日

本側漁業関係者70万円、中国側関係者50万円、日中一般50万円とする。差しあたり、株式公募の方法によらず、発起設立により急速に成立させる。将来、株式の一部を一般公開する。中国側に割り当てる株式は中支那振興が一時引き受ける、とした。

こうして昭和13年11月、日本軍が占領した上海に国策水産会社・華中水産㈱が設立された[72)]。中国北部の場合は既存漁業者がおり、日本人と中国人、青島とその他地域との利害が絡んで国策会社に統合できず、統制会社に留まったのに対し、中国中部には既存日本人漁業者はおらず、国策会社は速やかに設立された。

華中水産は、日中合弁の国策会社で、資本金は500万円(昭和18年に600万円に増資された)であった。日本側出資は、日本水産、林兼商店が中心で、他は山口と長崎の以西底曳網漁業者であった。内地根拠の漁船を移すことで、東シナ海・黄海での隻数を増やさないようにした。トロールは4隻で250〜270トン・500〜600馬力、機船底曳網は14隻で50トン・90〜100馬力であった[73)]。

事業は次第に拡大して、昭和19年には本社・上海には市場部は魚市場、漁業部は漁業直営の他、修繕工場、製網工場、冷凍部は3つの冷凍工場と食品工場があり、南京出張所には魚市場と冷凍工場、無錫出張所には魚市場と養魚場があった。他に、鎮江、杭州、舟山島に出張所があった。

表5-6を参照しながら漁業部の活動を中心に見ていく[74)]。

表5-6 華中水産股份有限公司漁業部の漁船と漁獲量

	1期 S.13.11 −14.10	2期 S.14.11 −15.10	3,4期 S.15.11 −16.10	5,6期 S.16.11 −17.10	7,8期 S.17.11 −18.10	9,10期 S.18.11 −19.10
汽船トロール　隻	4	4	3	3	3	3
平均トン	261	261	262	262	262	262
機船底曳網　隻	14	13	16	14	16	18
平均トン	51	50	54	54	57	57
運搬船　隻	7	6	7	9	9	8
近海漁船　隻	−	−	2	2	2	2
漁獲量　千箱	203	318	297	245		
漁獲金額　万円	104	250	296	327	632	2,227
総収入　千円	803	2,001	2,907	4,571	14,905	131,509
当期利益金　千円	251	722	1,214	564	1,441	4,367

資料：華中水産股份有限公司第1期〜10期決算報告書。
注：数値は四捨五入した。

第1期(昭和13年度)は、「当会社事業地タル上海及南京ヲ中心トスル中支長江下流地域ニ在リテハ皇軍宣撫ノ徹底ト共ニ治安漸ク成リ、産業界又之ニ呼応シテ大イニ復興気勢ヲ示スニ至リタルガ、他面欧州不安ノ深刻化及蒋政権ノ敗退ハ必然ノ結果トシテ物価騰貴ト法幣価値ノ動揺ヲ惹起シ商工業界ノ打撃ハ勿論一般大衆ノ購買力ニ影響スル処少カラズ。之ニ因リ当社ニ於テモ市場販売口銭収入及漁獲収入ノ両面ニ於テ相当ノ苦痛ヲ喫シタルモ・・・両部門共略ボ所期ニ近キ業績ヲ挙ゲ(た)」。

第2期(昭和14年度)は、「年初以来漁業用物資入手難ニ加フルニ燃料其他ノ続騰ニ因リ漁撈原価著シク増大シタルモ幸ニ漁況順調ニシテ相当ノ成績ヲ挙グルヲ得タリ」。

その後も同様な総括が続く。第3期(昭和15年度下半期)から半年決算となるが、漁業部については「漁業用物資ノ入手難ニ加フルニ現地重油配給異変ニ遭遇シタルモ幸ニ漁況順調ニシテ所期ノ

成績ヲ挙グルヲ得タリ」とした。

ところが、第8期(昭和18年度上半期)は、漁業用資材の入手難、漁労原価の高騰には触れず、単に「漁況一般ニ順調」とだけ記している。前期あたりから魚価が高騰して、上海魚市場の取扱高は著しく増加しており、第8期は前年同期の5倍余となり、第9期も5倍余、第10期は4倍近く跳ね上がっている。海産魚の入荷量はほとんど変わっていないので、魚価暴騰が「漁況順調」とした理由であった。

漁業部の勢力をみると、汽船トロールは4隻から3隻へ減少したが、機船底曳網は14隻から16隻に増えている。その他、運搬船が7隻から9隻に増え、近海漁船2隻が導入されている。漁獲量は年間30万箱(半年で15万箱)であったが、第6期(昭和17年度上半期)から急速に減少している。漁業用資材の入手難が主な原因とみられる。漁獲金額は、漸増していたが、第5期(昭和16年度下半期)から急騰し始め、第9期(昭和18年度下半期)、第10期(昭和19年度上半期)になると、魚価の高騰は天井知らずで、価格体系は完全に崩壊している。華中水産の総収入も貨幣価値の低下で増加を続け、第6期あたりから急上昇している。だが、当期利益金は、総収入ほどには増えておらず、物件費の上昇も著しかったことが推察される。

漁業用資材の入手難、価格高騰は昭和15年から問題となり、16年にはそれが深刻化し、17年には入手難で操業が意の如くならなくなった。ただし、漁況は順調とされた。魚価の高騰が漁業活動を刺激した格好である。華中水産は水産物供給機関として終戦まで営業を継続している。[75]

昭和18年になると、戦争遂行のため中国側の積極的協力を得るため、国策会社調整方針に基づき、日中の資本比率及び重役構成について見直しが検討された。日本側が実質的把握を必要とする重要企業は資本比率日本側49％、重役比率日中同数程度を限度として確保する他、極力、中国側の資本及び重役数を多くさせ、国民政府の政治力強化、民心把握に資するよう措置するとされた。

華中水産は、①資本比を現状の日本側90％から49％以下に、重役数を日本側4、中国側3を資本比に応じて変更する。②汽船トロール、機船底曳網の独占権、鮮魚卸売市場の独占経営権があったが、漁業独占権はそのまま、卸売市場は開設権を国民政府(上海市政府)に渡し、経営は軍需確保上必要なことから本公司とする。③将来、日中漁業協定を締結して紛争を予防するとされた。

昭和19年1月に、日本側は、①南京卸売魚市場(冷蔵庫、製氷工場を除く)及び無錫卸売魚市場の諸施設の譲渡。②上海卸売魚市場は当分の間、華中水産の経営、収益の一部を上納金として国民政府に納入する。③華中水産は日本軍納魚を従来通り優先供給する。④汽船トロール、機船底曳網は従来通り華中水産が独占経営とする。⑤将来、日中間で漁業協定を締結する、という提示をしている。日本側株式の譲渡、中国側役員の増員については検討されたがこの提示には含まれていない。中国側との折衝でも上述の内容でまとまったとみられるが、いつから、どのように実施されたかは不明。

第8節　結びに代えて－以西底曳網漁業の位置と構成－

1　以西底曳網漁業の位置

以西底曳網を競合業種のレンコダイ延縄及び汽船トロールと経営比較して、その特質、発達史

上の位置を確認しておこう。

表5-7　長崎県のレンコダイ延縄と機船底曳網（2艘曳き）の経営比較（昭和12年）

	レンコダイ延縄		機船底曳網	
	優良船	普通船	優良船	普通船
トン数	49トン	55トン	49トン	45トン
馬力数	74馬力	76馬力	92馬力	73馬力
乗組員数	38人	40人	23人	20人
漁期	11-6月	11-5月	8-7月	9-7月
漁業収入　円	36,700	25,540	81,000	51,730
漁業経費　計　〃	32,360	24,560	58,490	38,750
重油　〃	2,730	3,440	11,050	9,970
乗組員給料　〃	13,040	7,230	21,220	11,570
その他経費　〃	16,590	13,890	26,230	17,210
収益　〃	4,340	980	22,510	12,980
1人あたり給料 円	343	181	923	578

資料：農林省水産局『全国主要漁業経営費調』（昭和13年11月）117、118ページ。

表5-7は、長崎県における昭和12年のレンコダイ延縄（以下、延縄）と機船底曳網（2艘曳き、以下、底曳網）の経営を比較したものである。成績が優良な漁船と普通の漁船が例示されているが、普通船の両者を比較すると、延縄の方が漁船トン数は大きいが馬力数はほぼ同じで、底曳網は曳網をするので相対的に高馬力となっている。乗組員数は延縄の方が2倍多い。漁期は延縄は7ヵ月と短い。漁獲高は底曳網が延縄の2倍、漁業経費も底曳網の方が重油代、乗組員給料、その他経費のいずれも高く、収益も底曳網の方がはるかに高い。少ない人数で周年操業ができ、生産性、収益性の高い底曳網が登場すると、延縄は圧迫され、底曳網に転換するか、底曳網と違った漁場や対象魚種を模索しながら生き残りを図った背景である。

同一漁業で優良船と普通船を比べると、延縄は優良船の方が漁船規模が小さく、乗組員も少ないのに、漁獲高、漁業経費、収益は普通船に大きな差をつけている。乗組員給料も2倍近く開いており、漁業の技能的性格を物語っている。底曳網では優良船は漁船が大きく、乗組員も多く、漁獲高、漁業経費、収益はともに著しく高い。乗組員給料は普通船の2倍近い。底曳網では漁船の大型化・高馬力化が優位なことを示している。

次に、表5-8で、昭和13年の機船底曳網30トン級と50トン級の2階層と汽船トロール（以下、トロール）の経営を比較しよう。底曳網は起業費がトロールに比べて大幅に少ないのに操業形態（年間航海数と1航海あたり日数）は近似しており、特に50トン級は漁獲高の差も小さい。漁業経費は底曳網の方が少ないが、収益性はトロールが勝る。漁業経費のうち、乗組員への配分（給料と歩合給）は、トロールは固定給が基本であるのに対し、底曳網は固定給と歩合給が併用されている。底曳網も50トン級になるとトロール

表5-8　機船底曳網と汽船トロールとの経営比較（昭和13年）

		機船底曳網		汽船トロール
		50トン	30トン	
1航海あたり日数	日	17	15	17
年間航海数	回	15	18	17
起業費	千円	160	72	260
漁業収入	千円	80	50	90
漁業支出	千円	72	44	78
燃料代	円	14,400	8,800	27,162
氷		6,760	3,580	3,085
魚箱		7,200	4,400	5,827
食料		4,320	2,650	3,070
船用消耗品		2,160	1,310	3,441
漁具補充		7,704	4,700	－
船体・機関修繕費		4,320	2,600	7,180
乗組員給料		10,080	6,150	13,304
乗組員歩合給		7,920	4,860	1,283
粗収益	千円	8	6	12

資料：水産食糧問題協議会『水産食糧問題参考資料　第2漁業・漁船』（昭和16年12月）54、55ページ。

との差が小さくなる。つまり、底曳網の台頭は、小資本で漁獲効率も高いことから、トロールを追い詰めるようになった。底曳網は階層差が大きく、日本水産の例では、大型ディーゼル船の漁獲高はトロール(スチーム)を上回っている。そうすると、トロール船の方も大型化、ディーゼル化を進め、漁場も南シナ海、ベーリング海などに拡大した。

2 以西底曳網漁業の構図

表5-9は、戦時体制下の東シナ海・黄海・南シナ海・渤海の汽船トロールと機船底曳網の勢力を示したものである。漁業根拠地は、内地、朝鮮、台湾、関東州、青島、上海の各地に及ぶ。内地以外のトロール、底曳網も内地から伝搬したもので、底曳網は大正13年の以西底曳網の新規許可の停止が大きな契機となっている。トロールは根拠地が限られる(内地、台湾、一時香港)し、東シナ海・黄海の他、南シナ海、ベーリング海などに出漁するものもある。朝鮮根拠の底曳網は主な漁場を日本海・沿海州沖としており、東シナ海・黄海方面への出漁(110隻)は少ないし、漁船規模は小さく、沿岸操業なので本論の対象外とした。中国の香港、青島、上海は日本の中国侵略(満州事変や日中戦争)に伴う排日政策や排日貨運動によって根拠地としては不安定で、香港根拠のトロールは台湾に撤収し、青島の底曳網は内地に退避し、日本軍が占領すると復帰している。日本軍が占領した上海には国策会社が設立された。

東シナ海・黄海(渤海を含む)における全体の漁船隻数、トン数の規制は、底曳網が急激に台頭して大正末に表面化する資源の枯渇問題、中国との漁業紛争をきっかけに徐々に強められた。内部ではトロールと底曳網との調整、地域間では内地と台湾及び中国との調整、中国では日中の漁業協議が行われ、戦時体制下で規制が強制される。台湾、中国(関東州、青島)では内地からの流入、根拠地間の異動という形で底曳網漁業が形成、発展した。それは、植民地政庁の奨励と規制の下で、許可取得を目的とした進出であったり、昭和恐慌で窮迫した挙げ句の転進であったり、共同漁業

表5-9 戦時体制下の東シナ海・黄海・渤海の機船底曳網と汽船トロール

年次		昭和7～12年			昭和15年	
		隻	漁獲量 千トン	漁獲高 万円	許可 隻数	許可所有者など
内地	機船底曳網	650	122	1,431	605	丸徳漁業団202隻、林兼商店86隻、日本水産32隻、日東漁業28隻、平野漁業26隻、島根水産26隻、山田商店10隻、櫛谷商店10隻
	汽船トロール	70	40	600	67	日本水産46隻、林兼商店8隻、高砂漁業5隻
台湾	機船底曳網	94	19	202	127	日本水産51隻、林兼商店32隻、蓬莱水産14隻
	汽船トロール	4	3	47	17	香港から退避したものを含む。日本水産17隻
朝鮮	機船底曳網	110	15	162	245	日本海・沿海州沖出漁が中心。
関東州	機船底曳網	134	25	309	148	満州人経営8隻を含む。日満漁業20隻、関東水産16隻
青島	機船底曳網	64	14	188	64	日中戦争で一時下関へ退避、西村洋行10隻
上海	機船底曳網	－	－	－	14	昭和13年設立の国策会社、トロールを含めた漁獲量7千トン
	汽船トロール	－	－	－	4	
中国人 経営	機船底曳網	230	26	229		山東省中心
	汽船トロール	9	5	67		
計	機船底曳網	1,282	221	2,521		
	汽船トロール	83	48	714		

典拠:昭和7～12年は里内晋『底曳漁業と其の資源』(昭和18年、水産社)14ページ、
昭和15年は『一九四〇年の漁業実績－特別委員会報告書－』(昭和26年7月、日本海洋漁業協会)73～78、89～110ページ。

や林兼商店のような大手水産資本の進出と内部編成によって果たされた。

　各根拠地の漁船は、他の根拠地に水揚げすることは少ない。ただ、新規に進出したり、臨時に根拠地とする場合は、既存漁業者の保護などを理由に水揚げを規制されることがあった。また、各根拠地の漁船は、漁場をある程度分化している。例えば、内地の底曳網は北緯30度以南へ出漁することは少なく、台湾の底曳網とトロールは北緯30度以南の東シナ海と台湾海峡を主漁場とした。

　トロールはその大部分が日本水産(株)及びその系列会社によって支配されている。その漁獲量は4万トン余で、底曳網の5分の1程度である(中国人経営を除く)。底曳網は内地根拠が常に大多数を占めるが、減少傾向にあるのに、その他根拠地では増加傾向にあって350隻ほどの大勢力となっている。

　底曳網の所有者は、内地では徳島県出漁グループが3分の1を占めるが、経営体別では林兼商店が最大で、次いで日本水産、日東漁業となっている。他に、島根県船を集積した平野漁業、島根水産、櫛谷商店、長崎では徳島県人船頭の山田商店がある。台湾では日本水産、林兼商店、蓬莱水産の集積度が高い。蓬莱水産は日本水産系なので、台湾ではトロールのすべて、底曳網の半数が日本水産系となっている。関東州では日本水産系の日満漁業、関東水産が大きいが、集積度は高くない。青島は下関の魚問屋・西村洋行(西宗商店)が最大であるが、山口県下の"一杯船主"が多い。日本水産(系)に目を向けると、トロールは内地、台湾、香港、底曳網は内地、台湾、関東州にあって、状況に応じて漁船の再配置を行っている。

　中国では中国人経営のトロールが9隻、底曳網が230隻あって、全体の1割を占め、漁獲高も全体の1割となっている。日本人経営と中国人経営は政治軍事情勢の変化によって大きく変化した。

注

1) 今西貞夫「機船底曳網漁業犯罪に就て」『司法研究　第十四輯報告書集五』(昭和6年3月、司法省調査課)24、25ページ。
2) 「母船式連子縄漁業」『海洋漁業　第4巻第4号』(昭和14年4月)67、68ページ。
3) 渋谷兼八の伝記については、益田庄三『島根県の水産翁　佐々木準三郎伝』(1994年、行路社)139～172ページ、がある。
4) 喜多山昇来「機船手繰網漁業に要する資本と其の収支の実例」『水産　第8巻第5号』(大正9年3月)24、25ページ。
5) 「目論見書　昭和二十四年二月十一日」(島根水産株式会社)
6) 「明治三大漁業図及説明」(山田吉太郎識、昭和5年1月)長崎歴史文化博物館所蔵。
7) 徳山宣也『大洋漁業・長崎支社の歴史』(平成7年)1～7、18、19ページ。
8) 木下佳山「機船底曳網漁業の現在及び将来」『水産界　第492号』(大正12年10月)11、12ページ。
9) 荒川寛・服部繁次「長崎県下弐艘曳機械手繰網漁業調査報告書」(大正12年12月、漁業実習報告書)東京海洋大学図書館所蔵。以下、漁業実習報告書については所蔵先を略す。
10) 宮上亀七・襠寝俊清『台北州水産試験調査報告　第3号　大型船ニ依ル手繰網漁業試験報告』(大正13年3月、台北州)6ページ。
11) 間中武男他5名「長崎県下手繰網漁業調査復命書」(大正12年11月、漁業実習報告書)
12) 中川恣『底曳漁業制度沿革史』(昭和33年、日本機船底曳網漁業協会)92～97ページ。
13) 『日本漁船発動機史』(昭和34年、日本舶用発動機会)32、33、39～41ページ。
14) 前掲『大洋漁業・長崎支社の歴史』8～11、32、33ページ。
15) 長崎県水産会『長崎県水産誌』(昭和11年)310ページ。
16) 日本勧業銀行調査課『水産金融ニ関スル調査』(大正12年12月)159～161ページ。
17) 水野金市「漁業実習報告書　題名なし」(大正12年11月)

18) 『下関根拠機船底曳網漁業労働事情調査報告』(昭和4年)『山口県史　史料編近代5』(平成20年、山口県)所収、319～322ページ。
19) 長谷川安次郎「長崎の機船底曳網漁業と其の金融情況」『経済論叢　28巻4号』(昭和4年)37～44ページ。
20) 田中宏『日本の水産業　大洋漁業』(昭和34年、展望社)257、258、318ページ、林兼商店「第七期決算報告書」。
21) 以下、林兼商店の各期決算報告書。
22) 前掲『日本漁船発動機史』85、86ページ。
23) 古島敏雄・二野瓶徳夫『明治大正年代における漁業技術発展に関する研究　Ⅱ　以西底曳網漁業技術の展開過程』(昭和35年3月、水産庁)50、51ページ。
24) 同上、67ページ。
25) 『山口県の水産』(昭和12年10月)
26) 前掲『長崎県水産誌』202～204、219、220、290～293ページ。
27) 長崎合同運送の各期営業報告書。
28) 前掲『長崎県水産誌』202ページ。
29) 福岡基地開設65周年誌刊行会編『遠洋底曳網漁業福岡基地開設65周年誌』(2001年、日本遠洋底曳網漁業協会福岡支部)82～91ページ、『遠洋底曳網漁業福岡基地開設廿周年誌』(昭和29年、同記念会)6～9、34、35ページ、笠井藍水『阿波人開発支那海漁業誌』(昭和16年、同刊行会)98～104ページ。昭和9年3月に福岡市市議会に「福岡漁港設置及徳島県九州出漁団誘致ニ関スル建議案」が提出された。出漁団の誘致競争が始まっていること、誘致に成功すれば経済財政上、複利増進上得るところが大きいこと、理想的な福岡漁港がありながら活用されていないことが強調された。『福岡市史　昭和編資料集・前編』(昭和58年、福岡市役所)340～342ページ。
30) 前掲『長崎県水産誌』191、192、202、215、216ページ、前掲『阿波人開発支那海漁業誌』59～62、66、67ページ。
31) 吉木武一『以西底曳経営史論』(1980年、九州大学出版会)162～168、171～174ページ、前掲『阿波人開発支那海漁業誌』84～87、180ページ。
32) 前掲『阿波人開発支那海漁業誌』28～41ページ、前掲『長崎県水産誌』314、315ページ。
33) 前掲『以西底曳経営史論』124ページ。
34) 以下、林兼商店の各期決算報告書。
35) 前掲『以西底曳経営史論』23～28ページ、『共同漁業株式会社之事業』(昭和2年、同社)45～47ページ。
36) 以下、豊洋漁業・共同漁業の各期営業報告書。
37) 前掲『以西底曳経営史論』122、123ページ、前掲『明治大正年代における漁業技術発展に関する研究　Ⅱ　以西底曳網漁業技術の展開過程』61～67ページ。
38) 『創立十周年記念誌』(昭和33年、日本遠洋底曳網漁業協会)3～20ページ、前掲『遠洋底曳網漁業福岡基地開設廿周年誌』41～52ページ。

39) 前掲『阿波人開発支那海漁業誌』85ページ。
40) 前掲『明治大正年代における漁業技術発展に関する研究　Ⅱ　以西底曳網漁業技術の展開過程』56～60ページ。
41) 前掲『以西底曳経営史論』291、292ページ、前掲『遠洋底曳網漁業福岡基地開設65周年誌』103、104ページ。
42) 前掲『阿波人開発支那海漁業誌』181～187ページ。
43) 前掲「目論見書　昭和二十四年二月十一日」(島根水産株式会社)
44) 「西大洋漁業統制株式会社設立の定款」(昭和18年3月20日)前掲『山口県史　史料編近代5』370～376ページ。
45) 里内晋『底曳漁業と其の資源』(昭和18年、水産社)109～111、116ページ。
46) 吉田成美・渡邊貢他2名「漁業調査報告書－機船底曳網漁業」(昭和14年4月)
47) 笠原昊『日本水産株式会社研究所報告　第3号　支那東海黄海の底曳網漁業とその資源』(1948年)41、42ページ。
48) 以下、日本水産の各期営業報告書。
49) 前掲『日本水産株式会社研究所報告　第3号　支那東海黄海の底曳網漁業とその資源』17ページ。
50) 以下、日之出漁業の各期営業報告書。
51) 『大正十五年四月開催　支那東海黄海漁業ニ関スル協議会会議事要録附たらば蟹ニ関スル件』(農林省水産局)11、12ページ、『昭和五年五月開催　支那東海黄海漁業打合会議要録』(農林省水産局)3ページ、『一九四〇年の漁業実績－特別委員会報告書－』(昭和26年7月、日本海洋漁業協会)89～92ページ。
52) 『台湾水産要覧　昭和五年版』17ページ、前掲『大正十五年四月開催支那東海黄海漁業ニ関スル協議会議事要録　附たらば蟹ニ関スル件』10、11、26ページ。
53) 『台湾水産要覧』(昭和8年、台湾水産会)31、32ページ。
54) 『南支那海汽船トロール並ニ機船底曳網漁業現勢調査(其一)東京湾ノ部』(昭和15年5月、東亜研究所)10～12ページ、『南シナ海汽船トロール並ニ機船底曳網漁業現勢調査(其二)北緯三十度以南、海南島以東ノ支那東海及南支那海ノ部』(昭和16年5月、東亜研究所)36ページ、今田清二『水産経済地理』(昭和11年、叢文閣)116～118ページ。
55) 前掲『一九四〇年の漁業実績－特別委員会報告書－』98～104ページ。
56) 前掲『日本水産百年史』171ページ。
57) 以下、蓬莱水産の各期営業報告書。
58) 『黄渤海の漁業』(大正14年8月、南満州鉄道株式会社)91～96ページ、「渤海での操業概況報告」(昭和5年8月18日、外務省外交史料館所蔵)、前掲『山口県史　史料編近代5』316～319ページ、内村生「関東州に於

ける機船底曳網漁業の今昔」『関東州水産会報　第3巻4月号』(昭和4年4月)19、20ページ。
59) 前掲『大正十五年四月開催　支那東海黄海漁業ニ関スル協議会議事要録　附たらば蟹ニ関スル件』13〜15ページ、『満州産業叢書　第四輯　満州の水産業』(昭和6年6月、満鉄調査課)37〜41ページ。
60)『関東州機船底曳網漁業の推移』(昭和9年2月、関東庁水産試験場)3〜11ページ。
61) 海洋漁業協会編『本邦海洋漁業の現勢』(昭和14年、水産社)178、179ページ、伏木政樹「北支の底曳網漁業と関東州の関係に就て」『海洋漁業　第7巻第7号』(昭和13年7月)37ページ。
62) 関東州水産会『関東州水産事情』(昭和5年10月)45〜48ページ、『関東州水産会十年史』(昭和11年、関東州水産会)21、22ページ。
63) 前掲『一九四〇年の漁業実績‐特別委員会報告書‐』93〜98ページ、岡本正一『満支の水産事情』(昭和15年、水産通信社)106、107ページ。
64) 出井盛之編『関東州経済の現勢』(昭和19年9月、関東州経済会)85〜88ページ。
65) 木京睦人「「外務省記録」にみる山東省青島と山口県漁業」『山口県史研究　第14号』(2006年3月)94〜102ページ。
66) 農林省水産局編『海外水産調査』(昭和13年3月、海外漁業振興協会)17〜21ページ、前掲『一九四〇年の漁業実績‐特別委員会報告書‐』106〜109ページ。
67) 前掲「「外務省記録」にみる山東省青島と山口県漁業」102〜104ページ。
68) 前掲『以西底曳経営史論』270、279、280ページ。前掲『日本の水産業　大洋漁業』では次のようになっている。日中戦争が勃発すると林兼商店は軍納魚を目的に中国北部に積極的に進出した。冷蔵事業を主体とするが、昭和15年に海軍から沿岸漁業権を取り付け、渤海及び山東沿岸で沿岸漁業を行った。戦局の深化とともに海軍と興亜院華北連絡部が現地食糧配給一元化のために林兼商店の組織を基盤に山東漁業統制(株)を設けた。山東漁業統制は後に華北水産、畜産統制協会に統一された。287、288ページ。
69)「北支漁業会社設立ニ関スル提案」(昭和13年4月、青島海軍特務部)、「北支水産株式会社設立要綱」(昭和13年6月)ともに東京海洋大学図書館羽原文庫。
70)「山東水産(株)式会社定款」、「山東水産株式会社事業目論見書」ともに羽原文庫。
71)「漁業組合等ニ関スル最近ノ情勢」羽原文庫
72) 前掲『一九四〇年の漁業実績‐特別委員会報告書‐』106〜109ページ。「華中水産株式会社設立要綱ニ関スル件」(昭和13年10月、企画院)国立公文書館所蔵。
73) 吉木武一「以西底曳経営史論」(1980年、九州大学出版会)270、271ページ、岡本正一『満支の水産事情』(昭和15年、水産通信社)608、609ページ。
74) 華中水産股份有限公司第1期〜10期決算報告書。
75) 同上。
76)「中支ニ於ケル日支合弁会社調整要領案」(昭和18年1月)、「糧食部関係合弁会社調整」(昭和19年1月)、「華中水産股份有限公司調整ニ関スル公信案」(昭和19年1月)ともに国立公文書館アジア資料センター所蔵。

第6章
戦前の東シナ海・黄海における底魚漁業の発達と政策対応

昭和30年頃の以西底曳網漁業の操業。
上：揚網が始まると海鳥が群れ飛ぶ。
左：揚網作業。
『日本遠洋底曳網漁業協会創立拾周年記念誌』
（昭和33年）

第6章

戦前の東シナ海・黄海における底魚漁業の発達と政策対応

第1節　目的と視点

　本章では、第二次大戦以前の東シナ海・黄海(南シナ海、渤海を含む)における底魚漁業の発展過程を辿るとともに斯業への政策対応について考察する。戦前、この海域では浮魚漁業(代表はまき網漁業)は未発達で沿岸漁業に留まっているため、対象は底魚漁業に限定する。東シナ海・黄海は大陸棚が発達しており、底魚資源が豊富なため動力船の登場以来、遠洋漁業として汽船トロール漁業(以下、トロールという)、レンコダイ延縄漁業(レンコダイはキダイの別名。対象がアマダイに移るとアマダイ延縄と呼ばれた)、機船底曳網漁業(以下、底曳網という)が発達した。沿岸漁業との対立から沿岸域から閉め出され、東経130度以西(東シナ海・黄海)を漁場とするようになって底曳網は以西底曳網と呼ばれるようになった。東経130度以東の日本周辺海域で操業し、沿岸漁業との対立が続く以東底曳網と対照的である。反対に、東シナ海・黄海は植民地の台湾、朝鮮、半植民地の中国(中華民国)を根拠とした日本人、現地人の底魚漁業も発達して競合する国際漁場であった。

　こうした特性をもつだけに沿岸漁業との対立を回避しつつ、漁業奨励、資源保護、漁業間調整のために対策が立てられ、また、植民地・半植民地の漁業政策との連携が求められた。

　考察にあたって、視点を以下の2点に置いた。

　①トロール、レンコダイ延縄、底曳網の3種類を全て取り上げる。この3種類は、トロールは輸入漁法で大臣許可漁業、レンコダイ延縄は自由漁業で多くが底曳網に転換する、底曳網は在来漁業が発達した漁法で知事許可漁業(後に大臣許可漁業となる)、といった具合に漁業規模、発展経緯、経営主体の違いなどからこれまで別々に取り上げられることが多かったし、本書でも第4章でトロール、第5章で以西底曳網を取り上げたが、同一漁場で同一魚種を対象とし、競合することから業種間の競合が著しく、漁業政策も漁業間調整に力が注がれたからである。

　②内地(日本)だけでなく、植民地(外地ともいう)の台湾、朝鮮、半植民地の中国(関東州、青島など)を根拠とする漁業も対象とする。同じ東シナ海・黄海を漁場とし、同一資源を対象としており、内地根拠との漁業調整、東シナ海・黄海全体の資源管理(統合管理)が問題となったからである。これら植民地・半植民地でも日本人経営が圧倒し、現地人経営と対立することがあった。とくに、中国における排日運動、排日漁業政策は日本人漁業の動向を規制した。漁業の発展という側面からすれば渤海、南シナ海が含まれるが、資源管理という側面からすれば渤海までが対象となる。

第2節　汽船トロール漁業の発達と政策対応

1　汽船トロール漁業の成立から第一次大戦まで

　わが国最初のトロールは明治38年に登場する。本場・英国で発達していたトロールを政府や大日本水産会が宣伝し、政府は遠洋漁業奨励法によって奨励した。北海道で着業者が増えたが、いずれも失敗している。失敗の原因は、汽船は木造で大きな網を曳くには船体が脆弱であったこと、漁具が不完全で漁法にも不慣れなこと、湾内や沿岸で操業し沿岸漁民の反対運動に遇ったこと、である。

　鋼船トロールを創業したのは、明治41年、長崎市の倉場冨三郎で、英国から汽船を購入し、英国人3名を雇用して就業し、好成績を収めた。同年、山口県出身の田村市郎（後の共同漁業、日本水産の創業者）が国内で建造した鋼船で創業した。

　先覚者の成功をみて、着業者が続出した。着業者はノルウェー式捕鯨の関係者の他、高収益に幻惑された投機目的の者も多い。1隻経営から数隻経営まで、経営者の住所も各地に分散していた。トロール漁業者によりトロール水産組合ができたが、まとまりが悪く、組合活動は低調であった。初期のトロール船は150〜200トン規模で、玄海灘や和歌山沖などで操業し、1航海は3〜5日であった。根拠地は石炭や氷の供給、漁獲物の鉄道輸送に便利な下関、長崎、福岡などであった。

　沿岸域で操業したことから沿岸漁民によるトロール禁止運動が高揚し、早くも明治42年4月、汽船トロール漁業取締規則が制定され、斯業を大臣許可漁業とし、全国の沿岸域を禁止区域とした。主漁場であった玄海灘に面する山口、福岡、佐賀、長崎の4県が連合してトロール禁止運動を展開し、トロール擁護派との間で議論が沸騰した。取締規則制定直前にトロール漁業の反対派、推進派、制限派の意見が水産業界誌の『大日本水産会報』に掲載されている。

　①トロール推進派は、トロールは将来有望なので大いに奨励すべきだとした。トロール反対派は、トロールは海底を攪乱し、魚族の蕃植を阻害する、大量漁獲で魚族の枯渇を招き、沿岸漁民の生活基盤を破壊する、トロールは一部の資本家を富ませ、多数の漁民を零落させると主張しているが、沿岸域を禁漁とし、沖合を漁場とすれば問題は解決するし、朝鮮海、東シナ海、オホーツク海方面へ発展すべきである。一部漁民を保護するために発達しつつある大規模漁業を禁止し、漁具漁法の改良進歩を阻害するのは国家的観点から不当だとした。

　②トロール反対派は、推進派は最も有望な遠洋漁業であり、農商務省も奨励している、在来漁業を墨守して有望な漁業を禁止するのは時代に逆行している、トロールの大量漁獲で魚価が低下するのは一般国民にとって歓迎すべきこと、資源、稚魚、在来漁業の保護のため最小限の規制は容認しているとしたうえで、なお禁止論を展開する。すなわち、同一種目の打瀬網に比べて網目は大きく稚魚の濫獲を憂うことはないが、親魚の濫獲は玄海灘に多いタイ延縄に打撃を与える。トロール漁業が有利であれば欧米のトロール船が日本近海に集結すると予想され、領海外であれば日本漁船を許可し、外国漁船を禁止することはできないので、トロールを禁止して、欧米諸国も日本近海に進出しないように（期待）するとした。捕鯨や海獣猟の先例を念頭に欧米諸国の進出を懸念したのであろう。

　③制限派は、ノルウェー式捕鯨の創業者であり、田村市郎とともにトロールを経営した岡十郎

である。岡は、トロールの導入・育成は水産業の改良発展のための富国策であって、トロールの犯した誤りをとらえて全面禁止を唱えるのは国家目標にそぐわない。新旧漁業の衝突は避けられないが、要は調和が必要であるとして、具体的に競合するタイ延縄への漁具補償、領海内での操業禁止、稚魚保護のための網目制限、魚価低下を招かないように水揚げ地・販売地の指定、日本近海を区切って(海区制)隻数を制限することを提唱した。

　なお、同誌はトロール問題は社会問題だとして、新聞論調を紹介している。沿岸漁業との衝突、漁場の荒廃を招くとして禁止を主張する朝日新聞、遠洋漁業として発展させるべきだとする毎電、トロールの沿岸での操業を取り締まることが急務とする小樽新聞を紹介している。[1]

　取締規則の制定にあたって、政府の意向は、明治42年3月の衆議院委員会での政府委員(農商務省水産局長)の答弁にみることができる。①トロールは大規模で能率漁法であるため遠洋漁業として奨励してきた。内地は適当な漁場が狭く、中国、朝鮮に適当な漁場が多いとして遠洋漁場を示した。②沿岸漁業との衝突もあり、許可制度をとるとともに沿岸域を禁漁とする。その範囲は領海3カイリを越えることがある。③領海3カイリ外では外国漁船には管轄権が及ばないものの、販売が不便なので外国漁船は進出してこないだろうし、もし進出してくれば販売規制などの対応をとる。④販売先、網目、隻数、トン数の制限は考えていない。漁業取締りは困難な課題であるとし、延縄に対する補償については確約していない。[2]実際、政府にも各府県にも取締機関はなく、取締船もなかった。

　取締規則が制定され、禁止区域が設定されたものの、その範囲は限られ、罰則が軽い、取締り方法が明確でないことから禁止区域の拡大、取締強化を求めた運動が続いた。明治44年3月、長崎、佐賀、福岡県の代表者と関西九州府県連合水産集談会代表が貴衆両院に提出した請願書は、禁止区域の拡大、漁船を300トン以上とすること、違反者の許可取り消し、海軍軍艦による取締り、停泊地の限定などを盛り込んでいた。貴衆両院では採択されたが、政府は魚族の減少、漁場荒廃の事実はなく、禁止区域の拡大はその必要がない、漁船規模の制限、停泊地の限定は不要であるとして容れなかった。[3]

　トロールを経営する捕鯨会社の役員である桑田透一もトロール排斥論を批判した。禁漁区が設定されて魚族の保護が図られ、沿岸漁業を脅かさなくなったし、市場競合による魚価低落もないことからさらに禁漁区を拡大、とくに領海外に拡大するのは日本漁船を圧迫し、外国漁船の跳梁を招くだけだと反対した。[4]

　また、トロールを宣伝した大日本水産会の会長・村田保はトロールの反対運動を批判し、下関、長崎、福岡の漁業者が漁港設置(トロールのため)を要求しながらトロールに反対するのは矛盾も甚だしい。沿岸漁業に打撃を与えたことを理由に最も進歩的な漁業の発達を阻害すべきではない、と述べている。[5]

　漁業地でもトロールを巡って賛否が渦巻いた。福岡県では筑豊水産組合がトロール排斥運動を展開し、取締規則が制定されると禁止区域の拡大や取締強化を求めた。一方、博多商業会議所はトロール会社を立ち上げた会員もいて、博多港をトロール停泊地に加えるよう政府に働きかけた。[6]

　トロール最大の根拠地となった下関において魚市場の四十物組合はトロールをめぐって二分した。従来、四十物組合は沿岸漁獲物を扱っており、沿岸漁業に打撃を与えるトロールの漁獲物を扱う者がおらず、それでトロール船主は漁獲物を自ら販売せざるを得なかった。そうした中、

四十物組合の有志らがトロール漁獲物の販売を目的とする会社を設立した。[7] 長崎でも倉場のトロール創業を支援して漁獲物の販路拡大、魚市場を長崎駅隣に移転させることに尽力した魚問屋が現れた。そのリーダーであった山田屋(山田商店ともいった)は後にレンコダイ延縄や底曳網を育成するとともに、自ら経営し、トロールの経営にも手を延伸ばす。[8]

　トロール船が急増し、成果があがったとして、明治43年10月に遠洋漁業奨励金の交付対象から外された。そして明治44年1月に取締規則を改正して、違反者の罰則強化、180トン未満の漁船は禁止区域をしばしば侵犯するため許可しないとした。

　取締規則の制定でトロールは沿岸漁場から閉め出され、漁場を朝鮮近海に移すようになった。そこは漁場条件が良く、根拠地にも近いし、タイ類の豊富な漁場であった。明治43、44年は新造船が続出し、漁場が次々に開発され、豊漁が続いても魚価が維持されて予想以上の高収益をあげ、トロールの「黄金時代」となった。漁船は200〜250トンと大型化し、1航海は10日程に延びた。

　だが、漁船が激増した結果、濫獲による魚族の減少、禁止区域の侵犯、海底電線の破損が続発してトロールを非難する声が激しくなり、大正元年8月、取締規則が改正された。要点は、起業認可制を取り入れ、起業認可を受けた後、漁業許可を出願するようにして、諸準備を整えた後に不許可となる不都合を解消した。また、漁場を東経130度以西(東シナ海・黄海)に限定、しかも朝鮮総督府の定めた禁止区域以外とした。さらに、海底電線保護のため、対馬西水道も禁止区域とした。[9]

　これに先立つ明治44年6月、朝鮮総督府は朝鮮漁業令及び朝鮮漁業取締規則を制定してトロール禁止区域を設定しており、それを盛り込んだ。続いて大正元年と2年、朝鮮総督府は取締規則を改正して禁止区域を大幅に拡大し、朝鮮近海を閉鎖した(図6-1を参照のこと)。この結果、トロール漁場は著しく縮小し、取締りも厳重となって、トロールは

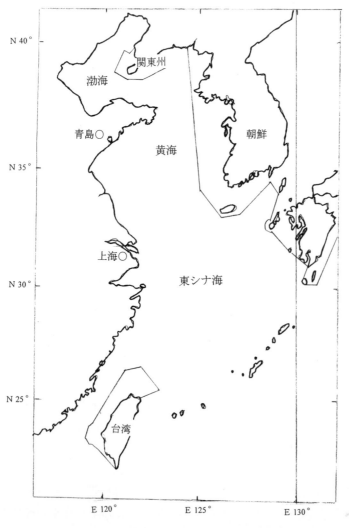

図6-1　東シナ海・黄海・渤海のトロール漁業禁止区域

大打撃を受けた。それで漁場を朝鮮近海から東シナ海・黄海へ移すようになった。

　トロールが遠洋漁業となり、沿岸漁業との軋轢がなくなったことから、長崎県水産組合連合会の会長であり、長崎魚市場の所長であった大石栄三郎は、トロール排斥から一転してトロールは進歩的漁業で、水産物の安定供給、販路拡張に重要な役割を果たし、漁獲物は魚種や品質が違うので沿岸漁業と棲み分けができると、大いに評価するようになった。[10]

　大正2、3年、漁船の激増、鮮魚供給の過剰、不景気による魚価の低落が重なってトロールは一転、苦境に陥った。同業組合総会では、取締規則の改正、日本近海及び朝鮮における禁止区域の縮小、区域外における操業の自由を政府に要望することを決議した。[11]苦境を脱する道は、漁船を大型化し、生産力を高めるか、企業合同による合理化策である。前者の代表は田村市郎率いる田村汽船漁業部で、後者は投機家を中心に11経営体が合同して誕生した共同漁業㈱が典型である。福岡でもトロール会社2社が合併した。

2　第一次大戦～昭和初期

　トロール漁業が苦境にある中、偶々第一次大戦が勃発し、船腹不足から船価が異常に高騰し、トロール船は貨物船に改造して海運会社に売却するか、掃海用か潜水艇の見張り船として連合国側に高値で売却された。その結果、残ったトロール漁船は大正6年末には7隻を残すのみとなった。こうした状況下でも田村汽船漁業部は非売却主義を貫き、魚価暴騰の恩恵を独占享受した。さらに大正6年には共同漁業の株式を買い進めて許可枠を確保した。

　政府は、トロール船が払拭したのを機に魚族の保護、業者の共倒れを防ぎ、事業を安定させる趣旨で大正6年1月、取締規則を大幅改正して隻数を70隻に限定し、かつ新造船は200トン以上、速力11ノット以上、航続距離2000カイリ以上たることとし、第一次大戦の経験に鑑みて一朝有事の際は海軍の予備艇として使えるようにした。隻数70隻の根拠は示していないが、最大隻数(139隻)の半数、あるいは経済上有利な隻数とみられた50～60隻に合わせたものとみられる。隻数制限は漁獲能力を制限しているわけではないので、合理的根拠に基づくものとはいえないとの評価もあるが、さりとて合理的根拠に資するだけの資源調査も経営分析も欠いていた。[12]

　第一次大戦後の大正8年になると船価がやや低下したので、新船建造に着手する者が現れ、9年以後は建造が相次いで12年には制限隻数70隻に達した。田村汽船漁業部は大正8年に共同漁業に合併させ、25隻の許可を確保して新船建造を進めた。福岡では大戦前のトロール会社の役員が中心となって新会社を設立した。その他、北洋漁業関係者、定置網経営者などからの参入もあった。

　第一次大戦後のトロール船は、その規模、経営方法、船舶の堅牢さ、乗組員の訓練修養において大戦前とは隔世の感があった。大戦前に比べ、経営者が大幅に減り、また漁業とは無縁の投機筋も影を潜めた。漁船規模は220～250トンが多数を占め、大部分は無線電信の設備を備えた。無線電信は僚船間、営業所との通信に使い、漁獲の増進、商略のうえで多大の利益をもたらした。

　資源と漁場については、大正14、15年頃にタイ類の漁獲が激減し始め、代わってグチ、ニベ、ハモ、ヒラメ・カレイが主要漁獲物となった。タイ類の減少は底曳網が勃興した結果でもある。トロールにとって底曳網は同一漁場で同一魚種を対象とし、生産性もトロールに匹敵する強力なライバルとなった。底曳網の進出に対し、トロール側は政府に70隻の隻数制限に対する既得権の侵害を訴えて、大正13年に以西底曳網の新規許可の停止と東シナ海・黄海以外で操業するトロー

ル船は隻数制限の対象外とすることを勝ち取った。他方で未開発漁場の開発、漁具漁法の改良、経済不況対策を推進した。

大正14年に英国から網口を広げるVD式(Vignolon–Dahl社製、オッターボードを網口部から離して網口が拡がるようにした)を導入し、漁獲性能、漁獲量を高めた。共同漁業は昭和2年にディーゼルトロール船を建造し、海外トロールの可能性を切り開いた。従来の汽船トロールに比べて魚箱積載量は2倍、燃料費は2割減となった。昭和5年からディーゼル船に船内急速冷凍機が装置されるようになった。無線電信の装備、VD式漁法の導入、ディーゼル船の建造、急速冷凍機の設置といった技術改良は共同漁業が主導した。また、共同漁業は大阪に荷捌き所を置いて、電話で各地の需給状況、相場を知らせ、その情報に基づいて所有船の配置、荷割を行った。

3　昭和恐慌以後

トロールの漁獲量、生産性(1隻あたり漁獲量)は昭和4年頃をピークに低下するようになった。昭和恐慌期は漁獲量はわずかに減少しただけであったが、金額は大幅に低下した。高価格魚種が減少したことと経済不況で魚価が低下したことが原因である。

昭和5年に共同漁業は根拠地を下関港から戸畑港へ移し、他のトロール会社から経営委託を受け、あるいはトロール船を買収してトロール漁業で独占体制を築くとともに競合する底曳網も経営するようになった。戸畑に製氷、冷蔵、水産物加工、魚市場、関連企業を集積し、一大水産基地を造成した。

東シナ海・黄海での生産性が低下すると、南シナ海などへの進出が始まった。ディーゼル化によって航続力が延びたことで南シナ海への出漁は昭和3年に始まり、10年には19隻となった。共同漁業及びその系列会社が中心で他に底曳網を集積した(株)林兼商店も出漁した。うち5隻は南シナ海やベーリング海で操業し、東シナ海・黄海では操業せず、隻数制限の枠外であった。14隻は東シナ海・黄海と掛け持ちである。その他、共同漁業は昭和10年代初め、豪州北西部沖、中南米のメキシコ湾及びカリブ海、マラッカ海峡及びベンガル湾、アルゼンチン沖出漁を始めた。海外トロールには400トン以上の大型船が投入された。

昭和12年に共同漁業は日産コンツェルンの傘下会社の日本水産(株)となった。太平洋戦争に突入すると、昭和17年5月に水産統制令が発令され、18年3月に日本水産と子会社で日本海洋漁業統制(株)を設立した。母船式カニ、母船式捕鯨、トロール、底曳網などの事業すべてを継承したが、この時点で取得した船舶のほとんどが海軍に徴用されていて、実際の生産にあたったのはトロール船3隻、底曳網漁船4隻のみであった。同じ昭和18年3月に林兼商店を中心に西大洋漁業統制(株)が設立され、母船式捕鯨業、トロール、底曳網の事業を引き継いだ。

第3節　レンコダイ延縄漁業の展開

1　徳島県からの九州出漁と母船式操業の確立
1)徳島県からの九州出漁

玄海灘のタイ釣りを目的とした通漁(季節的出稼ぎ漁)は、徳島県からは明治21年にタイ一本釣りで、35年頃、延縄で始まった。延縄はチダイを目的としたが、7〜9月の漁期を過ぎると魚群を

追って漁場を南下し、宇久島(長崎県上五島)沖でレンコダイ漁場を発見した。本船の他に沖合で漁労する伝馬船を曳航するようになった。その後、徳島県からの出漁者が増え、明治42年には40隻に達し、根拠地も九州本土から宇久島、さらに魚群が豊富だということから下五島の玉之浦(南松浦郡玉之浦村、現五島市)へ移すようになった。延縄漁船は次第に大型となり、伝馬船(1～2隻)も操業時以外は本船の甲板上に収容する母船型に進化した。他方でタイ一本釣りは衰退した。[13]

2) 母船式操業の確立

　明治42年にカツオ釣り動力漁船を利用した母船式延縄が始まった。カツオ釣りの休漁期を利用して五島近海に出漁したのである。カツオ漁船に伝馬船を搭載して漁場に行き、漁場に着いたら降ろして伝馬船で漁労をすべく、カツオ漁船を改造した。

　先に出漁していた和船も動力船に切り替えた。動力漁船になって漁場は飛躍的に拡大し、大正元年には大瀬崎(玉之浦がある福江島の南西端)の南西100カイリとなり、搭載する伝馬船は4～6隻となった。それまで分散していた根拠地は次第に玉之浦へ集結するようになり、そこで徳島県九州出漁団が結成された。

　一方、トロールは大正2年頃、朝鮮海でチダイやマダイを漁獲していたのを東シナ海のレンコダイ対象に切り替えるようになった。レンコダイ延縄は、トロールに比べて生産性は低いが、漁獲物の鮮度、品質が高いのである程度、漁場・市場競合に耐えられた。そのトロールが第一次大戦で船価が高まり連合国などに売却されると、母船式延縄は供給の低下、魚価の高騰に乗じて異常な発達を遂げ、全盛期を迎えた。

　母船式延縄の隻数は次第に増え、大正5年の約40隻がピークとなる7年には約80隻となった。漁業者のほとんどは徳島県人であった。漁船規模は50～70トン、70～120馬力で、搭載する伝馬船は8～10隻となった。漁場は延伸して台湾近海に達し、航海日数も14、15日となった。漁期は秋から初夏にかけての6、7ヵ月である。[14]図6-2は、母船式延縄の操業方法を示したもので、伝馬船(8隻)が母船から降ろされてAからBの方向へ延縄を延べていくと、母船がBの方向に廻って、そこで漁獲物と漁具を回収し、新漁具を手渡す。1日2、3回操業し、1日の作業が終われば伝馬船は母船に収容する。

　餌としてカタクチイワシを用いたが、それが不足すると五島でよく獲れるキビナゴに代わった。漁獲物は氷蔵して根拠地・玉之浦に戻り、そこで漁夫、漁具、伝馬船を降ろし、漁獲物は主に長崎魚市場、あるいは福岡市場へ運んだ。

　根拠地の玉之浦などには長崎市の魚問屋である山田屋、森田屋、下関の林兼商店、日本水産(鮮魚流通業者で、後、日本水産の流通部門を担当)が出張っており、資金、漁業用資材を供給(仕込みという)し、そのかわり漁獲物の販売権を確保した。[15]

2　母船式延縄の衰退と再興

　第一次大戦期の全盛期を過ぎた大正9年、玉之浦根拠の徳島県人は島根県人を真似て底曳網(一艘曳き)を始めた。延縄は作業が煩わしく、技能をもった多数の漁夫が必要で人数を揃えるのが難しい、決定的には伝馬船で操業するので天候に左右され易く、遭難の危険性が高いという欠点があった。大正12年には2艘曳きが誕生して、底曳網の方が有利だとして延縄から大挙して転換するようになり、13年頃には延縄は20隻ほどに減った。また、根拠地を餌が不要となったし、漁

図6-2　母船式レンコダイ延縄の操業方法
資料：『阿波人開発支那海漁業誌』（昭和16年、同刊行会）

業用資材の入手や漁獲物の販売に便利な長崎市へ移転するようになった。季節的通漁から定住へと変わる契機となった。こうして昭和元年にはレンコダイ延縄は一旦、その姿を消してしまう。

　規模が最大となった大正12年頃、母船は100〜120馬力となり、伝馬船も12隻位を積み込んだ。それなのに1隻あたり漁獲高は、大正8年頃は7、8万円位あったが、12年頃には5、6万円に下がっていた。

　一方、底曳網が急増してタイ類の漁獲減少が著しく、トロールと共倒れになる危険性があることから大正13年に以西底曳網の新規許可が停止された。そうなると許可を必要としない延縄が昭和2年から復活するようになった。トロールや底曳網は対象魚種をタイ類からねり製品原料や惣菜魚に変えたことで、競合性が弱まったことも復活の要因である。漁場もトロールや底曳網が曳網しにくい場所が中心となった。昭和5年には25隻となり、13年は大型船約50隻が長崎港を根拠とし、他に30トン級の小型船10隻が島嶼部を根拠とした。大型船は50〜60トン、80〜100馬力の船で、伝馬船を10隻ほど搭載した。乗組員は35、36人であった。漁獲対象はレンコダイからアマダイに変わり、他にチダイ、レンコダイ、イトヨリとなった。[16] 秋期の漁獲が不振であると、その時期を休漁としたり、カジキ延縄を導入したりした。延縄漁船はほとんどが一隻船主で、しかも徳島県人であった。中には底曳網を兼業する者もいた。

　母船式延縄漁船は日中戦争により徴用されて、昭和14年の操業船は16隻に減少している。[17]

第4節　以西底曳網漁業の発達と政策対応

1　漁船隻数と漁獲高

　底曳網（手繰網ともいう）のうち東経130度以西の東シナ海・黄海（以西漁場ともいう）で操業するものを以西底曳網というが、以西底曳網の統計がないので、以西底曳網が多かった山口、福岡、佐賀、長崎4県の沖曳網（沖合の底曳網、多くは機船底曳網）の漁船数と漁獲高の動向を示す（図6-3）。山口県には無動力船、以西漁場に進出しない小型船が相当あり、他方、4県以外にも以西底曳網を行う県もあるが、4県の沖曳網の動向は以西底曳網の動向を示すものとしてよい。

　漁船数は、大正10年は200隻であったが、その後、急増し、昭和3年には800隻に達した。以後、800隻を超える水準を続けたが、昭和11年から減少に向かった。総トン数が制限されたので複数の漁船を潰して大型船としたこと、日中戦争後の漁船や乗組員の徴用、漁業用資材の不足などが影響している。ただ、沖曳網から機船底曳網に統計項目が変わる昭和16年、17年の漁船数は跳ね上がっている（小型船を含めたためではないかと推測される）。4県のうち、山口県が最多で先行したが、長崎県が急増して最多となる。福岡県の隻数は少なかったが、山口、長崎県からの移転で、長崎、山口県に匹敵するようになった。佐賀県は非常に少ない。

　漁獲量は大正11～13年が2～3万トン、大正14年～昭和3年が5万トン台であったが、昭和4年、5年は13万トンに飛躍した。昭和恐慌期にはやや落ちたが、昭和10～13年は15～16万トンと頂点を形成した。その後は戦争が続く中で落下した。

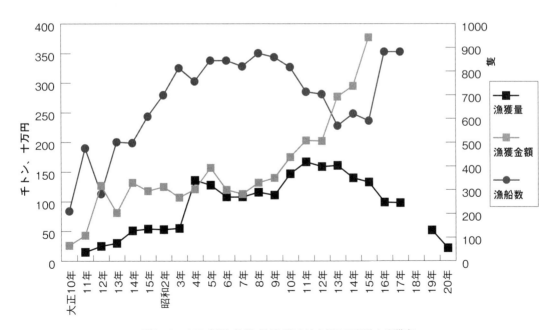

図6-3　山口、福岡、佐賀、長崎4県の沖曳網の漁船数と漁獲高

資料：大正12年までは「農商務統計表」、その後は「農林省統計表」
注：昭和15年までは沖曳網、その後は機船底曳網

2　以西底曳網漁業の形成

　機船底曳網は大正2年に島根県と茨城県で成功し、島根県発祥のものが以西底曳網の発展につながった。島根県船は大正6年には動力網巻き上げ機を開発し、生産力を高めつつ漁場は西進して平戸・的山大島などを根拠とした。そして大正8年には2艘曳きに成功し、生産力を飛躍的に高めた。島根県船は資本の不足から共同出資、共同就労の共同経営体が中心で、漁船は比較的小型で、レンコダイを対象とした近海操業であった。

　一方、五島・玉之浦を根拠にレンコダイ延縄に従事していた徳島県船は、島根県船に刺激されて、大正9年から底曳網に転換するようになった。徳島県から出漁する者も加わって、2艘曳きは瞬く間に膨張した。長崎の魚問屋や林兼商店(大正10年長崎進出)による融資、仕込みが活発に行われた。レンコダイ延縄に比べて生産性が高いうえに、それほど熟練を要せず操業ができ、天候に左右されることが少なく漁獲が確実、漁船漁具費や漁夫が少なくてすむといった長所があった。延縄漁船を改造したので、島根県船に比べて漁船は大きく、利用漁場は広域であった。

　底曳網の目覚ましい発展で、沿岸漁業との対立が深まり、沿岸漁場の荒廃をもたらすことから大正10年9月に機船底曳網漁業取締規則が制定された。同規則により該漁業を知事許可漁業(根拠地を置く府県の知事許可、他府県の沖合でも操業が可能)とし、また、全国沿岸域に禁止区域を設定した。[18] 禁止区域は九州北部でいえば、沿海の島と島を結んだ線の内側で、対馬は周辺6カイリが禁漁区となった。したがって、壱岐と対馬の間は操業ができる。トロールの禁止区域は東経130度以西でも九州西岸、壱岐と対馬の間、対馬西水道は禁止区域になっているのと比べると、禁止区域ははるかに狭い。

　だが、取締規則が制定されても取締機関はなく、罰則も緩やかであったし、知事が許可を乱発して沿岸漁業との対立が続いた。底曳網を巡ってその制限か、発展かで激しく対立するようになった。制限を主張したのは、大分、福井、宮崎、佐賀県で、取締規則の改正、九州、愛媛、山口、島根は不許可の通達を出すことを要求した。これに対し、長崎、下関の発展論者は制限トン数を50トンから60トンに引き上げて遠洋化の推進を求めた。

　取締規則の制定と同時に50トン以上の大型船は農商務省との打ち合わせを要するとして大型船の抑制方針を示した。トロールが戦後復興する過程で隻数制限をしていることへの配慮(競合を抑える)である。トロールと比べて2艘曳きは曳網面積が大きく、小回りがきく、曳網時間が短く、また漁獲物はタモですくいとるなど魚体の損傷が少なく、鮮度、魚価が高い。漁業経費はトロールの約半分ですみ、固定資本も汽船トロールに比べて格段に安く、トロールにとっては脅威であった。

3　以西底曳網漁業の発達

　大正13年10月に東経130度以西を漁場とする底曳網の新規許可停止という水産局長通牒が出た(これ以降、底曳網は以西底曳網と以東底曳網に分けられた)。操業条件が全く違う以西と以東の取扱いを区別し、以東底曳網は沿岸漁業との調整に、以西底曳網はトロールとの調整に主眼を置くようにした。以西漁場ではトロールが制限隻数に達し、一方、底曳網が急増して漁獲が漸減傾向となり、とくにタイ類の減少が顕著で、両漁業が共倒れになる可能性もあって、新規許可を停止したのである。[19]

　これはトロールを独占的に経営する共同漁業の圧力で資源保護を名目にトロールの保護を

図ったという面をもっていた。同時に、トロールに対しては東シナ海・黄海以外で操業する場合には隻数制限の対象外とした。ただ、新規許可停止にも係わらず、以東底曳網からの許可の振替などで許可隻数は増え続けた。

一方、以西底曳網業界、県水産行政サイドから操業の安全性確保、漁場の拡大のため50トン制限の撤廃が主張されるようになり、昭和4年12月の水産局長通牒で総トン数の増加となる改造は許可しないとして漁獲能力の抑制を図った。そして、翌5年9月の取締規則の改正で起業認可制を導入し、同時に水産局長通牒で許可の総トン数の範囲内で漁船の大型化を認めた。また、操業区域が2以上の地域にわたる場合、許可や起業認可にあたって予め関係地方長官が協議することとされた。

島根県船は大正11、12年から以西漁場に進出したが、事故などが重なって行詰まり、共同経営を解消して、下関の魚問屋から融資、仕込みを受けるなどして再生した。徳島県船は2艘曳きの成功の後、注水式焼玉機関から無水式焼玉機関に転換して、燃油費の節減、積載容量の増大を図った。徳島県船に融資、仕込みをしてきた林兼商店は大正13年の新規許可の停止を機に契約船投資を打ち切り、直営に切り替えた。問屋からの仕込み生産の他に、徳島県九州出漁団組合が都市銀行から直接資金を借り入れ、漁船建造を進めた。大正15年に徳島県九州出漁団組合が結成された。大正元年に組織された徳島県九州出漁団は延縄出漁のためであったが、底曳網が主となり、玉之浦から長崎市へ移住する者が増えたことに対応して再結成されたのである。

以西底曳網もトロールと同じようにレンコダイを重視せず、大陸沖合のグチやエソなどの潰し物、タチウオやハモなどの惣菜魚を多獲するように変わった。

4　昭和恐慌以降

昭和7年3月に以西底曳網は30トン未満の代船は許可せず、トン数の2倍半を超える馬力の増加も認めないとされた。大型船の禁止から一転して小型船を操業の危険性を理由に排除し始めた。そして昭和7年12月に取締規則を改正して、許可権限を農林大臣に移し、取締りを徹底することになった。各県の許可方針がまちまちであり、とくに増トンの要望を抑えきれないことから統一管理を図ったのである。以東底曳網では禁止漁区侵犯など沿岸漁業との紛争が頻発していた。以西底曳網では植民地や半植民地の底曳網を含めた統合管理が必要とされた[20]。

昭和11年8月に取締規則が改正され、山口県のように以西と以東の両方の許可を持つ者に対しどちらかの海面のみとする。その場合、以西は30トン以上とする、以東は2割のトン数削減を条件とした[21]。

昭和12年8月、機船底曳網漁業整理規則が発布され、全国の許可隻数約2,600隻を10年間で半減することになった。以東底曳網が対象で、以西底曳網は沿岸漁業との摩擦がないので30トン未満船の整理に留まった。また、以西底曳網の総トン数を29,700トンに抑え、その範囲内で隻数を減少し、漁船の大型化を図るとした。

50トン制限が撤廃されたことにより漁船の大型化と企業集中が進んだ。例えば、昭和12年の許可隻数688隻でみると、最大の所有者は林兼商店の94隻、それに次ぐのは日本水産の32隻であって、トロールの集積度とは比べものにならないが、大手水産会社の支配力が高まった。漁船規模は30〜50トンが3分の2を占めるが、50トン以上も4分の1に達し、反対に30トン未満はほとんどなくなった。

徳島県九州出漁団組合は、総合商社と提携した燃油の共同購入や製氷工場の設立によって経費節減を図るとともに、昭和恐慌期には漁獲物を大阪へ直接出荷したり、福岡、大阪、下関に荷捌き所を設置し、各市場の需要に合わせて分荷するようになった。昭和9〜11年には漁獲物の販売の便などから根拠地を玉之浦から福岡、伊万里などへ移動した。長崎市へは先に移動しており、玉之浦は急速に寂れた。

　昭和4年頃から大型船の建造が許可され、鋼船、ディーゼル船、冷凍機や無線電信を備えた船も登場するようになった。昭和10年頃には平均トン数は40トンを上回り、航海日数は20日前後となった。漁場は勢い、東シナ海・黄海でも遠くまで出漁するようになり、さらに南シナ海へ進出した。すなわち、昭和8年から林兼商店は大型船で冷凍運搬船を連れ立って漁閑期の夏に南シナ海へ出漁するようになった。

　共同漁業は、トロール独占者の立場から以西底曳網の台頭を抑えようとしたが、それが不可能とみるや自らも以西底曳網経営に乗り出した。以西底曳網がトロールに劣らない生産性、収益性をあげるようになった証左である。ディーゼル船の建造、無線電信装置の据え付けなど技術革新を施した。

5　戦時体制下の以西底曳網漁業

　日中戦争の勃発に伴い、漁船の徴用、乗組員の応召、漁業用資材の窮迫によって経営も窮屈となったが、一方で魚価が暴騰して昭和12〜14年は以西底曳網の第二の黄金時代となった。

　漁業用資材の確保のため各県の以西底曳網の組合の統合が進められ、昭和15年5月に日本遠洋底曳網水産組合連合会が発足した。山口、福岡、長崎県の遠洋底曳網水産組合と徳島県九州出漁機船底曳網漁業水産組合（前身は徳島県九州出漁団組合）の4組合からなる。所属船は602隻であった。

　食糧生産を維持するために生産性の高い以西底曳網は重視されたが、その戦時統制の方向は容易に定まらなかった。昭和17年5月に水産統制令が公布され、翌年3月までに帝国水産統制（株）と大手漁業資本系列の4海洋漁業統制会社が設立された。だが、以西底曳網は個人企業が多かったため直ちに統制会社として統合することが困難なことから先延べとなった。

　昭和19年7月、4水産組合とその連合会を統合して西日本機船底曳網漁業水産組合が設立された。組合員は137人で、実稼働漁船は193隻であった。業務は漁業用資材の配給統制を主とした。新組合が発足しても戦局の悪化で機能麻痺の状態で終戦となった。

　一方、昭和19年3月に機船底曳網漁業整理規則の廃止、大臣許可を知事許可に戻す、起業認可制も廃止するなど規制は大幅に緩和されたが、もはや再生の余力は残っていなかった。

第5節　植民地・半植民地の底魚漁業と政策対応

1　台湾

1）汽船トロール漁業

　トロールが登場する大正元年12月に台湾漁業規則、台湾漁業取締規則が制定された。漁業規則でトロールは総督の許可漁業とされ、許可数は当初は2隻であったが、後、実需に合わせて4隻とした。取締規則では禁止区域を設定している（図6-1参照）。しかし、第一次大戦中にトロール船が

売却されるなどして中絶し、大正9年に内地トロール船の進出で再興したが、内地の母船式延縄や底曳網に押されて成績があがらず、再び中絶した。3度目に、昭和2年に共同漁業が高能率なVD式漁法で進出してようやく定着した。許可数は4隻で、これは農林省との協定で制限している。北緯30度以南の東シナ海と台湾海峡を漁場とした。この他に南シナ海を漁場とするトロール船もある。

　昭和12年から総督府は許可方針を隻数制限から総トン数制限へと切り替えた。香港から避難した漁船が加わって台湾根拠のトロール船は以後8～10隻に急増した。[22]

2）レンコダイ延縄

　レンコダイは初めトロールの漁獲物であったが、トロールが第一次大戦で姿を消すと、大正6年に小型動力船やジャンク船による延縄が勃興した。大正10年の従漁船は83隻、うち日本人経営は21隻になった。基隆を根拠とし、台湾北部を漁場とする近海操業である。内地のそれと違い、母船式として発達したわけではない。

　しかし、需要は島内に限られ、かつ経済不況で魚価が低落し、大正10年からトロールと動力船とは漁場、市場で競合したためトロールは衰退し、動力船の水揚げも著しく低下して係船、売船が頻出した。レンコダイ延縄は多数の労働力を要することから労賃高騰も打撃となった。

　さらに大正13年頃から底曳網が勃興するに及んで減少し、小型船10隻内外に縮小した。[23]

3）機船底曳網漁業

　大正8年度、総督府は底魚漁業振興のため南シナ海の底曳網調査を行った。好成績を示ことから大正9年に総督府は離岸5カイリ外の許可を与えるようにしたが、2、3の起業者が出ただけで本格的発展とはならなかった。一方、内地のトロールは既に台湾近海に出没しており、底曳網も漁船を大型化して台湾近海に迫る勢いであることから、その対策を立てないとレンコダイ延縄は大打撃を受けると思い、大正12年に底曳網の委託試験を行った。好成績であったことから起業者が続出するようになった。

　大正12年に漁業法、トロール漁業機船底曳網漁業及び捕鯨取締規則が制定され[25]、資源と沿岸漁業の保護のため底曳網についてはトロールの禁止区域を適用するとともに船型、許可隻数を制限した。船型は30～100トンとし、隻数は最初40隻としたが、後に60隻、120隻と増やした。

　基隆根拠の底曳網の1統あたり漁獲高は大正15年度の92千円余から昭和2年度の78千円余に下がったが、下関根拠の60千円余、長崎根拠の43千円余と比べると高い。経費は基隆の方が1、2割高い。漁場は近いから有利であった。

　内地では漁船は50トン未満に制限され、新規許可が停止されているのに対し、台湾の特殊事情を理由に船型、許可隻数を増加している。その理由とは、漁法の改良で漁獲量が増加しており、資源は減少していない、魚価は高価格魚が減少しているのに上昇しているので需要が増加して供給がそれに伴なっていないとみたことである。[26]主な漁場はトロールと同じ北緯30度以南の東シナ海および台湾海峡である。漁獲物は当初、レンコダイのような高価格魚であったが、次第にこれら魚族が減少し、グチ、エソなどの低価格魚が主となった。

　東シナ海の漁場荒廃によって総督府は南シナ海の漁場調査を行い、南シナ海へ誘導する方策を講じた。昭和11年に取締規則を改正し、沖合での運搬船使用を認めた、許可総トン数を制限（ト

ロールと底曳網の合計1万トン)しつつ、許可条件をトロールは200トン以上の鋼船で一定の航走力、速度を有すること、底曳網は南シナ海では50トン以上、ないし80トン以上(海区によって異なる)であること、とした。[27]これに応じたのは林兼商店で、大型船を建造し、海南島沖に出漁し、その漁獲物は冷凍運搬船を使って台湾へ水揚げした。

　台湾の底曳網は昭和10年代に著しく増加し、13年の78隻が15年には136隻となり、漁獲量も昭和10年までは1万トン前後であったのが、15年には4万トン、金額で1,000万円を記録した。ちなみに、トロールも昭和10年代に急増し、14年に許可数は14隻、漁獲量は1.5万トン、金額は400万円弱となった。しかし、その後、底曳網は、トロールと同様、大幅に減少し、大戦末期の昭和19年2月に企業統制令に基づき、南日本漁業統制(株)に統合された。

2　朝鮮

1) 汽船トロール漁業

　明治44年6月に朝鮮漁業令、朝鮮漁業取締規則が制定され、トロールは総督の特別許可を要する漁業とし、禁止区域を設定し、漁獲物の朝鮮内での販売を禁止した。朝鮮海水産組合(日本人だけでなく朝鮮人も組合員)がトロールは沿岸漁業を破壊するとしてその禁止を訴えていた。底曳網(動力、無動力を問わず)も総督許可としたが、その漁場を管轄する地方長官を経由して申請することとし、実質的には知事許可並の取扱とした。禁止区域は内規で定めた。トロールについては大正元年、2年に取締規則を改正して禁止区域を大幅に拡大して朝鮮沿岸漁場を閉鎖した。内地でのトロールと沿岸漁業の対立、内地トロール船の禁止区域侵犯を踏まえた措置である。内地のトロール取締規則には朝鮮の禁止区域についても謳っており、連繋がとられている。だが、結局、朝鮮ではトロールは許可されなかった。

2) 機船底曳網漁業

　底曳網は大正初期から断続的に発生し、9年に初めて許可されたが、成果をあげることなく終った。本格的操業は、大正末に日本海でメンタイ漁業が開発されて以降のことである。沿岸漁業と対立したことから各道に禁止区域が設定された。許可限度を200隻とし、内地の以西底曳網と同様、50トン以上は許可しない方針をとった。朝鮮西岸はグチを主体とし、タイ、カレイ、カナガシラを漁獲するもので、その許可隻数は110隻前後で変わりなく推移した。

　昭和4年1月に朝鮮漁業令及び朝鮮漁業取締規則が制定され、そこで底曳網も総督の許可漁業とした。以前は道毎に許可隻数の制限、禁止区域の設定を行っていたので操業水域は狭くなりすぎたため、これを改め、全沿岸を6区に分け(海区制)、各区の隻数制限、禁止区域の見直しをした。

　昭和5年現在でみると、許可隻数は内規で300隻とされ、実際の許可は250隻、うち西岸・黄海で従漁するものは105隻であった。ただし、黄海中央部まで出漁するものは少なく、沿海操業である。漁船は平均17トンと小型であった。昭和12年は178隻、海区別では第5区(全羅南道と全羅北道)は14隻、第6区(西岸諸道)は28隻と少なく、漁獲量も少なかった。大規模経営体はなく、また、西岸では朝鮮人経営が主体であった。

3　中国・関東州

　関東州は日露戦争の結果、ロシアから引き継いだ租借地なので、中国の他の地域と違い、日本

の統治機構を備えており、日本人漁業を保護・育成した。関東州のトロールは5隻の許可を出したが、着業していない。許可限度は販路及び資源保護の観点から暫定的に決められた。

1）タイ延縄漁業

　日露戦争中、少数の漁業者が艦隊に直属して渡航し、大連近海で操業し、艦隊に食料を供給した。これが関東州における日本人漁業の嚆矢である。

　翌明治38年5月、陸軍省が出征兵隊に鮮魚、とくにタイを供給する目的で漁業者の渡航も認めたことから、仕込み主である問屋（漁業組と称する）に引率されて続々と渡航するようになって一時、漁業組20数組、漁船600隻を算した。漁業組の制度は問屋が漁業物資の供給、とりわけ餌のタコを安定的に供給し、漁獲物の販売を扱う形態である。大連を根拠に母船と伝馬船の2隻で操業した。主に愛媛県漁民が就漁した。日露戦後は、大連湾及びその付近と旅順沖あたりを漁場とし、漁船も日本型帆船で肩幅5、6尺の小型船であったが、明治45年頃より沿海漁場の荒廃によって渤海全域に出漁するようになり、漁船も肩幅12、13尺となった。戦後間もなくの明治38年10月に官憲の慫慂で関東州水産組合が設立され、39年3月に関東州漁業規則、4月に魚市場規則が施行されて関東州の水産体制が整った。[28]

　大正4、5年の日本人出漁は250～260隻、1,200～1,300人、30～46万円となった。主な漁業はタイ延縄、次いで打瀬網、一本釣り、流網、延縄である。

　関東州沿海で漁業を営むには関東都督の許可が必要である。関東州以外の中国領海内で操業するのは違反だが、龍口及び熊岳城沿海など数年来出漁してきた地区は黙認状態であった。ただ、大正6年に龍口沖へ多数の日本漁船が出漁したので、トン税及び漁獲物の輸出入税を賦課しようとする動きがあった。タイ延縄漁船は6人乗りで、通漁は春に来て秋に去るのが一般であった。移住者は少数に過ぎなかった。従来、問屋の仕込みを受けて通漁するのが普通であったが、自己資本のものが増加した。[29] 関東州近海のものは鮮魚のまま大連及び旅順の市場に搬送して委託販売する。

　大正13年以降、内地から底曳網やトロールが進出してくるとタイ延縄は没落し、代わって熊本・天草地方からの小型動力船による通漁となった。底曳網との競合を避け、島嶼域で操業し、漁獲したタイは活魚として大連に出荷した。[30]

2）機船底曳網漁業

　底曳網は大正7年に初めて出漁したが、当時はタイ延縄全盛期で、その妨害、圧迫と漁場に不案内なため失敗した。大正9年に関東庁水産試験場の調査船の建造と漁場調査に合わせて試みる者もいたが、船体が小さく、老朽船であったこと、漁法に不慣れ、漁場不案内のため振るわなかった。州内の漁業はタイ延縄が優勢でそれとの軋轢もあった。

　大正12年、龍口沖に高知県から2艘曳きが出漁してきた。翌大正13年、葛原冷蔵、氷室組、林兼商店などが冷蔵船を準備し、動力漁船を引具して龍口沖にやってきた。これに刺激されて州内日本人でも起業者が続出し、龍口沖で操業する漁船は200隻に達した。

　葛原冷蔵は下関の西宗商店が10隻で操業したのを買い取り、大量のタイを内地へ運んで一躍評判となった。ところが大正14年に葛原冷蔵の社運が傾き、内地輸送が頓挫した。加えて冷凍魚の価値が認められなかったことから通漁船が激減し、代わって州内船が増加した。冬季就業（周年

操業)が可能となったことも通漁船の減少、置籍船の増加に拍車をかけた。漁船の増加でタイの漁獲が減少した結果、漁場は遠くなり、魚種もグチ、カレイが中心となった。

　底曳網の急増、タイ漁獲の激減、タイ延縄の衰退を受けて大正14年8月に関東州漁業規則(従前の関東州漁業取締規則の改正)を発布し、漁業統制を厳にした。大正14年は関東州在住者だけでなく、内地からの通漁者も含め98隻に許可したが、許可隻数は実績から判断して暫定的に200隻に制限した。船型も昭和4年頃には40、50～100馬力となった。

　昭和4、5年の世界恐慌の襲来と金輸出解禁による円価の高騰で魚価は急落し、経営困難となった。この際、中国との渉外事件を起こすことが多い通漁を不許可とした。その後、金輸出再禁止によって銀が暴騰してようやく好況に向かい、加えて満州事変とそれに次ぐ満州国の建設及びこれに伴う在留邦人の増加で魚価は高騰し、隻数が急増したので、農林省の方針と合わせ在住者にも新規許可はしないとした。また、昭和恐慌期に窮迫して進出してきた1艘曳きの以東底曳網(山口、島根県船)を2艘曳きに変換して許可隻数を増やした。魚価の高騰は漁場拡大、技術の向上をもたらし、とくにコウライエビの漁獲が進捗し、その豊凶は本漁業の成績を左右するまでになった。

　昭和5年3月、関東庁は本漁業制限の第一歩を踏み出し、不定期な通漁船の増加と所属不明な中国人漁業者の増加を防止し、かつ産卵場の保護に努めた。コウライエビの好漁による新規出願が急増すると昭和9年、漸次制限方針を徹底して新規起業を制限し、魚価の維持と漁場荒廃の防止に努めた。

　昭和9年当時の許可方針は、①管内在住者への新規許可は既存漁業者3人以上が共同出願した場合、許可船が奇数の場合1隻に限り認める(2艘曳きへの転換)。②内地通漁者へは新規許可をしない。③新造船は45トン、90馬力以上とする、であった。

　同年の日本人漁業は州内44人、104隻、内地通漁者16人、16隻で、漁獲高は250万円となった。[31]昭和12年の許可数は中国人経営を含め135隻となっている。

　中国側との紛争は、大正末にトロールと底曳網が渤海に進入し、領海侵犯や沿岸漁業の漁具を破損したことに端を発するが、その根底には中国側は渤海全体が領海であるとし、日本側は湾口部(渤海海峡)が10カイリ(国際慣行基準)以上なので渤海内部も3カイリ外は公海で漁業が自由だとして対立した。そのうえで関東庁は、漁業制限として、トロール(許可はしているが着業はしていない)は産卵期の5～6月を禁漁とする、底曳網は150隻に制限する、通漁者は関東庁に届け出て許可を受けることを方針とした。産卵期の禁漁措置は中国側にも依頼することにした。[32]

　関東州のタイ延縄は龍口沖タイを目的とし、龍口港へも自由に出入りしていたが、底曳網が進出すると地元延縄と対立し、中国側はその出入港を禁止するようになった。また、関東州での漁船制限、中国の排日漁業策で規制されると中国人漁船が大幅に増加した。しかし、日中戦争の勃発で日本政府の方針に基づき、中国人経営を減船した。いずれも小規模で大手企業はない。

4　中国・青島・香港・上海

　関東州に比べ、青島、香港、上海では日本の中国侵略とともに、排日運動、排日政策が熾烈で、日本人漁業を大きく規制した。

1) 青島

タイ延縄は青島占領とともに大正8年頃勃興し、隆盛となったが、11年の青島返還と排日運動、それに濫獲による漁獲減少、13年以来の底曳網の入漁によって圧倒されて、漁船(帆船)を中国人に売却して底曳網に転じた。底曳網は昭和6年以降、排日運動、排日漁業政策の中で制限隻数の64隻となった。

　日本漁船の中国沿海操業に対し、中国の漁業者はその取締りを国民政府に陳情し、これを受けて国民政府は昭和6年3月から中国漁民の免税、領海範囲の公示、密輸の取締り、100トン未満の外国漁船の水揚げ禁止などを打ち出した。だが、5月には全て施行停止となった。

　排日漁業政策の典型で、青島を根拠として公海で漁獲した漁獲物を持ち帰るのにも適用したので、日本人漁業の排斥を主眼としていた。駐中国公使の抗議で既得権を確認し、64隻は容認されたが、その他の漁船は当地を根拠とすることを禁じた[33]。

　昭和12年の許可隻数も64隻で、これ以上増やさないことを農林省との間で協定を結んでいる。日中戦争で下関へ引き揚げたが、昭和17年、日本軍が青島を占領し、治安が回復すると舞い戻った。有力経営体に下関の魚問屋のものがある。

2）香港

　大正年間に進出が計画されたが、香港政庁の許可が得られず、昭和4年に共同漁業などが合弁企業・蓬莱漁業公司を設立し、許可を得てトロール、底曳網を始めた。次第に規模を拡大し、トロールは19隻に達したが、漁場のトンキン湾(南シナ海)が荒廃の兆しをみせたので、新規漁場開発のため昭和11年に共同漁業と合併した。その後、香港政庁は日本人トロールを15隻に限定した。昭和6年以降の排日運動で、大半のトロール船は台湾や内地に引き揚げ、排日運動が収まると再び戻ったりした。香港で陸揚げし、現地で販売する他、郵船、商船に積み替えて内地などへ輸送した。海外根拠のトロール漁業のあり方に新紀元を画した。

3）上海

　昭和5年に不況の日本から脱出してトロール船が上海に進出したが、排日運動と中国政府が国内漁業保護のため鮮魚の輸入規制をした結果、休止状態となった。日中戦争勃発後の昭和13年、中国中部(中支、華中ともいう)における漁業の統合調整、日本側の漁業権益の確保、水産物安定供給のために日中合弁で国策会社・華中水産(株)が設立された[34]。漁船のほとんどが日本側の現物出資(内地からの移籍)である。終戦まで営業した。

第6節　東シナ海・黄海の底魚漁業の構図と統合管理

1　汽船トロールと機船底曳網漁業の規制

　表6-1でトロール、底曳網の規制を年表形式で示す。内地、台湾、朝鮮、関東州、青島における規制を並記することで、東シナ海・黄海・渤海全体の底魚漁業の規制を概観しやすくした。

1）汽船トロール漁業

　トロールは明治42年に取締規則が制定され、大臣許可漁業となるとともに沿岸域に禁止区域

が設定された。禁止区域は短期間のうちに朝鮮総督府による規制と相まって拡大され、漁場は東シナ海・黄海となった。台湾と朝鮮も2、3年遅れて漁業法及び取締規則を制定して、該漁業を総督許可漁業とし、禁止区域を設定した。台湾には隻数制限があり、その数は極めて少ないが、水産物需給に合わせて増やした。朝鮮は沿岸漁業保護のためトロールを許可せず、禁止区域を拡大して内地トロール船による沿岸漁場への侵入を防止した。

　内地ではトロールの過剰操業を踏まえ、トロール船が払底した第一次大戦期に隻数制限(70隻)と漁船の資格要件(200トン以上で一定の航走力を有すること)を設けた。さらに大正13年には資源の減少と底曳網との競合を受けて、南シナ海、ベーリング海などへの進出を誘導すべく東シナ海、黄海以外で操業する場合は70隻制限の対象外とした。

　台湾は、昭和10年代初期に、内地と同じ漁船規模と能力を要件とし、南シナ海の漁場開発が進んで許可隻数を増やした。香港根拠のトロール船が排日運動や排日漁業政策のため退避した漁船を受け入れたことも理由である。

2) 機船底曳網漁業

　内地では大正10年に取締規則を制定し、該漁業を知事許可漁業とし、禁止区域も設定した。同時に50トン以上の大型船を抑止する方針をとった。そして大正13年に底曳網を以西と以東に分け、以西漁場では新規許可をしないとした。これらは資源の減少(とくにタイ類)に対応し、トロールとの併存を目的とした措置で、同時にトロールに対しては東シナ海・黄海以外への漁場進出の道を拓いた。台湾は大正12年に取締規則を制定して、総督の許可漁業とし、禁止区域を設定した。許可漁船は30～100トンと大型船も多く、隻数制限も資源の減少は明らかではないこと、水産物需要が高まっていることを理由に40隻、60隻、120隻と拡大し、内地とは違った対応をしている。朝鮮は明治44年に底曳網(動力、無動力とも)を総督の許可漁業(実態は知事許可扱い)とし、大正9年に初めて許可を出す。大正末にメンタイ漁業が確立すると隻数制限を200隻とし、50トン以上の漁船は許可しないなど内地の方針に準じている。ただし、主力は日本海側である。関東庁も大正9年に初めて許可を出すが、通漁で大連などに寄港するものについても許可の対象(二重許可となる)として渉外事件に対する折衝に備えた。台湾、朝鮮、関東州は許可の漸進主義をとっており、鮮魚の需給、経営安定をみながら許可数を増やしている。

　昭和恐慌、満州事変で事態は大きく展開し、内地では起業認可制を導入するとともに許可総トン数の範囲内で漁船の大型化を認め、さらにはこれまでとは反対に30トン未満の小型船は許可しない、許可権限を大臣に移すなどの措置をとった。朝鮮では知事許可(名目は総督許可)の矛盾が強まり、底曳網を総督の許可漁業とし、また海区制を採用して海区毎の許可隻数を割当て、禁止区域も調整した。関東庁では中国側の排日運動、排日政策の下で、通漁船は許可しない、在住者への新規許可もしない方針をとった。ただ、満州国の建設で水産物需要が高まると、許可の増発も課題とした。

　昭和12年頃にも新たな展開があった。内地では沿岸漁業との対立が激化して以東底曳網の大幅減船が実施されることになり、以西底曳網も30トン未満の小型船が整理された。合わせて以西と以東の両方の許可を持つ漁船をどちらか一方に振り分け、取締りの徹底を図った。昭和13年には内地、外地、占領地を通してトロール、底曳網の許可数、トン数を現状維持とすることにして、統合管理に着手した。以後、戦争動員もあって許可隻数は大幅に減少した。また、戦時統制で大手

表6−1　汽船トロール・機船底曳網漁業の規制

1　汽船トロール漁業の規制

○内地	明治	42年	漁業取締規則制定：大臣許可漁業とする、禁止区域の設定
〃		44年	180トン未満は許可しない。
〃		45年	新規許可は東経130度以西とする。
	大正	元年	起業認可制をとる、禁止区域拡大
○台湾	大正	元年	漁業規則、漁業取締規則制定：総督許可漁業とする、隻数制限2隻から4隻へ、禁止区域の設定
○朝鮮	明治	44年	漁業令、漁業取締規則制定：総督の特別許可漁業とする、禁止区域の設定
	大正	元、2年	禁止区域拡大　※朝鮮はトロールの許可なし。

- -

○内地	大正	6年	70隻、漁船200トン以上に制限
〃		13年	東シナ海・黄海で操業しない場合は70隻制限の対象外とする。

2　機船底曳網漁業の規制

○内地	大正	10年	漁業取締規則制定：知事許可漁業とする、禁止区域の設定、50トン以上の規制
〃		13年	以西底曳網と以東底曳網を分離、以西底曳網の新規許可はしない。
○台湾	大正	12年	漁業法、漁業取締規則制定：総督許可漁業とする、禁止区域の設定、漁船は30〜100トン、隻数は40隻、その後60隻、120隻に制限。
○朝鮮	明治	44年	漁業令、漁業取締規則の制定：名目上は総督の許可漁業
	大正	9年	初の許可。その後、隻数制限200隻、50トン以上は許可しない方針。
○関東州	大正	9年	初の許可
〃		13年	内地からトロール、機船底曳網が大挙して入漁
〃		14年	関東州漁業規則改正

- -

○内地	昭和	5年	起業認可制導入、許可の総トン数の範囲内で大型化を認める。
〃		7年	30トン未満は許可しない、大臣許可漁業とする。
○朝鮮	昭和	4年	漁業令制定：実質的な総督許可漁業とする、底曳網の漁区を6区に分け、隻数を制限（以前は道ごとに制限）
○関東州	昭和	5年	通漁は許可しない。
	昭和	6年	中国側が100トン未満船の外国貿易を禁止。
	昭和	7年	在住者にも新規許可はしない（農林省と打ち合わせ）

- -

○内地	昭和	12年	機船底曳網漁業整理規則制定：以東底曳網は隻数半減、以西底曳網は30トン未満の整理、総トン数を29,700トンに抑制する。
〃		17年	水産統制令発令：統制会社・組織設立へ。
〃		19年	整理規則廃止、起業認可制廃止、大臣許可から知事許可に戻す。
○台湾	昭和	11、12年	隻数制限から許可総トン数規制へ（トロールと機船底曳網合計で1万トン）、トロールは200トン以上、機船底曳網は50トン、又は80トン以上とする。
○青島	昭和	12年頃	64隻に許可制限

3　東シナ海・黄海・渤海の統合管理

大正15〜昭和4年	支那東海黄海漁業協議会：内地、外地、中国のトロール、底曳網の連携調整、内地の規制を考慮することに。
昭和5年	支那東海黄海漁業打合会議：内地、外地を通した統一規制できず。
昭和13年	対支水産方策実施要綱：トロール、底曳網の許可は当面現状維持、日満支の連携協調、中国中部・中国北部に国策水産会社を設立する。

水産会社所属船は会社ごとに、中小業者は業種団体に統合再編された。しかし、戦争の激化で壊滅状態となり、終戦を迎えた。台湾は隻数制限から総トン数制限へと方針を切り替え、南シナ海への進出を念頭に、新規許可は50トン以上、または80トン以上と大型化を誘導した。戦時下ではトロールとともに統制会社を形成した。青島では中国側からの圧迫で、既存隻数の確保が課題となった。中国中部では上海、中国北部では青島に国策会社が設立され、占領地の水産物供給の要となった。漁船は内地とやりとりされて全体枠は守られた。

2　東シナ海・黄海の底魚漁業の構図

表6−2は、昭和13〜15年の東シナ海・黄海におけるトロール、底曳網の許可隻数、漁船トン数、漁獲高を示したものである。東シナ海・黄海・渤海の他、南シナ海のものを含み、トロール、底曳網以外の日本人及び現地人漁業は除外している。

表6−2　準戦時体制下の東シナ海・黄海の汽船トロールと機船底曳網

年次(昭和) 資料番号		14年 ①	15年 ②	昭和13年 ③			昭和13年9月 ④	
		隻	隻	隻	漁獲量 千トン	漁獲高 万円	隻	漁船 トン数
内地	機船底曳網 汽船トロール	678 58	605 73	650 70	122 40	1,430 600	678 70	}52,303
台湾	機船底曳網 汽船トロール	114 8	127 17	94 4	19 3	200 50	88 8	}8,593
朝鮮	機船底曳網	−	−	110	15	160	114	5,055
関東州	機船底曳網	135	114	134	25	310	145	7,846
青島	機船底曳網	64	64	64	14	190	64	3,531
上海	機船底曳網 汽船トロール	− −	14 4	− −	− −	− −	− −	− −
中国人 経営	機船底曳網 汽船トロール	156 3	− −	230 9	26 5	230 70	218 5	}2,050
計	機船底曳網 汽船トロール	1,142 69	− 94	1,282 83	221 48	2,520 720	1,307 78	}79,378

典拠：番号①と②は中川忿『底曳漁業制度沿革史』、番号③は里内晋『底魚漁業と其の資源』、番号④は中国人経営以外は「対支水産方策実施要綱」。
注：昭和15年の上海の数値は国策会社・華中水産の所属船。

機船底曳網は全体で1,140〜1,300隻、うち日本人経営が1,000〜1,100隻、内地根拠が650〜680隻、漁獲高(昭和13年)は全体が22万トン・2,520万円、日本人経営が20万トン・2,290万円、内地根拠が12万トン・1,430万円である。許可隻数、漁獲高からして圧倒的多数は日本人経営であるが、内地根拠の独占的利用は崩れている。台湾、朝鮮、関東州、青島の漁獲量は各1.5〜2.5万トンである。内地では大手水産企業の林兼商店や共同漁業、長崎と下関の魚問屋による集積が進むが、大部分は徳島県と島根県の中小業者であった。植民地・半植民地のそれは、内地企業の出先、内地から流出した中小業者、現地でタイ延縄などからの転換者であった。

トロールは、内地は70隻という隻数制限があり(東シナ海・黄海で操業する場合)、台湾も4隻と隻数が限られていた。後、南シナ海開発と香港から退去したものが加わって台湾根拠は19隻にまで増加する。朝鮮、中国ではトロールは許可されなかった。内地の隻数制限を考慮したこと、沿岸漁業

の保護、漁業や市場条件がなかったためとみられる。したがって、内地の比率は非常に高い。底曳網と比べると隻数は10分の1、漁獲量は3分の1程度である。トロールは共同漁業(後の日本水産)が独占的に経営し、内地、台湾、香港にトロール船を配置し、漁獲物販売のネットワークを形成した。

3　海域全体の統合管理

　東シナ海・黄海(渤海を含む)全体の漁業規制をめぐって2度の動きがあった。1度目は大正15年～昭和4年に4回開催された支那東海黄海漁業協議会と昭和5年に開催された支那東海黄海漁業打合せ会議であり、2度目は昭和13年に定められた「対支水産方策実施要綱」で、こちらは中国での水産物供給の確保という国策統制に直結している。

1) 支那東海黄海漁業協議会及び同打合せ会議

　大正15年～昭和4年に毎年開かれた支那東海黄海漁業協議会は農林省が関係各県や植民地行政機関の水産担当者を集めて東シナ海・黄海・渤海におけるトロール、底曳網の規制を調整するためであった。協議会開催の背景を水産局長は次のように述べている。①底曳網が発達して資源の枯渇、とくにタイ類の減少が問題となり、大正13年に以西底曳網の新規許可が停止された。②トロールと底曳網が中国人漁具を破損し、中国側が日本漁船を拿捕するなど国際紛争が発生した。それに対し、各地方がとっている政策は横の連携がとられておらず、効果が十分でない。対外関係、魚族の保護といった利害が共通する事項で協調することが目的だとした。[35]

　協議に先立ち、農林技官・宮脇伊太郎の講演があった。宮脇は長年、トロール漁船、取締船に乗船した経験をもとに、資源保護について次のような提言をした。①トロール、底曳網についての対策は農林省と各植民地が常に連絡をとり、努めて同一方針になるよう協調する。②トロールは、制限隻数70隻を維持し、台湾、朝鮮、関東州で許可するトロール船はこの制限隻数内で二重許可とする。③底曳網は内地、台湾、朝鮮、関東州を含め150組(300隻)に制限し、各地方の隻数について協定を結ぶ。一方でトン数制限を撤廃し、新規許可、許可更新では70トン以上とする。④底曳網を大臣許可漁業とし、トロールと同一業態なのでトロールと同一の取締規則のもとで管理をする。[36]

　宮脇の提言は農林省の意向を受けたものであり、海域全体の統合管理に向けた大きな政策転換であった。協議は以下の3点に則して行われた。

　①行政処分の統一に関する事項：台湾は地理的な関係から大型船が多く内地のように50トン以下とはし難い。また、小型船は沿岸漁場を荒らすので30トン未満は許可していないとして統一に反対した。その結果、各地のトロール、底曳網は漁場が同一で利害が共通するので許可について連絡協調することになった。

　②トロールの許可に関する件：関東庁は、底曳網については規則を制定し、通漁に対しても許可を要するとして漁場の保護、日中漁業紛争の緩和に努めているが、トロールは在住者の要望で5隻を許可しており、今更、取り消して内地の70隻制限に合わせて内地との二重許可にはできないとした。その他、台湾の4隻は別扱いにすべき、70隻制限の妥当性、資源が減少しているので全体を70隻に抑えるべきなどの意見があって、当分の間、70隻制限を考慮するという表現で決着した。

　③底曳網の許可に関する件：島根、福岡、山口県は小型船も多く、禁止区域を侵犯している。漁船を大型化して東シナ海・黄海に出漁したいが、資金的に出来ない場合がある。また、新規許可

の停止で発展の道が閉ざされたとした。長崎県は50トン以上が得策として50トン制限に疑問を挟み、台湾は大型船を許可しており、別扱いを望んだ。また、台湾と関東庁は内地からの出漁船が多く、内地側で規制を強化すべきであるとした。関東庁は通漁船に対しても許可制にする方針で、在住者も周年操業ができないのでトン数制限はしていないとした。各地の意見がまとまらず、トン数制限について朝鮮は現行のままを、長崎県は制限撤廃を主張、山口県は許可総トン数、総馬力数の範囲での大型化を提唱した。[37]

　昭和4年の協議会で示された各地の主張は以下のようであった。①内地では、山口県は海難事故が多発しており、トン数制限を撤廃し、現在の総トン数の範囲内で大型化を認めるべきだと述べ、島根県はトン数、馬力数の制限撤廃を求めた。長崎県は漁獲能力を漸減する必要はなく、状況に応じてトン数、馬力数の増大を認めるべきだと主張した。その論拠は、漁獲の減少は自然的要因によるもので濫獲によるものではない、資源の再生力と漁業生産との間には経済メカニズムが働き、制限しなくても濫獲は起こらないという資源観（いわゆる経済的自律説）に基づいている。

　②台湾は、トロールの許可数4隻は第一次大戦の前に許可された隻数で、経営が不安定で、新規企業も生まれなかったことから現状維持の積もりで農林省と協定を結んだもの。底曳網の許可は漸進主義をとっており、隻数制限には賛成できない。トロール、底曳網は経営が安定し始めており、鮮魚供給で重要な役割を担っていること、生産性は内地出漁船より高く、漁場に余裕がある、島内の他漁業とは漁場で競合しない、内地トロールとは漁場が異なることから許可を増やす方針であると述べた。

　③朝鮮の関係者はとくに発言していない。[38]

　このように各地の状況と要望を踏まえて、政府は、内地においては山口県の意見のように漁船総トン数を維持し、その枠内で漁船の大型化へと許可方針を切り替えた。

　昭和2年、3年の協議会は専ら渤海の漁業を議題とし、4年の協議会でも渤海の漁業が取り上げられて、日中の漁業紛争が緊急の課題であることを示した。渤海は関東州の重要漁場で、とくに龍口沖のタイ漁業が中心である。大正13年から内地のトロール、底曳網が殺到して領海侵犯や中国漁民との紛争を起こした。中国は渉外事件が多発するようになって渤海全体が領海だと主張するようになり、3カイリ外は公海だと主張する日本側と対立を深めた。渉外関係は関東庁が担当するので、次のような制限を提案した。タイ産卵期のトロールの禁漁、底曳網を150隻または120隻（関東州在住の日本人、中国人と通漁船の合計）に制限する、通漁者は関東庁に届け出て許可を受けること。

　協議では、トロールの通漁を禁止しながら底曳網を許可するのは矛盾、一旦許可したものを取り消すのは充分な根拠が必要、公海での資源保護は実施困難で、各漁船の自由競争によって淘汰されるのを待つしかないなどの意見が出て、トロールの通漁禁止は関東庁の希望、底曳網の通漁届出許可制は関係者に通知することで決着した。[39]

　昭和5年開催の支那東海黄海漁業打合せ会議は内地と植民地との最終的な漁業調整が主題で、内地各県の関係者は出席していない。農林省は、①東シナ海、黄海、渤海のトロール、底曳網は現在以上には許可しない。②底曳網の総トン数を増加させないことでまとめようとした。

　台湾は、トロール（4隻）と底曳網（120隻）の隻数については異議ないが、底曳網のトン数は70トン級まで制限し難いと言い、朝鮮は底曳網の許可は内規で300隻としており、実際に250隻の許可を出している。うち、朝鮮西岸、黄海で操業しているのは105隻で、他に10隻が申請中で許可を出す

積もりである。多くは沿海で操業し、漁船規模も平均17トンと小さく、今後、漁船の大型化と沖合化を進めるために総トン数制限はし難いとした。関東庁は、現在の許可数は142隻で、うち通漁船が61隻、関東州在籍が81隻（日本人55隻、中国人26隻）である。在住者以外は新規許可をしない方針であり、農林省の要請には応えられないと回答した。このように内地、外地を通した規制の統一には至らなかった。

2）昭和13年の「対支水産急速実施要綱」と「対支水産方策実施要綱」

　日中戦争が始まると、昭和13年に企画院（昭和12年に設置された統制経済諸策の企画立案する内閣直属の機関）によって「対支水産急速実施要綱」が発表され、内閣に「対支水産方策実施要綱」が上申された。内容は2点からなり、①東シナ海・黄海・渤海の漁業資源が悪化していることから内地、外地、占領地の漁業を統一的に規制する。②中国の支配地、占領地への水産物の安定供給のため、中国北部（北支）と中国中部（中支）に国策会社を設立して漁業及び魚市場の独占経営を行う、というものである。②については前章で述べたので、ここでは漁業の統合管理について述べる。漁業の統合管理については、前述したように大正15年〜昭和5年の支那東海黄海漁業協議会及び打合せ会議において曖昧な形で決着したまま持ち越されていた。

(1)「対支水産急速実施要綱」の発表とその背景

　農林省は、内地、朝鮮、台湾、関東州、青島のトロール、底曳網の統制を行い、新規漁船の不許可の方針のもと総数1,046隻を堅持してきたが、隻数のみの統制は関東州、青島が総トン数を増大させたこともあり、統制の徹底を欠き、資源枯渇の恐れがあったので、中国の占領支配地は資源の枯渇防止に重点を置き、統制を強化することにした。その大要は、底曳網は現状維持とし、新規許可をしない、内地と同様、隻数、トン数の両面から規制する、その徹底を図るために漁業統制の立案は企画院に委ねる、というものであった。

　関東州は、内地から提起された漁業の統合管理に俟つまでもなく、資源の悪化に危機感を募らせていた。関東州はマダイが豊富なことで有名であったが、今ではほとんど漁獲できなくなった。タイの漁獲減少後、昭和4年頃よりトロールや底曳網によってコウライエビが盛んに漁獲され、前途が気遣われるようになったからである。

　昭和13年6月に企画院によって「対支水産急速実施要綱」が発表された。中国の占領支配地に焦点をあて、東シナ海・黄海・渤海を漁場とするトロール、底曳網は資源維持のため統合調整を図る、低廉豊富な水産物の供給を確保する、日本側の権益を確保しながら統制を図るとした。具体的に4点をあげている。

　①東シナ海・黄海・渤海で操業する底曳網、トロールの許可は現状維持を原則とする。内地、朝鮮、関東州、青島における当該漁業の許可は別表（前掲表6−2の資料番号④）に掲げる隻数、トン数の合計を超えないこととした。別表には備考として、内地は東シナ海・黄海、朝鮮は第4区と第6区の許可、台湾は南シナ海出漁のため1,407トンまでの増トンを認める（全体の上限が1万トン）が、その場合、東シナ海・黄海・渤海での操業は7ヵ月未満とする、関東州はこの他旅順根拠20隻を認める、中国北部で許可したもので充当する、と記されている。さらに、満州国においては新たに許可する時の条件を協議する、中国側に現有能力以上に新規許可をしないよう働きかける、日満支当局は相互に連絡打合せの上、根拠地の増設、許可漁業の移転を許可する、とも記している。

　②中国中部（中支）、中国北部（北支）に一水産会社を設立して、同地区の底曳網、トロールを独占

経営し、漁獲物の供給を確保する。

③上記会社ができるまで新規許可をしない。漁業根拠地毎に組合を設立し、指導統制する。組合は日本人に指導監督させる。

④特定の日本人の独占を防止するために中国人許可漁業に対し日本人の共同経営、日本人への営業譲渡を禁ずる[44]。

この実施要綱の発表に先だって農林省は統合管理に関係して朝鮮、台湾の意見を徴収し、見解を述べている。

①朝鮮の意見：企画院案が第5区、第6区（ともに朝鮮西岸）の操業隻数を71隻に制限したことに直接は触れず、朝鮮東岸、南岸は漁場が狭く、近海漁場のみでは資源の枯渇、経営難、漁業の衰退をもたらす。第2区、第3区、第4区の沖合化のために170隻、8,500トン（1隻50トンとして）の保有が必要で、そのために沖合分は制限隻数とは別に許可をした、50トン以下のものは50トン以上に改造するように指導した、と述べた。沖合化（第2～4区）のうち東シナ海・黄海にかかる分（第4区、全羅南道と全羅北道）について隻数、トン数の増枠を求めたものである。

②台湾の意見：昭和11年に取締規則を改正して底曳網は東経118度以東は50トン以上、以西は80トン以上、トロールは従来通り200トン以上とし、許可の上限は東シナ海で操業するものは両漁業合わせて1万トンと定めた。現在、東シナ海で操業しているトロールは8隻、2,003トン、底曳網は44組、6,590トン（起業認可5組、980トンを含む）で両者合計8,593トンである。両漁業は従来、東シナ海のみで操業してきたが、昭和11年から南シナ海へ出漁するようになった。トロールは現船型で不便はなく、底曳網も80トン以上は支障ないが、50トン級は曳網力が不足する。50トン級21組、2,438トンは南シナ海漁場の発見以前に建造されたもので、その代船建造にあたっては南シナ海出漁を考慮して80トン級とするだろう。30トンづつ増やせば1,260トンが必要ということになる。起業認可中のものも若干増トンするであろうから上限1万トンまでの差1,407トンをことごとく消化するであろう。上限1万トンは許可船の増加ではなく、現有船の維持のために必要である。現在トン数で制限すれば代船建造にあたって南方漁場には対処できず、小型船経営は合理的経営ができない。水産物需給上からみても不足状態である、とした[45]。

当時、東シナ海・黄海・渤海の漁業資源はどのように評価されていたのか。漁船発達の経緯と漁場開発の現況、漁獲物種類及び数量の変化からして、①漁場開発の余地はない。②漁獲量が減少しているため潰し物を目的とする操業になっている。潰し物たる雑魚も漸減傾向にある。③各魚種とも小型化している。④操業日数、曳網回数が著しく増加していることからして漁業資源は漸減しつつあり、将来楽観できない、とされた[46]。

上記の朝鮮、台湾の意見に対して農林省は次のような見解を述べた。

①朝鮮、台湾が底曳網の隻数、トン数の増加を要求する理由は管内魚類需給及び関係者の保護にある。同海区の資源の減少は高級魚から低級魚への移行と魚体の小型化となって現れ、漁獲能率の向上を図っても漁獲量は増えていない。現在以上に隻数、トン数を増やすと漁業者の脅威、鮮魚供給上の問題が生じる、資源維持のため現状に止めることが必要。

②隻数、トン数制限について、内地は大正13年以降、隻数制限方針をとり、昭和5年以来トン数も制限し、爾来、この方針の強化に努めるとともに外地側の協力を求めたが、未だ許可方針の統一ができていない。加えて国民政府は自国産業の育成を企図して最近多数の許可を出した。このまま放置すれば資源維持上憂慮される。今次事変を契機として日満支を通じ、許可方針の統一を

図る絶好の機会である。結論として漁船隻数、トン数を現在以上に増やさないことを制限の基礎とすべき。

③共同漁場なので現状維持のためには個々の内部事情に偏することなく統一した許可方針をもって臨むのでなければ所期の効果を達成できない。内地では昭和12年以後、処理すべき底曳網(以東底曳網の減船整理)1,200隻余の大部分がこの海域への進出を希望している。現状維持の方針を堅持して抑止している。

こうした見解に基づき朝鮮に対しては、底曳網、トロールの隻数は現許可数以内に止める、第4区の底曳網の操業区域は東シナ海、黄海に隣接し、その区分が不明瞭なので東シナ海、黄海を含めることを認める、船型を50トン以上とするのは第4区、第6区の許可船のトン数の範囲内で行なう、とした。

台湾に対しては、底曳網、トロールの隻数は現在許可数以内とする、80トン以上に代船建造する場合、東シナ海・黄海・渤海での操業期間を5ヵ月間禁止する制限をつけ、1万トンの範囲でこれを認める、とした。[47]

(2)「対支水産方策実施要綱」

昭和13年9月に企画院は「対支水産急速実施要綱」に基づいて「対支水産方策実施要綱」を内閣に上申した。①東シナ海・黄海・渤海の底曳網、トロールの許可は当面、現状維持とする。現在許可されている漁船隻数と総トン数を超えない。②満州国で新規許可する場合は日満支当局と協議する。③中国側も現有能力以上の許可をしない。④日満支の漁業根拠地の異動は移動する隻数、トン数だけを増減する。⑤中国北部、中部に各一つの国策水産会社を設立する。⑥中国北部、中部に対する漁獲物の供給を確保するため、必要な場合は内地のトロール、底曳網の水揚げを認める。[48]①は東シナ海・黄海・渤海の資源保護(統合管理)に関する規定、②～⑥は中国占領地での水産物安定供給に関する規定である。なお、上記と関係して、底曳網の減船計画によって減船される以東底曳網を中国に移すという要望が強いが、当該海区はすでに飽和状態であり、新規許可すべき余地がないとして否定している。[49]

国策会社の設立経過及び事業展開については前章で述べたので簡潔にとどめる。中国北部では青島の日本人機船底曳網と山東半島の中国人経営が対立して流産し、昭和17年にようやく山東漁業統制(株)が設立された。同社は同地の日本人経営の底曳網を強制編入し、中国人経営の底曳網を買収して中国北部の漁業、水産物供給を掌握・統制した。大連の機船底曳網は昭和19年になって編入された。

中国中部では昭和13年の上海占領直後に華中水産(株)が設立され、主に内地漁船を現物出資してトロール4隻、底曳網14隻、運搬船1隻で始まった。華中水産は魚市場の経営が主体で、水産物需給の統制を図った。

第7節　結びに代えて－漁業政策の評価－

トロール、底曳網に対する政策対応は、沿岸漁業との衝突回避を目的としたもの、濫獲による資源の減少や経営困難から資源の保護、漁業経営の支持を目的としたもの、漁業種類間の対立の緩和・調整を目的としたもの、地域間及び内地と植民地・半植民地との競合、対立の緩和を目的

としたもの、中国では排日運動や排日漁業政策への対応があり、単独、または複数の目的をもって施行された。

　第二次大戦後の昭和37年にこれらの漁業政策が論評されている。底曳網の許可制度について秋山は、生産力の絶えざる増大と無政府的競争から起こる漁場価値の低下、資源枯渇の矛盾に対応したもので、以西底曳網の場合は資本と資源の矛盾は大資本間の対立抗争として現れたといい、トロールを独占する共同漁業と以西底曳網を集積して発展を遂げた林兼商店との対立、以西漁場を独占的に利用していたトロールとそこへ割り込んだ以西底曳網の対立に還元した。大正10年の機船底曳網漁業取締規則の制定でその発展を抑止し、50トン以上の大型船を認めないことも、大正13年の以西底曳網の新規許可の停止もトロールの主張に沿ったものであり、昭和4、5年の総トン数の枠内での大型化容認は両者の意図を反映したもの、昭和7年の30トン未満船の不許可という措置は小漁業者を追放し、林兼商店や山田屋などを中心とした大手漁業者の独占体制を整えたというのである。[50]

　以西底曳網に対する政策対応を資本主義社会固有の制度であり、漁業資本間及び漁業種類間対立の調整の側面から評価している。だが、資源問題は資本主義に固有の問題ではないし、それを大資本間の対立抗争の問題として置き換えることもできない。漁業政策は業界の利害や主張を盛り込むだけでなく、長期的、全体的観点から業界にとって不都合な側面、とくに資源保護のための規制強化を盛り込むことがある。漁場が広大である以西漁場でも底曳網が大挙して進出する大正末から昭和初期にかけて漁獲物構成の悪化、とくにタイ類の減少は甚だしく、以西底曳網もねり製品原料供給に軸足を移している。大正15年開催の支那東海黄海漁業協議会で、農林技官から著しい資源減少を前にして漁船の大型化とセットで総隻数規制が提案され、昭和4、5年に隻数制限から総トン数規制への政策転換として結実する。それは大手資本の林兼商店の要求であると同時に長崎、山口県などの行政担当者の声でもあった。業種間・資本間の調整とともに資源との調和を図った政策といえよう。

　もっとも大正末から昭和初期にかけての魚種構成の変化や昭和10年代のグチの小型化を前にしても資源に対する楽観論が流布していた。それは、科学的資料の欠如、科学の未発達が資源が無尽蔵でないことを証拠立てられなかったことを隠れ蓑にするか、資源と漁業生産とは経済メカニズムによって均衡が保たれるという経済自律説に依拠した。[51]

　また、秋山は大正6年の汽船トロール漁業取締規則の改正で隻数を制限し、船舶要件を定めたことは弱小資本の進出の余地をなくし、隻数制限は高い収益性を与えた、共同漁業によるトロール独占を保証した、とした。[52]岡らも同様に、隻数制限策が資源開発を抑え、許可を得た漁業者に特別利潤を保証したことは同一漁場において同一資源を対象とした以西底曳網の急速な発展によって間接的に証明される、とした。[53]

　これらの評価には濫獲による資源の減少についての危機意識は薄い。これら論文が発表されたのは昭和37年のことで、以西底曳網は史上最高の水揚げを記録した時期（トロールは以西底曳網に圧迫されて、海外トロールへの転換を図った）にあたり、水産庁・西海区水産研究所が同年末になって初めて以西漁場の資源状況に赤信号を出したこと、昭和初期と13年の統合的管理の動きは知られていなかったこと、資本主義の矛盾が顕在化し、社会主義に幻想を懐いた時代でもあったことが背景にある。中国の漁業が未発達で、その実情がよく知られていないこともあったが、社会主義に対する観念的思い込みはその後も続いた。資源の減少が深刻となり、漁業管理の重要性が強調

される今日、資源保護・管理の側面からこれまでの漁業政策を評価することが重要になっている。

　漁業政策の評価でもう1点指摘したいことは、東シナ海・黄海(渤海を含む)全体の漁業動向と管理を考察することの重要性である。この点で、漁業史の分野では、吉木がその著書『以西底曳経営史論』で内地の他、中国における日本人経営をとりあげ[54]、藤井は朝鮮の漁業評価に関連して初めて海域全体の統合管理に言及している[55]。

　韓国、中国の漁業が目覚ましく発達し、200カイリ体制となった今日でも国際競合が激しい東シナ海・黄海の漁業と漁業政策を国際関係と国際的管理の視点で振り返る時、近代の植民地支配と被支配の下での漁業展開と漁業政策をレビューすることの意義が見えてくる。戦後の日中韓の漁業関係史は第8章で果たされる。

注

1) 推進論は南摩紀麻呂「トロール漁業ニ就テ」、反対論は耕洋漁史「トロール漁業を論ず」、制限論は岡十郎「汽船トロール漁業に関する意見」。新聞論調も含め、『大日本水産会報　第319号』(明治42年4月)1～18ページ。

2) 「第二十五回帝国議会衆議院汽船「トロール」漁業取締ニ関スル建議案委員会議録(速記)第二回」(明治45年3月15日)、「トロール問題と帝国議会」前掲『大日本水産会報　第319号』32～35ページ。

3) 「汽船トロール漁具法取締請願ノ件」(明治44年6月、国立公文書館所蔵)。

4) 桑田透一『トロール漁業問題に就て―非トロール漁業論を排す―』(明治43年12月、自費出版の小冊子)。

5) 馬関毎日新聞　明治44年4月14日、『山口県史　史料編近代4』(平成15年、山口県)444、445ページ。

6) 福岡のトロール漁業反対運動については、三井田恒博編著『近代福岡県漁業史』(2006年、海鳥社)629～633ページ参照。

7) 馬関毎日新聞　明治44年9月19日、45年1月18日、ともに前掲『山口県史　史料編近代4』445、446ページ。

8) 拙著『近代における地域漁業の形成と展開』(2010年、九州大学出版会)256ページ。

9) 「改正汽船トロール漁業取締規則を読む」『大日本水産会報　第361号』(大正元年10月)1～5ページ。

10) 大石栄三郎「トロールと沿岸漁業」『長崎水産時報　第31号』(大正2年3月)27～29ページ。

11) 「トロール業救済策」『大日本水産会報　第369号』(大正2年6月)77ページ。

12) 長瀬貞一・周東英雄・寺田省一『水産学全集　漁業政策』(昭和8年、厚生閣)285、286ページ。

13) 『阿波人開発支那海漁業誌』(昭和16年、同誌刊行会)11～13ページ。

14) 同上、252～254ページ。

15) 『大正七年度　愛媛県水産試験場事業報告』15、16ページ。

16) 対象魚種の変化は、昭和5年に長崎市に設立された連子船組合が、その後、組合名を連子延縄組合、連子甘延縄組合、遠洋甘延縄組合、長崎遠洋延縄組合と次々に改称したことにも表れている。渡辺武彦「長崎近代漁業発達誌(六)母船式連子(甘)延縄漁業誌」『海の光　第147号』(1964年8月)31ページ、「母船式アマダイ縄」『水産界　第583号』(昭和6年6月)21、22ページ。

17) 「母船式連子縄漁業」『海洋漁業　第4巻第4号』(昭和14年4月)68、69ページ、前掲『阿波人開発支那海漁業誌』252～254ページ。

18) 「片山漁政課長談　機船底曳網漁業取締規則の制定に就て」『水産界　第469号』(大正10年10月)31、32ページ。

19) 「機船底曳網漁船の中国東海・黄海漁場への新規進出を禁止」(大正13年10月24日、外務省外交資料館所蔵)『山口県史　史料編近代5』(平成20年、山口県)所収、312、313ページ、山口和雄編『現代日本産業発達史　19　水産』(昭和40年、交詢社出版局)266～269ページ。

20) 「機船底曳網漁業取締規則の改正」『水産彙報　第6号』(昭和8年4月)259～263ページ。

21) 「機船底曳網漁業取締規則の一部改正」『水産公論　第24巻第9号』(昭和11年8月)11ページ、『機船底曳網漁業取締規則並関係通牒』(昭和8年、農林省水産局)1～9ページ。

22) 『本邦トロール漁業小史』(昭和6年、日本トロール水産組合)17、18ページ、『台湾の水産』(昭和10年9月、台湾水産会)15、16ページ、『南シナ海汽船トロール並に機船底曳網漁業現勢調査(其2)』(昭和16年6月、東亜研究所)9～14ページ。

23)『台湾水産要覧　昭和五年版』（台湾水産会）21ページ、『台湾之水産業』（大正10年11月、台湾銀行調査課）29〜30ページ、『植産局出版第244号　台湾第十三産業年報（大正六年）』（台湾総督府植産局）228ページ、宮上亀七・襧寝俊清『台北州水産試験調査報告　第3号　大型船ニ依ル手繰網漁業試験』（大正13年、台北州）6〜8ページ。
24)前掲『台北州水産試験調査報告　第3号　大型船ニ依ル手繰網漁業試験』1、2ページ。
25)前掲『台湾の水産』111〜117ページ。
26)小松重春「基隆根拠の機船底曳網漁業に就て」『台湾水産雑誌　第154号』（昭和3年11月）26〜31ページ。
27)『台湾関係漁業資料　日本と中華民国との漁業交渉の参考資料として』（昭和28年4月、水産庁生産部）11〜26ページ。
28)『関東州水産会十年史』（昭和11年、関東州水産会）1、20、21ページ。
29)緒方千代治「渤黄海邦人並支那人漁業　上」『水産界第430号』（大正7年7月）15ページ、同「同　下」『同第431号』（大正7年8月）22、23、25ページ。
30)海洋漁業協会編『本邦海洋漁業の現勢』（昭和14年、水産社）276ページ、『黄渤海の漁業』（大正14年8月、南満州鉄道株式会社）88〜90ページ。
31)前掲『関東州水産会十年史』22ページ、関東庁「発動機船手繰網漁業許可方針（内規）」『関東州水産会報第8巻第5号』（昭和9年9月）83〜85ページ、関東州水産会『関東州水産事情』（昭和5年）45〜48ページ。
32)『昭和二年四月　昭和三年四月開催　支那東海漁業協議会議事要録　附支那漁業関係法規』（農林省水産局）12〜15ページ。
33)「989　日本人漁業禁止問題に関し、生活権と日中友好関係に及ぼす影響の点より説得努力方訓令」（昭和6年5月22日、外務省外交史料館所蔵）、李士豪・屈若搴『中国漁業史』（1937年、商務印書館）197、208、209ページ。
34)在上海日本総領事館「汽船トロール漁業及機船底曳網漁業ニ関スル調査ノ件」（昭和9年4月、国立公文書館アジア歴史資料センター所蔵）
35)前掲『大正十五年四月開催　支那東海黄海漁業ニ関スル協議会議事要録　附たらば蟹ニ関スル件』8、9ページ。
36)同上、107〜109ページ。
37)同上、53、54ページ。
38)『昭和四年四月開催　支那東海黄海漁業協議会議事要録』（農林省水産局）7〜12、18〜20ページ。
39)『昭和二年四月　昭和三年四月開催　支那東海黄海漁業協議会議事要録　附支那漁業関係法規』（農林省水産局）のうち昭和2年開催の4、12〜15ページ、3年開催の11、12、19、20ページ、前掲『昭和四年四月開催　支那東海黄海漁業協議会議事要録』6、32、51ページ。
40)前掲『昭和五年五月開催　支那東海漁業打合会議要録』3〜7ページ。
41)「支那沿海底曳網漁業現地側統制方針決定」『水産界第667号』（1938年6月）73ページ。
42)「関東州機船底曳網漁業の現況及其の将来」『関東州水産会報　第11巻第5号』（昭和12年9月）2〜4ページ。
43)藤井賢二「日本統治期の朝鮮漁業の評価をめぐって」『東洋史訪　14』（2008年3月）105〜106ページ。
44)「対支水産急速実施要綱」（昭和13年6月）東京海洋大学図書館羽原文庫
45)「企画院案対支水産急速実施要綱ニ対スル朝鮮及台湾ノ意見」（昭和13年5月、拓務省拓務局）羽原文庫
46)「東海、黄海、渤海漁場資源ニ就テ」（昭和13年6月、於企画院）羽原文庫
47)「対支水産急速実施要項ニ対スル朝鮮台湾ノ意見ニ対スル意見」（農林省）羽原文庫
48)「「対支水産方策実施要綱」ニ関スル件」（昭和13年9月企画院上申）国立公文書館アジア歴史資料センター所蔵、「対支水産方策実施要綱ニ関スル件」（昭和13年9月、企画院）国立公文書館所蔵。
49)『昭和十三年六月開催　水産事務協議会要録』14ページ。
50)秋山博一「機船底曳網漁業の発達と許可制度」『漁業経済研究　第10巻第4号』（1962年3月）29、30、36ページ。
51)里内晋「海洋漁業振興の意義」『海洋漁業　第5巻第1号』（昭和15年1月）62〜63ページ。
52)秋山博一「大臣許可漁業の展開過程」『漁業経済研究第11巻第1号』（1962年6月）39〜40ページ。
53)岡伯明・渡辺宏彦・長谷川彰「日本における底曳漁業規制の経済的背景」『漁業経済研究　第10巻第4号』（1962年3月）87ページ。
54)吉木武一『以西底曳網経営史論』（1980年、九州大学出版会）
55)前掲「日本統治期の朝鮮漁業の評価をめぐって」

第7章
戦後の以西漁業の秩序形成
− 日本遠洋底曳網漁業協会の活動を中心に −

韓国軍によって拿捕された日本漁船
出所："APPEAL CONCERNING THE RHEE LINE"（1953年、日韓漁業対策本部）7ページ。

第7章

戦後の以西漁業の秩序形成
－日本遠洋底曳網漁業協会の活動を中心に－

第1節　目的及び以西底曳網・トロール漁業の発展概観

1　目的

　以西底曳網企業の山田水産(株)の山田浩一朗代表取締より日本遠洋底曳網漁業協会(以下、協会という)関係の資料を寄贈していただいた。資料は、協会が発足した昭和23年から解散した平成13年までの機関誌『遠洋底曳情報』(第1号～第109号)、総会・理事会議事録、法人登記関係資料、以西底曳網・トロール漁船名簿などである。ほぼ全冊が揃っており、戦後の以西底曳網・トロール漁業(以下、以西漁業という)の展開とその時々に抱えた政策課題と協会の活動を知る一級資料である。

　協会の歴史をその前身から述べると、大戦末期の昭和19年9月に西日本機船底曳網漁業水産組合が発足した。長崎県、山口県、徳島県、福岡県の遠洋底曳網水産組合とその連合会を統合して統制の徹底と合理化を図ったのである。この水産組合には大手水産会社(海洋漁業統制会社となった)の以西漁業は含まれていない。

　戦後、海洋漁業統制会社を改組した日本水産、大洋漁業が加入したことから、昭和22年7月に日本遠洋底曳網水産組合と改称した。しかし、この水産組合は閉鎖機関に指定されて昭和23年1月に解散した。水産組合が行ってきた事業のうち漁獲物の配給、漁業用資材の受配は別の組合に移され、経済事業を行わない協会が翌2月に創立された。協会の活動は、以西漁業の資源の維持涵養、調査研究、技術の改善、乗組員の養成・教育・厚生などとなった。[1]

　協会は以西漁業が全盛期を迎えた昭和37年6月に任意団体から社団法人に変わった。その後、以西漁業は縮小を続け、とくに韓国、中国が躍進してくる昭和50年代以降は衰退が著しく、ついに平成13年7月に協会は解散した。

　創立10年目にあたる昭和33年末は以西漁業の全盛期にあたるが、会員は122人で、本部を東京に置き、漁業根拠地の下関、福岡、戸畑、長崎に支部、佐世保に出張所を置いていた。東京に本部を置くことで水産庁や他の水産団体との連携を密にし、政府、国会、政党などに働きかける拠点とした。以西底曳網漁船は764隻、以西トロール船は49隻、両者を合わせた漁獲量は34.5万トン、西日本地区に水産物を供給する中心的な漁業であった。本部は総務部と業務部があり、総務部は庶務と会計、業務部は国際対策、経営対策、漁業許認可、拿捕漁船資料、統計調査、普及宣伝等を担当した。職員は9人であった。[2]

　協会は機関誌『遠洋底曳情報』に以西漁業を取りまく情勢、協会の活動報告、以西漁業の諸統計を載せているが、協会に関係した本もいくつか出ている。中川忞『底曳漁業制度沿革史』(昭和33年、日本機船底曳漁業協会)、『日本遠洋底曳網漁業協会創立拾周年記念誌』(昭和33年、同協会)、『二拾年史』

(昭和43年、同協会)、『遠洋底曳網漁業福岡基地開設廿周年誌』(昭和29年、同記念会)、『遠洋底曳網漁業福岡基地開設65周年誌』(平成13年、同刊行会)である。

本章は、『遠洋底曳情報』や総会・理事会議事録等を利用して、協会設立時から昭和40年頃まで

表7-1 日本遠洋底曳網漁業協会が係わった漁業秩序関係の年表

年月(昭和)		事　項
20年	9月	マッカーサー・ライン設定(第1次拡張)
21年	6月	マッカーサー・ライン第2次拡張
22年	7月	西日本機船底曳網漁業水産組合が日本遠洋底曳網漁業水産組合と改称
23年	2月	日本遠洋底曳網漁業協会設立
	8月	大韓民国成立
	9月	朝鮮民主主義人民共和国成立
24年	6月	水産庁、以西底曳網・トロール漁業整理要綱発表
	10月	中華人民共和国成立
25年	5月	水産資源枯渇防止法公布
	6月	朝鮮戦争勃発
	9月	以西底曳網漁船の減船完了
26年	9月	対日講和条約調印
27年	1月	韓国・李承晩大統領、海洋主権宣言
	2月	日韓会談開始(～4月)
	4月	漁船損害補償法施行
	4月	対日講和条約発効、マッカーサー・ライン廃止
	6月	漁船乗組員給与保険法公布
	9月	以西トロール及び以西底曳網漁業対策要綱発表
	〃	日中漁業懇談会設立
	〃	国連軍、韓国防衛水域設定
	12月	水産庁、中間漁区の中型底曳網調整要綱を決定
28年	4月	第2次日韓会談開始(～7月)
	7月	朝鮮休戦協定調印
	10月	漁業法の臨時特例法成立
	〃	第3次日韓会談(～10月)
29年	2月	自治庁、以西漁船の固定資産税減免を通達
	3月	特定海域の漁船被害に資金融通特別措置法公布
	11月	日中漁業協議会設立
30年	4月	日中漁業協定調印、6月発効
31年	5月	第2次日中漁業協定調印
32年	6月	第3次日中漁業協定成立
33年	4月	第4次日韓会談(～35年4月)
	6月	日中漁業協定失効
	9月	中国、領海12カイリを宣言
35年	2月	許認可方針で南シナ海操業、遠洋トロールの規程が設けられる
	9月	日韓漁業対策本部を日韓漁業協議会に改組
	10月	第5次日韓会談(～36年5月)
36年	10月	第6次日韓会談(～39年4月)
37年	6月	日本遠洋底曳網漁業協会、社団法人となる
	9月	漁業法改正で指定漁業制度創設
38年	11月	新日中漁業協定調印、12月発効
39年	12月	第7次日韓会談(～40年6月)
40年	6月	日韓基本条約、日韓漁業協定などに調印
	12月	日韓条約批准書交換
	〃	新日中漁業協定、2年延長
42年	9月	許可の一斉更新
	12月	新日中漁業協定、1年延長

を対象として、以西漁業の漁業秩序形成に関する取り組みに焦点をあてる。昭和40年というのは、以西漁業が全盛期を過ぎようとする時期で、対外的には日韓漁業協定が結ばれ、中国とは民間漁業協定が結ばれていて、東シナ海・黄海の漁業秩序がようやく安定する時期であり、協会の活動の重心が漁場問題から経営問題へと変わる時期である。漁場問題とは、マッカーサー・ラインと漁区拡張運動、李承晩ラインと日韓漁業対策、日中漁業問題と民間協定の締結、漁船の拿捕リスクと保険及び減免運動、資源保護のための減船整理や網目規制の取り組み、漁船大型化の要望などである。ちなみに、協会が主体的に係わった漁場問題以外の事項には、漁業・水産物統制への対応、漁業許可料撤廃運動、昭和36年の漁業法改正運動、卸売市場の手数料値上げ反対運動、国鉄運賃値上げ問題などがある。

本章で取り上げる協会が係わった漁業秩序形成に関する事項を年表(表7-1)にした。なお、筆者は『長崎県漁業の近現代史』(2011年、長崎文献社)において、戦後の以西漁業の展開過程を通観している。また、本書の次章では、東シナ海・黄海の漁業をめぐる国際関係の変遷を述べるので、本章の日中漁業協議、日韓漁業協議等と重複するが、本章では国内、協会の動向に重点を置く。

2 以西漁業の発展概観

対象とする昭和22～41年の以西漁業の動向を簡単に数字で振り返っておきたい(表7-2)。

(1)漁業者数と従事者数

戦前・昭和15年の以西漁業者は、トロールが4社、底曳網が9社、1団体、85人で、両者を兼営する3社を合わせて96経営体であった。戦後は、海外からの引き揚げ者、他漁業・他産業からの参入もあって200経営体を超えた。減船整理が行われた昭和25年末は、会社56、団体6、個人89、計151経営体(中間漁区船の経営体を含まない)であった。その後、廃業者が続出して、昭和41年は会社65、団体2、個人30、計97経営体となった。経営体の大幅な減少、うちでも個人経営の著しい減少が続く反面、会社経営は増えた。経営体あたりの所有隻数は会社、団体、個人とも増えている。

以西漁業の従事者数は表にはないが、10～11千人でほぼ横ばいで推移している。

(2)以西漁業の許可隻数

戦後、以西底曳網は食糧確保、増産のため、急速に復興し、昭和24年には986隻になっ

表7-2 昭和22～41年の以西漁業の発展概況

漁業者数	以西底曳網			以西トロール		
	許可隻数	平均トン数	漁獲量千トン	許可隻数	平均トン数	漁獲量千トン
昭和22年		895	68	136	56	332	20
23年	214	963	70	192	57	336	28
24年	188	968	70	219	58	334	31
25年	181	787	71	196	58	336	22
26年	169	786	71	219	58	334	34
27年	152	783	72	230	58	334	39
28年	146	783	73	235	58	332	37
29年	133	781	75	260	55	335	31
30年	134	769	78	295	50	342	29
31年	127	769	80	302	49	348	20
32年	129	767	81	315	49	355	20
33年	122	764	82	322	49	356	23
34年	114	764	83	334	49	356	24
35年	108	764	85	350	45	358	20
36年	101	764	87	339	40	365	18
37年	97	764	89	313	33	372	14
38年	96	762	92	328	23	367	11
39年	94	759	94	305	21	370	11
40年	96	750	95	329	19	372	10
41年	94	720	100	336	19	372	9

資料:『二拾年史』(昭和43年、日本遠洋底曳網漁業協会)265、267、268、270、275ページ。

た。一方、漁場はマッカーサー・ラインによって戦前の約3分の1に制限されたことから漁場の荒廃と漁区違反を招き、そのため昭和25年に減船整理が行われて787隻(中間漁区船108隻を含む)となった。その後、代船建造にあたって他の漁船を廃船にして大型化したことから漸減傾向をたどり、昭和41年は720隻となった。

1隻あたり平均トン数は、昭和24年は70トンであったが、その後、増加を続け、41年は100トンとなった。

以西トロール船は、昭和20年代は55～58隻を維持したが、30年代に入るとベーリング海などへの転出によって漸減し、30年代後半には激減して20隻を割り込んだ。東シナ海・黄海では以西底曳網との漁獲競争に敗れ、大型船に相応しい広域漁場へ転出していった。1隻あたり平均トン数は、昭和20年代は330トン台であったが、30年代は340～370トンと大型化している。

トロール船は、スチーム船(汽船)からディーゼル船への転換が進み、スチーム船は昭和39年に姿を消した。

(3) 以西漁業の漁獲量

終戦の昭和20年、以西底曳網・トロールの漁獲量は両者を足しても1万トンに過ぎなかったが、その後の以西漁業の復興は目覚ましいものがあった。以西底曳網の漁獲量は、昭和22年の13.6万トンから24年の21.9万トンに急増した。昭和25年の減船整理で一旦落ち込んだものの直ぐに回復し、マッカーサー・ラインの撤廃、漁船の大型化で漁獲を伸ばし続け、31年には30万トンを突破し、35年は史上最高の35万トンを記録した。しかし、その後は資源上の制約で30～33万トンに留まった。

一方、以西トロールは、昭和22年の2万トンから増加して27年は4万トン弱になった。その後は海外漁場への転出などで減少を続け、昭和30年には3万トン、36年には2万トン、40年には1万トンを割り込んだ。トロールの漁獲減少は、漁船隻数の減少によるところが大きい。

第2節　マッカーサー・ラインと漁区拡張運動

マッカーサー・ライン(以下、マ・ラインという)は、連合国軍最高司令官・マッカーサー元帥の指令によって決められた日本漁船の操業可能海域のことで、日本の食糧事情、極東諸国との関係、日本政府や漁民の要望などを考慮して設けられた。昭和20年9月27日に指定され、その後、数次の拡大を経て、対日講和条約が発効する直前の27年4月25日に撤廃された。

終戦直後、わが国の船舶は一切の移動が禁止されたが、間もなく小型船舶の沿岸12カイリ以内の航行が認められた。しかし、この程度では漁獲量も少なく、食糧確保は覚束なかったので、政府は最高司令官宛に12カイリ外での操業を要請し、これが受け入れられた(昭和20年9月27日の第1次漁区拡大)。その範囲は、東部、南部、北部方面はほぼ要請通りであったが、西部の日本海は修正され、東シナ海・黄海は要請した範囲が大幅に削られた。以西漁場は約3.6万平方カイリとなり、戦前の以西漁場の約17％となった(図7-1参照)。漁場が狭まったばかりでなく、海域は水深が深いし、岩礁・沈船などの障害物があって、漁場価値が低く、食糧供給の役割を充分には果たし得ないと見なされた[3]。

この決定に対し、昭和20年11月、政府は東シナ海・黄海の漁区拡張を連合国軍最高司令官総司

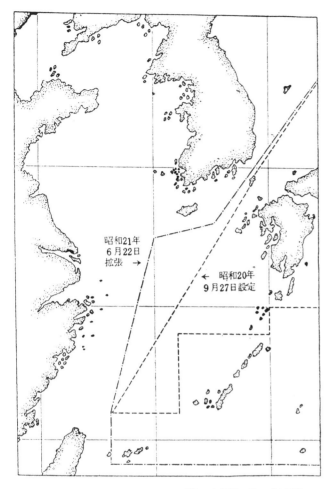

図7−1　マッカーサー・ライン（第一次拡張・第二次拡張）

令部（以下、GHQという）に申し入れた。しかし、東シナ海・黄海は中国やソ連の領海と接しており、安全保障を脅かす虞がある、既存の漁場でも開発の可能性があるとして却下された。

昭和21年6月にGHQは漁区を約2倍に拡張した（第2次拡張）。その対象は主に東部、南部であったが、東シナ海についても若干拡大された（図7−1参照）。この第2次拡張で以西漁場は戦前の約3分の1になったが、これがそのまま講和条約発効まで続く（東部、南部は第3次、第4次拡張があった）。そのため、復興する以西漁業にとっては大きな隘路となった。

漁区拡張については、政府、協会はもとより各団体からGHQへの懇請が続けられ、政府からの分を除いても21件にのぼる。うち8件が協会単独（西日本機船底曳網漁業水産組合の1件を含む）で、総会、理事会のある毎に代表者が陳情するのが恒例となった。陳情の趣旨は、東シナ海の好漁場はマ・ライン外にあるため漁場価値は戦前の4分の1しかない、漁船が増加してマ・ライン内で酷漁すれば資源が枯渇する、食糧増産には漁区の拡張が必要というものであった。

これらの陳情に対してGHQの対応は、昭和23年6月に開かれた協会の臨時総会に臨席した天然資源局ヘリントン水産部長が行った挨拶に示されている。ヘリントンは、GHQは他産業以上に水産業を支援している、底曳業者が漁区違反（マ・ライン越境）をしており、日本水産業の将来を害しているとしたうえで、GHQは日本政府に責任を負わせて守らせる、それが不可能なら漁区を縮小して守りうる範囲にするか、漁船数を減らして漁区から出なくても操業しうるようにするか、供給資材を減らして区域外に出られないようにする、と表明した。挨拶の後の質疑応答で、会員からこのままでは漁獲が減少し、経営が立ちゆかなくなる、漁区拡大ができない理由を尋ねられると、ヘリントンは経営維持を名目にして指令を守らないことは許されない。漁区制限は戦前の侵略的行動と現状の違反が影響している。違反を無くさないと司令官に漁区拡張を上申できない。規則を守れば漁区が拡大されるかどうかについては言えない、と答えている。

背景には昭和23年初めからマ・ラインを越えて中国、韓国に拿捕抑留された底曳網漁船が続出したことがあった。総会では、漁区の拡張につながることを期待して違反絶滅を期す自粛決議

を採択した。だが、マ・ラインの遵守は一時的で、すぐに違反が常態化した。[8]

　昭和24年2月の協会の定時総会に臨席したヘリントン水産部長と飯山水産庁長官がともにマ・ライン侵犯に対して警告した。ヘリントンは漁区違反が後を絶たない、規制が守られないなら漁区拡張は論外である、漁区違反の防止と乱獲に対する解決策を実行せよと迫った。解決が遅れれば取り返しがつかない事態を招く、各国は現在の漁場での資源保護に注目しており、日本漁業が自国の沿岸に近寄らないように注視している、とした。[9]国際的信用を強調しているのは、対日講和条約発効後、諸外国との漁業協定が必須であり、公海の自由がそのまま認められるものではないことを念頭に置いた発言だが、果たして業界に先のことを見通したり、国際情勢を斟酌する余裕があったのか、疑問である。

　飯山長官は、このまま放置すれば犠牲が大きくなるので、自発的に減船、他業種への転換、第三国との調整、企業形態の整備に取り組むべきと述べた。この長官発言に対し、大多数は漁船数を維持するために漁区の拡張を要望しているのに、自主的に減船や漁業転換を行なえというのは政府の責任逃れであると不満であった。しかし、GHQの堅い決意を知り、漁区拡張を期待するには業者が自主的に減船を行い、政府は漁区侵犯の取締りを厳重に行なう以外にはないと覚るようになった。こうして減船整理が現実的な問題として提起された。

　同年5月、政府は食糧対策上からも以西漁業の維持は不可欠であり、漁区拡張は必要である点を閣議で確認し、農林大臣からGHQ天然資源局長（スケンク中佐）に漁区拡張と関係国との漁業調整を懇請している。関係国との漁業調整とは、東シナ海に利害を有する中国、韓国との合弁事業、共同経営、あるいは漁船の転売による間引き、海外移転を指す。一方、政府は漁区違反の防止、漁船の整理に努めるとしている。漁船整理は2期に分かれ、1期は270隻、2期は70隻を予定した。[10]

　これに対しスケンク天然資源局長は、GHQの指示によりヘリントン水産部長が漁業界、政府に対して為すべき行動を指摘している。すなわち、どのような規則、条約であっても厳守すること、水産資源の過度の搾取を防ぐこと、充分な調査と規制により最大の漁獲を維持することを言葉ではなく実行することを求めた。[11]

　水産庁は協会に減船整理要綱案を示す（減船については後述）と同時に漁区違反の取締りを強化した。昭和24年8月に政令で公海漁業に従事する全ての漁船（以西漁業を含む）は毎日正午の漁船位置を無電で水産庁に報告することを義務づけた。[12]同時に取締船4隻を東シナ海方面に配置した。

　昭和25年1月の定時総会でヘリントン水産部長はマ・ラインの厳守と減船による資源保護について触れ、資源保護は一国の問題ではなく、日本の信用を世界に得るかどうかという重大な意義がある、とした。[13]

　同年8月の臨時総会でヘリントンは、進行中の減船に関し、減船したから必ず漁区を拡張するとは言っていない、減船だけでなく漁区遵守も必要だと挨拶した。総会では、昨年8月の政令から1年経過した実績に鑑み、違反事件の処理を迅速に進めるため、その改正を陳情することにした。つまり、違反摘発件数は多いが、処分決定は甚だ少ない。主な原因は、行政処分や罰則規定に弾力性がなく、情状酌量の余地がない。一挙に許可の取消しをすれば、漁業者には極刑となるため、当局も慎重になっているし、それを奇貨として違反を重ねるものもおり、順法精神に悪影響を及ぼす恐れがある。よって、処分にいくつかの段階を設け、一定期間の操業停止を行いうるようにすること、改悛し、当該漁船での操業を廃止した場合は罰則の適用を免除又は緩和すること、を陳情した。[14]

9月には農林大臣がスケンク天然資源局長、ヘリントン水産部長に以西底曳網の減船整理の完了を報告、合わせて漁区拡張を懇請した。これに対し、政府の取締りは不十分であると指摘されたので漁業監視船を増強した[15]。

　12月になると、非公式に漁区拡張の望みがないことが知らされた。東シナ海・黄海をめぐる国際情勢の緊張、すなわち中国の大陸制圧、朝鮮戦争の勃発で、漁区拡張の望みは遠のいた。

　一方、取締りに関しては、漁船の正午位置の報告義務はあまりにも煩雑なため廃止され、取締り上の事項に返答、報告する義務に変更された。また、漁区違反に対する行政処分は許可の取消しだけであったが、停泊命令もなしうるようにした。陳情が実った形だ。

　昭和26年に入ると、年内に講和条約が締結されるという気運が濃厚となった。1月の協会総会においてヘリントン水産部長は、①近く講和条約が発効し、漁区制限撤廃の可能性がある。②九州に資源の調査研究機関（水産庁の西海区水産研究所）ができたので、その調査研究に基づいて隻数制限や取締規則を定めて欲しい。③東シナ海の資源は中国、朝鮮、台湾のものでもあるので、資源保護のために協定を結ぶ必要が考えられる、と述べた[16]。

　5月、GHQは漁区違反が依然として続いていることから水産庁に対し、効果的措置を勧告したため、水産庁は一斉検査を名目として10日間の碇泊を命じ、違反船には長期の碇泊命令を下した[17]。それとともに水産庁は、船団を編成し、航海毎の操業計画を届け出て、代表船が毎日、その位置を漁業監視船に報告するように求めた[18]。

　講和条約発効の見通しがつくと、関係方面への陳情も講和発効によるマ・ラインの自然消滅では非調印国との関係が憂慮されることから発効前にGHQによって撤廃してもらいたいという方向に変わった。

　協会は、全国水産大会、日米加漁業条約調印の機会を利用してマ・ライン撤廃運動を展開した。吉田首相からGHQにマ・ラインの撤廃を申し入れたが、それは不可能であり、講和条約発効前の運動は悪影響が残るという意向であった[19]。外務省の条約局長は、①講和条約にはソ連、中国が参加していないので、以西漁業の漁場問題は未解決のまま残る。②拿捕はマ・ラインの外側で行われており、対外的信用の失墜を招いている。③今後、公海は自由ではなく、マ・ライン撤廃を叫ぶことは逆効果を招く。④日本漁船を近づけないように韓国などが協定の締結を申し入れてきている、とした。こうした状況を踏まえ、協会は単独ではマ・ラインの撤廃を叫ばないようにした。

　協会の状況認識及び方針は、①講和条約が発効すると漁業協定はまず日米加で締結される[20]。漁業協定の先例となる。②中国との協定は当面はない。韓国、台湾との交渉では相手国は「沿岸漁業の優先権」を主張するだろう。③韓国はマ・ラインが存続するような協定の締結を希望しているが、公海に漁業独占水域を定めた例はなく、漁業協定で漁業独占水域は設けない。④公海における漁業資源の共同調査とその結果に基づき資源保護のため規制を行なう。しかし、制限の手段として漁船隻数、トン数の制限や漁獲量割当ては行わない、であった[21]。日米加漁業条約を踏まえたものといえる。

　昭和27年1月18日に韓国の李承晩大統領が海洋主権宣言をした（日韓漁業問題は後述）。マ・ラインに代わるものとしての規制線である。

　漁業経営者連盟（協会も加盟している）は条約発効直前の4月10日、最高司令官に、マ・ラインは講和条約発効と同時に自然消滅するが、非調印国は引き続き存続するものとして漁船拿捕等に及

ぶことが憂慮される。よってその制限を条約発効前に撤廃するか、あるいは自然消滅に際し憂いのないよう声明を発するなどの措置をとることを陳情した。[22]

結局、講和条約が発効する3日前の4月25日にマ・ラインは撤廃された。講和条約発効による自然消滅ではなく、最高司令官の決定に基づいて廃止という形をとった。

第3節　減船整理及び中間漁区問題

1　減船整理の経過[23]

昭和23年6月、協会の総会でGHQのヘリントン水産部長は漁区違反の防止、資源保護の必要性を強調し、今後、違反船が続出すれば漁区の縮小、減船などを検討すると警告した。昭和24年2月、協会の総会でヘリントンは許可水域の資源維持に見合った数まで減船することが必要と強調し、飯山水産庁長官も自主減船等を勧告した。

水産庁は3月に整理要綱試案を作成したが、減船率3割は承服できないという業界の反対論が強く、自主減船は行き詰まった。5月に協会幹部との懇談会を経て整理要綱案となった。その内容は、減船は政府の方針となったので自主的に進めることが困難なら政府が行っても良い、減船率は以西底曳網、トロール船とも3割を目安としたいというもので、協会側はそれなら反対しないという態度であった。

水産庁は、6月の協会の理事会、臨時総会の場で整理要綱案を提示した。整理方針は、①まず操業、経営が不健全な漁船を整理する。②多数許可所有者の漁船を対象とし、少数許可所有者の漁船は整理しない。③50トン未満の小型船は整理ではなく、漁場制限で対応する、とした。

整理要領は、①整理は第1期(昭和24年7月1日から1年以内)と第2期(同日から1年半)に分けて行う。②整理数は、底曳網漁船336隻(残存数650隻)、トロール船15隻(残存数43隻)とする。③整理対象は、以西底曳網の第1期整理では漁区違反船、委任経営船、長期休漁・不稼働船、航海数が極端に少ない漁船、操業能率が著しく低い漁船、10組以上の許可を所有する者はその1割、漁場制限をする50トン未満船、沈没船、老朽船で申請した船、第2期整理は第1期整理後において5組以上の許可保有者とする。④トロール船は底曳網漁船の整理対象に準ずる。ただし、トロール1隻は底曳網2隻と代替することができる、とした。

そして、整理船に対して補償する。補償金は残存船が負担する。協会が補償計画をまとめ、8月までに水産庁に報告する。整理船及び乗組員の転換、転職等について対策を講じる、とした。

理事会、総会での質疑のうち、注目される点は次の通り。①残存隻数を650隻とした理由を問われ、水産庁は当初2割程度の減船を計画したが、GHQの了解が得られず、3割に変更した。戦前においても600隻余であった。現在の許可は930隻なのでその3割減で650隻にしたと答えた。②1組専業者は漁区違反以外は整理しないことが要望され、認められた。共同経営も整理の対象外とすること、多数許可所有者の整理割合をさらに高めることも要望された。中間漁区(後述)との境界を東経127度30分にすべしとの要望についても水産庁は努力すると答えた。③補償については、国会で審議中の漁業法改正案では指定遠洋漁業から許可料を徴収することになっており(後、漁業許可料の徴収は業界の強い反対で中止となる)、その一部を充てたいと考えていたが、関係部局の了解も必要なので、一応、残存船による補償としたと説明した。その後、漁業法改正は以西漁業の

減船補償に間に合わず、別途、水産資源枯渇防止法を制定することとなった[24]。

総会は、整理対策委員会を設けて減船の具体化に協力する、補償は全額国庫負担にすべきという希望条件をつけて整理要綱案を承認した。

7月、整理対策委員会が整理補償金案を作成した。それを受けて水産庁と協議した。席上、水産庁は政府補償に努力するが、それが不可能な場合を考えて業者側でも予め積立金などの措置を講じてもらいたいと要望したことで紛糾した。中間漁区は東経130度〜127度30分とすることなどが決まった[25]。

整理対策委員会の整理補償金案は自主減船を念頭に置いてはいたが、業者が整理組合を作って内部で片付けるべきだという意見と漁業法の規程によって定数を定め、超過隻数を整理し、政府が補償すべきだとする意見があった。一方、水産庁は補償金について自由党、衆議院水産常任委員会などと協議、懇談を重ねた。

第1期整理船の正式指定は予定より遅れ、昭和24年9月に242隻の船名を決定（非能率船27隻、漁区違反船61隻、委任経営船4隻、漁場調整船108隻、沈没船8隻、10組以上の1割34隻）、第2期整理船は同年11月、39隻の船名が公表された。その後、4隻を加えて計285隻とし、残存隻数は当初予定の650隻を超えて701隻となった。トロール船の整理は第1期7隻、第2期4隻、計11隻で、残存隻数は当初予定を4隻上回る47隻となった[26]。

昭和24年12月に新漁業法が公布（25年3月施行）され、その中で許可の定数制と定数を上回った場合の減船と補償が定められた[27]。しかし、その実施が昭和27年度となっているため、水産資源枯渇防止法が上程され、25年5月に公布、施行された。同法も、水産資源が枯渇する恐れがある場合、指定遠洋漁業（以西底曳網・トロール、遠洋カツオ・マグロ、大型捕鯨の4業種で大臣許可漁業）の漁船定数を定め、定数を超過する場合は許可の取消し及び変更を行い、その処分によって生じる損失を補償することを定めている。定数は施行細則で以西底曳網が650隻、以西トロールが45隻とした（漁業法で定めた定数は廃止）[28]。

昭和25年6月に水産資源枯渇防止法による減船整理に関する定数及び整理基準案に対する公聴会が開かれ、前年、水産庁が決定した整理要綱が改訂された。改正点は、漁区違反は拿捕、または外国で座礁した漁船に置き換える、非能率船及び沈没船の整理は1組漁業者には適用しない、委任経営船も整理対象から外したことである。7月には整理船の指定通告、整理船の許可取消し、50トン以上船の操業区域変更に関する聴聞会が開かれた[29]。第2期の整理船の指定は9月に行われた。当初の予定は12月であったが、漁区問題を一日も早く解決するために前倒しした[30]。

補償金については、自主減船を念頭に整理対策委員会が作成した案（昭和24年7月）では平均1組300万円を基準とした。水産庁はそれを受けて大蔵省と折衝したが、水産資源枯渇防止法が成立し、政府補償が規程されると1組320万円×110組＝3億5,200万円と再計算して大蔵省に要求した。

当初、協会側（整理対策委員会）が算出した金額300万円は、船価償却費、船員退職金、船体維持費などを積み上げたものだが、その後、1年が経過して経営が悪化し、残存者補償は困難となった。反対に政府補償が決まると、1年間の係留にかかる管理費、経費及び船主補償費を含め、損失額を1,000万円以上と見積もった[31]。ただ、政府補償になったからといって金額の引き上げを要求するわけにもいかず、水産庁案を最低として、その獲得に向けて国会、政党に陳情した。

大蔵省は1組112万円×102組＝1億1,400万円と査定した。水産庁は1組305万円×102組＝3億

1,200万円と改めて要求したが、大蔵省は折衝の余地はないとした。協会は、大蔵省査定はあまりにも実態からかけ離れているとして関係方面に働きかけた結果、大蔵省も1組100万円を追加し、212万円×102組＝2億1,600万円と改定した。水産庁予算の流用や追加要求を含めてその額が補正予算に組まれ、12月に成立した。その後、実際の許可隻数が102組ではなく69組に減ったことから大蔵省はその分の削減を主張したが、経営が悪化しており、1組300万円を絶対確保するという運動があって、300万円×69組＝2億600万円余となった。[32]

当初の110組＝220隻に比べると対象船は大幅に減っており、最初予定した285隻の約半数に過ぎない。対象船も途中で大きく変ったし、補償額も政治的圧力で大幅に加算され、算定根拠を失っている。こうして減船補償金は業界の要望通り、1組300万円の実現をみた。しかも年内に交付が完了した。減船整理をスムースに進め、漁区の拡張に向かうために交付を急いだ。だが、漁区拡張の望みは、朝鮮戦争を契機として極東の情勢が最悪の状態に落ち込んだことで閉ざされてしまった。

2 減船整理の結果

表7－3は、水産資源枯渇防止法に基づく整理漁船隻数を示したものである。以西底曳網では計画隻数（水産資源枯渇防止法制定時）336隻に対して実績は310隻である。この中には漁場調整（いわゆる中間漁区船）108隻が含まれており、形は3割減船、実質は2割減船である。それでも許可定数650隻を上回っている。行政処分（取消し）とはマ・ライン違反による許可取消しであり、行政処分見込みは漁区違反であるが、許可の取消し前に自主廃業を申し出たもので、いずれも補償の対象外である。以西トロールは許可定数にまで削減したが、底曳網船の代替減船が認められたので、実際に補償金を交付して整理したトロール船はないといわれている。

表7－3　水産資源枯渇防止法に基づく整理漁船数

	以西底曳網		以西トロール	
	計画	実施	計画	実施
多数所有	75	89	8	8
非能率	14	11		
沈没	9	9	1	1
拿捕・その他	70		4	4
希望整理		29		
小計	168	138		
操業区域調整	108	108		
行政処分（取消）	16	27		
行政処分見込み	44	33		
合計	336	310	13	13
残存隻数	650	676	45	45
当初隻数	986		58	

資料：中川忞『底曳漁業制度沿革史』（昭和33年、日本機船底曳漁業協会）445ページ、一部修正。
注：計画数は昭和25年6月現在（水産資源枯渇防止法施行規則制定時）。

減船で多いのは多数許可所有者の減船であった。以西底曳網もトロールも許可の集中が進んでおり、昭和24年4月現在、以西底曳網で20隻（10組）以上所有は7社（すべて会社経営）、231隻で、全体（190経営体、986隻）に占める割合は、4％の経営体が23％の漁船を所有していた。以西トロールは7社（すべて会社経営）が全隻数56隻を所有していた。[33]

所有船が多い経営体が優先的に減船の対象となったのは、戦後の漁業制度改革で民主化を目標にしたことによるもので、協会の理事会、総会でも多数許可所有者の減船割合を高めよという発言が出た（反対に1組専業者は漁区違反以外は減船しないように要望された）。[34]

事例をあげると（昭和24年の整理船公表時）、最大の許可所有者である大洋漁業(株)は176隻の許可を有し、第1期整理で33隻（うち18隻が多数許可が理由）、第2期整理（多数許可が対象）で21隻が削減される。ト

ロール船は22隻が16隻になる。2番目に許可が多い日本水産㈱は39隻のうち第1期で13隻(4隻)、第2期で2隻が削減され、トロールは12隻が10隻になる。これら大手水産会社は減船整理後、再び許可の集積を進め、漁船大型化のファンドとしている。

　減船整理は最終的に何隻行われ、何隻が残ったのか。協会が調べた昭和26年12月末の許可隻数は、以西底曳網786隻(50トン未満の109隻を含む)、トロール船58隻となっていて、以西底曳網の方は表7−3と一致するが、トロール船は全く減船されていない。減船の結果は協会の総会や理事会でも触れられていない。

　減船整理は、資源の保存に役だったばかりではなく、以西業者の選抜にもなったという評価がある反面、中間漁区船は減船ではなく漁場制限であり、減船されたものは小型船、老朽船であったため、名目は3割減船といっても実際の曳網の減少は数％に過ぎないともいわれた。しかし、関係者にとって名目こそが重要で、3割減船実施を旗印にして漁区の拡張運動を展開した。

　減船整理は協会にとっても、業者にとってその命運にかかわる一大事なので、実施にあたっては強い抵抗があった。2割減船がGHQで認められないと分かると、趣旨の違う中間漁区船を考え出して体裁を整える。また、減船対象者となった者が整理要綱の取扱い方針に関して水産庁の諮問に応じた整理対策委員を事業者団体法違反として公正取引委員会に提訴した事件まで起こった(昭和25年2月、1年後に審判開始決定を取消すという審決が出た)。

3　中間漁区問題

　従来、東経130度以西を漁場としていた以西底曳網は、昭和25年の減船整理に際して50トン以上を東経127度30分以西、50トン未満の108隻を東経127度30分〜130度に制限した。これが中間漁区船である(図7−2)。中間漁区には長崎県の五島、対馬がすっぽり入る。法的には以西底曳網・トロールは指定遠洋漁業取締規則(昭和25年3月公布)、中間漁区船は機船底曳網漁業取締規則(27年3月に中型機船底曳網漁業取締規則と改称。中間漁区船も中型と呼ばれるようになる)で規律される。

　減船整理にあたって中間漁区を設け、小型漁船をこの区域に押し込んだことは、GHQの指示(3割減船)に従いながら、減船を最小限に食い止めようとした苦肉の策であったが、その後、李ライン設定もからみ、以東底曳網(従来、東経130度以東の日本周辺を漁場としていた)と長崎県沿岸漁業の間で漁場問題が起こる。

　昭和27年に入ると、以東底曳網業者が中間漁区までの漁区拡張を政府、政界に働きかけた。協会は、中間漁区は既に漁場の荒廃が顕著であり、以東底曳網の中間漁区進出は資源の荒廃を招くとして反対した。

　4月にマ・ラインが撤廃されると、水産庁は中間漁区を128度〜130度、以西漁場を128度以西とする意向であった。東経130度線は、漁船が40トン位であった時は遠洋漁場といえたが、80トン位になった今日、遠洋漁場との境界線とはいえない。130度だと対馬が含まれ、沿岸漁業との調整が必要になる。遠洋漁業として扱うには128度が適当と考えた。将来、中間漁区を廃止して128度を境に以西漁区へ出漁するものと以東漁区に残るものとに分ける方針であった。これには以西底曳網業者らが猛反発し、そのため境界線を128度30分とし、50トン未満船は2年間、経過的措置がとられた。

　9月、水産庁は以西トロール・底曳網漁業対策要綱を発表し、講和条約発効に合わせて、以西漁業は沿岸漁業と分離し、専ら国際関係と資源問題に対処する遠洋漁業として発展させるとして

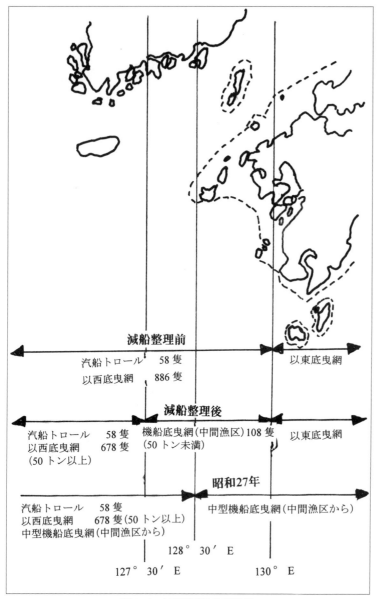

図7-2 減船整理と漁場調整

漁船の大型化による設備の改善、経営の合理化を図った。すなわち、①操業区域を東経127度30分以西、北緯25度以北であったのを128度30分以西、25度以北と改める。②中間漁区で操業している中型機船底曳網は2年間の間に漁船を大型化(50トン以上)して128度30分以西に転出することを認める。以西漁場に移る中間漁区船には増トンを認め、金融措置を講じる。③50トン未満に留まり、2年後も東経128度30分以東で操業するものは中型機船底曳網として許可する。④以東底曳網漁船の中間漁区への入会については70隻を限度に認める。[40]

中間漁区船はこの128度30分線の以西か以東のどちらで操業するか選択を迫られ、その結果、以東漁場に残ったのはわずか1隻で、他は全て以西漁場に進出した。

昭和28年10月、漁業法の臨時特例法が制定され、中間漁区船が指定遠洋漁業としての以西底曳網となる場合には新規許可を優先的に認める、その場合トン数補充なしで75トンまでの増トンを認める、とした。[41]

その後の中間漁区にかかわる動きを見ておく。昭和35年に以東底曳網業界は水産庁に漁区の拡張を陳情した。昭和27年9月に中間漁区への入会が認められたが、その後、長崎県の沿岸漁業者の陳情で対馬付近に制限区域が設けられて底曳漁場が狭くなったことから、128度30分以西への入漁を求めた。水産庁は、①中間漁区の入会船隻数を若干増加する。②128度～128度30分の入会を認める案(30分拡げる)を作成し、昭和36年9月の以東底曳網許可の一斉更新より実施した。協会は条件を付して「大乗的見地」からこれを了承した。[42]

第4節　日中漁業問題と民間協定

1　国民政府(台湾政府)関係

　国民政府(中華民国、台湾政府とも呼ばれる)軍による日本漁船の拿捕は、マ・ラインが存在し、国民政府が中国本土にいた昭和23年5月から24年8月の期間に起こった。拿捕等は底曳網船が28隻、撃沈された底曳網船が2隻、トロール船が1隻、計31隻である。中国国内法で判決し、哨戒艇として従事し、台湾への移動時には物資や人の輸送を担った。乗組員は全員が送還されたが、船長、機関長、通信士などは1年以上残留させられ、国民政府軍の用務に従事させられた。

　昭和25年1月にGHQは韓国の拿捕に対し、マ・ライン越境被疑船を公海上で拿捕するのは違法として、既に拿捕した日本漁船を返還するように求めた。国民政府軍による拿捕船も送還される話もあったが、同年6月に朝鮮戦争が勃発して立ち消えとなった。[43]

　講和条約の署名を受けて、日本と中華民国との漁業交渉は昭和26年3月から27年8月まで行われた。漁業協力と拿捕問題が主要テーマであった。日本側は日本海洋漁業協議会(昭和26年2月、漁業の国際関係の樹立を目的に在京の漁業会社、団体で組織された)、国民政府は漁業使節団が窓口になった。使節団は漁業協力と合弁事業を求めたのに対し、協議会は漁船拿捕問題もあって消極的であった。一方、国民政府に招聘された日本の漁業視察団は、漁船と技術者を派遣して母船式マグロ漁業、トロール漁業、底曳網漁業の育成を提案し、戦前、台湾での漁業実績がある大手水産会社を中心にその準備に入った。しかし、昭和27年4月にマ・ラインが撤廃されると自由操業が可能となるので、日本側に漁業協力や合弁事業は不要という認識が広まった。

　一方、拿捕漁船の返還交渉は難航した。協会は、拿捕事件発生以来2年経つが、乗組員は帰還したものの、漁船は返還されていないとして、政府、中華民国駐日代表団に漁船の返還と損害賠償を陳情した。日華平和条約は昭和27年4月に調印、8月に発効したが、漁業協定については速やかな締結を規定しただけで、合弁事業、漁業協定、拿捕漁船返還の利害が一致せず、まとまらなかった。[44]

　その後、拿捕漁船の賠償について交渉されたが、中華民国の財政状態からして日本側が要求する賠償額、それも現金賠償は無理で、他の方法としてマグロ漁船を建造し、その収益によって年賦払いとする案が検討されたが立ち消えとなった。[45]

2　日中漁業問題の経過[46]

　昭和25年12月以来、中国(昭和24年10月に成立した中華人民共和国を指す)による以西底曳網漁船等の拿捕事件が次々と起こった。拿捕の理由は、中国の漁区侵犯、スパイ容疑、領海侵犯、沿岸漁業の妨害程度しかわからなかった。昭和25年6月に朝鮮戦争が勃発し、国連軍、中国軍が介入し、日本は国連軍の兵站基地となったことから中国にとって日本は敵対国であることが影響した、中国が設定したことが後になって判明する機船底曳網漁業禁止区域、軍事上の規制区域と関係している。それにしてもマ・ラインが引かれている中で、大量の越境、しかも中国沿海域への出漁が常態化していた。

　協会は、昭和26年2月に次の要望書をもって関係方面に陳情している。①漁船保護のため哨戒船を配置してもらいたい。②マ・ラインの撤廃、または拡張で東シナ海は中国の領海ではないこ

とを示してもらいたい。③被拿捕船の返還を交渉してもらいたい。日本は対外折衝はすべてGHQを通じて行ってきたが、GHQも中国とは外交ルートがなく、その点、日中漁業問題は特異であった。

昭和26年2、3月に衆参両院の水産委員会で参考人喚問、公聴会が開かれ、中国による拿捕抑留の経過と対策要望が質疑された。それによると、中国側は、マ・ラインはマッカーサーと蒋介石が決めたもので中国はこれを認めない、東シナ海は中国の領海であって、出漁してくるものは拿捕する、漁船は資本家のものだから返さない、乗組員は罪人であるが労働者なので釈放する、と言っていたと証言した。そして、拿捕は船主を破産に陥れ、乗組員は抑留後帰還しても失業にさらされる、拿捕を免れた漁船は拿捕におびえ、生産意欲が低下している、と訴えた。対策として漁船・乗組員の早期送還、マ・ラインの撤廃、漁業協定の締結、監視・保護の強化、拿捕船に対する政府補償または漁船保険の適用が要望された。

4月、水産庁は、頻発する日本漁船の拿捕及び漁区違反は、国際緊張を招き、講和に悪影響を及ぼすとして緊急措置として以西漁船の一斉検査と違反船に対する停泊命令を行った。従来、漁区違反に対する行政処分は許可の取消しだけであったが、それだと処分が慎重になって遅れ、かえって本来の目的と異なる結果をもたらすとして停泊命令を科すようにした。

拿捕事件は一時鳴りを潜めたが、講和条約が調印された9月から再発した。中国の意図は国民政府が参加している講和条約に対する妨害、挑戦と受け止められた。

昭和27年7月、協会と日中貿易促進の件で訪中した帆足計元国会議員（訪ソの後、周総理の招きで中国を訪問。後に再び国会議員となる）との懇談会が開かれ、帆足から中国側の意向は、漁業問題は民間外交で打開することができる、抑留船員はなるべく早く返す、漁船は再犯しないようであれば返還する、日本漁船が公海上で操業することに反対しない、資源については問題視していない、領海幅は国際公法による、ことが伝えられた。

日中民間貿易協定が結ばれるなど友好気運が高まると、9月に中国との漁業問題の話し合いのため、大日本水産会、協会、全日本海員組合などによって日中漁業懇談会が結成された。基本姿勢として強硬な抗議や態度をとらず、話し合いによって両国漁業関係者の意思疎通、情報交換、事故防止の研究などを進めるとした。その後も拿捕は続いたが、比較的短期で釈放された。

昭和28年3月に協会は中国との漁業会談を呼びかけ、同時に先に協会内に設置した防衛対策委員会を廃して漁場対策委員会と改めた。中国が昭和25年12月に機船底曳網漁業禁止区域を設定したことを知ったので、徒に中国艦船の動向を探るよりも同海域における操業を自制するためであった。7月に朝鮮休戦協定が調印され、国際情勢は好転の兆しをみせた。

昭和29年7月を最後に拿捕も止まった。10月に中国に招かれた国会議員が漁業問題について日本側の主張を伝え、それが周恩来総理による民間団体の話し合いで解決するという言明につながった。

11月に日本側民間団体としてオール水産で日中漁業協議会（大日本水産会、日中漁業懇談会、協会、全日本海員組合など7団体、後に以西底曳網の労働組合3団体が加わった。以下、協議会という）を結成した。協議会は派遣代表を選出し、漁業会談のための準備を進めて、昭和30年1月に北京に向かった。代表団は10人で、このうち協会副会長の3人（うち七田末吉は団長）が含まれ、随員3人のうち協会から1人が加わっている。

3 漁業協定の締結とその後

　中国漁業協会との会談は、当初、約1ヵ月を見込んでいたが、交渉は難航して95日に及んだ。協議は機船底曳網に絞られた。中国側の楊団長は挨拶で、中国漁業は長期にわたる帝国主義の圧迫で発展を妨げられ、今も米国によって大きな脅威を受けている。そうした中で新中国樹立以来、漁業が発展し、東シナ海・黄海に強い関心を持っている。日中の漁業問題解決のためには平等互恵、平和共存の原則に基づいて話し合いを進めるべきであると基本姿勢を明らかにした。

　会談のテーマは、日本側は①平和操業、②過去の事件の解決、③海難防止と人命救助、④資源保護のための情報交換、中国側は①漁労、②海難防止と人命救助、③資料交換と資源の共同調査、とした。中国側は過去の事件の解決には触れなかった(後に書簡で中国政府に要望するという形で残された)。

　中国側は協議対象には、中国政府が設定した機船底曳網漁業禁止区域、軍事航行禁止区域、軍事警戒区域、軍事作戦区域を含まないとしたうえで、漁場を3分割し、中国が優先する漁労区、両国の共同漁場、日本が優先する漁労区とする案を提示した。日本側は、軍事上の3区域については理解するが、機船底曳網漁業禁止区域については中国の国内法を日本漁船に適用することになり、受け入れがたい。資源保護区域は双方の合意で決めるべきだと主張した。中国側は政府が決めた法律を討議することはできない。資源保護区以外は制限を設けないという日本側の提案は、平等互恵の原則を考慮に入れていないと批判した。つまり、日本漁船が優勢で、自由に操業することは中国の利益を考慮しないことであり、これが全ての紛争の元であって受け入れられない。海洋を3分割するのは平等互恵の原則に基づいた提案であるとした。

　日本側は機船底曳網漁業禁止区域は理解できるが、漁場の3分割は国際通念を超えており、討議できない。先に資源保護区の設定を提案したが、一旦帰国して漁業者の総意でさらによい案を見い出すとした。中国側は、日本側の要望で周総理

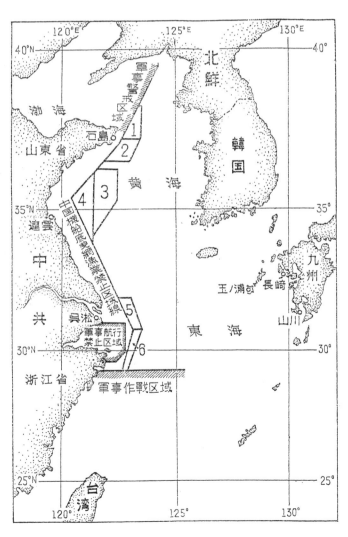

図7-3　日中漁業協定(昭和30年4月)による漁区図
注：1～6漁区は漁期が定められ、漁期中は日中の操業隻数が決められた。

の声明に基づいて日本代表を招いたもので、漁業問題解決の唯一の機会であるとして一時休会を承諾せず、会談は継続された。そして、中国側は漁場3分割の主張を取り下げ、日本側の再提案を促した。日本側は資源保護区6区(機船底曳網漁業禁止区域に沿って)を提案したところ、中国側は8区を主張したが、結局、日本側提案の規制漁場を拡げることで決着した(図7-3参照)。制約を加えたい中国側と自由操業区域を拡げたい日本側が妥協した。各区域に入会う双方の漁船数は双方の希望数を認め合った。[51]

こうして4月に民間漁業協定が調印され、6月から発効することになった。協定書は本文と4つの付属書、この他に備忘録(本文に盛り込まれなかった中国側の要望)、2つの書簡(協定外の水域、抑留漁船の釈放要請)から成る。協定期間は日本側は3年間を主張したが、中国側は1年間を主張して1年間となった。協定による影響は、機船底曳網漁業禁止区域での操業ができなくなったが、6つの入会漁区は希望隻数の入会が認められ、軍事作戦区域(北緯29度以南の台湾問題を抱えた水域)は操業は危険だが、禁止されたわけではないので、影響は比較的軽微にとどまるとみられた。[52]

協定実施にあたって当事者の協会は入漁船の割当て調整、操業上の指導監督を行った。協会は10月の臨時総会で、協定の遵守を決議し、万一違反したら事件処理委員会の処置に従う旨の誓約書を徴することにした。処罰は、警告、戒告、入会漁区への入漁停止60日以内、責任者の乗船停止60日以内、停船60日以内とされた。事件処委員会は、中央と地方に設けられ、中央事件処理委員会は警告、戒告以外、地方事件処理委員会は警告、戒告の処置をすることにした。[53]

協定の有効期限が迫ってくると、協議会は次期協定について中国側の意向を質したところ、中国政府は日本政府に国交正常化に向けての会談を呼びかけており、その中で漁業協定が結ばれるのが好ましい。日本側も政府間協議を求めてもらいたい。政府間漁業協議が期限内に実現できない場合は現協定を1年延長するという返答であった。協議会では政府間協議を政府に陳情したが、政府からは現情勢下では実施できない。従来通り、民間協定によって処理されたいとの回答があった。昭和31年5月に第2次漁業会談が持たれ、1年間延長となった。[54]

翌昭和32年、協議会は中国代表を招請し、意見交換や協議を行った。日本政府から昨年と同様、政府間協議はできない旨回答があったので更に1年、協定を延長することにした。今回は文書交換による手続きとした。この協定では、治安状況の好転から軍事作戦区域が北緯29度以南から27度以南に変更されている(機船底曳網漁業禁止区域も27度まで延ばされた)

一方、協定実施以来、違反事件が目立つようになった。厳罰をもって臨むべしとする声が高まり、昭和32年2月の協会の理事会、定時総会で事件処理規程の改正、事件処理委員会を下関、福岡、長崎の3地区に設置することが決まった。これを協議会の中央事件処理委員会に付議するようにした。[55]

昭和32年1月～33年5月20日の間に水産庁監視船によって協定違反の指摘が66回、中国漁業協会から87隻の禁止区域侵犯の通告があった。これらを中央事件処理委員会が審査して処理した。

翌33年2月の協会の定時総会では事件処理規程を改正して処理方法を簡素化し、自動的に量刑を決定するようにして処理の迅速化を図った。5月の臨時総会では、違反船には厳罰で臨むべしとする意見と実施可能性についての意見が出たが、結局、違反の事実が明らかになった時は協議会のいかなる措置にも承服するという決議をした。

日中関係は悪化の一途をたどり、5月には長崎で中国国旗事件が突発した。こうした中で協定は有効期限の6月を迎えた。協議会は現協定の1年延長、文書往復による手続きという基本方針を

定め、中国側の意向を質したところ、中国側から中国敵視政策の下で協定の延長は考慮できないと伝えてきた。同時に、禁漁区の侵犯、漁船漁具の破壊、漁民の死亡に関する抗議電報が来た。協議会は無協定になってからは旧協定の規定に準拠して操業することを決めた。中国側は緊急避難や海難救助は人道的見地から考慮するとしたので、10月に緊急避難に関する取決めが結ばれた。

　昭和33年7月、拿捕発生の予防、協定再成立のため、協議会は事件処理規程を改正し、罰則を強化して最高6ヵ月の停船とした他、違反3回以上に対しては水産庁に許可の取消しなどを具申するとした。一方、拿捕・抑留の漁船・乗組員の釈放は日中友好協会が尽力したこと、中国側から協議会への応答がないことから協議会無用論が出た。中国との唯一の窓口になっている日中友好協会に協会が加盟すべきかどうかで意見が割れ（団体としては加入しないことになった）、日中漁業問題への対応が混迷した。

　なお、中国は同年9月に領海12カイリを宣言した。領海12カイリ制は、直接的には第2次台湾海峡危機（金門島砲撃）の最中であり、アメリカの介入を牽制したものだが、第1次国連海洋法会議（領海幅の統一に失敗）の閉幕直後のことであり、欧米の海洋大国の海洋自由に対抗する措置であった。領海3カイリに固執してきた日米両政府はこれを非難したが、漁業界は中国機船底曳網漁業禁止区域を僅かにはみ出すだけなので（漁業には影響がほとんどない）、漁業協定も切れているし、日中関係が険悪なことから中国側を刺激しないように静観を決め込んだ。

4　新漁業協定の締結とその後

　昭和38年1月、日中関係が大きく好転したのを機に平塚常次郎協議会会長（大日本水産会会長でもある）らが訪中し、漁業協定を結ぶという覚書が交わされた。10月に会談がもたれ、日本側は旧協定の復活、中国側は協定失効中に中国では「大躍進」があったので、それを反映させるとの立場であった。具体的には入会漁区の入漁隻数で意見が対立したが、中国側の入漁隻数を増やして日中同数とすること、タイ資源の保護のため禁漁期を設定することが決まった。協定の有効期間は2年間とした。11月に調印された。旧協定の失効以来5年半ぶりである。

　12月に発効したが、またも大量の違反が中国漁業協会から指摘された。協会及び協議会は指摘された漁船は物証をもって反証しない限り、違反したものと認め、事件処理規程により処理することを決議した。事件処理にかかっている最中、2回目の大量違反が指摘され、今後、こうした事件が発生するなら拿捕等の処置をとると中国側から警告された。漁区侵犯の指摘に対する反証もないまま、事件関係者の一部は事件処理委員会に陳情したり、異議申し立てをした。委員会はこれを棄却し、委員会の決定に従うように要請し、協会は事件関係者に勧告した。それでも不服従であったが、水産庁の勧告等もあってようやく決定に従うといったことも起こった。

　昭和40年11月に協定の改定が協議された。中国側は資源保護の強化を望んでいた。また、日韓条約が批准手続き中で、中国はそれを軍事同盟とみており、その認識と取扱いをめぐる折衝も難航した。資源保護については入会漁区の一部拡大、網目規制（後述）、キグチとタチウオの幼魚混獲率の規制で合意した。事件処理について、中国側は沿岸国主義を、日本側は旗国主義を主張して対立したが、日本側が事件の処理、紛争防止を約束して旗国主義に落ち着いた。日韓条約の本質を共同声明に盛り込むことに日本側も漁業協定の失効を恐れて承諾した。この新協定において政府間協定の促進という条項は有名無実となっていることから削除された。12月に調印・発効

した。

　昭和42年になると、中国では「文化大革命」がますます激しくなり、協定の継続についての問い合わせにも回答がなく、期限満了が迫るなかで協議会は日中友好促進漁民大会を開き、日中関係の好転を政府、政党に陳情した。期限満了直前に中国漁業協会から中国敵視政策が激しくなっている中ではあるが、日中友好を求める日本漁業者の要望を考慮し、暫定的に1年間延長すると表明し、昭和43年12月まで延長された。

　このように日中漁業協定は両国の国交回復の足がかりになることを期待されながら、両国間の政治対立の下で翻弄され、日本漁船の協定違反で断続状態が続いた。

表7-4　中国による日本漁船の拿捕状況
（昭和25～42年）

	年次	漁船隻数	乗組員数
協定締結前	昭和25年	5	54
	26年	55	671
	27年	46	544
	28年	24	311
	29年	28	329
旧協定期間中	昭和30年	-	-
	31年	-	-
	32年	-	-
	33年	16	194
協定中断中	昭和33年	4	51
	34年	-	-
	35年	1	12
	36年	-	-
	37年	-	-
	38年	-	-
新協定締結後	昭和39年	-	-
	40年	1	9
	41年	-	-
	42年	-	-

資料：前掲『二拾年史』198ページ。
注：昭和33年と40年の各1隻が延縄漁船である他はすべて以西底曳網漁船。

　表7-4は、新中国成立以来の中国による日本漁船の拿捕状況を示したものである。漁業協定締結前は頻発していた拿捕、抑留は協定締結とともになくなった。昭和33年には再び拿捕事件が多発し、協定が切れる要因となった。協定失効中は、旧協定に準じた操業と水産庁の指導監督の強化によって拿捕は少なく、新協定締結後も件数は少ない。ただし、この数値は拿捕件数を示したもので、この他に拿捕されない中国側からの協定違反の指摘、水産庁監視船による違反の指摘が多数あった。例えば、日中漁業協定が再スタートした昭和38年12月から1ヵ月ほどの間に中国漁業協会から延べ108隻の漁区違反が指摘され、侵犯が日常化していることが明らかとなった。昭和39年7月には2回目の漁区侵犯180余隻の指摘があった。協会、協議会はその度に協定の遵守を呼びかけるとともに、事件処理に追われた。

第5節　李承晩ラインの設定と日韓漁業協議

1　日韓漁業問題の経過

　日韓漁業問題とは、韓国による日本漁船の拿捕、乗組員の抑留問題をさす。マ・ライン違反で韓国軍が日本漁船を拿捕することはあったが、昭和27年1月に韓国周辺海域に李承晩ライン（以下、李ラインという）が引かれてから40年6月の日韓漁業協定の締結まで、両国間の主要問題の一つとなった。漁業協議は政府間のことだが、協会は最大の利害関係者として対策運動の拠点となった日韓漁業対策本部（後の日韓漁業協議会）の主要メンバーであり、協会の機関誌『遠洋底曳情報』に

協議の経過や内容を逐一フォローしている。

マ・ライン違反の取扱いについては、昭和25年1月、GHQは韓国に公海における拿捕の禁止を指令した。以来、韓国による拿捕は中絶していたが、昭和26年3月頃から大量拿捕が行われた。拿捕の処理は、日本政府がGHQに漁船、乗組員の返還を要請すると、拿捕は国連軍の指令によって行われたもので、国連軍の作戦に有害でなかったものは返還されるが、マ・ライン越境の嫌疑については日本政府によって訴追され、韓国領海を犯したものは韓国の国内法で処断される体制であった。(65)

昭和26年9月に署名された講和条約に日本は公海漁業に関する協定を結ぶため連合国及び朝鮮と速やかに交渉を開始すると書かれており、10月にGHQの斡旋で韓国との予備会談がもたれた。翌27年2月から本会談を開くことに合意した。本会談を控えた1月18日、李承晩大統領が突如、隣接海洋に対する主権宣言(韓国は海洋主権線、平和線、日本は李承晩ライン、李ラインと呼んだ。図7-4参照)を行った。主権宣言をしたのは、韓国は米国に対し、講和条約でマ・ラインの継続を謳うことを求めたが、米国はそれを拒否し、講和条約発効によってマ・ラインは無効になると回答したことから自衛策をとったのである。

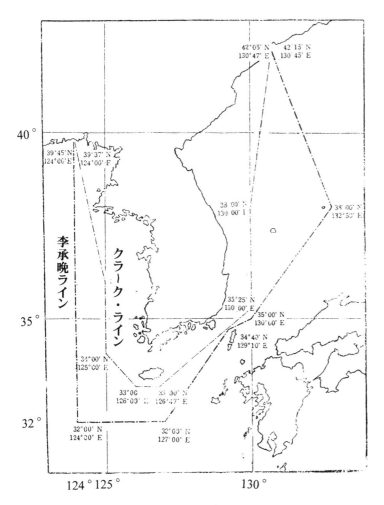

図7-4 李承晩ライン及びクラーク・ライン

これに対し、日本は海洋自由の原則を破壊し、平等な立場で公海漁業資源の開発と保護を目ざす国際協力の基本観念に反すると批判した。韓国は、海洋主権宣言は国際的に確立された先例に倣ったもので、両国の平和維持を目的(前年確認されたマ・ライン侵犯の日本漁船は40余件)としていると返した。国際的に確立した先例としてトルーマン宣言をあげたが、当の米国は、トルーマン宣言は一方的な漁業独占権の主張とは異なる、李ラインは国際法の原則に反しているとして抗議している。

日韓の立場は、日本の漁業代表団と李大統領の会談でも明らかになった(昭和28年2月)。日本側は公海上の漁業で資源保護措置が必要な場合、関係国の間で資源保存に関する協定を結び、操

業を規制すべきであるとした。大統領は、日本は40年間、韓国を侵略し、漁業だけでなく全てに亘って日本有利に使った。韓国はそれに不満であった。マ・ラインはそうした両国の対立を抑えるために引かれたが、日本はいつも越境し、無視した。戦後、多くの国が漁業管轄権を設けたことに倣っている。李ラインは40年間の遅れを取り戻すため、どうしても守らなければならない。日本との漁業協定が結ばれるまでの間、日本は遵守すべきであるとした。

　昭和27年9月、韓国では李ライン擁護の声が高まり、日本漁船が侵犯すれば拿捕するとの声明が出される中、国連軍司令官・クラーク大将は作戦上の理由から韓国防衛水域(クラーク・ラインともいう。図7-4参照)を設定した。これに便乗して日本漁船の取締りが強化された。外務省は駐日米大使館に防衛水域の性格、立ち入りの可否、臨検等について質したところ、無害通航は妨げない、作戦行動に支障となる場合は航路を変更させる、疑わしい船や反抗的な船は拿捕する、李ラインとは無関係という回答であったが、口答では立ち入り禁止であるとも言われた。漁業界は、防衛水域内への立ち入りが禁止されるとまき網、一本釣り、以西底曳網、トロールなど1,753隻の漁船、3万2千人の漁船員が生業を失い、21.7万トン、75億円の漁獲高(うちトロール及び底曳網は1,028隻、漁船員1万2千人、漁獲高13.4万トン、43.5億円)を失うとして米国大使館や日本政府に李ラインの撤廃を陳情した。[66]

　日本政府は防衛水域内の漁船の立ち入りが認められたとの理解で、拿捕されないために標識と出漁確認証を発行し、監視船を置くことにした。[67]

　第1次日韓会談の漁業委員会で、日本側は漁業資源の保存、調査研究を行なうことを提案、韓国側は広大な管轄水域を設け、その外側で資源の保存措置をとるという対案を出した。[68]

　昭和28年4月から第2次会談が再開され、その分科会で日本側は共同委員会が資源保存の規制措置を検討し、両国政府に勧告する案を提案した。韓国側は領海外に管轄水域を設定する案を繰り返した。

　7月に朝鮮休戦協定が調印され、8月には韓国防衛水域は停止された。韓国は防衛水域の存続を要請したが、受け入れられなかったので、日本漁船の取締りを強化し、9月には李ライン内からの全面退去を求めた。[69]この異常事態に対処するため、大日本水産会、全漁連、全日本海員組合を軸に関係団体(協会を含む)、会社を糾合して日韓漁業対策本部(以下、対策本部という)が設置された。その基本方針は日韓の善隣友好と李ラインの即時撤回の2点、運動要領は①漁業協定の締結促進、②拿捕事件の解決、③公海における安全操業の確保、④世論の統一と喚起、⑤国際世論の喚起とした。

　10月に会談が再開されたが、久保田代表発言を巡ってすぐに会談は破局した。最悪の事態が憂慮され、11月に対策本部は日韓漁業問題解決促進国民大会を開き、政府は抑留漁船員に対する差し入れ費及び見舞金の支給を決めた。

　12月、韓国は漁業資源保護法を公布、施行した。それは李ライン内を管轄水域とし、違反者の処罰、漁船・漁具・漁獲物等の没収を規定している。日本政府はこれに抗議し、李ラインの撤廃と公海自由の原則を主張した。[70]

　韓国は昭和29年7月以降、これまでの特赦をやめ、拿捕され裁判にかけられた漁船員を刑期いっぱい服役させ、刑期を終えた者も外国人収容所に入れて還さなくなった。対策本部は休眠状態にあり、時折、抑留乗組員の帰還促進を関係当局に陳情する以外、事態を静観するばかりであった。8月に拿捕事件が頻発すると下関を中心に対策本部頼むに足らずとして日韓友好を基

本とする動きがあった。それを受けて対策本部も事務局を設け、活動方針に人道上の問題として抑留乗組員の即時返還の要請、安全操業の確立の2点を基本として運動を進めるようになった[71]。

　昭和30年9月、韓国は日本が大村収容所に抑留している朝鮮人と韓国が釜山刑務所に抑留している日本人漁民の同時釈放を提案した。11月に韓国は日韓協定が結ばれるまで李ラインを守る、日本漁船が李ラインを侵犯するなら銃撃するとの声明を出した。この声明に日本の漁業界、国民は大きな衝撃を受けた[72]。

　昭和31年3月から相互釈放に関する交渉が行われたが、意見が衝突して決裂した。ここにおいて対策本部は従来の運動方針が完全に行き詰まり、根本的に再検討を要するとして実行委員の総辞職、新委員の選出を行って体制の立て直しを図った(昭和32年1月)[73]。

　昭和32年は進展のないまま時が過ぎた。政府は早期妥結は困難とみて拿捕防止、留守家族擁護措置を確立して長期戦に入る準備を整えた。協会もそれを目標とし、韓国を不必要に刺激しないように表だった行動を控え、早期送還をこれ以上運動しないことにした[74]。

　昭和33年に入って相互釈放が実現し、久保田発言の撤回、日本の財産請求権の放棄により4月から第4次会談が再開された。漁業及び平和ライン委員会(漁業問題に関する小委員会の名称は変化する)も開かれたが、審議は低調なまま推移した。日本側はトロール操業禁止区域、まき網の操業調整区域の設定といった規制措置を提案したが、韓国側は従来の主張を取り下げなかった[75]。

　昭和35年に韓国では反政府デモが拡がって李大統領が辞職に追い込まれた。新しい内閣が成立し、日韓関係が好転するようになった。対策本部は闘争的なイメージを避け、実務性を高めるため、日韓漁業協議会(以下、協議会という)に改組(8月)した。10月に特赦で抑留者全員が帰還し、第5次予備会談も開かれた(第5次会談は予備会談のみ)。ここで漁業交渉はそれまでと大きく変わって、韓国側は李ラインは絶対撤廃しないという態度から李ラインに代わるものができるなら撤廃してもよいとする考え方に変わった。

2　日韓漁業協定の成立

　昭和36年5月に韓国で軍事クーデターが起こって会談は中断した。新たに樹立した軍事政権(朴正熙が国家再建最高会議議長に就任し、後、大統領となった)は日韓会談の再開に積極的であった。工業化を進めて国を富ませ、南北統一を推進するため資本と技術を日本から調達するためである。が、思ったように事態は進まなかった。

　10月に第6次会談が始まったが、対日財産請求権問題、漁業問題は実質討議がないまま越年し、外相会談も開かれたが対立が解けず自然休会の状態に陥った。

　昭和37年12月にようやく財産請求権問題が解決し、残るは漁業問題となった。漁業専門家会合において漁業協定に対する双方の大綱が交換されたが、双方の主張は全く異なっていた。日本側は、①国連海洋法会議の多数意見に基づき、12カイリ漁業専管水域を認める。②その他の水域は原則自由操業とするが、資源調査により必要な場合は規制措置を考慮する。③現行の李ラインは認めない、とした。つまり、日本側は第2次国連海洋法会議で多数の国が賛成した漁業専管水域12カイリを認めることに大きく政策転換した。韓国側は、国防及び魚族保護の観点から原則として李ライン内の立ち入りを禁止する。ただし、済州島南方及び対馬北方の2ヵ所は調整区域とする、とした。日本側は、韓国側の大綱は李ラインの存続に他ならず、協議の対象になりえないとし、第2次案の提示を要求した。

韓国側に漁業問題の解決は国交正常化後にする、李ラインは堅守するという動きがあるので、協会と協議会は、漁業問題は他の諸懸案と同時に解決すること、漁業協定は国連海洋法会議の基本理念に基づくこと、拿捕抑留などの損害を賠償させることを決議し、政府、自民党に陳情した。

韓国側も国内の政治混乱が収まると漁業協力問題を同時に話合うことを提案してきた。漁業専管水域で譲歩するには国内世論を納得させるための代償が必要という理由であった。日本側は拿捕が続いている中で漁業協力の話は進められないと反駁した。

昭和38年7月の漁業専門家会合で韓国側が第2次案を提示した。それは、①韓国沿岸に40カイリの漁業専管水域を設ける。②その外側に共同規制を行なう特定水域を設ける。③基線は直線基線を基本とする、という内容であった。この提案は李ラインの存廃には触れていないが、管轄権の範囲を李ラインより縮小する意図を示した。この提案を転機として漁業専管水域の範囲に焦点が絞られ、日本側は対案として、①漁業専管水域を12カイリとする。②その基線は低潮線を原則とするが、韓国の西側及び南側水域については直接基線を認める、とした[76]。

9月に入って漁業専管水域についての交渉が行き詰まったので、共同規制についての協議に移り、①韓国側から共同規制水域は漁業専管水域の外側28カイリという提案があり、日本側も同意した。②共同規制の対象漁業は以西トロール、以西底曳網、以東底曳網、まき網、サバはね釣りの5業種とする。③共同規制は網目と光力の制限、禁漁期の設定、日韓相互の禁止区域の尊重などとすることが決まった。

10月に日本側の案、11月に韓国側の対案が示された。韓国側の対案は、漁業専管水域には触れず、共同規制水域を広く設定し、日本漁船を一方的に排除する内容であった。漁業専管水域で日本側の主張する12カイリ案を受け入れても共同規制水域で日本漁船を厳しく規制しないと李ラインの存続を訴える国内世論に応えられないからである。このため、折衝は行き詰まった。

昭和39年に入ると、課題は済州島及び対馬周辺の基線に引き方、共同規制水域の範囲、共同規制水域の入漁隻数などに焦点が絞られた。業界は政治的配慮から漁業者の犠牲で妥結することがないよう自民党水産部会に、①漁業専管水域及び基線の設定は国際慣例に従って決定すること、②一方的に日本漁船を閉め出すが如き共同規制は容認できない、③将来に悪例となるような漁業協定には反対、の3点を申し入れた[77]。

3月から閣僚級(農相)会談に持ち込まれ、基線の引き方で合意に達した部分と対立した部分ができ、共同規制水域の入漁隻数については日本側は従来の出漁実績を尊重すべきという主張から譲歩し、実績を下回る提案をした。協議会はこれを重視して各地で日韓会談要求貫徹漁民大会を開いた。

第7次会談は12月に開始され、翌40年3月になると漁業者を犠牲にした妥結反対の運動が活発となった。一方、農相会談で①共同規制水域における日本側の基準漁獲量を年間15万トンとする。②共同規制水域の最高出漁隻数を定める。③サバ一本釣りのうち50トン未満船は日本側が自主規制する点で合意した。漁業協力金は9千万ドルとなった。最後に残された共同規制水域での管轄権は旗国主義とする、済州島北部の基線の引き方(そこは優良漁場で、漁業専管水域を広くするか否かの対立。日本側は国際法に照らして済州島と本土との直線基線は認められないといい、韓国側は済州島は本土の一部であり、内水にしなければ国民感情が治まらないとした)についても妥協が成立し、4月に漁業の合意事項が仮調印された(図7-5参照)。

これで13年余にわたる日韓会談が実質的に終幕した。6月に日韓条約が正式調印となり、双方

で激しい反対運動が起こっている中、発効への手続きが進められ、12月に批准書を交換して協定が発効した。同時に、両国漁船の安全操業、紛争解決などのため日本は大日本水産会、韓国は大韓水産業協同組合中央会が当事者となって民間取決めを結んだ。

協議会は漁業協定の内容に必ずしも満足していないが、安全操業が確保されたことは幸いとした[78]。韓国側は装備も技術も数段上回る日本漁船が共同漁場を荒らすという不安を抱える一方、漁業協力金を使って沿岸・遠洋漁船を建造し、漁業の近代化と遠洋漁業の育成を図った[79]。

共同規制水域への以西底曳網の入漁は270隻となった。この配分について協会は支部ごとに割当てるとしたが、割当て基準は福岡地区は実績7、許可3の割合、長崎地区は実績5、許可5を主張して対立した。下関と戸畑は実績、許可のどちらでも良いという態度であったことから、長崎と福岡の主張の中間をとって実績6、許可4で配分することにした[80]。

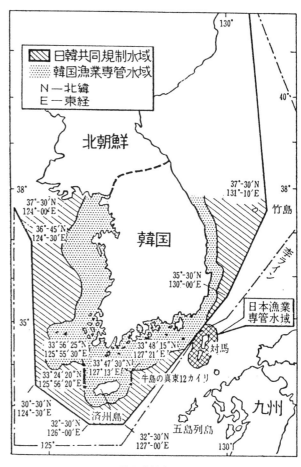

図7-5　日韓漁業協定による漁場区分
出所：朝日新聞　昭和40年6月23日

3　韓国に拿捕された漁船、乗組員と損害補償

表7-5は韓国に拿捕された漁船及び乗組員数を示したものである。拿捕・抑留はマ・ライン時代から発生し、李ライン設定後に続いている。その数は昭和26年、28～30年に多いが、増減しながらも漁業協定が締結される40年まで続く（その後もいくらか拿捕はあるが、領海侵犯などが理由）。拿捕、抑留者の数は日韓会談の進捗具合に沿っていて、日韓会談を有利に運ぶための政治的手段とされた。日本側は李ラインを国際法違反として認めず、その水域内への進入を政府も業界も規制していない。拿捕・抑留漁船、乗組員はほとんどが以西底曳網であった。

昭和40年6月、漁業協定の締結によって日韓漁業対策本部・日韓漁業協議会を通じての主要運動目標であった李ラインの撤廃と安全操業の確保が実現した。だが、業界にとっていま1つの運動目標である拿捕・抑留による損害の補償が残された。

拿捕・抑留に対しては、昭和28年11月に抑留漁船員の留守家族に見舞金及び差し入れ金が支給され、29年3月に拿捕された漁業者が代船建造、漁具入手をするための資金を農林漁業金融公庫が融資する措置がとられた。政府が留守家族に交付した補助金は昭和28年から36年末までに

表7-5 韓国拿捕漁船と乗組員

昭和	漁船 隻	乗組員 人
22年	7	81
23年	15	202
24年	14	154
25年	13	165
26年	43	497
27年	10	132
28年	47	585
29年	34	454
30年	30	499
31年	19	225
32年	10	98
33年	9	93
34年	10	119
35年	6	52
36年	15	152
37年	16	114
38年	16	147
39年	9	98
40年	5	62
累計	328	3,929

資料:『遠洋底曳情報 第56号、58号、63号、65号』
(昭和35年12月、37年1月、39年1月、40年1月)
注:文献によって数値が異なる。

累計約2億5千万円となった。その内訳は、見舞金、差し入れ品購入費、医療費、帰郷旅費その他、帰還援護事業委託費、遺族特別支出金からなっている[81]。

協議会が拿捕漁船の損害補償問題に本格的に取り組んだのは昭和35年6月の損害額調査からである。当時、政府、与党も損害額は捕獲した国に求めるという考えであり、適当な時期に日韓会談の議題にする予定であった。昭和38年1月に協議会は大日本水産会と連名で韓国への賠償請求を関係方面に陳情した。拿捕漁船298隻のうち調査ができた280隻分だけでも72億4千万円余にのぼる。

韓国への損害賠償請求は経済協力を求めている韓国が応じることは困難とみられた。昭和40年になって会談が大詰めの段階に至った時、協議会は漁業者の犠牲による妥結に反対するとともに、陳情で損害賠償の同時解決を強く要望した。3月の外相会談において韓国側の在籍船舶補償要求(終戦時、朝鮮籍の船舶はすべて韓国に引き渡すという主張。連合国軍最高司令官の指令でもあった)と日本側の拿捕漁船及び乗組員に対する補償要求とはそれぞれ白紙に還すこと(実質的には相殺)で合意された[82]。

政府は、対韓賠償請求権の放棄に伴って政府が補償する方針に切り換えた。昭和40年3月の国会質疑で、国内措置で補償する、補償額は韓国側に請求したのは72億円であり、そこから見舞金、保険金で支払ったものを差し引いた額になることを明らかにした。

補償額査定は水産庁が担当することになり、協議会から提出された調査資料を基礎に検討した結果、損害額は72億円と発表した。「日韓国会」を控え、西日本の漁業者間に損害補償要求運動が盛り上がり、各県に要求貫徹期成同盟が結成され、その上部団体として韓国拿捕損害補償要求貫徹期成同盟が組織された。期成同盟は9月に開いた漁業者大会において漁船328隻、抑留船員3,929人、死傷者44人、損害額90億円余とした。

期成同盟は政府、国会に働きかけ、国会では自民党の田口長次郎を中心に立法化の準備を進めた。水産庁は補正予算から支出するよう大蔵省と折衝を開始した。大蔵省は法的根拠がないと難色を示した。損害額は協議会の集計では90億円(昭和35年の評価額76億円を39年にスライドした)となった。内容は、漁船関係(未帰還185隻、帰還142隻の修理費)24億円、積載物8億円、事件に伴う出費2億円、抑留中の賃金25億円、休業損害(未帰還船は代船建造の期間、帰還船は抑留期間と修理期間)25億円、乗組員の死亡及び傷害補償(43人分)5億円である[83]。これをもって各方面に運動した。

10月に補償額が決定した。特別交付金40億円、低利長期の融資10億円を補正予算に計上するというものであった。すでに処置済みのものを約50億円(水産庁算定と比べると約32億円)と推定して算出したことになる。

補正予算は年内に決まらず、越年した。特別交付金は昭和41年4月から給付された。特別交付金

は免税にすべきだとして、協会、協議会、自民党水産部会が大蔵大臣、大蔵省に働きかけた。税法上、特別交付金の免税は難しく、圧縮記帳(国庫補助金などを受けて固定資産を購入した場合、その購入額から補助金額を控除したものを購入額とすることによって固定資産税を減額する)となる見通しだったが、特別交付金が業界の要望額を大きく下回ったことから政治的に免税の線で押すことになった。昭和41年6月の国税庁通達で、個人については見舞金に類するものとして所得税を課さない、法人で代替資産を取得した場合は圧縮記帳とすることになった。実際は大蔵省との折衝で、中小企業についても免税とし、大手6社については船体と漁具に対する給付金は圧縮記帳によって実質的に税がかからないように処理することとなった。

協議会は昭和42年4月に解散した。対策本部から通算13年7ヵ月、協議会としては6年6ヵ月であった。

第6節　拿捕と保険及び減免

1　漁船特殊保険と乗組員給与保険

韓国、中国による以西漁船の拿捕、没収、乗組員の抑留事件は昭和22年から発生した。協会は拿捕、没収されたものに対して国が補償すべきだとして国会、農林省に陳情したが、マ・ライン違反船は補償対象にはならないという意見や海外の個人資産(補償はない)などとの関係から受け入れられなかった。

昭和26年3月、国会でこの問題が取り上げられ、水産庁長官は国家補償は困難だが、保険制度を考えるとの答弁があり、急速に準備を進めて4月には漁船保険法を改正して、戦争、戦乱などによって生じた損害を補填する特殊保険に漁船の拿捕・抑留を加えた。協会にしてみれば、国が補償すべきなのに相互扶助の特殊保険にすり替わったとみえた。

法改正は、特殊保険の加入は普通保険に加入している漁船で、保険期間は普通保険と同じ原則3ヵ月、保険金額は普通保険の保険金額以内、保険料率の変更は農林大臣の命令による、特殊保険会計と普通保険会計は別会計、を内容としている。漁船保険組合は定款を改正して、特殊保険の引き受けを開始した。特殊保険制度によって倒産を免れた中小漁業者も多い。

昭和27年3月に漁船保険法に代わって漁船損害補償法(現漁船損害等補償法)が公布され(4月施行)、特殊保険も引き継がれた。内容は旧法と大差はないが、保険期間は乗組員給与保険と合わせて原則4ヵ月とし、保険金額を引き上げている。

以西漁業の保険料は普通保険と特殊保険を合算すれば総経費の約1割に達することから昭和28年に漁船損害補償法が改正されて、義務加入にするとともに保険料の一部国庫負担が実現した。

一方、船員及びその家族が蒙る被害についても経営者に全責任を負わせるのは不合理で、政府も責任の一端を負うべきだという主張から昭和27年6月に漁船乗組員給与保険法が成立した。同法は、漁船乗組員が抑留された場合の給与を保険金で支給する制度で、漁船保険組合が給与保険事業を行う、保険料は事業主が負担、保険期間は4ヵ月とした。違法操業による拿捕は適用外である。

昭和28年4月に改正され、保険料の引き上げとともに保険金額は普通保険の3倍まで引き上げ

られた。昭和27年度から大蔵省は保険料の引き上げを求めた。特殊保険の赤字分を一般会計から繰り入れる額が多額となったことによる。業界は特殊保険は国家補償的性格をもっており、商業保険のように収支を合わせるために保険料を引き上げることに反対し、漁業者は漁船がとられ、乗組員が抑留されて損失が甚大なのでこれ以上の負担は耐えられないとした。水産庁も現状維持を求めたが、両者の中間まで引き上げることで決着した[89]。

昭和28年度以降も保険成績を基に大蔵省から保険料の引き上げを求められたが、制度の趣旨に反するとして運動が起こされ、引き上げ率が抑えられた。反対に、昭和30年に中国との間で漁業協定が締結されると、拿捕は激減するので、協会は漁船特殊保険及び漁船乗組員給与保険の保険料率を半額以下に、保険期間を2ヵ月に短縮することを求めた[90]。

日中漁業協定が成立してからは特殊保険と乗組員給与保険の加入者が激減する一方、韓国抑留者の帰還の見通しが立たないので、保険事業の赤字が年々増加した。水産庁は保険加入を促したが、加入は増えなかった。日中関係は拿捕が皆無となったし、韓国については李ライン周辺の操業を避けたり、警戒を厳にすれば拿捕は避けられること、保険料が高いことが理由であった[91]。

昭和32年12月、特殊保険及び乗組員給与保険の加入促進のため、保険期間を3ヵ月に短縮した（拿捕の危険海域へ出漁する期間だけ保険料を払えば良いので、保険期間の短縮によってその分保険料は下がる）。協会が要望してきた保険期間の短縮は加入率が低いためなかなか実現しなかった。協会は2ヵ月に短縮することを要望してきたが、大蔵省は保険料と無関係に期間短縮はできないと反対した経緯がある。そのことからすれば3ヵ月に短縮できたことは成果といえた[92]。

昭和33年度は、日中漁業協定が再延長できなかったことで、保険加入が全漁船の2割強に増加した（昭和29年当時の6割加入に比べると低いが）。昭和34年2月の協会の定時総会では、特殊保険は商業保険のような打算によって運営されており、高率保険料は被害者の救済にはなっていない。この保険制度を被害者を救済するものに変え、保険料の最低5割の国庫補助、事務費の国庫負担、政府再保険は現行9割から10割に引き上げるという陳情を行なうことを決議している[93]。

政府はようやく特殊保険の収支バランスがとれるようになったばかりで引き下げができる状況ではなかったが、保険料の支払いを容易にし、保険加入を促進するために保険料を暫定的に半額にした（4月から）。水産庁はこれを機会に特殊保険への加入を促進すると、以西漁船の加入率は66％に急増した[94]。この低料率は昭和37年度まで続けられた。

昭和40年、日韓漁業協定が発効し、拿捕もなくなると、協会は農林漁業金融公庫の貸付条件としていた特殊保険への加入を解除することを陳情し、41年3月に実現をみた。もっとも以西底曳網漁船で特殊保険に加入しているのはほとんどいなくなっていた[95]。

2 固定資産税の減免[96]

昭和25年のシャープ勧告により固定資産税が創設され、市町村の主要財源として重用された。漁業界あげての反対にも拘わらず、漁船も課税の対象となった。漁船は従来、船舶税として収益の約1％を負担していたが、この税制改正で収益の26％程度の固定資産税が課されることになった。以西底曳網は1組5千円程度の徴税であったのが、10万円を超えるようになった。

昭和26年1月、協会の定時総会で固定資産税の如き非収益課税を全免又は減免すること、水産資源枯渇防止法による補償金は非課税にすること、などを決議している。漁業界は関係市と折衝して、拿捕漁船、減船整理船については減免されるようになった。また、固定資産評価額について

も業界、水産庁が協議して作成した水準になった。[97]

　昭和28年度、以西底曳網のある各市(下関、戸畑、福岡、唐津、長崎、佐世保)とも財政状況からしてこれ以上の減免措置はとれないが、地方自治庁(昭和24年地方自治庁設置、28年に自治庁、35年に自治省となる。現総務省)が以西漁業の実情により特別交付金を出すなら減免措置を考えるとした。各市の税務関係者が地方自治庁に陳情し、協会も資料、陳情書を提出した。地方自治庁は、次長通達で以西漁船は操業の制約により漁獲減少、経費高になっており、担税力が低下している。危険区域で操業する船舶には固定資産税を5割軽減する。韓国、中国に拿捕された漁船は抑留期間中の税額を免除する、とした。

　しかし、同年度はこの措置に伴う地方財政平衡交付金(国が地方財政の需要額と財政収入額との差額を補填する制度で、昭和25～28年度の4年間行われた。その後は地方交付税となる)中の特別交付金が少なく、各市は協議した結果、2割5分の減免に留まった。[98]

　協会は毎年、中央に対しては特別交付金の獲得運動を、各市に対しては税の減免運動を行ってきた。各市は地方財政の窮迫を理由として、水産庁が交付する交付額程度の減免しか実施せず、従って2割5分程度の減免に留まった。[99]

　昭和32年度は地方税法の改正によって船舶を外航船舶と内航船舶に分け、固定資産税の課税標準額を外航船舶は6分1、内航船舶は3分2に引き下げた(トン税を引き上げた代わりに固定資産税を軽減した)。このことは船主の資本蓄積に有効であったが、反対に多数の漁船を擁する市町村はそれだけ減収となる。それで以西漁業の関係市は減収の補填を特別交付金によって補おうと自治庁に陳情した。自治庁は内航船舶の減収も以西関係の減収もともに特別交付金で補填することを認めた。[100]

　漁業界も漁船の固定資産税の課税標準を外航船舶と内航船舶で差を設けるのは税の衡平を失するもの、税制上の不合理是正を求めて運動を続けた。[101]以西漁船の課税標準額は木船から鋼船に切り替わったことなどで漸増していた。その結果、地方税法の改正により3分2から2分1に引き下げられた。[102]

　昭和40年に、協会では日韓漁業協定の発効で特別交付金の獲得は無理とする意見ともう1年運動しようという意見があり、自治庁の内部でも各市が減免措置をとるなら一気に止められないとする意見と特別交付金は不要になったという意見があったが、特別交付金の交付が決まった。その後も固定資産税の減免に関連する特別交付金は交付された。[103]

第7節　資源保護気運の高まりと網目規制[104]

1　資源保持気運の高まり

　協会の内部で資源の悪化が問題として取り上げられたのは、以西底曳網が史上最高の漁獲量を記録する1年前の昭和34年であった。昭和34年7月に協会の理事会で福岡支部から漁獲物が小型化しているので夏季一斉休漁をするという趣旨の提案があった。提案は、休漁期間は2～3ヵ月とする、時期は支部ごとに定める、法律で制度化するというものであった。これに対し、出席していた水産庁の担当官は西海区水産研究所(以下、水産研究所という)は資源状態に赤信号を出していない、東シナ海・黄海は国際漁場なので日本が法律で休漁制度を定めると将来、関係国との話

し合いで不具合が予想されるとして法規制を否定した。下関及び戸畑支部は休漁制度は経営上、労務管理上影響が大きい、現状でも2ヵ月以上休漁しており（毎年、5～10月の間、北洋などに出漁し、以西での操業を休む者が多い）、これ以上の休漁は不要である、休漁よりも網目規制が有効とした。長崎支部は福岡支部の提案に同調する空気が強かった。資源状況が悪化しているとの認識は一致したが、夏季休漁は全員の賛成とはならず、この問題を検討する委員会を設置することで先送りとなった。

　8月の常任理事会で資源保持対策委員会の設置が承認された。委員会は水産研究所を中心に研究を重ね、夏季休漁、網目制限、運搬船の仲積み転載の禁止について検討を行った。このうち運搬船による仲積み転載について、水産庁は資源に影響を及ぼすとしてエビ漁以外では許可しない方針であることを説明した。

　水産研究所は底魚資源の状態は、①統計から判断すると一部魚種（レンコダイなど）を除いて特に急いで保護を講じる必要はない。②だが、最近の著しい漁具漁法の改良にもかかわらず、曳網あたりの漁獲量は増えておらず、資源密度は低下している。③また、漁獲物の小型化が進行しており、保護措置を講じるのは意義がある。④その方法は網目規制かキグチの小型魚が出現する夏季の漁獲制限が考えられる。夏季休漁は制限の必要がないキグチ以外の漁獲も制限するので得策とはいえない、とした。昭和34年の段階で、水産研究所の見解は漁獲量が伸びていることもあって切迫感は感じられない。業界の方が危機意識をもって網目規制や夏季休漁の効果を問い質している[105]。

　2年後の昭和36年8月、常任理事会で水産研究所は「学者的感覚」で結論を出さないが、「業界人の感覚」として具体的な保持対策を断行すべきだとして特別委員会の設置を決めた。委員会は課題を夏季休漁、網目制限、馬力制限、トン数制限、漁業転換の5項目として検討を進めた[106]。

　昭和37年3月、資源保持対策委員会で水産研究所が提示した試案が審議された。試案は、①採捕年齢を大きくすることが最良とし、小型魚が多い時期、漁場での操業を制限する方法と網目規制があるが、網目規制がより効果的である。②以西漁場で生活史を完結するエソやレンコダイは日本だけの規制でも効果があるが、季節的に漁場外に去るキグチ、クログチ、タチウオ、ハモ、エビなどは関係国との統一的規制が欠かせない。③網目規制は中国では遠洋漁業は内径70mm程度、沿岸漁業は50～60mm程度に規制している、以西漁業は40mmにも達していない、一挙に70mmに拡大するのは無理なので段階的に拡大することが適当、網目拡大によって魚種組成の変化、一時的な漁獲の減少が起こるから試験期間を設けるのが良い、とした[107]。

　同年12月、水産研究所が以西底魚資源はこのまま放任を許さない重要な段階にきているとの見解を示したことから早急に具体策を検討することになった[108]。この段階で水産研究所の状況認識は大きく変った。すなわち、同年2月の日韓漁業協議において資源評価が行われ、韓国側は底魚は過剰漁獲で資源の減少が著しいので規制が必要としたのに対し、日本側は以西漁場における重要魚種はほぼ漁獲努力と平衡しており、資源が減少過程にあるとは考えられないとしていたのである[109]。

　昭和38年2月の協会の定期総会において資源保護の実施に関する決議がなされ、4月の常任理事会で具体案の策定を資源保持対策委員会に委任した。最初の問題提起から4年近く経ってようやく総会決議に基づき対策に向けて動き出した。以西底曳網の漁獲量は頭打ちとなり、誰の目にも資源の悪化は明らかとなった。中国との間では民間協定が失効中、日韓会談は先行き不透明で

2　資源保護対策の検討と馬力制限

　昭和38年5月、資源保持対策委員会は資源保護の方法として、①夜間操業の規制、②コウライエビの運搬船問題、③馬力制限、④夏季休漁、⑤網目規制などを検討した。

　①夜間操業の制限は資源保護というより船員の労務問題の側面が強いので乗組員及び各社の判断に委ねる。②運搬船の使用は漁船の操業度が増すので好ましくない。エビの運搬は認められるといってもエビだけを運搬するわけではないので違反の恐れがある。したがって、協会は鮮度保持上必要な場合は漁業許可船で運搬できるようにすること、エビに限って認められた運搬船の使用は廃止することを水産庁に申し入れた。③馬力制限については後述する。④夏季休漁は、盛漁期に休漁するよりは経営への打撃は少ないが、給料制と歩合制で影響が異なるといった意見から賃金形態と関係がない最低休漁日数を定める方向で検討することにした。後日、検討の結果、すでに年間停泊日数は約60日に及んでおり、これ以上休漁すると経営、労務に大きく影響することから夏季休漁は支持を失った。⑤網目規制は稚魚の保護、実行の難易などからして最も適当である。しかし、過去にも同様の申し合わせが行われたが守られていないので規制実施にあたって、法制化の要請、違反防止対策についても検討することにした。[110]

　漁船の馬力制限についての経緯に触れておく。昭和37年1月の常任理事会に、漁船機関の技術進歩が著しく、資源保護に悪影響を及ぼすとして馬力制限が提案され、2月の総会で馬力制限の実施を決議した。その内容は、90トン未満は360馬力、90〜140トンは420馬力以下（総トン数の4倍未満）、140トン以上は建造する者が現れた時点で協議する、既にこの馬力数を超えているものはその機関1代限りとする、馬力は軸馬力（実馬力とも呼ばれる）による、である。水産庁に行政措置を要望したところ、水産庁は軸馬力はその算定の係数に幅があってそれでの規制は難しい。機関の過給機及び排気慣性が発達して従来の農林馬力が意味をなくしたので改正を検討中である、と答えている。

　その後、漁船機関の性能基準が検討され、9月に漁船法施行規則が改正された。この改正で過給機や空気冷却器の有無と農林馬力の関係を明確にしたので、協会は昭和39年2月、軸馬力による規制を求めることをやめて農林馬力による規制を求めることにした。というのも、メーカーは制限馬力内で効率の向上を図っており、制限馬力の実質が大きく変わったこと、水産庁が設けた性能基準の方が協会の制限馬力より緩やかで、馬力増強の申請に弾力的に対応できるからであった。

　昭和39年2月の告示で、漁船トン数毎に船舶の長さと幅の比、幅と深さの比、長さ・幅・深さの相乗積、推進機関の馬力数を示している。以西底曳網漁船の場合、漁船トン数と馬力数の関係だけを示すと、例えば70トン級は400馬力以下、100トン級は500馬力以下、150トン級は600馬力以下となっている。[111]

　日本では馬力による漁獲規制は行われなかったが、昭和50年の日中漁業協定では東シナ海・黄海の中央部に600馬力の制限線が引かれ、大型船はそれ以西では操業できなくなったという例がある。

3　網目規制の自主的措置

　昭和38年6月、資源保持対策委員会は網目規制の具体策として、①使用時の有効内径は1寸8分(54mm)以上とする。②規制はコッド・エンドについては9月以降、その他の部分は11月以降の出港船から実施する。③水産庁に法的規制と網目検査を要請する。④製網業者へ協力要請する、ことを決めた。

　この規制案は支部総会、常任理事会の議を経て、水産庁に法的規制を要請した。水産庁は要請を容れ、12月1日付けで一斉に漁業許可証の書き換え(網目規制)を行った。協会は製網業者への協力要請も行った。また、支部ごとに監視員を任命し、漁具の検査を行い、違反防止を図った。こうして水産史上、画期的な自主的網目規制が昭和38年9月から実施された。

　協会は12月の理事会、臨時総会で次の2項目を決定した。①主要魚種については銘柄別に規格を統一し、将来、幼魚の混獲許容限度を定め、網目規制の実効を確保する(昭和40年11月の日中民間新漁業協定の改定で、網目規制とともに幼魚の混獲率が規定された)。②各支部は規格に達しない網を船主の責任において撤収、処理せしめ、その処理を確認する。

　しかし、昭和39年7月の理事会で、規制による漁獲の減少が予期以上に甚だしいので、中小漁業者の経営は自滅するとして、規制を1寸6分まで緩和することを求める声があがった。理由は、①規制前に1寸2、3分の網を使用していた者は甚だしくは1網の漁獲が5割も減った。②1寸6分にしても新たに休漁期間を設定すれば資源の維持は可能。③法規制に移っていて改めることができないのなら運用面で緩和できるように水産庁に訴えるべきだというもので、下関支部の中小漁業者が中心であった。これに対し、長崎支部は、①規制は内部で充分検討されたうえで実施した。②資源枯渇で最も打撃を受けるのは他の業種に転換できない中小漁業者であり、現規制は中小業者のためであって維持すべき。③規制による経営上の影響は経営を破綻させるほどではない。④韓国、中国との今後の漁業関係を考えると現規制を維持すべき。⑤現規制は完全には守られていない、規制を緩和しても守られるかどうか疑問で、さらに緩和へと行きかねない。⑥現規制による経営上の影響や緩和した場合の経営面、資源面への影響の見通しがないまま規制を緩めるのは軽率、と主張した。

　各支部の意見は、下関は網全体を1寸6分に改める、それが無理ならコッド・エンドだけでも1寸6分にする、福岡はコッド・エンドだけを1寸6分とし、その他は現行通り、長崎は緩和に反対、戸畑は支部としての意見ではなく、1理事の意見として現状維持を支持するが、多数意見に従うというもので、結局一本化できず、8月の理事会、総会に持ち込まれた。そこでも議論は平行線をたどり、妥協策として、①新漁期に間に合わせるため、現行法規はそのままとし、取締りの緩和について暫定措置を検討する委員会を設ける。②地区毎に経営調査を行い、12月までにまとめてその結果により網目規制の変更が必要となれば、明年1月から変更するよう水産庁に要請する、ことになった。

　これにより設置された網目規制取締委員会は現行法規制による目合いは据え置き、取締り面においてコッド・エンドの目合いが50mm以上であれば違反にならないよう水産庁に要請し、9月から実施するとした。水産庁は取締り方針を一部変更して対応することにした。[112]

　網目規制による効果は、規制直後の1年間はキグチ、シログチ、タチウオ、ハモなどは小型魚の漁獲はかなり減って効果が認められたが、緩和措置がとられてからは再び小型魚の比率が増加した。[113]

4 網目規制の国際規制への移行と西海区水産研究所の見解

　以西底曳網の網目規制は昭和38年9月から実施されたが、1年後には水産庁の取締りにおいて暫定措置がとられるようになった。

　昭和40年末、ほぼ時を同じくして日中新漁業協定の改定、日韓漁業協定の批准が行われたが、両協定にはそれぞれ網目規制が取り入れられ、網目規制は国内規制から国際規制となった。日韓漁業協定では50トン未満の底曳網は33mm以上、50トン以上は54mm以上、アジ・サバを対象とするまき網は身網の主要部分は30mm以上としている。日中漁業協定では幼魚保護に関する規定が加わり、キグチ、タチウオの幼魚の混獲率は同種全体の20％以下とする、昭和41年4月から実施する（日中漁業協議会は漁業者から銘柄別漁獲報告を提出させ、それをチェックした）、網目はコッド・エンドは54mm、その他は65mm以上とする、昭和41年9月から実施する、とした。概ね、昭和41年秋漁期から新規制網への切り換えが行われ、12月には全船で切り換えが完了した。

　日韓、日中の漁業協定により漁業秩序は確立したが、反面、これら協定による規制の強化、外国漁船との漁獲競争、鮮魚輸入の増加などで経営が危機に直面しているとして協会の内部に経営対策委員会が立ち上がった。経営対策として資源保護対策、魚価対策、農林漁業金融公庫の融資条件の緩和、労務対策、経営体の維持強化対策があげられた。そのうち、資源保護対策として、網目規制に加えて夏季休漁、減船、他漁業への転換を行うべしという意見、外国漁船が進出してきており日本だけの減船、休漁は無意味であるとする意見、各地の経営形態は異なるので一律の休漁は困難、休漁が加わると中小漁業者は一層経営が困難になるといった意見が出て、まとまらなかった。[114]

　その際、水産研究所は漁獲規制の目的を最大持続生産に置き、次のような見解を示している。①曳網回数は最大の漁獲量をあげた昭和36年に比べ39年は17％増えたが、漁獲量は減少しており、それだけ曳網回数を減らさないと最大の漁獲量は実現しない。実際は漁獲性能が高まっているので、漁獲強度をさらに下げなければならない。経営体の苦痛という点からして実施は限られるが、労働条件の改善や海上での安全の確保といった目的と兼ねて停泊日数の延長、夜間操業の制限などをする方法もある。②小型魚の保護に関しては、夏季休漁は小型魚の出現がこの季節に集中しているわけではないので効果は限られる。日中新漁業協定で入会漁区の拡大、キグチとタチウオの幼魚の漁獲割合の制限という形で実施している。③網目規制によって小型魚の漁獲を規制する方法は、現行の54mmではマダイ、レンコダイに対しては効果はない。他の魚種についても決して十分ではない。54mmの規制は当初の漁獲減少をできるだけ抑え、しかもある程度の効果を狙う暫定措置とみなされる。他のいろいろな規制方法と組み合わせるのが合理的としている。[115]

第8節　以西漁業の許認可方針と漁船の大型化

　昭和21年9月、以西底曳網・トロール漁業の許可及び起業認可の方針（以下、許認可方針という）が出された。戦後の以西底曳網の許可にあたって政府は、従来の実績、制限された漁区の資源保護と資材の事情を考慮に入れ、国内の逼迫する食糧事情からして700隻まで建造資金の斡旋、資材の重点配給を行い、同漁業の再建を図った。[116]

昭和24年12月、減船整理の方針が確定した段階で、水産庁は代船建造にあたって40トンまでの増トンを認める。それ以上はトン数補充を要する、とした。[117]

　マ・ラインの撤廃を控えた昭和27年1月に協会は漁船の大型化(無補充の増トン)を水産庁に要望した。代船建造で40トン以上に増トンする場合、不足分は他から調達して補充しなければならない。この方針は乗組員の船内環境の改善、漁船の安定性の確保、最新装備の導入を不可能とし、漁業の合理化を阻んでいるとしたうえで、漁業資源保護の観点から無制限な漁獲能力の増大を要望しているのではなく、新技術の導入に必要な増トンを要望するものだとした。戦後の漁船建造にあたって、資材、資金の不足などのため応急措置として小型船を建造したり、戦災を免れた老朽船で操業したものが代船建造期を迎えている。木船、鋼船を問わず、中間漁区船は49トンまで、以西漁船は75トンまで増トンを認めてもらいたいという趣旨である。[118]

　同年9月の「以西トロール及び以西底曳網漁業対策要綱」では、以西底曳網漁船の代船建造はトン数補充なしで75トンまでの増トンを認める。現在、75トン以上のものは冷凍機の新設、防熱装置の完備、機関換装、船員室の改善、各種機器の装備などによる改造、代船建造は漁獲能率を高めない限りトン数補充なしで増トンを認める、となって業界の要望が実現した。[119]

　昭和30年7月に許認可方針が改正された。以西底曳網の適正船型を75トンと定め、それ以上の漁船を建造する場合はトン数補充が必要とした。昭和32年2月の協会の総会で、鋼船の適正船型を75トンとすることは認めがたい。東シナ海・黄海において、近い将来、日中韓の漁獲競争が始まると優秀船を保有する国が勝ちを制することから、代船建造にあたってはトン数制限の緩和を要望した。水産庁は100トンまでの増トンを認めるのは資源の現状から無理、国際競争力に関しては日本が主導しており、今後の漁業協定に悪い影響を及ぼす、として認めなかった。[120]

　昭和34年2月の定時総会で、以西漁船の代船建造は現行のトン数基準を改め、魚艙容積を基準とすることを決議し、水産庁に陳情した。理由は、木船から鋼船への転換が急増しているが、鋼船は総容積が小さく、安定性を欠くので海難防止の面から漁船を大型にしなければならない。また、底曳網は居住区が極めて狭く、改善が労働組合から求められているが、総トン数を抑えられていて実現できない。魚艙容積で許可を出して欲しい、というのであった。[121]

　昭和35年2月に許認可方針が変更され、協会が要望していた以西底曳漁船のトン数緩和が実現したうえ、南シナ海での操業、遠洋トロール漁業についても許認可方針が示された。[122]以西底曳網漁船にのみ触れると、トン数補充を要しない総トン数を従来の75トンから90トンに引き上げる。海難防止、船員居住区の改善、鮮度保持施設の強化などのため船体の大型化で漁獲性能が向上するが、従来通り、エビ以外、沖合での転載を認めないことで漁獲量の増加を抑えた。

　その後、協会は水産庁に冷凍機を設置する場合は補充なしの増トンを認めるように陳情した。しかし、資源保持対策委員会が資源保護の必要があると結論したので、漁獲能力の増加を伴う場合は補充トンによって行なうことを決議し、増トン要求を取り下げている。[123]

　昭和37年9月の漁業法改正で指定漁業制度(大臣許可漁業を統合した)が発足した。以西トロール・底曳網は「以西底びき網漁業」と単一の法的呼び名となるが、許認可方針は、①継続許可の弊害を是正するために公示に基づく許可を原則とした。②許可期間の一斉更新制を採用した。

　有効期間が満了となり、一斉更新を迎えた昭和42年1月、協会の常任理事会は水産庁へ次の要望事項を決めた。①公示のトン数別隻数は現在の許可数以上にはしない。資源状況からしてトン数区分の幅はなるべく小さくする。②許可船舶間の漁獲物の転載についての制限の撤廃など。

5月、以西底曳網について許可する船舶の総トン数階層別隻数などが公示された。従来の許認可方針では総トン数が1トンでも増加する場合にはトン数補充が必要とされたが、同一トン数階層内では漁獲能力に変わりはないとして無補充で大型化できる。底曳網は90～200トンの範囲で10トンきざみ、トロールは200～550トンの範囲で50トンきざみの階層とした。[124]

　水産庁は動力漁船の性能基準、載荷基準からして許可方針は103トンが限度であったのを115トンまで容認した。代船建造は一斉更新後に集中したが、在京大手は150トン以上、中小漁業者は115トン型船尾式(網の出入りを舷側で行っていたのを船尾で行う方式。スターン曳きともいう)が中心となった。[125]

　漁獲物の陸揚げ港は指定又は選定されていたので、許可船間の転載は原則禁止(エビは鮮度保持のため例外的に許可)であったが、それらは解除された(ただし、日韓漁業協定にかかる共同規制水域の内外で漁獲したものは陸揚げ港を指定)。漁船間の漁獲物の転載が認められたことで、3、4組がグループ操業をし、各船がローテーションを組んで他の漁船の漁獲物を漁場で受け取って帰港する方法が可能になった(鮮度保持に有効だし、操業船は長く漁場に留まり、操業効率が高まる。運搬船の使用は資源保護のため許可されない)。[126]

第9節　結びに代えて－日本遠洋底曳網漁業協会と政治－

　日本遠洋底曳網漁業協会の活動は、漁場問題を抱え、それが占領政策、極東の東西対立に翻弄されるだけに関係機関への働きかけ、世論の喚起が重要で、政治に依存することが多かった。それで、協会は東京に本部を置き、対外活動の拠点とした。例えば、昭和27年1月の定時総会は衆議院議員会館で開かれ、そこへGHQのヘリントン水産部長、水産庁長官らが臨席し、また、衆議院水産常任委員会の田口委員(後述)などが来賓として出席した。そして、漁区拡張促進、金融特別措置、漁業税制の合理化、食料品卸売市場法案、災害補償など11件を決議し、実行委員が数日間、東京に滞在して陳情活動などを行い、その後は会長の政治力、事務局一任という活動スタイルをとった。[127]

　その中でリーダーシップをとった周東英雄、田口長治郎、田中道知の3人に迫ってみよう。日韓漁業協議会編『日韓漁業対策運動史』(昭和43年、内外水産研究所)は李ラインが引かれてから日韓漁業協定が締結されるまでの対策運動を記録したものだが、そのあとがきで、事務局長を務めた田中道知は「兎角政治的には微力と言われる水産界に於て、あれだけの施策をしていただいたのは(周東英雄、田口長治郎)両先生のおかげである」として感謝の念を捧げている。両氏は同書に序文を寄せている。

(1) 周東英雄

　明治31年、山口県に生まれ、東京帝国大学法学部を卒業して農商務省に入省し、農林省米穀局長、農務局長、総務局長、企画院第四部長、商工省物価局長官を経て、大戦中の昭和17年に帝国油糧統制(株)の初代社長となった。戦後、昭和21年に吉田内閣の内閣副書記官長に就任、翌22年4月には衆議院議員(自由党)となった。以後、当選は通算8回に及ぶ。吉田政権下で重用され、昭和23年農林大臣(5ヵ月)、25年国務大臣(経済安定本部総務長官、賠償庁長官、1年1ヵ月)を歴任し、保守合同後は宏池会に属し、池田内閣の下で昭和35年に自治大臣(3ヵ月)、農林大臣(7ヵ月)を務める。この他、

衆議院議員運営委員長、自民党政務調査会長も務めた。昭和44年12月に政界を引退し、56年に死去した。

周東は協会の会長を永く務めた。昭和23年2月に協会が設立された時、会長に周東英雄、専務理事に田中道知がなり、理事に田口長治郎が入った。3人は、協会の前身である西日本機船底曳網漁業水産組合、日本遠洋底曳網水産組合には関係していない。

周東は大臣就任にあたって会長を辞退したが、強力な政治力を必要とする業界に強く慰留されて会長職に留まった。例外的に農林大臣就任のため昭和35年12月に会長職を辞任した。その後任に七田末吉顧問(日中漁業協定交渉時の日本側団長)を選任した(専務理事の田中は重任)。昭和39年2月、病気療養中の七田会長の代理者として田中専務を副会長に選任した。同年8月、逝去した七田会長の後任に周東が選任され、再登板した。[128]

政界を引退した後も協会の会長職にあったが、昭和47年12月の理事会で、高齢を理由に会長を辞任している。74歳であった。想い出として占領期のヘリントン水産部長との折衝、韓国の拿捕事件、中間漁区の問題、網目の規制、自主減船(昭和46年に決めた)を挙げている。顧問に推戴された。[129]

昭和24年12月、周東会長が提唱し、在京の有力漁業会社、団体の首脳を集めて海洋漁業対策研究会が結成された。漁業の国際関係を研究することを目的とし、委員長に周東、底曳部会の部会長に田中が就いた。昭和26年2月に講和条約への対応のため、実施機関としての日本海洋漁業協議会に改組し、海洋漁業全般の代表機関となった。会長は大日本水産会の平塚常次郎会長がなり、周東は顧問に、田中は常任委員で底曳部会長となった。[130]日本海洋漁業協議会は後、大日本水産会に糾合される。

昭和28年9月、大日本水産会を中心とした水産団体(協会を含む)、大手水産会社、各県の団体、会社からなる日韓漁業対策本部が設置された。そのうち、対策委員には以西業界から田中、相談役に周東が入った。[131]昭和30年、韓国が李ラインを侵犯する日本漁船に砲撃を加えるという声明を出すと、衆参両院は公海上の安全操業の確保を決議し、自民党は日韓漁業対策特別委員会を立ち上げ、委員長に周東が就いた。[132]

周東は、減船補償、漁船損害補償など国家補償(予算編成)、減免措置などをめぐる関係官庁、大臣との折衝で期待通りの政治力を発揮した。政治的に微力な水産界にあって傑出していた。

(2) 田口長治郎

明治36年長崎県生まれで、農林省水産講習所を卒業、長崎、山形、滋賀、茨城県の水産試験場に勤務し、昭和12年に農林省水産局に入った。昭和16年に占領地・上海の国策会社である華中水産(株)の副社長となった。戦後、長崎市で華中水産の関係者を集めて共和水産(株)を設立し、以西底曳網を経営した(会社は、後に大洋漁業に吸収された)。昭和24年1月に衆議院議員(民主自由党、後、自由党、自由民主党)となり、その後、7期連続当選した。昭和42年に衆議院議員選挙で落選したが、翌43年に参議院議員となった。昭和49年に政界を引退、54年に死去した。水産行政に深く係わり、昭和28〜29年は衆議院水産委員長を務めている。

昭和23年2月の協会設立総会で理事に選任され、24年1月には副会長となった。しかし、昭和26年1月、副会長を辞任している。共和水産が大洋漁業に合併吸収され、以西底曳網経営から手を引いたためである。

協会は、中国による日本漁船の拿捕・抑留が始まると拿捕の理由と真意を掴んでその防止策を講ずることが急務となった。そのため、北京に招待される日本人に真相究明を依頼するが、手

がかりが得られず、拿捕の不安が続いた。偶々、国会議員の北京訪問団(昭和29年10月に国慶節に参列)の一行に水産関係の田口長治郎と松浦静一がいた。両氏に依頼して真相究明と拿捕防止の話し合いの斡旋を託したところ、両氏は他の一行とは別行動で周恩来総理と懇談し、拿捕漁船と乗組員の帰還を決め、日中民間協議の約束を取り付けた。[133]

　水産関係は田口の専門分野で、多数の漁業関係法などに係わった。その中には、本編に関係する水産資源保護法、漁船損害補償法、漁船乗組員給与保険法、特定海域に於ける漁船の被害に伴う資金の融通に関する特別措置法の成立に尽力した。[134]一例をあげると、昭和26年の衆議院水産委員会で田口が水産庁に対し、拿捕漁船対策、漁船保険制度の拡充(特殊保険)について質問し、漁船損害補償法の成立に尽している。[135]

(3) 田中道知

　明治33年に静岡県に生まれ、水産講習所を卒業して、漁業会社での漁業従事、水産学校の教諭、岩手、茨城県の水産課勤務を経て、長崎県経済部水産課長、水産試験場長となった。昭和22年に農林省水産局福岡事務所長となり、翌23年2月、日本遠洋底曳網漁業協会の設立と同時に専務理事に就任した(東京本部勤務)。田口とは、水産講習所の先輩にあたり、ともに長崎県の水産、以西底曳網にかかわっていて、旧知の間柄であったとみられる。昭和39年2月、病気療養中の七田会長の代理者として副会長となった。昭和42年2月、家庭の事情を理由に副会長を辞任した(辞任後、相談役となった)。日韓漁業協定が結ばれ、協会設立20周年を前にしての辞任である。この間、長い間、周東会長と行動を共にしてきた。日韓関係でいうと、昭和30年、日韓漁業対策本部の活動が休眠状態であったため、事務局を設けて活性化することになり、事務局長に選任された。日韓漁業協定が結ばれて前掲『日韓漁業対策運動史』の編集が最後の仕事となった。協会はこの後、漁場問題から経営問題へ活動の中心が移った。[136]

注

1) 協会の前史については、『日本遠洋底曳網漁業協会創立拾周年記念誌』(昭和33年、同協会)3～30ページに詳しい。
2) 同上、99～110ページ、『遠洋底曳情報　第35号』(昭和29年4月)
3) 田口新治「以西底曳の現状」『水産界　第748号』(昭和21年月)12ページ。田口は協会の参事。
4) 現存のトロール船13隻、底曳船177隻(修理中を含む)に対し、4隻、30隻しか操業できない、漁区を拡張して190隻が操業すれば阪神地方に59千トンの漁獲物を供給できるとしている。
5) 小野征一郎・渡辺浩幹訳『GHQ日本占領史　第42巻水産業』(2000年、日本図書センター)17ページ。
6) 藤井賢二「李承晩ライン宣布への過程に関する研究」『朝鮮学報　第185輯』(平成14年10月)88ページに、昭和23年12月の協会による漁区拡張陳情、24年5月の政府による漁区拡張陳情における拡張要請漁具図が示されている。
7) 「第二回臨時総会決議録」(昭和23年6月)

8) 昭和22年2月に水産局の出先機関として福岡事務所が開設され、以西漁業の統計を取り始めた。8月に取締規則が制定され、漁獲成績報告書(漁区別漁獲努力量と魚種別漁獲量)の提出が義務づけられたが、操業位置についてはマ・ラインによって漁場が制限されているので、越境しているにも拘わらず、ライン内で操業しているように記入した。その結果、マ・ラインを拡張しなくても充分漁獲があげられるような体裁となって、GHQからひどく叱責された。昭和24年4月から違反防止のため監視船4隻が運航されるようになって位置情報はいくらか改善した。『遠洋底曳情報　第48号』(昭和33年3月)
9) 『遠洋底曳情報　第9号』(昭和24年3月)、「第四回定時総会決議録」(昭和24年2月)
10) 『遠洋底曳情報　第1号』(昭和24年6月)、前掲『底曳漁業制度沿革史』413～414ページ。「東支那海におけるトロール漁業及び底曳網漁業の操業区域拡張に関する件」(昭和24年5月)は農林大臣から吉田首相への上申書で、「東海黄海(東支那海)におけるト

ロール漁業及び底曳網漁業の対策に関する件」、「漁区問題に関する関係諸国の反響」（昭和24年6月、日本遠洋底曳網漁業協会）、「漁区拡張に関する閣議決定」（5月10日）が付いている（国立公文書館デジタルアーカイブによる）。

11) 『遠洋底曳情報　第2号』（昭和24年8月）、前掲『底曳漁業制度沿革史』414〜415ページ、「米国陸軍エッチ・ジー・スケンク中佐の森農林大臣に対する声明書」（1949年6月10日）。
12) 前掲『GHQ日本占領史　第42巻　水産業』22、23ページ。
13) 「第六回定時総会決議録」（昭和25年1月）
14) 「第七回臨時総会資料」（昭和25年8月）
15) 『遠洋底曳情報　第15号』（昭和25年11月）
16) 『同　第16号』（昭和26年1月）
17) 『同　第18号』（昭和26年5月）
18) 『同　第19号』（昭和26年6月）
19) 『同　第23号』（昭和27年3月）、「第九回定時総会決議録」（昭和27年1月）
20) 日米加漁業協議は昭和26年11〜12月に行われ、27年5月に成立した。漁業協議における米国の代表団長はW.C.ヘリントンであった。協定の内容は、各国の公海自由の原則を認めるとともに漁業資源の保存措置について各国は平等な立場で協力する、漁業共同委員会を設置し、MSYの実現に向けた措置を各国に勧告する、各国政府は勧告に基づき漁業活動を自発的に制限する、というもの。
21) 『遠洋底曳情報　第21号』（昭和26年10月）
22) 『同　第23号』（昭和27年3月）
23) 前掲『日本遠洋底曳網漁業協会創立拾周年記念誌』110〜119ページを参照。
24) 『遠洋底曳情報　第2号』（昭和24年8月）
25) 『同　第3号』（昭和24年9月）
26) 『同　第4号』（昭和24年10月）、『同　第5号』（昭和24年11月）
27) 『同　第7号』（昭和25年1月）
28) 翌昭和26年12月にこれを廃して、新たに水産資源保護法が制定された。そこでは水産資源枯渇防止法の内容を全面的に採り入れ、漁業法中の繁殖保護に関する規程の大部分をこの法律に移した。したがって、水産資源枯渇防止法は以西漁業の減船のために制定された法律といえる。『遠洋底曳情報　第11号』（昭和25年6月）
29) 『同　第12号』（昭和25年7月）、「第七回臨時総会決議録」（昭和25年8月）。操業区域の変更は昭和25年7月に告示された。
30) 『遠洋底曳情報　第14号』（昭和25年9月）
31) 『同　第13号』（昭和25年8月）、『同　第16号』（昭和26年1月）、前掲『底曳漁業制度沿革史』447ページ。
32) 『遠洋底曳情報　第16号』（昭和26年1月）。昭和25年12月に補償金の交付、金額の決定、乗組員への支給金額が公布された。
33) 前掲『底曳漁業制度沿革史』456ページ。
34) 『遠洋底曳情報　第2号』（昭和24年8月）
35) 『同　第5号』（昭和24年11月）
36) 事業者団体法は、政府のために原材料、商品もしくは施設の割当てに関する計画を作成して、事業者の機能、活動を制限することを禁止している。『遠洋底曳情報　第10号』（昭和25年5月）、「日本遠洋底曳網漁業協会外二十二名に対する件」（昭和25年判第13号　事業者団体方違反事案、昭和26年2月、公正取引委員会）
37) 前掲『二拾年史』298ページ。
38) 『遠洋底曳情報　第22号』（昭和26年12月）
39) 『同　第27号』（昭和27年9月）
40) 『同　第28号』（昭和27年11月）
41) 『同　第33号』（昭和28年9月）
42) 『同　第58号』（昭和37年1月）
43) 『同　第20号』（昭和26年8月）、『同　第31号』（昭和28年6月）
44) 藤井賢二「戦後日台間の漁業交渉について」『東洋史訪』（2003年3月）76〜89ページ。同論文では昭和28年までに50隻、620人が拿捕されたとしている。水産庁編『我国水産業の現況』（1949年、光鱗社）119、120ページ、『国際漁業資料　第1号』（1951年4月）1、13、42、43ページ、『同　第2号』（1951年5月）36、37、45ページ、『同　第9号』（1952年7月）62、63ページ、『同　第10号』（1952年9月）82、83ページ、『台湾漁業視察団調査報告書』（1951年12月、水産庁複写）15〜98ページ。
45) 『遠洋底曳情報　第54号』（昭和35年3月）、『同　第60号』（昭和37年2月）
46) 『日中漁業協定の経過』（昭和43年か、日中漁業協議会）1〜14ページを参照。
47) 『遠洋底曳情報　第18号』（昭和26年5月）
48) 『同　第16号』（昭和26年1月）、『同　第18号』（昭和26年5月）
49) 『同　第23号』（昭和27年3月）
50) 『同　第27号』（昭和27年9月）
51) 七田末吉「協定調印までの百日間」『水産界　第845・846号』（昭和30年5・6月）18〜31ページ、「第15回定時総会決議録」（昭和30年5月）。
52) 田内森太郎「新華東ラインの資源的意義」前掲『水産界　第845・846号』46、47ページ。
53) 『遠洋底曳情報　第41号』（昭和31年1月）、「第16回臨時総会決議録」（昭和30年10月）
54) 『遠洋底曳情報　第43号』（昭和31年7月）
55) 『同　第46号』（昭和32年7月）
56) 『同　第50号』（昭和33年7月）
57) 『同　第51号』（昭和34年2月）
58) 津田文吉「中国の領海宣言と漁業権問題」『海の光77号』（昭和33年10月）33、34ページ。

59) 『遠洋底曳情報　第63号』(昭和39年1月)
60) 『同　第67号』(昭和41年2月)、日本遠洋底曳網漁業協会福岡支部『遠洋底曳網漁業福岡基地開設65周年誌』(平成13年、同刊行会)153～157ページ。
61) 『遠洋底曳情報　第72号』(昭和43年3月)
62) 『同　第65号』(昭和40年1月)
63) 前掲『日本遠洋底曳網漁業協会創立拾周年記念誌』141～153ページ、前掲『二拾年史』127～156ページ、日韓漁業協議会編『日韓漁業対策運動史』(昭和43年、同協議会)27～414ページ。日韓漁業交渉の経過資料は、『日韓国交正常化問題資料　基礎資料編第1巻日韓会談問題別経緯・重要資料集』(2010年、現代史料出版)に収められている。
64) 李ラインの設定とその後の経過については、藤井賢二「韓国の海洋認識－李承晩ライン問題を中心に－」『韓国研究センター　vol.11』(2011年3月)が詳しい。
65) 『遠洋底曳情報　第19号』(昭和26年6月)
66) 『同　第28号』(昭和27年11月)
67) 『同　第29号』(昭和27年12月)
68) 水産庁監修『水産庁50年史』(平成10年、同刊行委員会)104～106ページ。同書は日韓会談における漁業交渉の経過を簡潔にまとめている。
69) 日韓漁業対策本部「日韓漁業対策運動の歩み(1)」『海の光　73号』(昭和33年6月)26ページ。
70) 『大日本水産会百年史　後編』(昭和57年、同会)138～139ページ。
71) 「転機に立つ日韓漁業紛争」『水産週報　第6巻第18号』(1955年9月)3、4ページ。
72) 日韓漁業対策本部「日韓漁業対策運動の歩み(2)」『海の光　75号』(昭和33年8月)40～43ページ。
73) 同「同(3)」『同　第78号』(昭和33年11月)40～42ページ。
74) 『遠洋底曳情報　第46号』(昭和32年7月)、『同　第47号』(昭和33年2月)
75) 『同　第51号』(昭和34年2月)
76) 『同　第63号』(昭和39年1月)
77) 『同　第65号』(昭和40年1月)
78) 『同　第67号』(昭和41年2月)
79) 前掲『大日本水産会百年史　後編』372、373ページ、西日本新聞昭和40年11月26日～28日。
80) 『日韓漁業交渉関係資料－そのあゆみと新聞論調－』(昭和40年9月、参議院農林水産委員会調査室)92ページ。
81) 『遠洋底曳情報　第58号』(昭和37年1月)。拿捕損害補償については、前掲『日韓漁業対策運動史』417～430ページでまとめている。
82) 南基正「韓日船舶返還交渉の政治過程－第一次会談船舶分科委員会における交渉を中心に」李鍾元・木宮正史・浅野豊美編著『歴史としての日韓国交正常化　Ⅱ　脱植民地化編』(2011年、法政大学出版局)399～401ページ。
83) 前掲『日韓漁業交渉関係資料－そのあゆみと新聞論調－』118～120ページ。
84) 『遠洋底曳情報　第69号』(昭和42年2月)。特別給付金の免税運動については、前掲『日韓漁業対策運動史』431～437ページでまとめている。
85) 前掲『日本遠洋底曳網漁業協会創立拾周年記念誌』119～125ページ、漁船保険中央会編『漁船損害補償制度史　第一巻　本編』(昭和41年、水産庁)363～379ページ
86) 『遠洋漁業情報　第18号』(昭和26年5月)
87) 『同　第41号』(昭和31年1月)
88) 上田忠造『漁船損害補償法解説』(昭和31年、漁船保険中央会)13～19、291～293ページ。
89) 『遠洋底曳情報　第25号』(昭和27年5月)
90) 『同　第40号』(昭和30年7月)、『同　第48号』(昭和33年3月)
91) 『同　第50号』(昭和33年7月)
92) 『同　第47号』(昭和33年2月)
93) 『同　第51号』(昭和34年2月)
94) 『同　第53号』(昭和34年7月)
95) 『同　第69号』(昭和42年2月)
96) 前掲『日本遠洋底曳網漁業協会創立拾周年記念誌』179～185ページ。
97) 『遠洋底曳情報　第51号』(昭和34年2月)
98) 『同　第40号』(昭和30年7月)
99) 『同　第53号』(昭和34年7月)
100) 『同　第50号』(昭和33年7月)
101) 『同　第51号』(昭和34年2月)
102) 『同　第56号』(昭和35年12月)、『同　第58号』(昭和37年1月)
103) 『同　第69号』(昭和42年2月)、『同　第72号』(昭和43年3月)、『同　第74号』(昭和44年4月)、『同　第76号』(昭和45年6月)
104) 前掲『二拾年史』199～224ページ。
105) 『遠洋底曳情報　第54号』(昭和35年3月)、浜崎岩夫「以西底曳漁業資源保持対策委員会の経過概要について」『海の光　125号』(昭和37年10月)24～30ページ。
106) 『遠洋底曳情報　第58号』(昭和37年1月)
107) 浜崎岩夫「以西底曳漁業資源保持対策委員会の経過概要について(第三回)」『海の光　127号』(昭和37年12月)22～24ページ。
108) 『遠洋底曳情報　第60号』(昭和37年12月)
109) 前掲『日韓国交正常化問題資料　基礎資料編第1巻日韓会談問題別経緯・重要資料集』27、28ページ。
110) 『遠洋底曳情報　第70号』(昭和42年5月)
111) 『同　第63号』(昭和39年1月)
112) 『同　第65号』(昭和40年1月)
113) 真道重明「以西底曳漁業の資源の現状とその保護規制(3)」『海の光　169号』(昭和41年6月)15ページ。

114)『遠洋底曳情報　第69号』(昭和42年2月)
115)前掲「以西底曳漁業の資源の現状とその保護規制(3)」16～22ページ。
116)水産新聞社編『水産年報　1948年』(昭和23年8月)109～111ページ。
117)『遠洋底曳情報　第7号』(昭和25年1月)
118)『同　第23号』(昭和27年3月)、「第9回定時総会決議録」(昭和27年1月)
119)『遠洋底曳情報　第28号』(昭和27年11月)、前掲『底曳漁業制度沿革史』423～430ページ、水産研究会編『水産年鑑　昭和29年版』(水産週報社)180、181ページ。
120)『遠洋底曳情報　第46号』(昭和32年7月)
121)『同　第51号』(昭和34年2月)
122)『同　第54号』(昭和35年3月)
123)『同　第58号』(昭和37年1月)
124)前掲『二拾年史』233～243ページ、昭和42年9月施行の許可方針は『海の光　184号』(昭和42年9月)16～19ページ所収。
125)『遠洋底曳情報　第72号』(昭和43年3月)
126)『同　第70号追補』(昭和42年7月)、「合理化シリーズ　以西底引漁業」『海の光　189号』(昭和43年2月)29ページ。
127)「第八回定時総会決議録」(昭和27年1月)
128)前掲『二拾年史』27ページ。
129)「第二十七回理事会議事録」(昭和47年12月)
130)『国際漁業資料　第1号』(昭和26年4月、日本海洋漁業協議会)32～39ページ。
131)前掲『日韓漁業対策運動史』84ページ。
132)前掲「日韓漁業対策運動の歩み(2)」40～43ページ。
133)前掲『二十年史』298～299ページ。
134)近藤義昭『生涯を水産に捧げた人　田口長治郎』(平成5年、長崎文献社)111～116ページ。
135)前掲『漁船損害補償制度史　第一巻　本編』363、364ページ。
136)日本遠洋底曳網漁業協会の「登記関係綴(1)」

第 8 章
北東アジアにおける漁業秩序の変遷と今日

上：韓国の底曳網漁船（1991年、釜山）
下：中国の底曳網漁船（2004年、舟山）

第8章

北東アジアにおける漁業秩序の変遷と今日

第1節　課題と視点

1　課題

　第二次大戦後、北東アジアの漁業秩序は大きく4段階を経ている。最初は、占領下で漁場が制限されていた日本が講和条約の発効とともに漁場を外延的に拡大したのに対し、韓国、中国などは漁業資源・自国漁業の保護のため周辺海域に規制水域を設定し、日本漁船を拿捕するようになった。1955年の日中漁業協定、1965年の日韓漁業協定が結ばれるまで公海上の漁業をめぐって対立した期間。

　第2期は、漁業協定に基づいて漁業秩序が形成され、次第に規制が強化された期間。

　第3期は、1977年に世界の趨勢に合わせて日本と北朝鮮が200カイリ体制をとって、近隣国との漁業関係を再構成したことである。ただ、日本の200カイリ体制はソ連の200カイリ体制に対抗したもので、韓国、中国には適用せず、既存の漁業協定が継続した。北朝鮮の200カイリ体制も日本との間で漁業協定が結ばれたにとどまった。

　第4期は、1990年代後半に日中韓3ヵ国は国連海洋法条約(以下、海洋法条約という)を批准し、200カイリ排他的経済水域(以下、EEZという)を設定して、相互に漁業協定を結ぶようになった。2000年前後に日中、日韓、韓中の漁業協定が出揃い、北東アジアも全面的な海洋分割の時代を迎えた。ただし、北朝鮮や台湾は近隣国と漁業協定を結んでいないし、新漁業秩序にしても領土問題、分断国家の存在、大陸棚やEEZの境界画定問題などがあって変則的である。

　本章は、第二次大戦後から今日までの北東アジアの漁業関係の歴史を振り返り、現行200カイリ体制の歴史的な位置付けを目指すものである。

　北東アジアの国際関係は、戦前の日本による植民地支配、戦後は中国、朝鮮半島が政治・社会体制の異なる2つの国・地域に分断され、東西冷戦対立のフロントとなったことでとげとげしい。日本と韓国とは竹島(韓国名は独島)、日本と中国・台湾とは尖閣諸島(中国名は魚釣島)をめぐる領土問題、EEZや大陸棚の境界画定をめぐって激しいナショナリズムが噴出している。

　こうした緊迫した国際関係の中で、漁業の関係を各国の漁業勢力、国際的な海洋制度の変化を踏まえながら漁業交渉の経過、漁業協定の内容、漁業協定が及ぼす影響の面から考察する。主な漁業関係の転換点は、マッカーサー・ライン(1945年)及び李承晩ライン(1952年)の設定、日韓漁業交渉(1952～65年)と日韓漁業協定(1965年)、日中民間漁業協定(1955年)、日中国交回復と政府間漁業協定(1975年)、日韓漁業協議と自主規制(1980年)、国連海洋法条約の批准と新漁業秩序の形成(1990年代後半)がある。この間、北朝鮮、台湾にも近隣国との間に漁業交渉や漁業協定があった。

日本を中心に中国、韓国との漁業関係をみるだけでなく、中国と韓国、北朝鮮や台湾とその他諸国との関係についても取りあげて、北東アジア全体を俯瞰する。そのために双方の立場や主張が如実に現れる漁業交渉に注目する。双方の主張はそれぞれの漁業利害に基づいており、漁業の実態を反映している。本論は、漁業の実態を基礎に漁業交渉を通じて築かれる北東アジアの漁業秩序を考察する。

2　研究の視点

　2国間の漁業交渉において、国家関係、漁業勢力の強弱、対象魚種(漁業)の違い、国際海洋制度の潮流が大きく影響する。このことを研究の視点として持ちたい。

　①北東アジアでは、日本による朝鮮、中国・台湾の植民地支配という歴史、竹島・尖閣諸島という領土問題、朝鮮半島と中国・台湾の分断と対立、米ソを軸とする東西対立の中で漁業が行われており、漁業の関係も国家関係の一部である。したがって、漁業交渉がその入口の所で異常に長引いたり、漁業協定が国家関係の悪化で中断したり、反対に漁業協定が国家関係改善の手段となることも起こる。

　②漁業交渉において、漁業勢力の強い国が操業の自由、漁獲実績の確保を主張するのに対し、漁業勢力の弱い国は相手国の漁業を規制することによって自国漁業を保護しようとする。自国の漁業利害に合わせて漁場の分割、管轄権の行使、漁場利用、資源や漁業の保護を主張することから対立し、妥協点を見い出す。漁業勢力は、1970年代までは日本が優勢で、東シナ海・黄海・日本海の沖合漁場を独占的に利用してきたし、中国、韓国は日本漁業の進出を抑えることに漁業交渉の主眼を置いた。1980年代には韓国漁業が急成長し、日本漁業を圧迫するようになる。1990年代になると、遅れて発達した中国漁業が飛躍して圧倒的な優勢を誇るようになり、次いで韓国、日本の順となって、漁業勢力の順位が完全に逆転する。立場の逆転に伴って、各国の主張は変化するし、今日では日本よりも強くなったが、中国に圧倒される韓国は漁業外交で二面的な対応を余儀なくされている。

　③漁業の利害は対象魚種(漁業)が底魚(代表は底曳網)か浮魚(代表はまき網)かでも異なる。一般に底魚は定着性で、再生力が低いので、漁獲努力量が増大すると資源の減少、枯渇を招きやすく、漁業交渉においても「強者」は自由競争を、「弱者」は漁業規制を主張することになる。他方、浮魚は回遊性があり、再生力も高いので、漁場は広いのが良く、資源量は自然環境に大きく左右され、漁獲努力量の影響は二次的なので、「強者」と「弱者」は共存の可能性がある。漁業交渉において、底魚(漁業)が先に取り上げられ、利害が鋭く対立するのに対し、浮魚(漁業)は後に取り上げられ、協調の可能性を持っている。

　④国際海洋制度も変化している。トルーマン宣言を始めとして、第1次、第2次、第3次国連海洋法会議における海洋制度をめぐる状況変化が漁業交渉において、自国の立場を弁護するために我田引水されてきた。日本は漁業勢力が最も強かった時代は公海自由の時代であり、弱小となった時期は海洋分割の時代であって、国際海洋制度の変化に沿ってその主張を切り替えている。これと反対に中国、韓国は日本に対し国際海洋制度の進行方向と逆行する形で自国漁業の利害を主張することになった。

第2節　マッカーサー・ラインと李承晩ライン

1　マッカーサー・ラインと以西底曳網・トロールの減船[1]

　1945年9月、日本を占領した連合国軍総司令部(以下、GHQという)は日本近海にマッカーサー・ライン(以下、マ・ラインという)を引いて、日本漁船の航行・漁場を制限した(前章の図7-1を参照のこと)。その範囲は、日本政府の申請に若干の修正を加えたものだが、東シナ海については申請の大部分が削除され、狭い漁場に押し込められた。1946年6月に第2次漁区拡張が行われたが、東シナ海はいくらか拡がっただけである(図8-1)。戦後体制をめぐる米ソ対立、朝鮮半島の分割占領、中国の国共内戦から日本と日本漁業を隔離したのである。

　以西底曳網・トロールは第二次大戦によって壊滅的打撃を受けたが、戦後、食糧確保、外地引揚者救済のため優先的に漁船建造が行われ、短期間で戦前を上回る漁船勢力を回復した。一方、マ・ラインによって漁場が戦前の3分1に縮小したことから、過剰操業と漁区違反が多発した。日本政府は東シナ海の漁区拡張をGHQに懇請したが、かえってマ・ラインの遵守、乱獲の防止、漁獲規制の強化を警告された。

　それで1950年に水産資源枯渇防止法を制定して減船補償金を確保し、「2割減船」(名目は3割減船)を実施した。「2割減船」を行っても、漁船の大型等でその漁獲能力は戦前水準を大きく上回った。

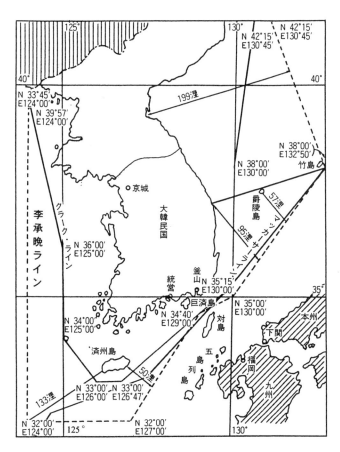

図8-1　マッカーサー・ライン、李承晩ライン、クラーク・ライン

　マ・ラインは対日講和条約発効直前の1952年4月に撤廃された。この直後に以西底曳網・トロールの漁場は従来の東経130度以西から128度30分以西へと変更された。

2　李承晩ラインと日本漁船の拿捕[2]
1) 李承晩ラインの設定

　日本の敗戦で日本の朝鮮統治が終わったが、北緯38度線を境に米ソが分割占領し、そのまま1948年に大韓民国(以下、韓国という)、朝鮮民主主義人民共和国(以下、北朝鮮という)となった。1950年6月に朝鮮戦争が勃発して国土の荒廃、経済基盤の崩壊が進んだ。休戦協定の成立は1953年7月である。その最中の1952年1月、韓国の李承晩大統領が韓国周辺水域の海洋主権宣言をした(以下、李ラインという)。国交回復をめざす日韓会談の開始直前であり、米国に存続を訴えていたマ・ライン

が撤廃されることになったので、その代替措置をとったのである（前掲図8-1）。

韓国は、日本の漁区拡張の動きに反対し、米国に対して講和条約の中にマ・ラインの存続を書き込むよう働きかけ、それが果たせないとみるや独自に漁業専管水域の設定を目論見、それが李ラインとして結果した。ただ、李ラインは漁業専管水域と比べて漁業資源だけでなく、鉱物資源も囲い込んだこと、範囲をより拡大した点が異なる。日本漁業の復活によって韓国周辺の漁場が荒らされ、韓国漁民が圧迫を受けることへの対応策であった。[3)]

李ラインの設定は、マ・ラインの撤廃を待望した以西底曳網・トロールにとって衝撃であった。日本は、①李ラインは国際法上の公海の自由に反する。②講和条約に基づき両国間で協議を始める前の一方的措置である、と抗議した。

これに対し、韓国は、海洋主権宣言はトルーマン宣言や南米の大陸棚主権宣言といった国際先例に倣ったものだと反駁した。日本側は、トルーマン宣言は公海上の資源保護のために漁業国と協議することを宣言したのであって、李ラインのように一方的ではないし、沿岸国の主権が及ぶ「漁業専管水域」とも違う。また、「漁業専管水域」は国際的に確立した制度ではないと再反論した。当の米国も公海自由の原則の立場から韓国の主権、「漁業専管水域」を非難した。

李ライン設定の目的は、マ・ラインが撤廃されると日本漁船が大挙して韓国近海に出漁し、零細な韓国漁業は壊滅的打撃を受ける恐れがあるので、それを未然に防ぐことにあった。マ・ラインを越えた違法操業が恒常化しており、マ・ラインが撤廃されれば日本漁船が韓国近海に殺到することは火を見るより明らかだった。

当時、韓国の漁業は朝鮮戦争による打撃もあって、動力漁船は10トン程度の小型船が3,000隻余しかなく、漁獲量も第二次大戦前の半分以下の30万トン弱で停滞していた。これに加えて植民地時代の反発と反日感情があった。

この後、1952年9月にクラーク国連軍司令官が李ラインの内側に国連軍防衛水域（クラーク・ラインともいう）を設定した（前掲図8-1）。朝鮮戦争中の軍事上の必要からで、日本漁船も規制されるとした。李ラインとは性格も範囲も異なる。このクラーク・ラインは朝鮮戦争の終結により1953年8月に撤廃された。拿捕の危険性があるにも拘わらず、この水域に出漁した日本漁船は、以西トロール、底曳網（以西、以東、中間漁区底曳網）、まき網、サバはね釣りなど多数に及んだ。

クラーク・ラインが撤廃されると、韓国は漁業資源保護法を公布し、李ライン内を資源保護水域として漁業を許可制にするとともに、違反者には懲役、禁錮、罰金を科すとした。

2）日本漁船の拿捕と日本漁業の進出

日本漁船の拿捕は、ソ連によるものを除くと、1947年2月から韓国、1948年から中華民国政府（1949年12月から台湾で政権を維持）、1950年末から中国（1949年10月、中華人民共和国樹立）によって始まった。拿捕は、マ・ライン撤廃以前から始まっており、マ・ラインを越えて出漁した日本漁船をマ・ライン違反、中国の場合は領海侵犯、中国が設定した規制ライン違反で拿捕したのである。1951年9月の講和条約調印までに韓国に79隻、894人、中華民国政府に43隻、540人、中国に27隻、257人が拿捕、抑留されている。

韓国による拿捕は、1965年の日韓基本条約・漁業協定の締結まで続き、累計327隻、抑留乗組員は3,911人に及んだ。漁業種類別では、以西底曳網が最も多く、次いで延縄、まき網、以東・沖合底曳網、サバ釣り、以西トロール、シイラ漬けの順である。

一方、日本のまき網は、第二次大戦後、統数が急増し、漁船の大型化、2艘まきから1艘まきへの転換、運搬船の導入などを行ないながら漁場を拡大し、1950年から済州島周辺のサバ釣り出漁が興隆すると、まき網もその隊列に加わった。李ラインが設定されると、拿捕の恐れがある済州島沖出漁は激減した。そして一部のまき網は1956年から東シナ海へ進出するようになった。

第3節　日韓漁業交渉と日韓漁業協定[4]

1　日韓漁業交渉の経過

　1952年4月に対日講和条約が発効したが、その前の2月から日韓国交回復交渉(日韓会談)が始まった。日韓会談では基本条約の他に、在日朝鮮人の法的地位、財産請求権、漁業問題などが話し合われた。漁業問題は会談直前に李ラインが設定されて対立が高まったし、最後までもつれた。

　日韓会談は断続的に第1次から第7次まで行なわれ、1965年6月にようやく調印され、12月に発効した。14年にわたる会談のうち、1950年代は朝鮮戦争の勃発、李ライン及びクラーク・ラインの設定があり、また会談の席上、日本の植民地支配を肯定的にとらえた日本側代表の発言で5年間の中断をみたし、日本がソ連や中国といった共産国と漁業協議を進めたことや、在日朝鮮人の北朝鮮帰還問題で韓国が反発した。日本漁船の拿捕・抑留、乗組員帰還問題は交渉において戦略的に利用された。

　漁業問題に関しては、日本側は領海3カイリ、公海自由の原則(李ラインの撤廃)と資源保護のために共同規制を行なうことを主張し、韓国側は平和と漁業資源保護のために李ライン内の日本漁船の操業禁止を繰り返し主張した。韓国側の主張は、公海におけるMSY(最大持続生産)の維持が国際法上の原則であり、そのために沿岸国の漁業管轄権が認められる。その根拠、目的として底魚、浮魚とも資源が減少している、韓国には資源保存措置の実績がある、日韓の漁獲能力の格差の是正をあげた。さらに、韓国の漁獲能力が劣る原因は日本による植民地支配、戦後の政治的混乱、朝鮮戦争だとした。

　しかし、李承晩大統領の退陣(1960年)、政局の変動後にクーデターで誕生した軍事政権は日韓会談を積極的に推進したことから1962年から妥結に向けて動き始めた。財産請求権問題が大筋で合意されると、残された漁業問題の解決が急がれた。日本側は、韓国に12カイリ漁業専管水域(以下、漁業水域という)を認めることを表明し、領海3カイリに固執してきた従来の漁業外交を転換した。1960年の第2次国連海洋法会議において、12カイリ漁業水域案は採択されなかったが、3分2の多数派になったことを受けてのことである。もっとも日本側は、国連海洋法会議における米加共同提案に倣って、12カイリ漁業水域のうち外側6カイリには引き続き入漁させることを要求した。[5]

　資源評価についても両国は対立した。韓国側は底魚は過剰漁獲で資源の減少が著しいとしたのに対し、日本側は東シナ海・黄海における重要魚種はほぼ漁獲努力と平衡していることから資源が減少しているとはいえないとした。浮魚については韓国側は自然環境に大きく影響されるが、漁獲能力が増大して漁獲量が低下しているとしたのに対し、日本側は漁獲動向は自然環境によるものであり、漁獲努力の規制によって資源管理の目標を達成することはできないと反論している。

韓国側も、40カイリ漁業水域及びその外側に共同規制水域を設定すること、資源調査や漁業紛争解決のために漁業共同委員会を設置することを提案した。李ラインについては触れていないが、その範囲を李ラインより縮小する提案である。漁業水域の幅についても、日本漁船が殺到して韓国漁業が打撃を受けるという不安を解消する提案があれば40カイリに拘らない姿勢をみせた。韓国側は漁業水域の幅員は国際法上確立しておらず、沿岸国が自主的に定めることができるとした。

　これに対し、日本側は、①漁業水域を12カイリ、その外側に共同規制水域(40カイリ)を設ける(前章図7-5)。②共同規制水域での取締りは旗国主義に基づくとし、日本側の規制対象は以西トロール、以西底曳網、以東底曳網、まき網、サバはね釣りの5種類とする。日本漁船の規制は隻数規制とし、漁獲量については双方、15万トンの基準量を超えない。③双方が自国沿岸域に設定した禁漁区を遵守する、とした。

　この過程で、①日本側が主張した漁業水域12カイリのうち外側6カイリへの入漁は取り下げられた。②韓国側は漁業水域の外側に準漁業専管水域を設けて、生産力の劣る韓国漁船を優先し、日本漁船の規制を主張した。それが否定され、共同規制水域となった。共同規制水域での取締り権について日本側が旗国主義を主張したのに対し、韓国側は共同取締りを主張した。結果は旗国主義とするが、違反漁船を発見したら相手国に通報する、連携巡視、オブザーバー乗船を取り入れることになった。③共同規制水域での操業規制は日本側は隻数制限、韓国側は漁獲量制限を主張したが、規制がしやすい隻数制限を基本とした。④領海基線の引き方では、韓国側は直線基線を主張し、日本側は低潮線を原則とし、韓国の西・南海岸では直線基線を認めるとした。本土から離れている済州島との間を直線基線で結ぶか否かをめぐる対立も最終的に低潮線を引き、日本漁船の禁漁区域を設けることで妥協された。済州島周辺は資源豊富な優良漁場であるばかりでなく、基線の引き方は海洋法の原則にかかわるため鋭く対立した。⑤漁業資源調査を主な目的として漁業共同委員会が設置された。その性格について、韓国側は決定機関とすることを主張し、日本側は調査勧告機関とすべきだとした。

2　日韓の漁業協定と漁業勢力
1) 日韓漁業協定の内容

　日韓漁業協定が成立した背景は、李承晩大統領が退陣し、李ラインへの固執が消え、国際法上も李ラインが認知されなかったこと、軍事政権が日本との政治対立より経済発展の道を選択したこと、である。韓国の漁業水域はもとより、共同規制水域に竹島を含めなかったことで、国内から対日屈辱外交との批判を受けたが、「経済協力」(実質は賠償金)による経済発展が選択され、実際、漁業への「経済協力」によって韓国の漁業は飛躍の時代を迎える。財産請求権については3億ドル相当の無償供与と2億ドル相当の有償供与で合意された。この他、民間借款3億ドルの供与が合意された。また、漁業交渉の最終局面で、韓国側は対等な漁業活動を行うには協力が必要、それが漁業協定締結の前提であるとしたことから、日本側は共存共栄が望ましいとしてこれに応じ、9,000万ドルの民間信用供与(3億ドルの民間信用供与に含まれる)、韓国に対する漁船漁具の輸出禁止・制限の撤廃、韓国水産物の輸入の増加を行なうこととなった。漁業協力資金は韓国の漁船建造資金等に充てられる。

　日本は、安全操業の確保、韓国に抑留された日本漁船や乗組員の釈放のために、国際海洋制度

の変化を受け入れた。ただし、韓国だけに12カイリ漁業水域を認め、日本の漁業水域は韓国に対面する九州北部と山陰の5県に限定した。漁業勢力に勝る日本は、領海の拡大や漁業水域の設定には反対であって、韓国だけを例外扱いとしたのである。

漁業協定は5年間有効(日本は他の条約にならって10年を、韓国は暫定協定として3年を主張した)で、その後は1年前に通告して終了する以外は自動継続する。

共同規制水域内の操業隻数と漁獲量の規制は、日本漁船に対しては漁業種類別の基準漁獲量(総計15万トンで、1割程度の超過は容認される)が示された。日本漁船の入漁隻数は、李ライン内で操業していた実績に近い数値を確保した。すなわち、以西底曳網768隻のうち270隻、ないし100隻(時期によって異なる)の入漁が認められ、漁獲割当量は3万トン、まき網は172統のうち入漁隻数は120統ないし60統、漁獲割当量はサバはね釣り(60トン以上、15隻)の分を合わせて11万トン、以東底曳網は234隻の半数の115隻が入漁でき、漁獲割当量は1万トンであった。上記以外に日本の沿岸漁船による出漁は1,700隻(自主規制)となった。底曳網には網目規制、まき網には網目と光力規制、大型サバ釣りには光力規制と操業期間の制限がついた。

共同規制水域での日本漁船の隻数をどれだけにするかは両国の主張に大きな隔たりがあり、日本は李ラインがなければもっと操業隻数が多かったはずなのでその隻数を、韓国は大幅削減を主張したが、結局、日韓同数とし、現状維持を目標に妥協した。

日韓双方とも漁業交渉の妥結を複雑な気持ちで受け止めた。日本側は李ラインの事実上の撤廃、監視船の旗国主義を取り付け安全操業を確保したものの、済州島周辺の禁漁区の設定、漁業協力資金などで譲歩を迫られたという思いがあった。韓国側は漁業協力資金によって漁業の近代化に踏み出せるという期待の反面、李ラインに代わる漁業専管水域は狭くなり、共同規制水域では日本漁船を制限したとはいえ日本漁船が押し寄せてきて資源を荒廃させ、韓国漁民を脅かすという不安が覆った。

日韓会談では日本側が早期解決を願った漁業問題は韓国側に戦略的に扱われたこと、漁業交渉では彼我の漁獲能力の差、資源の不平等利用の解決が隠れたテーマになったこと、が印象深い。

2)韓国の漁業勢力

韓国の漁業(養殖業を除く)は、1950年代半ばまでは30万トン弱であったが、その後、大幅に増加し、漁業協定が結ばれる1965年には56万トンになった。動力漁船数は3,000隻弱から7,500隻になった。56万トンのうち、遠洋漁業はマグロ延縄だけで、沖合漁業(韓国では近海漁業と呼ぶ)が全体の約半分を占めた。主な沖合漁業は、大型と中型の機船底曳網、エビトロール、大型あんこう網、大型まき網、サンマ流し網、イカ釣りである。共同規制水域での操業隻数と漁獲量は日韓同数としたが、韓国の大型と中型の機船底曳網漁船は全船、操業できる。まき網は沖合への展開力に乏しく、操業許可隻数は現有隻数より少ない。

1960年代に韓国の漁業が急速に発展するきっかけは1967年に始まる第2次経済開発5ヵ年計画で、その中で水産業は重点開発分野として小型漁船の建造、大型漁船の輸入、漁業用機材の供給が行われた。その資金に日本からの無償資金と民間信用供与が充てられた。

韓国の驚異的な漁業発展を数字で追うと、1965年は動力漁船8千隻、漁獲量64万トン(うち遠洋漁業9千トン)であったが、10年後の1975年には2万隻、214万トン(57万トン)、さらに第4次5ヵ年計

画が終了する1981年は6万隻、281万トン(54万トン)と頂点に達した。

　表8-1は、共同規制水域内での日韓双方の漁獲状況を示したものである。日本の漁獲量は各漁業とも基準漁獲量の枠内に収まっている。日本はまき網に偏重した漁獲配分であったが、1970年代までは底曳網と同程度の漁獲であった。一方、韓国は底曳網中心で推移し、1980年代にまき網の漁獲が増大して基準漁獲量の上限に達した。日本の底曳網(以西、沖合)は1970年代前半は2.5万トン前後であったが、後半には1.5万トンに減少し、1980年代はさらに減少する。一方、韓国の底曳網(大型・中型底曳網、東海区トロール)は1970年代前半は3万トン前後であったが、後半には7～10万トンに増加して、日本をはるかに凌駕した。その後は反転して大幅減少に向かう。まき網は、日本の漁獲量は年次変動が大きく1～5万トンで推移したのに対し、韓国は段階的に増加し、1970年代前半は2～3万トン、後半は3～5万トン、1980年代は6～10万トンとなっている。

表8-1　共同規制区域における日韓漁獲量の推移　　　　　　　　　　　単位：千トン

年次	大型底曳網		中型底曳網		大型まき網		合計	
	日本	韓国	日本	韓国	日本	韓国	日本	韓国
	以西底曳網	大型底曳網・トロール	沖合底曳網	中型・東海区底曳網	大中型まき網	大型まき網		
	(30)		(10)		(110)		(150)	(150)
1967	23	29	7	11	20	2	50	42
70	21	35	4	12	45	18	71	65
73	18	24	2	7	40	31	60	61
75	22	27	3	7	14	19	39	53
78	11	44	1	41	38	51	52	136
80	14	63	1	22	22	31	38	116
83	9	38	1	11	35	84	45	133
85	6	57	1	1	30	91	38	149
88	4	40	1	1	55	101	60	142
90	4	28	0	1	21	64	26	92

資料：佐竹五六『国際化時代の日本水産業と海外漁業協力』(平成9年、成山堂書店)101ページ。
注1：上段の(　)内は基準漁獲量。韓国は漁業種類別の基準漁獲量はない。
　2：1980年の韓国の中型底曳網には東海区トロールの漁獲分を含まない。

　このことから、日韓漁業協定締結後、韓国の漁業が急速に発達し、底曳網は韓国周辺水域から日本漁船を駆逐するようになったが、自らも資源の限界と後発の中国漁業の発達によって1980年代には縮小に転ずることになる。しかし、まき網は底曳網と異なり、韓国側の増産と日本側の横ばいが続いて両者の競合は明確には現れていない。

　なお、1980年から自主規制として、韓国は北海道沖の遠洋トロールを、日本は共同規制水域の以西底曳網を縮小している。以西底曳網の大幅な漁獲減少の一端は、この自主規制によるものである。

第4節　日台、中朝の漁業関係と日中民間漁業協定

1　日本と台湾、中国と北朝鮮の漁業関係
1）日本と台湾の漁業関係[7]

　日本の敗戦と同時に中華民国政府(国民政府ともいう)は台湾を接収したが、大陸では共産軍との内戦になった。共産軍が勝利して1949年10月に中華人民共和国(以下、中国という)を樹立すると、中華民国政府は大陸から撤収して台湾に移った(同年12月)。台湾への移動にあたって、日本漁船を捕獲し、移動、運搬用に使役した。

　1948年5月から1951年2月までに日本漁船43隻が拿捕された。トロール船1隻以外は全て以西底曳網漁船である。拿捕理由は、マ・ライン違反を名目としている。乗組員はほぼ全員が帰還したが、漁船の多くは未帰還となった。

　中華民国政府は対日講和条約の批准に参加し、翌1952年4月に日華平和条約を締結した(8月発効)。条約の中で、両国は公海における漁業の規制と保護に関する協定を速やかに結ぶとしていた。漁業交渉は1951年3月から1952年8月にかけて行われた。来日した漁業使節団は、日本側に漁業協力、調査研究機関の設立、底曳網、トロール、延縄などの合弁事業を要望した。日本から訪台した使節団は台湾の遠洋漁業は戦前の5分の1程度であり、漁船は老朽化し、漁業技術が低いことから、日本人技術者の派遣、母船式マグロ漁業、トロール・底曳網漁業の育成を提言し、合弁事業の準備も始めた。しかし、拿捕した日本漁船の返還交渉が難航したため、合弁事業、漁業協力は進展しなかった。そればかりかマ・ラインが撤廃されると、重荷を背負った合弁事業などは敬遠されるようになった。漁業競合が比較的少ないことが合意できなかった一因である。

　当時の漁業勢力をみておくと、台湾近海に出漁可能な日本漁船は、以西底曳網610隻(全体の9割)、以西トロール58隻(全船)、カツオ・マグロ漁船は328隻(全体の4分1)、それにまき網漁船6隻(全体の極く一部)などである。

　一方、1952年当時、台湾の総漁獲量は12万トン余で、ようやく戦前の最高水準を超えたところであった。遠洋、近海、沿岸、養殖の4部門に分かれているが、近海漁業は3万トン弱に過ぎない。うち近海漁業(沖合漁業を指す)は、機船底曳網56隻、まき網16統が主で、マグロ延縄漁船は多かったが、カツオ釣りは衰退していた。日本との主な漁場競合は、東シナ海南部のまき網と機船底曳網漁業であった。

　その後、台湾の近海漁業の漁獲量は1960年までは10万トン未満、1961～67年が10万トン台、1968～75年が20万トン台、1976～83年が30万トン台と段階的に増加した(その後は停滞)。漁業種類ではまき網とマグロ延縄がその推進力であった(底曳網は遠洋漁業の中心種目となった)。全体の動力漁船数は、1955年の2,700隻余が1960年には倍増し、そして1970年には1万隻を超えた。その後もテンポは鈍るが増加して、1990年は1.5万隻となった。

　1972年の日本と中国との国交正常化で、中華民国との外交関係は断絶したが、民間ベースで交流することになり、交流協会(日本側)と東亜関係協会(台湾側)が設立され、その民間取極(12月締結)において漁業では安全操業、出入域を保障している。

　1977年に日本が200カイリ漁業水域を設定した折、漁業協議を申し入れたが、台湾側は設定しておらず、「現状維持」となった。1979年に台湾が12カイリ領海、200カイリEEZを設定したが、

フィリピンの200カイリEEZに対抗する措置で、日本との協議は行われていない。

2) 中国と北朝鮮の漁業関係[8]

中国は、朝鮮戦争を経て、東西対立が緩和する兆しをみせた1950年代後半に周辺国との関係構築に乗り出す。北朝鮮とは黄海北部で漁場を接しており、社会体制も同じ同盟国なので、漁業についても協調的な協定が結ばれた。1958年に中国が領海12カイリ制をとったことから中国の呼びかけで協議が行われ、1959年8月に中朝黄海漁業協定となった。漁業協定では双方の漁船が遵守すべき事項、漁業基地の提供、海上安全措置、海難事故の処理などを謳っている。うち、相互に漁業基地を提供するといった両国ならではの特別の規定が盛り込まれているのは注目に値する。漁場は双方の領海及び禁漁区での操業禁止を定めているが、国境の鴨緑江をめぐる漁場利用と資源保護の問題が残ったので、1960年7月、61年6月に会談が開かれて決着した。この協定は2度にわたって延長され、1972年1月に再協定が結ばれている。その後、北朝鮮が200カイリEEZを設定する1977年4月に満期終了した。

2　日中民間漁業協定の締結[9]

1) 日中民間漁業協議

日中の民間漁業協議は1955年1月に始まり、90日に及ぶ協議の末、4月に協定が調印された。戦後の日中関係を画する大きな出来事である。日本側は大日本水産会、日本遠洋底曳網漁業協会などで構成する日中漁業協議会、中国側は国営企業や地域代表者からなる中国漁業協会である。

ことの起こりは、1950年12月に中国は沿海に機船底曳網漁業禁止区域(華東ラインとも呼ばれた。最大幅60カイリ)を設定し、その存在を知らずに操業した以西底曳網漁船が拿捕されたことである。同年、中国は朝鮮戦争で連合国軍と戦い、対日講和会議においても台湾の国民政府を連合国の一員としたことから対立が深まり、多数の日本漁船(ほとんどが以西底曳網漁船)を次々と拿捕するようになった。拿捕は1954年まで続き、累計158隻、抑留漁船員1,909人に及んだ。拿捕の理由は、スパイ容疑、領海侵犯、機船底曳網漁業禁止区域侵犯、沿岸漁業の妨害で、スパイ容疑にみられるように中国と台湾、日本、米国の軍事的・政治的対立が影を落としている。

1952年頃から朝鮮戦争の休戦など国際緊張の緩和、日中友好気運の高まりによって民間交流が始まり、漁業協議につながった。直接には1954年11月に周恩来総理が漁業問題は民間協議によって解決できると発言したことである。

漁業協議では、対象を機船底曳網に限定した。日本側の主張は、公海自由の原則に基づき、中国の設定した機船底曳網漁業禁止区域より狭い範囲の資源保護区域を設定し、双方とも機船底曳網、トロールを自主規制するというものであった(以下、図8-2参照)。

中国側は、①機船底曳網漁業禁止区域や軍事規制区域(渤海、舟山群島、北緯29度以南の3区域)は政府が決めたことで民間協議の対象にはならない。②日本漁船の自由操業を認めれば中国漁船を圧倒して漁場を独占する。東シナ海・黄海を3つに分割し、日本の利益を優先する海域、中国の利益を優先する海域、両国の共同漁労海域とし、それぞれに漁獲割当量と漁船隻数を決めることが平等互恵の精神に沿う方法であるとした。国際的な海洋制度とは無関係に平等互恵を原則とするよう主張した。

日本側は、日本側に割当てられた海域は韓国の李ラインと重複していて操業リスクが高い、採

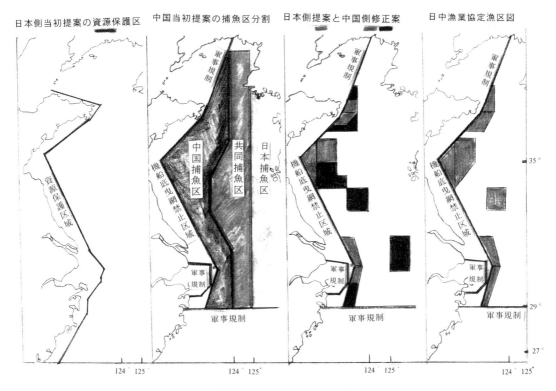

図8-2　日中民間漁業協議における規制漁区の決定経過

算がとれるのは中国の利益が優先される海域と共同漁労海域であるとして反対した。そして、中国側の提案は交渉団の権限を超えているので、一旦帰国して他と協議すると言い出した。これに対し、中国側はこの会談は日本側の要望を周総理が聞き入れて始まったものであり、休会は認めないとして更なる提案を促した。中国側も交渉を決裂させるわけにはいかなかったと思われる。

日本側の再提案は、協議対象外区域については触れずに、両国の漁船が競合する機船底曳網漁業禁止区域の外側に6つの共同規制漁区を設定し、操業期間と漁船隻数を決めるというものであった。中国側は、海域3分割案を取り下げて日本側の提案にのり、規制漁区を8つ(他に東シナ海中央部に備忘録区域を設ける)とし、生産性の低い中国漁船に配慮して、日本漁船の隻数を絞り、規制漁区の面積を拡げるべきだとした。双方が妥協して、規制漁区を6区(他に東シナ海中央部に1ヵ所)とし、漁期と漁船隻数を決めた(表8-2)。漁船隻数は総枠を決めて両国に割り当てるのではなく、双方の希望隻数に準拠して決めた。

日本の漁船隻数は各漁区46～80隻で、各漁区の規制時期がずれているのでほとんどの漁船は規制漁区を順に利用することができる。中国側の漁船は40～150隻で、漁区によって日本漁船より多かったり少なかったりするが、漁船能力が低いので規制漁区を「はしご」する漁船は少ないと思われた。規制漁区の隻数は実績のある漁船はすべて収容される、しかも規制は盛漁期だけで、それ以外の時期は制限がないことから日本漁船の操業を大きく制約するものではなかった。

漁業協定の発効は1955年6月で、その後、日本漁船の拿捕は激減した。以西底曳網にとって安全操業が可能になったこと、高度経済成長により水産物市場が拡大したことで、その漁獲高が伸びていった。漁業被害が多数指摘されたが、日本漁船が中国漁船に損害を与えるケースばかり、緊

表8-2　日中民間漁業協定の規制措置

共同規制区域	1955年6月			1963年12月			1965年12月			1970年6月		
	期間	日本	中国	期間	日本	中国	期間	日本	中国	期間	日本	中国
第1区	11.1-12.15, 3-4	46	112	同	同	同	同	同	同	11.1-12.15 3-4	同0	同0
第2区	12.16-1.15, 2-3	60	150	同	同	同	同	同	同	同	同	同
第3区	8-10	80	40	同	同	80	同	同	同	同	同	同
第4区	4-10	50	50	4-9 10	0 50	0 50	同 同	同 同	同 同	同	同	同
第5区	5-7,11	70	100	同	同	同	同	同	同	同	同	同
第6区	3-4,10-11	70	44	同	同	70	同	同	同	同	同	同
備忘録区							1-2,10-11	80	80	同	同	同

まき網協議区	1970年12月			1972年6月		
	期間	日本	中国	期間	日本	中国
1区		0		同		
2区	8-11月	15	35	8-12月	25	70
3区	9-12月	15	35			

注1：単位は底曳網は隻、まき網は統。
　2：同は前回と同じ。まき網は1972年に2区と3区が合区された。

急避難も台風で日本漁船が中国の港に避難するばかりで、漁業勢力の差は歴然としていた。中国側も、漁業協定は操業上の不安の解消、漁業の発展、漁業資源の保護などで役立っていると評価した。

2）中国の漁業低迷

　中国の海面漁業は第1次5ヵ年計画期（1953～57年）は平均149万トンにまで上昇したが、第2次5ヵ年計画期（1958～62年）は158万トンにとどまり、その後3年間（1963～65年）は食糧飢饉もあって5ヵ年計画は延期された。3年間の平均海面漁獲高は180万トンとなった。

　1956、57年の沖合・遠洋漁業（ただし遠洋漁業は皆無）をみると、国営企業が営なむ底曳網、トロール漁船が約400隻である。70～80トンの2艘曳きが中心で、資源が大陸寄りに分布していることから外海（東シナ海・黄海の中央以遠＝東側）には出ていない。

　漁家の多くは高級合作社に参加し、政府による食糧統制によって漁業も停滞した。1958年から集団所有の人民公社に編成され、また、非現実的な生産目標を掲げた「大躍進」運動で、多数の餓死者を出すまでになった。漁民の生産を刺激する「調整」（1961～63年）がとられて経済は復調をみせるが、1966年からの「文化大革命」で社会的混乱、経済低迷を招いた。

　1954年の東シナ海・黄海の漁獲量を国別にみると、中国が100～110万トンで、うち底魚は100万トン、その他が10万トン、また沖合漁獲量が30万トン（動力漁船によるもの10万トン、無動力漁船によるもの20万トン）、沿岸（機船底曳網漁業禁止区域内）漁獲量が70万トンであった。日本は30万トンで、うち27万トンが以西底曳網による漁獲である。朝鮮（韓国・北朝鮮）は20万トンで、沿岸漁獲と思われる。全体で150万トンの漁獲と推計された。中国が大半を漁獲しており、日本が支配しているのは以西

底曳網・トロールといった沖合漁業である。その沖合漁業もレンコダイが減少して、大陸寄りのグチ類を対象とするようになった。

3　その後の民間漁業協定[10]

1) その後の民間漁業協定

　1955年に締結された民間漁業協定の有効期間は1年間であった。1年目を総括して、協定が遵守されている、資源保護は基本的に良好、日本漁船の違反が十数件あったが、中国側も協定の継続を望み、延長された。1957年も延長したが、中国は軍事作戦区域としていた北緯29度以南を27度以南に縮小し、その間の沿岸域にも機船底曳網漁業禁止区域を延伸した。これは北緯29度以南の治安が良くなったこと、漁業生産が回復し、沿岸の資源を保護し、機船底曳網と沿岸漁業との紛争を避けるための措置であった。

　しかし、1958年は岸内閣による中国敵視政策、長崎における中国国旗事件で両国の関係が悪化して漁業協定が失効した。同年は中国が金門島、馬祖島を砲撃して台湾海峡の緊張が高まった年でもある。日本漁船の協定違反があったが、それを理由にした失効ではなかったし、協議自体も行われなかった。中国にとって漁業協定は外交戦略の手段に他ならなかった。

　失効後は協定に基づいて日本側は自主規制をしていたが、5年間の空白の後、日中政治情勢の好転を背景に1963年に会談が持たれ、同年11月に第2次民間漁業協定が結ばれ、12月に発効した（前掲表8-2参照）。

　内容は旧協定を基礎にしているが、①中国は1958年に領海12カイリを宣言したので、機船底曳網漁業禁止区域のうち12カイリより狭い区域を12カイリまで拡張した。②タイ資源の保護のため1つの規制漁区に禁漁期を設ける。③1958年の「大躍進」で漁船が増えたので、2つの規制漁区で中国漁船の入漁隻数を増やす。④協定の有効期間を2年間とした。

　主な論点は、「大躍進」によって増加した中国漁船をどう扱うかにあった。2つの規制漁区では日本漁船の方が多かったが、中国側は日本漁船の2倍余の隻数を求めた。日本側はこれを沿岸国優先思想の現れとみて警戒し、いっそのこと2つの規制漁区を廃止することを提案した。中国側はそれは旧協定の枠組みを壊すということで受け入れず、結局、中国漁船を日本漁船と同数にすることで決着した。これで全規制漁区とも中国漁船は日本漁船隻数と同数、あるいはそれを上回った。

　2年後の1965年12月に協定は一部修正されて延長された（前掲表8-2参照）。協議課題は、日韓基本条約の基本的性格、漁業資源の保護、協定違反・操業秩序の3点であった。①中国側の主張により、日中友好が漁業協定の基礎であるという観点から日韓基本条約の性格が協議事項となり、アジア侵略を目的としていることを共同声明で発表した。②前年に中国は水産資源保護条例を制定しており、資源保護が重要な課題として浮上した。資源保護については従来あまり触れられなかったが、キグチ、タチウオ、エビ、タイ等の漁獲が激減している。中国側が機船底曳網の資源保護措置をとってきたのに日本漁船が乱獲、幼魚の漁獲をしているとして、エビ保護区（第1、第2漁区）の拡大、タイ資源の保護（備忘録区の隻数制限）、網目規制、キグチとタチウオの幼魚混獲比率の制限が定められた。③操業秩序については1963年の協定締結から2年間で協定違反が延べ1,000件にのぼることから、秩序維持に関する規定が見直された。

　この協定は、1966年に「文化大革命」が起こり、両国の関係が悪化し、暫定的に1年、あるいは半

年の延長となって何とか継続する。漁業協定の存続は、両国の政治的対立が影響しているが、直接的には日本側が協定に違反して中国の領海や禁漁区を侵犯したり、中国漁民に損害を与える事案が多発し、それを日本側(日中漁業協議会)が抑止できないことも影響した。

1970年6月の協議では、日米安保条約の自動延長、中国の国連復帰問題などの情勢変化を受けて政治問題が取り上げられ、アメリカ帝国主義、日本軍国主義、中国敵視政策に反対することが共同声明に盛り込まれた。民間漁業協定のため、日本側は自国政府を非難する苦汁の立場に追いやられた。漁業問題では、エビ資源の保護、操業秩序の維持、緊急寄港地の削減、日本漁船の協定違反、アジ、サバの漁獲量が減少傾向にあり、魚体も小型化していることから日本のまき網の規制が協議され、まき網の規制につ

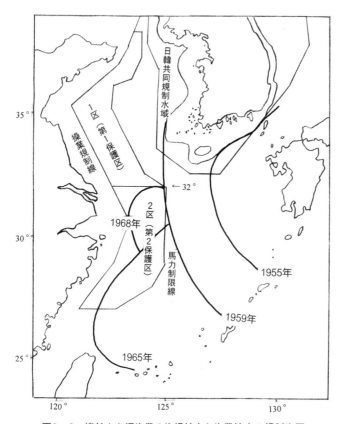

図8-3 機船まき網漁業の漁場拡大と漁業協定の規制漁区
注：規制漁区の名称は民間協定、カッコ内は政府間協定のもの
　1区(第1保護区)は日本漁船は操業禁止

いては年内に話合うことにして協定は2年間、延長した(図8-3)。

1970年12月には、東シナ海に進出していた大中型まき網(以下、まき網という)を対象とした規制漁区3つを設けることで修正された(前掲表8-2参照)。この協議でも共同声明で日本軍国主義の復活反対などを表明した。

この経過をみると、1968年に日本のまき網漁船が大陸寄りでマルアジの漁場を発見し、集中するようになって、日本のまき網の資源破壊、沿岸漁業への妨害が指摘された。中国側は6つの規制漁区を提案したのに対し、日本側は産卵期を除いて規制の必要がないとの立場であったが、漁船が集中することによる乱獲と混乱防止のため3つの規制漁区を設けることで折れ合った(図8-4)。3つの規制漁区のうち、第1協議漁区(北緯32度以北)は日本漁船は操業禁止となったが、実績はなく、影響はなかった。第2、第3漁区は各15統に制限された。まき網はその漁場で25％を漁獲(推定)していたので影響は大きかった。すなわち、現有70統(41社)のうち2つの漁区を合わせて30統しか入漁できない。このため、入漁枠の配分は、1社1統に制限する、それでも入りきらない分は北海道・三陸沖のサバ漁に出漁するように調整された。その他、魚体長制限、網目・馬力・光力規制が行われた。双方が監視船を出し(取締り権は旗国主義)、違反操業には操業資格を取り消すなどの厳しい対応をとることにした。

1972年6月は、まき網の規制漁区のうち第2と第3を1つにして、そこでの操業隻数を日本側25

統、中国側70統とした(前掲表8-2参照)。実質的に日本側の統数を減らした。この頃、中国は資源問題が深刻な底魚を対象とする漁業から資源に余裕がある浮魚漁業への転換を進めていた。

その後、漁業協定は毎年、自動延長され、1975年の政府間漁業協定に引き継がれる。

2)1970年代初期の日中の漁業勢力

1971～73年の両国の漁業勢力をみると、日本は以西底曳網が523隻で漁獲量が25.6万トン、まき網が80統で31.8万トン、中国は機船底曳網が約6千隻で19.0万トン、まき網は70統(漁獲量は不明)であった。

中国は、「文化大革命」によって10年間にわたり行政組織の機能停止、社会的混乱、経済停滞を招いた。それでも海面漁獲高は、第3次5ヵ年計画(1966～71年)の平均が198万トン、第4次5ヵ年計画(1971～

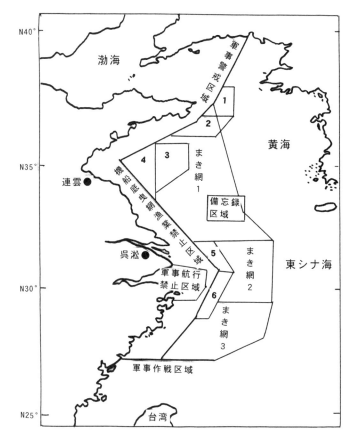

図8-4 日中民間漁業協定における規制漁区(1972年現在)

注：1～6と備忘録区域は底曳網、まき網とあるのはまき網の規制区域。
●は中国の緊急避難港(2ヶ所)

75年)は275万トンと伸びている。その後、1978年までは300万トン台で伸びが小さくなった。1978年の動力漁船は3.9万隻と大幅に増えている。底曳網の漁獲強度が高まって、1960年代半ばから底魚資源が減少した。しかし、1970年代初頭には外海に出漁する流し網や集魚灯を利用するまき網が導入されるなど、国営企業の生産基盤が整備されて漁獲量が上向いている。

第5節　日中国交回復と政府間漁業協定[11]

1　政府間漁業協定に至る経過と協定の内容
1)政府間漁業協定に至る経過

日中の民間漁業協定は断続的に続いていたが、1971年のニクソン・アメリカ大統領の訪中、中国の国連復帰を受けて、1972年9月に日中共同声明が出され、国交が回復した(同時に台湾との間で結ばれた日華平和条約は廃止)。この時、貿易、海運、航空、漁業の4分野の協定を結ぶことで合意した。

漁業交渉は、1974年5月から始まり、1975年8月に調印、12月に発効した。漁業協定では領土問題、大陸棚の境界画定問題を棚上げしている。

交渉経過をみると、1973年6月に民間協定の期限がくるので、その前に日中漁業協議会と中国漁業協会との間で政府間協定への移行問題が話合われ、日本政府も協定締結の目的として安全操業の確保、資源保護、操業秩序の確立、機会均等の確保の4点をあげ、安全操業の確保や操業秩序の確立は民間協定でほぼ達成されているので、資源保護と機会均等の確保が主眼になるとみた。しかし、双方の政治的思惑もあって、本格交渉は1974年5月にようやく始まった(その間、民間協定は延長された)。中国側は、東シナ海・黄海の漁業資源は乱獲状態に陥っており、一般的な保護措置では足りないとして利用秩序の見直しを求めた。当初、中国側は軍事3水域(渤海の軍事警戒区域、舟山群島の軍事航行禁止区域、北緯27度以南の軍事作戦区域)と機船底曳網漁業禁止区域は協定の対象外とし、その中での日本漁船の立ち入り、操業を認めない。軍事、国防上の理由により管轄水域を設定することは主権的権利であると主張した。それに対し、日本側は公海上に他国の漁業を一方的に規制することは国際法上、認められないとした。漁業の関係では渤海の軍事警戒区域が問題となった。以西底曳網漁船は入域していなかったが(1960年代から黄海北部のコウライエビが対象になったものの)、フグ延縄が侵犯するようになったからである。交渉が進展せず、民間協定を1年間延長して協議を続けた。

　共同規制措置として、日本側は民間協定と同様、公海上の漁業は自由であるが、資源保護のため魚種や区域を特定して規制措置をとることを提案した。中国は、資源と沿岸漁業の保護のため、漁船の馬力数によって操業海域を決め、その中で隻数制限、休漁区、保護区を設けることを主張した。具体的には東シナ海・黄海を4分割し、それぞれの海域を馬力数で制限する提案である。馬力数で制限するのは漁船トン数で規制するより、漁獲能力の実態を示すとして取り上げられた。この馬力数による海域分割案は大型船の多い日本漁船の進出を止めることを目的としており、その点では1955年の民間漁業協議の際、平等互恵の原則として提案されたものと同根といえる。1973年に始まる第3次国連海洋法会議で途上国が中心となって主導する海洋分割(200カイリEEZ)の動きに符合している。日本側は引き続き公海自由の立場に立って、それは民間協定に比べて非常に厳しく、底曳網漁船への影響が大きすぎると反発した。

2)日中漁業協定の内容

　①協定水域は民間協定と同じく、北緯27度以北の東シナ海・黄海とし、軍事3水域と機船底曳網漁業禁止区域については往復書簡で、双方の立場を表明する(図8-5)。すなわち、中国側は、軍事警戒区域への立ち入り禁止、機船底曳網漁業禁止区域での操業禁止、北緯27度以南の軍事作戦区域では日本漁船は操業しないように勧告するとし、日本側は中国の立場を認めないが、資源保護の必要性から軍事警戒区域、機船底曳網漁業禁止区域(軍事航行禁止区域を含む)内での操業を控えるとした。協定水域の取締り権は旗国主義によるとした。日本近海での中国漁船の規制は問題にならず、協定水域にはなっていない。

　②共同規制措置については、中国側が主張した馬力数ごとの操業区域の設定は行わないが、その代わり協定水域の中央部(東経125度)に馬力制限線を設定する。それ以外は民間協定の規制を引き継いで、休漁区、保護区の設定、機船底曳網に対しては幼魚漁獲規制(キグチ、タチウオの体長制限、網目規制)、機船まき網に対しては幼魚漁獲規制(マサバ、マアジ、マルアジの体長制限、網目規制)、灯船の集魚灯の光力制限が規定された(表8-3)。また、民間協定から引き継いで緊急避難港も指定された。

　③機船底曳網については、協定水域中央部に600馬力制限線を設ける(1986年の中国漁業法、翌年の漁

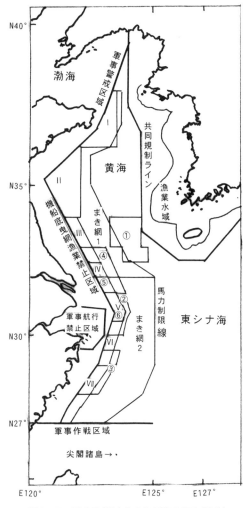

図8-5 日中漁業協定の漁区(1985年現在)

注:Ⅰ〜Ⅶは底曳網の休漁区、①〜⑥は底曳網の保護区、まき網1、2は保護区

業法施行規則によると600馬力以上の底曳網、まき網は中央政府の許可漁業、馬力制限線は近海と外海を分ける線と規定している)。機船底曳網漁業禁止区域の外側に休漁区(特定期間の休漁)を2ヵ所、保護区を3ヵ所設け、保護区においては保護期間と双方の操業隻数が決められた(日本が80〜120隻、中国が120〜150隻で、すべての漁区で中国漁船が日本と同数かそれ以上)。民間協定においては共同規制区域という名称の保護区が6ヵ所(他に東シナ海中央部に1ヵ所)であったが、政府間協定では休漁区が機船底曳網漁業禁止区域に沿って並び、それに重複する形で保護区が設定されて(他に東シナ海中央部に1ヵ所)、民間協定の共同規制区域とはその範囲や位置が異なる。

④機船まき網(集魚灯利用のもの)については660馬力で規制する(機船底曳網の馬力制限線と同じ線)。機船底曳網漁業禁止区域から馬力制限線の間を保護区とし、保護区を2つに分け、第1保護区(北緯32度以北)は日本漁船の操業を禁止(中国漁船も禁止に準じた措置)、第2保護区(北緯32度以南)は保護期間と操業隻数(日本25統、中国70統)を決めた。規制漁区の名称が変わっただけで、内容は民間協定と変わっていない。

漁業協定は3年間有効で、その後は3ヵ月前に予告して終了する以外は自動継続となった。

3)漁業協定の改定

1977年、各国が200カイリ水域を設定する中で、日中は漁業協定によって安定的な操業が行われた。漁業協定に基づいて漁業共同委員会が設置され、毎年、協定の実施状況、資源評価、協定の改定が協議された。協定の改定にかかわるものをあげると、1979年1月には、馬力制限線内で操業する日本漁船の名簿の提出、底曳網の休漁期間(第1休漁区、コウライエビの保護)の延長、底曳網の3つの保護区の拡張と1ヵ所の増設(第4保護区)が決まった。

1981年に中国側からキグチ、タチウオの幼魚保護区域を設けたので、日本側に協力要請があり、1982年と1983年の漁業共同委員会において提案があった。日本側は以西底曳網の経営が厳しいこと、両魚種の資源は減少していないことを理由に合意しなかった。中国側の規制要求は海

表8-3　日中政府間漁業協定の規制措置(1975年12月〜1985年5月)

休漁区	設定年	期間	対象魚種など
第1休漁区	1975年	2.15-4.15、11.10-12.15	1979年期間追加、コウライエビ
第2休漁区	1975年	9.1-11.30	マダイ
第3休漁区	1985年	8.1-10.31	主にタチウオ
第4休漁区	1985年	9.1-10.31	主にタチウオ
第5休漁区	1985年	9.16-10.31	主にタチウオ
第6休漁区	1985年	8.1-10.31	主にタチウオ
第7休漁区	1985年	1.1-2.28、8.1-10.31	主にタチウオ

保護区	設定年	期間	操業隻数 日本	操業隻数 中国	変更、対象魚種
第1保護区	1975年	12.1-2.28	120	120	1979年区域拡大、キグチ
第2保護区	1975年	4.1-5.31	80	140	1979年区域拡大、タチウオ、キグチ
第3保護区	1975年	3.1-4.30	90	150	1979年区域拡大、タチウオ、キグチ
第4保護区	1979年	5.16-6.30	80	140	タチウオ、他
第5保護区	1985年	8.1-8.31	74	74	タチウオ
第6保護区	1985年	8.1-9.15	74	74	タチウオ

まき網	設定年	期間	操業統数 日本	操業統数 中国	
第1保護区	1975年		0		
第2保護区	1975年	8.1-12.31	25統	70統	

洋法条約の採択を機に強まり、資源保護政策の強化、200カイリ水域の設定、日中漁業協定の見直しに言及するようになった。

　1985年5月の改定では休漁区を5ヵ所、保護区を2ヵ所増設して、合計でそれぞれ7ヵ所と6ヵ所とした(前掲表8-3参照)。中国側からキグチ、タチウオの幼魚保護のため国内で実施している休漁区を拡大する提案であったが、日本側は以西底曳網への打撃が大きすぎるとして休漁区と保護区に細分して設置するよう修正した。以西底曳網の漁獲量の数パーセントに影響がでると予想された。休漁区や保護区の増設や区域の拡大などは、底魚資源の減少が深刻な課題になったことを物語っている。しかも提案は中国側からで、日本側は以西底曳網の経営を重視する立場から提案を割引きする形で合意している。休漁区の保護対象は当初はコウライエビとマダイであったが、1985年にはキグチ、タチウオが加わった。保護区は当初からキグチとタチウオが対象。

　1986年に開かれた漁業共同委員会では第2休漁区の区域縮小が日本側から提案された。第2休漁区はマダイの幼魚保護のために設定されたものだが、資源回復の効果が現れていない、他の魚種の漁獲を制限しているという理由からである。中国側は規制の効果が現れるまで継続すべき、その漁場のコウライエビの保護も重要であるとして反対した。この問題は、その後も討議されたが、意見の一致をみることなく立ち消えとなった。

　したがって漁業協定の改定は1985年までで、その後は200カイリ体制を前提とした新漁業協定に移行するまでの間、改定は行われていない。

2　日中漁業協定の変遷と資源の減少
1)日中漁業協定(民間と政府間)の変遷

　日中漁業協定は、民間協定と政府間協定ではその内容は大きく変わった(表8-4)。民間協定は

表8-4 日中漁業協定(民間及び政府間)の歴史

発効年月	事項
1955年6月	民間協定発効、共同規制区域は6
1958年6月	同上、失効
1963年12月	第二次日中民間漁業協定発効、協定水域、操業隻数の修正、禁漁区設定
1965年12月	網目・幼魚規制を追加、規制漁区として備忘録区を追加
1970年6月	禁漁区を追加
1970年12月	まき網漁業を対象として発効、まき網規制漁区は3で1区は禁漁
1972年6月	まき網漁区を2とし(1区は禁漁)、操業隻数を修正
1975年12月	政府間漁業協定発効、休漁区3、保護区3、まき網は保護区2
1979年1月	協定附属書の一部修正、保護区を4とする
1985年5月	協定附属書を一部修正、休漁区を7、保護区を6とする
2001年6月	新日中漁業協定発効

注1:共同規制区域と保護区は、盛漁期の操業隻数を制限するもの、禁漁区は周年、休漁区は期間を定めて休漁とするもの。
　2:政府間協定の休漁区、保護区の保護対象はコライエビ、マダイ、タチウオ、キグチなど。

　1955年から1975年まで21年間、1958～63年の5年半の失効を挟んで実施された。この間、共同規制区域は備忘録漁区を加えたり、規制漁区内に禁漁期を設け、また、網目や幼魚規制など規制が強化された。操業隻数は日本漁船は変わらないが、中国漁船は2つの漁区で増やして全ての規制漁区で日本と同数か日本漁船を上回るようになった。また、1970年にはまき網も規制対象となり、1972年には漁区を統合しつつ、日本漁船の入漁隻数を削減している。

　政府間協定になると、規制区域を休漁区と保護区に分け、保護区は機船底曳網漁業禁止区域の外側一帯を覆う形で設定され、また、区域の増設や区域の拡大が行われた。保護区は、期間を定め、期間中の隻数を制限するもので(民間協定の共同規制措置と同じ方式)、保護対象は主に産卵期のキグチ、タチウオとした。保護区は民間協定の共同規制区域と範囲や位置が異なるので、保護期間や操業隻数を直接比べられないが、双方とも操業隻数が多くなっている。日本の以西底曳網は1972年に減船事業を実施しており、隻数制限の緩和は日本側にとって実態的な意味はなかったと思われる。

　まき網の保護区は民間協定のものを引き継いだ。休漁区は1975年は2ヵ所であったが、1985年には7ヵ所に増設された。1985年に休漁区も保護区も増設されたが、これは1981年に中国が国内措置として実施しているキグチ、タチウオの保護を日本漁船にも求めたのである。休漁区は保護区と重なるように設定されている。とくに産卵期のタチウオ保護のために休漁区が増設され、期間は8～10月、または9～10月の2、3ヵ月とした。この休漁措置は中国で1995年から本格実施される夏季休漁制につながっていく。

2)日中の漁業勢力の推移

　日本の漁業勢力は、以西底曳網の漁獲量は1961年の34万トンをピークに増加から減少に転じた。漁獲量は、漁獲努力量の増加、漁獲性能の向上にも拘わらず減少し、資源の深刻な減少を物語っている。例えば、1955～64年の10年間で、漁船隻数は769隻から759隻に多少減ったが、平均トン数は78トンから94トンへ、馬力数は209馬力から302馬力へ大幅に増強している。曳網回数は1.7倍になった。漁獲量の減少にも拘わらず、高度経済成長による需要(ねり製品)の増加、価格の上昇で経営が維持された。

しかし、1960年代後半になると以西底曳網に大きな変化が生じた。漁船の大型化が進んで資源が減少し、1972年には業界初の自主減船(107隻)に追い込まれた。漁獲物の変化と北洋すり身の出現と普及により、以西底曳網の漁獲物はねり製品原料(グチ、ハモ、エソなど)向けから惣菜用(ヒラメ、カレイ、イカなど)へと転換した。

　その後、以西底曳網は1980年から1985年にかけて、許可隻数は504隻から435隻へ、漁獲量は20万トンから13万トンへと減少している。

　まき網は、1980～85年の間、許可数は78統、漁獲量は35～38万トンで安定していた。その他漁業にはアマダイ・フグ延縄、イカ釣り、カジキ流し網、タチウオ刺網、カツオ一本釣り、曳縄など1,000隻余が出漁し、1万トンの漁獲をあげていた。

　一方、中国の漁業は制度も生産力も大きく変化した。政府間協定が結ばれた1975年当時は「文化大革命」の只中であり、人民公社による漁業生産と政府による流通統制が行われていた。それが、1978年の改革開放政策への転換で、人民公社は解体されて生産グループあるいは個人(中国では大衆漁業という)が生産や経営を請け負うようになり、また1985年から流通の自由化、魚価の上昇によって漁業生産が爆発的に増加した。海面漁獲量は1980年代前半は300万トン前後で停滞していたが、1980年代後半には一挙に600万トン台に倍増した。漁業生産の飛躍をもたらしたのは漁船の動力化で、1978年から10年間で動力漁船の隻数は5.6倍、馬力数は2.8倍となり、小型漁船にも動力化が急速に進行した。「大衆漁業」が叢生して、国営企業(所有と経営が分離されて国有企業となった)は押し出されるようにして外海、さらには遠洋漁業へ進出した。

3) 漁業資源の減少

　中国の漁業で資源の減少をみていこう。漁業資源の減少、経済魚種の小型化(幼魚比率の増加)、魚種構成の悪化(経済魚種の割合低下)が進み、渤海や黄海では小エビの漁獲が中心となり、大半の漁船は漁場が広い東シナ海へ出漁するようになった(ウマヅラハギが増加したことも一因)。

　資源密度は1950年代を100とすると、1960年代が60～70、1970年代が30～40、1980年代が20に激減した。魚種構成も悪化し、上級魚と下級魚の比率は、1950年代は8：2であったが、1960年代は6：4、1970年代は4：6、1980年代は2：8と完全に逆転した。資源の減少を招いた原因は漁獲努力量が過大になったことの他に、漁法が底曳網に偏重したためで、資源的な余裕のある上層魚・中層魚を開発するために1970年前後に各種流し網、火光利用のまき網が増加した。しかし、それも一時的で、その後も底曳網を主体とした漁場拡大路線をたどった(1985年では沖合の漁獲割合は全体の1割)。

第6節　日本、北朝鮮の200カイリ水域の設定と対外関係

1　日本の200カイリ漁業水域の設定[12]

　1977年7月、日本は領海12カイリ、200カイリ漁業水域を設定した。第3次国連海洋法会議では100ヵ国以上がEEZを支持したが、日本はそれに反対し、国際的に孤立していた。遠洋漁業国として狭い領海、広い公海を主張してきた日本は、ここで200カイリ体制に向き合うことになった。ただし、日本の200カイリ体制への移行は戦略的なものであった。

日本が200カイリ水域を設定した直接の契機は、ソ連漁船が日本近海に出漁していること、ソ連が1977年3月から200カイリ漁業水域制を実施して日本漁船を閉め出したので、それに対抗するためであった。すなわち、中国、韓国に接する海域（東経135度以西の日本海、東シナ海）には漁業水域を設定しない、韓国・中国漁船には適用しないという基本方針の下で、領海法、漁業水域暫定措置法を短期間で成立させ、同年7月から施行した。

　ソ連とは領土問題を切り離して漁業協定を結び、漁業水域内の相互入漁を行う、相互入漁の漁獲割当量は等量主義を目指すことにした。等量主義は、日本の漁業勢力が強かったので、日本漁船への漁獲割当量を削減することを意味した。

　西日本水域、韓国・中国漁船を適用除外にしたのは、領土問題の過熱を回避する（東経135度以西には竹島や尖閣諸島がある）こと、両国は200カイリ水域を設定していないし、両国との間には漁業協定があって、漁業秩序が保たれているという判断からである。韓国・中国漁船と比べれば、日本漁船が圧倒的に強く、既存の漁業秩序は日本に有利である。もし200カイリ漁業水域を全面適用すれば、相手国も対抗措置をとることが予想され、日本の漁業が排除、規制されることになるので、そうした事態を避けたのである。日本の遠洋漁業団体は言うに及ばず、全国漁業協同組合連合会（以下、全漁連という）もこうした政府の対応を支持した。

　1975年当時の漁業利害をみると[13]、日本の海面漁獲量9,573千トンのうち外国の200カイリ水域（全面的に設定された場合を想定）での漁獲量は3,744千トン、全体の39％に及ぶ。このうちアメリカ水域が1,410千トン、ソ連水域が1,396千トンと大きい。韓国水域は177千トン、北朝鮮水域は64千トン、中国水域は152千トンである。一方、外国漁船による日本水域での操業は、ソ連が300〜400千トン、韓国が5〜10千トン、台湾が1千トン、中国、北朝鮮はなし、と推定された。

　同じく、1976年の日本漁船の近隣諸国での漁獲量は[14]、北朝鮮水域は14千トン（以西底曳網が大部分で、他に中型・小型イカ釣り）、韓国水域は138千トン（大中型まき網が大部分を占め、次いで以西底曳網、中型・小型イカ釣り）、中国水域は106千トン（以西底曳網が大部分を占め、次いで大中型まき網）と推計されている。前年の推計値と比べると随分少ないが、推計に仕方の違いによるものとみられる。

　漁業種類別では、以西底曳網（112ヵ統）は、全漁獲量118千トンのうち88％を中国、韓国、北朝鮮水域で漁獲し、大中型まき網（日本遠洋旋網漁協の所属船と思われる。44ヵ統）は、全漁獲量366千トンのうち41％を韓国、中国水域で漁獲した。この他、中型・小型イカ釣りが韓国、北朝鮮水域で約6千トンを漁獲した。

　漁業の利害からすれば、外国水域での漁獲の方が圧倒的に多いので200カイリ制度によって大きな損失を招くから、ソ連の設定に対抗して設定したが、200カイリ規制をしない韓国、中国に対しては適用しない（北朝鮮は200カイリEEZを設定したので適用するが、北朝鮮とは国交がなく、政府間漁業協定はない）という二面的対応をとった。

　一方、中国、韓国はなぜ200カイリ体制をとらなかったのか。中国は、第3次国連海洋法会議で、発展途上国が推進している12カイリ領海、200カイリEEZを支持しており、1975年に締結された日中漁業協定でもそれまでの民間協定の大幅改訂を主張していた。ただ、この時、200カイリ制度は表に出さず、国交回復を優先して漁業協定を結んだ。翌1976年は、周恩来首相と毛沢東主席の死去、鄧小平副首相の失脚と四人組の逮捕（文化大革命の終焉）という事件が相次ぎ、日中平和友好条約の締結交渉も先延ばしされた（1978年8月に締結）。また、漁業協定が結ばれて日も浅く、政治日程に上らなかったとみられる。

韓国は、日本に対して200カイリ漁業水域の設定、日韓漁業協定(1965年締結)の破棄ないし見直しを選択肢としては持っていた。それは、1974年1月に結ばれた日韓大陸棚協定において、日本側の批准手続きが非常に遅れたことに対し、早期に批准しなければ単独開発に乗り出すと警告し、200カイリ漁業水域の設定、日韓漁業協定の廃棄ないし大幅改訂に言及した。[15]

にもかかわらず、漁業協定を見直し、200カイリ漁業水域を設定しなかった理由は、日韓大陸棚協定の批准が難航しており、領土問題の浮上が懸念されたこと、200カイリを設定すれば中国との関係が問われることになるが、それを避けるためであった。韓国は反共軍事政権で中国と敵対しており、中国よりも漁業勢力が強く、無協定の方が有利である。また、遠洋漁業、近海漁業(沖合漁業)が発展途上にあって、200カイリ規制を持ち出すことはかえって不利になる。遠洋漁業は、200カイリ規制でソ連、アメリカ水域から閉め出され、遠洋トロールは漁場を北海道沖に移しつつあったし、近海漁業では韓国周辺の共同規制水域で日本漁船の漁獲量を上回るようになっていた。

2　日朝漁業合意と北朝鮮の対外漁業関係

1) 日朝漁業合意と失効[16]

1977年に北朝鮮が200カイリEEZを設定したので、日本との間で民間漁業協定が結ばれた。日朝漁業協定は暫定合意という不安定な状態のまま1993年まで継続した。この間、7回の延長と2回の失効があった。国交のない両者を仲介したのは、日本側は超党派の国会議員で構成する日朝友好促進議員連盟、北朝鮮側は朝日友好促進協会である。

北朝鮮は、1977年8月から200カイリEEZを設定する、200カイリ幅を確保できない海域は中間線までとする、事前の承認なく外国人が同水域で経済活動を行うことを禁止する、と通告した(図8-6参照)。周辺国が設定したこと、第3次国連海洋法会議(北朝鮮は国連には未加盟であったが)でEEZ200カイリが有力となったことを理由としている。日韓関係の離間を狙って日本の中小漁業に配慮して入漁を認める用意があることを通告してきた。日本政府に公式の交渉を提案したが、日本政府は政府間交渉ではなく民間協議に委ねるとし、しかも韓国政府に配慮して民間合意に政府が保証することはないとした。そこで、日本海のイカ釣り、ズワイガニかご漁業などの関係漁業団体、関係県漁業協同組合連合会によって急遽、日朝漁業協議会が結成され、日朝友好促進議員連盟と協同して北朝鮮との入漁交渉にあたった。

前年度にあたる1976年度の北朝鮮水域での操業実績はイカ釣り2,000隻、機船底曳網184隻、フグ延縄58隻、マス延縄・流し網270隻、カニかご19隻、計2,531隻(フグ延縄は黄海側、その他は日本海側)、漁業者約3万人、漁獲高812千トン、400～500億円と見積もられた。

同年9月には日朝漁業協議会と朝鮮東海水産協同組合連盟(東海は日本海の意)との間で暫定漁業合意が成立した(10月発効)。漁業交渉では民間協定を日本政府が保証する件、北朝鮮の軍事警戒線50カイリ内での操業を禁止する件で対立し、北朝鮮は交渉を打ち切り、漁業暫定合意だけとなった。内容は、北朝鮮の日本海側の軍事警戒線外のEEZ内への入漁が200トン以下の漁船に限って認めるというものであった。入漁が認められた「朝鮮暫定操業水域」は、軍事警戒線を底辺とした台形の形をしている。国交回復手段として民間協議が始まり、政府が決めた立ち入り禁止区域は民間協議の対象外というのは1955年の日中民間漁業協議の時と同じである。有効期間は10月から翌年6月まで。これによってイカ釣り、カニかご、マス流網・延縄の操業が確保された。黄海側

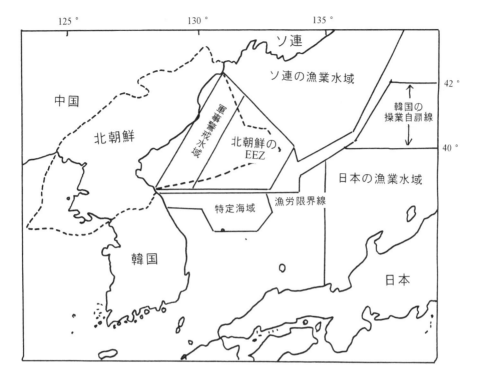

図8-6　北朝鮮と日本の200カイリ水域(1977年～)

資料：李・崔「韓半島周辺水域の国際漁業関係と展望」11ページ

の以西底曳網、フグ延縄については許可されなかった。入漁料、許可証は不要とされた。

　その後、1978年7月から2年間、延長された(第2次合意)。変更点は、相互主義に関する規定を追加したこと、北朝鮮漁船の日本200カイリ漁業水域(日本海側)内での操業を認めたことである。北朝鮮側の入漁は、日本政府の保証がないことからすれば、相互主義の立場からとった名目上のこととみられる。

　1980年7月からさらに2年間、延長(第3次合意)されたが、新たに3つの条件、①日本漁船の入漁手続きに関する規定、②北朝鮮水域内の資源と日本漁船の漁獲実績についての情報提供、③相互主義として技術協力や漁獲物の買い上げ、が加わった。

　2年後の1982年6月には期間延長ができず、中断した。理由は、日韓の安保経済協力の動きに対する反発、北朝鮮側代表団が韓国政府を非難したことを理由に日本への入国が拒否されたこと、日本側が3つの条件を満たしていないことである。違反漁船が増加し、以西底曳網漁船の大量拿捕も起こっていた。

　2年半の中断後、1984年10月(第4次合意)には再び入漁が可能になった。前年のラングーン事件後の孤立から脱し、対外経済関係の拡大を図るため協定が結ばれたのである。協定違反にからむトラブルなどの処理のため漁業共同委員会が設置された。委員会は当該年度の事業総括と次年度の入漁条件を協議して決定する。

　この頃まで北朝鮮の漁業交渉に臨む姿勢は寛容であった。1977～80年は北朝鮮側は細目規制及び入漁報告を求めなかった。それで多くの違反船が出た。1981年から北朝鮮側は漁業許可

第8章　北東アジアにおける漁業秩序の変遷と今日　317

申請などの手続きを求めたが、漁獲量枠、隻数枠などはなく、日本側の申請をそのまま許可した。操業条件の規制が強化されたのは1986年以降である。

1986年12月末には両国の関係悪化などで再び中断した。北朝鮮は経済状態の悪化、日朝貿易の低迷への対策として入漁料を協定延長の条件とするようになった。北朝鮮が日本側のスケトウダラの買い付けを5万トンから20万トンに引き上げたことも一因である。

1980年代半ばまでの日本漁船の入漁はイカ釣りが中心で、他はベニズワイガニかごなどである。漁獲量は、1977年の20千トンから増加して1980年には42千トンとなったが、その後、協定の中断や漁況に左右されて15千トン以下となった。当初の入漁隻数は2,000隻を超えたが、1981年以降は1,000隻を下回った。

それから1年後の1987年12月（第5次合意）から入漁が再開された（期間は2年間）。従来の入漁条件に次の2点が加わった。①双方が入漁料を支払う。近隣国への入漁料の支払いは日ソの相互入漁において等量主義を目指したが、割当てで格差が生じたのでその分を有償入漁とした（1987年から）例がある。日本側の入漁料は、イカ釣りはトンあたり155ドル、流し網・延縄は北朝鮮の増殖事業のための資材供与をトンあたり230ドル相当とする。北朝鮮側の入漁料は定めていない。②日本側が北朝鮮が獲ったスケトウダラ5万トンを輸入（洋上買い付け）する。北朝鮮が要求した漁業協力は養殖技術、コンブの加工技術、冷却機などである（漁業技術は入っていない）。

1990年1月から2年間延長した（第6次合意）。入漁条件はほぼ前回通りで、①カニかごの入漁は3年連続して認められなかった。②イカ釣りは5〜12月の期間、1,000隻以内で、漁獲割当量は日本側の申請通りとし、入漁料はトンあたり155ドルとする。③科学技術・機械の供与は、コンブ工場への供与とし、流し網と延縄の協力費とイカ釣り入漁料の一部を充てる。④スケトウダラの洋上買い付けの実績は1988年21,000トン、1989年14,600トンであったが、この項目は今回の合意書にはない。⑤北朝鮮側が日本水域に入漁する場合は入漁料を支払う、というものである。

第7次合意は1992年1月から2年間、延長されたが、引き続きカニかごの入漁は認められなかった。期限末に日朝漁業協議会はその延長を申し入れたが、北朝鮮側はその意思がなく、1994年1月から無協定となった。日朝国交正常化交渉で北朝鮮の核疑惑が浮上し、また日本人拉致問題が提起され、北朝鮮がこれに強く反発したことが原因している。日本漁船の北朝鮮水域への入漁は大幅に縮小していたし、北朝鮮が入漁料収入より自ら漁獲して輸出する方が外貨獲得には有利とみたことが背景にある。

なお、北朝鮮側の日本水域への入漁はなかったとみられる。相互主義といっても日本政府の保証がないので、民間協定で入漁許可を出せないからである。

上記とは別にベニズワイガニ漁業者の一部が個別契約で1993年1月から入漁したが、2006年9月、北朝鮮の核実験に対する経済制裁のため水産庁は入漁していたカニかご漁船3隻の許可を取り消したことで、漁業関係は完全に途絶えた。

このように日朝の漁業合意は、国交のない中で国と国を結ぶ貴重な糸であったが、もろい基盤の上に成り立っていた。国家関係に翻弄されるうえ、相互主義といっても民間協定なので日本側から提供できるものは限られ、また、日本側出漁者は漁業規模が小さく、まとまりに欠けていた。

2）北朝鮮の対外漁業関係[17]
（1）ソ連・ロシアとの関係

　北朝鮮の漁業生産量はFAOの漁業統計によると、1960年代から漸増し、1980年には100万トンを超え、1993年には153万トンに達した。その後は経済破局と燃油の確保難で急落し、2000年代は70万トン前後で完全に停滞している。

　漁業の中心はトロール漁業、主な漁獲物はスケトウダラで、1974年1月にソ連との間で政府間漁業協定を結んだ。1977年に両国は200カイリ体制をとったので、新漁業協定を結び(7月)、北朝鮮はソ連水域で20万トンの漁獲割当量を得た。1977～91年のソ連水域における北朝鮮の漁獲割当量は20万トンだが、その平均消化率(割当量に対する漁獲実績)は34％であった。1992年のロシア水域における漁獲割当量は大きく低下して6万トンとなり、2002年は2万トンとなった。しかも、中国漁船が北朝鮮への割当量を借り受けて操業するようになった。

　ちなみに、両国は1986年1月に「EEZと大陸棚の境界に関する条約」を締結している。

（2）中国との関係

　北朝鮮と中国の関係は、1977年に北朝鮮が200カイリEEZを設定した時(黄海側は中間線)、新漁業協定を結ぶべく会談がもたれたが、双方の立場が大きくかけ離れ、合意に達せず、無協定状態となった。それ以外では、中国の省政府と北朝鮮・平安北道が漁業協定を結んだり、2001年に中国・遼寧省と北朝鮮の民族経済協力連合会が漁業協定を結んでいる。2004年9月に結ばれた「東海共同漁労協約」では、5年間にわたり、北朝鮮EEZ(日本海側)への中国漁船の入漁が取り決められている。イカ釣り及び底曳網漁船でスルメイカ、サンマ、マダラ、ホッケを漁獲する。中国が中日、中韓漁業協定で漁場が縮小したことに対応したものである。

　1994年に海洋法条約が発効したことを受けて、北朝鮮は中国に海の境界問題について非公式会談を申し入れ、1997年、2000年に会談が開かれたが、境界画定と漁業問題を並行して協議することを確認しただけで止まっている。

　両国との間に海洋境界線がないので、1962年に両国が結んだ朝中国境条約を根拠に中国は東経124度を暫定的な境界線とし、それを越えないように漁船を指導しているし、北朝鮮もそれを了解している。北朝鮮が主張するEEZの境界線との間は高級魚種が豊富だが、北朝鮮側があまり出漁しない(漁船の老朽化と燃油の確保が困難なため)ので、暗黙裏に金を払って操業許可を得る慣行があった。2010年に漁業協定を結んで、黄海ではワタリガニの漁期、日本海ではイカの漁期に中国漁船を入漁させるようにした。

（3）韓国との関係

　北朝鮮と韓国は海上においても境界線を引いて対峙している。韓国は1964年6月に軍事境界線にあわせて北方漁労限界線を設定し、1967年12月にその南側一帯を特定海域として出漁船の統制を行い、北朝鮮による漁船拿捕の防止に努めた。1970年代になると、日本海の「大和堆」周辺でイカ漁場が発見されて、韓国漁船も出漁するようになった。1977年に北朝鮮が200カイリ体制をとると拿捕の危険性もあって、北緯40度を操業自制線とした(1990年10月に北緯42度に移して漁場を拡大、図8-6参照)。

　両国は、韓国漁船による北朝鮮水域への入漁や紛争防止で動くこともあった。2000年2月、韓国の全国漁民総連合会と北朝鮮の民族経済協力連合会が韓国漁船の北朝鮮水域(日本海側)入漁で合意した。韓国側は日韓新漁業協定の成立で日本EEZへの出漁が困難になって、北朝鮮へ要請し

ていた。2002年の漁業協議でも、韓国漁船の北朝鮮水域(日本海側)入漁が認められ、また、黄海に両国の「共同漁業水域」を設けることで合意した。この水域は同年6月に衝突事件があった水域(韓国の巡視船1隻が沈没)で、対立防止のためである。北朝鮮と韓国は敵対関係のもとで、漁業協議が時折持たれたが、政治情勢や思惑に翻弄されて協定が結ばれたとしても不安定だし、実績は乏しい。

第7節　200カイリ時代の日韓漁業協議と自主規制

1　韓国の漁業勢力の伸張[18]

　日韓の漁業勢力が逆転して、1986年あたりから日本は200カイリ漁業規制の全面適用を主張するようになった。

　韓国の遠洋漁業は1970年代前半に発達したが、1970年代後半には世界的な200カイリ体制によって制約されるようになった。1980年代前半には近海漁業(韓国では沖合漁業を近海漁業と呼ぶ)が発達した。近海漁船は1970年の5,200隻が1980年の6,600隻に増加するが、その後は頭打ちになる。近海漁業の漁獲量は、1970年代前半は30万トン台であったが、後半は40万トン台、1980年代前半は60万トン台と増加し、1986年の83万トンをピークに減少に転じる。

　主な近海漁業の動向をみると、大型トロールは新規の能率漁法として1970年代に急増し、1990年代になっても唯一隻数を増やした(漁獲量は1990年がピーク)。大型まき網は1990年まで隻数、漁獲量を増やしたが、その後は両方とも減少した。その他の大型・中型機船底曳網、近海あんこう網の隻数、漁獲量は少なくとも1980年までにピークを過ぎている。

　韓国は1977年に領海法を制定して12カイリ領海としたが、200カイリ体制をとらなかった。1982年に水産資源保護法を改正して、主な近海漁業について漁業種類別に許可定数を定め、漁船隻数を制限した。韓国周辺水域でMSY(最大持続生産量)の実現を目標として減船事業と漁業許可の新規発行の停止を行った。外国200カイリ水域から閉め出された漁船が沿近海に回帰するのを防止する意図もあった。減船事業は、1990年に農漁村発展特別措置法を改正して減船補償財源を確保し、1994年から沿近海漁船を対象に始めた。

2　日韓漁業協議と自主規制[19]

　1977年以降、韓国の遠洋トロール漁船(1,000～2,000トン級)がソ連の200カイリ漁業水域から閉め出され(韓国とソ連は1990年に国交を回復し、翌1991年に漁業協定が結ばれた。同年末のソ連崩壊後はロシアに引き継がれた)、北海道周辺の操業を強めた。その結果、北海道周辺で漁具被害が頻発し、資源の減少を招いた。韓国の遠洋トロールが北海道周辺に出現するようになったのは1971年頃からで、最高時には32隻に及んだ。北海道周辺水域は沿岸漁業者と沖合底曳網漁業者とで規制を結んでいたが、遠洋トロールはそれに拘束されることなく操業した(日韓漁業協定は国内規制の相互尊重を謳っていたが、協定後に出来た規制については適用されない)。

　この問題は1980年の政府間協議で取りあげられ、日本側は日本の底曳網規制措置を遵守するように要請した。韓国側は公海上なのでその義務はないが、遠洋トロールの操業を自制する代わりに済州島周辺の日本漁船の自制を求めて(キグチの保護と小型漁船の安全操業の確保を名目に)合意し

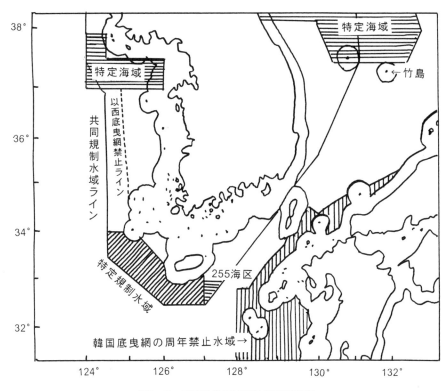

図8-7　日韓漁業海域図（1987年当時）

た。

　合意内容は、韓国の遠洋トロール漁船を半減する（漁船17隻に）、北海道周辺に操業禁止水域を設ける、日本側も共同規制水域のうち済州島周辺を特定規制区域（図8-7参照）とし、以西底曳網は操業期間を3ヵ月とし、隻数を半減（入漁隻数は106隻、同時最高入漁隻数は66隻）するとした。つまり、日本では200カイリ全面適用を求める北海道（沿岸・沖合漁業）とその報復を受ける西日本の遠洋漁業という構図となった。

　この自主規制措置によって、北海道沖の遠洋トロールの漁獲量は最盛期の14万トンの半分程度に、特定規制水域の以西底曳網の漁獲量は1万トンが半減すると見込まれた。以西底曳網にとって済州島周辺はイカ類、カレイ類の好漁場である。日本はこのため現有503隻のうち同水域への依存度がある60隻を減船した。政府補償と相互補償による減船事業であった。この第1次自主規制の期間は1980年11月から3年間。

　第2次自主規制は1983年11月から3年間、北海道沖、済州島沖操業の自主規制を強化することで合意した。遠洋トロールを17隻から14隻へ、以西底曳網を106隻から88隻へ、同時最高入漁隻数を66隻から54隻へ削減することにした。

　その期限を迎える1986年の協議において、日本側は、①ソ連水域から入漁枠が減らされ減船事業に取り組んでいること、韓国の遠洋トロールによる漁具の被害や違反操業が頻発していることから隻数の削減と規制の強化、②1980年頃から韓国のイカ釣り、アナゴかご、機船底曳網が西日本水域に進出しているが、日本の国内措置を守る義務がなく、また違反操業が多いことから操業の秩序化を求めた。それに対し、韓国側は、遠洋トロールの大幅な削減はその崩壊につながり、

段階的な削減でなければ受け入れられない。また、旗国主義は日本の要求でとられた措置であり、その変更は容認できない、とした。期限内に合意できず、現行措置を1年間延長した。これには規制強化を求めてきた北海道漁業者、全漁連は落胆した。

1987年の協議で、日本側は漁業協定の枠組みを改訂し、沿岸国による取締りを提案した。1983年の段階では、全漁連は200カイリ規制の全面適用が必要であるとしつつも、当面は暫定措置で対処することに同調していた。韓国周辺に出漁する西日本の遠洋漁業団体(日本遠洋底曳網漁業協会、日本遠洋旋網漁業協同組合など)は200カイリ全面適用に反対であった。1986年になると、全漁連は200カイリ全面適用に運動方針を切り替えたが、西日本の遠洋漁業団体はそれをすると反射的に韓国近海の操業が大きく規制される恐れがあることから反対するなど国内の漁業団体はまとまっていない。日本政府も直ちに実施するのは困難であり、現体制が有利とみていた。

1987年に入ると、日本側は漁業協定を改定し、問題のある水域(40～50カイリ)に漁業資源管理水域を設定し、相手国の漁船隻数を制限するとともに取締りは沿岸国が行うことを提案した。200カイリ制の全面適用が困難な中での過渡的措置としてである。対象水域は日韓共同規制水域を念頭に40～50カイリとし、具体的には双方が協議して設定するとした。これであれば、西日本水域への出漁も規制できるし、領土問題との切り離しも可能という判断であった。これを韓国側は拒絶した。漁業協定は国交回復(基本条約)とパッケージであり、協定締結当時の経過や国民感情からして受け入れられない、として現行の枠組みでの解決を主張した。韓国側には、日韓の漁業勢力が逆転し、日本の漁業が劣勢になったからといってルールを変えようと言うのは勝手すぎるという思いがあった。

漁業協定の枠組みの見直しはせず、規制及び取締りの大幅な強化で対応することになった。何とか合意に達したのは、日本、韓国ともに外国水域に出漁する漁業と外国漁船の操業で圧迫を受ける沿岸漁業との利害対立が表面化したことがあげられる。同じ出漁者でも西日本水域に出漁する韓国の「沿岸漁業者」はトロール漁船のために日韓漁業関係が悪化して自分たちに規制が及ぶのを警戒するようになった。

第3次自主規制は、1988～1991年の4年間でスタートした。韓国側は、①北海道周辺のトロール禁止区域内で操業する遠洋トロール14隻を段階的に撤退する。トロール禁止区域から閉め出された遠洋トロールは、その外側で操業を続けたり、一部はイカ流し網やサンマ棒受網に転換した。②西日本水域(対馬周辺や山陰沖)では韓国の底曳網、イカ釣り、アナゴかごなどが1980年代に増加し、違反操業、日本漁船とのトラブル、資源の減少が問題になった。日韓漁業協定では、国内措置の相互遵守を謳っているが、日本側の適用水域が限られている、協定後にできた措置は韓国漁船には適用できない、規制のない漁業(日本にはない漁業)がある点で抜け道があった。協定後にできた操業禁止区域などの国内規制を遵守することになった。③共同規制水域で行っていた連携巡視、オブザーバー乗船を西日本水域でも実施するなど取締りを強化する。共同取締りについては、日韓漁業協定の締結の際に韓国側が主張したが日本側は旗国主義を損なうとして反対し、取締り権のない連携巡視やオブザーバー乗船となった経緯がある。

日本側は、①特定規制水域で操業する以西底曳網漁船88隻を44隻、同時最高入漁隻数54隻を28隻に削減する。②同海域に隣接する255海区でまき網の操業を禁止する(図8-7参照)。③共同規制水域における以西底曳網、沖合底曳網、イカ釣り、沿岸漁船に対する規制を強化する。

なお、基本的な枠組みの見直しについては継続協議となった。

第4次自主規制のための協議が1991年に開かれ、日本は再び、国際的に200カイリ体制が定着したこと、相互入漁の確立が両国の安定的発展につながることから漁業協定の改定を主張したが、韓国側は現行の枠組みで対応が可能であるとし、そもそも日韓の地理的歴史的特殊性を考慮すべきで、国際情勢の変化は理由にならない、漁業協定の見直しは日韓基本条約にも影響するとしてこれを退けた。その結果、第4次自主規制は取締りを強化することで、1992年3月～94年末の2年9ヵ月、実施されることになった。

　1994年の協議では、両国は漁業実態と国際海洋法秩序を勘案し、新漁業秩序形成に努力することを確認した。枠組み構築の是非をめぐって対立し、期限を過ぎた1995年2月に合意した。第5次自主規制では、1996年までに遠洋トロールは14隻から11隻に削減する。特定規制水域の以西底曳網は44隻から35隻へ、同時最高入漁隻数は28隻から22隻へ削減するとした。

　この間、1994年11月に海洋法条約が発効し、全漁連などは早期批准と200カイリ全面適用を政府に迫るようになった。西日本の遠洋漁業団体もそれに賛同するようになって、業界の利害、立場が共通するようになった。

　韓国は、200カイリ体制が世界の趨勢となっても、日本に対しては日韓の特殊な関係を楯に漁業協定の枠組みの見直しを拒み続けた。一方、中国に対しては、中国漁船が韓国近海に殺到するようになって、漁業協定の締結を急ぐようになった。対日本と対中国では200カイリ体制への対応を変えている。

　1996年に韓国と日本が海洋法条約を批准したことから、同年5月から新漁業協定の締結に向けて交渉が開始された。

第8節　国連海洋法条約の批准と新漁業秩序の形成

1　漁業勢力の逆転と国連海洋法条約の批准
1）国別漁業勢力の逆転[20]

　図8-8は、1970～95年の東シナ海・黄海における日中韓3ヵ国の底魚漁獲量の推移を示したものである(中国は沿岸と沖合、韓国と日本は沖合での漁獲)。台湾、北朝鮮は国際競合の著しい沖合での漁獲量は少ないし、資料を欠くので取り上げていない。合計漁獲量は25年間で3倍に増加、とくに1990年代に著しく増加した。国別でみると、1970年代の増加は韓国が牽引したが、1980年代、1990年代の増加は独り中国に負っている。

　合計漁獲量に占める中国の割合は1970年代の5割余から急伸し、1995年には86％になった。明らかに沿岸での漁獲だけでなく、沖合への進出によって達成されたものである。韓国は1970年代に漁獲量を伸ばしたが、1980年代は横ばいとなり、1990年代は反転して下降し、合計漁獲量に占める割合は1割強となった。日本は1970年は30万トンの漁獲があって、東シナ海・黄海の沖合漁業では優勢であったが、その後、急落して1995年には4万トンとなり、沖合漁業でも完全に競争力を失った。つまり、底魚漁業(うちでも沖合漁業)の中心勢力は日本から韓国へ、韓国から中国へ移行して、漁業勢力の序列が完全に逆転したのである。

　浮魚漁業については時系列資料は得られないが、1989年では3ヵ国の合計漁獲量が92万トンで、中国20％、韓国44％、日本36％となっている。底魚漁業とは違い、韓国、日本が優位を保ってい

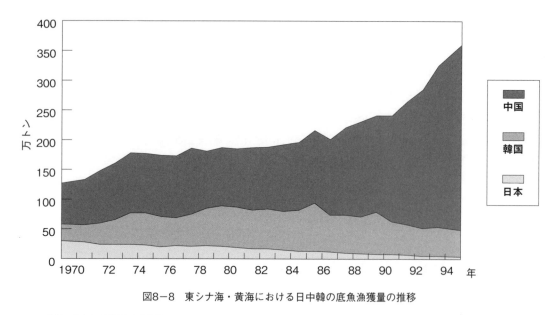

図8-8　東シナ海・黄海における日中韓の底魚漁獲量の推移

資料：水産庁西海区水産研究所
注：中国はFAO統計から推定した底曳網の漁獲量、韓国は沿近海漁業種類別漁獲量から東岸及び浮魚類を除く、日本は以西漁業と沖合2艘曳きの対馬以西の合計

る。浮魚漁業は底魚漁業と違って、資源変動による影響が強く、必ずしも一方の漁獲が増加すると他方は減少するという関係にはならないのである。

　漁業の盛衰は、漁獲競争の他、魚価、経費、労働力といった経営条件によって決まるが、国際漁場の場合は国際競争力の優劣として現れる。

　国別に漁業勢力の変化を、東シナ海・黄海の沖合漁業に焦点を絞ってみていこう。[21]

(1) 日本

　1985年の東シナ海・黄海で操業する日本漁船は、以西底曳網が435隻で12.7万トン、大中型まき網が78統で37.5万トン、沿岸漁船(アマダイやフグの延縄、一本釣り、曳縄など)が1,017隻、約1万トンであった。

　1991年の漁獲量は、底魚8万トン、浮魚35万トンである。日中漁業協定に規定される以西底曳網は94隻、大中型まき網は67統であった。その他、協定に規定されないアマダイ延縄が236隻、フグ延縄が48隻、その他釣りが103隻、曳縄が66隻があった。1985年と比べると、わずか数年間で漁業勢力の衰退、とりわけ以西底曳網の衰退が著しい。大中型まき網も減少したが、一定の漁業勢力を保った。釣り漁業は生産性が低く、小型船(相対的に)なので底曳網漁船等に圧迫されて大幅に縮小した。

(2) 韓国

　東シナ海・黄海における大型まき網と近海底魚漁業の推移(1980～95年)をみると、大型まき網の漁獲量は23万トンから一時倍増したが、1995年には元に戻った。近海底魚漁業は、漁船数は1,770隻から1,390隻へ減少したが、漁獲量は44万トンから51万トンに増え、その後、大きく低下して1995年には37万トンになった。主要業種でみると、大型機船底曳網は隻数、漁獲量とも横ばい、大型トロールはともに増加傾向、近海あんこう網はともに減少と、漁業特性と効率性の違いから三者三様である。資源の減少と中国漁船の圧迫にどのように対応したかによって分かれる。

(3) 中国

　中国の漁業は、統計の制約上、東シナ海に限定してみていく(1985～95年)。総漁獲量(沿岸と沖合)は168万トンから482万トンへと2.9倍に急伸した。これを浮魚と底魚に分けると、浮魚は36万トンから238万トンへ、底魚は132万トンから244万トンへとなって、浮魚の漁獲量が飛躍して、底魚漁獲量と肩を並べるまでになった(1990年代後半には再び底魚漁獲量が急伸して両者の差が拡大する)。「近海」と「外海」に分けると、「近海」の漁獲量は146万トンから226万トンへの増加なのに対し、「外海」は22万トンから255万トンへと飛躍している。漁法は、底曳網と定置網が主力で、まき網、刺網、釣りの比重は小さく、かつその漁獲量は停滞的である。したがって、底曳網が浮魚も漁獲するし、漁場拡大の先兵となった。

　3ヵ国の漁業勢力の変化は、漁業紛争、違反操業の件数に現れている。韓国漁船は1970年代初めに西日本水域に進出し始め、1980年代は出漁船が多数となって、違反操業や操業トラブル、資源減少の問題を引き起こした。西日本水域に出漁する代表は、大型トロール、大型機船底曳網、アナゴかごである。大型トロール(100～200トン級)は九州北西部でウマヅラハギを対象に、大型機船底曳網(70～100トン級)は九州北部や山陰沖でヒラメ・カレイ類などを対象にした。アナゴかごは、九州北西部、山陰沖、北陸沖と広範囲に出漁した。

　中国漁船の進出は、1970年代末に対馬周辺へ底曳網やまき網が出漁したことから始まる。緊急避難港として指定された4港(厳原港、博多港、玉之浦港、山川港。このうち漁場に近い厳原港がほとんど)への避難隻数は1980年は122隻であったが、1980年代後半は1,000隻を超え、ピークの1990年には2,000隻を超えた。もっとも、その後はウマヅラハギの減少と燃油などの価格高騰で出漁範囲を縮小したために減少する。なお、一部の底曳網漁船は日本から自動イカ釣り機を導入して、日本海や太平洋でイカ釣りで出漁するようになった。

　中国漁船が韓国近海に出漁するようになったのは1980年代後半からで、毎年、領海侵犯、漁業資源保護水域・特定水域「侵犯」が1,000件を超えるようになった。とくに、1990年代に大幅に増加し、1995年はそのピークに達した。1990年代に増加したのは、魚種の交替(ウマヅラハギの減少)で日本近海から転進したためである。漁業資源保護水域とは旧李承晩ラインのこと、特定水域は北朝鮮との隣接区域で国内規制が設けられている。韓国と中国は漁業協定を結んでいないので、侵犯にあたらないが、中国漁船の韓国近海への進出を物語っている。

2) 200カイリ体制に対する各国の漁業利害[22]

　日中韓3ヵ国は1996年に海洋法条約を批准し、200カイリEEZを設定したが、それによって各国の漁業がどのような影響を受けるであろうか。それを示したのが、表8-5に掲げる2つの推計である。

　1つは筆者による1995年の漁獲量推計で、EEZを中間線で引いた場合を想定(暫定措置水域などが設定されるとは予想していなかった)している。

　①中国は、東シナ海だけで、「外海」の漁獲量が250万トン、外国水域での漁獲割合を4～5割(尖閣諸島の所属いかんで変わる)とすると、韓国・日本水域で100～130万トンの漁獲をあげている。浮魚と底魚の割合は半分づつである。黄海を含めれば100～130万トンが直接の影響を受けるというのはあながち過大とはいえないであろう。

　②韓国は、浮魚(大型まき網)の漁獲量23万トンのうち日本水域で6万トンを漁獲しているが、中

表8-5　日中韓3ヵ国のEEZ内漁獲量の推計（1995年）

			漁獲量計	中国水域	韓国水域	日本水域
資料① 単位： 万トン	中国	浮魚	約125	65-75	50-65	
		底魚	約125	65-75	50-65	
	韓国	浮魚	23	0	17	6
		底魚	40	12	25	3
	日本	浮魚	32	3-8	5	19-24
		底魚	4	1	0	3
資料② 単位： 千トン	中国		3,160	2,860	300	-
	韓国		1,521	68	1,205	248
	日本		2,815	200	149	2,466

注1：資料①は拙稿「東シナ海・黄海における漁業の国際的再編と200カイリ規制」『漁業経済研究　第42巻第2号』（1997年10月）77ページ、資料②はイ・ヨンイル「韓中日3国間の両者漁業協定と東シナ海漁業秩序」『国際法動向と実務　第2巻第3号』（2003年7月）4ページ。
注2：資料①の推計では中間線を想定した。尖閣諸島をどちらにも含めるようにした。
　　　中国は東シナ海「外海」の漁獲量のうち4、5割を外国水域での漁獲量とした。
　　　浮魚と底魚は全体の漁獲比率で按分した。韓国と日本の水域別漁獲量は業界の推定値などを参考にした。
　　　資料②の推定根拠は不明。

国水域ではほとんど漁獲していない。底魚（近海底曳網類と近海あんこう網）は40万トンの漁獲で、うち中国水域で12万トン、日本水域で3万トンを漁獲している。これに日本海での影響を加えなければならない。

③日本は、浮魚（大中型まき網）の漁獲量は32万トンで、うち3～8万トン（尖閣諸島の所属いかんによる）が中国水域、5万トンが韓国水域で漁獲される。底魚（以西底曳網）の漁獲量は4万トンで、うち1万トンが中国水域での漁獲である。この他、日本海では外国水域への出漁は少ない。漁業勢力が小さいだけに200カイリ体制による打撃は最も小さい。

もう1つは、韓国海洋水産部の推計で、推定根拠は不明だが、韓国は日本・中国水域で31.6万トンを漁獲し、日本・中国漁船が韓国水域で44.9万トンを漁獲したので、総体としては旧体制の継続は不利であること、日本に対しては旧体制が、中国に対しては200カイリ体制が有利としている。数値は違うが、200カイリ体制による各国の利害関係を推計した結論は同じになる。

3）国連海洋法条約の批准と200カイリ水域の設定[23]

1980年代後半に、日本と韓国との漁業勢力が逆転すると、日本は200カイリ全面適用を求める業界の声を背景に、漁業協定の枠組みの見直しを主張するようになった。それを拒絶した韓国も、1990年代に入ると中国漁船が韓国近海に進出し、トラブルの頻発、資源の悪化をもたらしたことで漁業協定の締結を必須とするようになった。韓国と中国は1992年8月に国交を回復し、漁業秩序に向けた協議が始まった。

1994年11月に海洋法条約が発効し、1996年に中国、日本、韓国が相次いでそれを批准し、5月に中国、7月に日本、9月に韓国が200カイリEEZを設定した。

この後、漁業協定・秩序の見直し、締結は200カイリ体制を前提としたものに変わった。漁業交渉は日中、日韓、韓中が並行して行われ、他の交渉の進捗状況や交渉内容を睨み、互いに牽制し合いながら進行した。その前半は容易に決着のつかない領土問題、大陸棚やEEZの境界画定が持ち出され、後半にようやく漁業交渉に入った。大陸棚やEEZの境界画定は別途協議とし、それと切り離して新漁業協定（200カイリ制を前提とした漁業協定の意味）を結んだ。

新漁業協定は2国間協定で、日中韓3ヵ国が面する東シナ海・黄海においては、各国のEEZと2国間の共同利用水域（EEZの境界画定をしていない水域、名称と性格はさまざま）に分割され、しかも相互の水域が重複するといった複雑な様相を呈している（図8-9参照）。

台湾の漁業問題に触れた後、新漁業協定ごとに締結の経緯と内容をみていこう。

2　台湾の漁業と中国との関係[24]

　台湾(中華民国)は、世界的潮流に合わせて、1979年10月に12カイリ領海、200カイリEEZを宣言したが、フィリピンの200カイリ体制に対抗するもので、相互主義の観点からその他の国には適用していない。

　時代が降って、1998年1月に「領海及び接続水域法」、「排他的経済水域及び大陸棚法」を公布し、12カイリ領海、200カイリEEZを改めて宣言した。主な内容は、①領海基線は直線基線を原則とする。②領海基線、領海、EEZ、大陸棚の範囲は公示する。③EEZや大陸棚が周辺国の主張と重複する場合は、国際法に基づき衡平の原則に則って協議して画定する、協議が整わない場合は過渡的措置をとることができる、である。台湾がこの時期に両法を公布した

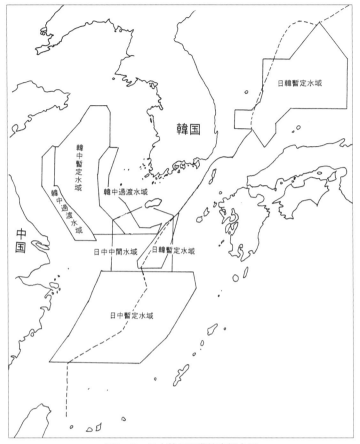

図8-9　日中韓の漁業協定概念図
点線及び直線は日本の排他的経済水域

のは、周辺国の動き、とくに中国の海洋秩序の動きに対応したものといえる。

　そして、1999年2月に領海基線、領海、接続水域の範囲を公示した。公示したのは、台湾本島とその附属諸島、東沙・中沙・西沙・南沙群島、尖閣諸島(釣魚台)で、中国大陸、金門島、馬祖島は対象外だし、EEZや大陸棚の範囲は示されていない(後述するように暫定執法線が引かれた)。

　一方、中国は1992年2月の「領海及び接続水域法」で、領海基線は直線基線とする、領土は中国大陸とその沿海島嶼、台湾と尖閣諸島を含む附属諸島、膨湖諸島、東沙・中沙・西沙・南沙群島としている。そして、1996年に海洋法条約を批准した時、12カイリ領海、200カイリEEZを宣言するとともに、中国大陸(金門島・馬祖島を含む)、西沙群島の領海基線を発表した。これには台湾や尖閣諸島などの領海基線には触れていないし、領海の範囲も示していない。1998年6月に「排他的経済水域及び大陸棚法」を公布した時、周辺国の主張と重複する場合、衡平の原則に則して協議するとしている。その範囲は公示していない。

　さて、1997年11月に日中間で新漁業協定が結ばれたが、東シナ海ではEEZの境界画定ができず、北緯27度～30度40分の区域を暫定措置水域とした。暫定措置水域で台湾漁船が操業した場合、どちらの国が取締まるのか(取締まらないのか)については触れていない。また、北緯27度以南については従来通り(200カイリ体制の対象外)として、領土問題、「台湾問題」を回避した。

　東シナ海で操業する台湾漁船がどの位あって、日中新漁業協定によってどのような影響を受

けるのか。台湾の新聞報道によると、暫定措置水域で底曳網漁船が500隻余操業しており、50億元以上の漁獲をあげているとしている。東シナ海・黄海における底曳網漁船の漁獲高は2万トン弱〜5万トン強で推移している(1970〜94年)。漁獲量の大部分は東シナ海南部(北緯26〜31度)で漁獲され、そのうち北緯27度以北での操業が影響を受けることになる。底曳網の漁獲量は低下しており、1991〜95年に他の業種とともに減船が実施されている。なお、台湾の漁業生産量は上昇を続けてきたが、1990年代、2000年代は120〜140万トンでほぼ横ばいとなった。

一方、まき網漁業は世界が200カイリ体制に突入した時点で船団式8統を日本から導入した。1997年には8万トンの漁獲をあげて、底曳網漁業と並ぶ重要な近海漁業となった。ただ、その主漁場は尖閣諸島周辺、北緯27度以南であって、日中の新漁業協定によって影響は受けない。

反対に、台湾周辺での「外国漁船」の取締りは、周辺国とEEZの境界画定をしていないし、漁業協定もないので、領海12カイリが対象となる。台湾周辺には回遊性魚種が集まるので、日本漁船も出漁する(とくにカツオ漁船)。中国の底曳網漁船は台湾領海に接近、侵犯するようになった。

日本が海洋法条約を批准したことから、1996年8月から台湾との間で漁業協議が始まった。尖閣諸島の領有権をめぐる対立、台湾が設定した「暫定執法線」(北は北緯29度まで。日本のEEZ、日中の暫定措置水域と重複する)を日本側が認めない(日本は日中新漁業協定が前提)などで協議は行き詰まり、2度の中断をみた。[25]

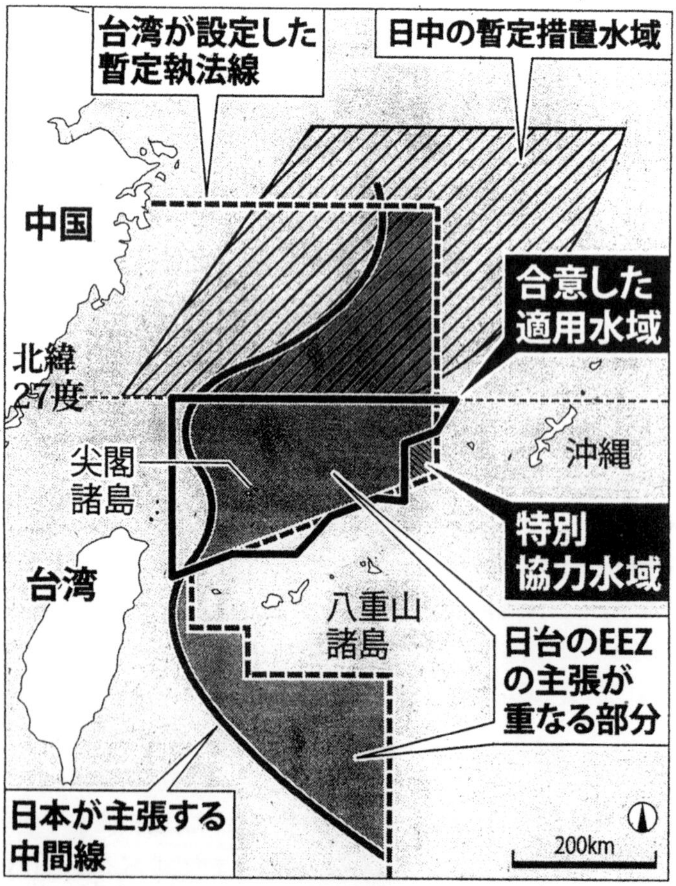

尖閣諸島をめぐる日中台の対立が激化した一方、台湾漁業者の安全操業と漁場拡大を求める声や2012年8月の馬英九総統が提起した「東シナ海平和イニシアチブ」を契機に同年11月から協議が再開され、2013年4月に交流協会と亜東関係協会によって日台民間漁業取決めが署名され、操業ルールの定めのないまま5月から発効した。

取決めの中味は、北緯27度以南(日中の暫定措置水域以南)の海域で、日本のEEZ(中間線)と台湾の「暫定執法線」が重複した法令適用除外水域(相手側漁船にそれぞれの法令を適用しない)と日本のEEZ内で台湾漁船の操業を認める特別協力水域(久米島の西側、日本の法令は適用するが、台湾漁船の操業を尊重する)を範囲(両水域は共同利用水

図8-10 日台民間漁業取決めの漁区

注:2013年4月11日毎日新聞

域といえる)とし、その中の尖閣諸島周辺の領海に入らないことを定めている(図8-10)。その他、日台漁業委員会を設置した。

　日本側は尖閣諸島をめぐる中国と台湾の連携を分断することを主眼に現地・沖縄県漁業者の同意なく頭越しに政治的思惑を優先させて締結した。日中間で領土問題を巡る対立が先鋭化し、台湾もかかわっているだけに漁業協議は政治イッシュであった。台湾側は領有権は棚上げして、漁場の拡大＝実利の確保で合意したといい、台湾漁業界は総じて歓迎した。中国は、日台の接近に警戒感を表明した。この海域の主漁業であるマグロ延縄の操業ルールは2014年1月に合意をみた(他の漁業は未定)[26]。

3　日韓漁業協議と新漁業協定
1) 日韓漁業協議[27]

　日本は1996年6月に海洋法条約を批准し、7月には適用が除外されていた東経135度以西の日本海・東シナ海を含む全面に200カイリEEZを設定した。同時に、「領海及び接続水域法」、「排他的経済水域及び大陸棚に関する法律」、「排他的経済水域における漁業等に関する主権的権利の行使等に関する法律」を制定した。これにより、韓国や中国との漁業協定の見直しが必須になった。韓国は、1995年12月に「領海法」を改定して「領海及び接続水域法」を制定した。同時に、「排他的経済水域法」、「排他的経済水域のおける外国人漁業等に対する主権的権利の行使に関する法律」を制定している。1996年2月に海洋法条約を批准し、9月に200カイリEEZを設定した。

　日韓漁業交渉は1996年5月に始まったが、なかなか合意に至らなかった。韓国側は、旧協定の存続を主張したが、一方では中国とは海洋法条約に基づく漁業秩序が必要であると考えていた。日本側は沿岸国主義に基づく新協定の締結を提案したのに対し、韓国側は現協定は日韓基本条約と一体であり、日本が旗国主義を押しつけた、自主規制措置の積み重ねがある、中国漁船の進出などの状況変化を受けて修正すべきとする一方、韓国の漁獲実績の尊重(韓国漁業が受ける衝撃の最小化)[28]とEEZの境界画定が先行すべき、日中韓3ヵ国が同時に移行すべきと主張した。

　当初の1年間、韓国は竹島問題の決着を漁業交渉の前提とした。日本が絶対に受け入れられない領土問題を持ち出すことで、漁業協定の改定を引き延ばした。韓国の漁業が優勢なので、交渉に時間をかけるのが得策という判断もあった。しかし、1997年8月、韓国は竹島問題を棚上げして漁業問題を協議するという日本側に歩み寄った。理由は、①日本側が交渉は1年以内とし、決着できなければ現協定を破棄すべしという与党3党から政府への申し入れなど強硬姿勢であること、②日中新漁業協定が妥結の見通しになったこと(同年9月大枠の実質合意、11月署名)、である。1997年3月に日本側から竹島周辺に暫定措置水域を設ける提案をした。暫定措置による処理は、日中の場合でも合意しており、前例はいくつもあった。10月に、韓国は境界画定が困難な水域に暫定措置水域を設置することに同意したので、協定締結に向けて共通の土台ができた。そして12月に、双方がEEZを設定し、相互入漁をすること、竹島周辺に暫定措置水域を設定することで合意したが、その範囲をめぐって対立した。韓国はスルメイカの好漁場である「大和堆」(後述)を暫定措置水域に含めるよう求めてきた。「大和堆」を含めれば領土問題がぼかせる(竹島周辺だけだと領土問題の存在が浮き出る)との計算も働いた。相互入漁についても、韓国は5年間の実績保証を要求し、日本側は資源の状態によって決定するとして対立した。

　交渉の停滞に業を煮やした日本の漁業団体は、終了通告を政府に迫るようになった。与党3党

は政府に終了通告の実行を申し入れた。交渉開始から約1年半にわたり、首脳会談を含めて30回以上の協議が行われたにもかかわらず合意しなかったため、日本政府は1998年1月23日、現協定の終了を通告した。協定は終了通告から1年後に失効する。

日本側の終了通告を受けて、韓国側は1980年以来行ってきた自主規制措置を中断して対抗した。しかし、金大中大統領の訪日前に新協定締結の目処をつけたいとする意向から、交渉は1998年4月に再開され、7月に自主規制も再開された。そして、9月に基本合意が成立し、11月に署名された。

その内容は、①日本海の暫定措置水域[29]の範囲は、東限を東経135度30分とする(以下、図8-9参照)。この水域では旗国主義の下で操業する。②東シナ海にも暫定措置水域を設ける。③暫定措置水域の資源管理は、漁業共同委員会が漁業種類別の最高隻数を含む適正管理を協議する。④相互入漁では、韓国への漁獲割当量は、スケトウダラは2年目から、ズワイガニは3年目からゼロにする。3年目で双方の漁獲割当量を等量とする、などであった。

この基本合意に対し、全漁連などの漁業団体は、暫定措置水域を広くとり、「大和堆」を含めたことに対して絶対反対を表明し、暫定措置水域内の資源保護、漁業秩序の維持を強く求めた。

韓国では批准の段階で、野党のハンナラ党が領有権をあいまいにしたことを理由に反対した。韓国側は基本合意による操業規制で約225億ウオン(スケトウダラとズワイガニ)の被害を被ると推計した。漁業者も漁獲規制になることから基本合意に反対であったが、新聞は実利追求が奏功したとして「半分以上の成功」と評価した。

その後も改定交渉は、EEZの境界画定について日本は等距離中間線を主張し、韓国は海洋法条約の規定に基づき「衡平の原則に従い、かつ全ての関連事項を考慮に入れる」ことを主張したことから長引いた。

暫定措置水域における取締りも日本は共同取締りを、韓国は旗国主義を主張して、結局、旗国主義となった。これについても1965年に漁業協定を結んだ際の両国の立場、主張が完全に入れ替わっている。

暫定措置水域の範囲は、日本は狭く、韓国は広くを主張したが、優良漁場である「大和堆」を日本のEEZにするか、暫定措置水域に含めるかが焦点となり、結果的に「大和堆」の約4割と竹島周辺を北部暫定措置水域とした。

対馬海峡のところは、日韓大陸棚協定(1974年)で設定した北部大陸棚境界線を暫定漁業線(中間線)とし、東シナ海については、韓国が無人島の男女群島(鳥島)を基点とすることに反対したので、そこにも南部暫定措置水域が設けられた。

1998年11月に署名が行われたことで、旧協定の失効による無協定状態は回避された。その後、年内の発効を目処に最終協議が行われ、12月に日本の国会(全会一致)で、翌年1月に韓国の国会(与党の強行採決)で承認されたが、入漁条件の交渉が難航したため、発効は1月22日まで延びた。ただし、この時点でも入漁条件が決まらなかったので双方の入漁は一時中断された。

協議が整わなかった理由は、ズワイガニを対象とする底刺網とかご漁業の入漁は資源の乱獲になるとして全廃を主張する日本側とそれらは重要漁業であるとして継続を求める韓国側が対立したことにある。基本合意の通り、ズワイガニについては底刺網の操業禁止、かご漁業はズワイガニの混獲の恐れのない漁具に限定する、中型機船底曳網だけは2年間に限り、漁獲実績の半分を認めるが、その後の漁獲割当量はゼロにすることが決まった。全漁連は日本側の主張が通っ

たとして今回は「大いに評価」した。こうして1999年2月22日、新漁業協定に基づく相互入漁が開始された。

韓国は従来に比べ7万トンの漁獲減(初年度)になることから、減船や廃業などの補償のために467億ウオンの予算を計上した。日本は従来通りの漁獲が認められたが、新秩序でも被害を受ける漁業の経営安定と漁業振興のため、日韓新協定対策漁業振興財団を発足させ、250億円の基金を造成、運用することになった。

日韓漁業協定の発効に対し、中国は東シナ海における中国の主権を侵している、中国はこの協定の制約を受けない、3カ国で境界を決めるべきだと抗議声明を出した。

2) 新漁業協定の内容と両国の反応[30]

①新漁業協定は2国間協定であり、拘束力は第三国には及ばない。このことにより、2国間の暫定措置水域内で操業する第三国の漁船に対してはどちらが、どのように規制するのかについて、合意議事録では中国を含めた東シナ海の円滑な漁業秩序の維持に向けた協力を謳っている。

②新漁業協定は両国のEEZが対象であるが、境界画定ができない水域を日本海においては北部暫定措置水域、東シナ海においては南部暫定措置水域とした。

北部暫定措置水域の範囲は、沿岸からの距離はEEZを広くとろうとする日本側は80カイリを主張し、暫定措置水域を広くとろうとする韓国側は24カイリを主張したが、35カイリで妥結した。東限については「大和堆」を少しでも広く暫定措置水域内に含めたい韓国側は東経136度を主張し、自国のEEZとしたい日本側は東経135度(200カイリ漁業水域の西限線であった)を主張して対立した。結局は両者の中間をとって東経135度30分が東限となり、「大和堆」は約4割が含まれることになった。「大和堆」は、イカ釣りによるスルメイカ、かごによるズワイガニ、ベニズイガニ、底刺し網によるズワイガニ、エイ、カレイ、沖合底曳網によるホッコクアカエビ、ズワイガニ、カレイの漁獲が多い好漁場である。

南部暫定措置水域は、日本は男女群島を基点とする中間線を主張したが、韓国は無人島である男女群島を基点とすることに反対したため、両者の主張が重なる水域を暫定措置水域とした。同水域の南限は日本側は日中暫定措置水域の北限である北緯30度40分としているのに対し、韓国側は自国の200カイリまでの北緯29度53分としている[31]。つまり、双方の条文解釈が異なっていて、日本側は日中の暫定措置水域と重複しないとしているが、韓国側は重複するとしている(両国の漁業協定図も異なる)。どちらとも解釈できる形で妥結を図ったのである。

③漁業の管理・取締りは、EEZ内では沿岸国主義、暫定措置水域では旗国主義が適用される。暫定措置水域では相手国漁船が共同規制に違反した場合、その事実を相手国に通報することしかできない。

④漁業共同委員会の役割は、EEZへの入漁条件を決定すること、暫定措置水域での資源保存措置について協議を行い、「決定」あるいは各国政府に「勧告」することである。北部暫定措置水域では「勧告」であるのに対し、南部暫定措置水域では「決定」としている。このような差は、前者の水域は領土問題がからむため、それに関する政府の立場を拘束しないためである。

新漁業協定に対する両国の反応は、

①韓国側が最も関心を示したのは竹島の領有権問題で、韓国の立場を害したという批判であった、これに対し政府は、領有権とは無関係であり、北東アジアの新海洋秩序の構築に寄与す

るものと説明した。漁業については漁業被害が強調され、しかもその相手が日本だということで感情的となった。漁業被害は、釜山、慶尚南道、慶尚北道、江原道であったので、嶺南地区を基盤とする野党の政治攻勢と結びついた。漁業界は補償問題に関心が集中した。

②日本側は、当初、韓国漁船を完全に閉め出すことを期待していたため、広域な共同利用水域の設定や相互入漁という妥結に衝撃を受けた。とくに韓国漁船が入漁する一方の日本海側の漁業者は厳しく受け止めた。マスメディアは、竹島の領有権問題、国際海洋法秩序、政府の対策、管轄水域内の資源管理を冷静な態度で報道した。

3）相互入漁と資源管理

EEZへの入漁条件では、操業水域、操業期間、使用漁具、業種別漁獲割当量が決められる。2005年からは業種別漁獲割当量に加えて、魚種別漁獲割当量制度が導入された。魚種別割当てのうち1魚種でも割当量に達すると操業を停止するか、他の漁船から割当てを融通して操業を続けるしかない。また、漁業種類ごとに採捕禁止魚種を指定している。国内の魚種別資源管理と歩調を合わせるためである。

協定前の操業実績は、日本EEZ内で韓国漁船は約1,600隻、その漁獲量は約22万トン、反対に韓国EEZ内で日本漁船は約1,600隻、その漁獲量は9万トンで、韓国漁船の方がはるかに優勢であった。漁獲割当てについて、初年度は格差を1.5倍に縮めた。

漁獲割当量は、その後、日本漁船への割当量に合わせて韓国漁船へのそれが削減され、協定締結4年目の2002年に等量とした。その後、資源量の減少や消化率（割当量に対する漁獲実績の割合）の低さから割当量は縮小を辿っている。

当初の入漁船の主な漁業種類は、日本側は大中型まき網、以西底曳網、イカ釣り、延縄、カツオ一本釣り、韓国側はまき網、サンマ棒受網、イカ釣り、遠洋トロール、大型の底曳網・トロール、中型の底曳網、延縄であった。

表8-6で相互入漁の進行状況をみていこう。

表8-6　日韓の漁獲量割当てと漁獲実績

			1999年	2000年	2001年	2002年	2003年	2004年	2005年
日本水域	隻数枠	隻	1,724	1,644	1,464	1,395	1,232	1,098	1,086
	許可隻数	隻	1,484	1,551	1,391	1,363	1,097	1,040	1,015
	％		86	93	95	98	89	94	93
	漁獲割当量	トン	148,218	125,197	99,773	89,773	80,000	70,000	67,000
	漁獲実績	トン	27,734	31,523	23,807	28,879	28,105	20,554	20,306
	％		19	25	24	32	35	29	30
韓国水域	隻数枠	隻	1,601	1,601	1,459	1,395	1,232	1,098	1,086
	許可隻数	隻		1,262	1,066	1,154	928	791	681
	％			79	73	83	75	72	63
	漁獲割当量	トン	93,733	93,773	93,773	89,773	80,000	70,000	67,000
	漁獲実績	トン	22,126	7,316	16,194	19,669	13,158	25,080	9,640
	％		24	8	17	22	16	36	14

資料：「長崎県水産白書」
注：韓国海洋水産部の発表数値と一部異なるが、そのままとした。

(1) 韓国漁船の日本EEZへの入漁

　出漁隻数枠は1999年の1,724隻から2005年の1,086隻へ減少した。漁獲割当量は1999年の148千トンから2005年の67千トンに半分以下に削減された。2002年から隻数、漁獲割当量ともに日本側と等量になった。いずれの年もまき網への割当量が全体の約半分を占める。割当てが廃止された業種は、遠洋トロール、かご(アナゴ、バイガイ、その他)、刺網で、割当てが大幅に削減されたのは大型の底曳網とトロール、サンマ棒受網、イカ釣りである。

　遠洋トロールは、北海道周辺水域でスケトウダラを主対象としてきたが、資源状態の悪化、日本の沿岸漁業の保護のために初年のみ割り当てられ、2年目から全廃となった。かご漁業は日本漁船との漁場競合、漁具の遺失による漁場環境の悪化、資源の枯渇を理由に、ズワイガニを主対象とする刺網は資源の減少、日本漁船との紛争を理由に全廃となった。

　総じて韓国漁船への割当ては、底魚を漁獲する業種及び日本漁船との競合業種を中心に削減された。

　割当てに対する漁獲実績はいずれも低く、全体で20〜35％である。消化率が低い主な理由は、入漁条件が厳しいことにある。例えば、タチウオ延縄は新漁業協定以後に発達して対馬、五島沖に出漁したが、日本漁船とのトラブルが続発することから入漁隻数、漁獲割当量の削減、操業水域の縮小、禁漁期の設定など入漁条件が厳しくなった。日本水域から閉め出された漁船は、日本からの規制がない暫定措置水域での操業を強め、その水域を占拠している。

(2) 日本漁船の韓国EEZへの入漁

　出漁隻数枠は1999年の1,601隻が2005年の1,086隻へ減少し、漁獲割当量も94千トンから67千トンへ減少した。業種別割当量は、いずれの年も大中型まき網への割当てが全体の約80％を占める。

　漁獲割当量が全廃になった業種は、韓国のTAC魚種となったベニズワイガニを主対象とするかごである。その他、アナゴかご、ごち網、フグたもすくい、シイラ漬けなどは入漁希望がなかったので全廃となった。割当量が大幅に削減された業種は、漁獲実績が低い刺網、イカ釣り、延縄、一本釣り、それに以西底曳網と沖合底曳網である。大中型まき網への割当量も削減されている。

　消化率は8〜36％で、業種別には大中型まき網と以西底曳網が比較的高く、その他の業種は非常に低い。当該水域における漁獲量を協定締結前(1994〜96年の平均)と後を比較すると、以西底曳網は7千トンから1千トンへ、大中型まき網は76千トンから12千トンへ減少し、イカ釣りは4千トンからほぼゼロになっている。

(3) 暫定措置水域の利用と漁業管理

　暫定措置水域での漁業管理は漁業共同委員会で協議され、それに基づいて船籍国が自国の漁船を取締まることになった。協定交渉で、日本側は操業隻数の段階的削減、禁止漁法・漁具・漁期の設定、共同監視・取締りを提案したが、合意されなかった。新協定で業種別最高操業隻数の設定を含む資源管理を行うことになり、1999年末に決まった。内容は、政府レベルでは措置としてズワイガニの採捕体長、採捕禁止期間を決め、ズワイガニの採捕規制、ベニズワイガニの操業規制などは民間協議に委ね、それを支持するというに留まった。漁業勢力が優勢な韓国側は、政府が表舞台に立たないのである。とくに北部暫定措置水域では、領土問題を重視する韓国は、共同管理そのものに背を向けている。

　2002年から韓国のかご漁業、刺網が日本EEZから閉め出され、その多くが暫定措置水域に集中

するようになった。そこでの操業秩序の維持については、日本側は大日本水産会と全漁連が、韓国側は韓国水産業協同組合中央会が代表となり、2000年3月から協議が開始され、2003年5月に民間協定を締結した。ただし、規制が実行されたのはズワイガニのみで、その規制も守られていないとして日本側が抗議している。

　南部暫定措置水域では共同規制措置は全くとられていない。

4　日中漁業協議と新漁業協定

1)新漁業協定締結までの経過[32]

　中国の漁業は1978年の改革開放政策以後急速に発達するようになり、1985年の水産物流通の自由化で加速した。1992年には鄧小平の「南巡講話」で開発が再び刺激された。漁船数の増加、漁船の動力化と大型化で漁場が沖合に拡がり、漁業生産量が飛躍的に伸長した。そして、日本や韓国の近海に出漁して日本や韓国の沿岸漁業とのトラブルが多発した。中国漁船の勢力拡大に押されて、競争力の低い日本漁船は撤退と漁場縮小を重ねていく。

　日中漁業共同委員会では、毎年、漁業協定の運用状況、資源評価、協定の改定を協議したが、協定の改定経過については前述したので、ここでは、中国漁船による漁業トラブル、資源評価、漁業協定の枠組みの見直しについてみよう。

(1)中国漁船による漁業トラブル

　中国漁船が西日本水域に進出したのは1979年頃で、底曳網とまき網漁船が対馬周辺で操業した。その数は年々増加し、1990年にピークに達した。その後、ウマヅラハギの漁獲減少などで隻数も減少した。

　中国漁船によるトラブルが漁業共同委員会で問題になったのは、1991年の会合である(それ以前は日本漁船によるトラブル、違反操業が問題であった)。日本側から、日本が設定している底曳網漁業禁止区域での操業自粛、領海及び特定海域(領海3カイリに留めた国際海峡の対馬西水道と東水道)への侵犯防止、漁具被害の防止を要請している。それに対し、中国側は後二者については指導を強化すると答えたが、日本の国内規制の遵守については確約しなかった。

　この1991年には東シナ海で中国が日本漁船に対して威嚇射撃や臨検をする事件が続いた。密輸取締りが目的というが、1992年2月には中国が「領海及び接続水域法」を制定し、出入港、出入国の取締り、税関体制を強化している(尖閣諸島を自国の領土と規定した)。

(2)東シナ海・黄海の資源評価

　漁業共同委員会では毎年、東シナ海・黄海の資源評価が行われた。1987年までは、「今後とも資源状態につき双方で注目していく」であったが、1988年から「重要な魚種のうち資源状態が悪いものがあることに鑑み、今後とも適正な管理が必要である」となった。1991年は、「漁業資源が下降の趨勢を呈しており、とくに底魚資源を注視する必要がある」とした。1996年になると、「底魚資源の状況は一部の魚種を除き極めて低い水準にあること、浮魚資源については全体として安定しているとみられるが、今後の動向に注意が必要である」となった。

　資源評価は年々悪くなったが、それでも漁業規制の強化につながることを恐れて控えめな評価に終始した。中国の漁業が優勢になると、以前、資源の減少、小型化が顕著で資源の保護の必要性を強調していた中国側の口調は重くなった。漁業協定は1985年の改定を最後に、資源状態の悪化にも拘わらず、「注視」されるだけで、規制の強化は行われていない。

中国は対内的には資源の悪化に対して漁獲能力の抑制を計画したが、結果は抑制どころか漁獲能力と漁獲量は急膨張した。また、中国は資源調査の体制がとられておらず、漁業共同委員会では日本側の提供資料に依存していた。日本側の資源調査も日本漁船の利用漁場の縮小に合わせたもので、定点観測ではなく限界があった。こうした事情が規制強化につながらない要因となった。

(3) 漁業協定の枠組みの見直し

　世界的に200カイリ体制が拡がる中にあって、漁業共同委員会では従来の漁業協定の枠組みの見直しを議題にしていない。1995年においても「日中漁業協定は双方の努力により円滑に運営されている」という認識であった。日韓の間では1986年頃から漁業共同委員会で日本側から協定の枠組みの見直しを提起したのに、日中ではそうした提起もない。日中では、中国漁船の日本周辺への進出は韓国漁船の場合よりも遅いし、その影響は地域的に限られ、全国的な200カイリ全面適用運動に結びつかなかった。何よりも、東シナ海・黄海に出漁する以西底曳網や大中型まき網は200カイリ全面適用は対抗措置が取られ、漁場の縮小につながるとして反対した。1995年になって、以西底曳網の凋落が決定的となり、海洋分割が有利となって業界団体の日本遠洋底曳網漁業協会が200カイリ全面適用に賛成するようになった。これでようやく政府と業界が1つにまとまった。

　中国と日本が1996年6月に海洋法条約を批准して、200カイリ体制に向かって動き始める。同年4月から漁業交渉が始まった。当初は、EEZ、大陸棚の境界画定をめぐる問題が主であった。中国側は人口や海岸線の長さなどを考慮した「衡平の原則」を主張、日本側は中間線を主張した。また、中国側は尖閣諸島の主権問題、大陸棚・EEZの境界画定（大陸棚は沖縄トラフまで）を解決して漁業問題に入ることを主張したのに対し、日本側は領土問題は存在しない、境界画定は中間線が最も公平、海洋法条約に基づく資源管理のために新漁業協定を後回しにはできないと主張し、交渉は入口のところで立ち往生した。

　中国側は長年の日中漁業関係（日本側の優勢が続いた）への留意、漁業実績の尊重を主張し、境界画定までは暫定措置をとることも考慮するという態度であった。

　1997年2月、日本側が東シナ海、日本周辺水域の資源の悪化に早急に対応することが必要だと主張、中国側も境界画定を新漁業協定と切り離し、国交25周年のうちに実質合意を目指すことで合意した。日本の与党3党は交渉期限を3月末とした。

　9月に実質合意に至った。①EEZの境界画定交渉は別途継続協議とし、それまでの間は東シナ海に暫定措置水域を設ける（以下、図8-9参照）。②暫定措置水域は北緯30度40分〜27度、両国から52カイリ（領海12カイリの外側40カイリ）の距離とする。③領土問題がからむ北緯27度以南は現状維持とする。暫定措置水域の範囲を巡って鋭く対立したことは容易に想像できるが、どのようにして決まったか詳細については不明である。沿岸からの距離は漁業専管水域（資源保護水域）として各国が想定する数十カイリが、北限は日韓の南部暫定措置水域（交渉中）と重複しないようにすることが念頭にあったと思われる。④漁業共同委員会を設け、資源管理を行なう。⑤協定は5年間有効、という内容である。交渉が長引いたのは中国が暫定措置水域を広くしたいと主張したからであった。11月に署名した。

　1998年4月に日本は国会、5月に中国は国務院が承認したので、7月から協定発効のための協議が始まった。そこで、双方の入漁条件、暫定措置水域における共同管理が協議された。しかし、

暫定措置水域の北側の水域(中間水域)は韓国を含めた3ヵ国間でEEZの境界画定が済んでいないことから、その水域における相互入会、操業条件で紛糾した。相手国の許可なく操業できるとする中国側と許可体制の下で操業すべきとする日本側が対立した。

　この間、日韓の新漁業協定が発効(1999年1月)したのに、中国漁船は日本周辺で規制を受けずに自由に操業を続けられるため、全漁連を代表とする漁業関係者は早期発効を求める運動を展開、自民党も期限を定めて交渉するように促した。一部に協定破棄を唱える動きもあったが、外務省は日中関係全体の見地から反対した。中国側も旧協定下で少しでも長く操業を続けたいという思惑があり、新協定の締結には「少なからぬ圧力があった」という。2000年2月に実質合意した。全漁連は協定の発効日が決まったことを評価しつつも、中間水域の設定、過大な入漁の受け入れを遺憾とした。

　発効までの間に、中国のイカ釣り入漁、暫定措置水域や中間水域の共同管理について協議された。操業条件が決まって、6月から発効した。協定が承認を受けてから発効までに丸2年もかかった。

2）新漁業協定の内容[33]

　新漁業協定の内容は以下の通りである。

　①EEZ内は相互入漁制をとる。相互入漁では、中国側は協定発効後5年間はイカ釣り入漁の継続を求め、日本側は資源状況を勘案しつつ一定の範囲で受け入れる、その操業隻数や漁獲量は1996年の実績を超えないようにするとした。

　②暫定措置水域では漁業共同委員会の決定により漁業実績を考慮しつつ、過度な開発が行われないように保存措置をとる。取締り権は旗国主義とする。相手国の漁船が違反操業をしている場合は、注意を喚起するとともに相手国に通報する。

　③北緯27度以南の東シナ海及び東シナ海より南の東経125度30分以西の水域(台湾海峡及び台湾の東側水域を指す。旧協定でも協定の対象外であった)においては、既存の漁業秩序を維持する(相手国に自国の法令を適用しない)。旧協定では軍事作戦区域であることを理由にしたが、新協定では理由には触れていない。

　④暫定措置水域の北側に中間水域を設け、相手国の許可なく操業ができるようにした。この中間水域は、日韓の南部暫定措置水域、韓中の過渡水域、3ヵ国のEEZと部分的に重複する。日本は韓国の領海・EEZは除くと表明し、中国は韓中の問題は韓中漁業協定で処理されるとした。中間水域の範囲をめぐって中国側は東経128度まで、日本側は127度までを主張して対立したが、中間をとって127度30分とした。西端は124度45分。中間水域での操業は、中国は現状維持、日本は資源管理を主張して対立したが、乱獲防止に努めることで合意した。ただし、拘束力はない。

　⑤漁業共同委員会を設置し、入漁、操業秩序、資源状況、保存措置については自国政府へ勧告する。暫定措置水域における措置は決定する。

3）相互入漁と資源管理

　入漁交渉にあって、中国側は漁業の歴史(かつては日本漁船が中国近海に出漁した)を考慮すべきだと繰り返した(一方、平等互恵の原則は口にしなくなった)。日本側は海洋法条約に則ることを主張した。中国側は当初、4,000隻、5年間の保証を強く求めたが、日本側はこれを拒否、隻数の削減や期間短

縮で折れ合った。中国側の主張した4,000隻の根拠は明らかではないが、直近の実績というより過去最大を拠り所にしたものとみられる。

初年度の入漁割当ては、中国漁船は東シナ海・対馬南西日本海の底曳網に1万トンと北太平洋及び日本海のイカ釣りに6万トン、日本漁船は漁業種類別ではなく、底曳網、まき網、延縄、曳縄、マグロ延縄の総体に7万トン余とした。

表8-7は、日中の漁獲割当てと漁獲実績を示したものである。

表8-7 日中の漁獲量割当てと漁獲実績

			2000年	2001年	2002年	2003年	2004年	2005年
日本水域	隻数枠	隻	1,122	1,222	1,032	989	900	658
	許可隻数	隻	1,048	892	980	887	586	400
	%		93	73	95	90	65	61
	漁獲割当量	トン	70,000	73,000	62,546	54,533	47,266	12,711
	漁獲実績	トン	11,544	18,660	13,018	6,401	19,519	4,543
	%		16	26	21	12	41	36
中国水域	隻数枠	隻	710	575	575	575	575	570
	許可隻数	隻	177	186	153	122	122	116
	%		25	32	27	21	21	20
	漁獲割当量	トン	70,800	70,300	62,546	54,533	47,266	12,711
	漁獲実績	トン	714	4,400	8,805	1,756	1,494	0
	%		1	6	15	3	3	0

資料：「長崎県水産白書」
注：2000年は6〜12月

(1)中国漁船の日本EEZへの入漁

隻数枠は2000年の1,122隻から2004年の900隻へと減少した。5年間のイカ釣り入漁を保証したこともあって削減率は低い。イカ釣りの保証期間が過ぎた2005年には658隻へと減少した。漁獲割当量は2000年の7.0万トンから2004年の4.7万トンへと大幅に削減された。当初の2年間は隻数枠、漁獲割当量を維持(2001年はまき網が加わって若干増加)したが、その後は大幅に削減され、2005年はイカ釣り入漁を削減して漁獲割当量は1.2万トンにまで低下した。漁獲実績は2003年が特に低く、それを除くと1〜2万トンで推移している。

中国漁船の入漁は底曳網とイカ釣りの2種類で、イカ釣りは5年が経過して、割当量を一挙に引き下げるとともに、入漁は北太平洋は禁止し、日本海の日韓北部暫定措置水域のみとした。東シナ海・日本海西部でのまき網入漁も取り決められたが、日本の沿岸漁民の反対で断念された。それにしても東シナ海での入漁が少ないのは、広域の暫定措置水域が設けられたこと、日本EEZは大陸棚斜面にあって魚影が薄く、底曳網の操業に適さないし、中国からは距離が離れている(漁業経費が嵩む)ことが理由とみられる。

(2)日本漁船の中国EEZへの入漁

隻数枠は当初、減少したが、その後は一定している。しかし、実際の許可隻数は20〜30％と低く、入漁希望が少なかった。漁獲割当量は、当初から中国側とほぼ等量で、中国漁船への割当量の削減に合わせて日本漁船への割当量も引き下げた。主にまき網に対する削減である。漁獲実績はわずか数％と非常に低い(2002年を除く)。つまり、漁獲割当量は当初からほぼ等量としたが、それは中国漁船への割当量に合わせて大中型まき網の最大漁獲を想定したものであった。案の定、漁獲

実績が低く、割当量が大幅に削減されても大中型まき網からの反発はなかった。

(3) 暫定措置水域及び中間水域の利用と漁業管理

　暫定措置水域、中間水域での資源管理は漁業共同委員会の協議が整わず、見切り発車となった。2002年に操業隻数と漁獲量の上限(漁獲量は努力目標)を1996年の実績とすること、漁獲報告や入漁許可船名簿の交換が合意された。1996年は双方が海洋法条約を批准した年であり、その時の暫定措置水域での漁船数と漁獲量は、中国は2万隻、210万トン、日本は1,000隻、10万トンと見積もられた。東シナ海の沖合で、漁業勢力の差はかくも拡大していたのである。中国側が漁場を占拠しているといってよい。

　2004年に漁船隻数と漁獲量の上限目標は、中国は19,800隻、210万トン、日本は800隻、10万トンに漁船隻数を200隻づつ削減した。共同規制措置は漁船隻数と漁獲量の上限だけなので、資源の保全に役立っているのか、漁獲報告や漁船名簿の交換が実際に行なわれているのか、それが違反操業の取締りに役立っているのか、疑問である。日中の暫定措置水域といっても、韓国漁船、台湾漁船の操業もあるので、漁業管理は容易ではない。

　中間水域での資源管理は、漁業共同委員会では常に「引き続き検討する」とされ、何らの措置もとられていない。3カ国の管轄権がからむので、三竦みの状態にある(一部が重複する日韓の南部暫定措置水域でも共同管理は行われていない)。

5　韓中漁業協議と漁業協定

1) 韓中漁業協議と漁業協定[34]

　国交回復前、韓国は中国の機船底曳網漁業禁止線を、中国は韓国の漁業資源保護水域(旧李ライン)を認めていない。先に漁業が発達した韓国は中国近海では日中の漁業協定に準じて自主規制をした。1975年1月、韓国は中国近海に操業自制線を引いた。同年10月に締結される日中漁業協定の協定水域(機船底曳網漁業禁止区域の外側)の休漁区や保護区を遵守する形での線引きである(図8－11)。この操業自制線は、資源、漁業経営の悪化を理由として1985年10月に中国寄りに移された。そのことで日中協定による漁業秩序の維持、資源保護体制が崩された(図8－11でみるように1991年の時点では操業自制線は日中の資源保護措置に準じて引かれているが、1993年版の漁場図(省略)では中国の機船底曳網漁業禁止線まで拡がっており、上述とは時期が異なる)。

　1990年代になると東西対立が緩和し、韓国は1990年9月にソ連と、1992年8月に中国と国交を樹立した(台湾とは国交断絶)。この間、1991年9月に北朝鮮と同時に国連に加盟した。こうした国際情勢の変化の中で、資源の減少や漁業紛争の解決のために漁業協定の必要性が高まり、1993年12月から中国との間で漁業協議が始まった。主な争点は、以下の通りである。

　①EEZの境界画定に関する協議は1996年から始まったが、韓国側が中間線を主張したのに対し、中国側は海岸線の長さと人口に比例して設定すべきだと主張して対立し、進展していない。日本に対するのとは態度が異なるが、隣接国と相対国との線引きの違いからくるものとみられる。

　②中国側はEEZの境界画定までの間は中日漁業協定に準じて40カイリまでを漁業専管水域とし、その外側を共同規制水域として隻数、操業時期を決めることを提案したが、韓国側は漁業専管水域40カイリは狭すぎる、韓国周辺でいえば漁業資源保護水域(旧李ライン)あたりを考えていた。

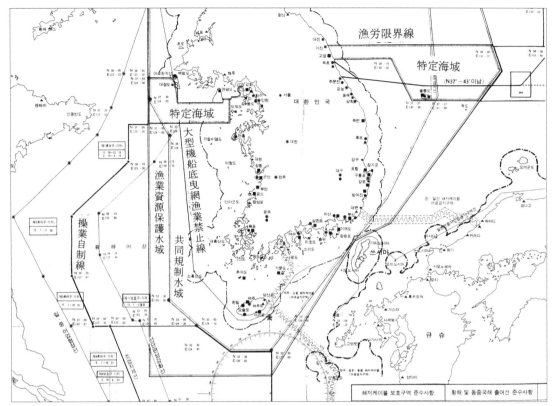

図8-11　韓国の対日、対中漁場図（1991年）

　③漁業専管水域外での取締りは、中国側は旗国主義を主張、韓国側は間もなく発効する海洋法条約に合わせて沿岸国主義を主張した。その際、韓国は、韓日漁業協定の共同規制水域で旗国主義を主張しているのは、韓日の特殊な関係に依るものであると弁明している。ここに韓国の二面的な外交戦略が浮き出ている。

　原則的な対立もあって協議は停滞したが、1996年に両国が海洋法条約を批准したこと、1997年に締結された中日新漁業協定の中に暫定措置水域という概念が含まれていたことから、それをベースに協議が進み、1998年11月にようやく仮署名にこぎつけた。協議を開始して約5年かかった。この間、漁業専管水域の設定についての協議から200カイリEEZを前提とする協議へと情況は大きく変化した。

　内容は、EEZの他に暫定措置水域と過渡水域の設定、共同資源管理、緊急避難、漁業共同委員会の設置である（図8-12参照）。

　①暫定措置水域は、中国が設定した直線基線（無人島の童島を基点とした）を韓国が認めなかった（韓国は無人島を起点とすることに反対）ため、沿岸からの距離で設定するのではなく、黄海を二等分する線を基軸に両国の面積が同じになるように設置した。その面積をめぐり、中国側はできるだけ広く、韓国側はできるだけ狭くを主張し、妥協として過渡水域が生まれた。

　②過渡水域は、暫定措置水域の両側に中国と韓国の地形に沿って、面積がほぼ等しくなるように設定された（およそ20カイリ幅）。韓国側は可及的速やかにEEZとしたい、交渉が長引けば韓国側の損失が大きくなる、中国側は暫定措置水域にしたい、交渉を延ばしたいという思惑があった

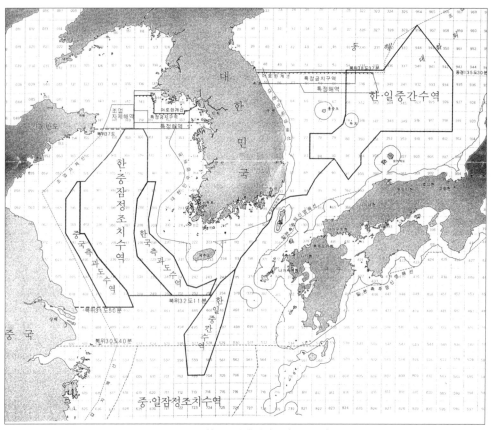

図8-12　韓国の漁業協定図（2000年）

韓中、日中は暫定措置水域、韓日は中間水域という用語を用いている。
東シナ海の韓日暫定措置水域は日中の暫定措置水域と重複している。（日本製の漁場図とは異なる）。

が、直接EEZとするより打撃が緩和されるとして妥協した。

　過渡水域は、4年後に双方のEEZに編入される。それまでの期間、暫定措置水域より厳しい共同管理を行い、「入漁」を等量にするよう努力する。等量化は、中国側は漁獲量を把握できないため、隻数で同数を目指すとした。相手国側の過渡水域で操業する自国漁船に許可証を発行し、その漁船名簿を交換し、共同乗船、乗船検査などの共同取締りを行う。共同監視が規定されたが、実際には違反船の取締りは困難であった。協定発効4年目の2005年7月から過渡水域は両国のEEZに編入された。

　③暫定措置水域の北（北緯37度以北の黄海北部）と南（北緯32度11分以南の東シナ海）に現行操業維持水域が設けられた。そこは、北朝鮮、日本を含む各国が主張するEEZが重複し、境界画定ができない水域で、別途の合意がなければ現行操業が続けられるとした。仮署名の段階で、韓国側は日中新漁業協定で中間水域を日韓の南部暫定措置水域と重複して設定したことを批判し、日中暫定措置水域に被せる形の韓国の現行操業維持水域を求めたのである。

　現行操業維持水域の範囲は明示されていない。黄海北部は韓国と北朝鮮の海洋境界線が明確ではないことを理由に、中国は北朝鮮に配慮して明示することを拒んだ。

　東シナ海については、中国側は当初、韓国EEZの南端を北緯30度40分（日中暫定措置水域の北端）を主張した。日中暫定措置水域と重なると、資源管理効果が低下するという理由をあげた。それに

対して韓国側は、韓国のEEZを日中新漁業協定で規律することはできないと主張した。こうして北緯29度40分で合意した。日韓の南部暫定措置水域で、韓国側が主張した南限よりやや南まで範囲となった。

④その他、暫定措置水域以北の韓国と北朝鮮との衝突防止水域(特定海域と特定禁止区域)では中国漁船は操業しない、暫定措置水域以南については長江(揚子江)河口域を3年間で禁漁にすることで合意した。長江河口域の操業を巡って対立が続き、仮署名から2年近くかかって2000年8月に正式署名となった。韓国は中国側の主張を受け入れ、段階的に操業を削減し、3年目に全面禁漁とすることに合意した(資源が回復すれば再開するという条件付き)。長江河口域での操業禁止は、1999年3月に中国が国内措置として決めたもので、その遵守を韓国側に求めたものである。韓国側にとって、この漁場は底曳網、延縄、かご、あんこう網、釣りなどの好漁場で、この問題で協定の発効を遅らせると、中国漁船の漁獲の方が20万トン、3,000億ウオン多いし、特定禁止区域での安全保障が損なわれるというジレンマに陥った。ただ、韓国漁船は長江河口から閉め出されたものの、実際には環境汚染でそこの漁場価値は大きく低下していた。

相互入漁の条件を詰めて、2001年6月に漁業協定が発効した。相互入漁は当初、中国側は韓国漁船の6倍を要求したが、2倍以内で決着した。すなわち、中国側は12,000隻、44万トンを要求したが、隻数、割当量ともに4分の1に削った。韓国漁船は操業実績が認められた。

2)相互入漁[35]

中国EEZへ入漁する韓国漁船は、漁獲割当量が多い順でいえば、釣り、まき網、底曳網、かご、あんこう網、刺網であった。ほとんどが北緯27度以北を漁場とするが、機船底曳網漁業禁止区域、2003年からは長江河口域は入漁できず、その他、コウライエビやキグチの保護区もある。日中の暫定措置水域においては中国寄りを漁場とし(中間線を想定し、それ以西)、北緯27度以南の入漁もいくらか認められた。操業期間は中国の夏季休漁期間を除く9ヵ月。その後、タチウオを目的とする釣りが大半を占めるようになり、まき網がそれに次ぐ。

反対に韓国EEZへ入漁する中国漁船の許可条件は、底曳網、トロール、まき網は東経128度以西(日中の中間水域で、当初中国が主張した東限)で、うち韓国の大型トロール禁止区域は原則禁止、操業期間は夏季を除く6ヵ月、ないし9ヵ月、刺網は北緯35度～33度45分の漁場で、夏と冬は操業禁止、イカ釣りは鬱陵島と竹島を除く日本海で、期間は10～12月であった。その後、底曳網と流し網が主となり、キグチ、ガザミ、サバを対象とするようになった。

表8-8に、中韓の相互入漁における漁獲割当と漁獲実績を

表8-8 中韓の漁獲量割当てと漁獲実績

			2001.6-2002.12	2003年	2004年	2005年
韓国水域	隻数枠	隻	2,796	2,531	2,250	2,100
	許可隻数	隻	939	1,524		
	%		34	60		
	漁獲割当量	トン	164,400	93,000	83,000	77,500
	漁獲実績	トン	45,837	37,980	17,340	27,879
	%		28	41	21	36
中国水域	隻数枠	隻	1,402	1,402	1,402	1,600
	許可隻数	隻	403	321		
	%		29	23		
	漁獲割当量	トン	90,000	60,000	60,000	68,000
	漁獲実績	トン	3,993	3,779	3,564	5,580
	%		4	6	6	8

資料:韓国海洋水産部
注:初年度の期間は1年半。

示す。中国漁船に対する割当ては、毎年、隻数枠、漁獲割当量ともに削減されている。一方、韓国漁船に対する割当てに変化はなかったが、2005年に隻数枠、漁獲割当量ともに増えて、両国の差が縮小している。割当量が増えたのは、過渡水域が両国のEEZに編入されたことによる見かけ上のことで、実際には相互入漁の縮小と等量化が既定路線として進行した（等量化は2013年に実現した）。

中国漁船の入漁のうちイカ釣り入漁は、2005年は日韓北部暫定措置水域の55隻、4,141トンで、これは同年の日本水域へのイカ釣り入漁とほぼ同数である（両国から入漁許可と漁獲割当量をもらう。入漁水域が一部ずれていて、漁獲割当量も少し差がある）。

入漁実績は、中国漁船は隻数で3〜6割、漁獲量で3〜4割であるのに対し、韓国漁船は隻数は2〜3割、漁獲量はわずか数％である。韓国側の入漁実績が振るわないのは、入漁しても中国漁船が多くて操業が難しいこと、入漁手続きが煩わしくて敬遠したこと、暫定措置水域や過渡水域が広く、入漁しなくても漁獲をあげられたことが理由である。入漁実績の低さは、漁獲割当量の削減を受け入れる背景になった。

過渡水域での操業は、4年間で順次、隻数の格差を縮小するために、韓国漁船はそのまま（427隻）で、中国漁船が大幅に削減された（2003年の1,802隻から翌年の910隻へ）。

暫定措置水域では中国漁船が圧倒しており、盛漁期の10〜12月には約2,000隻が集中する。その多くが韓国水域に入る違法操業をしているとされる。中国の違法操業で韓国側に拿捕された漁船は毎年400〜500隻を数え、傷害事件も発生している。2014年には初めて共同巡視が実施された。

第9節　新漁業秩序と日中韓3ヵ国の漁業再編

1　北東アジアの200カイリ体制の特徴

北東アジアにおける200カイリ体制は、1999〜2001年の間に日中、日韓、中韓の漁業協定が発効して確立した。北朝鮮、台湾は200カイリ体制をとっているが、近隣国とは漁業協定を結んでいない（2013年に日台間で協定が結ばれた）。分断国家、社会体制の違いが生んだ変則性である。漁業協定を結んだ国との間でも、領土問題、大陸棚やEEZの境界画定を切り離して漁業に限定した200カイリ体制である。これを新漁業秩序と呼ぶことができる。以下、日中韓3ヵ国に焦点をあてて新漁業秩序の特徴、各国の漁業再編と漁業管理についてみていこう。

新漁業秩序は、日中、日韓、中韓の3つの漁業協定で構成され、それぞれは第三国には適用されないので、協定相互間にすき間や矛盾が生じる。

3つの漁業協定の内容は類似しており、その発効から数年間は過渡的な措置がとられた。中韓の過渡水域は4年後に両国のEEZに編入する、5年間の中国漁船による日本水域でのイカ釣り入漁、相互入漁では数年後には漁獲割当量を等量にするといった事項がそれである。この経過的措置が終わって、200カイリ体制もいよいよ本格化した。

協定水域（日中では北緯27度以南を協定外としている）はEEZと暫定措置水域から成っており、暫定措置水域は他協定の水域と部分的に重複している。

EEZでは相互入漁がとられ、漁獲割当量は等量化を目指した。日本とロシア、北朝鮮との間では相互入漁に差があると入漁料などで精算されたが、日中韓では無償入漁である。相互入漁は、

漁獲割当量が多い方を引き下げる形で等量化が進み、さらに縮小均衡に向かっている。この過程で、資源の減少が著しい底魚漁業(底曳網)、自国の漁業に打撃を与える漁業などから先に規制、排除され、残っているのは漁獲圧力が資源の減少に直結しない浮魚漁業(まき網)が主体となっている(中国はイカ釣りが主体)。

暫定措置水域(共同利用水域)は、EEZの境界画定ができるまでの暫定措置として設けられた。相手国EEZ水域から閉め出された漁船は、相手国の規制と取締り権がなく、より手前にあるこの水域に集中するようになった。とくに漁業勢力の強い国の底魚漁業が共同利用水域を占拠する傾向にある。このため、共同管理の進行は遅々としている。

暫定措置水域では、相手国漁船に対する取締り権はなく、相手国漁船が違反操業をしていることを見つけた場合でも、注意を喚起するか、違反を相手国に通報し、その処分の結果を受け取るだけである。[36]

暫定措置水域における第三国の漁船に対して、双方が入漁許可を与え、その情報を交換している。例えば、日中暫定措置水域に入漁する韓国への許可は、2003年は中国側が1,402隻、漁獲割当量6万トン、日本側が821隻、漁獲割当量62,060トンで、かなりの部分が重複している。[37]漁業共同委員会には、第三国、他の漁業協定との調整機能はない。[38]

漁業種類別にみると、底魚漁業はEEZからの排除が進み、各国は自国水域における資源の保護と持続的利用を進めているので、相互入漁が拡大に転じるとは思えない。

浮魚漁業は、資源の回遊性、広域分布ということから広域の漁場利用を必要とする。それだけに新漁業協定で共同利用水域を広くとり、相互入漁を認めたことは浮魚漁業の存続条件となっている。対象魚のサバ類、アジ類は資源変動が大きく、資源管理は難しいにしても、卓越年級群の発生時に小型魚の漁獲抑制は有効とされる。各国が入会って操業している中で、共同管理を進めていくことが課題となろう。

2000年代の東シナ海・黄海の漁獲量は、中国は約800万トン、韓国は約100万トン、日本は約20万トンで、中国の伸びは止まり、韓国、日本は低迷している。

2　中国の漁業再編と漁業管理[39]

中国にとって新漁業秩序は、様々な緩和措置(暫定措置水域、過渡水域、現行操業維持水域の設定、相互入漁における漁獲割当量の段階的削減)がとられたとはいえ、自国漁業の規制、縮小につながった。「外海」漁場の30％を失い、25％に大きな打撃を及ぼすとか、その損失は100万トン以上の漁獲量、約10億元の漁業生産額、約10万人の漁業者と100万人近い漁業世帯人口の生活に影響を及ぼす、といわれた。さらに、関連産業の縮小と失業者の増加、漁獲競争の激化、渉外事件の増加が危惧された。

浙江省は、7,000隻余の大型漁船が閉め出されて国内漁場に回航し、毎年50万トンの漁獲量を失う。中心地である舟山市でみると、中韓漁業協定の影響が大きく、主要漁業の帆張網、底曳網、エビトロールの2000年の漁獲量91万トンのうち約半分が「沖合」で漁獲され、とくに韓国側過渡水域、暫定措置水域の依存度が高い。2002年は30万トン、15億元、2003年以降は帆張網が全面禁漁となったり、底曳網の漁獲割当量の削減で35万トン、20億元を失い、3,000隻、3万人の漁業者が転業を余儀なくされる。中日漁業協定の影響はイカ釣りの入漁規制の影響が大きい、とされた。

中国の東シナ海・黄海での漁獲量は、1994年の477万トンから1999年の894万トンへと驚異的

な伸びをみせたが、新漁業秩序による漁場の縮小、資源保護のために1999年に海面漁業のゼロ成長を宣言した。その結果、2003年の漁獲量は798万トンで伸びは完全に止まっている。

浮魚をサバ類、アジ類、イカ類に限定すると、その漁獲量は1994年の50万トンから1999年の88万トンへと増加し、2003年には96万トンに達している。底魚類をタチウオ、キグチ、ガザミ、ウマヅラハギに限定すると、74万トンから148万トンへ、そして152万トンとなった。1990年代後半までの漁獲量の伸びが著しく、とくに底魚で著しかったが、2000年代には伸びが鈍化している。

2000年10月の漁業法改正によって漁業政策は大きくパラダイム転換した。1995年以来の夏季休漁制の強化、1999年の海面漁業ゼロ成長宣言、2001年のマイナス成長宣言、2002〜06年の減船事業によって成長路線から抑制路線に、行政管理から法に基づく管理へと切り替えた。政策転換の背景には、新漁業秩序の形成、乱獲に伴う資源の減少があった。以下、夏季休漁と減船事業について触れる。

(1) 夏季休漁

1980年代半ば以降、漁業生産力が爆発的に増加し、資源の減少・枯渇を招いたので、1995年から夏季休漁制が実施された。2003年は渤海、黄海、東シナ海、南シナ海において12万隻の漁船、100万人の漁業者が休漁した。休漁期間は黄海・東シナ海は2ヵ月〜3ヵ月半、対象は曳網と帆張網などである。参加漁船は海面漁業漁船の約半数に及ぶし、対象海域の広さ、休漁期間の長さからして想像を絶する規模の資源管理である。夏季休漁制の効果として、漁獲量の増加、漁獲効率の向上、経営コストの削減において顕著な成果をみたが、資源回復効果は巨大な漁獲圧力の前では限定的と評されている。

(2) 減船事業

海面漁業の漁船は、1990年は24万隻であったが、その後、増え続けて2000年は29万隻となった。その後は収益性の低下、中日・中韓漁業協定による漁場の縮小、減船事業で減少し、2002年は28万隻となった。

中国では従来から漁船隻数の増加、高馬力化に対する抑制策がとられたが、いずれも失敗し、逆に膨張を続けてきた。それが限界に達して、マイナス成長宣言に従い、2002年から5年間で、毎年6,000隻、5万人の減船・転業が計画された。隻数からすると1割減船にあたる。2002年には2.7億元の「転産転業」予算が組まれ、約5,000隻が減船に同意し、約3万人が転業した。2003年の減船は約3,000隻で、転業漁民は1.8万人である。減船事業は、減船補償の財源不足などから計画通り進展しなかった。減船が計画通りであっても、過剰漁獲能力が解消されることにはならない。

なお、中国の沿近海漁獲量は2000年をピークに微減に転じたが、漁船数は大幅に増え、生産性が低下して、韓国、北朝鮮、日本近海への出漁圧力を高めている。

3 韓国の漁業再編と漁業管理[40]

韓日、韓中漁業協定による韓国漁業の影響は、直接・間接含めると8,000億ウォンにのぼる。日本との協定で、漁獲の減少が10.5〜16.4万トン、1,455〜2,157億ウォン、うち遠洋漁業は6.2〜7.5万トン、491〜602億ウォンと推定された。中国との協定では910〜1,483億ウォンの影響を見積もった。

韓国の近海(沖合)漁業の漁獲量は、1990年代前半がピークの140〜150万トンであったが、1990年代後半は130〜140万トン、2000年代は110〜120万トンと段階的に低下した。これは浮

魚漁業、底魚漁業とも同じ傾向である。だが、その理由は異なり、浮魚漁業は資源変動と大型まき網の減船、底魚漁業は資源の減少、減船、中国漁船による圧迫、漁業協定による漁場の縮小である。底魚漁業でも近海あんこう網は定置性漁具で、中国漁船の圧力が強いだけに減船、漁獲量減少が著しい。底曳網類では東シナ海にとどまる大型機船底曳網と漁場を日本海のスルメイカに拡大する大型トロールでは減船や漁獲量の減少度合いが違う。

韓国は新漁業秩序に対応して減船事業とTAC(漁獲可能量)制度を行っている。

(1) 減船事業

韓国では資源の減少、漁業経営の悪化を理由に減船事業が行われた。1994〜2004年は沿岸・近海漁船を対象とした「一般減船」が、1999〜2004年は新漁業協定によって影響を受ける近海漁船を対象とした「国際減船」が行われた。これにより、「一般減船」で1,424隻(この他に台風被害による減船629隻)、「国際減船」で1,328隻、計3,381隻が減船された。総事業費は8,625億ウオンであった。

近海漁船の減船割合は32%に及ぶ。なかでも中国漁船との競合が著しい黄海や東シナ海でも中国寄りを漁場とする大型機船底曳網や近海あんこう網の減船割合は極めて高く、漁場を日本海に拡大した大型トロールは減船事業に乗らなかった。浮魚を対象とする大型まき網もマイワシ、ウマヅラハギの減少で減船事業の初期に対象となった。

(2) TAC管理

1999年からTAC制度を実施し、対象魚種は増加して2007年には10魚種となった。これら魚種は、大型まき網によるサバ類、マアジ、マイワシ、日本海の沖合で漁獲されるズワイガニ、ベニズワイガニ、スルメイカ、沿岸の貝類とガザミの3つに大別される。つまり、東シナ海・黄海の近海底魚漁業(底曳網、トロール、あんこう網)は対象外である。理由は、これら底魚漁業は多様な魚種を漁獲するので魚種ごとの資源管理が難しい、東シナ海・黄海では中国漁船との漁獲競合が著しく、自国漁船だけに規制をかけにくいことによる。日本海では単一魚種を対象とすることが多い。

これまでのところ、韓国のTAC制度は、資源評価の難しさ、共同利用水域の存在、外国漁船の入漁などがあって、強制規定や罰則規定はあっても適用されておらず、資源管理の効果を充分には発揮していない。

4 日本の漁業再編と漁業管理[41]

1) 新漁業協定による影響

新漁業協定による影響を推定するために1997〜99年の3ヵ年平均の東シナ海・黄海の漁業種類別水域別漁獲量(新漁業協定の水域区分を当てはめる)をみよう。

当海域での主な漁業は、以西底曳網、大中型まき網、アマダイ延縄である。以西底曳網は、その漁獲量13千トンのうち日中暫定措置水域での漁獲が中心で、その他は中間水域とその東側(日本水域)で、中国、韓国のEEZ内での漁獲は極めて少ない。大中型まき網は、その漁獲量141千トンのうち約6割が日中暫定措置水域で、2割が黄海、残りの2割が中間水域とその東側で漁獲されている。漁場範囲は広い。アマダイ延縄の漁獲量は3年間で半減して1千トンを大きく割り込んだ。漁場は日中暫定措置水域が中心である。

水域別にみると、どの漁業も日中暫定措置水域の依存度が最も高く、次いで大中型まき網の漁獲が多い黄海、中間水域、中間水域東側である。黄海を除くと、中国EEZでの操業は極めて少ない。

1990年以降の以西底曳網の動向をみると、統数は1990年代初めに100統を割り、減船事業も続いて2001年からは13統になった。漁獲量も大幅に減少して1990年は8万トン近くあったが、2001年からは1万トンを割り込んだ。生産性は横ばいで、漁船数が減少してもそれ以上に中国漁船が増えて減船効果を潰している。操業水域も大きく変化した。1990年代初めには中国近海での操業がなくなり、日中暫定措置水域や北緯27度以南からも押し出されて、主漁場は日本のEEZとなる中間水域東側となった。漁獲対象もキダイやイボダイ等が中心となった。
　そうした中、日中の新漁業協定が結ばれ、暫定措置水域、中間水域が設けられ、EEZへの入漁も認められたので、これまで通り、中国漁船との競合が続くことになった。外国漁船を排除して始めて生き残りが可能になる以西底曳網にとって期待を裏切るものとなった。
　東シナ海・黄海で操業する大中型まき網の動向をみると、統数は1988年はピークの67統であったが、その後、減船事業が実施されて急速に減少し、2002年には23統となった。25年間で3分の1に激減した。漁獲量は段階的に減少して、1985〜97年は30万トン台が多かったのに、1998、99年は20万トン台に落ち、2000年からは20万トンを割り込んだ。
　生産性は上昇しているが、その要因を減船効果だと断定するわけにはいかない。小型浮魚（ここではサバ類、アジ類）を対象とする漁業では、資源変動が大きく、減船効果ははっきり現れないことが多いからである。漁場は1990年代後半に大きく変わった。尖閣諸島や台湾近海での操業が遠隔でコストが嵩むことから減少し、中国近海での操業は元々少なかったがさらに減少し、韓国近海はサバ類などの不漁で減少した。したがって、日本近海での漁獲量は絶対量では減少傾向にあったが、漁獲割合は50〜70%から70〜90%に高まった。

2）新漁業協定対策と資源管理
　日韓、日中の新漁業協定による打撃を緩和するために基金が設けられた。日韓は1999年度から250億円、日中は2000年度から60億円の基金でスタートした。補助対象は、外国漁船の入漁・密漁によって被害を受ける漁業と外国EEZへの入漁や暫定措置水域で操業していて圧迫を受ける漁業である。
　資源管理措置として、EEZを設定した翌年の1997年からTAC制度を実施した。最初は、サンマ、スケトウダラ、マアジ、サバ類、マイワシ、ズワイガニの6魚種であったが、翌年からスルメイカが加わって7魚種となった。これら魚種は200カイリ内の主要魚種である。日本のTAC制度は、日韓・日中新漁業協定によって日本の管轄権が外国漁船に及ばない暫定措置水域等ができたこと、TACに達したら漁獲をストップするという強制規定が適用されていない、資源評価・予測が難しく、漁業者の信頼を勝ち得ていないといった問題を孕みながら、実態に則した制度、方法の改善を進めている。これまでのところ、TAC制度は外国漁船の入漁規制に役立ったが、資源の保護、持続的利用に大きく貢献しているとはいえない。

第10節　新漁業秩序の到達点と課題及び展望[42]

1　新漁業秩序の到達点
　日中韓の新漁業協定に基づく漁業秩序の到達点は以下のようになる。

①新漁業秩序への移行にあたって、領土問題の扱い方が日本とソ連(ロシア)との北方四島、日本と中国・台湾との尖閣諸島、日本と韓国との竹島で異なり、また領有権問題と切り離すという外交的智恵が働いている。北方四島は日ソ双方が200カイリ水域で囲い込み、漁獲割当てを行っている。領海12カイリ内は日本側が漁業協力金(ソ連の水域であることを前提とする入漁料ではない)を支払って操業している。尖閣諸島は日中の間では北緯27度以南は協定の対象外とし、日本と台湾の間では領海12カイリ内では操業しない取決めをしている。竹島については北部暫定措置水域で覆い、領有権を避けている。領海内での操業は取り決めていないが、韓国が実効支配しており、日本漁船は立ち入っていない。

②EEZと大陸棚の境界画定は、海洋法条約では関係国の合意によるとしているだけで基準を示していない。漁業協定とは切り離して別途協議しているが、協議は全く進展していない。領土問題とからむこと、東シナ海・黄海は鉱物資源も豊富ということからその管轄権にかかわること、境界画定については自然延長派(地理地形重視)と等距離中間線派の2つに大きく分かれるが、それぞれ自国に有利な説を主張しているからである。領土問題と同様、ナショナリズムに直結するだけに対立は深まっているようにみえる。新漁業協定は暫定的と銘打っているが、こうした難問題が横たわっているため相当長い期間続く。

③EEZについては、自国の漁獲能力は高く、他国に配分する「余剰分」はないが、従来の操業を容認して相互入漁方式(無償)がとられた。漁獲割当量は等量が目指され、それが実現すると縮小に向かっている。それがどこまで縮小するかは底魚か浮魚か、沿岸国の資源管理、沿岸国との漁業競合いかんにかかっているが、実際のところは浮魚だけに絞られている。

④新漁業協定では相当広大な暫定措置水域(名称はいろいろ)などの共同利用水域が設けられ、そこでの取締り権は旗国主義がとられた。漁業勢力が強い国がEEZから閉め出された漁船も加わって共同利用水域を占有している。そこでの資源管理は進んでおらず、濫獲が進み、「共有地の悲劇」を招く状況にある。漁業勢力の強い国の漁獲努力量をいかに削減するのかが焦点となっている。

⑤漁業取締りが問われる。いつの時代も漁業勢力の強い国が相手国水域で違反操業を繰り返してきた。新漁業秩序下の今日、違反操業は中国漁船が圧倒的に多く、とくに漁場が近い韓国近海での違反操業は甚だしい。

2 課題と展望

現行の漁業協定の変更は困難である。領有権問題の解決、EEZと大陸棚の境界画定は無論のこと、共同利用水域を縮小することも困難なので、共同利用水域の管理強化が現実的な当面の課題となる。すなわち、共有資源の持続的利用と共同管理である。背景には、①広域に分布、回遊する浮魚資源は共同管理による共同利益が可能であり、また、一国だけの資源管理はその効果が限定されるという事情がある。②資源が減少しており、漁業・資源管理が必要であることはどの国の関係者も認識している。③2国間協定で構成されていることから矛盾と隙間が生じているので、海域全体の生産力の向上という観点から共同利用水域の資源管理は、関係国が集まって各国が行う自国EEZ内の漁業・資源管理と連携し、相互間の調整をとることが課題となる。

資源ナショナリズムの高まりで海洋の分割が進んだが、そのことで漁業資源は再生資源であり、国境を越えて分布・回遊するという特性から海域全体の統合管理の必要性もまた明らかに

なった。

　それをどのように果たすのかは、各国の漁業が競合する東シナ海・黄海を対象とする場合、北朝鮮、台湾は協議の土台がなく、漁獲量の多い日中韓3ヵ国が協議の主体とならざるを得ない。各国の立場は、①中国は最大の漁業勢力をもつ国の責任と役割を果たすことが求められる。②反対に日本は漁業勢力が最も弱く、独自に行う漁業管理の効果も限られる。③韓国は漁業勢力が中間にあり、それに伴う得失を痛感していること、地理上も中間にあり、また東シナ海・黄海への漁業依存度が高いこと、大規模な漁業管理をしたにもかかわらず効果は十分にあがっていないことから、資源・漁業管理のイニシアティブをとる位置にある。

　共同管理に向けた動きは、資源ナショナリズムの高まりと中国における水産物需要の増大を背景とした漁船数の増加、漁場の外延的拡大に圧倒されている。

参考文献・注

1) 中川恣『底曳漁業制度沿革史』(昭和33年、日本機船底曳網漁業協会)、「以西底曳網漁業の現況」『水産事情調査月報　21』(1952年1月)、「以西底曳トロール漁業の現況」『同　49』(1956年3月)を参照。GHQ側の資料を用いてマ・ラインを始めとする対日漁業資源管理政策を考察したものに、樋口敏広「水産資源秩序再編におけるGHQ天然資源局と日韓関係」李鐘元・木宮正史・浅野豊美著『歴史としての日韓国交正常化　Ⅱ　脱植民地化編』(2011年、法政大学出版会)がある。

2) 日韓漁業協議会編『日韓漁業対策運動史』(昭和43年、日韓漁業協議会)、和田正明『日韓漁業の新発足』(昭和47年、水産経済新聞社)、『二百海里概史』(昭和58年、全国鮭鱒流網漁業組合連合会)、韓重健『韓国漁業の概観(1952年)』(昭和28年、水産庁)、浜島謙太郎『長崎県揚繰網漁業発達史』『水産ながさき　No.2』(昭和33年2月)、『漁業で結ぶ日本と韓国』(昭和40年、みなと新聞社)、「李承晩宣言に関する資料集」『国際漁業資料　第7号』(昭和27年3月)、中山八島「朝鮮半島周辺海域の漁撈制限」『同　第11号』(昭和28年3月)を参照。韓国側の資料を用いて李承晩ラインの設定過程と対外折衝を検証したものに、藤井賢二「公開された日韓国交正常化交渉の記録を読む－李承晩ライン宣言を中心に－」『東洋史訪　12』(2006年3月)がある。

3) 藤井賢二「李承晩ライン宣布への過程に関する研究」『朝鮮学報　第185号』(平成14年10月)90～104ページは、韓国側の資料に基づいて李ラインの形成過程を検証している。

4) 『日韓国交正常化問題資料　基礎資料編　第1巻日韓会談問題別経緯・重要資料集』(2010年、現代史料出版)、山内康英・藤井賢二「日韓漁業問題－多相的な解釈の枠組み」前掲『歴史としての日韓国交正常化　Ⅱ　脱植民地化編』、前掲『日韓漁業の新発足』、『日韓漁業協定をめぐる諸問題』(昭和41年、山口県海外漁業協力会)、前掲『日韓漁業対策運動史』、『日韓漁業交渉関係資料－そのあゆみと新聞論調－』(昭和40年9月、参議院農林水産委員会調査室)、『二拾年史』(昭和43年、日本遠洋底曳網漁業協会)、前掲『二百海里概史』、水産庁韓国漁業研究グループ『韓国の漁業　Ⅰ』(昭和42年、日本水産資源保護協会)、同『同　Ⅱ』(同)、同『同　Ⅲ』(同)、『韓国の水産業－現状と将来の展望－』(昭和42年、みなと新聞社)、川上健三『戦後の国際漁業制度』(昭和47年、大日本水産会)、大田耕祐「日韓漁業対策運動の歩み　その二」『水産界　No.905』(昭和35年5月)、吉崎司郎「日韓漁業協定発効後のわが国の漁業」『農林金融　Vol.19、No.7』(1966年7月)、『水産庁50年史』(平成10年、同刊行会)、崔宗和『現代韓日漁業関係史研究』(2000年、韓国海洋水産部、ハングル)、「日韓漁業交渉妥結の概要」『水産界　No.965』(昭和40年5月)、「日韓漁業協定本調印成る」『水産界　No.967』(昭和40年7月)、浜本康也「漁業」時の法令・法令普及会編『日韓条約と国内法の解説』(1966年、大蔵省印刷局)を参照。

5) 漁業専管水域に関する国連海洋法会議での動向、適用例については、小田滋『海の資源と国際法　Ⅰ』(昭和52年、有斐閣)198～203ページを参照。

6) 1950年頃、済州島沖のサバ釣りが始まり、1952年に最盛期を迎えたが、李承晩ラインの設定で、拿捕事件が頻発し、多くは国内に戻ったが、一部は東シナ海・黄海に進出した。その後、サバ釣りは衰退した。日韓漁業協定では共同規制水域に出漁できるサバ釣り漁船は60トン以上が15隻、25～60トンが175隻(沿岸漁業等の1,700隻に含まれる)と決まったが、実際に出漁した漁船はいない。共同規制水域に出漁する沿岸漁業等とは、アマダイやフグの延縄、イカ、

タイ、コヨワの釣りが主で、その漁獲量は7千トンであった。「日韓水域に出漁する沿岸漁業等」『西日本の沿岸漁業』（昭和43年9月、水産庁福岡漁業調整事務所）201～207ページ。

7）『台湾関係漁業資料』（昭和28年4月、水産庁生産部）、「日華漁業会談の経過」『国際漁業資料 第10号』（昭和27年9月）、藤井賢二「戦後日台間の漁業交渉について」『東洋史訪』（2003年3月）、台湾省政府新聞所編『漁業発展』（1971年、中華民国建国六十年記念準備委員会、中国語）を参照。

8）現代中国双書編集部編『現代中国の水産業』（1991年、現代中国出版社、中国語）、葉建宏・呉金鎮・欧慶賢・欧錫棋『東シナ海・黄海における漁業資源共同管理の研究』（1998年、国立高雄海洋技術学院、中国語）、中華人民共和国農業部漁業局『中国漁業五十年大記事』（1999年、中国漁業出版社、中国語）、前掲『二百海里概史』を参照。

9）日中漁業協議会編『一九五五年一月－四月 日中漁業会談記録』（昭和30年、日中漁業協議会）、同『同（別冊）』（同）、同『一九五六年四月－五月 第二次日中漁業会談記録』（昭和31年、日中漁業協議会）、前掲『二百海里概史』、田口新治「日中漁業協定二年間の考課表」『水産界 No.868・869』（1957年4・5月合併号）、前掲『二拾年史』、真道重明「国際的にみた以西漁業の生産と資源問題」『水産ながさき No.5』（昭和33年5月）、七田末吉「協定調印までの百日間」『水産界 No.845・846』（昭和30年5・6月）、『日中漁業問題について』（昭和29年、日中漁業懇談会）、『日中漁業総覧』（昭和32年、日中漁業協議会）、中国研究所編『中国の漁業政策と漁業生産の現状』（1956年、日中漁業協議会）、同『同 一九五七年版』（昭和32年、同）、同『同 一九五九年版』（1959年、同）を参照。陳激『民間漁業協定と日中関係』（2014年、汲古書院）は、日中民間漁業交渉とそこに至る以西漁業の歴史を考察している。

10）前掲『二百海里概史』、『昭和61年度相互入漁協定実施国内調整事業報告書（中国編）』（昭和62年、大日本水産会）、「脱皮する以西底曳漁業」『海の光 1967年1月』、前掲『二拾年史』、朱徳山『中国水産業の要約の紹介』（1980年、日中漁業協議会）、日中漁業協議会編『一九六三年十月～十一月 日中漁業に関する協定の会談記録』（昭和39年、日中漁業協議会）、浅川謙次『一中国の海洋漁業 二中国の浅海養殖業』（昭和35年、水産研究会）、真道重明『共産中国の海洋漁業』（昭和39年、日本水産資源保護協会）、『最近の日中漁業問題と日中関係諸問題の経過』（昭和33年、日中漁業協議会）、『最近における漁業に関する国際問題資料』（昭和32年、参議院農林水産委員会調査室）、日中国交回復促進議院連盟編『日中国交回復関係資料集』（昭和47年、日中国交資料委員会）、西海区水産研究所編『日中漁業協定が漁業活動に及ぼした影響と底魚資源からみた協定の意義』（1956年、日中漁業協議会）、西海区水産研究所編『北緯29度以南の東海底曳漁場について』（1958年、日中漁業協議会）、『日中漁業協議会訪中団報告書 昭和三十八年一～二月』（日中漁業協議会）、田口新治「日中緊急事態の要因」『水産界 No.885』（昭和33年9月）、鹿島一郎「日中漁業協定とその内容」『水産界 No.950』（昭和39年2月）、開作惇「旋網の日中漁業協定に調印」『水産界 No.1034』（昭和46年2月）、日中漁業協議会編『中国漁業代表との懇談記録』（昭和32年、日中漁業協議会）、日中漁業協議会編『第2次新日中漁業協定会談記録』（昭和41年、日中漁業協議会）、日中漁業協議会編『第3次新日中漁業協定会談記録』（昭和45年、日中漁業協議会）、日中漁業協議会編『旋網漁業に関する新日中漁業協定会談記録』（昭和46年、日中漁業協議会）を参照。

11）小倉和夫『記録と考証 日中実務協定交渉』（2010年、岩波書店）、前掲『昭和61年度相互入漁協定実施国内調整事業報告書（中国編）』、前掲『現代中国の水産業』、真道重明『最近の中国における海面漁業』（昭和63年、日中漁業協議会）、『中国の海区別漁業資源及び漁業の概要』（平成3年3月、日中漁業協議会）、『中国水産資料 中国農業年鑑 1981年版抜粋』（昭和58年、日中漁業協議会）、『中華人民共和国の水産業』（昭和63年、海外漁業協力財団）、『中国の水産業改革10年』（1992年、海外漁業協力財団）、前掲『水産庁50年史』、岡田立三郎「以西底びき漁業の最近の動向について」『水産界 No.968』（昭和40年8月）、渡辺充二郎「以西底曳この二十年の動き」『水産界 No.1083』（昭和50年3月）、前掲『二百海里概史』を参照。

12）山内康英『交渉の本質－海洋レジームの転換と日本外交－』（1995年、東京大学出版会）、水上千之『日本と海洋法』（1995年、有信堂）を参照。

13）森実孝郎『新海洋法秩序と日本漁業』（昭和52年、創造書房）120～125ページ。

14）『200海里関係資料』（昭和53年1月、長崎県水産部）8～11ページ。

15）日韓の大陸棚に関する2つの協定のうち、北部協定（対馬海峡）の境界画定は中間線としたが、南部協定（東シナ海）は日本が主張する中間線と韓国が主張する自然延長論で管轄権が重複する区域を共同開発区とした。

16）李泳采「日朝漁業暫定合意の歴史と現状－政治的牽制手段から経済的利益手段へ－」鐸木昌之・平岩俊司・倉田秀也編著『朝鮮半島と国際政治－冷戦の展開と変容』（2005年、慶應義塾大学出版会）、浅野順三「縛られた外交－日朝漁業交渉をめぐって－」『世界 第442号』（1982年9月）、『全漁連の運動と事業の歩み』（1993年、全国漁業協同組合連合会）、『東シナ海・黄海及び日本海における漁業管理レジームについて』（平成7年3月、北東アジア漁業研究会）、「日朝漁

業暫定合意書に調印」『水産界 No.1236』(昭和63年1月)、「日朝民間漁業交渉 90年漁獲割当量、前年並みで妥結」『同 No.1261』(平成2年2月)、『漁業協定の概要』(昭和61年8月、水産庁)、前掲『二百海里概史』を参照。

17) ア・ア・クルマゾフ「朝鮮民主主義人民共和国の漁業」『水産界 No.1345』(平成9年2月)、「各国の水産事情 No.46」(2002年2月)、「同 No.57」(2002年12月)、「同 No.96」(2005年9月)、「海外水産情報」『海外漁業協力 No.14』(2000年4月)、『2001中国漁業年鑑』(2002年、中国農業出版社)、李秉き・崔宗和「韓半島周辺水域の国際漁業関係と展望」『水産海洋教育研究 第3巻第1号』(1991年3月、ハングル)、連合ニュース2001年12月12日、2004年9月6日、2014年9月14日、ハナエ民族新聞2004年9月21日、中央日報2014年5月31日、を参照。

18) 山本忠「韓国漁業の展開とその問題」『漁業経済研究 第32巻第1・2合併号』(1987年12月)、時村宗春・大滝英夫・金大永『韓国の漁業』(平成10年11月、海外漁業協力財団)、前掲『日本と海洋法』を参照。

19) 『東アジア関係国の漁業事情』(1994年9月、海外漁業協力財団)、「日韓トップ会談物別れ」『水産界 No.1223』(昭和61年12月)、「日韓漁業交渉トップ会談で合意」『同 No.1235』(昭和62年12月)、「自主規制強化し3年延長」『同 No.1286』(平成4年3月)、松浦勉「韓国漁船操業の現状と課題」『同 No.1304』(平成5年9月)、同「北海道周辺水域における韓国漁船の操業状況 上」『同 No.1311』(平成6年4月)、同「同 下」『同 No.1312』(平成6年5月)、前掲『全漁連の運動と事業のあゆみ』、前掲『水産庁50年史』、前掲『二百海里概史』を参照。

20) 前掲『東シナ海・黄海及び日本海における漁業管理レジームについて』、「日韓両国漁船入会操業の現況」『水産界 No.1220』(昭和61年9月)、「日中政府間漁業協定に基づく日中両国漁船の操業」『同 No.1231』(昭和62年8月)、前掲『東アジア関係国の漁業事情』を参照。

21) 山本は、1985年と1991年の東シナ海・黄海における各国の底魚漁獲量を推計している。推計方法は本書とは違うが、総計は244万トンと313万トン、日本は13万トンと8万トン、韓国は39万トンと34万トン、北朝鮮は不明、中国は179万トンと264万トン、香港は2万トンとゼロ、台湾は12万トンと7万トンとしている。中国だけが大幅に漁獲量を増やし、総計も増加している。山本忠「韓国の漁業と漁業管理」国際漁業研究会『世界の漁業管理 下巻』(1994年12月、海外漁業協力財団)607ページ。

22) 前掲「中国の水産業」、『平成4年度東シナ海・黄海漁業資源保全対策検討会議事録要録』(平成5年6月、西海区水産研究所)、深町公信「国連海洋法条約に関連する韓国の国内法」『関東学園大学法学紀要 第13号』(1996年12月)を参照。

23) 拙稿「東シナ海・黄海における漁業の国際的再編と200カイリ規制」『漁業経済研究 第42巻第2号』(1997年10月)、イ・ヨンイル「韓中日3国間の両者漁業協定と東シナ海漁業秩序」『国際法動向と実務 第2巻第3号』(2003年7月、ハングル)を参照。

24) 行政院研究発展検討委員会『海洋白書』(2001年、中国語)、尹章華『排他的経済水域及び大陸棚法逐条解説』(1998年、文笙書店、中国語)、同『両岸海域法』(2003年、文笙書店、中国語)、前掲『東シナ海・黄海における漁業資源共同管理の研究』、『東シナ海・南シナ海の単船底曳網漁業(1994年)』(1994年、国立台湾大学海洋研究所、中国語)、山本忠「台湾の漁業と漁業管理」前掲『世界の漁業管理 下巻』を参照。

25) 「暫定執法線」はこの時初めて示されたと思われるが、海域図には日中新漁業協定による暫定措置水域、中間水域の他、台湾、日本、フィリピンの200カイリの範囲が書き込まれている(中国の200カイリの範囲には触れていない)。

26) 石原忠浩「日台民間漁業取決めの締結と第四原発建設の可否をめぐる展開」『交流 No.866』(2013年5月、交流協会)、門間理良「日台で民間漁業取決めを締結」『東亜 No.551 2013年5月号』、吉村剛史「日台関係は新段階へ―民間漁業取決め締結の現場から」『同上』を参照。

27) 杉山晋輔「新日韓漁業協定締結の意義」『ジュリスト No.1151』(1999年3月1日)、「日本、漁業協定一方的破棄の波紋」『現代海洋 1998年2月』(ハングル)、深町公信「日韓漁業問題」水上千之編著『現代の海洋法』(2003年、有信堂)、崔宗和「新韓日漁業協定の構成と法的性格」『水産経営論集 第29巻第2号』(1998年12月、ハングル)、前掲『現代韓日漁業関係史研究』、前掲『水産庁50年史』、「日韓漁業協定終了通知へ」『水産界 No.1358』(平成10年3月)、「日韓新漁業協定が基本合意」『同 No.1366』(平成10年11月)、「漁政の窓 第347号」(平成11年5月15日)、花房征夫「日韓漁業紛争、何が問題なのか」『現代コリア 1998年9月号』、『200海里運動史』(2013年、全漁連)、元水産庁漁政部長・山口展弘氏メモ(同氏は旧協定の終了通告まで漁業協議に加わった)を参照。

28) 日韓のEEZの境界画定についての交渉は1996年から2000年まで4回行われたが、両者の意見が対立して進展せず、中断していたが、2006年に竹島周辺の海洋調査をめぐって対立したこともあって再開された。日本の主張は竹島を基点とし、鬱陵島との中間線を引くというもので、韓国の主張は鬱陵島を基点とし、隠岐との中間線である。鬱陵島を基点としても竹島は韓国のEEZに含まれるし、竹島を領土係争地にしたくなかった。ところが、2006年に交渉が再開されると、韓国はこれまでの主張を転換し、竹島を基点とする方針をとった。朝日新聞2006年6月

11日、朝鮮日報2006年6月5日。
29）公式名称はなく、日本は暫定措置水域と呼ぶが、韓国では日本海のものを中間水域、東シナ海のものを中間水域又は暫定措置水域と呼ぶ。韓国が日本海のものを暫定措置水域と呼ばないのは、日中、韓中新漁業協定にも暫定措置水域があり、それは共同管理を伴っているが、共同管理ということで竹島の領有権と結びつけられるのを避けるため、といわれる。
30）前掲『現代韓日漁業関係史研究』、韓国海洋水産部『2004年度水産業動向に関する年次報告』、ジョン・ヘーウン「韓中漁業協定上の過渡水域消滅と西海漁業秩序の変化」『国際法動向と実務　第4巻第2号』（2005年5月、ハングル）を参照。
31）金栄球「韓日韓中漁業協定の比較」『外交誌　第62号』（2002年5月、ハングル）を参照。
32）各年次『水産年鑑』、「中国底引操業の自主規制を強化」『水産界 No.1299』（平成5年4月）、「漁政の窓　第336号」（平成10年6月15日）、「同　第358号」（平成12年4月15日）、「同　第360号」（平成12年6月15日）、前掲『200海里運動史』、漁業協議にかかわった山口展弘氏のメモを参照。
33）三好正弘「日中漁業問題」前掲『現代の海洋法』を参照。
34）『平成6年度東海・黄海底魚資源管理調査委託事業報告書』（1995年3月、水産庁）、「中華人民共和国政府と大韓民国政府との漁業協定」『中国水産　2001年5月』（中国語）、「韓中協定、過渡水域設定で衝撃緩和」『現代海洋　1998年12月』（ハングル）、「韓中、韓日漁業協定外交不在で不平等、不公正な条約を締結」『現代海洋　2000年12月』（ハングル）、「韓中漁業協定、漁業管理をどのように」『同　2001年3月』（ハングル）、崔正鉉・崔宗和「東北アジア地域国際漁業協力体制の構築と運営方案」『水産経営論集　第30巻第2号』（1999年12月、ハングル）、Park Jae-Young・Choi Jong-Hwa「韓中漁業協定の評価及び今後の課題」『水産経営論集　第31巻第2号』（2000年12月、ハングル）、崔宗和『韓中漁業協定に関する研究』（2002年、海洋水産部、ハングル）、「中国、韓国と日本の共同漁業管理方案の研究報告」（中国語）『韓中日共同漁業管理方案研究－シンポジュウム発表と海外委託研究資料』（2005年12月、韓国海洋水産開発院）、前掲「韓中漁業協定上の過渡水域消滅と西海漁業秩序の変化」を参照。
35）韓国海洋水産開発院『近海底曳網類漁業の構造再編に関する研究』（2003年12月、海洋水産部、ハングル）を参照。
36）旗国主義がとられる共同利用水域で、相手国の違反漁船を発見した場合、相手国に通報し、相手国の処分の結果を受け取る形の取締りは、1955年の日中民間漁業協定、1975年の日中政府間漁業協定、1965年の日韓漁業協定でも同様であった。新漁業協定の暫定措置水域では、日韓北部暫定措置水域を除き、違反漁船に直接注意を喚起できるようになった。前掲「日中漁業問題」229、230ページ。
37）『2004年　中国漁業年鑑』（楊軼訳）57ページ。
38）暫定措置水域における第三国に対する執行権は、協定には規定していない。重複して管轄権を行使する、中間線まで管轄権を行使する、両国とも管轄権を行使しない、の3通りが考えられるが、日韓、韓中は重複行使、日中は中間線までの行使をしているようである。前掲「日韓漁業問題」219～221ページ、前掲『韓中漁業協定に関する研究』86～93ページ。
39）王衍亮・婁小波「ゼロ成長政策下の中国漁業と漁業管理政策」『漁業経済研究　第48巻第3号』（2004年2月）、婁小波「中国「夏期休漁制」漁業管理と制度評価」『同上』、拙稿「中国における新海洋秩序の形成と漁業管理－東シナ海・黄海を中心として－」『長崎大学水産学部研究報告　No.85』（2004年3月）、前掲「中国、韓国と日本の共同漁業管理方案の研究報告」、尤永生・方慮几「海洋漁獲漁民の転職転業問題に関する考察」『中国漁業経済　2003年2月』（中国語）、「今年上半期全国漁業経済の形勢分析と展望」（2000年6月26日、農業部漁業局、中国語）、厳旭光「中日、中韓漁業協定の実施による舟山漁業の影響と対策」『舟山漁業　第68期』（2001年、中国語）、『2004年中国漁業年鑑』（楊軼訳）、郭文路・黄碩琳「中国海面漁業の漁獲強度抑制に関する問題点と対策の検討」『上海水産大学学報　第10巻第2期』（2001年6月、中国語）、Guo Weh-lu, Huang Shou-lin, and Cao Shi-juan ; Reducing the excessive fishing vessels to sustainable exploitation of marine fishery resources in China. J. of Shanghai Fisheries Univ., Vol.12, suppl. Dec. 2003を参照。
40）片岡千賀之・西田明梨・金大永「韓国近海漁業における新漁業秩序の形成と漁業管理」前掲『長崎大学水産学部研究報告　No.85』、西田明梨「韓中日における漁業協定の現状と課題」『漁業経済研究　第49巻第3号』（2005年2月）、西田明梨・片岡千賀之・柳廷抽・金大永「新漁業秩序下における韓国TAC制度の現状と課題」『地域漁業研究　第46巻第1号』（2005年10月）を参照。
41）片岡千賀之・亀田和彦・西田明梨「日本をめぐる新漁業秩序形成と漁業管理」前掲『韓中日共同漁業管理方案研究－シンポジュウム発表と海外委託研究資料』、前掲『200海里運動史』、『平成18、23、25年度国際漁業資源の現況』（水産総合研究センター）を参照。
42）新漁業秩序の関する拙稿は、上記以外、片岡千賀之・金大永・松永俊郎「日本海における日韓のスルメイカ資源の利用と漁業再編」『地域漁業研究　第41巻第2号』（2001年2月）、「日本の新海洋レジームと漁業管理－日中韓のトライアングルのなかで－」『同

第42巻第1号』(2002年1月)、「日本型TAC(漁獲可能量)制度の検証－スルメイカの場合－」『漁業経済研究　第47巻第2号』(2002年10月)、金大永・片岡千賀之「中国海面漁業の構造変化と漁業政策の転換」『Ocean Policy Research Vol.19,No.1』(2004年夏、ハングル)、「新漁業秩序の形成と漁業管理」『地域漁業研究　第45巻第3号』(2005年2月)、「北東アジアの漁業管理」小野征一郎編著『TAC制度下の漁業管理』(2005年、農林統計協会)、「北東アジアの新漁業秩序と漁業管理－日中韓を中心として－」青木一郎・仁平章・谷津明彦・山川卓編『レジームシフトと水産資源管理』(2005年、恒星社厚生閣)、「東アジアにおける新海洋秩序の形成」倉田亨編著『日本の水産業を考える－復興への道－』(2006年、成山堂書店)、西田明梨・片岡千賀之「新漁業秩序下における韓国の減船事業に関する研究」『漁業経済研究　第51巻第3号』(2007年2月)、「北東アジアにおける新漁業秩序の形成と漁業管理」『東アジアへの視点　第20巻第1号』(2009年3月)、「日中韓3ヵ国の新漁業秩序と漁業調整」『日本水産学会誌　Vol.77,No.4』(2011年7月)がある。

著者紹介

片岡千賀之（かたおかちかし）

1945年	愛知県生まれ
1977年	京都大学大学院農学研究科博士課程修了
1977〜92年	鹿児島大学水産学部講師及び助教授
1992〜2011年	長崎大学水産学部教授
	現在、長崎大学名誉教授、長崎県立大学非常勤講師
	農学博士
	専門：海洋産業経済論、水産史

〒852-8521　長崎県西彼杵郡長与町吉無田郷1488-37
E-mail:kataoka@nagasaki-u.ac.jp

主要著書

単著『南洋の日本人漁業』（1991年、同文舘）
西日本文化協会編『福岡県史　通史編　近代産業経済（二）』（2000年、福岡県）、水産業を担当
長崎市史編さん委員会編『新長崎市史　第3巻近代編、第4巻現代編』（2014年、2013年、長崎市）、水産業を担当
単著『近代における地域漁業の形成と展開』（2010年、九州大学出版会）
単著『長崎県漁業の近現代史』（2011年、長崎文献社）

西海漁業史と長崎県

発　行　日	2015年5月20日
著　　　者	片岡 千賀之
編　集　人	堀 憲昭
発　行　人	中野 廣
発　行　所	株式会社　長崎文献社 〒 850-0057　長崎市大黒町 3-1-5F TEL　095-823-5247　FAX 095-823-5252 URL　http://www.e-bunken.com
印　　　刷	株式会社　インテックス

©2011 KATAOKA Chikashi, Printed in Japan
ISBN978-4-88851-233-6 C0062

◇禁無断転載・複写
◇定価は表紙に表示してあります。
◇落丁・乱丁本は発行所宛お送りください。送料小社負担にてお取り替えいたします。

長崎文献社 の好評既刊本

（価格は税別）

長崎県漁業の近現代史
片岡 千賀之

水産業の盛んな長崎初の水産史。イカ釣り漁業、アンコウ網業漁業、アワビ漁業、トロール漁業などを詳しく論考。水産漁業関係者必読の一冊。

B5判／295ページ　定価2600円
ISBN978-4-88851-169-8

長崎刺繍の煌めき
長崎文献社編

諏訪神事「くんち」奉納の伝統工芸総覧

鎖国時代の貿易港が生み、育てた文化の結晶

B5判　箱入り上製本／124ページ　定価4500円
ISBN978-4-88851-224-4

新長崎ことはじめ
後藤惠之輔

日本初！ 世界初！ コト、モノ、それは長崎から始まった。
長崎発祥の歴史・文化のすごさがわかる本

四六判／252ページ　定価1400円
ISBN978-4-88851-197-1

長崎史の実像
外山幹夫

「新長崎市史」編纂委員長在任中に急逝した著者の遺稿集。

A5判／260ページ　定価2400円
ISBN978-4-88851-198-8

グラバー魚譜200選
倉場富三郎／編著
長崎大学水産学部／監修

限定販売

トーマス・グラバーの子息が編纂した伝説の魚類図譜から厳選

B4横判／318ページ　定価35000円
ISBN978-4-88851-100-4

株式会社　長崎文献社

〒850-0057　長崎市大黒町3-1-5 F
TEL：095-823-5247　FAX：095-823-5252

ホームページ
http://www.e-bunken.com